Flash CS5
完全自学教程

完全视频 + 完全操作 + 完全手册 = Fl

完全自学

三位一体的学习体系，为您打造无障碍完全自学的完美体验，真正做到一册在手，别无他求。

龙 飞 编著

完全操作

完全抛弃软件生硬难懂的理论学习，将其划分为500个操作技能点，化繁为简，注重实战，使学习变得异常轻松简单。

完全视频

本教程500个知识点皆录制了多媒体语音视频，近500分钟，可谓目前同类教程中最多最全面的多媒体教学体系。

完全手册

本教程内容包括入门、进阶、提高、核心、高级、案例6大部分，体系完整，内容全面，完全可以作为案头参考的学习手册。

配套高品质DVD光盘

光盘收录了本教程800多张素材与效果文件，500段近500分钟的语音教学视频，另外还赠送了600款素材，其中包括100款花纹样式模板、100款网页模板效果、100款片头动画效果模板，100款动画效果模板以及200款卡通动漫源文件，供读者学习和参考。

兵器工業出版社

北京希望电子出版社
Beijing Hope Electronic Press
www.bhp.com.cn

内容简介

本书讲解了Flash CS5的各项核心技术与精髓内容，全书通过500个实例演练、800多张素材效果、1500张图片辅助说明，帮助读者在最短的时间内学会软件的用法，从入门到精通，从新手成为设计高手。

本书共分为入门、进阶、提高、核心、高级、案例6个部分，内容包括Flash CS5软件各个部分命令与工具的使用，以及制作各类Flash二维动画的方法和技巧，读者学后可以融会贯通、举一反三，制作出更加精彩、漂亮的效果。

本书的内容结构清晰、语言简洁，适合于Flash CS5的初、中级读者阅读，包括Banner动画制作、广告片头设计、Flash课件动画制作、Flash游戏制作和大型网站片头动画设计人员等，同时也可作为各类计算机培训中心、中职中专、高职高专等院校及相关专业的辅导教材。

随书的光盘收录了本书的800多张素材与效果文件；500段语音教学视频，将书中所有实例操作同步视频重现；另外赠送了600款素材，其中包括100款花纹样式模板、100款网页模板效果、100款片头动画效果模板，100款动画效果模板以及200款卡通动漫源文件，供读者学习和参考。

图书在版编目（CIP）数据

Flash CS5完全自学教程/ 龙飞编著. —北京：兵器工业出版社，2011.4

ISBN 978-7-80248-567-9

Ⅰ. ①F… Ⅱ. ①龙… Ⅲ. ①动画—设计—图形软件，Flash CS5—教材 Ⅳ. ①TP391.41

中国版本图书馆CIP数据核字（2011）第015982号

出版发行：兵器工业出版社　北京希望电子出版社
邮编社址：100089　北京市海淀区车道沟10号
100085　北京市海淀区上地3街9号
嘉华大厦C座611
电　　话：（010）82702660（发行）（010）82702675（邮购）
经　　销：各地新华书店　软件连锁店
印　　刷：北京市密东印刷有限公司
版　　次：2011年4月第1版第1次印刷

封面设计：深度文化
责任编辑：林利红　李　磊
责任校对：小　雅
开　　本：787mm×1092mm　1/16
印　　张：27（14面彩插）
印　　数：1—3500
字　　数：602千字
定　　价：58.00元（配1张DVD光盘）

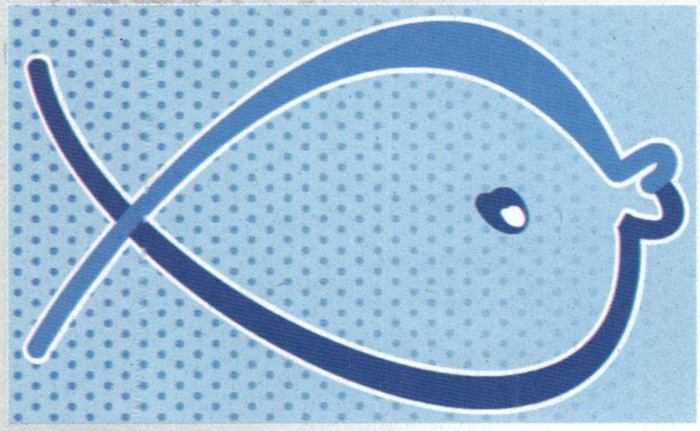

第 43 集　使用矩形工具

第 88 集　擦除图形

第 102 集　使用方向键移动对象

第 104 集　移动图形对象

第 141 集　导入 JPEG 文件

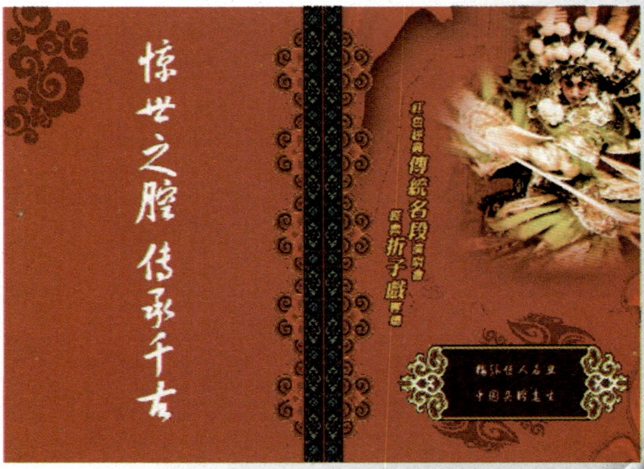

第 142 集　导入 PSD 文件

第 210 集　上层运动遮罩动画

第 211 集　下层运动遮罩动画

第 212 集　上、下层同时运动遮罩动画一

第 212 集　上、下层同时运动遮罩动画二

第 219 集　创建点文本一

第 219 集　创建点文本二

第 220 集　创建段落文本

第 221 集　创建静态文本

第 227 集　设置文本样式

第 225 集　设置文本字体

第 228 集　设置文本颜色

第 235 集　查找和替换文本

第 234 集　移动文本

第 236 集　填充和打散文本

第 238 集　缩放文本

第 239 集　旋转文本

第 240 集　倾斜文本

第 242 集　居中对齐文本

第 245 集　制作描边字

第 248 集　制作霓虹灯字

第 270 集　转换为图形元件

第 272 集　转换为影片剪辑元件一

第 272 集　转换为影片剪辑元件二

第 274 集　使用按钮元件

第 310 集　创建逐帧动画一

第 310 集　创建逐帧动画二

第 314 集　创建旋转动画一

第 314 集　创建旋转动画二

第 315 集　创建传统引导动画一

第 315 集　创建传统引导动画二

第 317 集　运用预设动画一

第 317 集　运用预设动画二

第 321 集　创建骨骼动画一

第 321 集　创建骨骼动画二

第 325 集　制作立体按钮

第 396 集　导出所选内容

22.3　浏览式动画——馨园房产一

22.3　浏览式动画——馨园房产二

23.3　倒影式动画——清凉夏日一

23.3　倒影式动画——清凉夏日二

24.1 城市类动画——都市花香一

24.1 城市类动画——都市花香一

24.2 图书类动画——智者书吧一

24.2 图书类动画——智者书吧二

25.1 生活类动画——个性日历一

25.1 生活类动画——个性日历二

25.2 产品类动画——时尚手表一

25.2 产品类动画——时尚手表二

26.1 运动类游戏——快乐打靶一

26.1 运动类游戏——快乐打靶二

27.1 教师节贺卡——老师，您辛苦了一

27.1 教师节贺卡——老师，您辛苦了二

27.3 情人节贺卡——情人节快乐一

27.3 情人节贺卡——情人节快乐二

28.1 语文课件——古诗词鉴赏一

28.1 语文课件——古诗词鉴赏二

28.3 地理课件——凤凰古城一

28.3 地理课件——凤凰古城二

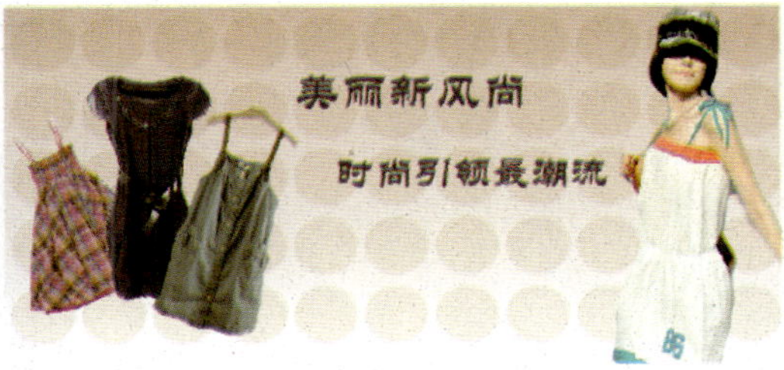

29.1 雅美服饰广告一

29.1 雅美服饰广告二

29.2 数码相机广告一

29.2 数码相机广告二

30.1 AUDI 汽车广告一

30.1 AUDI 汽车广告二

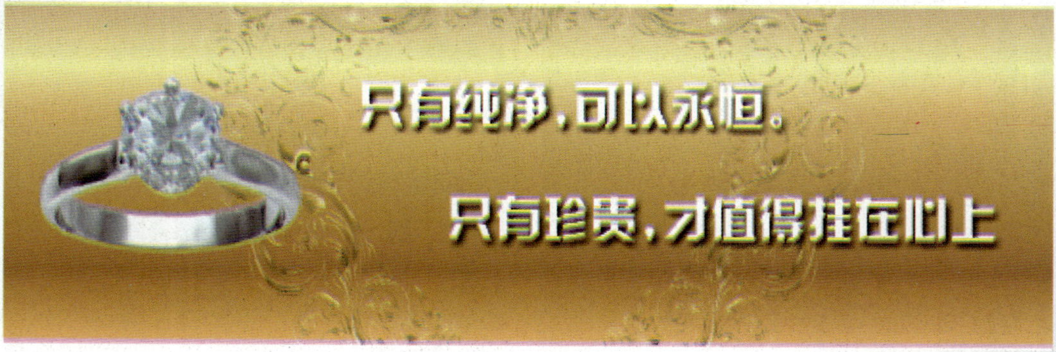

30.3 宝来丽首饰广告一

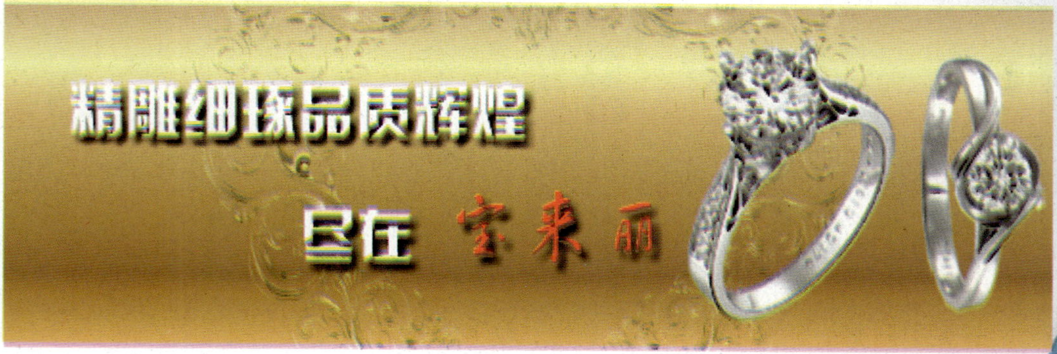

30.3 宝来丽首饰广告二

■ 升级改动

本书是畅销书系列《Flash CS4完全自学教程》一书的升级版，自《Flash CS4完全自学教程》进入市场后，以其“内容讲解全面、实例丰富多彩”的特点而深受广大读者的青睐，并发来数百封邮件探讨、交流对于该软件的学习。在听取众多读者朋友的意见后，本书在之前版本的基础上，做了两大努力：

（1）将原来5个领域的5个综合实例，升级为10个常见设计领域的30个综合实例，即在学完前面396个中、小型实例后，通过后面30个大型综合实例的演练，使读者的应用能力更上一层楼。

（2）前面的20章共396集实例操作，在内容上更注重常用与实用性，在讲解上更注重细致与深入，以更好地帮助初学者从入门到进阶，再到逐渐精通该软件，能够真正自学成材。

■ 软件简介

Flash CS5是Adobe公司推出的Flash的最新版本，是一款矢量图形编辑和动画制作软件，具有界面友好、操作简便、功能强大和易于掌握等特点，广泛应用于卡通动画、片头动画、游戏动画、广告动画、教学课件、电子贺卡等领域，深受广大动漫制作和动画设计人员的喜爱。

■ 本书特色

特　色	特色说明
6大 部分内容安排	本书结构清晰，体系完整，全书可分为入门、进阶、提高、核心、高级和案例6大部分，读者可以完全从零起步，由浅入深，逐步进阶，掌握软件的核心与高端技术，并通过大量实战演练提高水平，能够学有所成
30章 软件技术精解	本书内容全面，从浅入深地对Flash CS5进行了30章专题的软件技术讲解，内容包括Flash CS5快速入门、编辑基本图形对象、创建和编辑文本、编辑元件和实例、使用“库”文件、应用Flash动画组件等，帮助读者逐步学习软件的基础知识
500个 技能实例奉献	本书是一本操作性非常强的技能书，全书通过500个实例的演练，帮助读者逐步掌握软件的核心技能与操作技巧。通过学习本书，读者可以节省大量的学习理论的时间，并快速掌握软件的实用技能
500多 分钟视频播放	书中所有技能实例，以及最后10大综合案例，全部录制了带语音讲解的演示视频，时间长度达500分钟（8个多小时），容量近1GB，全程同步重现书中所有技能实例的操作，读者可以结合书本，也可以独立观看视频进行学习
600款 超值素材赠送	本书配套光盘中含有赠送的600款实用的素材效果文件，其中包括100款网页模板效果、100款片头动画效果模板、100款动画效果模板、100款花纹样式模板及200款卡通动漫源文件，供读者学习和参考
870个 素材效果奉献	全书使用的素材与制作的效果，共达870个文件，其中包含416张素材文件，454个效果文件，涉及卡通动画、家居用品、网站片头动画、图形动画、图像动画、游戏设计、网页设计、时尚设计等，应有尽有，漂亮精美
1500张 图片全程图解	本书采用了1500张图片，对软件的技术、实例的讲解进行了全程式的图解，通过这些大量的辅助图片，让实例的内容变得更通俗易懂，读者可以一目了然，快速领会，从而大大提高学习效率

■ 本书内容安排

篇 章		主 要 内 容
六大部分	入门部分	第1章～第4章，专业讲解了安装、启动与退出Flash CS5、编辑工具窗口、使用系统帮助、新建动画文档、保存动画文件、打开和关闭文件、动画文档的操作、应用标尺、应用网络、应用辅助线、控制舞台显示比例、使用基本绘图工具等内容
	进阶部分	第5章～第7章，专业讲解了Flash CS5软件中设置矢量线条属性、编辑矢量线条锚点、设置矢量形状图形属性、选择和管理图形对象、合并对象、管理调色板、选取颜色、使用渐变、面板以及按钮填充图形颜色等内容
	提高部分	第8章～第11章，专业讲解了Flash CS5软件中导入图像文件、填充、编辑、修改位图图像、压缩与交换文件、插入和编辑视频文件、插入和管理声音文件、创建和编辑图层、创建和编辑遮罩层、制作遮罩动画、管理场景等内容
	核心部分	第12章～第16章，专业讲解了Flash CS5软件中创建和编辑文本对象、设置文本属性、制作文字特效、管理时间轴和帧、创建/管理/编辑元件和实例、使用库项目、创建公用库、共享库资源、制作Flash简单动画等内容
	高级部分	第17章～第20章，专业讲解了Flash CS5软件中制作交互式高级动画、添加常用组件、添加其他组件、编辑组件、处理组件事件、在不同位置编辑脚本、控制影片播放、优化影片、测试影片、导出Flash影片、发布影片等内容
	案例部分	第21章～第30章，专业讲解了30个大型实例的制作，从图形动画到商业应用领域，应有尽有，如图形动画、图像动画、文字特效、Banner动画、Flash组件动画、趣味游戏、电子贺卡、教学课件、商业广告1、商业广告2等内容

■ 作者介绍

本书由龙飞编著，在成书的过程中，得到了谭贤、柏松、陈益、刘嫔、廖梦姣、符光宇、曾慧、杨闰艳、杨路平、张志科、代君、颜勤勤、文瑞、陈超平、周旭阳、袁淑敏、谭俊杰、徐茜、杨端阳、谭中阳、罗樟、莫华浪、罗燕文、刘淑芬、王艳虹、彭渺、胡美凤、吴金蓉、罗昊、蒋珍珍等人的帮助，在此表示感谢。书中难免有错误和疏漏之处，恳请广大读者批评、指正，联系邮箱：itsir@qq.com。

■ 特别提醒

读者在根据书中内容学习时，一定要安装与书中同版本的软件，以保证能够正常打开光盘提供的素材与效果。另外，本书所有实例的视频格式为SWF格式，读者需安装Flash软件或播放插件Flash Player 9.0（一定要同版本），以保证光盘和视频的正常播放。

编著者

第1章　Flash CS5快速入门

第2章　Flash CS5基本操作

第3章　设置Flash工作环境

第4章　使用基本绘图工具

第5章 编辑基本图形对象

第6章 简单操作图形对象

第7章 填充动画图形颜色

第8章　使用外部图像文件

第9章　使用外部媒体文件

第10章　创建和编辑图层

第11章 应用遮罩图层和场景

第12章 创建和编辑文本

第13章 管理时间轴和帧

第18章 应用Flash动画组件

第19章 应用ActionScript脚本

第20章 测试与发布影片文件

第21章 综合案例实战：制作图形动画

第22章 综合案例实战：制作图像动画

第23章 综合案例实战：制作文字特效

第24章 综合案例实战：制作Banner动画

第25章 综合案例实战：制作Flash组件动画

第 1 章 Flash CS5快速入门

Flash CS5是一款集多种功能于一体的多媒体制作软件，主要用于创建基于网络流媒体技术的带有交互功能的矢量动画。Flash的应用领域非常广泛，如制作MTV、动态网页广告和游戏动画等。本章主要介绍该软件的一些基本操作，包括安装、启动与退出Flash CS5，编辑工作窗口及使用帮助系统等。

1.1 安装、启动与退出Flash CS5

第1集 安装Flash CS5

素材：无
视频：视频\第1章\第1集.swf
难度：★★★★★
效果：无
时长：110秒
关键技术：双击安装文件

01 打开安装文件所在的盘符，选择Set-up.exe安装文件，如图1-1所示。

02 双击鼠标，弹出安装程序信息提示框，如图1-2所示。

图1-1 选择Set-up.exe安装文件

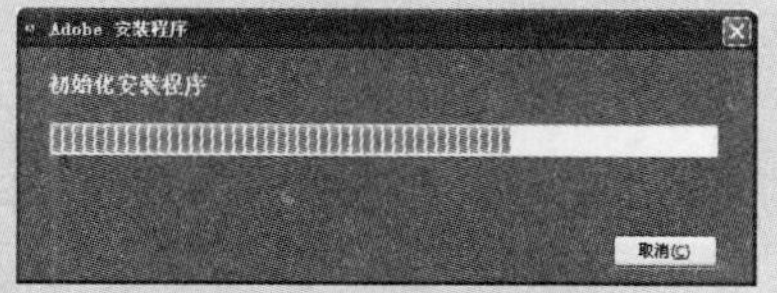

图1-2 信息提示框

专家提醒

选择安装文件Set-up.exe文件，单击鼠标右键，在弹出的快捷菜单中选择“打开”命令，也可以启动Flash安装文件。

03 初始化程序完成后，进入“欢迎使用”界面，在该界面阅读Adobe软件许可协议，如图1-3所示。

04 单击“接受”按钮，进入“请输入序列号”界面，用户可以选择输入序列号或安装此产品的试用版，并选择“简体中文”选项，如图1-4所示。

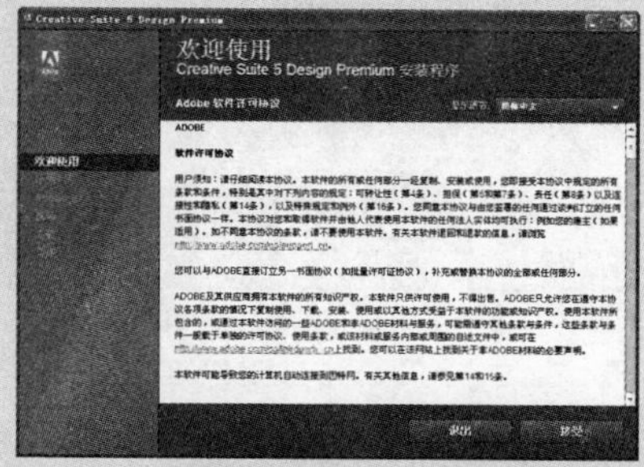

图1-3 软件许可协议

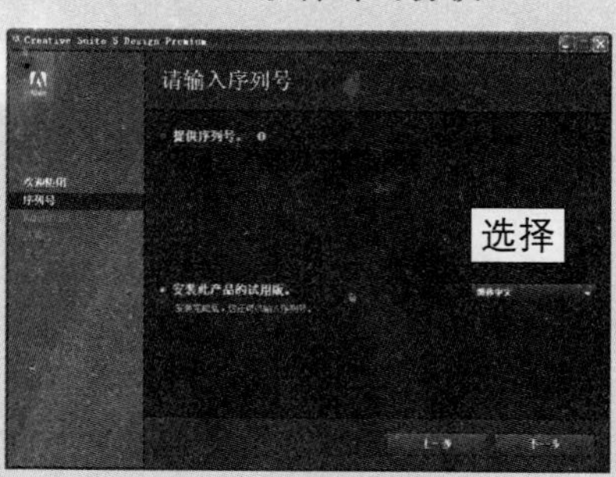

图1-4 选择“简体中文”选项

05 单击“下一步”按钮，进入“安装选项”界面，勾选ADOBE FLASH CS5复选框，单击“浏览到安装位置”按钮，设置软件的具体安装位置，如图1-5所示。

06 单击“安装”按钮，进入“安装进度”界面，显示剩余时间，如图1-6所示。

专家提醒

在“安装选项”界面中，如果用户还需要安装其他Adobe软件，勾选与该软件相对应的复选框即可。

图1-5 设置选项

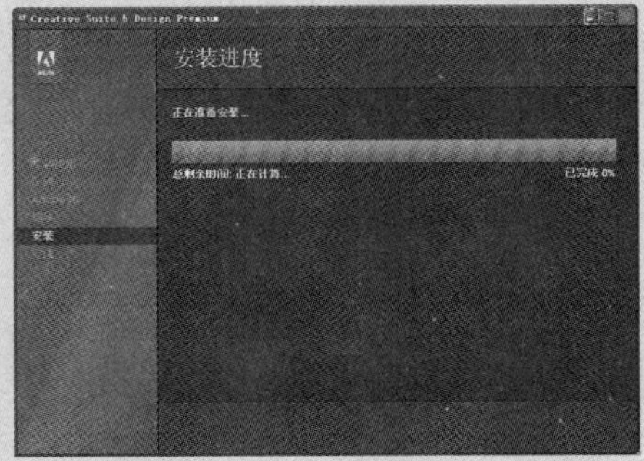

图1-6 显示剩余时间

07 剩余时间计算完成后，软件将进行安装，并且会显示正在安装的时间进度，如图1-7所示。

08 安装完成后，提示用户软件已安装完成，如图1-8所示。单击“完成”按钮，即可完成Flash CS5的安装。

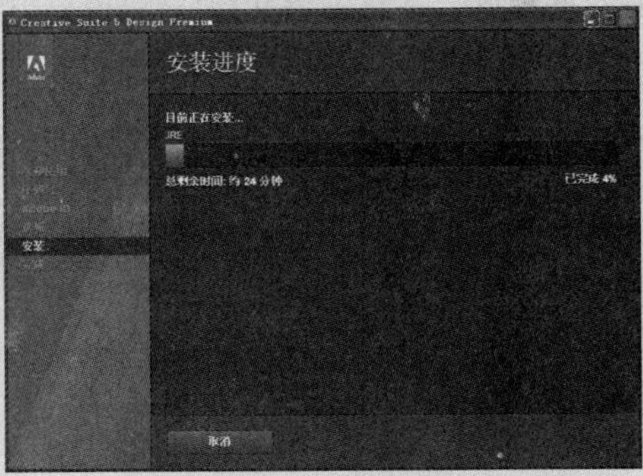

图1-7 显示正在安装进度

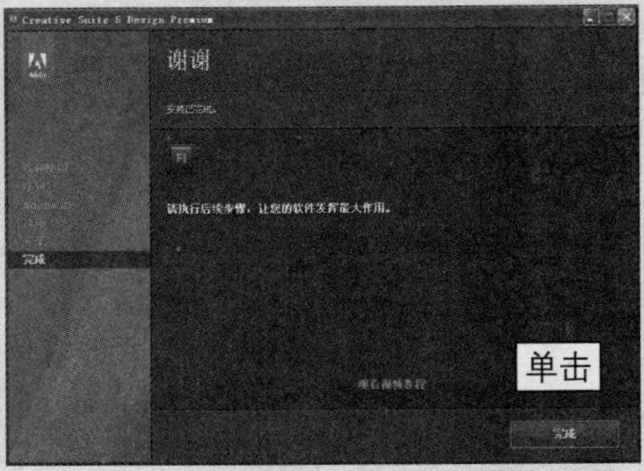

图1-8 安装完成

第2集 启动Flash CS5

素材：无
效果：无
视频：视频\第1章\第2集.swf
时长：46秒
难度：★★★★
关键技术：“打开”选项

01 将鼠标指针移至桌面上的Adobe Flash Professional CS5快捷方式图标上，单击鼠标右键，在弹出的快捷菜单中选择“打开”命令，如图2-1所示。

02 弹出启动界面，系统开始加载Flash CS5应用程序，程序启动后，即可进入Flash CS5的欢迎界面，如图2-2所示。

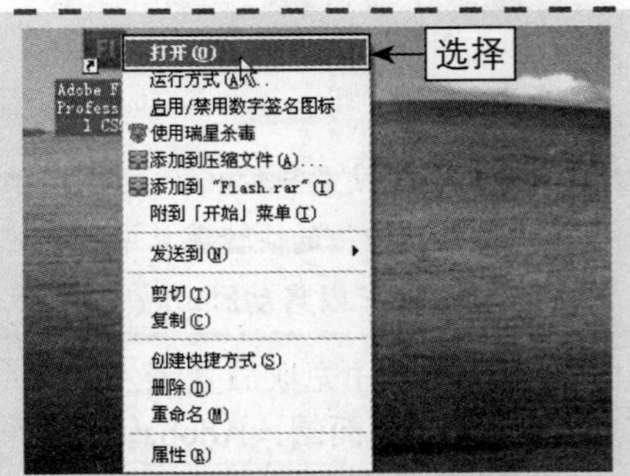

图2-1 选择“打开”命令

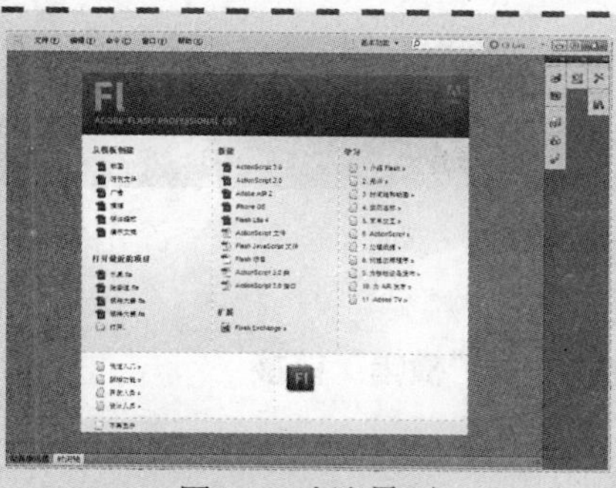

图2-2　欢迎界面

03 在“新建”选项区中选择ActionScript 3.0选项，即可进入Flash CS5的工作界面，如图2-3所示。

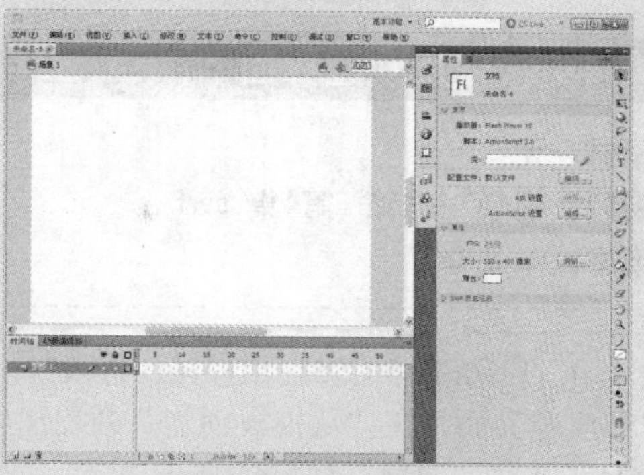

图2-3　进入工作界面

专家提醒

在欢迎界面中，按Ctrl＋N组合键，弹出“新建文档”对话框，在其中选择ActionScript 3.0选项，单击“确定”按钮，也可以进入Flash CS5的工作界面。

第3集　退出Flash CS5

素材：无

视频：视频\第1章\第3集.swf

难度：★★★

效果：无

时长：32秒

关键技术：“退出”命令

01 单击“文件”|“退出”命令，如图3-1所示，即可退出Flash CS5程序。

图3-1　单击“退出”命令

02 如果用户在工作界面中进行了编辑操作，之前也未保存，在退出Flash CS5程序时，会弹出信息提示框，如图3-2所示。单击“是”按钮，将文件保存；单击“否”按钮，将不保存文件；单击“取消”按钮，将不退出Flash CS5程序。

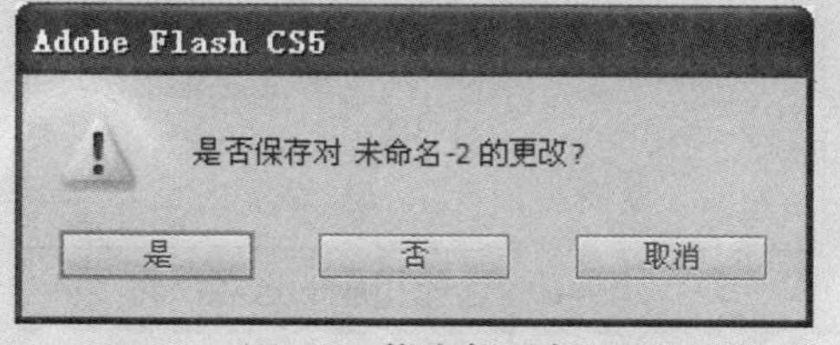

图3-2　信息提示框

专家提醒

在Flash CS5中，用户还可以通过以下3种方法退出Flash CS5。

- 快捷键1：按Alt＋F4组合键。
- 快捷键2：按Ctrl＋Q组合键。
- 图标：双击标题栏上的Flash CS5应用程序图标Fl。

1.2 编辑工作窗口

第4集　使用欢迎界面

素材：无　　效果：无
视频：视频\第1章\第4集.swf　　时长：38秒
难度：★★★　　关键技术：“横幅”链接

01 启动Flash CS5应用程序，进入Flash CS5欢迎界面，在“从模板创建”列表框中选择“横幅”选项，如图4-1所示。

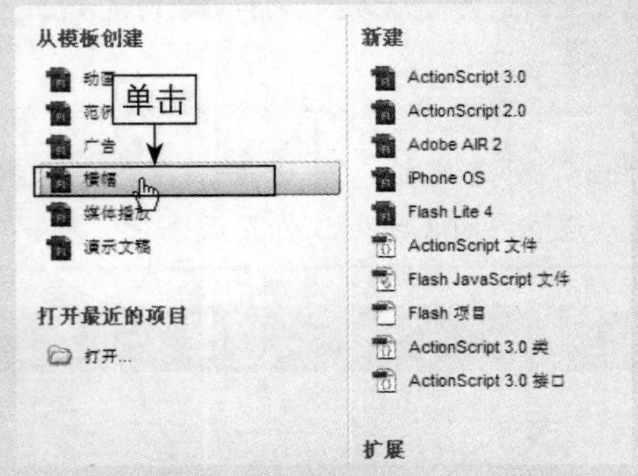

图4-1　单击“横幅”选项

02 执行操作后，弹出“从模板新建”对话框，在“模板”选项卡中选择相应的选项，如图4-2所示。

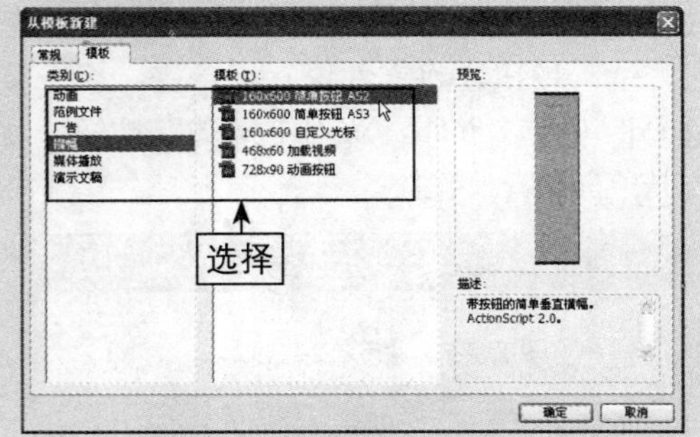

图4-2　选择相应的选项

专家提醒

在“模板”选项卡的“类别”列表框中选择“广告”选项，然后根据需要进行相应操作，即可创建一个广告动画文档。

03 单击“确定”按钮，即可通过欢迎界面创建一个横幅型模板文档，效果如图4-3所示。

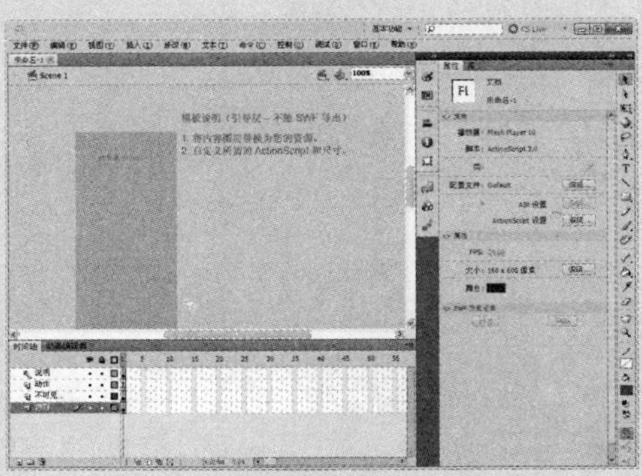

图4-3　创建的横幅型模板文档

第5集　编辑欢迎界面

素材：无　　效果：无
视频：视频\第1章\第5集.swf　　时长：55秒
难度：★★★★　　关键技术：“不再显示”复选框

01 在欢迎界面中勾选“不再显示”复选框，如图5-1所示。

02 弹出信息提示框，提示用户再次显示欢迎屏幕的操作方法，如图5-2所示。

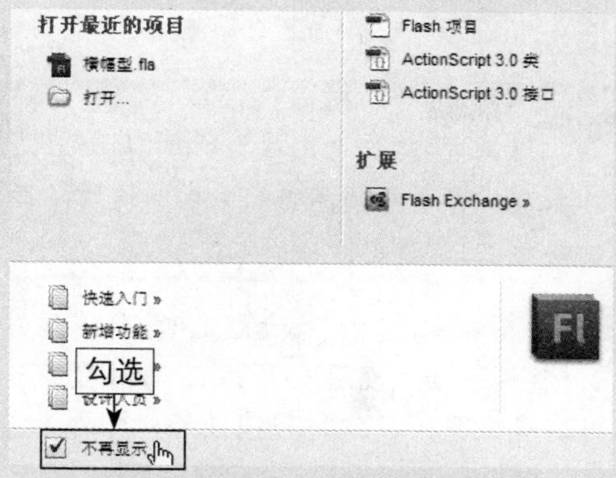

图5-1　勾选“不再显示”复选框

图5-2　提示对话框

03 单击“确定”按钮，退出Flash应用程序，然后重新启动Flash应用程序，此时欢迎界面已被隐藏，如图5-3所示。

04 单击“编辑”|“首选参数”命令，弹出“首选参数”对话框，在“类别”列表框中选择“常规”选项，在“启动时”下拉列表框中选择“欢迎屏幕”选项，如图5-4所示。

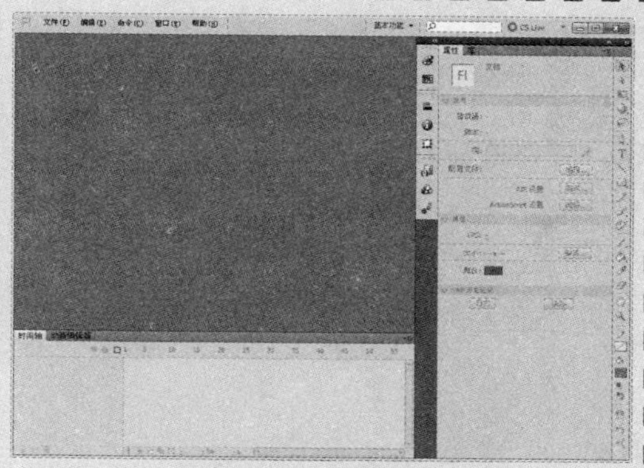

图5-3　隐藏欢迎界面

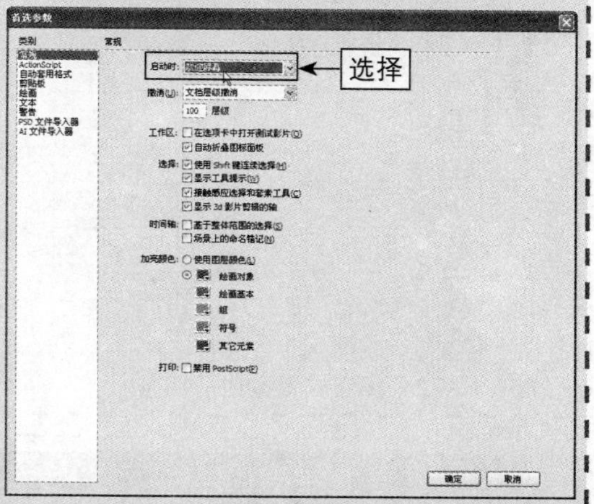

图5-4　选择“欢迎屏幕”选项

专家提醒

在Flash CS5中按Ctrl+U组合键，也可以弹出“首选参数”对话框。

05 单击“确定”按钮，即可再次显示欢迎界面。

第6集　控制窗口大小

素材：无

视频：视频\第1章\第6集.swf

难度：★★★

效果：无

时长：39秒

关键技术：“还原”按钮、“最大化”按钮、“最小化”按钮

01 进入Flash CS5工作界面，将鼠标指针移至标题栏右侧的“还原”按钮上，如图6-1所示。

02 单击鼠标，即可将窗口还原。将鼠标移至标题栏右侧的“最大化”按钮上，如图6-2所示，单击鼠标，即可最大化窗口。

图6-1　移至“还原”按钮上

图6-2　移至“最大化”按钮上

专家提醒

将窗口最大化后，Flash CS5应用程序的界面将铺满整个桌面，这时不能再移动或缩放窗口。

03 将鼠标移至标题栏右侧的“最小化”按钮上，如图6-3所示，单击鼠标，即可最小化窗口，此时只在任务栏中显示该程序的图标。

图6-3　移至“最小化”按钮上

第7集　重置工作窗口

素材：无　　效果：无

视频：视频\第1章\第7集.swf　　时长：27秒

难度：★★　　关键技术：“基本功能”按钮

01 启动Flash CS5应用程序，将工具箱移至舞台区，单击标题栏右侧的“基本功能”按钮，在弹出的下拉列表中选择“重置‘基本功能’”命令，如图7-1所示。

02 操作完成后，即可将窗口重置，如图7-2所示。

图7-1　选择“重置‘基本功能’”命令

专家提醒

在Flash CS5中，“基本功能”下拉列表中还有“动画”、“传统”、“调试”等选项，可以根据需要选择相应的布局选项。

专家提醒

在“基本功能”下拉列表中还有“动画”、“传统”、“调试”等选项，这些选项都是为了让用户更加方便地操作软件。而内置的面板布局模式，用户可以根据自己的喜好选择相应的布局选项。

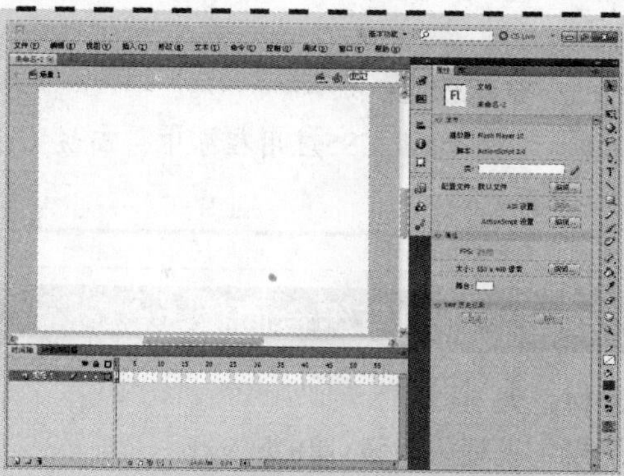

图7-2　重置窗口

第8集　折叠与展开面板

素材：无

视频：视频\第1章\第8集.swf

难度：★★★

效果：无

时长：34秒

关键技术：“折叠为图标”按钮、“展开面板”按钮

01 启动Flash CS5软件，新建一个Flash文件，将鼠标移至“属性”面板右侧的“折叠为图标”按钮▶▶上，如图8-1所示。

02 单击鼠标，即可将“属性”面板折叠起来，如图8-2所示。

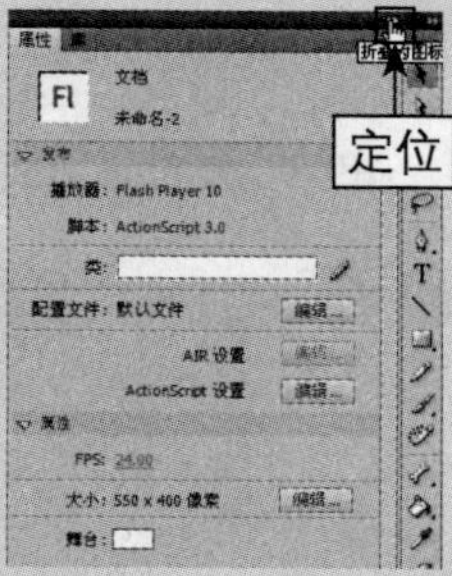

图8-1　移至“折叠为图标”按钮上

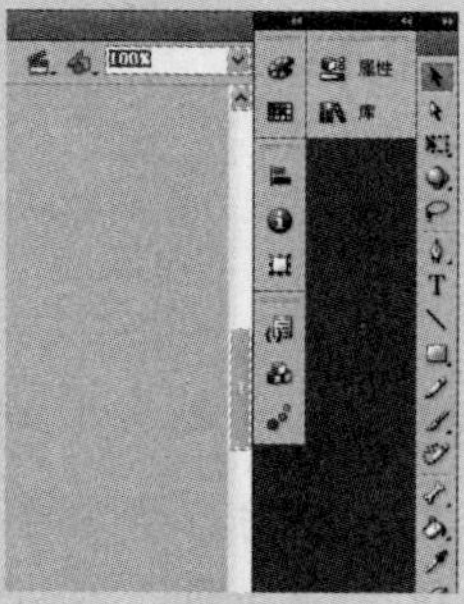

图8-2　折叠面板的效果

03 将鼠标移至“属性”面板右侧的“展开面板”按钮◀◀上，如图8-3所示。

专家提醒

在舞台区制作Flash时，可以把面板折叠起来，这样可以腾出更多的舞台空间。

04 单击鼠标，即可将“属性”面板展开，如图8-4所示。

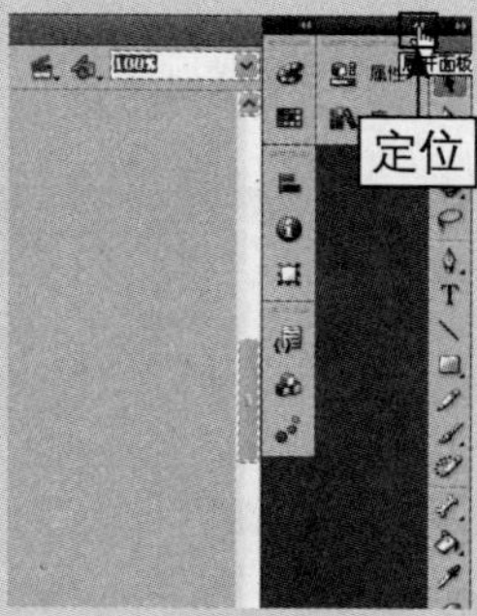

图8-3　移至“展开面板”按钮上

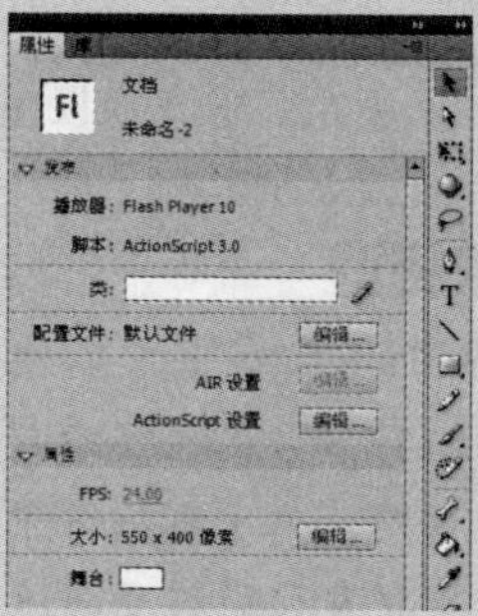

图8-4　展开面板

专家提醒

在Flash CS5应用程序中，面板上方都有灰色区域，双击该灰色区域可以展开或折叠面板。

第9集　移动与组合面板

素材：无　　效果：无

视频：视频\第1章\第9集.swf　　时长：39秒

难度：★★★　　关键技术：移动与组合面板

01 将鼠标移至“属性”面板顶端的黑色区域上，拖曳鼠标，面板以半透明方式显示，如图9-1所示。

02 拖曳至合适的位置后释放鼠标，即可移动面板，如图9-2所示。

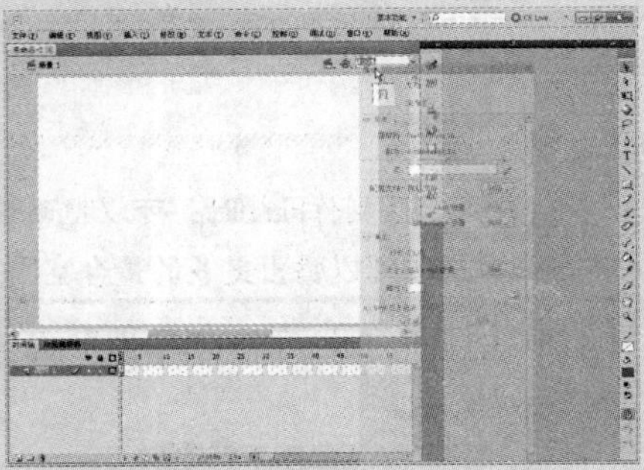

图9-1　拖曳面板

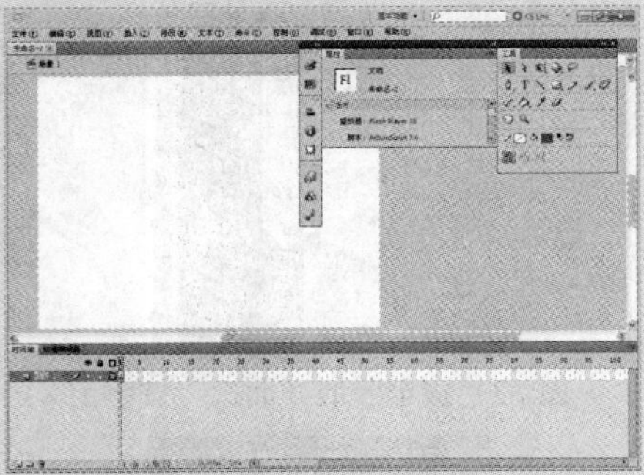

图9-2　移动面板

专家提醒

在Flash CS5中，不只是面板可以随意移动，舞台区也可以移动，移动方法大致相同，为了制作方便，用户可以根据需要将舞台区移至合适的位置。

03 将鼠标移至工具箱上方的灰色区域，如图9-3所示。

04 将其拖曳至“属性”面板的灰色区域，“属性”面板显示蓝色框，如图9-4所示。

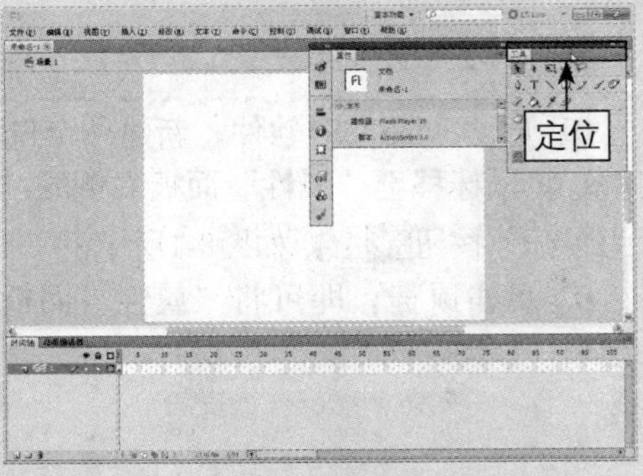

图9-3　定位鼠标

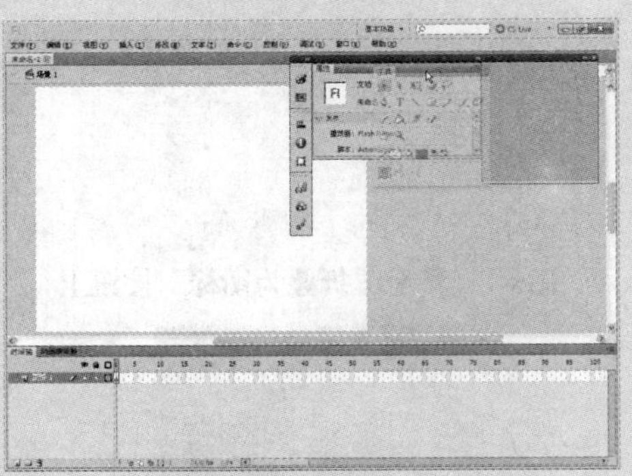

图9-4　拖曳面板

专家提醒

当界面中存在多个浮动面板时，会占用很大的空间，不利于舞台区的操作，此时可以将几个面板组合成一个面板。

05 释放鼠标左键，即可将面板进行组合，如图9-5所示。

图9-5　组合面板

第10集　隐藏和显示面板

素材：无

效果：无

视频：视频\第1章\第10集.swf

时长：23秒

难度：★★

关键技术："隐藏面板"、"显示面板"命令

01 启动Flash CS5软件，新建一个Flash文件，单击"窗口"|"隐藏面板"命令，所有面板都将被隐藏，如图10-1所示。

图10-1　隐藏面板

02 单击"窗口"|"显示面板"命令，被隐藏的面板即被显示出来，如图10-2所示。

图10-2　显示面板

专家提醒

当面板浮在工作界面上时，单击面板右上角的"关闭"按钮，即可隐藏当前面板。隐藏面板后，舞台区空间变得最大，方便用户进行各种编辑操作。

1.3　使用帮助系统

第11集　打开帮助系统

素材：无

效果：无

视频：视频\第1章\第11集.swf

时长：8秒

难度：★

关键技术："Flash帮助"命令

01 单击“帮助”|“Flash帮助”命令，如图11-1所示。

02 执行操作后，即可打开Flash帮助系统，如图11-2所示。

图11-1 单击“Flash帮助”命令

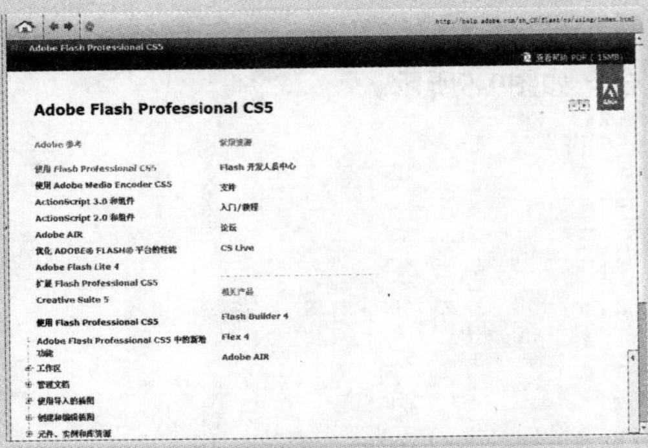

图11-2 Flash帮助系统

专家提醒

通常每个软件都会有关于该软件使用方法的帮助系统，打开帮助系统的快捷键一般都是F1键。

第12集 查找帮助内容

素材：无
视频：视频\第1章\第12集.swf
难度：★★★
效果：无
时长：31秒
关键技术：“工作区”结构树

01 将界面移至“使用Flash Professional CS5”选项区，如图12-1所示。

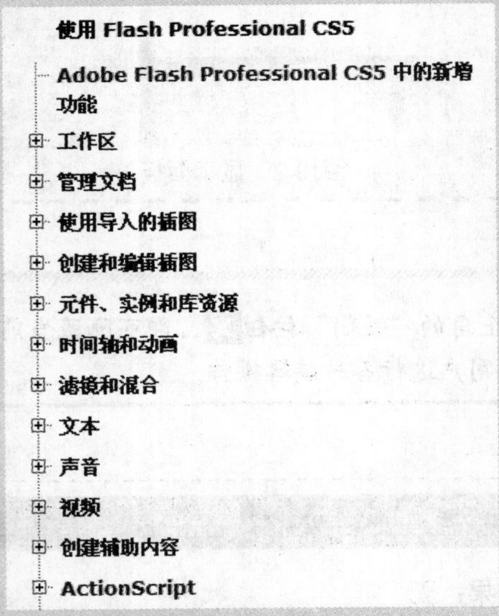

图12-1 “使用Flash Professional CS5”选项区

02 单击“使用Flash Professional CS5”选项区中“工作区”选项左侧的十字形按钮⊞，即可展开“工作区”结构树，显示其子目录，如图12-2所示。

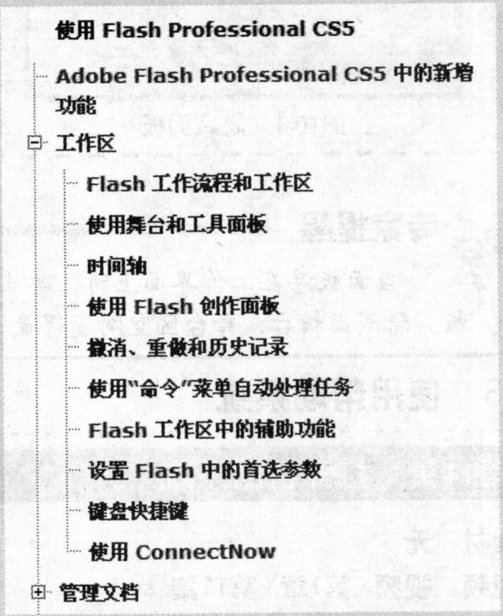

图12-2 展开“工作区”结构树

03 选择“工作区”结构树中的“使用舞台和工具面板”选项，即可查找到使用舞台和工具面板的帮助内容，如图12-3所示。

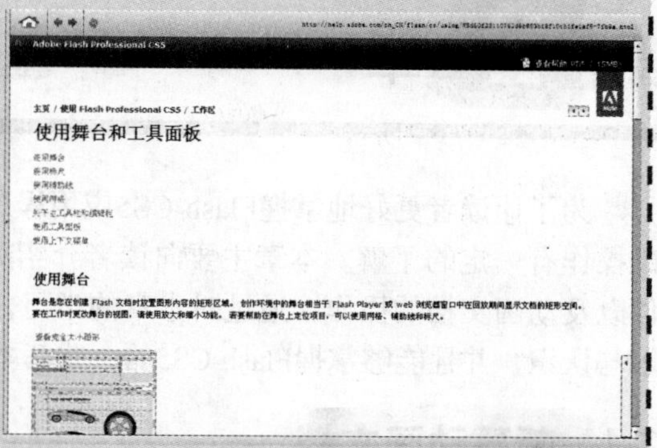

图12-3　查找帮助内容

专家提醒

若用户需要了解某个知识点所有的相关内容，就可以用以上方法查找所有相关知识点。

第13集　搜索关键字内容

素材：无
视频：视频\第1章\第13集.swf
难度：★
效果：无
时长：18秒
关键技术：“搜索”文本框

01 在帮助系统的左上方找到“搜索”文本框，如图13-1所示。

02 在“搜索”文本框中输入“新增功能”文本，如图13-2所示。

图13-1　搜索栏

图13-2　输入文本

03 按Enter键进行确认，将进入含有“新增功能”文本的页面，如图13-3所示。

图13-3　搜索的关键字内容

专家提醒

搜索框与百度搜索框的功能类似，能够快速地为用户查找相应知识点的所有链接。

第 2 章 Flash CS5基本操作

为了让读者更好地掌握Flash CS5应用程序，在学习动画制作之前应该对Flash CS5的基础操作有一定的了解。本章主要向读者介绍新建动画文档、保存动画文件、打开和关闭文件以及动画文档的操作，通过对本章的学习，读者可以对Flash CS5的操作方法有一定的了解与认识，并且能够掌握Flash CS5的一些基本操作知识，为后面深入的学习奠定基础。

2.1 新建动画文档

第14集 创建空白文档

素材：无　　效果：无

视频：视频\第2章\第14集.swf　　时长：27秒

难度：★★　　关键技术：“新建”命令

01 启动Flash CS5软件，单击“文件”|“新建”命令，弹出“新建文档”对话框，在“常规”选项卡的“类型”列表框中选择ActionScript 3.0选项，如图14-1所示。

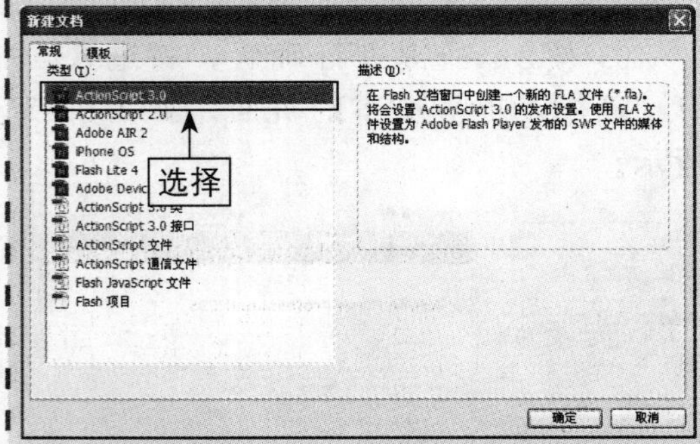

图14-1 “新建文档”对话框

02 单击“确定”按钮，即可创建一个文件类型为ActionScript 3.0的空白文件，如图14-2所示。

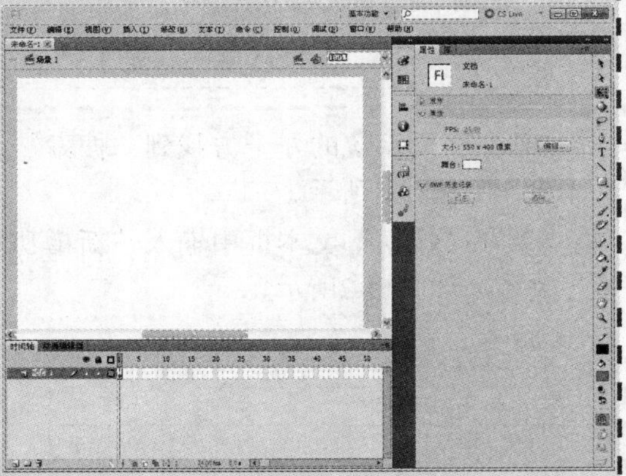

图14-2 创建空白文件

专家提醒

除了运用上述方法创建空白文件外，还有以下3种方法。

- 欢迎界面：启动Flash CS5程序，在欢迎界面的“新建”选项卡中选择ActionScript 3.0选项。
- 按钮：单击“窗口”|“工具栏”|“主工具栏”命令，在弹出的“主工具栏”对话框中单击“新建”按钮。
- 快捷键：按Ctrl＋N组合键。

第15集　使用模板创建

素材：无　　　　　　　　　　效果：无
视频：视频\第2章\第15集.swf　　时长：30秒
难度：★★　　　　　　　　　关键技术："从模板新建"对话框

01 单击"文件"|"新建"命令，在弹出的"新建文档"对话框中单击"模板"标签，在"类别"列表框中选择"广告"选项，在"模板"列表框中选择"234×60半横幅"选项，如图15-1所示。

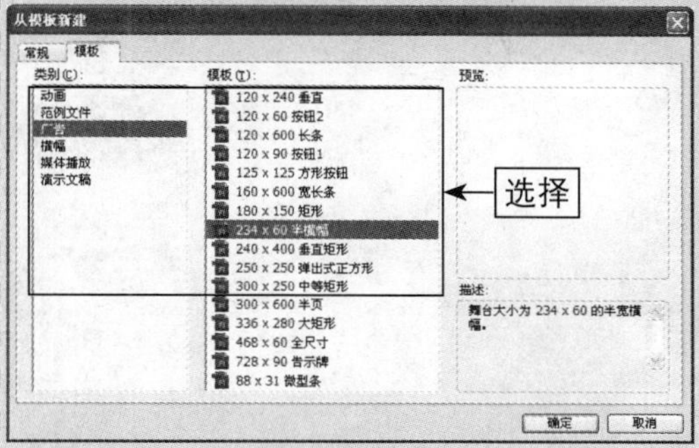

图15-1　"模板"选项卡

02 单击"确定"按钮，即可创建一个模板文件，如图15-2所示。

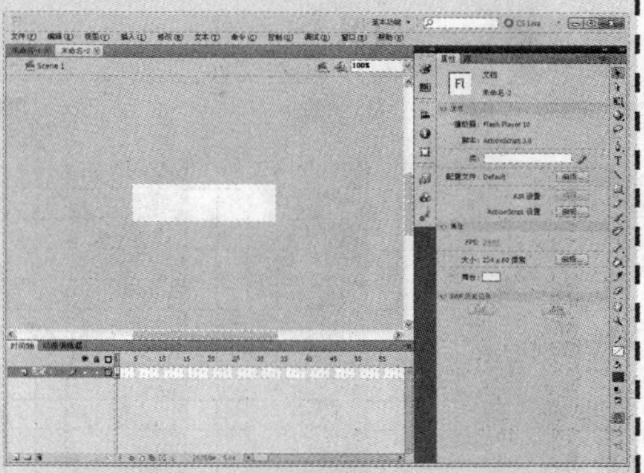

图15-2　创建模板文件

专家提醒

模板实际上是已经编辑完成、具有完整影片构架的文件，并拥有强大的互动扩充功能。

第16集　设置背景颜色

素材：素材\第2章\16–1.fla
效果：效果\第2章\第16集.fla
视频：视频\第2章\第16集.swf
时长：29秒
难度：★★
关键技术：单击"背景颜色"色块

01 单击"文件"|"打开"命令，打开一个素材文件，如图16-1所示。

02 在"属性"面板的"属性"选项区中，单击"舞台"右侧的"背景颜色"色块，在弹出的拾色器中选择黄色（#FFCC00），如图16-2所示。

图16-1　素材文件

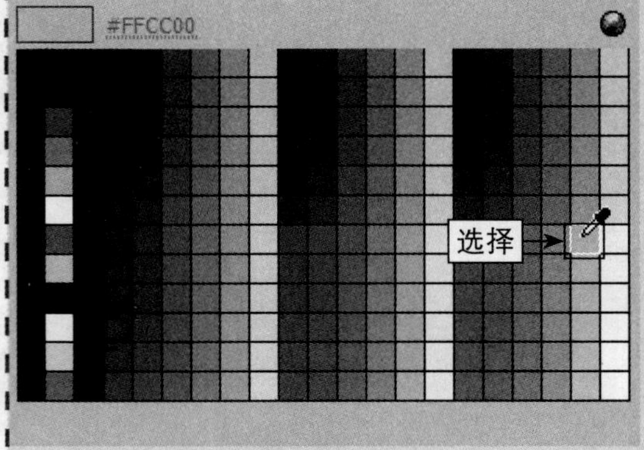

图16-2　选择背景颜色

03 操作完成后，即可设置背景颜色，效果如图16-3所示。

图16-3　设置背景颜色

第17集　设置文档像素

素材：素材\第2章\17-1.fla
效果：效果\第2章\第17集.fla
视频：视频\第2章\第17集.swf
时长：39秒
难度：★★★
关键技术：设置“尺寸”大小

01 单击“文件”|“打开”命令，打开一个素材文件，如图17-1所示。

02 在“属性”面板的“属性”选项区中单击“大小”右侧的“编辑”按钮，弹出“文档设置”对话框，如图17-2所示。

图17-1　素材文件

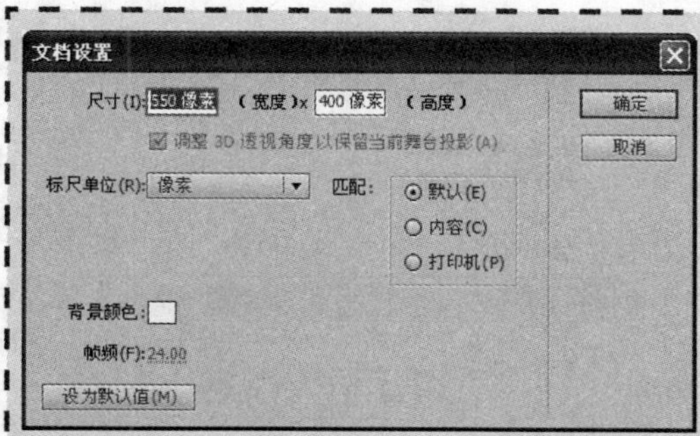

图17-2 “文档设置”对话框

专家提醒

“文档属性”对话框中各主要选项含义如下。

- 尺寸：在该选项区中可设置动画的尺寸，系统默认的文档尺寸为550像素×400像素。
- 背景颜色：单击“背景颜色”右侧的色块，在弹出的颜色面板上可以选择背景的颜色，系统默认的背景颜色为白色。
- 帧频：在“帧频”文本框中可输入每秒要显示的动画帧数，帧数越大，播放的速度越快，默认帧频为24fps。

03 在其中设置“尺寸”为300像素×220像素，如图17-3所示。

04 单击“确定”按钮，即可完成对文档像素的设置，效果如图17-4所示。

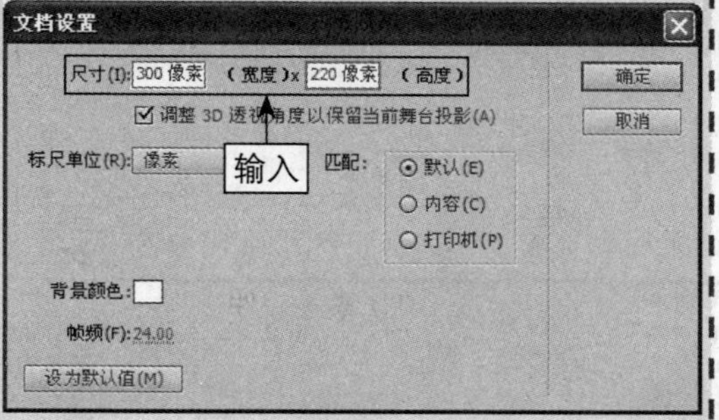

图17-3 设置文档像素

图17-4 设置文档像素效果

2.2 保存动画文件

第18集 直接保存文件

素材：素材\第2章\18-1.jpg

效果：效果\第2章\第18集.fla

视频：视频\第2章\第18集.swf

时长：43秒

难度：★★★★

关键技术：“保存”命令

01 单击“文件”|“导入”|“导入到舞台”命令，在弹出的“导入”对话框中选择要导入的素材文件，如图18-1所示。

02 单击“打开”按钮，即可将图像文件导入到舞台区，如图18-2所示。

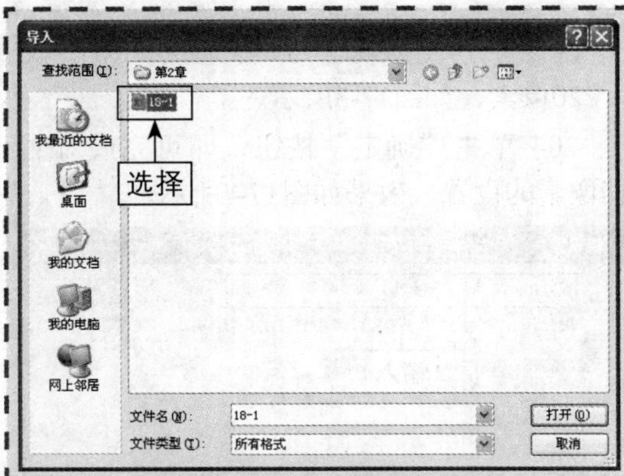

图18-1　选择素材文件

图18-2　导入的素材

03 单击“文件”|“保存”命令，如图18-3所示。

04 弹出“另存为”对话框，在“保存在”下拉列表框中选择保存动画文档的位置，在“文件名”文本框中输入“第18集”文本，如图18-4所示。

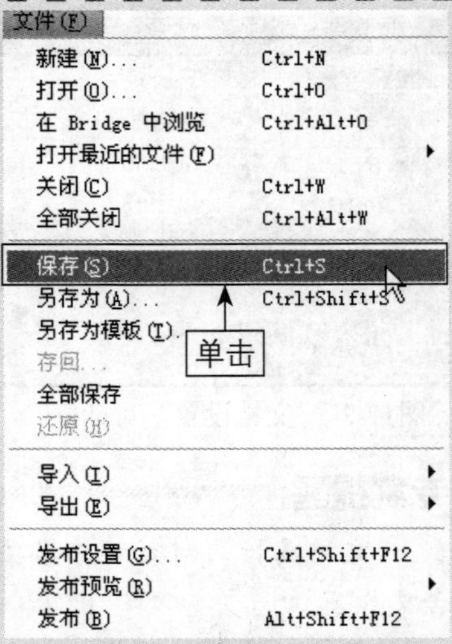

图18-3　单击“保存”命令

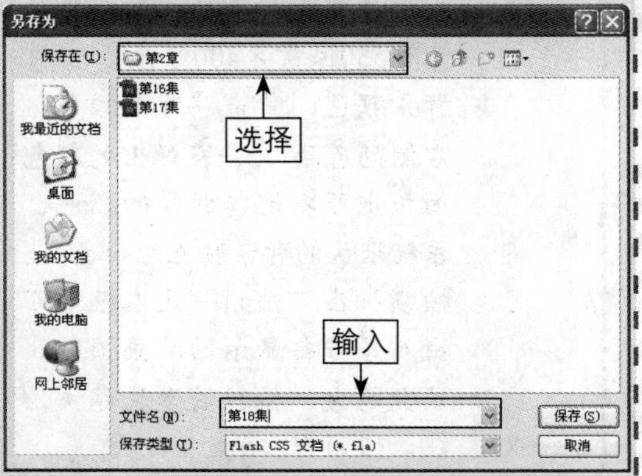

图18-4　“另存为”对话框

05 单击“保存”按钮，即可直接保存该文件。

专家提醒

直接按Ctrl＋S组合键，也可以保存当前文档。

第19集　另存为文件

素材：素材\第2章\19—1.fla

效果：效果\第2章\第19集.fla

视频：视频\第2章\第19集.swf

时长：38秒

难度：★★★

关键技术：“另存为”命令

01 单击“文件”|“打开”命令，打开一个素材文件，如图19-1所示。

图19-1 素材文件

02 单击“文件”|“另存为”命令，如图19-2所示。

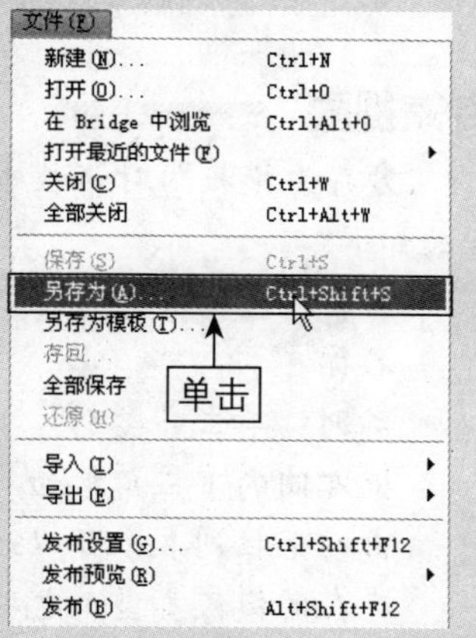

图19-2 单击“另存为”命令

03 弹出“另存为”对话框，在“保存在”下拉列表框中选择保存动画文档的位置，在“文件名”文本框中输入“第19集”文本，如图19-3所示。

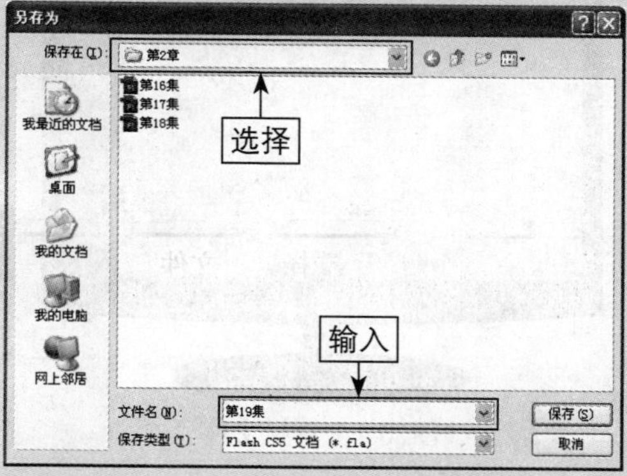

图19-3 “另存为”对话框

04 单击“保存”按钮，即可将当前文档另存为一个动画文档。

专家提醒

按Shift＋Ctrl＋S组合键也可将当前文件另存，为了保证文件的安全并避免所编辑的内容丢失，用户在使用Flash CS5制作动画过程中，应该多另存几个文件，这样更加保险。

第20集 另存为模板

素材：素材\第2章\20–1.fla

效果：无

视频：视频\第2章\第20集.swf

时长：41秒

难度：★★★★

关键技术：“另存为模板”命令

01 单击“文件”|“打开”命令，打开一个素材文件，如图20-1所示。

02 单击“文件”|“另存为模板”命令，如图20-2所示。

图20-1　素材文件

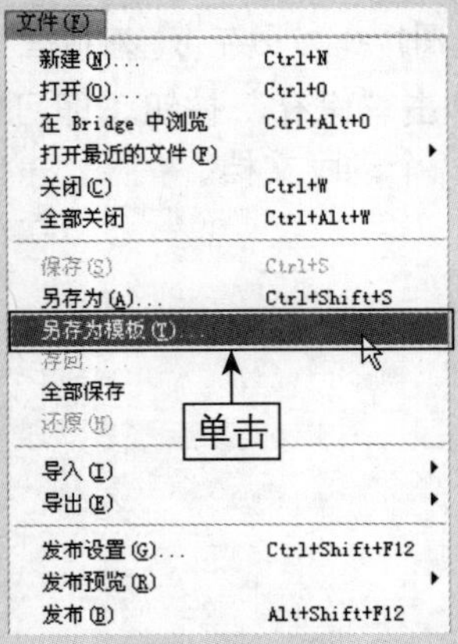

图20-2　单击“另存为模板”命令

03 弹出信息提示框，提示另存为模板警告，如图20-3所示。

04 单击“另存为模板”按钮，弹出“另存为模板”对话框，在其中进行相应的设置，如图20-4所示。

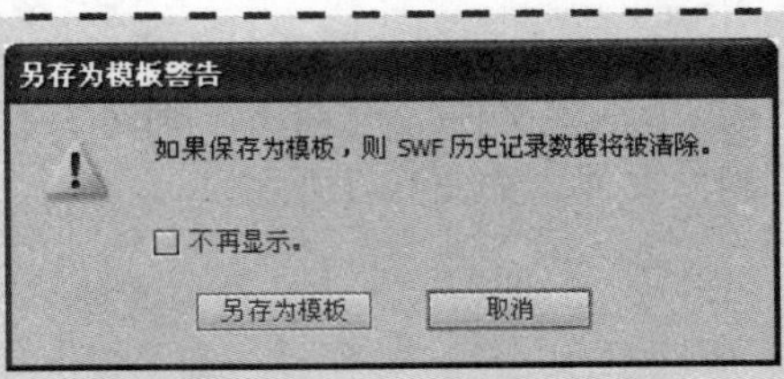

图20-3　信息提示框

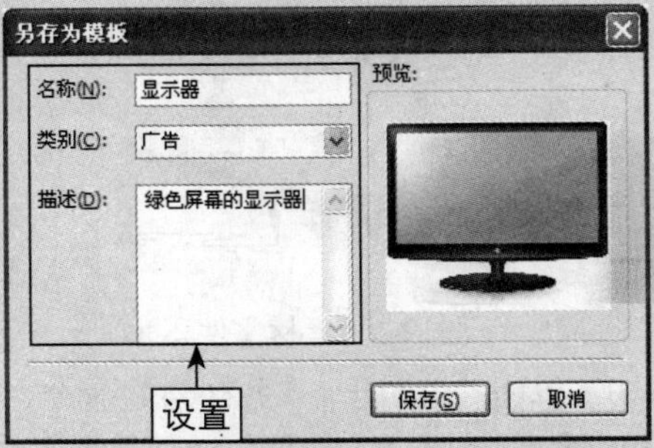

图20-4　“另存为模板”对话框

专家提醒

“另存为模板”对话框中各选项的含义如下。

- 名称：即所要另存为的模板的名称。
- 类别：单击“类别”下拉列表框右侧的下三角按钮，在弹出的下拉列表中可以选择已经存在的模板类型，也可直接输入模板类型文本。
- 描述：用来描述所要另存为的模板信息，以免和其他模板混淆。

05 单击“保存”按钮，即可将当前文档另存为模板文件。

2.3　打开和关闭文件

第21集　打开文件

素材：素材\第2章\21-1.fla
效果：无
视频：视频\第2章\第21集.swf
时长：20秒
难度：★
关键技术：“打开”命令

01 单击“文件”|“打开”命令，如图21-1所示。

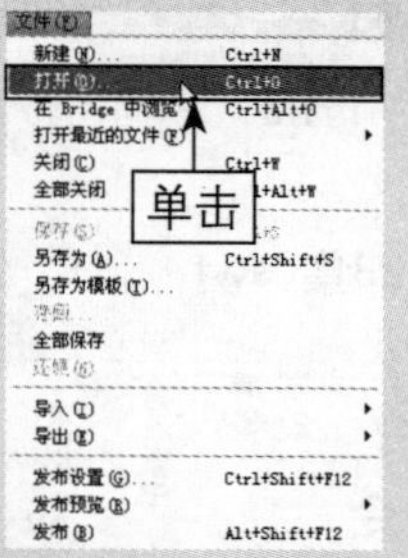

图21-1 单击“打开”命令

02 弹出“打开”对话框，在其中选择需要打开的文件，如图21-2所示。

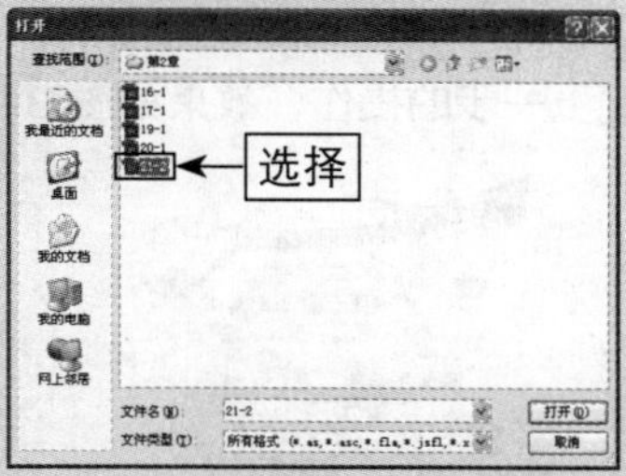

图21-2 “打开”对话框

03 单击“打开”按钮，即可打开所选文件，如图21-3所示。

图21-3 打开的文件

专家提醒

在Flash CS5中，按Ctrl＋O组合键，也可弹出“打开”对话框。

第22集 关闭文件

素材：素材\第2章\22−1.fla

效果：无

视频：视频\第2章\第22集.swf

时长：20秒

难度：★

关键技术：“关闭”命令

01 单击“文件”|“打开”命令，打开一个素材文件，如图22-1所示。

图22-1 素材文件

02 单击“文件”|“关闭”命令，如图22-2所示。操作完成后，即可关闭文件。

图22-2 单击“关闭”命令

2.4 动画文档的操作

第23集 撤销操作

素材：素材\第2章\23-1.fla

效果：无

视频：视频\第2章\第23集.swf

时长：32秒

难度：★★★

关键技术：“撤消”命令

01 单击“文件”|“打开”命令，打开一个素材文件，如图23-1所示。

02 选取工具箱中的选择工具，选择舞台中的两个蜜蜂图形对象，如图23-2所示。

图23-1 素材文件

图23-2 选择图形对象

03 按Delete键，将其删除，如图23-3所示。

04 单击“编辑”|“撤消删除”命令，即可撤销上一步的操作，效果如图23-4所示。

图23-3 删除图形对象

图23-4 撤销操作的效果

专家提醒

除了运用上述方法撤销操作外，还有以下两种方法。

- 快捷键：按Ctrl+Z组合键也可撤销上步操作。
- “历史记录”面板：单击“窗口”|“其他面板”|“历史记录”命令，弹出“历史记录”面板，若只撤销上一个步骤，将“历史记录”面板左侧的滑块在列表中向上拖曳一个步骤即可；若要撤销多个步骤，可拖曳滑块以指向任意步骤，或在某个步骤左侧的滑块路径上单击鼠标，滑块会自动移至该步骤，并同时撤销其后面的所有步骤。

第24集　重做操作

素材：素材\第2章\24-1.fla

效果：效果\第2章\第24集.fla

视频：视频\第2章\第24集.swf

时长：52秒

难度：★★★★

关键技术：“重做”命令

01 单击“文件”|“打开”命令，打开一个素材文件，如图24-1所示。

图24-1　素材文件

02 单击“窗口”|“库”命令，展开“库”面板，在其中选择“七色”图形元件，如图24-2所示。

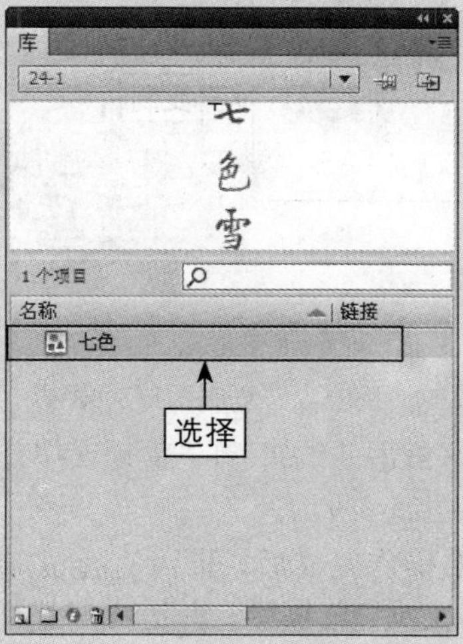

图24-2　选择图形对象

03 拖曳鼠标至舞台适当位置后释放左键，即可创建图形元件，如图24-3所示。

图24-3　创建图形对象

04 单击“编辑”|“撤消将库项目添加到文档”命令，即可撤销将库项目添加到文档的操作，如图24-4所示。

图24-4　撤销操作

05 单击“编辑”|“重做将库项目添加到文档”命令，即可重做将库项目添加到文档的操作，效果如图24-5所示。

专家提醒

在Flash CS5中，重做操作的快捷键为Ctrl+Y组合键。

图24-5　重做操作

第25集　重复操作

素材：素材\第2章\25-1.fla
效果：效果\第2章\第25集.fla
视频：视频\第2章\第25集.swf
时长：48秒
难度：★★★★
关键技术：“重复”命令

01 单击“文件”|“打开”命令，打开一个素材文件，如图25-1所示。

图25-1　素材文件

02 选取工具箱中的选择工具，选择舞台中的图形对象，按住Alt键的同时拖曳鼠标，复制一个图形对象，如图25-2所示。

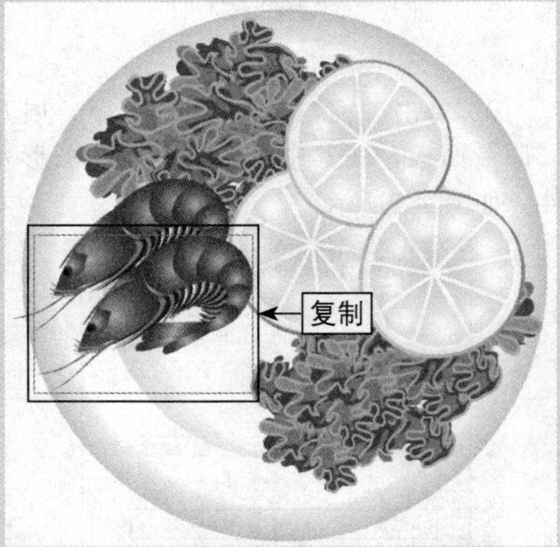

图25-2　复制图形对象

03 单击“编辑”|“重复直接复制”命令，如图25-3所示。

04 操作完成后，即可直接复制图形对象，多次执行此操作，并适当调整复制的图形对象的位置，效果如图25-4所示。

专家提醒

重复操作对于连续绘制两个或两个以上具有相同属性的图形非常有用。

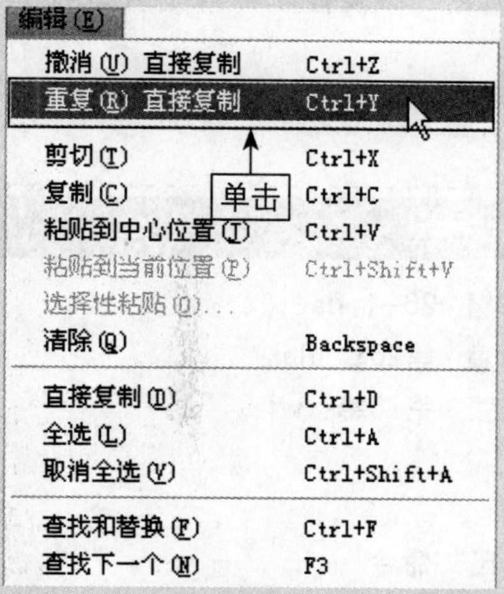

图25-3 单击“重复直接复制”命令

图25-4 重复操作的效果

第 3 章　设置Flash工作环境

启动Flash CS5应用程序后，为了操作方便，读者需要掌握和了解Flash CS5工作环境的基本操作。本章主要介绍标尺、网络、辅助线的应用，以及控制舞台显示比例等操作方法。

3.1　应用标尺

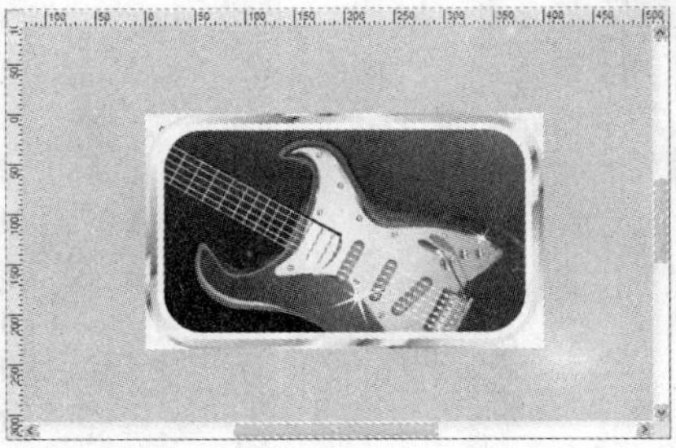

第26集　显示标尺

素材：素材\第3章\26—1.fla

效果：效果\第3章\第26集.fla

视频：视频\第3章\第26集.swf

时长：14秒

难度：★

关键技术："标尺"命令

01 单击"文件"|"打开"命令，打开一个素材文件，如图26-1所示。

图26-1　素材文件

02 单击"视图"|"标尺"命令，如图26-2所示。

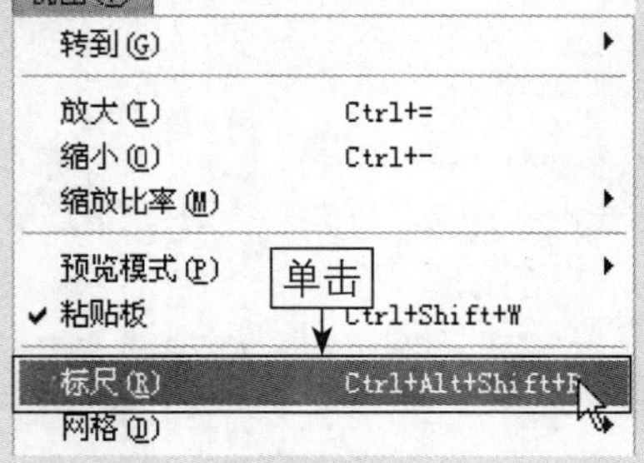

图26-2　单击"标尺"命令

03 操作完成后，即可显示标尺，如图26-3所示。

图26-3　显示标尺

专家提醒

单击"修改"|"文档"命令，在弹出的"文档属性"对话框的"标尺单位"下拉列表框中选择相应选项，可以修改文档的标尺度量单位。

第27集　隐藏标尺

素材：素材\第3章\27—1.fla
效果：效果\第3章\第27集.fla
视频：视频\第3章\第27集.swf
时长：15秒
难度：★
关键技术：“标尺”命令

01 单击“文件”|“新建”命令，打开一个素材文件，如图27-1所示。

图27-1　素材文件

02 单击“视图”|“标尺”命令，如图27-2所示。

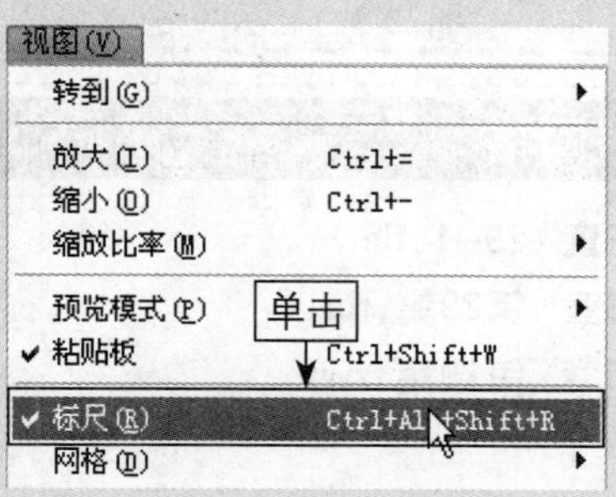

图27-2　单击“标尺”命令

专家提醒

除了上述方法隐藏标尺外，还可以按Shift＋Ctrl＋Alt＋R组合键来显示或隐藏标尺。

03 操作完成后，即可隐藏标尺，如图27-3所示。

图27-3　隐藏标尺

3.2　应用网格

第28集　显示网格

素材：素材\第3章\28—1.fla
效果：效果\第3章\第28集.fla
视频：视频\第3章\第28集.swf
时长：16秒
难度：★
关键技术：“显示网格”命令

01 单击“文件”|“打开”命令，打开一个素材文件，如图28-1所示。

02 单击“视图”|“网格”|“显示网格”命令，如图28-2所示。

专家提醒

在Flash CS5中，读者还可以按Ctrl+’组合键来进行贴紧网格操作。

图28-1 素材文件

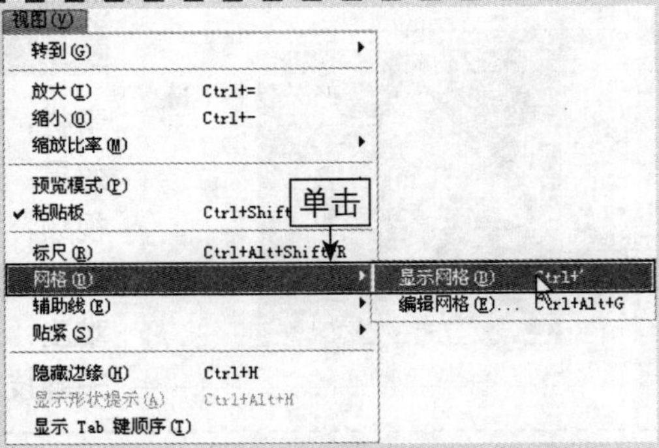

图28-2 单击“显示网格”命令

03 操作完成后，即可显示网格，效果如图28-3所示。

图28-3 显示网格

第29集 隐藏网格

素材： 素材\第3章\29-1.fla

效果： 效果\第3章\第29集.fla

视频： 视频\第3章\第29集.swf

时长： 21秒

难度： ★★

关键技术： “显示网格”命令

01 单击“文件”|“打开”命令，打开一个素材文件，如图29-1所示。

图29-1 素材文件

02 单击“视图”|“网格”|“显示网格”命令，如图29-2所示。

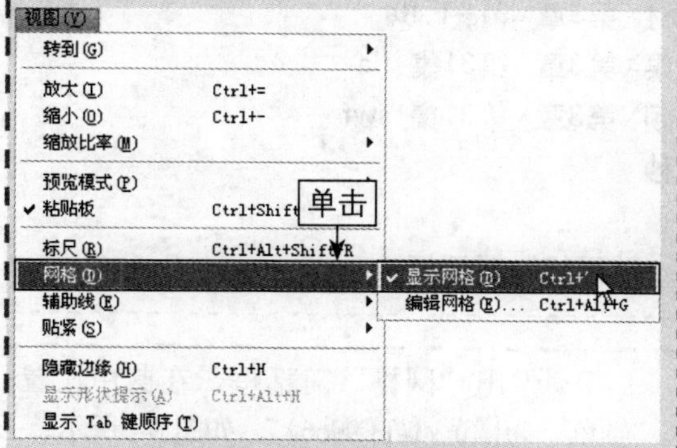

图29-2　单击“显示网格”命令

03 操作完成后，即可隐藏网格，效果如图29-3所示。

图29-3　隐藏网格

第30集　贴紧网格

素材：素材\第3章\30—1.fla

效果：效果\第3章\第30集.fla

视频：视频\第3章\第30集.swf

时长：20秒

难度：★

关键技术：“贴紧至网格”命令

01 单击“文件”|“打开”命令，打开一个素材文件，如图30-1所示。

02 单击“视图”|“贴紧”|“贴紧至网格”命令，如图30-2所示。

图30-1　素材文件

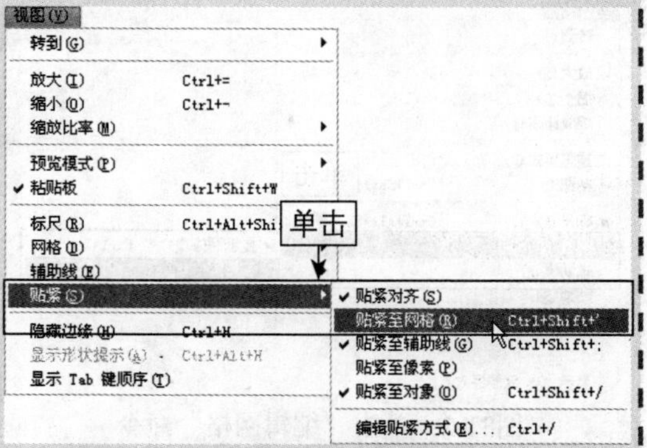

图30-2　单击“贴紧至网格”命令

03 操作完成后，即可将图形贴紧至网格。

专家提醒

在Flash CS5中，还可以按Shift＋Ctrl＋’组合键来执行贴紧网格操作。

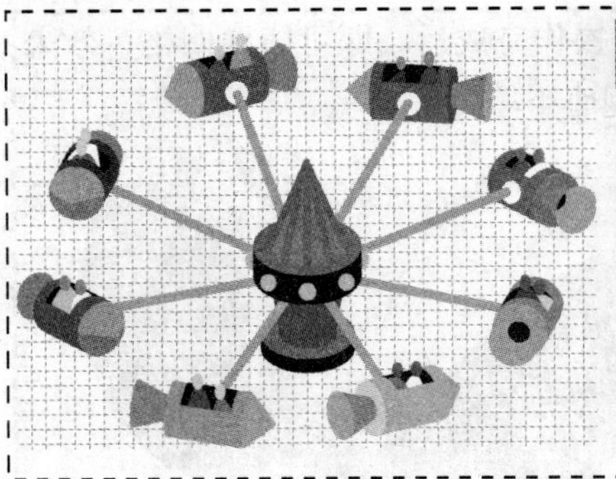

第31集　编辑网格

素材：素材\第3章\31-1.fla

效果：效果\第3章\第31集.fla

视频：视频\第3章\第31集.swf

时长：28秒

难度：★★

关键技术："网格"对话框

01 单击"文件"|"打开"命令，打开一个素材文件，如图31-1所示。

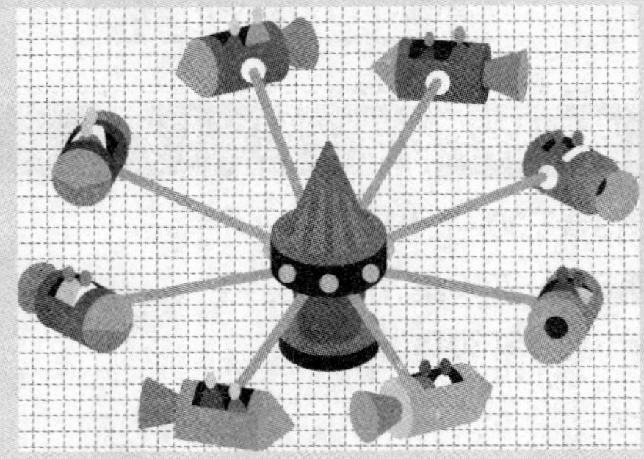

图31-1　素材文件

02 单击"视图"|"网格"|"编辑网格"命令，如图31-2所示。

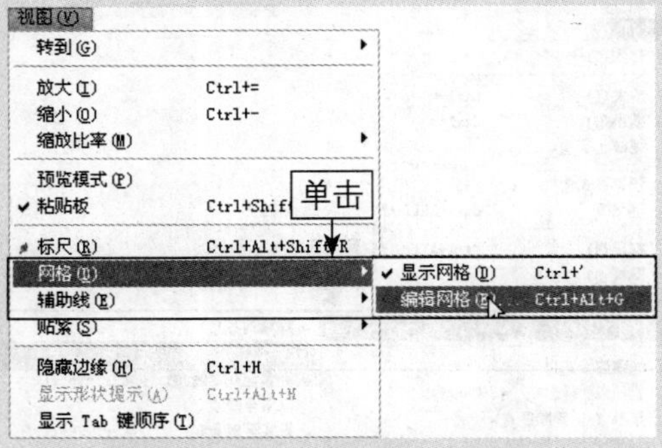

图31-2　单击"编辑网格"命令

03 弹出"网格"对话框，在其中设置"颜色"为橘黄（#FF9966），如图31-3所示。

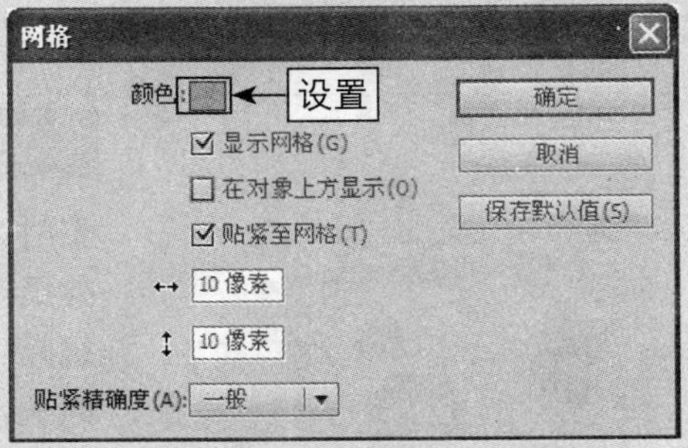

图31-3　"网格"对话框

04 单击"确定"按钮，即可完成网格的编辑，效果如图31-4所示。

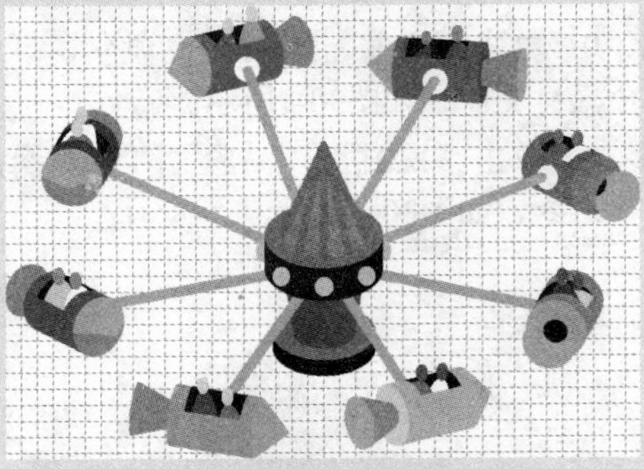

图31-4　编辑的网格效果

专家提醒

"网格"对话框中各主要选项的含义如下。

- 颜色色块■：单击该按钮，在弹出的颜色面板中设置网格线的颜色。
- "显示网格"复选框：该复选框用来设置是否显示或隐藏网格。
- "在对象上方显示"复选框：该复选框用来设置是否在对象上方显示网格。
- "贴紧至网格"复选框：该复选框用来设置是否贴紧至网格。
- ↔和↕：在两个文本框中，可以设置网格的水平和垂直间距。
- 贴紧精确度：在该下拉列表框中，可以设置网格的贴紧精确度。

3.3　应用辅助线

第32集　创建辅助线

素材：素材\第3章\32-1.fla
效果：效果\第3章\第32集.fla
视频：视频\第3章\第32集.swf
时长：23秒
难度：★★
关键技术：创建辅助线

01 单击“文件”|“打开”命令，打开一个素材文件，如图32-1所示。

图32-1　素材文件

02 将鼠标移至垂直标尺上，向右拖曳至舞台区的合适位置后，释放鼠标。

03 操作完成后即可创建垂直辅助线，如图32-2所示。

图32-2　创建辅助线

第33集　隐藏辅助线

素材：素材\第3章\33-1.fla
效果：效果\第3章\第33集.fla
视频：视频\第3章\第33集.swf
时长：18秒
难度：★
关键技术：“显示辅助线”命令

01 单击“文件”|“打开”命令，打开一个素材文件，如图33-1所示。

图33-1　素材文件

02 单击“视图”|“辅助线”|“显示辅助线”命令，如图33-2所示。

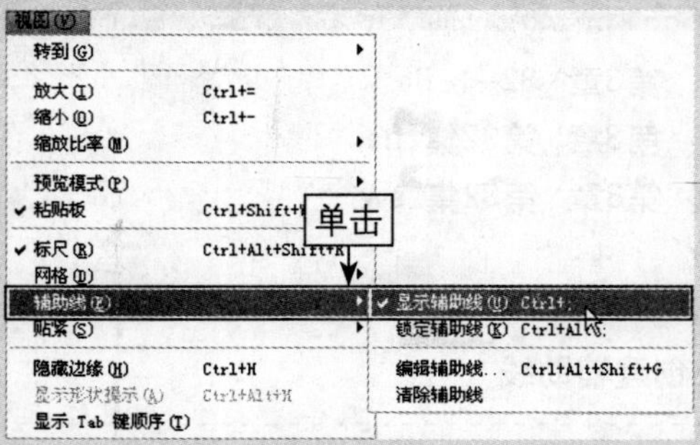

图33-2 单击“显示辅助线”命令

03 操作完成后，即可隐藏辅助线，如图33-3所示。

图33-3 隐藏辅助线

第34集 移动辅助线

素材：素材\第3章\34-1.fla
效果：效果\第3章\第34集.fla
视频：视频\第3章\第34集.swf
时长：25秒
难度：★★
关键技术：移动辅助线

01 单击“文件”|“打开”命令，打开一个素材文件，如图34-1所示。

图34-1 素材文件

02 将鼠标移至辅助线上，鼠标指针右下角将显示小三角形，如图34-2所示。

图34-2 定位鼠标

03 向下拖曳至合适位置后释放鼠标，即可移动辅助线，如图34-3所示。

图34-3　移动辅助线

专家提醒

在Flash CS5中，通过移动辅助线可以查看舞台内的多个对象是否对齐，可以很精确地排列各个对象。

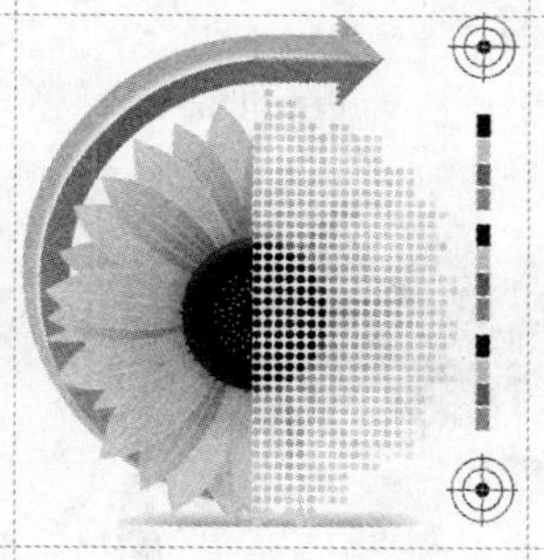

第35集　贴紧辅助线

素材：素材\第3章\35-1.fla

效果：效果\第3章\第35集.fla

视频：视频\第3章\第35集.swf

时长：19秒

难度：★

关键技术："贴紧至辅助线"命令

01 单击"文件"|"打开"命令，打开一个素材文件，如图35-1所示。

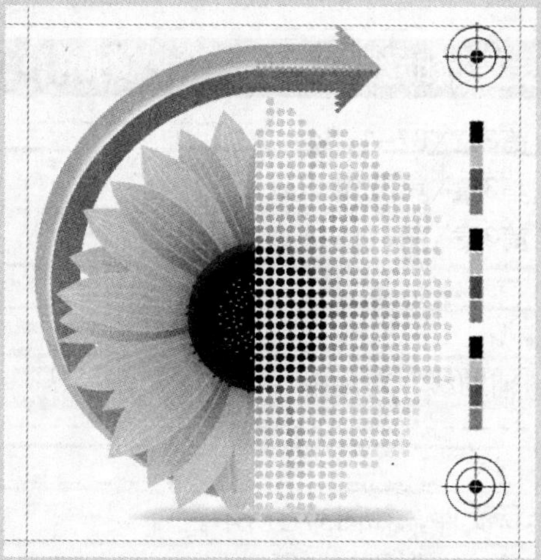

图35-1　素材文件

02 单击"视图"|"贴紧"|"贴紧至辅助线"命令，如图35-2所示。

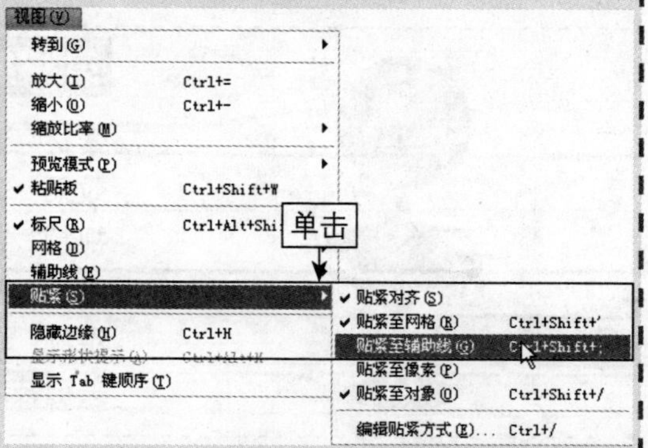

图35-2　单击"贴紧至辅助线"命令

03 操作完成后，即可贴紧辅助线。

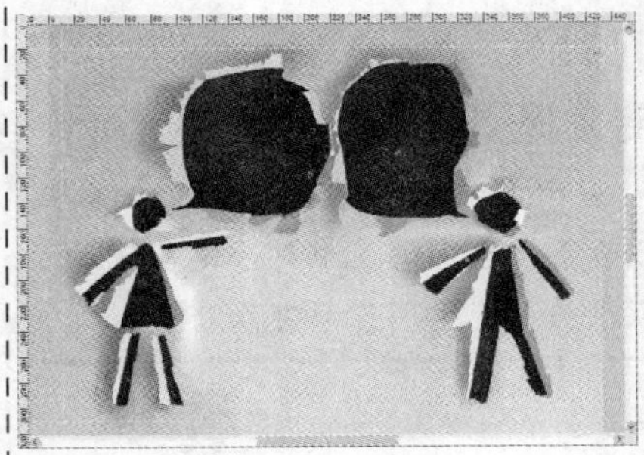

第36集　删除辅助线

素材：素材\第3章\36–1.fla

效果：效果\第3章\第36集.fla

视频：视频\第3章\第36集.swf

时长：25秒

难度：★★

关键技术：删除辅助线

01 单击“文件”|“打开”命令，打开一个素材文件，如图36-1所示。

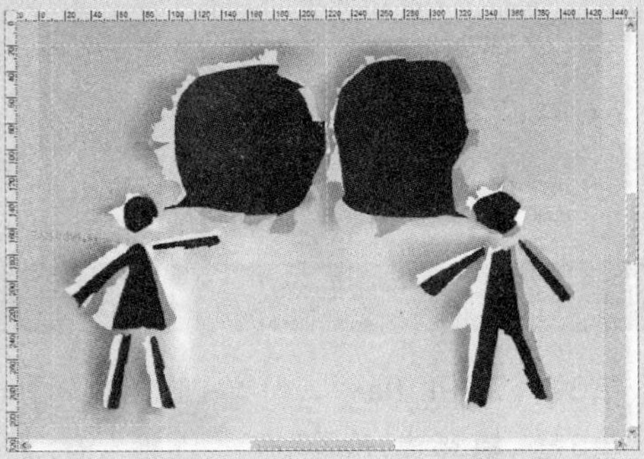

图36-1　素材文件

02 将鼠标移至中间的垂直辅助线上，鼠标指针右下角将显示小三角形，然后向左拖曳至垂直标尺上，如图36-2所示。

03 释放鼠标，即可删除辅助线，如图36-3所示。

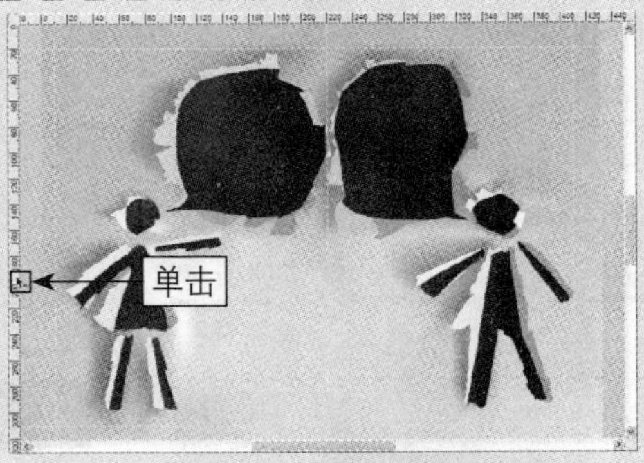

图36-2　拖曳辅助线

图36-3　删除辅助线

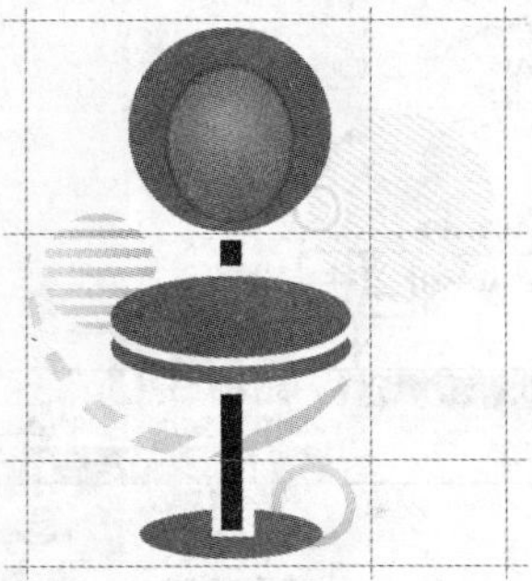

第37集　设置辅助线颜色

素材：素材\第3章\37–1.fla

效果：效果\第3章\第37集.fla

视频：视频\第3章\第37集.swf

时长：49秒

难度：★★★★

关键技术：“辅助线”对话框

01 单击“文件”|“打开”命令，打开一个素材文件，如图37-1所示。

02 单击“视图”|“辅助线”|“编辑辅助线”命令，如图37-2所示。

图37-1　素材文件

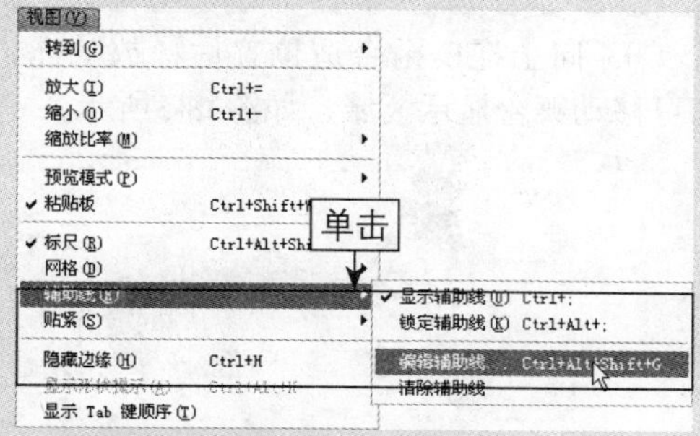

图37-2　单击“编辑辅助线”命令

03 弹出“辅助线”对话框，如图37-3所示。

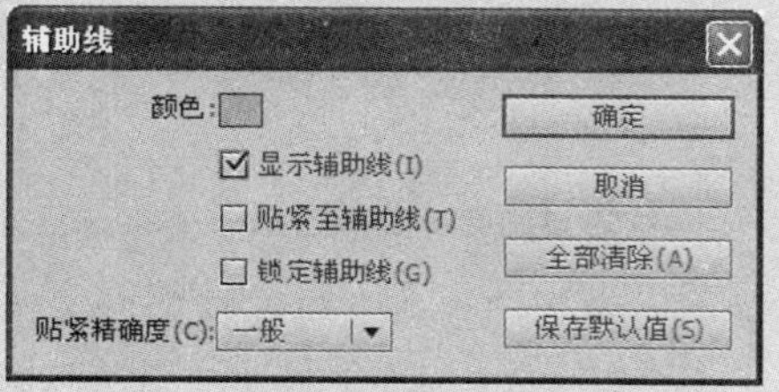

图37-3　“辅助线”对话框

04 单击“颜色”选项右边的色块，弹出颜色面板，鼠标指针呈滴管形状，将鼠标指针移至红色色块上，如图37-4所示。

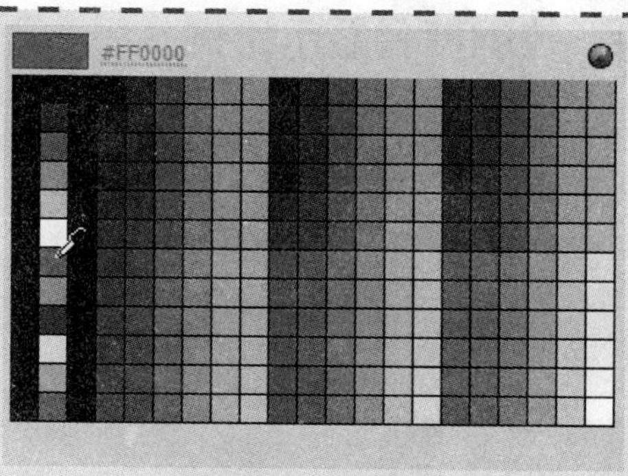

图37-4　选择颜色

05 单击鼠标，“辅助线”对话框中的“颜色”色块显示为红色，如图37-5所示。

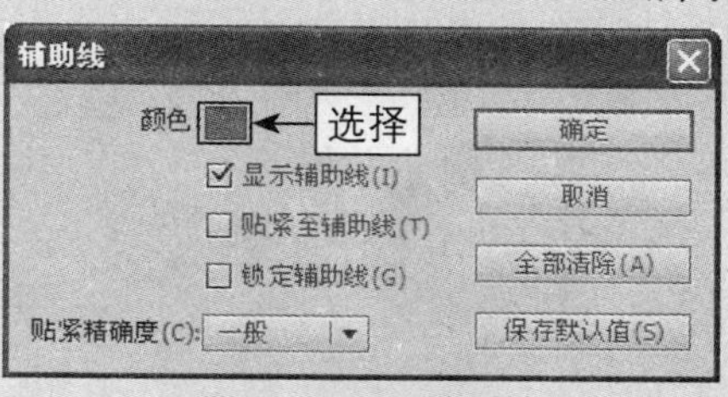

图37-5　设置颜色

06 单击“确定”按钮，即可将辅助线的颜色更改为红色，如图37-6所示。

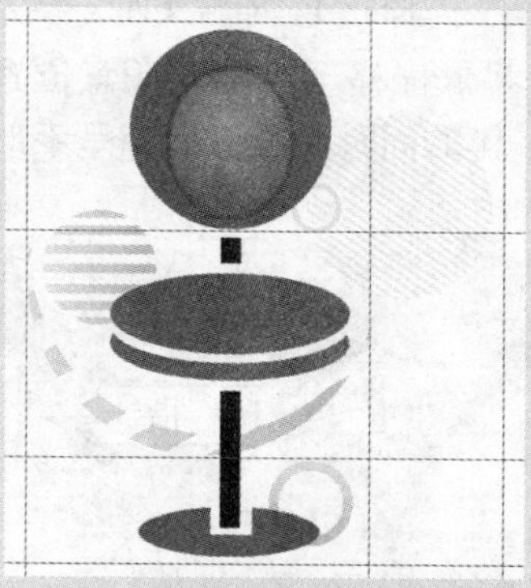

图37-6　设置辅助线颜色

专家提醒

“辅助线”对话框中各选项的含义如下。

- 显示辅助线：该复选框用于设置显示或隐藏辅助线。
- 贴紧至辅助线：该复选框用于设置是否贴紧至辅助线。
- 锁定辅助线：该复选框用于设置是否锁定辅助线。
- 贴紧精确度：在该下拉列表框中，可以设置辅助线的贴紧精确度。
- “全部清除”按钮：单击该按钮，可清除舞台区的所有辅助线。
- “保持默认值”按钮：单击该按钮，可以将当前设置保持为默认值，再次弹出“辅助线”对话框时，将显示此时的设置。

3.4 控制舞台显示比例

第38集 移动舞台显示区域

素材：素材\第3章\38-1.fla
效果：效果\第3章\第38集.fla
视频：视频\第3章\第38集.swf
时长：30秒
难度：★★
关键技术："空格"键

01 单击"文件"|"打开"命令，打开一个素材文件，如图38-1所示。

图38-1 素材文件

02 将鼠标移至舞台区任意位置，按住"空格"键的同时，鼠标指针呈手形，如图38-2所示。

图38-2 鼠标指针呈手形

03 向上拖曳至合适位置后释放鼠标，即可移动舞台显示区域，如图38-3所示。

图38-3 移动舞台显示区域

专家提醒

按住"空格"键可以临时激活手形工具，而忽略工具箱中当前选择的工具，释放"空格"键后系统将自动返回至按住"空格"键之前所选择的工具。除此之外还可以选择工具箱中的手形工具或按H键，再将鼠标指针移至舞台上进行拖曳，即可调整舞台显示区域。

第39集 放大舞台显示比例

素材：素材\第3章\39-1.fla
效果：效果\第3章\第39集.fla
视频：视频\第3章\第39集.swf
时长：24秒
难度：★★
关键技术：缩放工具

01 单击“文件”|“打开”命令，打开一个素材文件，如图39-1所示。

图39-1　素材文件

02 选取工具箱中的缩放工具，将鼠标移至舞台区，鼠标指针呈加号的放大镜形状，如图39-2所示。

03 单击鼠标，即可放大舞台显示比例，如图39-3所示。

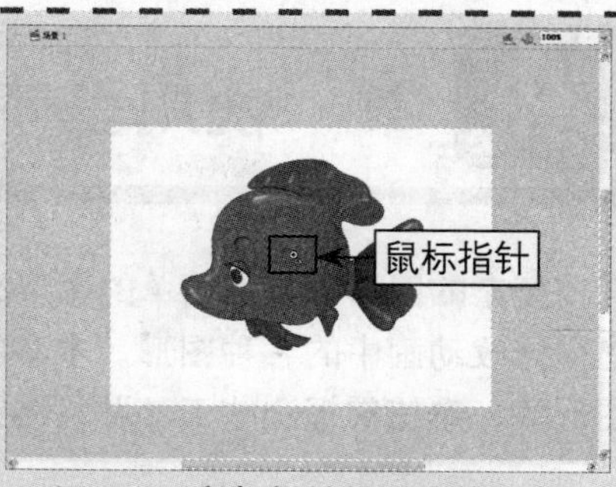

图39-2　鼠标指针呈放大镜形状

图39-3　放大舞台显示比例

第40集　缩小舞台显示比例

素材：素材\第3章\40-1.fla

效果：效果\第3章\第40集.fla

视频：视频\第3章\第40集.swf

时长：21秒

难度：★★

关键技术：“缩放比例”对话框

01 单击“文件”|“打开”命令，打开一个素材文件，如图40-1所示。

图40-1　素材文件

02 单击舞台区右上角的下三角按钮，在弹出的下拉列表框中选择50%选项，如图40-2所示。

03 操作完成后，即可缩小舞台显示比例，如图40-3所示。

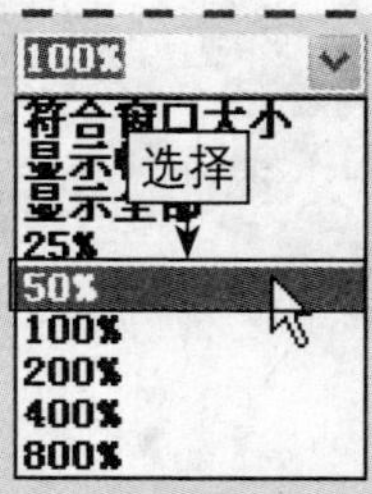

图40-2　选择显示比例

图40-3　缩小舞台显示比例

第 4 章 使用基本绘图工具

任何复杂的图形都是由简单的图形组合而成的，在Flash中运用工具箱中的绘图工具可以创建或修改动画中的各种图形。本章将着重介绍使用基本绘图工具的方法，包括编辑、填充图形等，熟练掌握这些工具并将多个工具配合使用，可以绘制出各种丰富多彩的图形效果。

4.1 使用基本工具

第41集 使用钢笔工具

素材：素材\第4章\41-1.fla

效果：效果\第4章\第41集.fla

视频：视频\第4章\第41集.swf

时长：66秒

难度：★★★★★

关键技术：钢笔工具

01 单击“文件”|“打开”命令，打开一个素材文件，如图41-1所示。

图41-1 素材文件

02 选取工具箱中的钢笔工具，在“属性”面板中设置“笔触高度”为2，将鼠标移至舞台区的适当位置，单击鼠标创建第一个锚点，如图41-2所示。

图41-2 创建一个锚点

专家提醒

在使用钢笔工具绘制曲线过程中，按住Shift键的同时再单击鼠标，将绘制出一个与上一个锚点在同一垂直线或水平线上的锚点。

03 将鼠标移至舞台区的适当位置并向下拖曳，如图41-3所示。

图41-3 创建第二个锚点

04 拖曳至舞台区适当位置后释放鼠标，创建第二个锚点；再在礼物盒的上方向左下角拖曳，创建第三个锚点，即可绘制出一条曲线，如图41-4所示。

图41-4 绘制曲线

第42集 使用线条工具

素材：素材\第4章\42-1.fla

效果：效果\第4章\第42集.fla

视频：视频\第4章\第42集.swf

时长：68秒

难度：★★★★★

关键技术：线条工具

01 单击“文件”|“打开”命令，打开一个素材文件，如图42-1所示。

图42-1 素材文件

02 选取工具箱中的线条工具，在“属性”面板中将“笔触颜色”设置为绿色（#A7B05B），将鼠标移至舞台区适当位置，鼠标指针呈十字形，向右下角拖曳至舞台区适当位置后释放鼠标，即可绘制一条直线，如图42-2所示。

图42-2 绘制直线

03 选取工具箱中的选择工具，将鼠标移至所绘制线条的中间位置，当鼠标指针呈带弧线的箭头形状时向左拖曳，如图42-3所示。

图42-3　拖曳鼠标

04 拖曳至舞台区合适位置后释放鼠标，即可将直线调整为曲线，如图42-4所示。

图42-4　调整为曲线

专家提醒

在Flash CS5中，可以在“属性”面板中设置线条的属性。

第43集　使用矩形工具

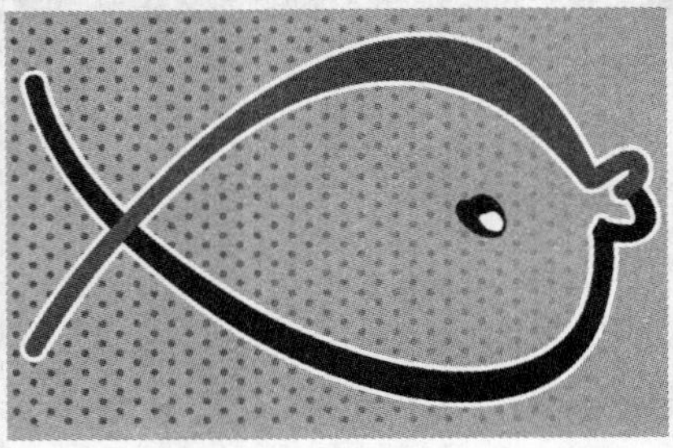

素材：素材\第4章\43–1.fla

效果：效果\第4章\第43集.fla

视频：视频\第4章\第43集.swf

时长：51秒

难度：★★★★

关键技术：矩形工具

01 单击“文件”|“打开”命令，打开一个素材文件，如图43-1所示。

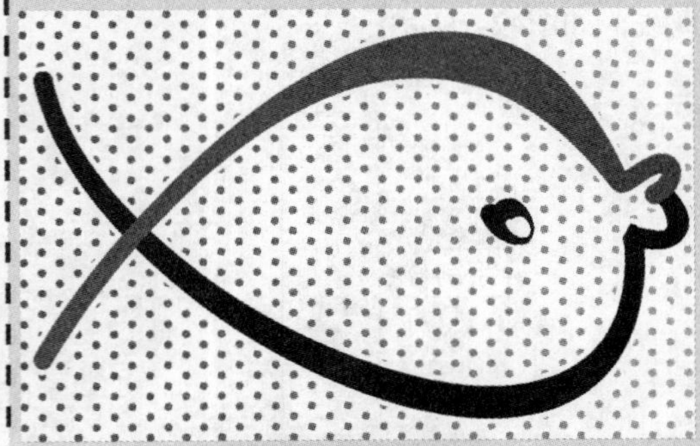

图43-1　素材文件

02 选取工具箱中的矩形工具，在“属性”面板中设置“笔触颜色”为无笔触、“填充颜色”为蓝色（#9FD9F6），如图43-2所示。

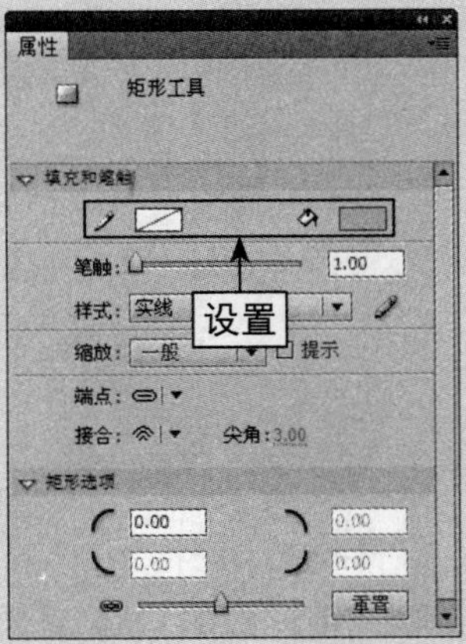

图43-2　“属性”面板

03 将鼠标移至舞台区合适位置，鼠标指针呈十字形十，向右下角拖曳鼠标，如图43-3所示。

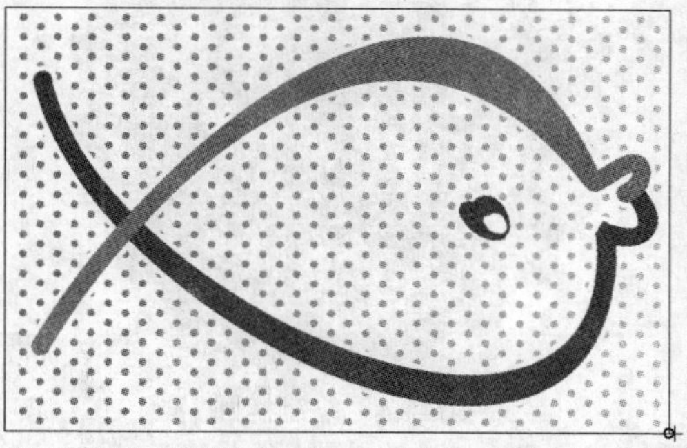

图43-3　拖曳鼠标

04 拖曳至舞台区适当位置后释放鼠标，即可绘制一个矩形，如图43-4所示。

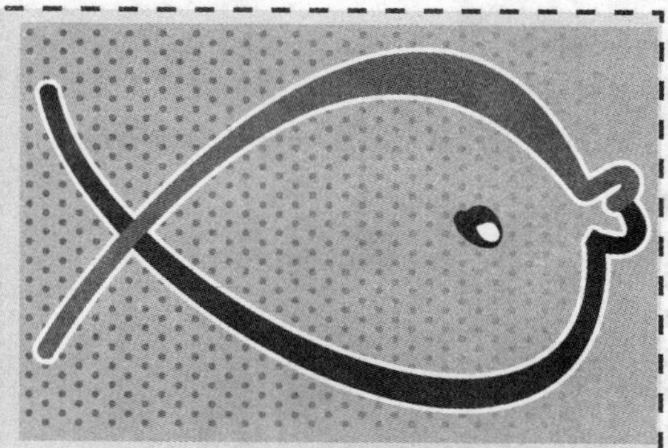

图43-4　绘制矩形

专家提醒

在绘制矩形的同时按住Shift键，可以在舞台区绘制一个正方形。

第44集　使用椭圆工具

素材：素材\第4章\44—1.fla

效果：效果\第4章\第44集.fla

视频：视频\第4章\第44集.swf

时长：58秒

难度：★★★★

关键技术：椭圆工具

01 单击“文件”|“打开”命令，打开一个素材文件，如图44-1所示。

图44-1　素材文件

02 选取工具箱中的椭圆工具，在“属性”面板中设置“笔触颜色”为无笔触、“填充颜色”为红色（#D44615），如图44-2所示。

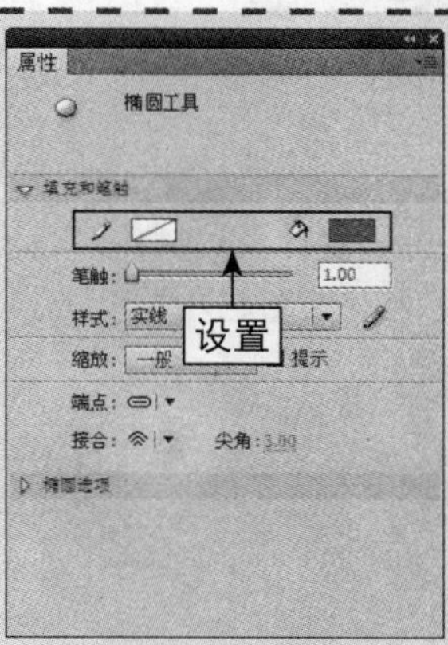

图44-2　“属性”面板

专家提醒

椭圆的轮廓色和填充色既可以在工具箱中设置，也可以在“属性”面板中设置，而椭圆轮廓的粗细和椭圆的轮廓类型只能在“属性”面板中设置。

03 在“时间轴”面板中选择“图层2”图层的第1帧，将鼠标移至舞台区合适位置，鼠标指针呈十字形十，如图44-3所示。

图44-3　鼠标指针呈十字形

04 向左上角拖曳至舞台区适当位置后释放鼠标，即可绘制一个椭圆，如图44-4所示。

图44-4　绘制椭圆

专家提醒

在绘制椭圆的同时按住Shift键，则可以在舞台区绘制一个正圆；若按住Shift＋Alt组合键，将以鼠标指针的起始位置为圆心绘制正圆。

第45集　使用铅笔工具

素材：素材\第4章\45–1.fla
效果：效果\第4章\第45集.fla
视频：视频\第4章\第45集.swf
时长：54秒
难度：★★★★
关键技术：铅笔工具

01 单击“文件”|“打开”命令，打开一个素材文件，如图45-1所示。

图45-1　素材文件

02 在工具箱中选择铅笔工具，在“属性”面板中设置“笔触颜色”为黑色、“填充颜色”为无，单击工具箱底部的“铅笔模式”按钮，在弹出的“铅笔模式”下拉列表中选择“平滑”选项，将鼠标移至舞台区中的适当位置并进行拖曳，如图45-2所示。

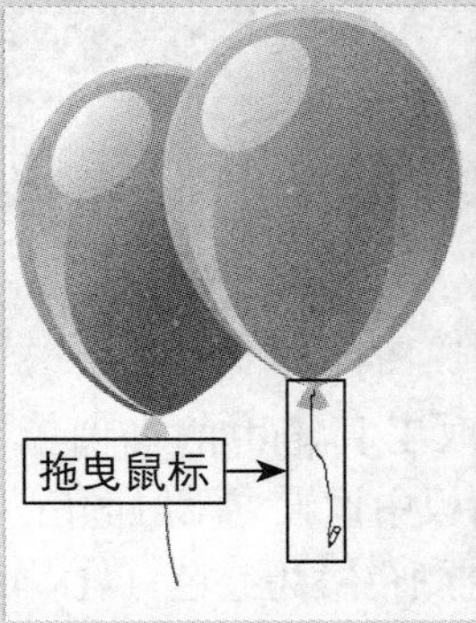

图45-2　拖曳鼠标

03 拖曳至舞台区适当位置后释放鼠标，即可绘制一条曲线，如图45-3所示。

图45-3　绘制的曲线

专家提醒

使用铅笔工具所绘制的曲线通常不够精确，但可以通过编辑曲线对其进行修整。在以后的章节中将会详细介绍怎样编辑曲线。

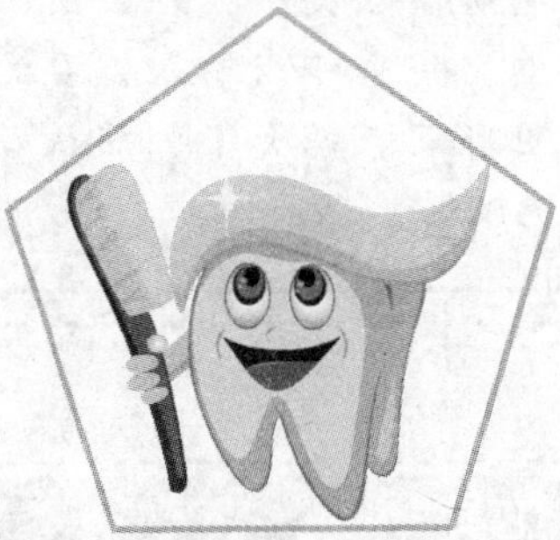

第46集　使用多角星形工具

素材：素材\第4章\46-1.fla

效果：效果\第4章\第46集.fla

视频：视频\第4章\第46集.swf

时长：63秒

难度：★★★★★

关键技术：多角星形工具

01 单击“文件”|“打开”命令，打开一个素材文件，如图46-1所示。

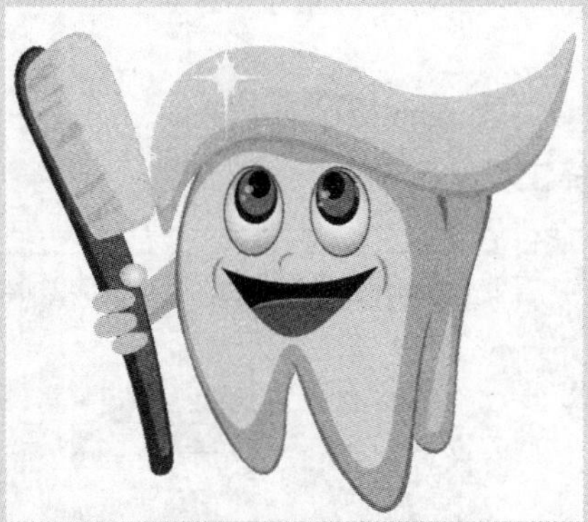

图46-1　素材文件

02 选取工具箱中的多角星形工具，在“属性”面板中设置“笔触颜色”为蓝色（#9FCAE6）、“填充颜色”为无填充、“笔触高度”为5，单击“工具设置”选项区中的“选项”按钮，如图46-2所示。

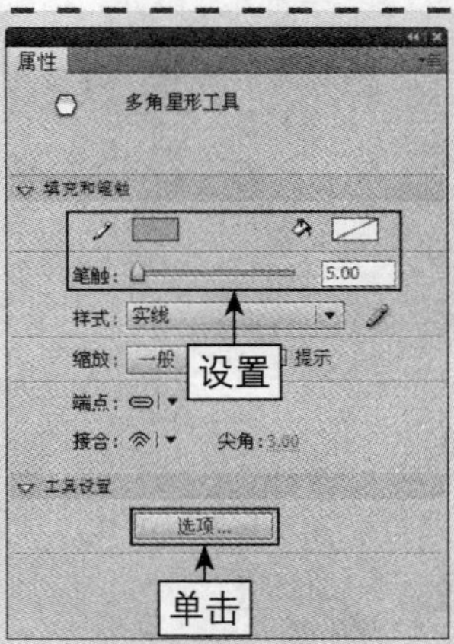

图46-2　设置相应属性

03 在弹出的“工具设置”对话框中进行相应的设置，如图46-3所示。

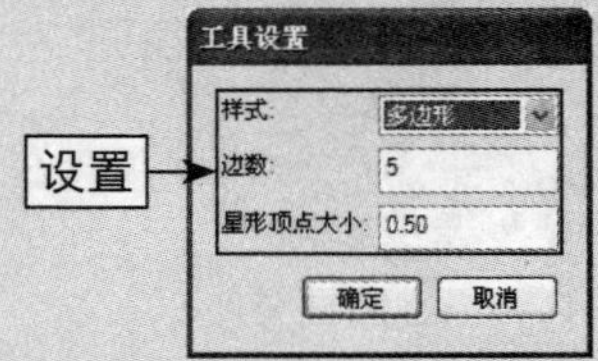

图46-3　“工具设置”对话框

专家提醒

在Flash CS5中，多角星形工具默认的是五边形。

04 单击“确定”按钮，将鼠标移至舞台区，鼠标指针呈十字形＋，然后向右下角拖曳至舞台区适当位置后释放鼠标，即可绘制一个多边形，如图46-4所示。

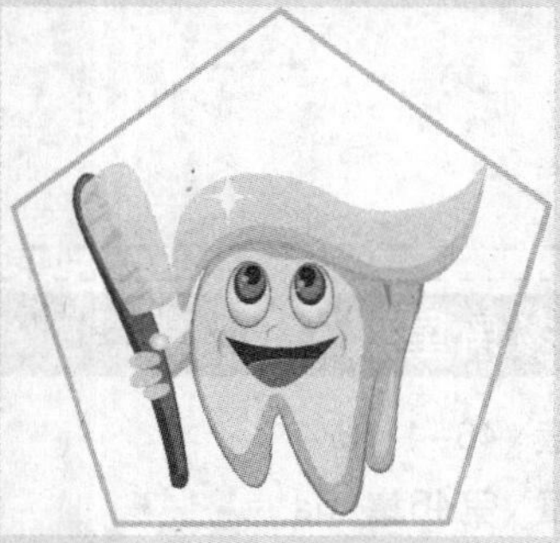

图46-4　绘制的多边形

专家提醒

“工具设置”对话框中各主要选项含义如下。

- 样式：在该下拉列表框中，用户可以选择要绘制图形的样式，包括“多边形”和“星形”两个选项，默认设置为“多边形”。
- 边数：在该文本框中，用户可以根据需要输入绘制图形的边数，默认设置为5。
- 星形顶点大小：在该文本框中，用户可以输入需要绘制图形顶点的大小，默认设置为0.5。

4.2　编辑图形对象

第47集　使用选择工具

素材：素材\第4章\47-1.fla
效果：效果\第4章\第47集.fla
视频：视频\第4章\第47集.swf
时长：23秒
难度：★★
关键技术：选择工具

01 单击“文件”|“打开”命令，打开一个素材文件，如图47-1所示。

图47-1　素材文件

02 选取工具箱中的选择工具，选择舞台区中需要选择的图形对象，如图47-2所示。

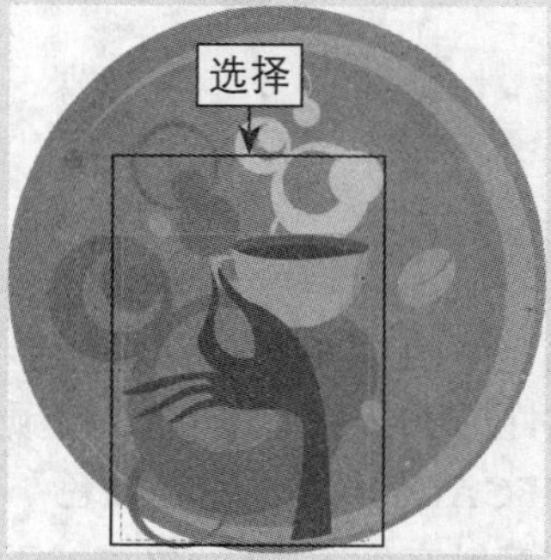

图47-2　选择图形对象

03 操作完成后，即可使用选择工具选择图形对象。

第48集　使用部分选取工具

素材：素材\第4章\48-1.fla

效果：效果\第4章\第48集.fla

视频：视频\第4章\第48集.swf

时长：32秒

难度：★★★

关键技术：部分选取工具

01 单击“文件”|“打开”命令，打开一个素材文件，如图48-1所示。

图48-1　素材文件

02 在工具箱中选取部分选取工具，将鼠标移至舞台区的适当位置，向右下角拖曳出一个矩形框，如图48-2所示。

图48-2　拖曳鼠标

专家提醒

使用部分选取工具时，当鼠标指针的右下角为黑色的实心方框时，可以移动对象；当鼠标指针的右下角为空心方框时，可移动路径上的一个锚点。

03 拖曳至合适位置时释放鼠标，即可选择矩形框经过的所有对象，如图48-3所示。

图48-3　选择对象

第49集　使用套索工具

素材：素材\第4章\49-1.fla

效果：效果\第4章\第49集.fla

视频：视频\第4章\第49集.swf

时长：39秒

难度：★★★

关键技术：套索工具

01 单击“文件”|“打开”命令，打开一个素材文件，如图49-1所示。

图49-1　素材文件

02 选取工具箱中的套索工具，将鼠标移至舞台区的适当位置，并沿着图形的边框拖曳鼠标，如图49-2所示。

03 拖曳至起始位置后释放鼠标，即可选择相应图形，如图49-3所示。

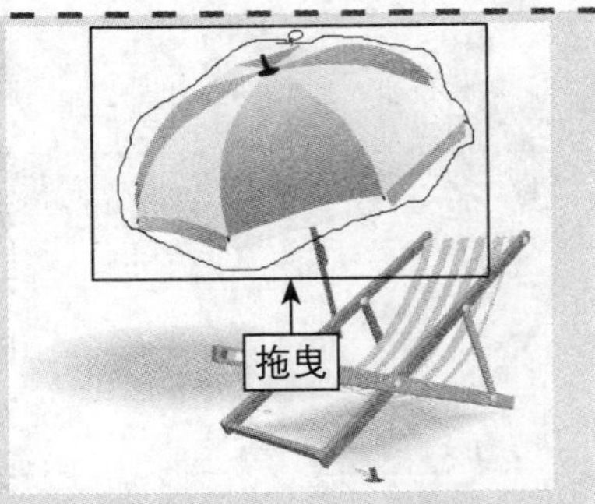

图49-2　拖曳鼠标

图49-3　选择的对象

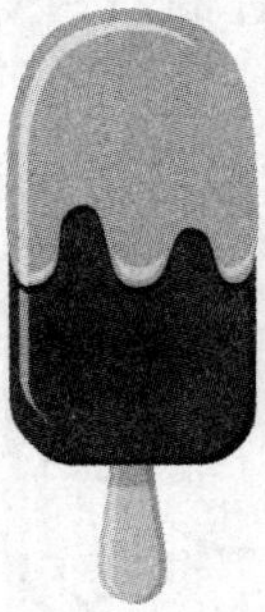

第50集　使用颜色工具

素材：素材\第4章\50-1.fla

效果：效果\第4章\第50集.fla

视频：视频\第4章\第50集.swf

时长：23秒

难度：★★

关键技术：填充颜色

01 单击“文件”|“打开”命令，打开一个素材文件，如图50-1所示。

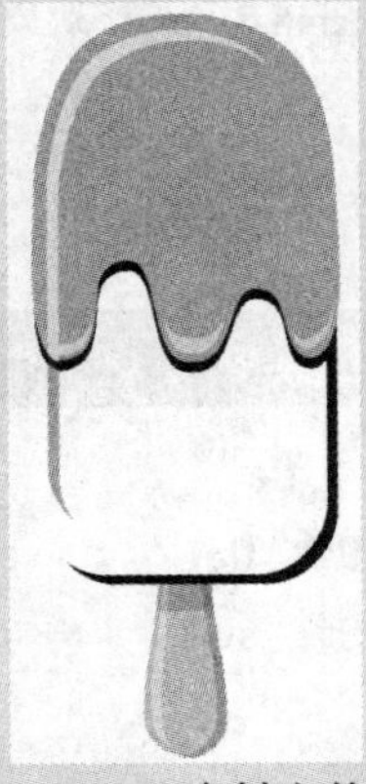

图50-1　素材文件

02 选取工具箱中的选择工具，选择舞台中的图形对象，在“属性”面板中设置“填充颜色”为褐色（#633303），如图50-2所示。

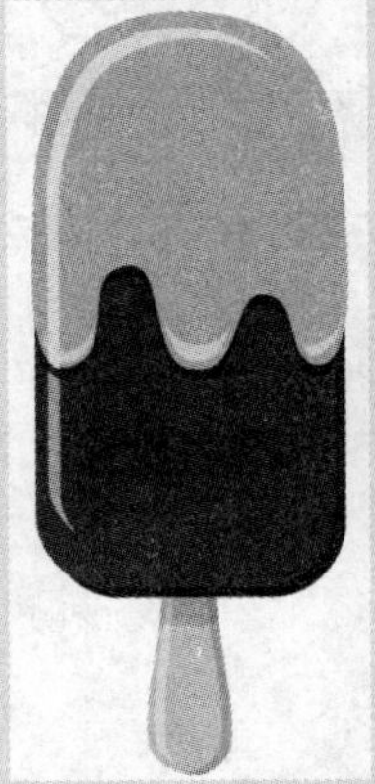

图50-2　填充图形对象

第51集　使用3D旋转工具

素材：素材\第4章\51-1.fla

效果：效果\第4章\第51集.fla

视频：视频\第4章\第51集.swf

时长：45秒

难度：★★★★

关键技术：3D旋转工具

01 单击“文件”|“打开”命令，打开一个素材文件，如图51-1所示。

图51-1　素材文件

02 选取工具箱中的3D旋转工具，选择舞台区的元件实例，此时将显示3D旋转变形框，如图51-2所示。

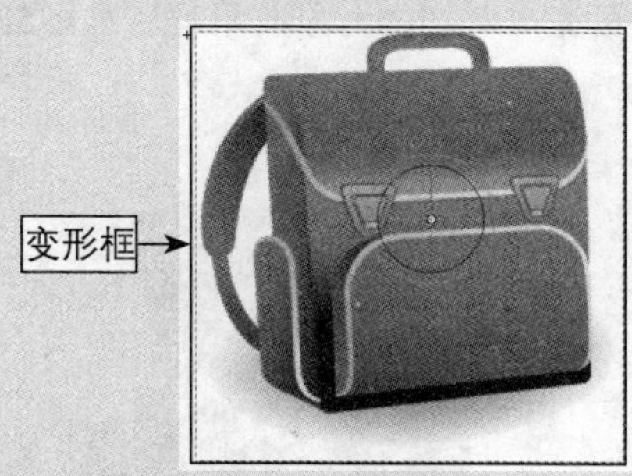

图51-2　选择图形对象

03 将鼠标移至变形框适当位置进行拖曳，此时实例对象将变形，如图51-3所示。

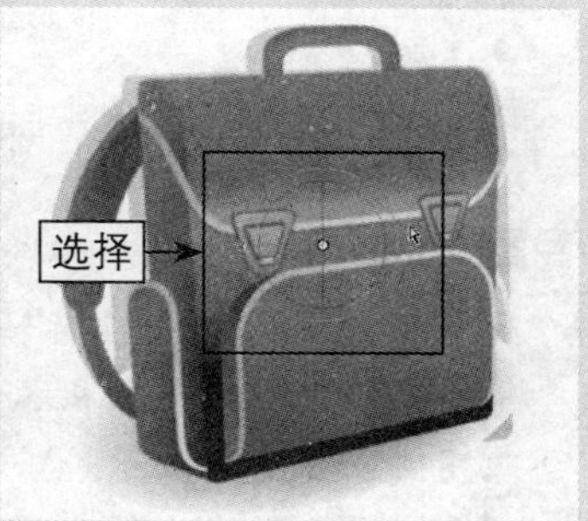

图51-3　变形实例对象

04 释放鼠标，即可完成实例的3D旋转，效果如图51-4所示。

图51-4　旋转实例

专家提醒

使用3D选择对象工具的图形对象必须是影片剪辑元件实例。

第52集　使用3D平移工具

素材：素材\第4章\52-1.fla

效果：效果\第4章\第52集.fla

视频：视频\第4章\第52集.swf

时长：46秒

难度：★★★★

关键技术：3D平移工具

01 单击“文件”|“打开”命令，打开一个素材文件，如图52-1所示。

图52-1　素材文件

02 选取工具箱中的3D平移工具，选择舞台区的元件实例，此时将显示平移坐标轴，如图52-2所示。

图52-2　平移坐标轴

专家提醒

在Flash CS5中，平移坐标轴的各选项含义如下。

- 水平红色射线：代表水平X的值，拖曳该射线，可使实例对象在水平位置上发生位置变化。
- 垂直绿色射线：代表垂直Y的值，拖曳该射线，可使实例对象在垂直位置上发生位置变化。
- 黑色圆点：代表Z的值，拖曳该圆点，可使实例对象在Z轴上发生位置和大小的变化。

03 将鼠标移至平移坐标轴的红色射线上，此时鼠标指针呈形状，拖曳鼠标，如图52-3所示。

图52-3　拖曳鼠标

04 拖曳至舞台区的适当位置释放鼠标，即可完成对实例对象的平移，如图52-4所示。

图52-4　平移实例对象

第53集　使用任意变形工具

素材：素材\第4章\53–1.fla

效果：效果\第4章\第53集.fla

视频：视频\第4章\第53集.swf

时长：35秒

难度：★★★

关键技术：任意变形工具

01 单击“文件”|“打开”命令，打开一个素材文件，如图53-1所示。

图53-1　素材文件

02 选取工具箱中的任意变形工具，选择舞台区的图形对象，此时将调出变形控制框，将鼠标指针移至右上角的控制柄并进行拖曳，如图53-2所示。

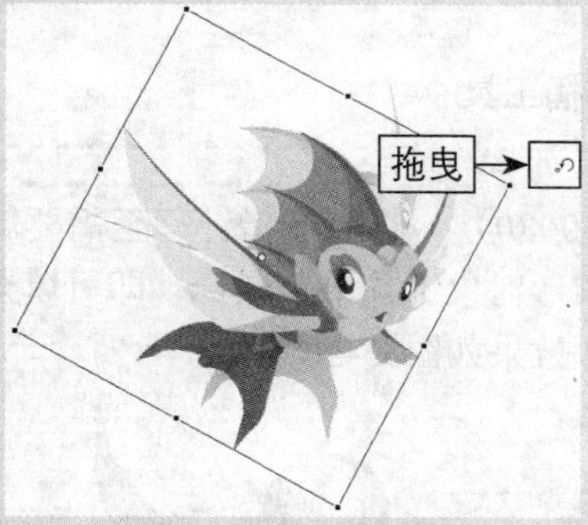

图53-2　拖曳鼠标

03 拖曳至舞台区的适当位置释放鼠标，即可使用任意变形工具旋转图形对象，如图53-3所示。

图53-3　旋转后的图像

专家提醒

在Flash CS5中，使用任意变形工具，可以对图形对象进行自由变换操作，包括旋转、倾斜、缩放和翻转图形对象，当用户选择了需要变形的对象后，选取工具箱中的任意变形工具，即可设置对象的变形方式。

4.3　填充图形工具

第54集　使用墨水瓶工具

素材：素材\第4章\54-1.fla

效果：效果\第4章\第54集.fla

视频：视频\第4章\第54集.swf

时长：43秒

难度：★★★★

关键技术：墨水瓶工具

01 单击“文件”|“打开”命令，打开一个素材文件，如图54-1所示。

02 选取工具箱中的墨水瓶工具，在“属性”面板中设置“笔触颜色”为黑色，将鼠标指针移至枫叶的轮廓线上并单击鼠标，即可使用墨水瓶工具为枫叶图形对象描边，效果如图54-2所示。

图54-1　素材文件

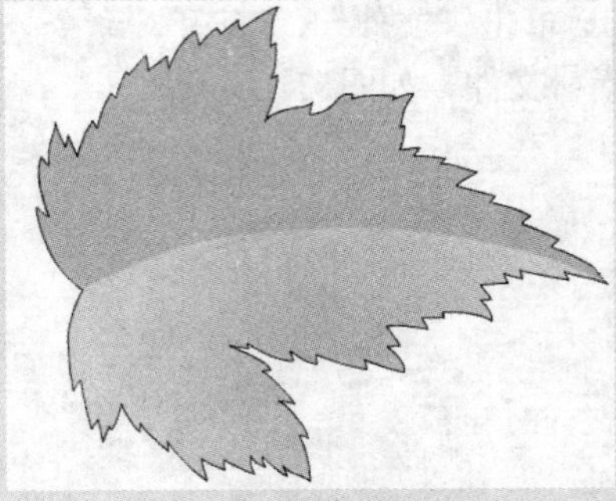

图54-2　描边图形对象

第55集　使用颜料桶工具

素材：素材\第4章\55-1.fla
效果：效果\第4章\第55集.fla
视频：视频\第4章\第55集.swf
时长：28秒
难度：★★
关键技术：颜料桶工具

01 单击“文件”|“打开”命令，打开一个素材文件，如图55-1所示。

图55-1　素材文件

02 选取工具箱中的墨水瓶工具，在“属性”面板中设置“填充颜色”为紫色（#C60080），将鼠标指针移至需要填充颜色的图形对象上并单击鼠标，即可填充图形对象，效果如图55-2所示。

图55-2　填充图形后的效果

第56集　使用滴管工具

素材：素材\第4章\56-1.fla
效果：效果\第4章\第56集.fla
视频：视频\第4章\第56集.swf
时长：51秒
难度：★★★★
关键技术：滴管工具

01 单击“文件”|“打开”命令，打开一个素材文件，如图56-1所示。

图56-1　素材文件

02 选取工具箱中的滴管工具，将鼠标指针移至舞台区，鼠标指针呈滴管形状，再将鼠标移至南瓜的填充颜色上，鼠标指针呈带刷子的滴管形状时单击鼠标，鼠标指针呈带锁的颜料桶形状，将鼠标移至没有填充颜色的白色区域并单击鼠标，即可将白色区域的填充颜色设置为滴管选取的颜色，效果如图56-2所示。

图56-2　填充后的颜色

专家提醒

滴管工具类似于经常用到的格式刷，可以使用滴管工具获得某个物体的描边和填充属性，并且可立刻将这些属性应用到其他物体上。滴管工具的另一个功能就是可以从打散的位图中取样，以便作为填充元素。

第57集　使用渐变变形工具

素材：素材\第4章\57-1.fla

效果：效果\第4章\第57集.fla

视频：视频\第4章\第57集.swf

时长：55秒

难度：★★★★

关键技术：渐变变形工具

01 单击“文件”|“打开”命令，打开一个素材文件，如图57-1所示。

图57-1　素材文件

02 选取工具箱中的渐变变形工具，将鼠标移至舞台区需要渐变颜色的图形对象上并单击鼠标，在图形上显示渐变控制线，将鼠标指针移至右侧控制线上的圆形控制点上，鼠标指针呈旋转箭头形状，拖曳鼠标，如图57-2所示。

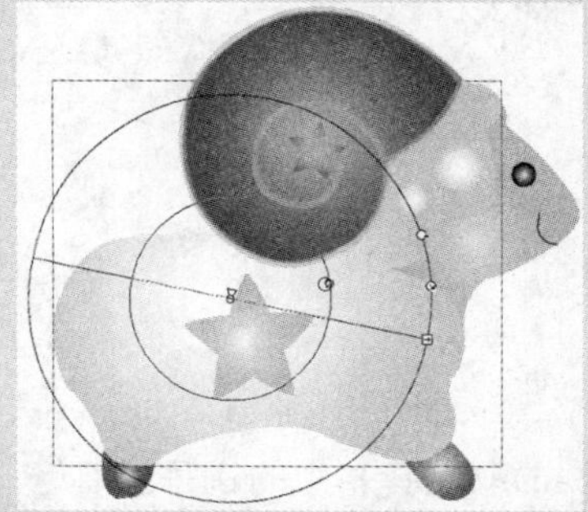

图57-2　拖曳鼠标

03 拖曳至舞台区的适当位置释放鼠标，即可修改渐变填充图形，效果如图57-3所示。

图57-3　修改渐变填充图形

专家提醒

渐变变形工具主要用于对图形对象的各种填充方式进行变形处理，可对已经存在的渐变填充进行调整。使用渐变变形工具可以方便地对渐变填充效果进行旋转、拉伸、倾斜和缩放等变换操作。

4.4　刷子和橡皮擦工具

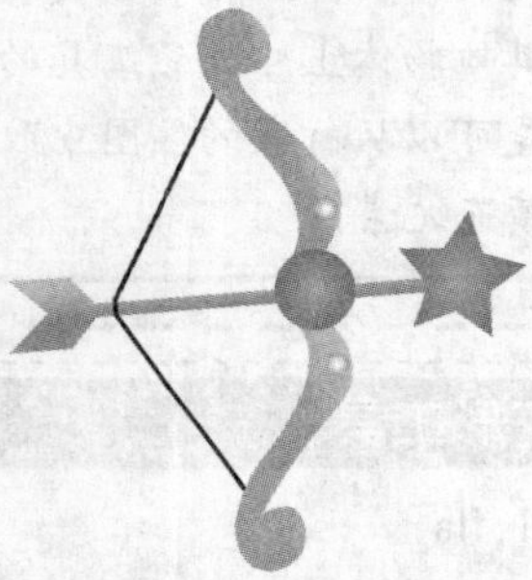

第58集　在“标准绘画”模式下绘制

素材：素材\第4章\58-1.fla
效果：效果\第4章\第58集.fla
视频：视频\第4章\第58集.swf
时长：46秒
难度：★★★★
关键技术：“标准绘制”模式

01 单击“文件”|“打开”命令，打开一个素材文件，如图58-1所示。

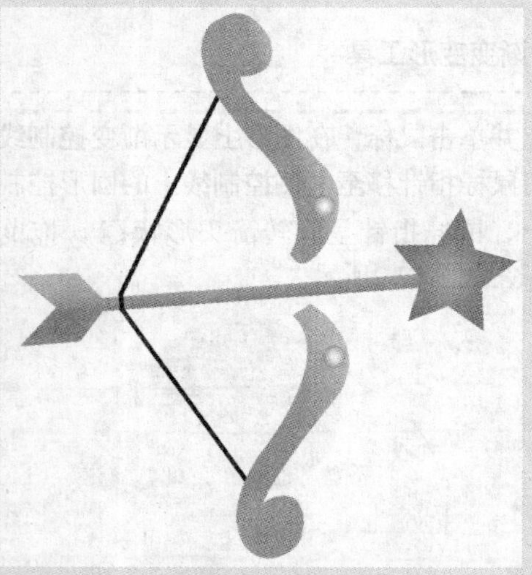

图58-1　素材文件

02 选取工具箱中的刷子工具，单击工具箱底部的“刷子模式”按钮右下角的下三角按钮，在弹出的绘画模式下拉列表中选择“标准绘画”选项，选取工具箱中的椭圆工具，在舞台区的适当位置绘制一个椭圆，效果如图58-2所示。

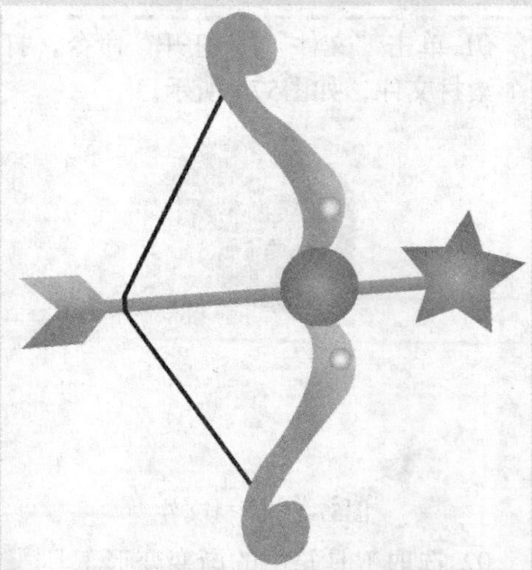

图58-2　绘制椭圆

第59集　在“颜料填充”模式下绘制

素材：素材\第4章\59-1.fla

效果：效果\第4章\第59集.fla

视频：视频\第4章\第59集.swf

时长：42秒

难度：★★★★

关键技术：“颜料填充”模式

01 单击“文件”|“打开”命令，打开一个素材文件，如图59-1所示。

图59-1　素材文件

02 选取工具箱中的刷子工具，单击工具箱底部的“刷子模式”按钮右下角的下三角按钮，在弹出的绘画模式下拉列表中选择“颜色填充”选项，在舞台区的适当位置，绘制一个图形，效果如图59-2所示。

图59-2　绘制的图形

专家提醒

在“颜料填充”模式下，只能在空白区域和已有矢量色块的填充区域内绘图，并且不会影响矢量线的颜色。

第60集　在“后面绘画”模式下绘制

素材：素材\第4章\60-1.fla

效果：效果\第4章\第60集.fla

视频：视频\第4章\第60集.swf

时长：35秒

难度：★★★

关键技术：“后面绘画”模式

01 单击“文件”|“打开”命令，打开一个素材文件，如图60-1所示。

02 选取工具箱中的刷子工具，单击工具箱底部的“刷子模式”按钮右下角的下三角按钮，在弹出的绘画模式下拉列表中选择“后面绘制”选项，在舞台区的适当位置绘制一根枝干，效果如图60-2所示。

图60-1　素材文件

图60-2 绘制的枝干

专家提醒

在“后面绘画”模式下绘制的图形将从图形的后面穿过，不会对原矢量图形造成影响。

第61集 在“内部绘画”模式下绘制

素材：素材\第4章\61–1.fla
效果：效果\第4章\第61集.fla
视频：视频\第4章\第61集.swf
时长：29秒
难度：★★
关键技术：“内部绘画”模式

01 单击“文件”|“打开”命令，打开一个素材文件，如图61-1所示。

图61-1 素材文件

02 选取工具箱中的刷子工具，选择工具箱底部“刷子模式”下的“内部绘画”选项，在舞台区的适当位置绘制图形，效果如图61-2所示。

图61-2 绘制的图形

第62集 在“标准擦除”模式下绘制

素材：素材\第4章\62–1.fla
效果：效果\第4章\第62集.fla
视频：视频\第4章\第62集.swf
时长：37秒
难度：★★★
关键技术：“标准擦除”模式

01 单击“文件”|“打开”命令，打开一个素材文件，如图62-1所示。

图62-1 素材文件

02 选取工具箱中的橡皮擦工具，单击工具箱底部的“橡皮擦模式”按钮右下角的下三角按钮，在弹出的绘画模式下拉列表中选择“标准擦除”选项，在舞台区的适当位置擦除图形，效果如图62-2所示。

图62-2 擦除图形

第63集 在“水龙头”模式下绘制

素材：素材\第4章\63-1.fla

效果：效果\第4章\第63集.fla

视频：视频\第4章\第63集.swf

时长：30秒

难度：★★

关键技术：“水龙头”模式

01 单击“文件”|“打开”命令，打开一个素材文件，如图63-1所示。

图63-1 素材文件

02 选取工具箱中的橡皮擦工具，单击工具箱底部的“水龙头”按钮，将鼠标指针移至舞台区需要擦除颜色的位置，此时鼠标指针呈水龙头形状，如图63-2所示。

图63-2 拖曳鼠标

03 单击鼠标，即可擦除图形，效果如图63-3所示。

图63-3 擦除图形

第 5 章　编辑基本图形对象

在绘制图形时，除了需要使用各种绘图工具外，还需要对编辑图形对象的工具进行掌握。本章主要介绍设置矢量线条属性、编辑矢量线条锚点、修改矢量图形等对象的操作方法。

5.1　设置矢量线条属性

第64集　设置笔触颜色

素材：素材\第5章\64-1.fla

效果：效果\第5章\第64集.fla

视频：视频\第5章\第64集.swf

时长：35秒

难度：★★★

关键技术："笔触颜色"选项

01 单击"文件"|"打开"命令，打开一个素材文件，如图64-1所示。

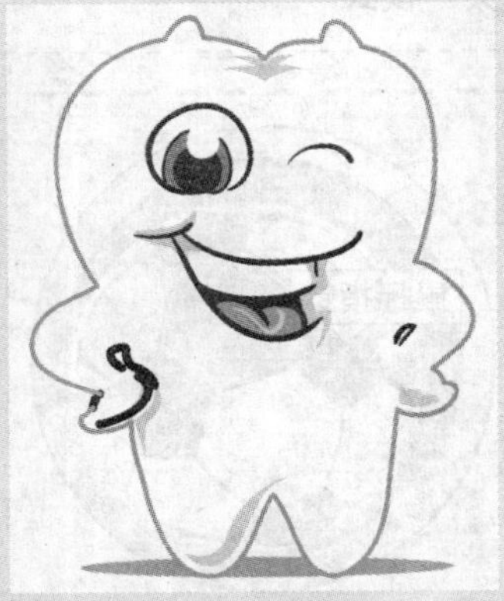

图64-1　素材文件

02 选取工具箱中的选择工具，选择图形的轮廓线，在"属性"面板中设置"笔触颜色"为黑色，即可设置图形对象的笔触颜色，效果如图64-2所示。

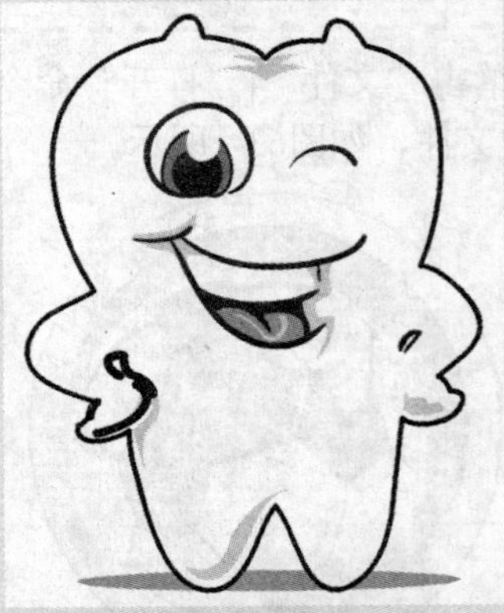

图64-2　设置笔触颜色

第65集　设置笔触大小

素材：素材\第5章\65-1.fla

效果：效果\第5章\第65集.fla

视频：视频\第5章\第65集.swf

时长：31秒

难度：★★★

关键技术："笔触"选项

01 单击“文件”|“打开”命令，打开一个素材文件，如图65-1所示。

图65-1　素材文件

02 选取工具箱中的选择工具，选择舞台区中需要设置笔触大小的图形对象，如图65-2所示。

图65-2　选择图形对象

03 在“属性”面板的“填充和笔触”选项区中设置“笔触高度”为4，如图65-3所示。

04 按Enter键进行确认，即可设置笔触大小，效果如图65-4所示。

专家提醒

在Flash CS5中，还可以通过拖曳“笔触”选项右侧的滑块来设置笔触大小。

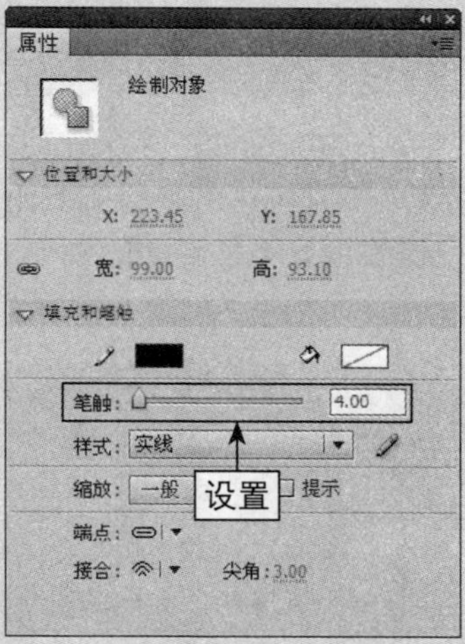

图65-3　设置相应属性

图65-4　设置笔触大小

第66集　设置笔触样式

素材：素材\第5章\66—1.fla
效果：效果\第5章\第66集.fla
视频：视频\第5章\第66集.swf
时长：33秒
难度：★★★
关键技术：“样式”选项

01 单击“文件”|“打开”命令，打开一个素材文件，如图66-1所示。

图66-1　素材文件

02 选取工具箱中的选择工具，选择舞台区中需要设置笔触样式的图形对象，如图66-2所示。

图66-2　选择图形对象

03 在“属性”面板的“填充和笔触”选项区中设置“笔触高度”为8、“样式”为“斑马线”，如图66-3所示。

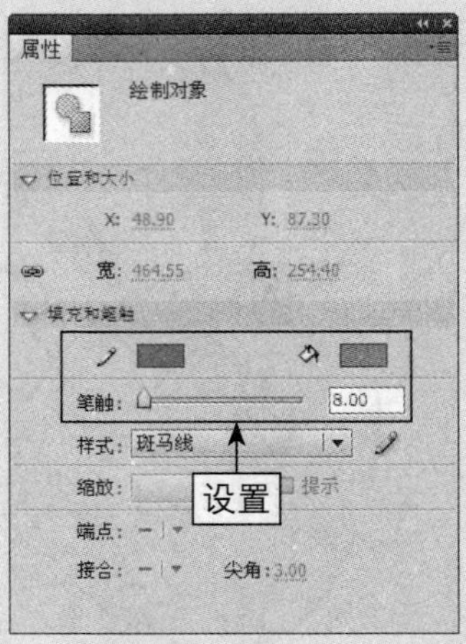

图66-3　设置相应属性

04 操作完成后，即可设置笔触样式，效果如图66-4所示。

图66-4　设置的笔触样式

第67集　设置线形端点

素材：素材\第5章\67—1.fla

效果：效果\第5章\第67集.fla

视频：视频\第5章\第67集.swf

时长：64秒

难度：★★★★★

关键技术：“端点”选项

01 单击“文件”|“打开”命令，打开一个素材文件，如图67-1所示。

02 选取工具箱中的线条工具，在“属性”面板中设置“笔触颜色”为棕色（#693327）、“笔触高度”为6.7、“填充颜色”为无，在舞台区绘制一条直线，如图67-2所示。

图67-1　素材文件

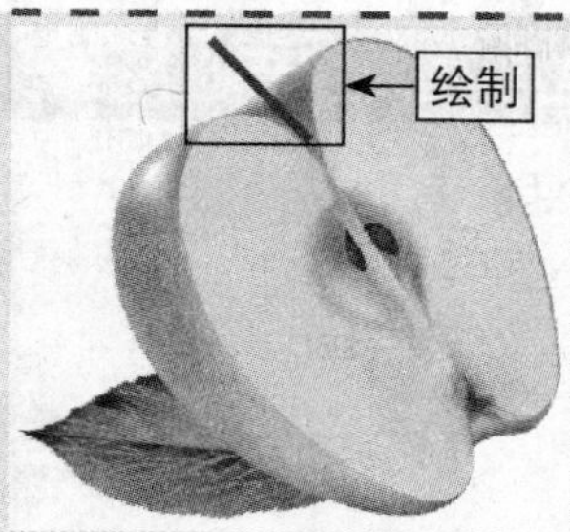

图67-2　绘制直线

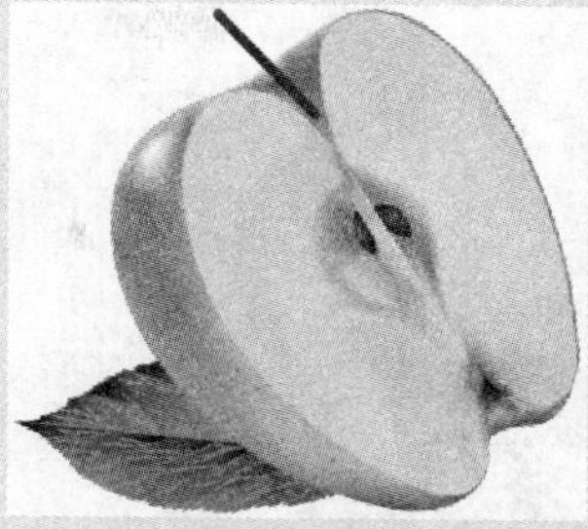

图67-3　设置的端点样式

03 选取工具箱中的选择工具，选择舞台区中绘制的直线，在“属性”面板的“填充和笔触”选项区中设置“端点”为“圆角”，此时舞台中直线的端点如图67-3所示。

04 选取工具箱中的选择工具，适当调整直线的弯度和位置，效果如图67-4所示。

图67-4　调整线形

5.2　编辑矢量线条锚点

第68集　选择锚点

素材：素材\第5章\68-1.fla
效果：效果\第5章\第68集.fla
视频：视频\第5章\第68集.swf
时长：30秒
难度：★★
关键技术：部分选取工具

01 单击“文件”|“打开”命令，打开一个素材文件，使用部分选取工具选择背景轮廓，将鼠标移至左下角的锚点上，鼠标指针呈带白色小方块的白色箭头形状，如图68-1所示。

02 单击鼠标，即可选择该锚点，如图68-2所示。

专家提醒

运用部分选取工具选择图形时，如果需要选择单独的线条，必须确定线条和图形对象是分离的，否则将会选择和线条相连的所有图形边线。

图68-1　定位鼠标

图68-2　选择线条

第69集　添加锚点

素材：素材\第5章\69－1.fla

效果：效果\第5章\第69集.fla

视频：视频\第5章\第69集.swf

时长：46秒

难度：★★★★

关键技术：添加锚点工具

01 单击“文件”|“打开”命令，打开一个素材文件，选取工具箱中的部分选取工具，选择舞台区的图形对象。然后选取工具箱中的添加锚点工具，将鼠标移至舞台区需要添加锚点的位置，鼠标指针呈带加号的钢笔形状，如图69-1所示。

02 单击鼠标，即可添加一个锚点，如图69-2所示。

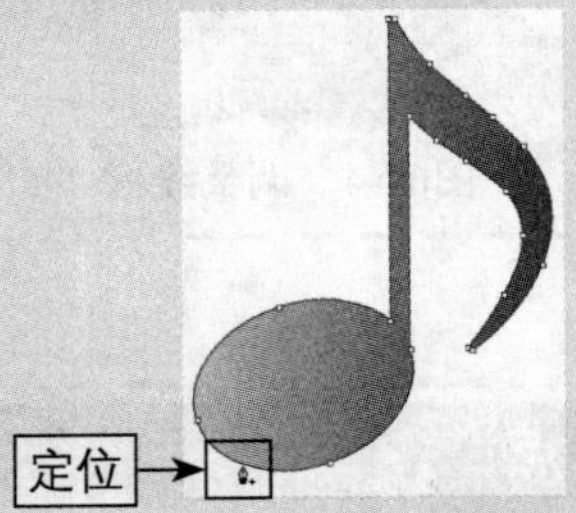

图69-1　定位鼠标

图69-2　添加锚点

第70集　删除锚点

素材：素材\第5章\70－1.fla

效果：效果\第5章\第70集.fla

视频：视频\第5章\第70集.swf

时长：46秒

难度：★★★★

关键技术：删除锚点工具

01 单击“文件”|“打开”命令，打开一个素材文件，选取工具箱中的部分选取工具，在舞台区选择图形轮廓，显示出锚点。选取工具箱中的删除锚点工具，将鼠标移至舞台区，鼠标指针呈带减号的钢笔形状，将鼠标移至适当的锚点上，如图70-1所示。

02 单击鼠标，即可删除该锚点，如图70-2所示。

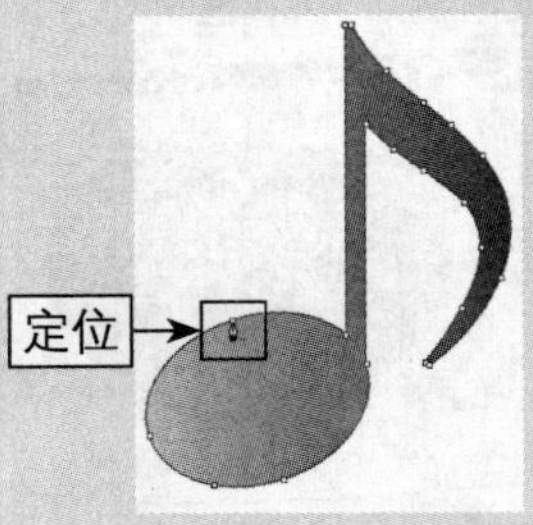

图70-1　定位鼠标

图70-2　删除锚点

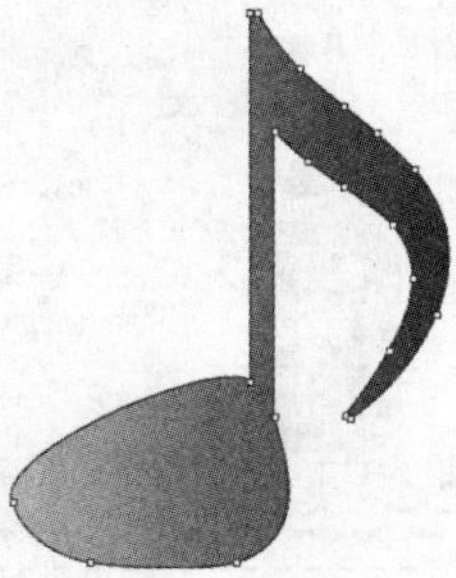

第71集 移动锚点

素材：素材\第5章\71-1.fla

效果：效果\第5章\第71集.fla

视频：视频\第5章\第71集.swf

时长：45秒

难度：★★★★

关键技术：部分选取工具

01 单击“文件”|“打开”命令，打开一个素材文件，选取工具箱中的部分选取工具，在舞台区选择图形轮廓，显示锚点。将鼠标指针移至需要移动的锚点上方，此时鼠标指针呈带白色小方块的白色箭头形状，如图71-1所示。

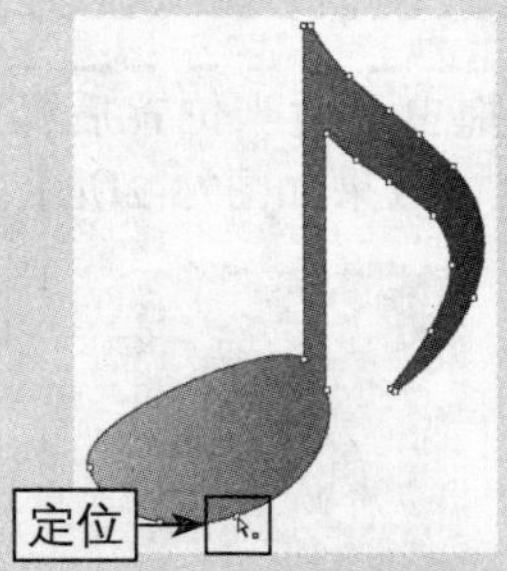

图71-1 定位鼠标

02 拖曳至舞台区中的适当位置后释放鼠标，即可移动锚点，效果如图71-2所示。

图71-2 移动锚点

专家提醒

在Flash CS5中，还可以使用部分选取工具选择锚点后，按键盘上的方向键来移动锚点。

第72集 尖突锚点

素材：素材\第5章\72-1.fla

效果：效果\第5章\第72集.fla

视频：视频\第5章\第72集.swf

时长：46秒

难度：★★★★

关键技术：转换锚点工具

01 单击“文件”|“打开”命令，打开一个素材文件，选取工具箱中的部分选取工具，在舞台区选择图形轮廓，显示出锚点。选取工具箱中的转换锚点工具，将鼠标移至舞台区，鼠标指针呈尖突形状，将鼠标移至适当的锚点上，如图72-1所示。

图72-1 定位鼠标

02 单击鼠标，即可尖突该锚点，如图72-2所示。

图72-2　尖突锚点

第73集　平滑锚点

素材：素材\第5章\73—1.fla
效果：效果\第5章\第73集.fla
视频：视频\第5章\第73集.swf
时长：50秒
难度：★★★★
关键技术：转换锚点工具

01 单击“文件”|“打开”命令，打开一个素材文件，选取工具箱中的部分选取工具，在舞台区选择图形轮廓，显示出锚点。选取工具箱中的转换锚点工具，将鼠标移至舞台区，鼠标指针呈尖突形状，将鼠标移至适当的锚点上，如图73-1所示。

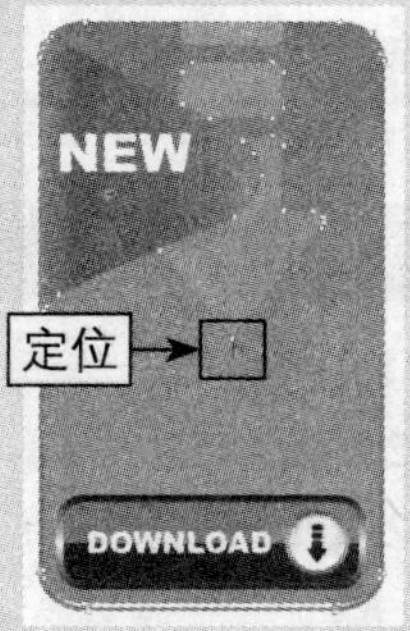

图73-1　定位鼠标

02 向右拖曳至适当位置后释放鼠标，即可平滑锚点，效果如图73-2所示。

图73-2　平滑锚点

专家提醒

在Flash CS5中，还可以选取工具箱中的部分选取工具，选中要平滑的锚点，然后在按住Alt键的同时拖曳鼠标即可。

5.3　编辑矢量线条

第74集　删除线条

素材：素材\第5章\74—1.fla
效果：效果\第5章\第74集.fla
视频：视频\第5章\第74集.swf
时长：28秒
难度：★★
关键技术：Delete键

01 单击“文件”|“打开”命令，打开一个素材文件，选取工具箱中的部分选取工具，选择右下方的线条，如图74-1所示。

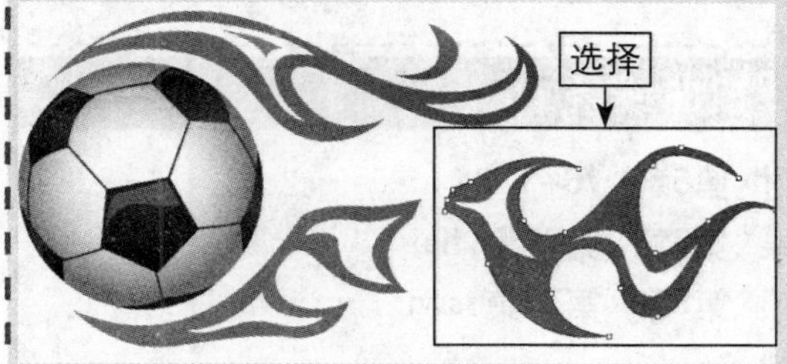

图74-1　选择线条

02 按Delete键即可删除线条，如图74-2所示。

图74-2　删除线条

专家提醒

在Flash CS5中，删除线条还可以运用选择工具，选择需要删除的线条，按Delete键将其删除。

第75集　分割线条

素材：素材\第5章\75—1.fla
效果：效果\第5章\第75集.fla
视频：视频\第5章\第75集.swf
时长：37秒
难度：★★★
关键技术：分割线条

01 单击“文件”|“打开”命令，打开一个素材文件，如图75-1所示。

图75-1　素材文件

02 选取工具箱中的椭圆工具，在“属性”面板中设置“笔触颜色”为无、“填充颜色”为红色，将鼠标移至舞台区的适当位置，绘制一个椭圆，如图75-2所示。

03 选取工具箱中的选择工具，选择绘制的椭圆，按Delete键将其删除，即可分割线条，如图75-3所示。

图75-2　绘制矩形

图75-3　分割线条

专家提醒

在Flash CS5中，分割线条的时候，分割的对象都必须是打散的才能进行分割。

第76集　扭曲线条

素材：素材\第5章\76—1.fla
效果：效果\第5章\第76集.fla
视频：视频\第5章\第76集.swf
时长：42秒
难度：★★★★
关键技术：扭曲线条

01 单击“文件”|“打开”命令，打开一个素材文件，如图76-1所示。

图76-1　素材文件

02 选取工具箱中的选择工具，选择舞台区的线条，此时鼠标指针呈带弧线的箭头形状，向左拖曳鼠标，如图76-2所示。

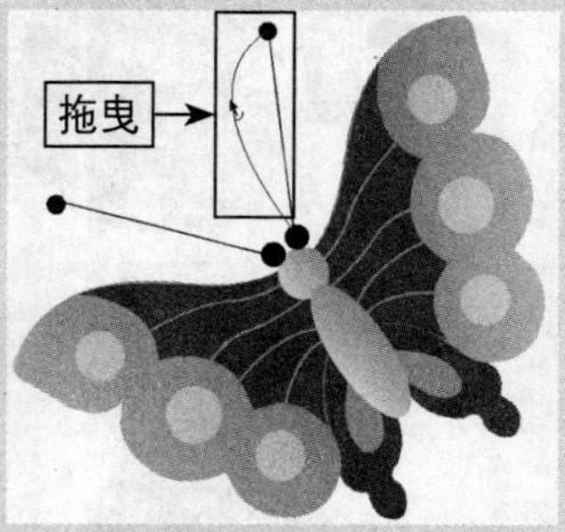

图76-2　拖曳鼠标

专家提醒

在Flash CS5中，当选择舞台区的线条时，若鼠标指针呈形状，则可以移动选择的线条。

03 至适当位置后释放鼠标，即可扭曲线条，如图76-3所示。

图76-3　扭曲线条

04 同理，扭曲另一线条，效果如图76-4所示。

图76-4　扭曲另一线条

专家提醒

在Flash CS5中，用选择工具扭曲线条前，注意先不要选择线条，线条一旦被选中，就只能被移动。

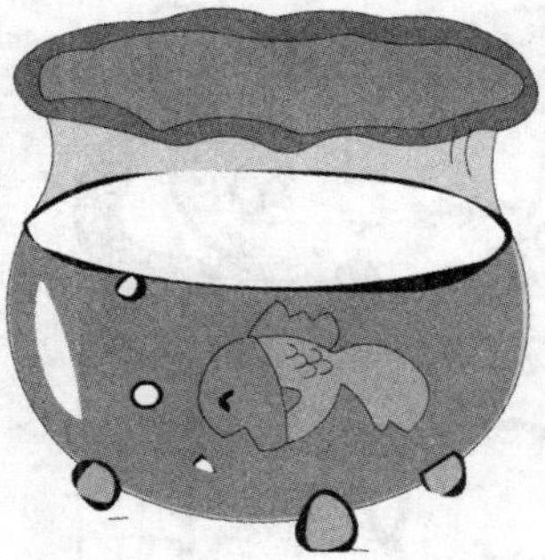

第77集 平滑曲线图形

素材：素材\第5章\77－1.fla

效果：效果\第5章\第77集.fla

视频：视频\第5章\第77集.swf

时长：36秒

难度：★★★

关键技术：“平滑”按钮

01 单击“文件”|“打开”命令，打开一个素材文件，选取工具箱中的选择工具，按Ctrl＋A组合键选择舞台区所有的图形，如图77-1所示。

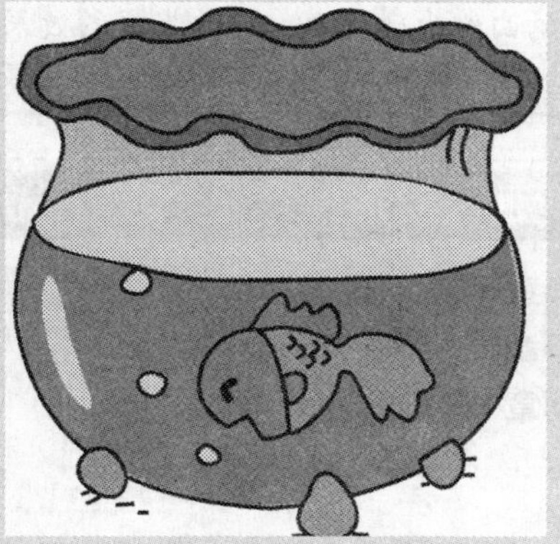

图77-1 选择图形

02 在工具箱底部的“平滑”按钮上单击多次，即可平滑所选的线条，如图77-2所示。

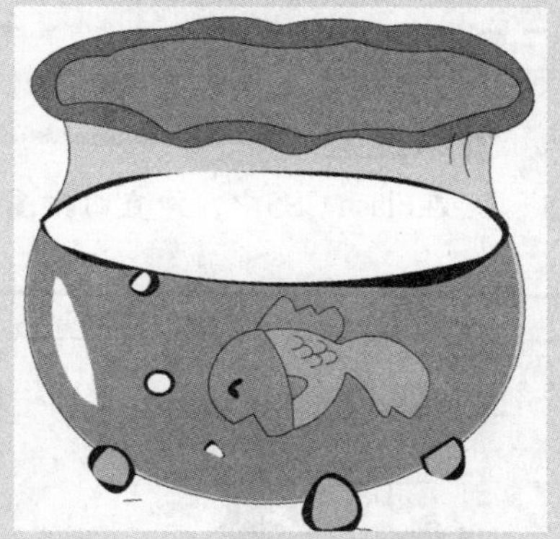

图77-2 平滑线条

专家提醒

用户可通过多次单击“平滑”按钮，使线条的平滑度达到满意的程度。

第78集 伸直曲线图形

素材：素材\第5章\78－1.fla

效果：效果\第5章\第78集.fla

视频：视频\第5章\第78集.swf

时长：65秒

难度：★★★★★

关键技术：“伸直”按钮

01 单击“文件”|“打开”命令，打开一个素材文件，选取工具箱中的铅笔工具，在“属性”面板中设置“笔触颜色”为黑色、“填充颜色”为无、“笔触高度”为7，将鼠标移至舞台区的适当位置绘制线条，如图78-1所示。

02 运用选择工具选择所绘制的所有线条，多次单击工具箱底部的“伸直”按钮，即可伸直所选的线条，效果如图78-2所示。

图78-1　绘制线条

图78-2　伸直线条

专家提醒

在Flash CS5中，伸直曲线图形可以使图形中的曲线出现棱角，接近直线的效果。

第79集　优化曲线图形

素材：素材\第5章\79—1.fla
效果：效果\第5章\第79集.fla
视频：视频\第5章\第79集.swf
时长：46秒
难度：★★★★
关键技术："优化"命令

01 单击"文件"|"打开"命令，打开一个素材文件，如图79-1所示。

图79-1　素材文件

02 按Ctrl＋A组合键选择所有图形，单击"修改"|"形状"|"优化"命令，在弹出的"优化曲线"对话框中进行相应设置，如图79-2所示。

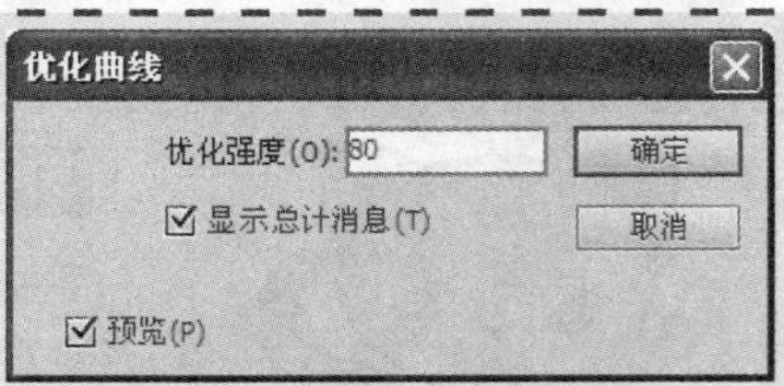

图79-2　"优化曲线"对话框

03 单击"确定"按钮，弹出信息提示框，如图79-3所示。

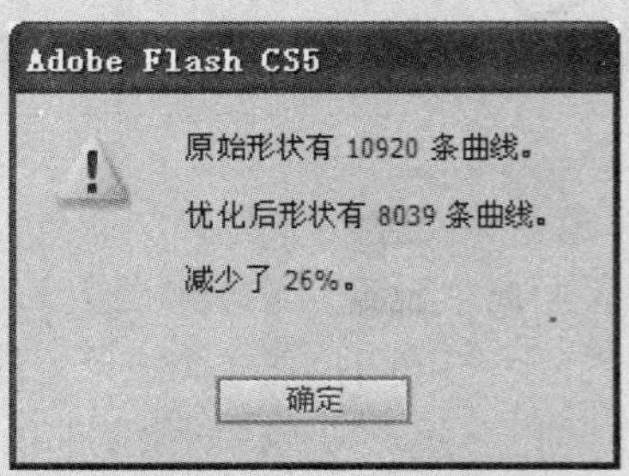

图79-3　信息提示框

04 单击“确定”按钮，即可将所选曲线进行优化，效果如图79-4所示。

图79-4　优化曲线

专家提醒

优化曲线的作用是通过减少定义元素的曲线数量来改进曲线和填充轮廓，以达到减小Flash文件大小的目的。

5.4　设置矢量形状图形属性

第80集　设置笔触颜色

素材：素材\第5章\80-1.fla

效果：效果\第5章\第80集.fla

视频：视频\第5章\第80集.swf

时长：35秒

难度：★★★

关键技术：“笔触颜色”选项

01 单击“文件”|“打开”命令，打开一个素材文件，如图80-1所示。

图80-1　素材文件

02 选取工具箱中的选择工具，选择舞台区中需要设置笔触颜色的图形对象，如图80-2所示。

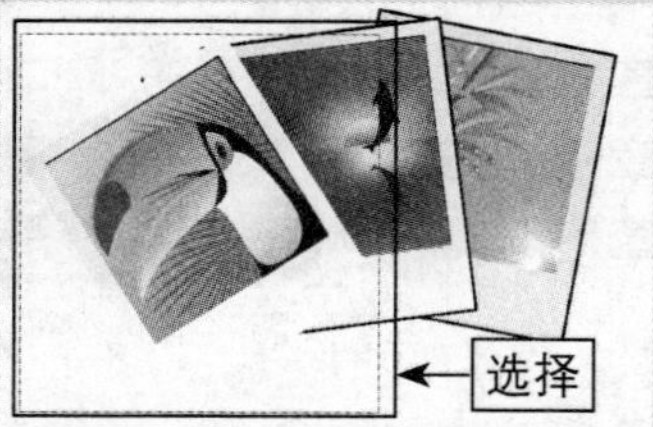

图80-2　选择图形对象

专家提醒

在Flash CS5中，如果预先设置的颜色不能满足需求，可以单击该面板右上角的按钮，在弹出的“颜色”对话框中设置笔触颜色。

03 在“属性”面板中设置“笔触颜色”为黑色、“笔触高度”为2，如图80-3所示。

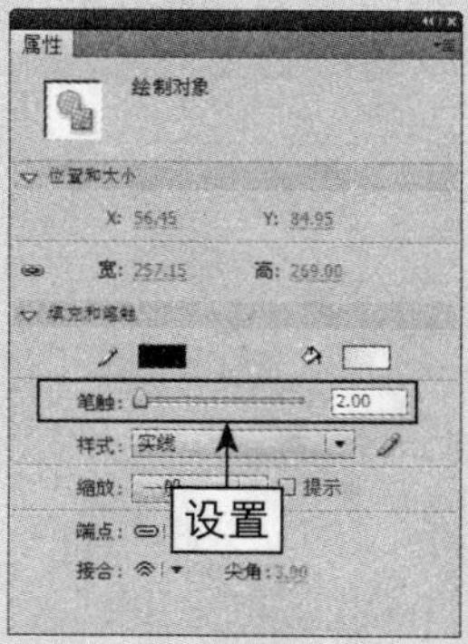

图80-3　设置属性

04 操作完成后，即可设置图形的笔触颜色，效果如图80-4所示。

图80-4　设置的笔触颜色

第81集　设置填充颜色

素材：素材\第5章\81-1.fla
效果：效果\第5章\第81集.fla
视频：视频\第5章\第81集.swf
时长：30秒
难度：★★
关键技术：“填充颜色”选项

01 单击“文件”|“打开”命令，打开一个素材文件，如图81-1所示。

图81-1　素材文件

02 选取工具箱中的选择工具，选择舞台区需要设置填充颜色的图形对象，在“属性”面板中设置“填充颜色”为棕黄色（#DA7E06），操作完成后即可设置图形对象的填充颜色，效果如图81-2所示。

图81-2　设置填充颜色的颜色

第82集　设置笔触样式

素材：素材\第5章\82-1.fla
效果：效果\第5章\第82集.fla
视频：视频\第5章\第82集.swf
时长：29秒
难度：★★
关键技术：“样式”选项

01 单击“文件”|“打开”命令，打开一个素材文件，如图82-1所示。

图82-1　素材文件

02 选取工具箱中的选择工具，选择舞台区需要设置笔触样式的图形对象，在“属性”面板中设置“样式”为“实线”，操作完成后即可设置笔触样式，效果如图82-2所示。

图82-2　设置笔触样式的效果

第83集　设置图形端点

素材：素材\第5章\83–1.fla

效果：效果\第5章\第83集.fla

视频：视频\第5章\第83集.swf

时长：50秒

难度：★★★★

关键技术：“接合”选项

01 单击“文件”|“打开”命令，打开一个素材文件，如图83-1所示。

图83-1　素材文件

02 选取工具箱中的选择工具，选择舞台区的白色边框线，在“属性”面板的“填充和笔触”选项区中单击“接合”选项右侧的下三角按钮，在弹出的下拉列表中选择“斜角”选项，操作完成后，即可设置图形端点，如图83-2所示。

图83-2　设置图形端点的效果

专家提醒

在Flash CS5中，“接合”选项提供了多种图形端点样式，读者可以根据需要选择端点样式。

5.5 修改矢量图形

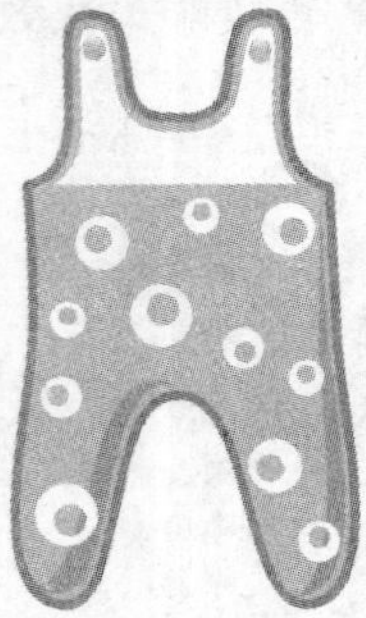

第84集 将线条转换为填充

素材：素材\第5章\84-1.fla
效果：效果\第5章\第84集.fla
视频：视频\第5章\第84集.swf
时长：37秒
难度：★★★
关键技术："将线条转换为填充"命令

01 单击"文件"|"打开"命令，打开一个素材文件，运用选择工具选择舞台区中所有深蓝色的线条，如图84-1所示。

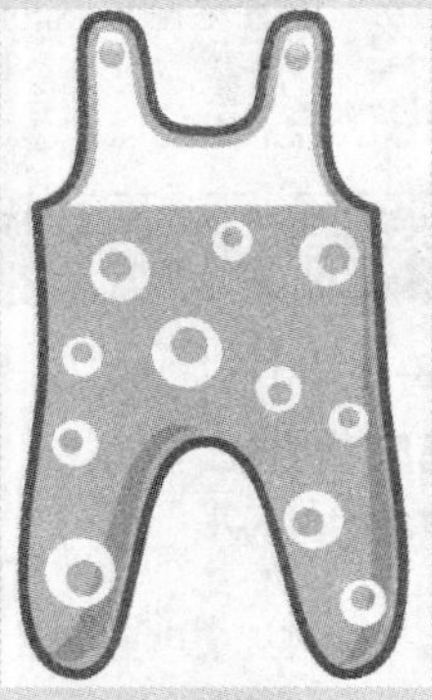

图84-1 选择线条

02 单击"修改"|"形状"|"将线条转换为填充"命令，即可将选择的线条转换为填充，在"属性"面板中设置"填充颜色"为粉红色（#FF6699），效果如图84-2所示。

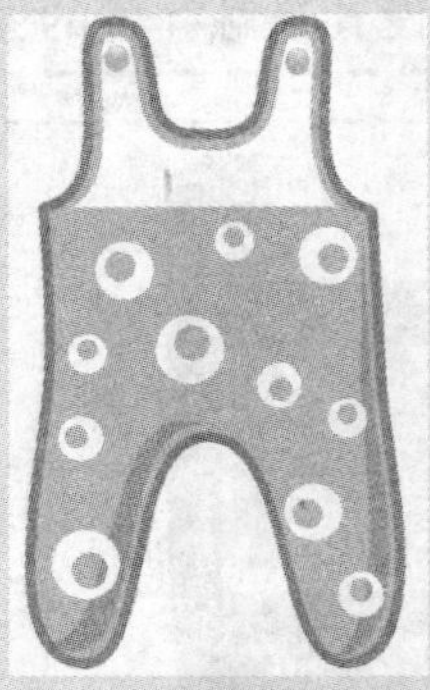

图84-2 设置填充颜色的效果

第85集 扩展填充

素材：素材\第5章\85-1.fla
效果：效果\第5章\第85集.fla
视频：视频\第5章\第85集.swf
时长：43秒
难度：★★★★
关键技术："扩展填充"命令

01 单击"文件"|"打开"命令，打开一个素材文件，如图85-1所示。

图85-1 素材文件

02 选取工具箱中的选择工具，选择舞台中需要扩展填充的图形对象，如图85-2所示。

图85-2　选择图形对象

03 单击“修改”|“形状”|“扩展填充”命令，在弹出的“扩展填充”对话框中设置“距离”为10像素，如图85-3所示。

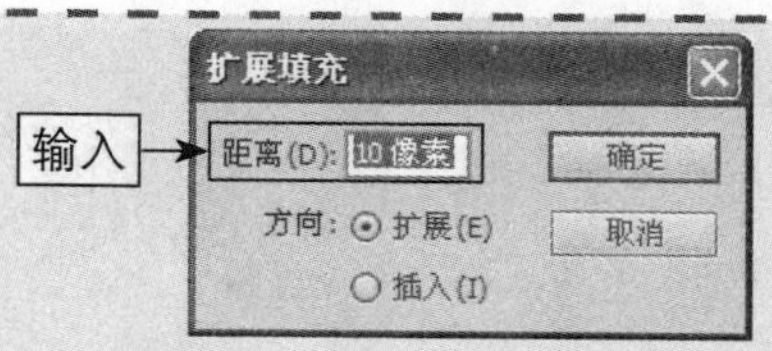

图85-3　“扩展填充”对话框

04 单击“确定”按钮，即可扩展所选图形的填充区域，效果如图85-4所示。

图85-4　扩展填充的效果

第86集　缩小填充

素材：素材\第5章\86—1.fla

效果：效果\第5章\第86集.fla

视频：视频\第5章\第86集.swf

时长：47秒

难度：★★★★

关键技术：“扩展填充”命令

01 单击“文件”|“打开”命令，打开一个素材文件，如图86-1所示。

图86-1　素材文件

02 选取工具箱中的选择工具，选择舞台区中的图形对象，如图86-2所示。

03 单击“修改”|“形状”|“扩展填充”命令，在弹出的“扩展填充”对话框中设置“距离”为30像素、“方向”为“插入”，如图86-3所示。

图86-2　选择图形对象

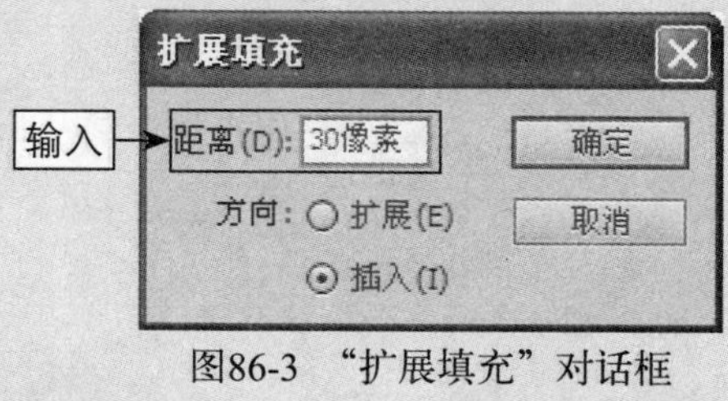

图86-3　“扩展填充”对话框

04 单击“确定”按钮，即可缩小所选图形的填充区域，效果如图86-4所示。

图86-4　缩小填充的效果

第87集　柔化填充边缘

素材： 素材\第5章\87-1.fla
效果： 效果\第5章\第87集.fla
视频： 视频\第5章\第87集.swf
时长： 45秒
难度： ★★★★
关键技术： “柔化填充边缘”命令

01 单击“文件”|“打开”命令，打开一个素材文件，如图87-1所示。

图87-1　素材文件

02 选取工具箱中的选择工具，选择舞台区中需要柔化填充边缘的图形对象，如图87-2所示。

图87-2　选择图形对象

03 单击“修改”|“形状”|“柔化填充边缘”命令，在弹出的“柔化填充边缘”对话框中设置“距离”为15像素，如图87-3所示。

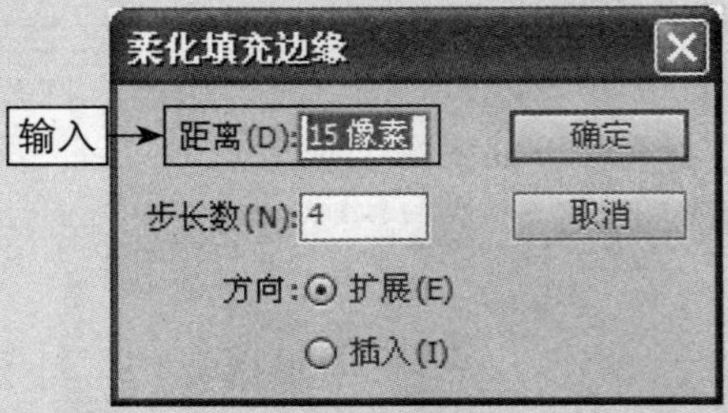

图87-3　“柔化填充边缘”对话框

04 单击“确定”按钮，即可柔化所选图形的填充边缘，效果如图86-4所示。

图87-4　柔化填充边缘的效果

第88集　擦除图形

素材：素材\第5章\88–1.fla

效果：效果\第5章\第88集.fla

视频：视频\第5章\第88集.swf

时长：43秒

难度：★★★★

关键技术：橡皮擦工具

01 单击“文件”|“打开”命令，打开一个素材文件，如图88-1所示。

图88-1　素材文件

02 选取工具箱中的橡皮擦工具，将鼠标移至需要擦除的图形对象上，鼠标指针呈●形状，如图88-2所示。

图88-2　定位鼠标

03 拖曳鼠标，将图形对象擦除，如图88-3所示。

图88-3　擦除图形

04 同理，将多余的图形对象擦除，效果如图88-4所示。

图88-4　擦除多余的图形

5.6　使用贴紧功能

第89集　使用对象贴紧功能

素材：素材\第5章\89–1.fla

效果：效果\第5章\第89集.fla

视频：视频\第5章\第89集.swf

时长：23秒

难度：★★

关键技术：“贴紧至对象”命令

01 单击“文件”|“打开”命令，打开一个素材文件，如图89-1所示。

图89-1　素材文件

02 单击“视图”|“贴紧”|“贴紧至对象”命令，如图89-2所示。操作完成后，即可使用对象贴紧功能。

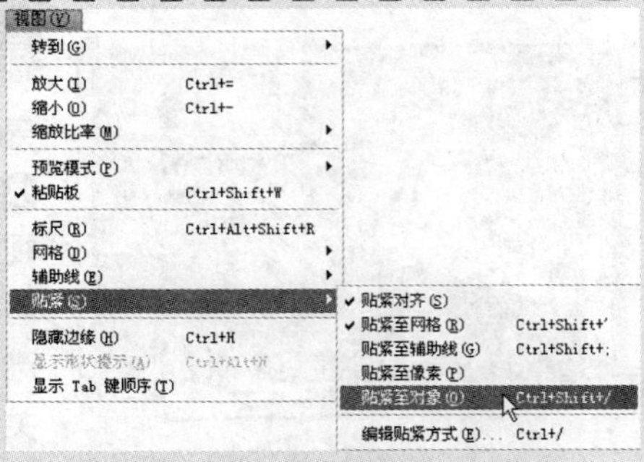

图89-2　单击“贴紧至对象”命令

专家提醒

单击工具箱底部的“贴紧至对象”按钮，也可使用对象贴紧功能。

第90集　使用像素贴紧功能

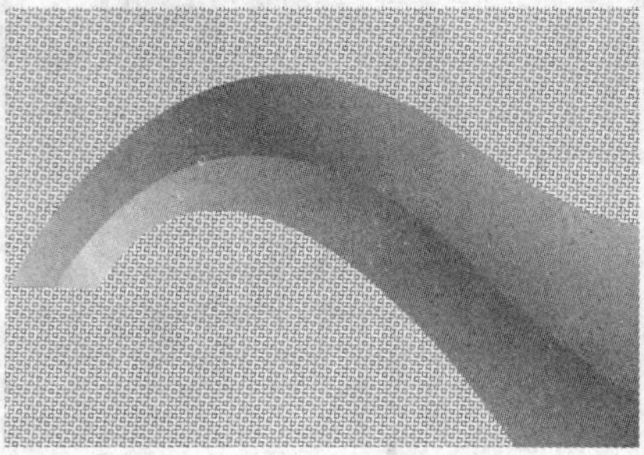

素材：素材\第5章\90-1.fla
效果：效果\第5章\第90集.fla
视频：视频\第5章\第90集.swf
时长：30秒
难度：★★
关键技术：“贴紧至像素”命令

01 单击“文件”|“打开”命令，打开一个素材文件，如图90-1所示。

图90-1　素材文件

02 单击“视图”|“贴紧”|“贴紧至像素”命令，即可使用像素贴紧功能，将视图缩放比率设置为400%，会出现像素网格，如图90-2所示。

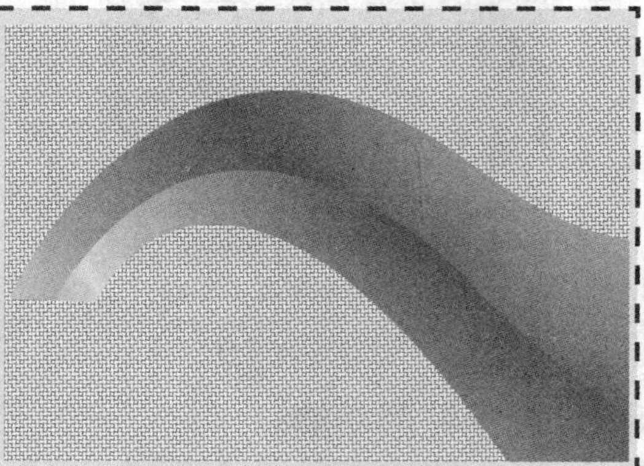

图90-2　使用贴紧至像素功能

专家提醒

像素网格表示显示在Flash应用程序中的单个像素，当创建或移动一个对象时，对象会被限定到像素网格内。

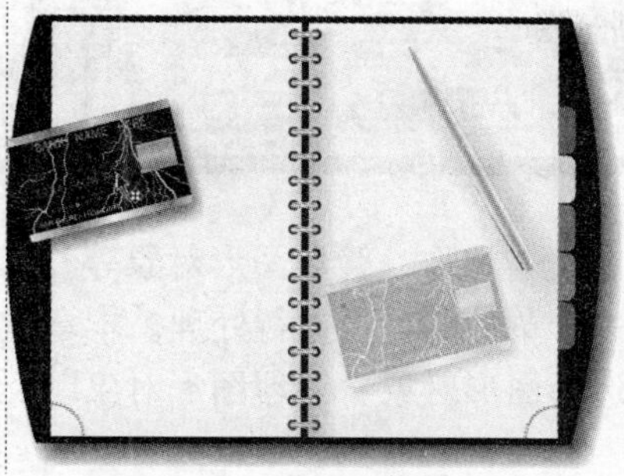

第91集　使用贴紧对齐功能

素材：素材\第5章\91—1.fla

效果：效果\第5章\第91集.fla

视频：视频\第5章\第91集.swf

时长：40秒

难度：★★★

关键技术："贴紧对齐"命令

01 单击"文件"|"打开"命令，打开一个素材文件，如图91-1所示。

图91-1　素材文件

02 单击"视图"|"贴紧"|"贴紧对齐"命令，即可打开贴紧对齐功能，选取工具箱中的选择工具，选择需要使用贴紧对齐的图形对象并向左拖曳鼠标，当图形对象的边缘与背景形状的边缘对齐时会出现虚线，说明已经启用贴紧对齐功能，如图91-2所示。

图91-2　使用贴紧对齐功能

专家提醒

若需要对贴紧对齐进行相应的设置，可单击"视图"|"贴紧"|"编辑贴紧方式"命令，弹出"编辑贴紧方式"对话框，在其中可以设置对象的水平、垂直及舞台边界贴紧对齐的容差；也可以使用水平对齐、居中对齐功能来贴紧对象，所有"贴紧对齐"设置均以像素为度量单位。

第 6 章 简单操作图形对象

在Flash CS5中，提供了操作对象的各种方法，包括预览、选取、管理图形对象等，在实际工作中，可以将单个的对象合成一组，然后再作为一个单独的对象进行处理。本章主要介绍简单操作图形对象的方法，包括预览图形对象、选择图形对象、管理图形对象以及合并图形对象等。

6.1 预览图形对象

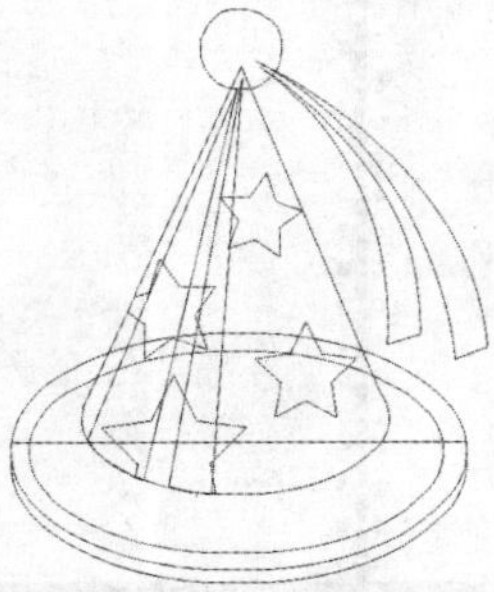

第92集 以轮廓预览图形对象

素材：素材\第6章\92-1.fla
效果：效果\第6章\第92集.fla
视频：视频\第6章\第92集.swf
时长：22秒
难度：★★
关键技术："轮廓"命令

01 单击"文件"|"打开"命令，打开一个素材文件，如图92-1所示。

图92-1 素材文件

02 单击"视图"|"预览模式"|"轮廓"命令，即可以轮廓方式预览图形对象，如图92-2所示。

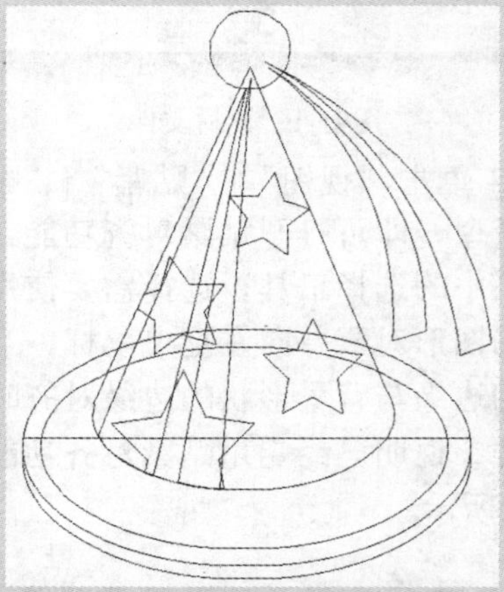

图92-2 以轮廓预览图形对象

专家提醒

除了运用上述方法预览图形对象轮廓外，还有以下两种方法。

- 按钮：单击"时间轴"面板中图层右端的"显示为轮廓"按钮。
- 快捷键：按Shift＋Ctrl＋Alt＋O组合键。

第93集 高速显示图形对象

素材：素材\第6章\93-1.fla
效果：效果\第6章\第93集.fla
视频：视频\第6章\第93集.swf
时长：18秒
难度：★
关键技术："高速显示"命令

01 单击"文件"|"打开"命令，打开一个素材文件，如图93-1所示。

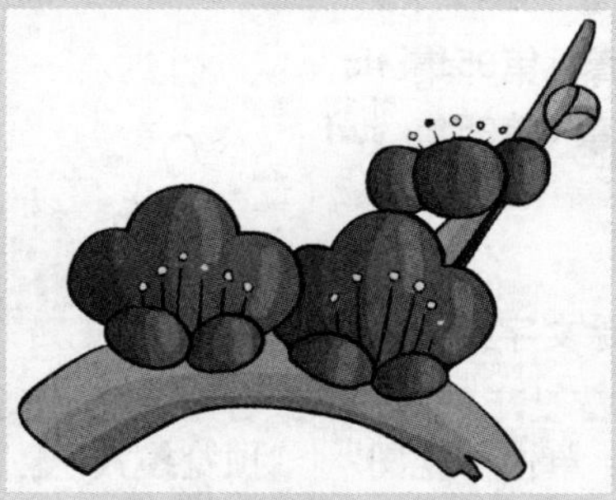

图93-1 素材文件

02 单击"视图"|"预览模式"|"高速显示"命令，即可以高速显示的方式预览图形对象，如图93-2所示。

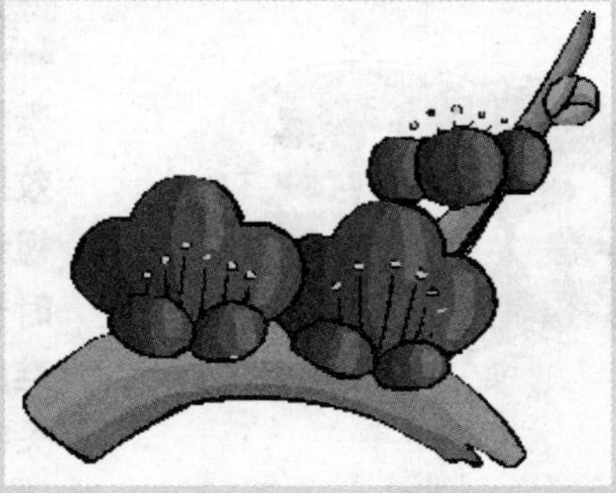

图93-2 高速显示图形

专家提醒

按Shift+Ctrl+Alt+F组合键，也可以高速显示的方式预览图形对象。

第94集 消除图形对象锯齿

素材：素材\第6章\94-1.fla
效果：效果\第6章\第94集.fla
视频：视频\第6章\第94集.swf
时长：16秒
难度：★
关键技术："消除锯齿"命令

01 单击"文件"|"打开"命令，打开一个素材文件，如图94-1所示。

02 单击"视图"|"预览模式"|"消除锯齿"命令，即可以消除锯齿的方式预览动画中的图形对象，如图94-2所示。

图94-1 素材文件

图94-2　消除锯齿的效果

第95集　消除文字对象锯齿

素材：素材\第6章\95-1.fla
效果：效果\第6章\第95集.fla
视频：视频\第6章\第95集.swf
时长：18秒
难度：★
关键技术："消除文字锯齿"命令

01 单击"文件"|"打开"命令，打开一个素材文件，如图95-1所示。

图95-1　素材文件

02 单击"视图"|"预览模式"|"消除文字锯齿"命令，即可以消除文字锯齿的方式预览对象，如图95-2所示。

图95-2　消除文字锯齿

专家提醒

使用消除文字锯齿功能可以平滑所有文本的边缘。使用该模式预览动画中较大的字体效果时，如果文本数量太多，速度就会减慢，该模式是最常用的工作模式。

第96集　显示整个图形对象

素材：素材\第6章\96-1.fla
效果：效果\第6章\第96集.fla
视频：视频\第6章\第96集.swf
时长：17秒
难度：★
关键技术："整个"命令

01 单击“文件”|“打开”命令，打开一个素材文件，如图96-1所示。

图96-1　素材文件

02 单击“视图”|“预览模式”|“整个”命令，即可以整个的模式预览图形对象，如图96-2所示。

图96-2　显示整个图形对象

6.2　选择图形对象

第97集　直接选择图形对象

素材：素材\第6章\97-1.fla

效果：效果\第6章\第97集.fla

视频：视频\第6章\第97集.swf

时长：22秒

难度：★

关键技术：选择工具

01 单击“文件”|“打开”命令，打开一个素材文件，如图97-1所示。

图97-1　素材文件

02 选取工具箱中的选择工具，单击需要选择的图形对象，即可选择图形对象，如图97-2所示。

图97-2　选择图形对象

第98集　通过时间轴选择对象

素材：素材\第6章\98-1.fla

效果：效果\第6章\第98集.fla

视频：视频\第6章\第98集.swf

时长：19秒

难度：★

关键技术：“时间轴”面板

01 单击"文件"|"打开"命令，打开一个素材文件，如图98-1所示。

图98-1　素材文件

02 在"时间轴"面板中选择"图层2"图层，即可选择当前图层上的所有对象，如图98-2所示。

图98-2　选择图层中的对象

第99集　添加选择区域

素材：素材\第6章\99-1.fla
效果：效果\第6章\第99集.fla
视频：视频\第6章\第99集.swf
时长：31秒
难度：★★★
关键技术：Shift键

01 单击"文件"|"打开"命令，打开一个素材文件，选取工具箱中的选择工具，选择舞台中的图形对象，如图99-1所示。

图99-1　选择图形对象

02 按住Shift键的同时，运用选择工具选择其他的图形，即可添加选择区域，效果如图99-2所示。

图99-2　添加选择区域

第100集　减少选择区域

素材：素材\第6章\100-1.fla
效果：效果\第6章\第100集.fla
视频：视频\第6章\第100集.swf
时长：22秒
难度：★★
关键技术：Shift键

01 单击“文件”|“打开”命令，打开一个素材文件，如图100-1所示。

图100-1　素材文件

02 按住Shift键的同时，运用选择工具选择不需要选择的图形，即可减少选择区域，如图100-2所示。

图100-2　减少选择区域

第101集　使用选择工具移动对象

素材：素材\第6章\101—1.fla
效果：效果\第6章\第101集.fla
视频：视频\第6章\第101集.swf
时长：28秒
难度：★★
关键技术：选择工具

01 单击“文件”|“打开”命令，打开一个素材文件，选取工具箱中的选择工具，然后选择需要移动的图形对象，如图101-1所示。

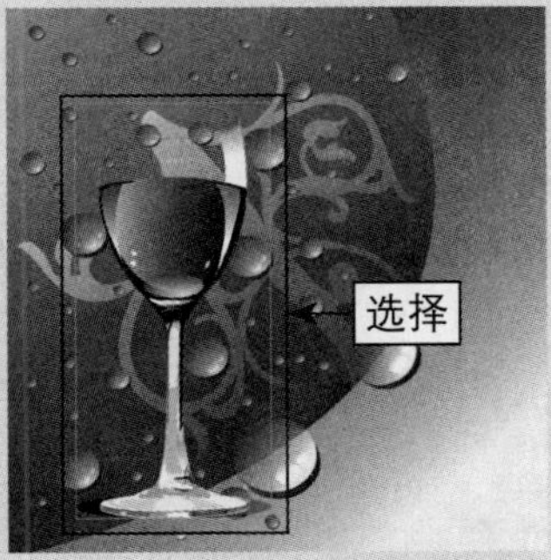

图101-1　选择图形对象

02 向右拖曳至舞台区的适当位置释放鼠标，即可移动对象，效果如图101-2所示。

图101-2　移动图形对象

第102集　使用方向键移动对象

素材：素材\第6章\102—1.fla
效果：效果\第6章\第102集.fla
视频：视频\第6章\第102集.swf
时长：36秒
难度：★★★
关键技术：键盘上的方向键

01 单击“文件”|“打开”命令，打开一个素材文件，选取工具箱中的选择工具，选择需要移动的图形对象，如图102-1所示。

02 多次按键盘上的向左方向键，被选择的图形对象将以像素为单位按照方向键的方向进行移动，效果如图102-2所示。

专家提醒

在Flash CS5中移动对象时，按住Shift键的同时按键盘上的方向键，被选择的图形对象将以10个像素为单位进行移动。

图102-1 选择图形对象

图102-2 移动图形对象

第103集 通过“属性”面板移动对象

素材：素材\第6章\103–1.fla
效果：效果\第6章\第103集.fla
视频：视频\第6章\第103集.swf
时长：32秒
难度：★★★
关键技术：“属性”面板

01 单击“文件”|“打开”命令，打开一个素材文件，选取工具箱中的选择工具，选择需要移动的图形对象，如图103-1所示。

图103-1 选择图形对象

02 在“属性”面板的“位置和大小”选项中设置Y为100，按Enter键进行确认，即可移动图形对象，效果如图103-2所示。

图103-2 移动对象

6.3　管理图形对象

第104集　移动图形对象

素材：素材\第6章\104-1.fla
效果：效果\第6章\第104集.fla
视频：视频\第6章\第104集.swf
时长：40秒
难度：★★★
关键技术："信息"面板

01 单击"文件"|"打开"命令，打开一个素材文件，如图104-1所示。

图104-1　素材文件

02 选取工具箱中的选择工具，选择舞台区需要移动的图形对象，如图104-2所示。

图104-2　选择图形对象

03 单击"窗口"|"信息"命令，弹出"信息"面板，在右侧的X文本框中输入坐标值，如图104-3所示。

04 按Enter键进行确认，即可移动图形对象，效果如图104-4所示。

专家提醒

在Flash CS5中，"信息"面板可以查看关于图形对象、鼠标的属性信息。

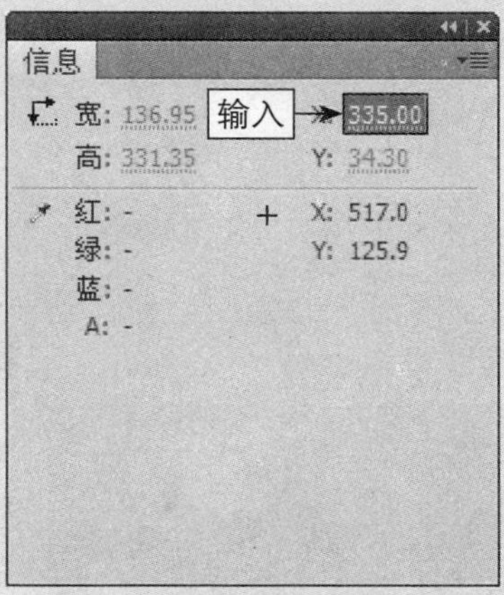

图104-3　"信息"面板

图104-4　移动图形

第105集　剪切图形对象

素材：素材\第6章\105-1.fla
效果：效果\第6章\第105集.fla
视频：视频\第6章\第105集.swf
时长：23秒
难度：★★
关键技术："剪切"命令

01 单击"文件"|"打开"命令，打开一个素材文件，选取工具箱中的选择工具，选择舞台区需要剪切的图形对象，如图105-1所示。

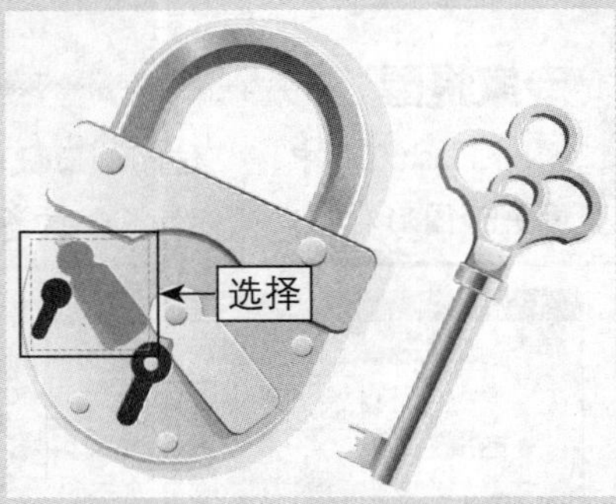

图105-1　选择图形对象

02 单击"编辑"|"剪切"命令，即可将所选择的图形对象剪切到粘贴板中，如图105-2所示。

图105-2　剪切图形对象

第106集　复制图形对象

素材：素材\第6章\106-1.fla
效果：效果\第6章\第106集.fla
视频：视频\第6章\第106集.swf
时长：36秒
难度：★★★
关键技术："复制"命令

01 单击"文件"|"打开"命令，打开一个素材文件，如图106-1所示。

图106-1　素材文件

02 选取工具箱中的选择工具，选择舞台区需要复制的图形对象，如图106-2所示。

图106-2　选择图形对象

03 单击“编辑”|“复制”命令，再单击“编辑”|“粘贴到中心位置”命令，即可在舞台的中心复制选择的图形对象，如图106-3所示。

图106-3　复制图形对象

04 适当调整复制图形对象的位置，效果如图106-4所示。

图106-4　移动图形对象

专家提醒

在Flash CS5中，可以通过选择需要复制的图形对象，按住Alt键的同时拖曳鼠标，来复制图形对象。

第107集　删除图形对象

素材：素材\第6章\107−1.fla

效果：效果\第6章\第107集.fla

视频：视频\第6章\第107集.swf

时长：20秒

难度：★

关键技术：Delete键

01 单击“文件”|“打开”命令，打开一个素材文件，选取工具箱中的选择工具，然后选择舞台区需要删除的图形对象，如图107-1所示。

图107-1　选择图形对象

02 按Delete键即可将所选择的图形对象删除，效果如图107-2所示。

图107-2　删除图形对象

第108集　变换图形对象

素材：素材\第6章\108−1.fla

效果：效果\第6章\第108集.fla

视频：视频\第6章\第108集.swf

时长：78秒

难度：★★★★★

关键技术：“任意变形”命令

01 单击“文件”|“打开”命令，打开一个素材文件，选取工具箱中的选择工具，然后选择舞台区的图形对象，如图108-1所示。

图108-1　素材文件

02 单击“修改”|“变形”|“任意变形”命令，即可在图形对象上显示变形控制框，如图108-2所示。

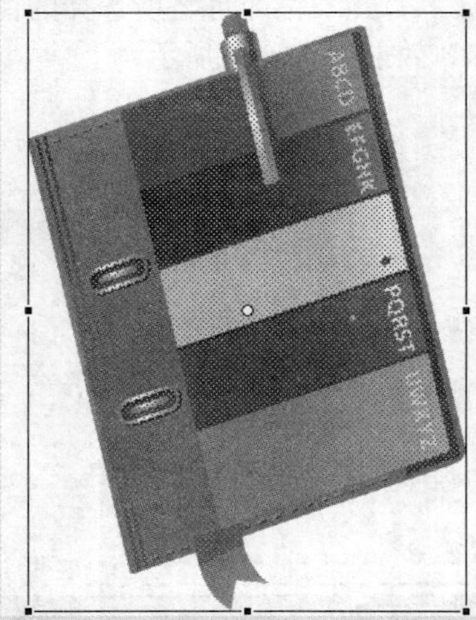
图108-2　变形控制框

03 将鼠标移至图形对象右上方的控制点上，当鼠标指针呈形状时向右下方拖曳鼠标，如图108-3所示。

04 拖曳至舞台区的适当位置后释放鼠标。将鼠标移至上方中心的控制点上，当鼠标指针呈形状时向右拖曳鼠标，至舞台区适当位置后释放鼠标，即可完成对图形对象的变换，效果如图108-4所示。

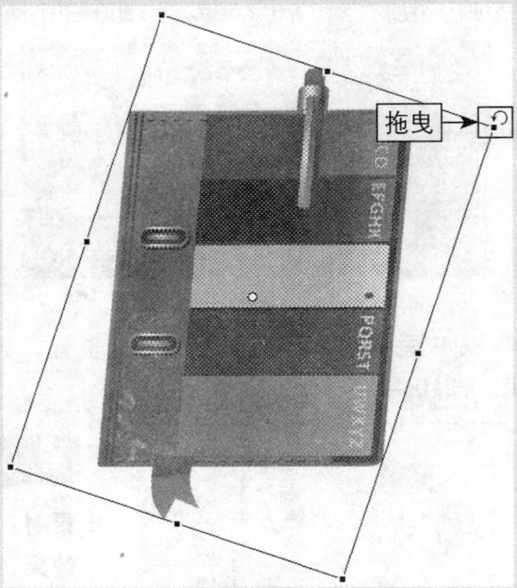

图108-3　拖曳鼠标

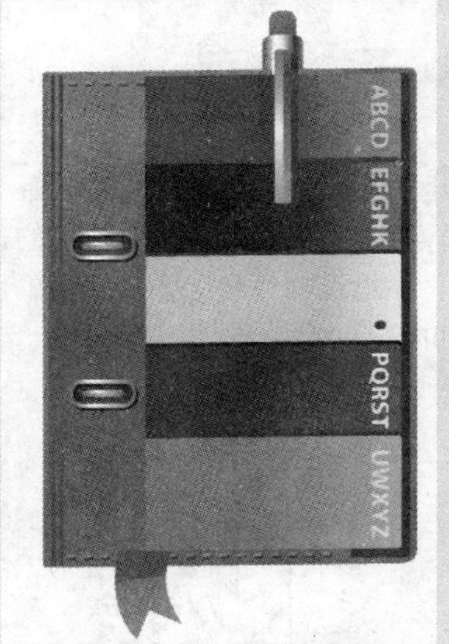

图108-4　变换图形对象

专家提醒

在Flash CS5中，使用“任意变形”命令，可以对图形对象进行自由变换操作，包括旋转、倾斜、缩放和翻转图形对象，当用户选择了需要变形的对象后选取工具箱中的任意变形工具，即可设置对象的变形方式。

第109集 旋转图形对象

素材：素材\第6章\109-1.fla

效果：效果\第6章\第109集.fla

视频：视频\第6章\第109集.swf

时长：46秒

难度：★★★★

关键技术："旋转与倾斜"命令

01 单击"文件"|"打开"命令，打开一个素材文件，选取工具箱中的选择工具，选择舞台区的图形对象，单击"修改"|"变形"|"旋转与倾斜"命令，即可在图形对象上显示变形控制框，将鼠标指针移至右上方的控制点上，如图109-1所示。

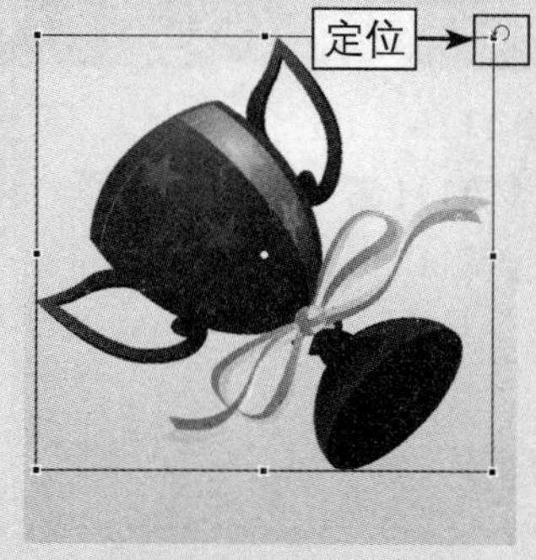

图109-1 定位鼠标

02 向右下方拖曳至舞台区的适当位置后释放鼠标，即可旋转图形对象，效果如图109-2所示。

图109-2 旋转图形对象

第110集 倾斜图形对象

素材：素材\第6章\110-1.fla

效果：效果\第6章\第110集.fla

视频：视频\第6章\第110集.swf

时长：46秒

难度：★★★★

关键技术："旋转与倾斜"命令

01 单击"文件"|"打开"命令，打开一个素材文件，如图110-1所示。

02 选取工具箱中的选择工具，选择舞台区需要倾斜的图形对象，如图110-2所示。

图110-1 素材文件

图110-2　选择图形对象

图110-3　定位鼠标

03 单击"修改"|"变形"|"旋转与倾斜"命令，即可在图形对象上显示变形控制框，将鼠标指针移至上方中间的控制点上，此时鼠标指针呈⇌形状，如图110-3所示。

04 向右拖曳至舞台区适当位置后释放鼠标，即可倾斜图形对象，效果如图110-4所示。

图110-4　倾斜图形对象

第111集　翻转图形对象

素材：素材\第6章\111-1.fla

效果：效果\第6章\第111集.fla

视频：视频\第6章\第111集.swf

时长：29秒

难度：★★

关键技术："水平翻转"命令

01 单击"文件"|"打开"命令，打开一个素材文件，选取工具箱中的选择工具，然后选择舞台区需要翻转的图形对象，如图111-1所示。

图111-1　选择图形对象

02 单击"修改"|"变形"|"水平翻转"命令，即可水平翻转图形对象，效果如图111-2所示。

图111-2　水平翻转图形对象

第112集 扭曲图形对象

素材：素材\第6章\112-1.fla

效果：效果\第6章\第112集.fla

视频：视频\第6章\第112集.swf

时长：51秒

难度：★★★★

关键技术："扭曲"命令

01 单击"文件"|"打开"命令，打开一个素材文件，如图112-1所示。

图112-1 素材文件

02 选取工具箱中的选择工具，选择舞台区需要扭曲的图形对象，单击"修改"|"变形"|"扭曲"命令，即可在图形对象上显示变形控制框，如图112-2所示。

图112-2 变形控制框

03 将鼠标指针移至右下方的控制点上，当鼠标指针呈白色箭头形状时向下方拖曳鼠标，如图112-3所示。

图112-3 拖曳鼠标

04 拖曳至舞台区适当位置后释放鼠标，即可扭曲图形对象，效果如图112-4所示。

图112-4 扭曲图形对象

第113集 封套图形对象

素材：素材\第6章\113-1.fla

效果：效果\第6章\第113集.fla

视频：视频\第6章\第113集.swf

时长：64秒

难度：★★★★★

关键技术："封套"命令

01 单击“文件”|“打开”命令，打开一个素材文件，如图113-1所示。

图113-1 素材文件

02 选取工具箱中的选择工具，然后选择舞台区需要封套的图形对象，单击“修改”|“变形”|“封套”命令，即可在图形对象上显示变形控制框，如图113-2所示。

图113-2 选择图形对象

03 将鼠标移至上方中心的控制点上，向下拖曳至合适位置后释放鼠标，可使封套变形控制框呈S形状变形，如图113-3所示。

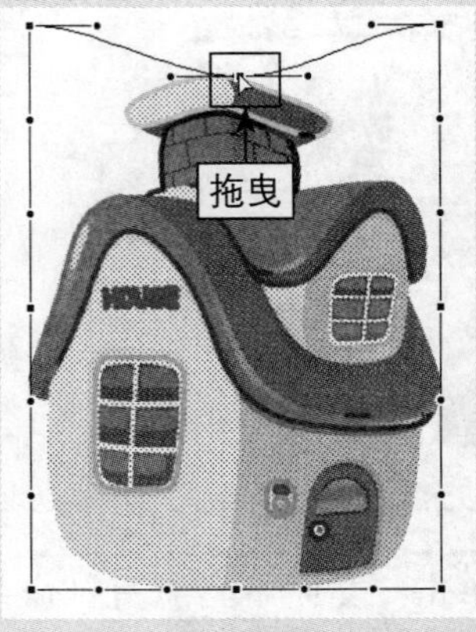

图113-3 拖曳鼠标

04 同理，拖曳其他控制点，效果如图113-4所示。

图113-4 拖曳其他控制点的效果

专家提醒

在Flash CS5中，封套可以随意改变图形对象，读者可以根据需要调整出需要的图形。

第114集 将图形上移一层

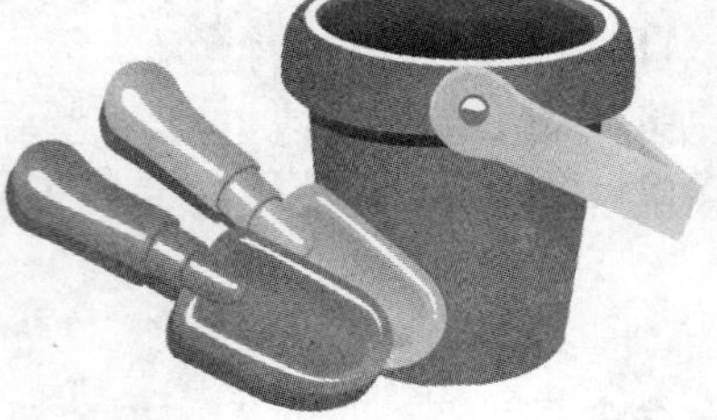

素材：素材\第6章\114-1.fla

效果：效果\第6章\第114集.fla

视频：视频\第6章\第114集.swf

时长：26秒

难度：★★

关键技术：“上移一层”命令

01 单击“文件”|“打开”命令，打开一个素材文件，选取工具箱中的选择工具，然后选择舞台区需要上移的图形对象，如图114-1所示。

图114-1　选择图形对象

02 单击“修改”|“排列”|“上移一层”命令，即可将选择的图形对象上移一层，效果如图114-2所示。

图114-2　上移一层

第115集　将图形下移一层

素材：素材\第6章\115-1.fla
效果：效果\第6章\第115集.fla
视频：视频\第6章\第115集.swf
时长：26秒
难度：★★
关键技术：“下移一层”命令

01 单击“文件”|“打开”命令，打开一个素材文件，选取工具箱中的选择工具，然后选择舞台区需要下移的图形对象，如图115-1所示。

图115-1　选择图形对象

02 单击“修改”|“排列”|“下移一层”命令，即可将选择的图形对象下移一层，效果如图115-2所示。

图115-2　下移一层

第116集　将图形移至底层

素材：素材\第6章\116-1.fla
效果：效果\第6章\第116集.fla
视频：视频\第6章\第116集.swf
时长：31秒
难度：★★★
关键技术：“移至底层”命令

01 单击“文件”|“打开”命令，打开一个素材文件，选取工具箱中的选择工具，然后选择舞台区需要移至底层的图形对象，如图116-1所示。

图116-1　素材文件

02 单击“修改”|“排列”|“移至底层”命令，即可将选择的图形对象移至底层，效果如图116-2所示。

图116-2　移至最底层

6.4　合并对象

第117集　联合对象

素材：素材\第6章\117—1.fla

效果：效果\第6章\第117集.fla

视频：视频\第6章\第117集.swf

时长：27秒

难度：★★

关键技术：“联合”命令

01 单击“文件”|“打开”命令，打开一个素材文件，如图117-1所示。

图117-1　素材文件

02 选取工具箱中的选择工具，然后选择舞台区需要合并的图形对象，如图117-2所示。

03 单击“修改”|“合并对象”|“联合”命令，如图117-3所示。

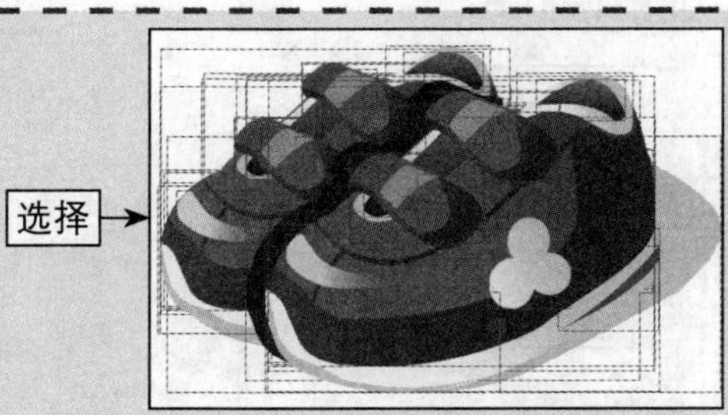

图117-2　选择图形对象

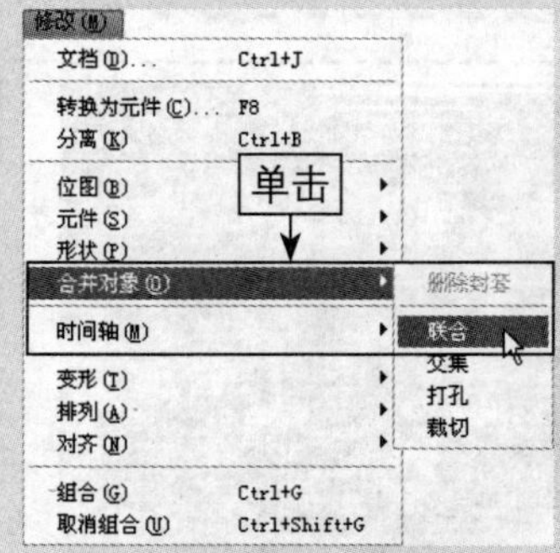

图117-3　单击“联合”命令

04 操作完成后，即可联合图形对象，效果如图117-4所示。

图117-4　联合图形对象

第118集　交集对象

素材：素材\第6章\118—1.fla

效果：效果\第6章\第118集.fla

视频：视频\第6章\第118集.swf

时长：49秒

难度：★★★★

关键技术："交集"命令

01 单击"文件"|"打开"命令，打开一个素材文件，如图118-1所示。

图118-1　素材文件

02 运用椭圆工具，在舞台区绘制一个浅绿色的椭圆，如图118-2所示。

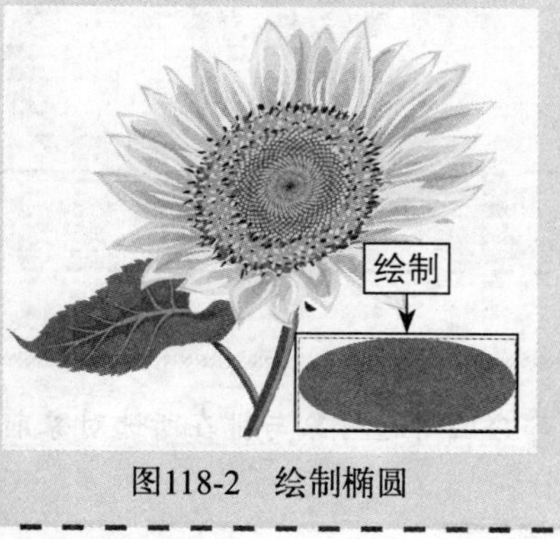

图118-2　绘制椭圆

03 同理，绘制另一个深绿色椭圆，如图118-3所示。

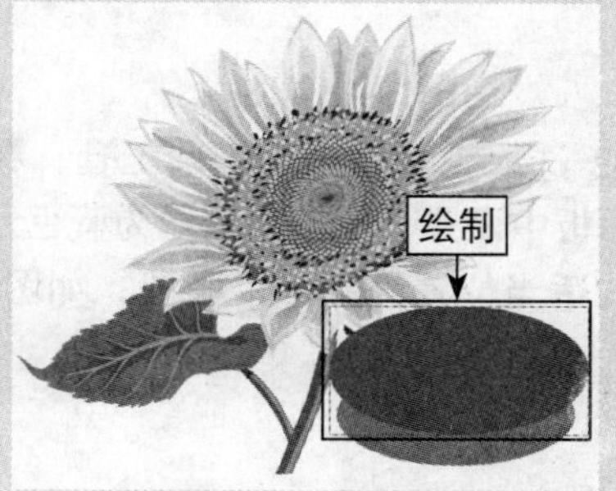

图118-3　绘制另一椭圆

04 选择绘制的两个椭圆对象，单击"修改"|"合并对象"|"交集"命令，即可创建两个图形的交集图形。适当调整图形位置，效果如图118-4所示。

图118-4　交集对象

第119集　打孔对象

素材：素材\第6章\119-1.fla
效果：效果\第6章\第119集.fla
视频：视频\第6章\第119集.swf
时长：47秒
难度：★★★★
关键技术："打孔"命令

01 单击"文件"|"打开"命令，打开一个素材文件，如图119-1所示。

图119-1　素材文件

02 选取工具箱中的椭圆工具，在"属性"面板中设置"填充颜色"为蓝色，在舞台区的适当位置绘制一个椭圆，如图119-2所示。

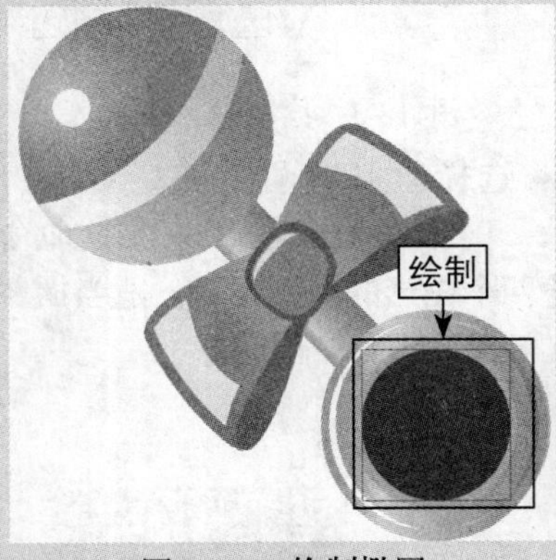

图119-2　绘制椭圆

03 按住Shift键，选择浅蓝色图形对象，如图119-3所示。

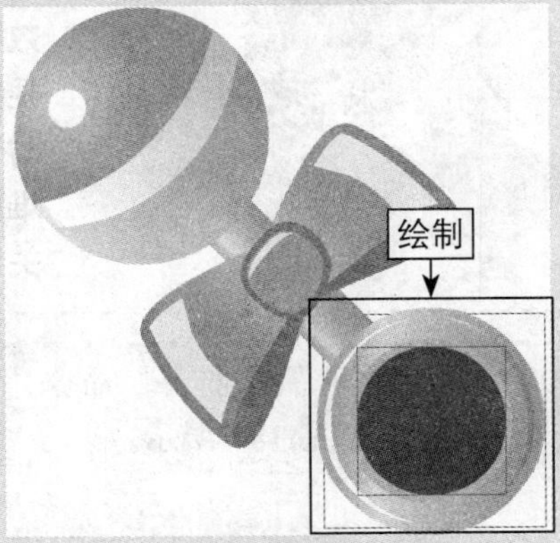

图119-3　选择图形对象

04 单击"修改"|"合并对象"|"打孔"命令，即可为图形对象打孔，效果如图119-4所示。

图119-4　打孔对象

专家提醒

在Flash CS5中，通过"打孔"命令删除的部分由所选对象与排在所选对象前面的另一个所选对象的重叠部分来定义。

第 7 章　填充动画图形颜色

完成一个好的动画作品，配色至关重要，统一的画面色彩是增强视觉识别的最活跃因素。在对动画整体风格进行明确定位的前提下，各种色彩因素在相互组合、相互分离中形成有机整体。本章主要介绍运用“颜色”面板、“样本”面板、“属性”面板和工具箱的工具对图形对象进行选取和填充颜色的方法。

7.1　管理调色板

第120集　打开“颜色”面板

素材：无
视频：视频\第7章\第120集.swf
难度：★
效果：无
时长：16秒
关键技术：“颜色”命令

01 启动Flash CS5程序，新建一个Flash文件（ActionScript 3.0），单击“窗口”|“颜色”命令，如图120-1所示。

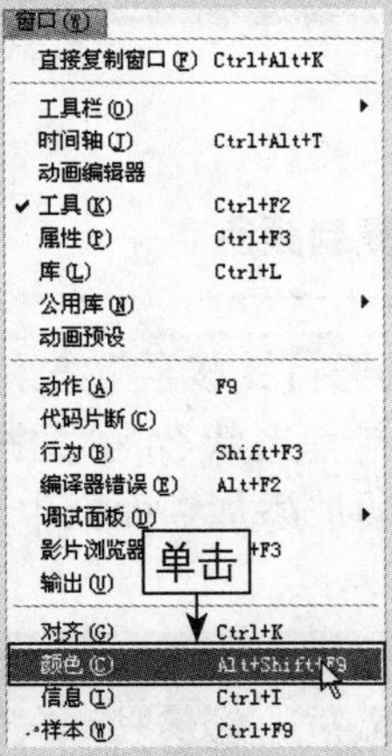

图120-1　单击“颜色”命令

02 操作完成后，即可弹出“颜色”面板，如图120-2所示。

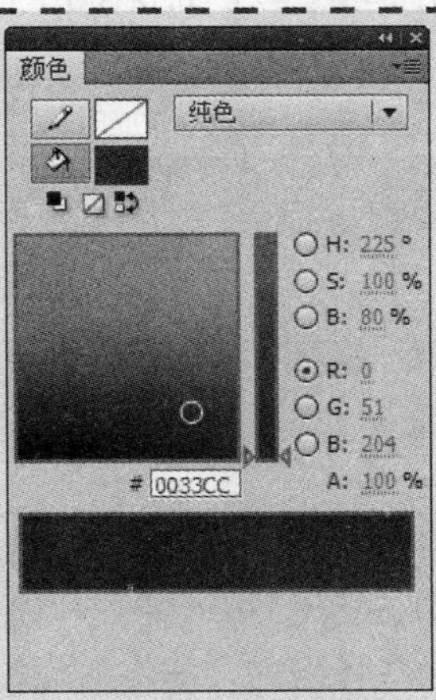

图120-2　“颜色”面板

专家提醒

按Shift＋Alt＋F9组合键也可以弹出“颜色”面板。

第121集　打开“样本”面板

素材：无
视频：视频\第7章\第121集.swf
难度：★
效果：无
时长：14秒
关键技术：“样本”命令

01 启动Flash CS5程序，新建一个Flash文件（ActionScript 3.0），单击“窗口”|“样本”命令，如图121-1所示。

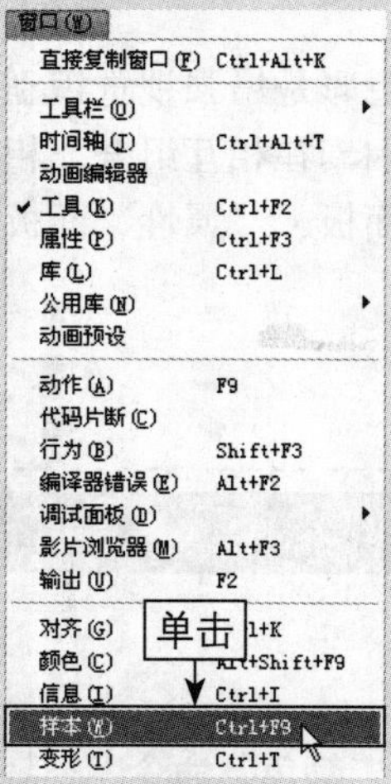

图121-1 单击“样本”命令

02 操作完成后，即可弹出“样本”面板，如图121-2所示。

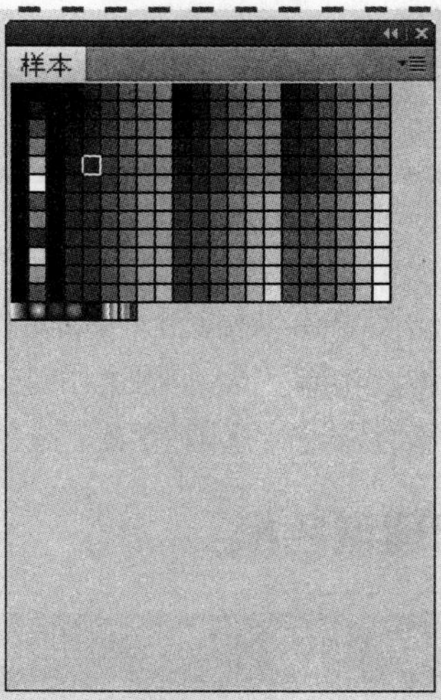

图121-2 “样本”面板

专家提醒

按Ctrl＋F9组合键也可以弹出“样本”面板。

第122集 复制颜色

素材： 无
视频： 视频\第7章\第122集.swf
难度： ★★★
效果： 无
时长： 32秒
关键技术： 复制颜色

01 启动Flash CS5程序，新建一个Flash文件（ActionScript 3.0），单击“窗口”|“样本”命令，在弹出的“样本”面板的样本颜色中选择红色色块，如图122-1所示。

图122-1 选择颜色

02 将鼠标指针移至下方灰色区域，鼠标指针呈颜料桶形状时单击鼠标，所选颜色的副本即被添加到面板中，如图122-2所示。

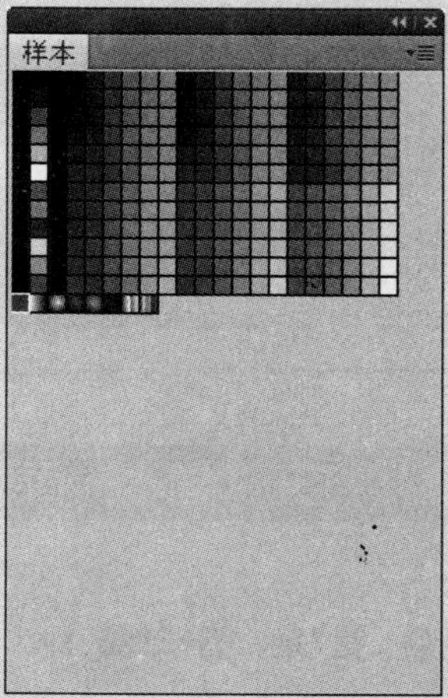

图122-2 复制颜色

第123集 删除颜色

素材：无　　效果：无

视频：视频\第7章\第123集.swf　　时长：24秒

难度：★★　　关键技术：除颜色

01 在“样本”面板的样本颜色中选择需要删除的色块，如图123-1所示。

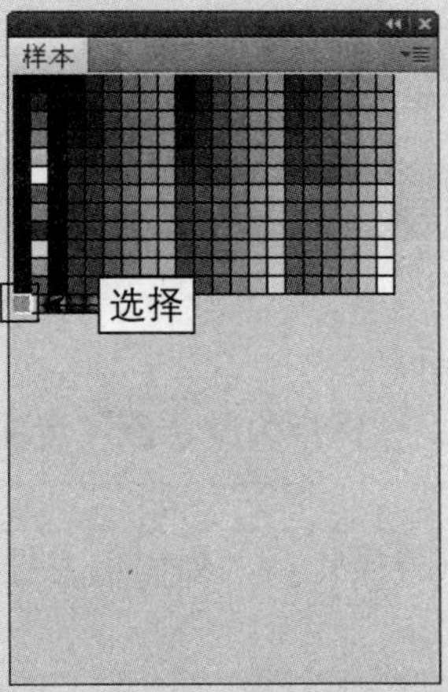

图123-1 选择需要删除的颜色

02 单击右上角的下三角按钮，在弹出的面板菜单中选择“删除样本”命令，即可将选择的样本颜色从“样本”面板中删除，如图123-2所示。

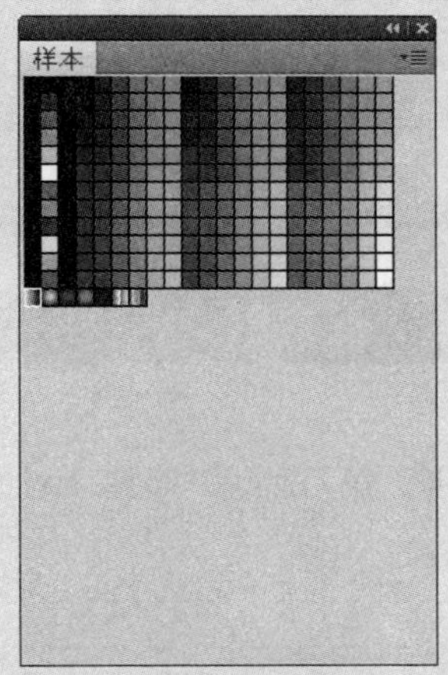

图123-2 删除颜色

专家提醒

在Flash CS5中，用户可以删除系统自带的颜色，也可以删除自定义添加到“样本”面板中的颜色。

第124集 导出调色板

素材：无　　效果：效果\第7章\第124集.clr

视频：视频\第7章\第124集.swf　　时长：36秒

难度：★★★　　关键技术：“保持颜色”选项

01 在“样本”面板的样本颜色中选择需要保存的色块，如图124-1所示。

02 单击右上角的下三角按钮，在弹出的面板菜单中选择“保存颜色”命令，弹出“导出色样”对话框，在“保存在”下拉列表框中选择要导出的位置，在“文件名”文本框中输入“第124集”文本，单击“保存”按钮，即可导出调色板，如图124-2所示。

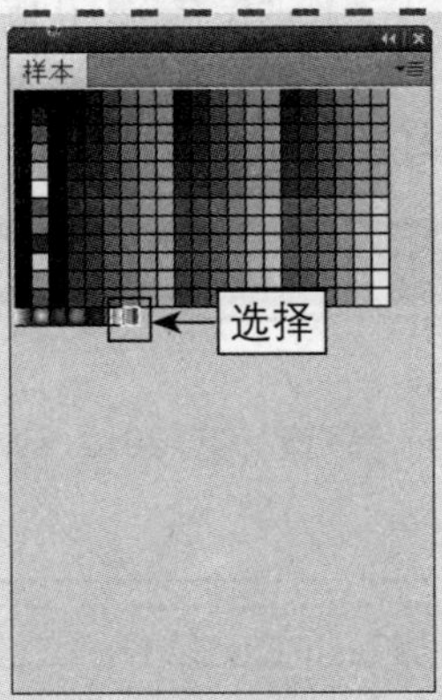

图124-1 选择颜色

图124-2 “导出色样”对话框

第125集 保存默认色板

素材：无
视频：视频\第7章\第125集.swf
难度：★★
效果：无
时长：21秒
关键技术：“保存为默认值”选项

01 单击“样本”面板右上角的下三角按钮，在弹出的面板菜单中选择“保存为默认值”命令，如图125-1所示。

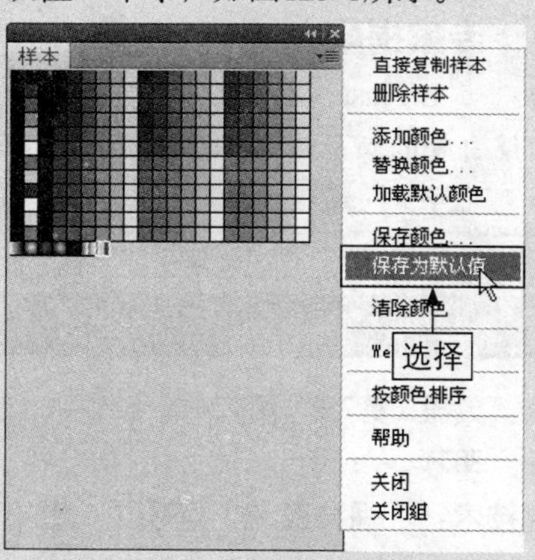

图125-1 选择“保存为默认值”命令

02 执行操作后，弹出信息提示框，如图125-2所示。

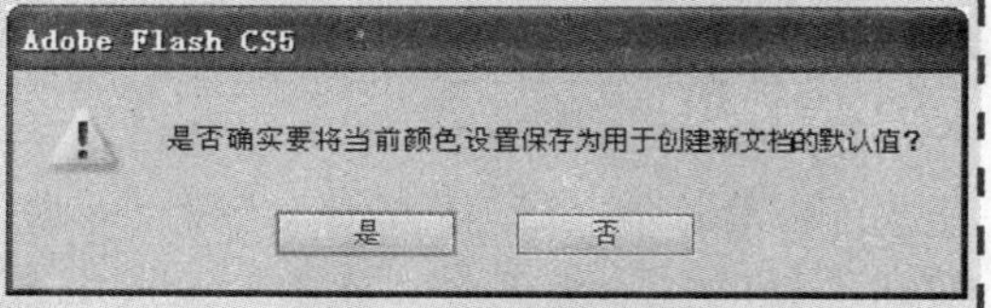

图125-2 信息提示框

03 单击“是”按钮，即可将当前颜色样本保存为默认色板。

7.2 选取颜色

第126集 运用笔触颜色按钮选取颜色

素材：无
视频：视频\第7章\第126集.swf
难度：★★★
效果：无
时长：36秒
关键技术：“笔触颜色”按钮

01 启动Flash CS5软件，新建一个Flash文件（ActionScript 3.0），将鼠标移至工具箱的“笔触颜色”按钮上，如图126-1所示。

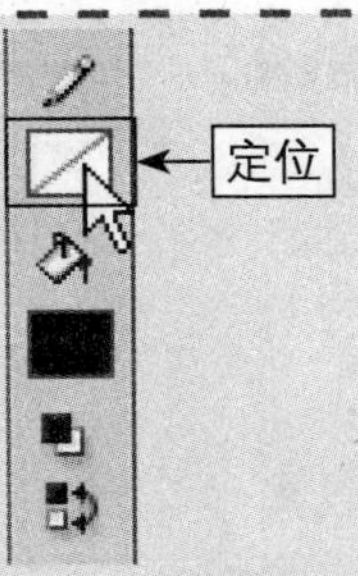

图126-1　定位鼠标

02 单击鼠标，弹出颜色面板，鼠标指针呈滴管形状，将鼠标移至蓝色色块上，如图126-2所示。

03 单击鼠标，即可选择蓝色，工具箱中的“笔触颜色”按钮将显示所选颜色，如图126-3所示。

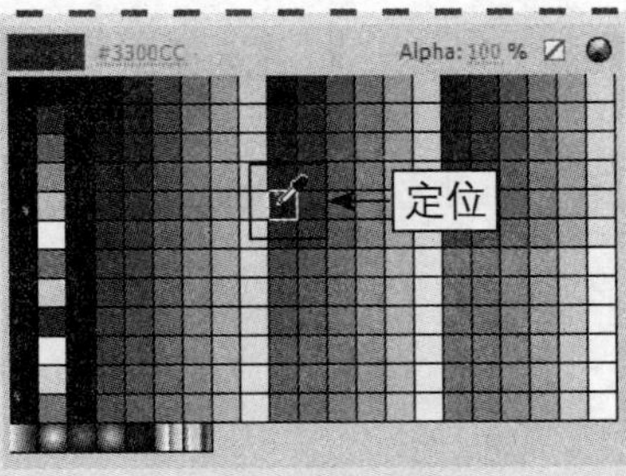

图126-2　选择颜色

图126-3　选择的笔触颜色

第127集　运用填充颜色按钮选取颜色

素材： 素材\第7章\127–1.fla

效果： 无

视频： 视频\第7章\第127集.swf

时长： 40秒

难度： ★★★★

关键技术： “填充颜色”按钮

01 单击“文件”|“打开”命令，打开一个素材文件，如图127-1所示。

图127-1　素材文件

02 将鼠标移至工具箱的“填充颜色”按钮上，如图127-2所示。

03 单击鼠标，弹出颜色面板，鼠标指针呈滴管形状，将鼠标移至舞台区适当位置，如图127-3所示。

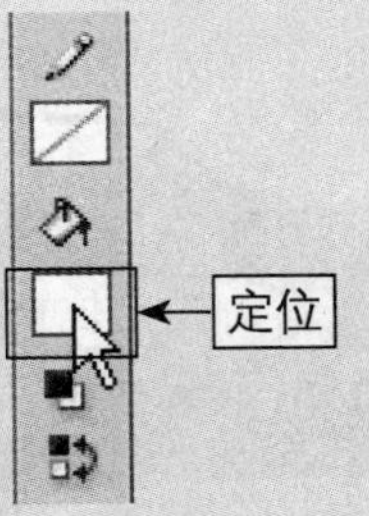

图127-2　定位鼠标

图127-3　选择颜色

04 单击鼠标，即可选择鼠标指针处的颜色，在工具箱中的“填充颜色”按钮将显示所选颜色，如图127-4所示。

图127-4　选择的填充颜色

第128集　运用滴管工具选取颜色

素材：素材\第7章\128—1.fla

效果：无

视频：视频\第7章\第128集.swf

时长：26秒

难度：★★

关键技术：滴管工具

01 单击“文件”|“打开”命令，打开一个素材文件，在工具箱中选择滴管工具，将鼠标移至舞台区图像的合适位置，如图128-1所示。

02 单击鼠标，在工具箱中的“填充颜色”按钮将显示所选颜色，如图128-2所示。

图128-1　定位鼠标

图128-2　选取的颜色

专家提醒

滴管工具采用的样式一般包含笔触颜色、笔触高度和填充颜色、填充样式等，在将吸取的渐变色应用于其他图形时，必须取消“锁定填充”按钮的选定状态，否则填充的将是单色。

第129集　运用“颜色”对话框选取颜色

素材：无

视频：视频\第7章\第129集.swf

难度：★★★★★

效果：无

时长：65秒

关键技术：“颜色”对话框

01 启动Flash CS5软件，新建一个Flash文件（ActionScript 3.0），单击工具箱中“笔触颜色”按钮，弹出“颜色”面板，将鼠标移至面板右上角的颜色拾取按钮上，如图129-1所示。

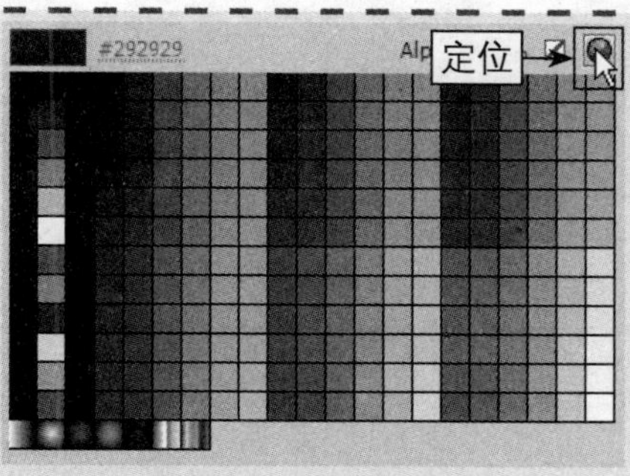

图129-1　定位鼠标

02 单击鼠标，弹出“颜色”对话框，将鼠标移至右侧的方形颜色选择区域上拖曳鼠标，如图129-2所示。

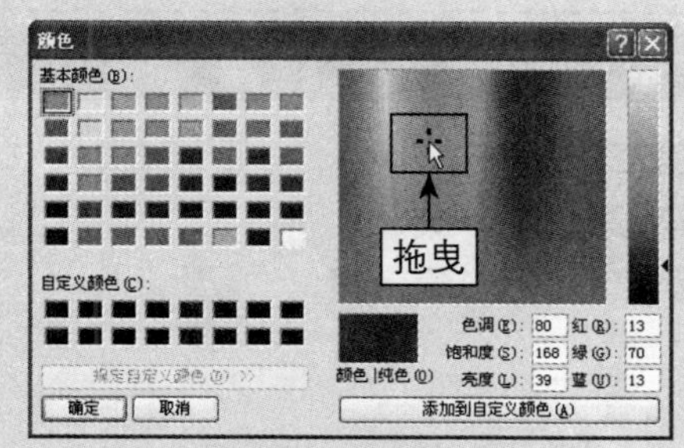

图129-2　拖曳鼠标

专家提醒

读者可以根据需要在“基本颜色”选项区中选择颜色后，再在颜色区域中选择颜色。

03 拖曳至需要的颜色上方时释放鼠标，再将鼠标移至最右侧的黑色小三角滑块上并向上拖曳鼠标，如图129-3所示。

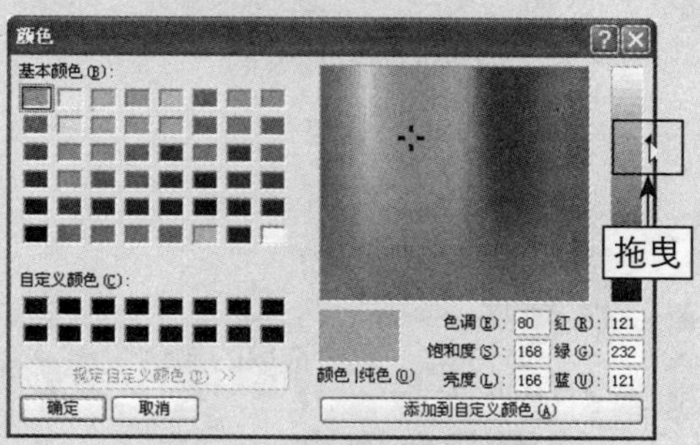

图129-3　拖曳滑块

04 拖曳至合适位置后释放鼠标，在下方的“颜色|纯色”矩形色块上将显示所选取的颜色，如图129-4所示。

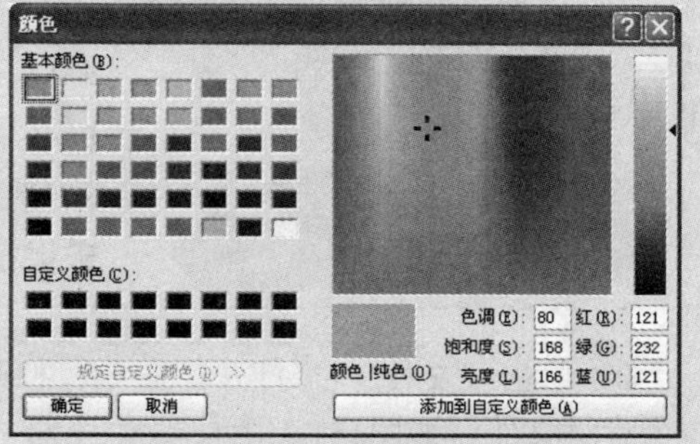

图129-4　显示所选颜色

第130集　运用“颜色”面板选取颜色

素材：无

效果：无

视频：视频\第7章\第130集.swf

时长：41秒

难度：★★★★

关键技术：“颜色”面板

01 单击“窗口”|“颜色”命令，弹出“颜色”面板，在“颜色”面板中单击右侧颜色选择区域的绿色色块上方，选择颜色，如图130-1所示。

02 将鼠标移至中间的三角形滑块上，向上拖曳鼠标至合适位置后释放鼠标，面板上方的“填充颜色”按钮和下端的矩形色块即可显示所选取的颜色，如图130-2所示。

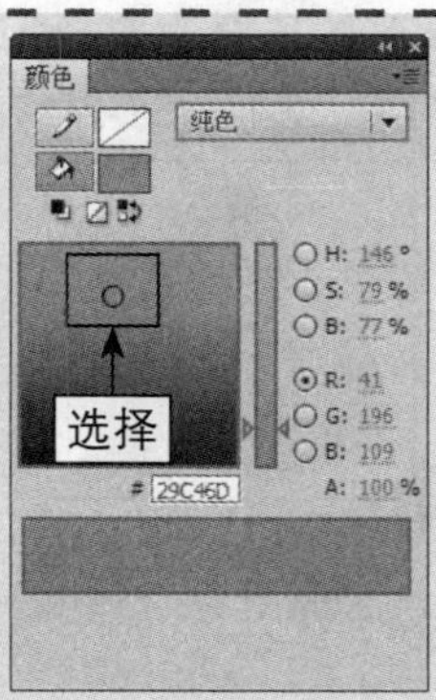

图130-1　选择颜色

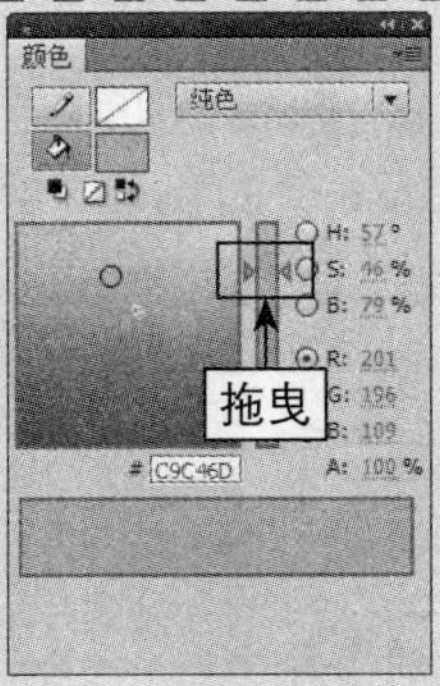

图130-2　显示选取的颜色

专家提醒

拖曳三角滑块，可以选择更细腻的颜色。

7.3　使用渐变填充

第131集　线性渐变填充

素材：素材\第7章\131-1.fla

效果：效果\第7章\第131集.fla

视频：视频\第7章\第131集.swf

时长：73秒

难度：★★★★★

关键技术："线性"选项

01 单击"文件"|"打开"命令，打开一个素材文件，如图131-1所示。

图131-1　素材文件

02 选取工具箱中的选择工具，选择舞台区的图形对象，如图131-2所示。

图131-2　选择图形对象

03 单击"窗口"|"颜色"命令，弹出"颜色"面板，设置"类型"为"线性渐变"，单击移至下方矩形颜色区右侧的色块，色块上方的小三角形变为实心，在"颜色"文本框中输入参数值FEED00，按Enter键进行确认，即可将右侧色块设置为黄色。同理，设置左侧的滑块颜色为橘黄色（#EF8A10），如图131-3所示。

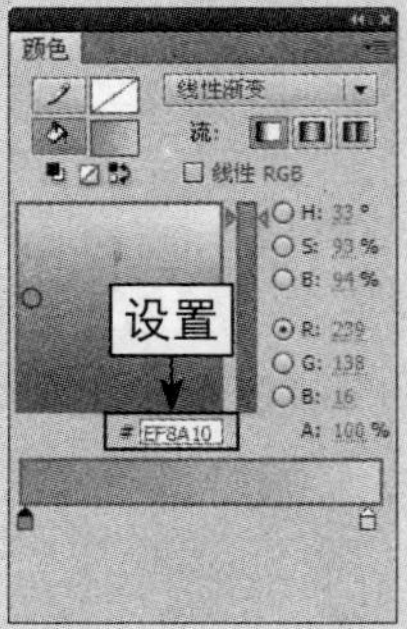

图131-3　设置相应颜色

04 操作完成后，选择的图形对象的填充色即可变成橘黄色至黄色的渐变色，如图131-4所示。

图131-4　渐变填充

第132集　径向渐变填充

素材：素材\第7章\132-1.fla
效果：效果\第7章\第132集.fla
视频：视频\第7章\第132集.swf
时长：41秒
难度：★★★★
关键技术：“径向渐变”选项

01 单击“文件”|“打开”命令，打开一个素材文件，如图132-1所示。

图132-1　素材文件

02 选取工具箱中的选择工具，然后选择舞台区的图形对象，如图132-2所示。

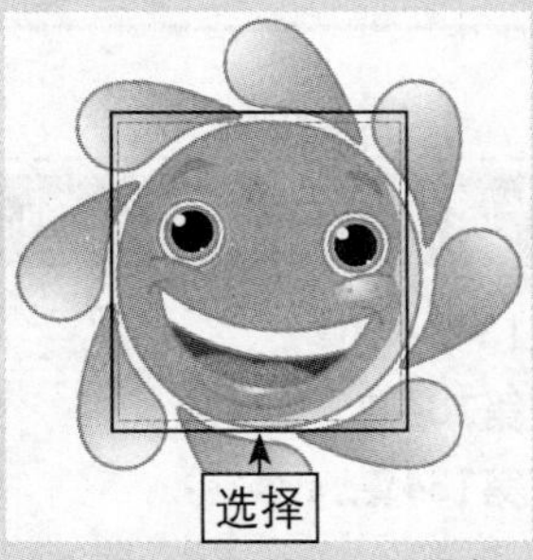

图132-2　选择图形对象

03 单击“窗口”|“颜色”命令，弹出“颜色”面板。在“颜色”面板中设置“类型”为“径向渐变”，并设置相应滑块的颜色，如图132-3所示。

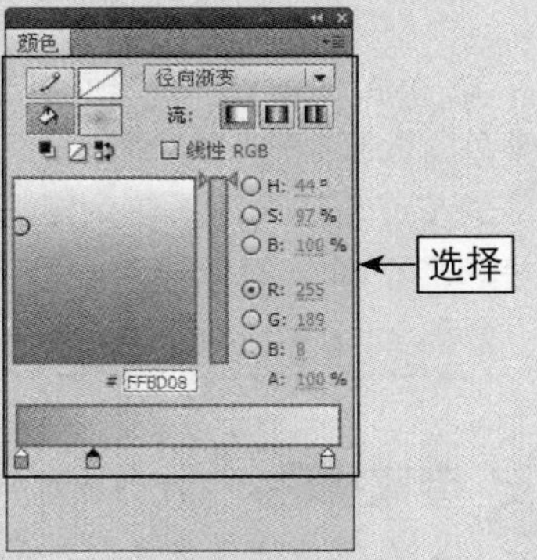

图132-3　设置颜色

04 操作完成后，即可完成图形对象的径向填充，效果如图132-4所示。

图132-4　径向渐变填充

第133集　位图填充

素材：素材\第7章\133—1.fla
效果：效果\第7章\第133集.fla
视频：视频\第7章\第133集.swf
时长：34秒
难度：★★★
关键技术："位图填充"选项

01 单击"文件"|"打开"命令，打开一个素材文件，运用选择工具选择需要填充位图的图形对象，如图133-1所示。

图133-1　选择图形对象

02 单击"窗口"|"颜色"命令，展开"颜色"面板，在"类型"下拉列表框中选择"位图填充"选项。在位图选项区中选择花图形，即可实现以位图填充所选的图形对象，效果如图133-2所示。

图133-2　位图填充

专家提醒

在"颜色"面板中要特别注意，若"笔触颜色"按钮处于启动状态，则所选填充类型是专门针对所选图形的轮廓进行填充；若"填充颜色"按钮处于启动状态，则所选填充类型是专门针对所选图形的填充区域进行填充。

专家提醒

在使用位图填充时，如果在"库"面板中没有导入的位图，可以从外部导入图片作为填充的位图。

7.4　使用面板填充

第134集　使用"属性"面板填充颜色

素材：素材\第7章\134—1.fla
效果：效果\第7章\第134集.fla
视频：视频\第7章\第134集.swf
时长：33秒
难度：★★★
关键技术："属性"面板

01 单击“文件”|“打开”命令，打开一个素材文件，如图134-1所示。

图134-1　选择图形对象

02 运用选择工具选择舞台区需要填充的图形对象，在“属性”面板中单击“填充颜色”按钮，鼠标指针呈滴管形状，单击舞台区对象的手，即可将所选图形的填充颜色设置为浅黄色，如图134-2所示。

图134-2　填充颜色

专家提醒

在“属性”面板中，不仅可以设置图形对象的填充颜色，还可以设置图形对象的笔触颜色、笔触高度、样式及端点等属性。

第135集　使用“颜色”面板填充颜色

素材：素材\第7章\135-1.fla

效果：效果\第7章\第135集.fla

视频：视频\第7章\第135集.swf

时长：29秒

难度：★★

关键技术：“颜色”面板

01 单击“文件”|“打开”命令，打开一个素材文件，选取工具箱中的选择工具，然后选择舞台区黄色帽子图形对象，如图135-1所示。

图135-1　选择图形对象

02 单击“窗口”|“颜色”命令，展开“颜色”面板，设置“填充颜色”为红色（#E51E1C），效果如图135-2所示。

图135-2　填充颜色

专家提醒

在“颜色”面板中，可以选择适合图形的任何颜色作为“填充颜色”。

第136集　使用“样本”面板填充颜色

素材：素材\第7章\136-1.fla
效果：效果\第7章\第136集.fla
视频：视频\第7章\第136集.swf
时长：31秒
难度：★★★
关键技术：“样本”面板

01 单击“文件”|“打开”命令，打开一个素材文件，选取工具箱中的选择工具，然后选择舞台区需要填充颜色的图形对象，如图136-1所示。

图136-1　选择图形对象

02 单击“窗口”|“样本”命令，展开“样本”面板并在其中选择黑色，效果如图136-2所示。

图136-2　填充颜色

7.5　使用按钮填充

第137集　使用“笔触颜色”按钮填充

素材：素材\第7章\137-1.fla
效果：效果\第7章\第137集.fla
视频：视频\第7章\第137集.swf
时长：28秒
难度：★★
关键技术：“笔触颜色”按钮

01 单击"文件"|"打开"命令，打开一个素材文件，选取工具箱中的选择工具，然后选择舞台区需要设置笔触颜色的图形对象，如图137-1所示。

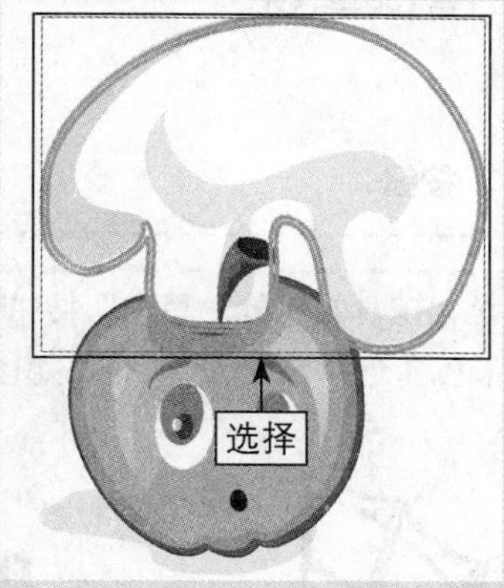

图137-1　选择图形对象

02 单击工具箱中的"笔触颜色"按钮，在弹出的"颜色"面板中选择蓝色（#3399CC），效果如图137-2所示。

图137-2　设置填充颜色

专家提醒

在Flash CS5中，可以根据需要设置图形的笔触颜色和填充颜色，来改变或丰富图形的表现方式。

第138集　使用"填充颜色"按钮填充

素材：素材\第7章\138—1.fla
效果：效果\第7章\第138集.fla
视频：视频\第7章\第138集.swf
时长：28秒
难度：★★
关键技术："填充颜色"按钮

01 单击"文件"|"打开"命令，打开一个素材文件，选取工具箱中的选择工具，然后选择舞台区需要设置填充颜色的图形对象，如图138-1所示。

图138-1　选择图形对象

02 单击工具箱中的"填充颜色"按钮，在弹出的"颜色"面板中选择浅紫色（#F7DBF2），即可将所选图形填充为浅紫色，如图138-2所示。

图138-2　填充颜色

第139集　使用“黑白”按钮填充颜色

素材：素材\第7章\139–1.fla
效果：效果\第7章\第139集.fla
视频：视频\第7章\第139集.swf
时长：27秒
难度：★★
关键技术：“黑白”按钮

01 单击“文件”|“打开”命令，打开一个素材文件，按Ctrl＋A组合键选择舞台区所有的图形对象，如图139-1所示。

图139-1　选择图形对象

02 单击工具箱中的“黑白”按钮，即可用黑白色填充所选图形，效果如图139-2所示。

图139-2　黑白填充

专家提醒

无论在“笔触颜色”和“填充颜色”按钮中设置了何种颜色，单击“黑白”按钮，都可以将“笔触颜色”和“填充颜色”设置为黑色和白色。

第140集　使用“没有颜色”按钮填充颜色

素材：素材\第7章\140–1.fla
效果：效果\第7章\第140集.fla
视频：视频\第7章\第140集.swf
时长：33秒
难度：★★★
关键技术：“没有颜色”按钮

01 单击“文件”|“打开”命令，打开一个素材文件，按Ctrl＋A组合键选择舞台区所有的图形对象，如图140-1所示。

02 单击工具箱中的“填充颜色”按钮，在弹出的“颜色”面板中将鼠标移至“无颜色”按钮上，如图140-2所示。

图140-1　选择图形对象

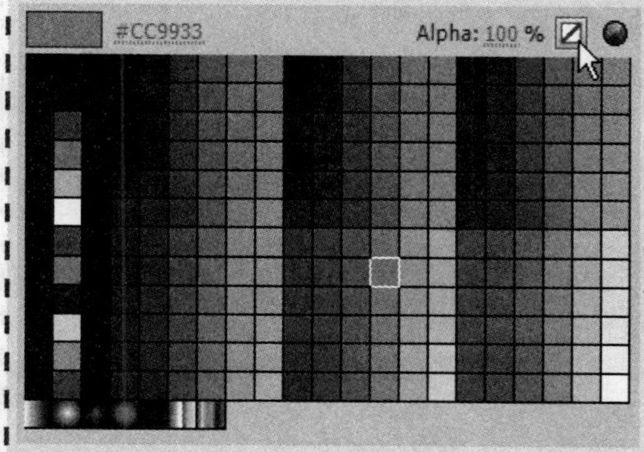

图140-2　定位鼠标

03 单击鼠标，即可将所选图形的填充颜色设置为无色，如图140-3所示。

图140-3　无颜色填充

专家提醒

"没有颜色"按钮，将会使图形以无色显示，若是选择"笔触颜色"为"没有颜色"，则图形的边框将会是无色。

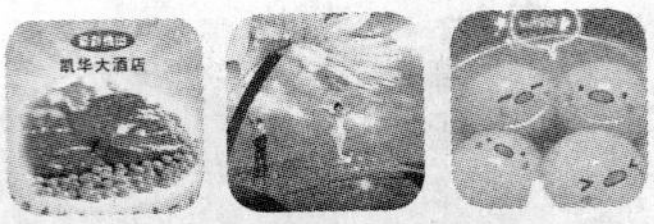

第 8 章 使用外部图像文件

Flash CS5具有强大的矢量图形绘制功能，但是随着计算机图形技术的不断发展，其自身的绘图功能已不能满足用户的需求，还需要使用外部资源。Flash CS5支持多种格式的外部图像资源，本章主要介绍导入图像文件、编辑、填充和修改位图图像、压缩与交换图像的方法。

8.1 导入图像文件

第141集 导入JPEG文件

素材：素材\第8章\141−1.jpg

效果：效果\第8章\第141集.fla

视频：视频\第8章\第141集.swf

时长：30秒

难度：★★

关键技术：“导入到舞台”命令

01 启动Flash CS5程序，新建一个Flash文件（ActionScript 3.0），单击“文件”|“导入”|“导入到舞台”命令，弹出“导入”对话框，选择需要导入的素材文件，如图141-1所示。

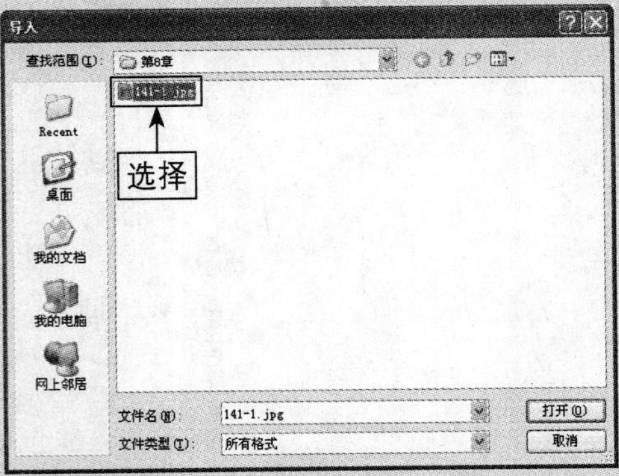

图141-1 “导入”对话框

02 单击“打开”按钮，即可将选择的文件导入到舞台中，效果如图141-2所示。

图141-2 导入的JPEG文件

专家提醒

除了运用上述方法导入文件外，还有以下3种方法。

- 快捷键：按Ctrl＋R组合键。
- 命令：单击“文件”|“导入”|“导入到库”命令。
- 拖曳鼠标：在文件夹中拖曳要导入的文件图标至Flash程序的舞台区或“库”面板中。

第142集　导入PSD文件

素材：素材\第8章\142-1.psd
效果：效果\第8章\第142集.fla
视频：视频\第8章\第142集.swf
时长：65秒
难度：★★★★★
关键技术："导入到库"命令

01 启动Flash CS5程序，新建一个Flash文件（ActionScript 3.0），单击"文件"|"导入"|"导入到库"命令，弹出"导入到库"对话框，在其中选择需要导入的素材文件，如图142-1所示。

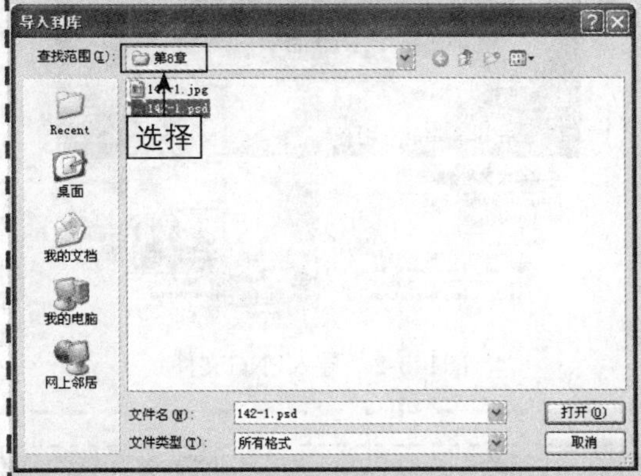

图142-1　"导入"对话框

02 单击"打开"按钮，弹出"将'142-1.psd'导入到库"对话框，如图142-2所示。

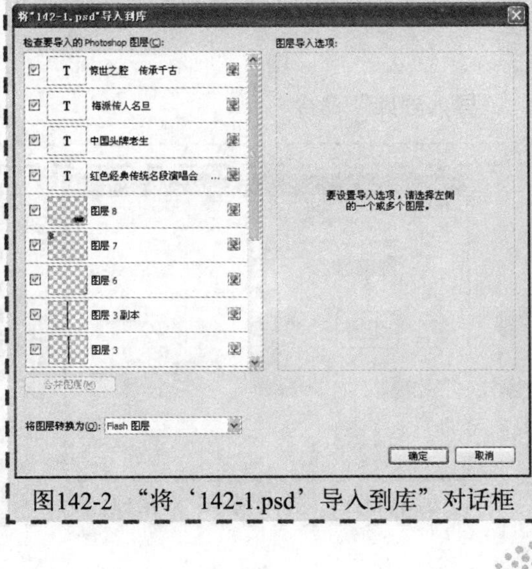

图142-2　"将'142-1.psd'导入到库"对话框

03 单击"确定"按钮，即可导入PSD文件，并在"库"面板中显示，如图142-3所示。

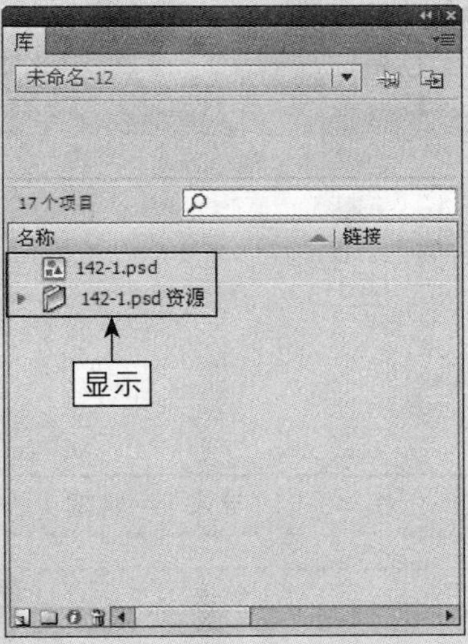

图142-3　"库"面板

04 选取工具箱中的选择工具，在"库"面板中选择142-1.psd图形元件，拖曳元件至舞台区适当位置后释放鼠标，即可在舞台区显示所导入的PSD文件，效果如图142-4所示。

图142-4　导入的PSD文件

第143集　导入PNG文件

素材：素材\第8章\143-1.png
效果：效果\第8章\第143集.fla
视频：视频\第8章\第143集.swf
时长：29秒
难度：★★
关键技术："导入到舞台"命令

01 启动Flash CS5程序，新建一个Flash文件（ActionScript 3.0），单击"文件"|"导入"|"导入到舞台"命令，弹出"导入"对话框，在其中选择需要导入的素材文件，如图143-1所示。

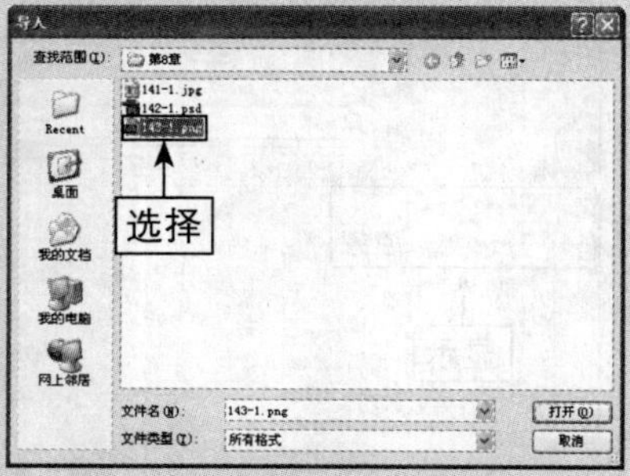

图143-1　"导入"对话框

02 单击"打开"按钮，将"导入"对话框中选择的素材文件导入到舞台中，效果如图143-2所示。

图143-2　导入PNG文件

第144集　导入GIF文件

素材：素材\第8章\144-1.gif
效果：效果\第8章\第144集.fla
视频：视频\第8章\第144集.swf
时长：44秒
难度：★★★★
关键技术："导入到库"命令

01 启动Flash CS5程序，新建一个Flash文件（ActionScript 3.0），单击"文件"|"导入"|"导入到库"命令，弹出"导入到库"对话框，在其中选择需要导入的素材文件，如图144-1所示。

02 单击"打开"按钮，即可将选择的文件导入到"库"面板中，在其中选择"元件1"影片剪辑，如图144-2所示。

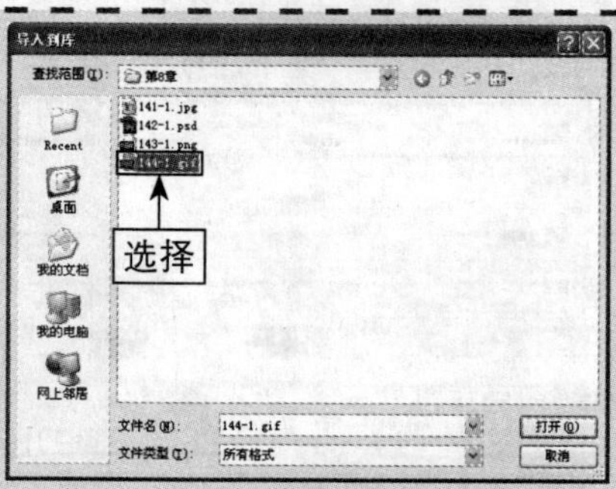

图144-1　"导入到库"对话框

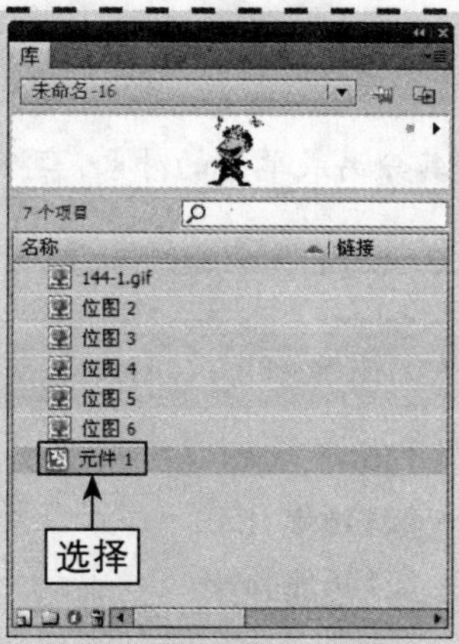

图144-2　选择元件

03 拖曳元件至舞台区的适当位置后释放鼠标，即可在舞台区显示GIF动画，效果如图144-3所示。

图144-3　导入的GIF文件

第145集　导入Illustrator文件

素材：素材\第8章\145-1.ai

效果：效果\第8章\第145集.fla

视频：视频\第8章\第145集.swf

时长：39秒

难度：★★★

关键技术：“导入到舞台”命令

01 单击“文件”|“导入”|“导入到舞台”命令，弹出“导入”对话框，在其中选择需要导入的素材文件，如图145-1所示。

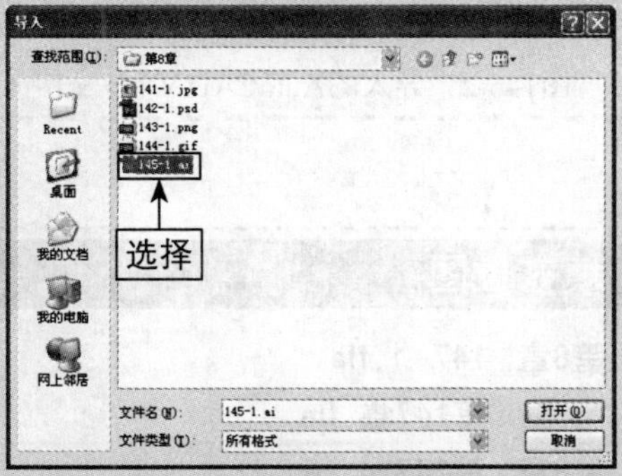

图145-1　“导入”对话框

02 单击“打开”按钮，弹出“将‘145-1.ai’导入到舞台”对话框，如图145-2所示。

03 单击“确定”按钮，即可将选择的Illustrator文件导入到舞台区，效果如图145-3所示。

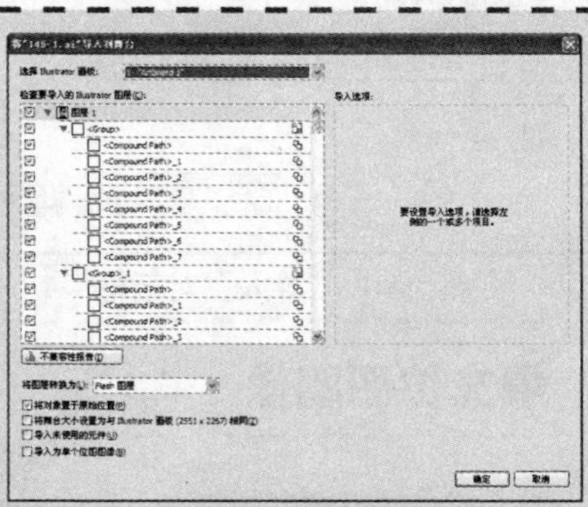
图145-2　“将‘145-1.ai’导入到舞台”对话框

图145-3　导入的Illustrator文件

专家提醒

将导入的Illustrator文件拖曳到舞台区后，可以将其分离成单个的对象，再对各个对象进行编辑和修改。

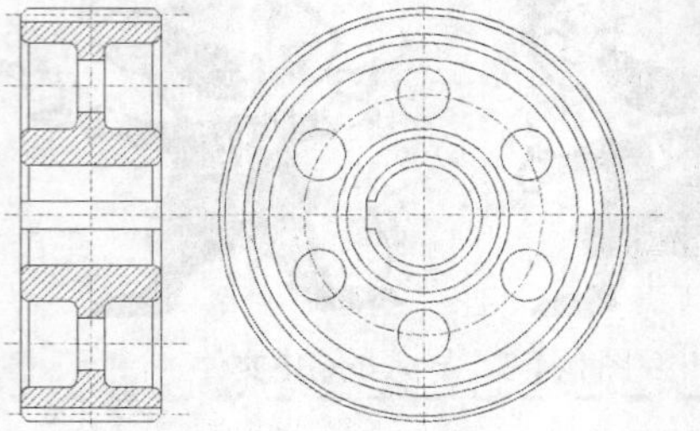

第146集 导入AutoCAD WMF文件

素材：素材\第8章\146-1.wmf
效果：效果\第8章\第146集.fla
视频：视频\第8章\第146集.swf
时长：26秒
难度：★★
关键技术："导入到舞台"命令

01 单击"文件"|"导入"|"导入到舞台"命令，弹出"导入"对话框，在其中选择需要导入的素材文件，如图146-1所示。

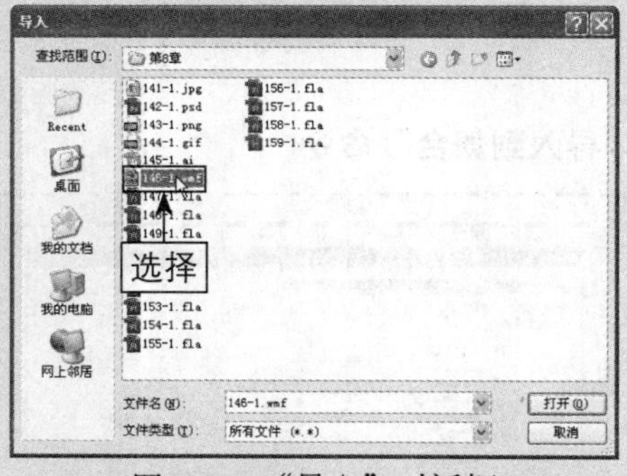

图146-1 "导入"对话框

02 单击"打开"按钮，即可将选择的AutoCAD WMF文件导入到舞台区，效果如图146-2所示。

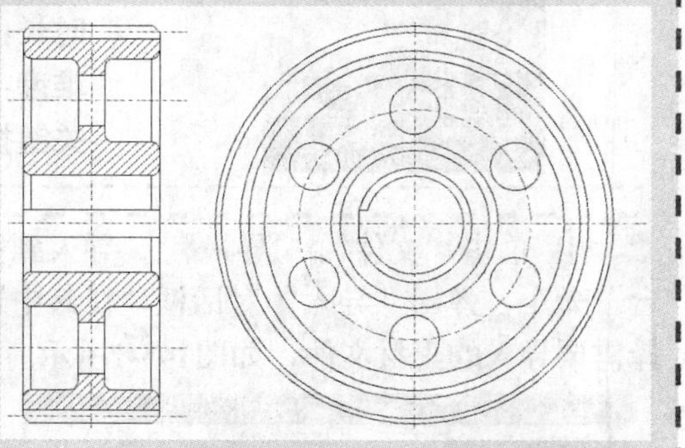

图146-2 导入的AutoCAD WMF文件

8.2 填充位图图像

第147集 填充位图

素材：素材\第8章\147-1.fla
效果：效果\第8章\第147集.fla
视频：视频\第8章\第147集.swf
时长：28秒
难度：★★
关键技术："颜色"面板

01 单击"文件"|"打开"命令，打开一个素材文件，运用选择工具选择显示屏图形，如图147-1所示。

02 单击"窗口"|"颜色"命令，展开"颜色"面板，设置"类型"为"位图填充"，效果如图147-2所示。

专家提醒

在Flash CS5中，还可以选取工具箱中的颜料桶工具，单击工具箱中的“填充颜色”按钮，在其中选择需要填充的位图，然后将鼠标移至舞台区需要位图填充的图像上，单击鼠标，即可将图形填充为位图。

图147-1　选择图形对象

图147-2　位图填充

第148集　修改填充效果

素材：素材\第8章\148-1.fla

效果：效果\第8章\第148集.fla

视频：视频\第8章\第148集.swf

时长：28秒

难度：★★

关键技术：“颜色”面板

01 单击“文件”|“打开”命令，打开一个素材文件，运用选择工具选择显示屏图形，如图148-1所示。

图148-1　选择图形对象

02 单击“窗口”|“颜色”命令，展开“颜色”面板，在“位图填充”区域选择另一幅位图，即可修改填充效果，如图148-2所示。

图148-2　修改填充效果

8.3 编辑位图图像

第149集 设置位图属性

素材：素材\第8章\149-1.fla
效果：效果\第8章\第149集.fla
视频：视频\第8章\第149集.swf
时长：47秒
难度：★★★★
关键技术："属性"面板

01 单击"文件"|"打开"命令，打开一个素材文件，如图149-1所示。

图149-1 素材文件

02 选取工具箱中的选择工具，然后选择舞台区的图形对象，如图149-2所示。

图149-2 选择图形对象

03 在"属性"面板中单击"将宽度值和高度值锁定在一起"按钮，单击"宽"文本框，在文本框中输入550，如图149-3所示。

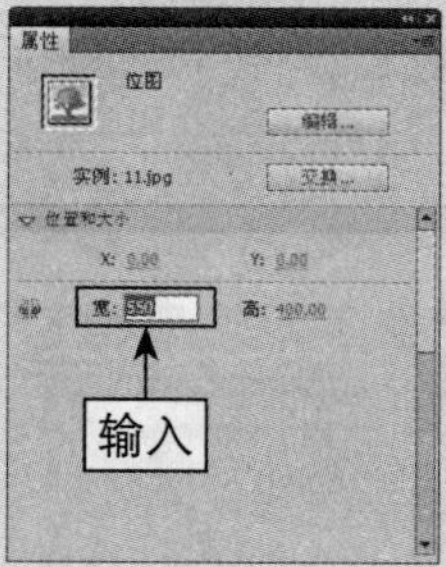

图149-3 "属性"面板

04 按Enter键进行确认，即可完成舞台区位图属性的设置，如图149-4所示。

图149-4 设置位图属性

专家提醒

"属性"面板中各主要选项含义如下。

- 图标名称：在"属性"面板左上角，显示了选择位图后的图标名称。
- 编辑：单击该按钮，可以打开Flash默认的位图编辑软件。对位图进行相应的编辑，可对当前所选位图的属性重新定义。
- 交换：单击该按钮，弹出"交换位图"对话框，在其中选择需要的位图，单击"确定"按钮，即可使该位图替换当前场景中选择的位图。
- 坐标轴：X文本框显示水平坐标位置；Y文本框显示垂直坐标轴位置。更改数值，即可精确地控制位图在文档中的位置。

第150集　矢量化位图

素材：素材\第8章\150–1.fla

效果：效果\第8章\第150集.fla

视频：视频\第8章\第150集.swf

时长：45秒

难度：★★★★

关键技术：“转换位图为矢量图”命令

01 单击“文件”|“打开”命令，打开一个素材文件，如图150-1所示。

图150-1　素材文件

02 选取工具箱中的选择工具，然后选择舞台区的图像对象，如图150-2所示。

图150-2　选择图像对象

03 单击“修改”|“位图”|“转化位图为矢量图”命令，弹出“转换位图为矢量图”对话框，设置各选项如图150-3所示。

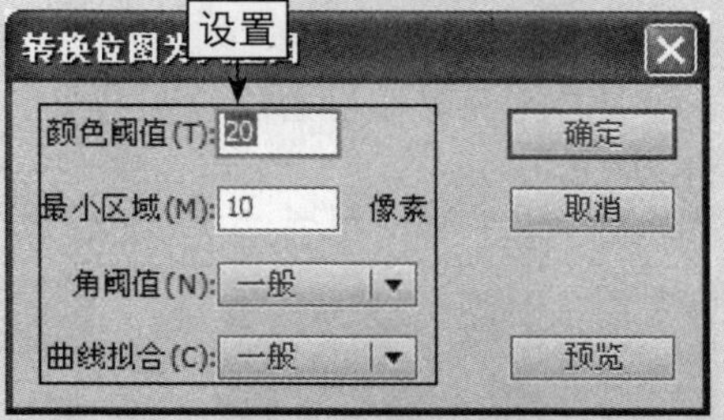

图150-3　“转换位图为矢量图”对话框

04 单击“确定”按钮，即可矢量化位图，如图150-4所示。

图150-4　矢量化后的位图

第151集　去除位图背景

素材：素材\第8章\151–1.fla

效果：效果\第8章\第151集.fla

视频：视频\第8章\第151集.swf

时长：23秒

难度：★★

关键技术：Delete键

01 单击“文件”|“打开”命令，打开一幅素材文件，选取工具箱中的选择工具，然后选择位图背景，如图151-1所示。

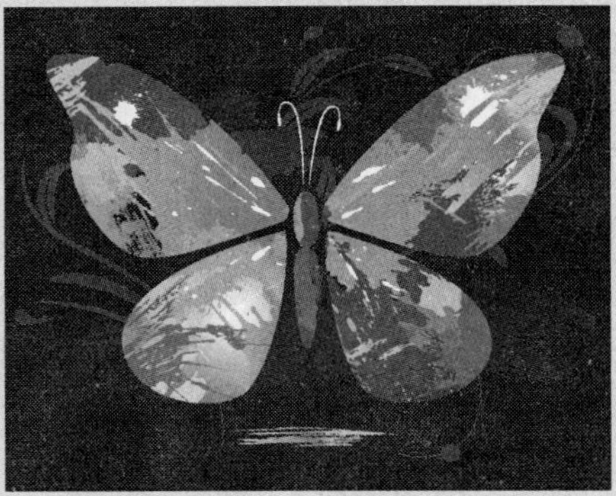

图151-1 选择背景

02 按Delete键即可去除位图背景，如图151-2所示。

图151-2 去除背景颜色

专家提醒

位图被矢量化后，运用选择工具在某个颜色区域上单击，可以在位图中选择与该颜色相同或相近的颜色区域。

第152集 修改位图的颜色

素材：素材\第8章\152-1.fla
效果：效果\第8章\第152集.fla
视频：视频\第8章\第152集.swf
时长：38秒
难度：★★★
关键技术：“填充颜色”按钮

01 单击“文件”|“打开”命令，打开一个素材文件，选取工具箱中的选择工具，然后选择位图图像，并将其打散，如图152-1所示。

图152-1 选择图像

02 选取工具箱中的“填充颜色”按钮，在弹出的颜色面板中选择粉红（#FF6699），即可修改位图的颜色，如图152-2所示。

图152-2 修改颜色

第153集　运用外部编辑器

素材：素材\第8章\153—1.fla
效果：效果\第8章\第153集.fla
视频：视频\第8章\第153集.swf
时长：35秒
难度：★★★
关键技术：“编辑”按钮

01 单击“文件”|“打开”命令，打开一个素材文件，如图153-1所示。

图153-1　素材文件

02 选取工具箱中的选择工具，然后选择舞台区中的图像。在“属性”面板中单击“编辑”按钮，即可打开Photoshop CS5应用程序，如图153-2所示。

图153-2　Photoshop CS5应用程序

03 在Photoshop CS5程序中对图像进行编辑，如图153-3所示。

04 保存图像并关闭Photoshop CS5程序，即可完成运用外部编辑器编辑所选图像的操作，效果如图153-4所示。

图153-3　运用Photoshop CS5编辑图像

图153-4　编辑图像后的效果

专家提醒

除了可以运用Flash CS5的默认外部编辑器Photoshop CS5编辑图像外，还可根据需要选择其他的图像编辑程序，操作方法是：在“库”面板中选择要编辑的图像，单击鼠标右键，在弹出的快捷菜单中选择“编辑方式”命令，弹出“选择外部编辑器”对话框，在该对话框中选择需要的外部图像编辑器。

8.4 修改位图图像

第154集　旋转图像

素材：素材\第8章\154-1.fla
效果：效果\第8章\第154集.fla
视频：视频\第8章\第154集.swf
时长：48秒
难度：★★★★
关键技术：任意变形工具

01 单击“文件”|“打开”命令，打开一个素材文件，运用任意变形工具选择舞台区的图像，显示变形控制框，如图154-1所示。

图154-1　变形控制框

02 将鼠标移至变形控制框右上角的控制点上，当鼠标指针呈旋转形状时，向下拖曳至舞台区适当位置后释放鼠标，即可旋转图像，效果如图154-2所示。

图154-2　旋转图像

第155集　变形图像

素材：素材\第8章\155-1.fla
效果：效果\第8章\第155集.fla
视频：视频\第8章\第155集.swf
时长：45秒
难度：★★★★
关键技术：任意变形工具

01 单击“文件”|“打开”命令，打开一个素材文件，如图155-1所示。

02 运用任意变形工具选择舞台区的图像，显示变形控制框，将鼠标移至变形控制框上方中间的控制点上，当鼠标指针呈双向箭头形状时，向右拖曳至适当位置后释放鼠标，即可变形图像，如图155-2所示。

图155-1　素材文件

图155-2 变形图像

专家提醒

运用任意变形工具可以将位图旋转、缩放和倾斜，但不能扭曲位图，只有将位图矢量化后，才能对其进行扭曲操作。

第156集 分离位图

素材：素材\第8章\156-1.fla

效果：效果\第8章\第156集.fla

视频：视频\第8章\第156集.swf

时长：31秒

难度：★★★

关键技术："分离"命令

01 单击"文件"|"打开"命令，打开一个素材文件，选取工具箱中的选择工具，然后选择舞台区中的位图图像，如图156-1所示。

图156-1 素材文件

02 单击"修改"|"分离"命令，即可分离位图，效果如图156-2所示。

图156-2 分离位图

第157集 裁切位图

素材：素材\第8章\157-1.fla

效果：效果\第8章\第157集.fla

视频：视频\第8章\第157集.swf

时长：68秒

难度：★★★★★

关键技术："分离"命令

01 单击“文件”|“打开”命令，打开一个素材文件，如图157-1所示。

图157-1 选择图形对象

02 单击“修改”|“分离”命令，将位图分离，如图157-2所示。

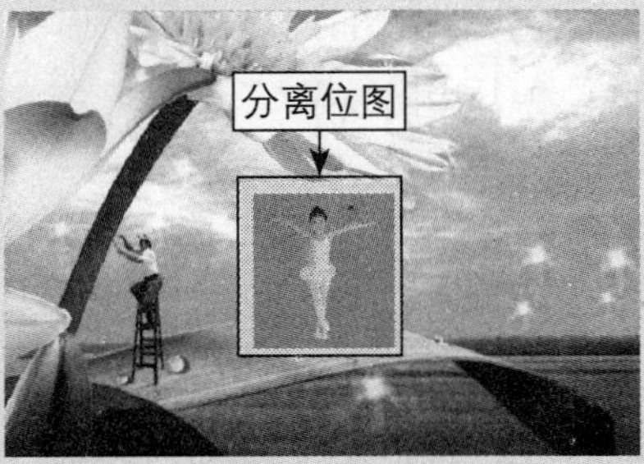

图157-2 分离位图

03 在舞台任意位置单击鼠标，确定位图不是选择状态，选取工具箱中的套索工具，单击工具箱底部的“魔术棒”按钮，选择分离后的位图的白色背景边框，按Delete键将其删除，如图157-3所示。

图157-3 删除白色背景边框

04 同理，运用魔术棒工具将分离的位图的黄色背景删除，效果如图157-4所示。

图157-4 删除背景

8.5 压缩与交换文件

第158集 压缩图像

素材：素材\第8章\158-1.fla

效果：效果\第8章\第158集.fla

视频：视频\第8章\第158集.swf

时长：49秒

难度：★★★★

关键技术：“位图属性”对话框

01 单击“文件”|“打开”命令，打开一个素材文件，如图158-1所示。

02 单击“窗口”|“库”命令，展开“库”面板，在“库”面板中选择位图图像，如图158-2所示。

图158-1 素材文件

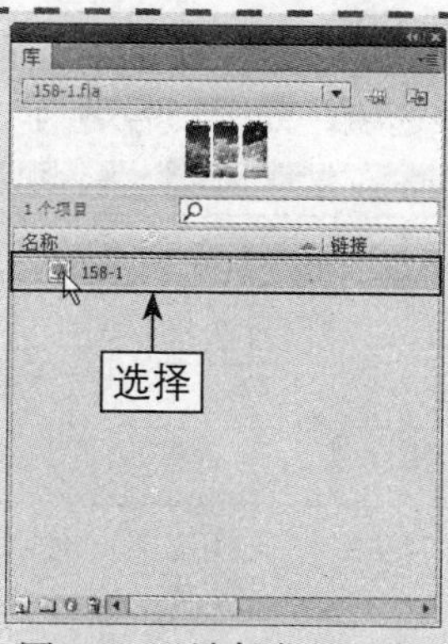

图158-2　选择位图图像

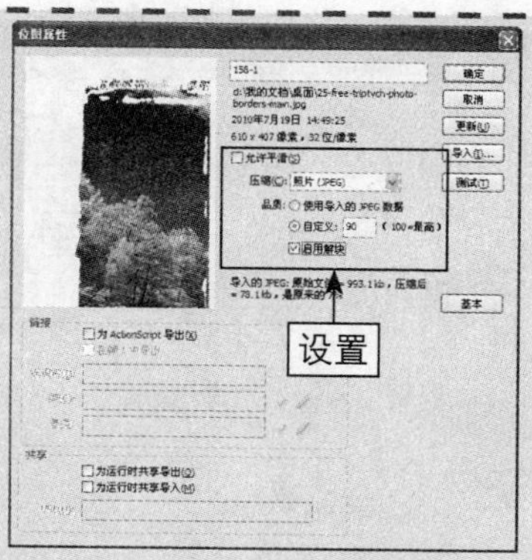

图158-3　“位图属性”对话框

03 单击鼠标右键，在弹出的快捷菜单中选择“属性”命令，弹出“位图属性”对话框，在“品质”选项区中选中“自定义”单选按钮，在后方的文本框中输入90，并勾选“启用解决”复选框，如图158-3所示。

04 单击“确定”按钮，即可压缩图像，效果如图158-4所示。

图158-4　压缩图像的效果

专家提醒

在Flash CS5中，图像被压缩后，清晰度会下降，但可以减小文档的大小。在“位图属性”对话框中，若勾选“启用解决”复选框，图像被压缩后可以降低低品质设置的失真程度。

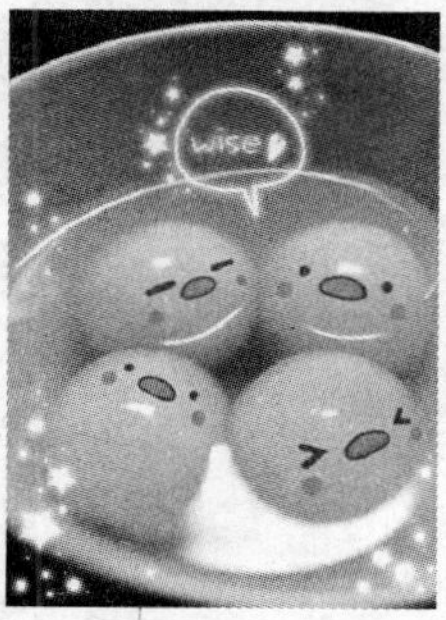

第159集　交换图像

素材：素材\第8章\159-1.fla

效果：效果\第8章\第159集.fla

视频：视频\第8章\第159集.swf

时长：33秒

难度：★★★

关键技术：“交换位图”对话框

01 单击“文件”|“打开”命令，打开一个素材文件，如图159-1所示。

02 选取工具箱中的选择工具，选择舞台区的位图图像，在“属性”面板中单击“交换”按钮，如图159-2所示。

图159-1　素材文件

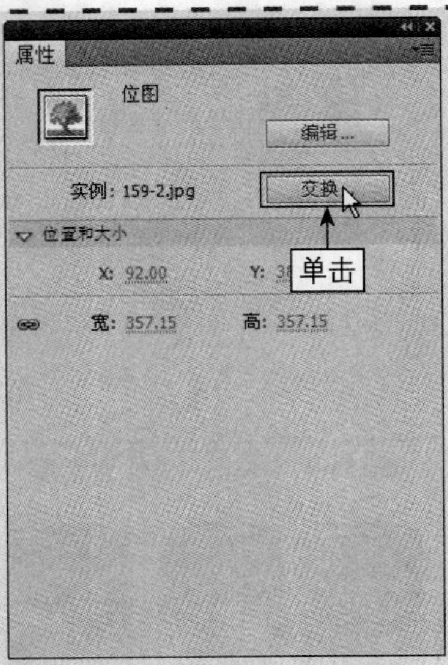

图159-2　单击“交换”按钮

专家提醒

在Flash CS5中，交换仅限于同种类型之间的文件，如果是元件，那么替换实例的一定是元件。

03 在弹出的“交换位图”对话框中选择159-1.jpg选项，如图159-3所示。

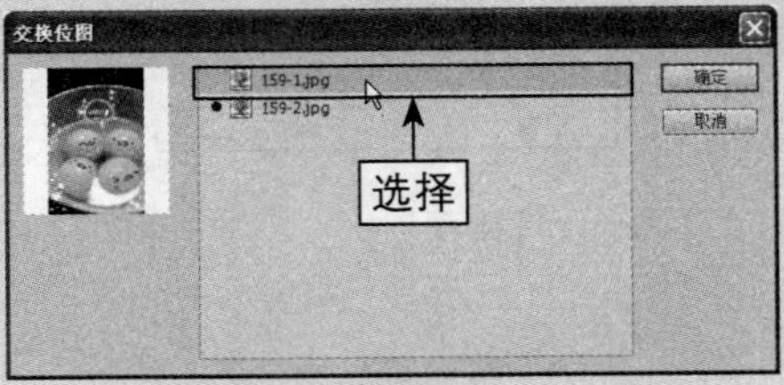

图159-3　“交换位图”对话框

04 单击“确定”按钮，即可交换图像，效果如图159-4所示。

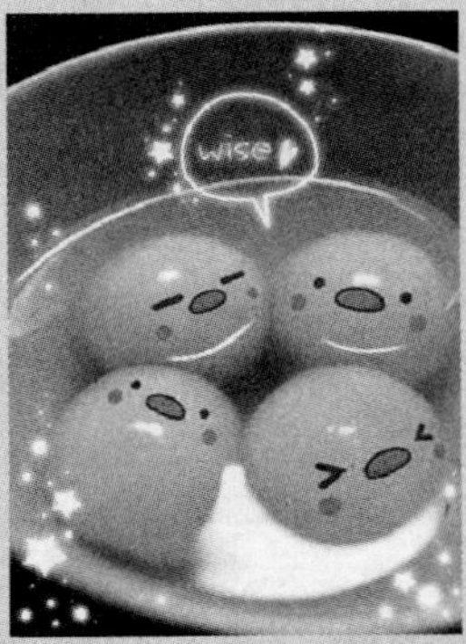

图159-4　交换位图的效果

第 9 章 使用外部媒体文件

Flash CS5具有强大的矢量图形绘制功能，但是随着计算机图形技术的不断发展，其自身的绘图功能已不能满足读者的需求，有时需要使用外部资源。Flash CS5支持多种格式的音频和视频文件，导入并使用这些外部资源，可以大大丰富Flash CS5的创作和表现能力。本章主要介绍使用外部媒体文件的方法。

9.1 插入视频文件

第160集 导入视频文件

素材：素材\第9章\160-1.flv	效果：效果\第9章\第160集.fla
视频：视频\第9章\第160集.swf	时长：53秒
难度：★★★★	关键技术："导入视频"对话框

01 单击"文件"|"新建"命令，新建一个Flash文件（ActionScript 3.0）。单击"文件"|"导入"|"导入视频"命令，弹出"导入视频"对话框，单击"浏览"按钮，在弹出的"打开"对话框中选择一个视频文件，单击"打开"按钮，返回至"导入视频"对话框，如图160-1所示。

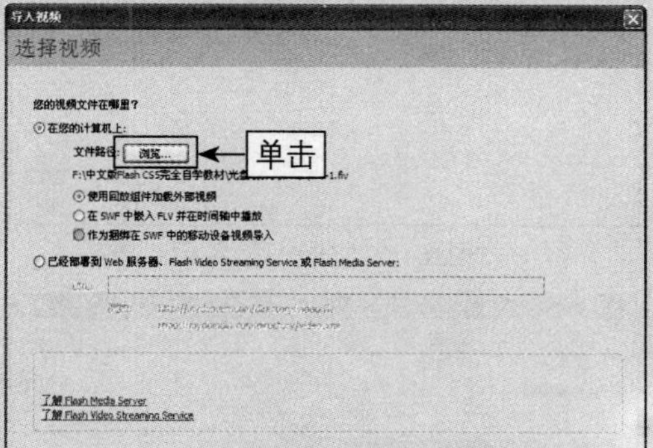

图160-1 "导入视频"对话框

02 单击"下一步"按钮，进入"外观"界面，如图160-2所示。

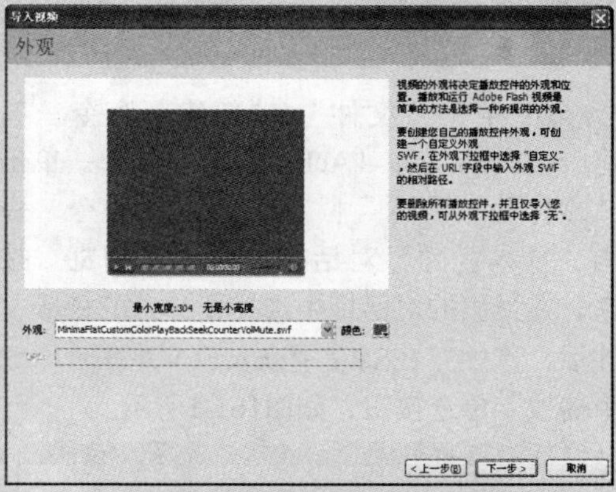

图160-2 "外观"界面

03 单击"下一步"按钮，进入"完成视频导入"界面，如图160-3所示。

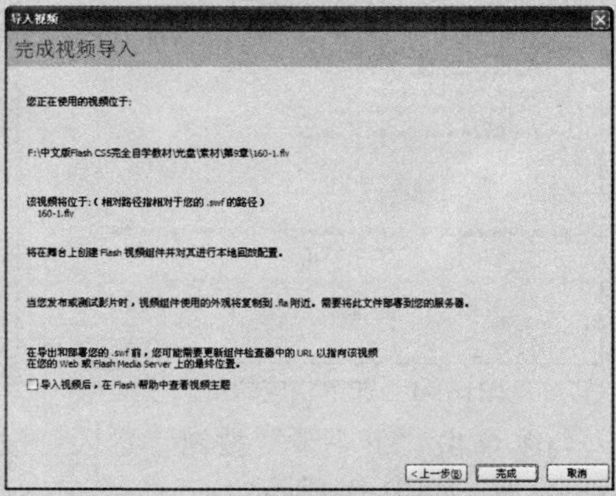

图160-3 "完成视频导入"对话框

04 单击“完成”按钮，即可将视频文件导入到“库”面板中，如图160-4所示。

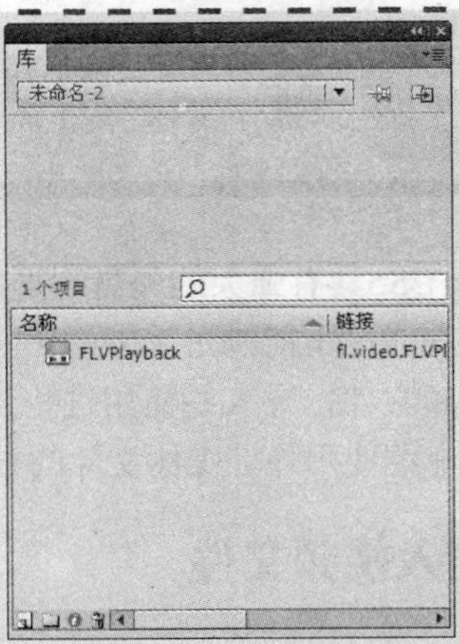

图160-4　导入的视频文件

第161集　导入为嵌入文件

素材： 素材\第9章\161-1.flv

效果： 效果\第9章\第161集.fla

视频： 视频\第9章\第161集.swf

时长： 58秒

难度： ★★★★

关键技术： “导入视频”对话框

01 单击“文件”|“新建”命令，新建一个Flash文件（ActionScript 3.0）。单击“文件”|“导入”|“导入视频”命令，弹出“导入视频”对话框，单击“浏览”按钮，在弹出的对话框中选择要导入的视频文件后，选中“在SWF中嵌入FLV并在时间轴中播放”单选按钮，如图161-1所示。

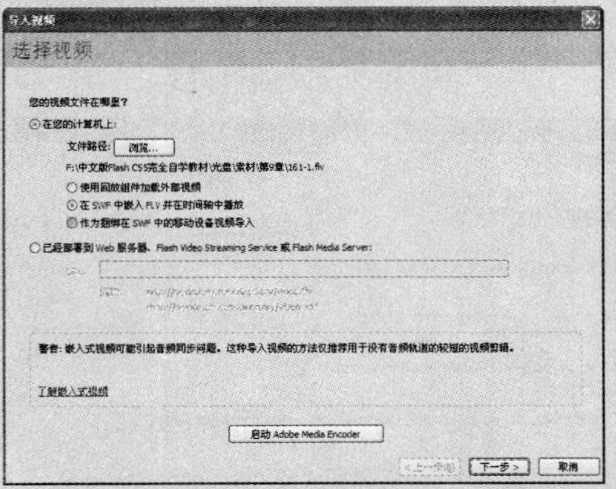

图161-1　选中相应的单选按钮

02 单击“下一步”按钮，进入“嵌入”界面，如图161-2所示。

03 单击“下一步”按钮，进入“完成视频导入”界面，如图161-3所示。

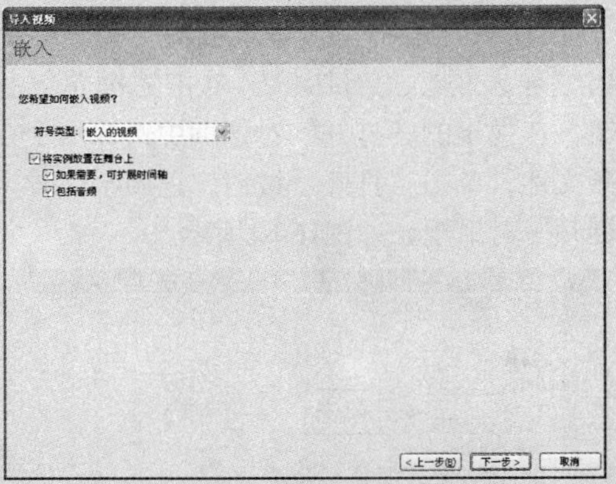

图161-2　“嵌入”界面

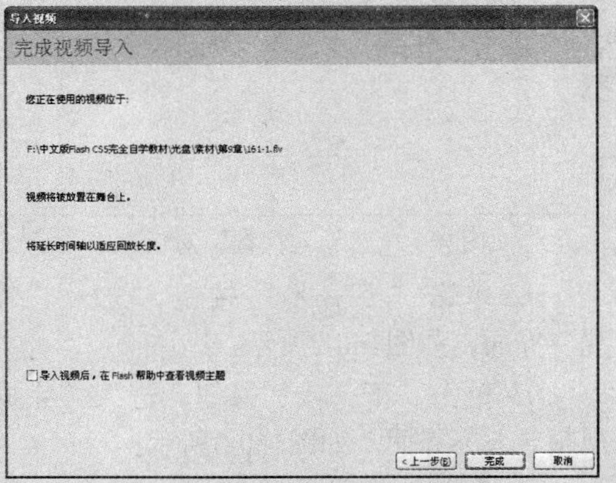

图161-3　“完成视频导入”对话框

04 单击“完成”按钮，即可将视频文件导入到“库”面板中，如图161-4所示。

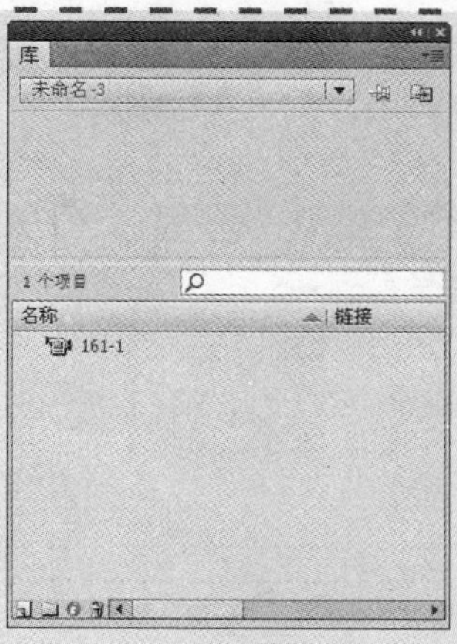

图161-4　嵌入的视频文件

9.2　编辑视频文件

第162集　查看视频属性

素材：素材\第9章\162—1.fla

视频：视频\第9章\第162集.swf

难度：★★★★

效果：无

时长：23秒

关键技术：“属性”面板

01 单击“文件”|“打开”命令，打开一个素材文件，如图162-1所示。

图162-1　素材文件

02 在“库”面板中选择视频文件，单击鼠标右键，在弹出的快捷菜单中选择“属性”命令，弹出“视频属性”对话框，即可查看视频文件的属性，如图162-2所示。

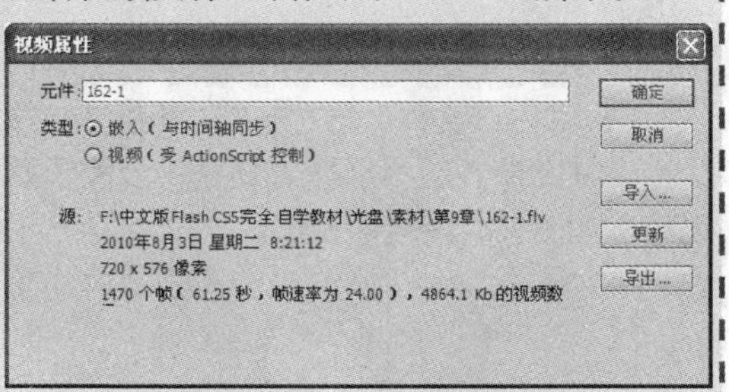

图162-2　查看视频属性

第163集　命名视频文件

素材：素材\第9章\163—1.fla

视频：视频\第9章\第163集.swf

难度：★★★

效果：效果\第9章\第163集.fla

时长：31秒

关键技术：“视频属性”对话框

01 单击“文件”|“打开”命令，打开一个素材文件。在“库”面板中选择视频文件，如图163-1所示。

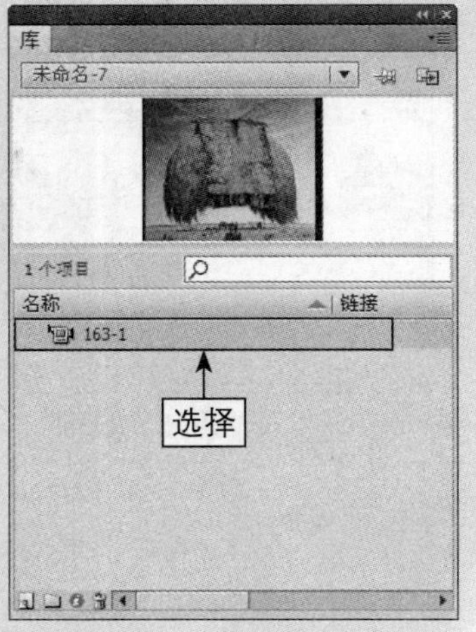

图163-1　选择视频文件

02 单击鼠标右键，在弹出的快捷菜单中选择“属性”命令，弹出“视频属性”对话框，设置“元件”为“漂浮”，单击“确定”按钮，即可命名视频文件，如图163-2所示。

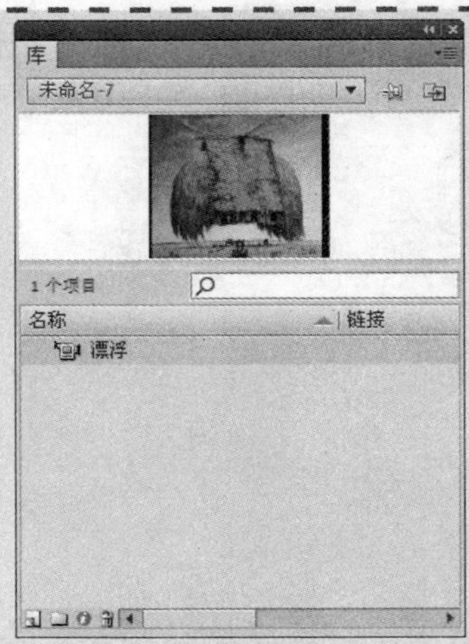

图163-2　命名的视频文件

专家提醒

重命名视频文件，可以在“库”面板中选择需要重命名的视频文件，双击鼠标，调出文本框，然后再输入名称即可。

第164集　命名视频实例

素材：素材\第9章\164—1.fla　　效果：效果\第9章\第164集.fla

视频：视频\第9章\第164集.swf　　时长：27秒

难度：★★　　关键技术：“实例名称”文本框

01 单击“文件”|“打开”命令，打开一个素材文件。运用选择工具在舞台区选择视频，如图164-1所示。

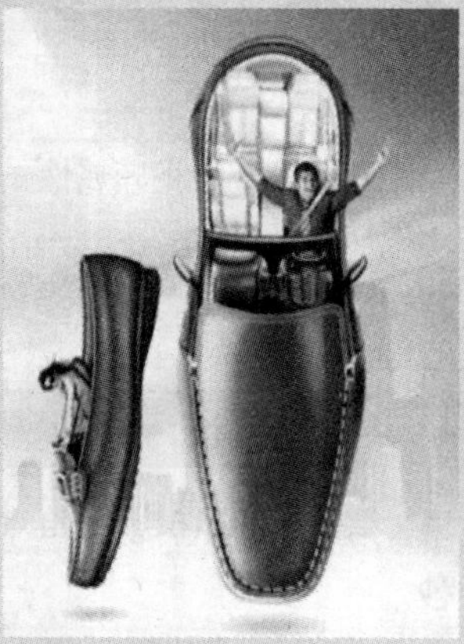

图164-1　素材文件

02 在“属性”面板的“实例名称”文本框中输入“创意无限”文本，按Enter键进行确认，即可命名视频实例，如图164-2所示。

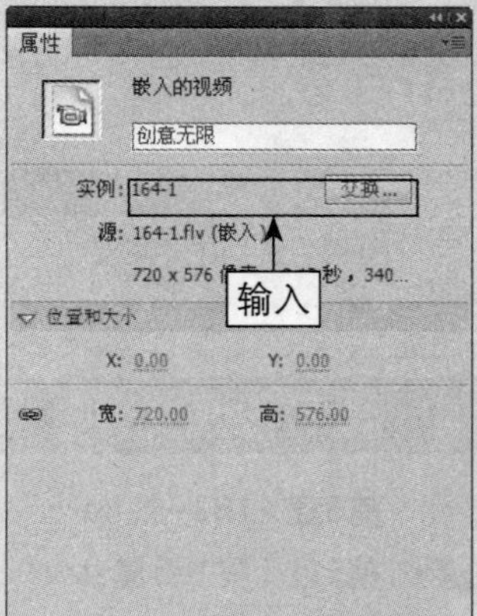

图164-2　命名视频实例

第165集　交换视频文件

素材：素材\第9章\165-1.fla　　效果：效果\第9章\第165集.fla
视频：视频\第9章\第165集.swf　　时长：32秒
难度：★★★　　关键技术："交换"按钮

01 单击"文件"|"打开"命令，打开一个素材文件。运用选择工具在舞台区选择视频，如图165-1所示。

图165-1　素材文件

02 在"属性"面板中单击"交换"按钮，如图165-2所示。

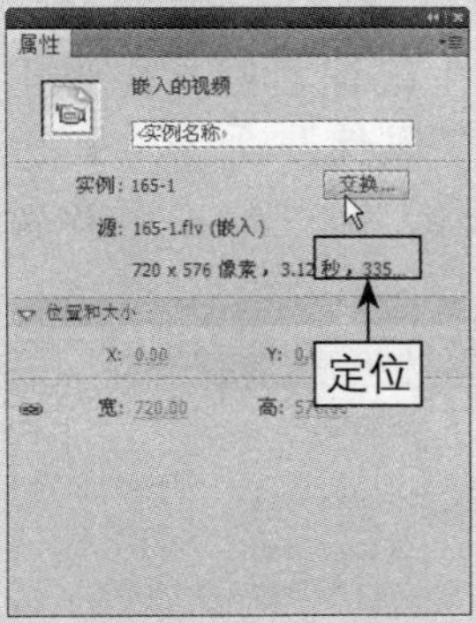

图165-2　单击"交换"按钮

03 弹出"交换视频"对话框，在其中选择165-2选项，如图165-3所示。

04 单击"确定"按钮，即可交换视频文件，如图165-4所示。

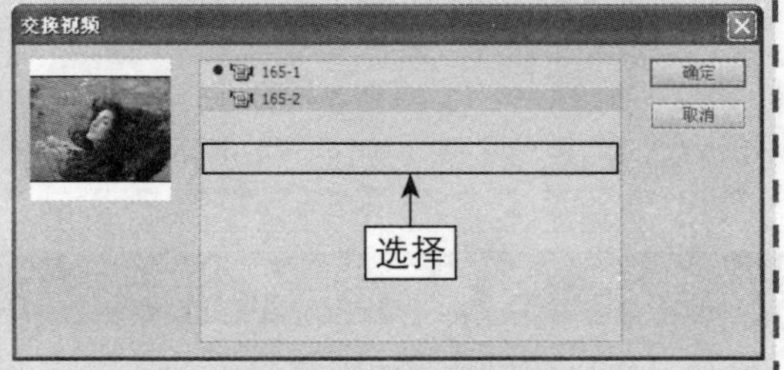

图165-3　选择视频文件

图165-4　交换视频的效果

9.3　插入音频文件

第166集　插入音频文件

素材：无　　效果：效果\第9章\第166集.fla
视频：视频\第9章\第381集.swf　　时长：39秒
难度：★★★　　关键技术："测试场景"命令

01 单击"文件"|"新建"命令，新建一个Flash文档。单击"文件"|"导入"|"导入到库"命令，弹出"导入到库"对话框，在"查找范围"下拉列表框中选择素材文件的

位置，在“文件类型”下拉列表框中选择“WAV声音（*.wav）”选项，选择要导入音频文件，如图166-1所示。

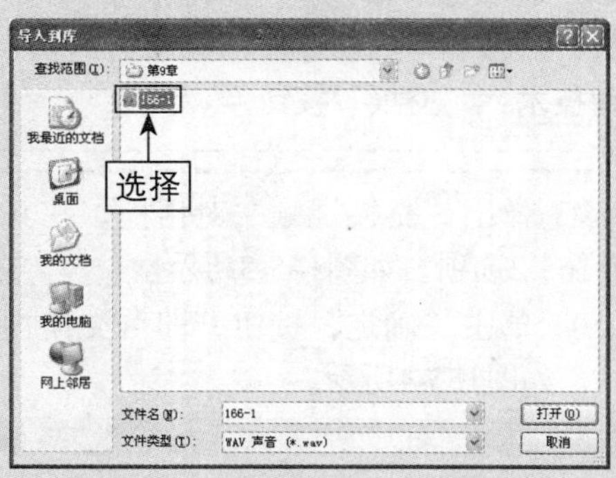

图166-1　选择音频文件

02 单击“打开”按钮，即可将选择的音频文件导入到“库”面板中，如图166-2所示。

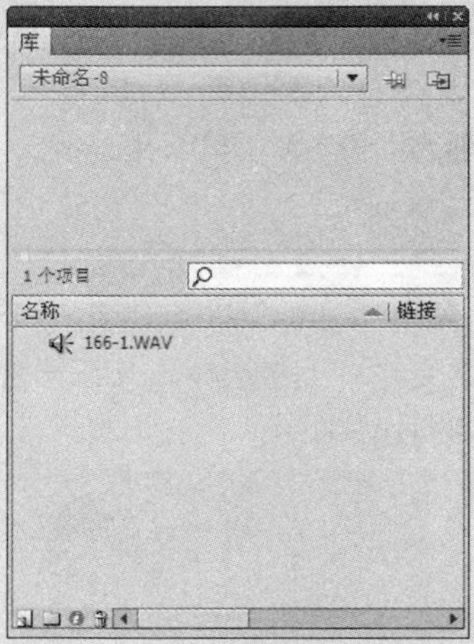

图166-2　插入的音频文件

第167集　查看声音属性

素材：素材\第9章\167–1.fla
效果：无
视频：视频\第9章\第167集.swf
时长：28秒
难度：★★
关键技术：“声音属性”对话框

01 单击“文件”|“打开”命令，打开一个素材文件。在“库”面板中选择“音频.WAV”文件，如图167-1所示。

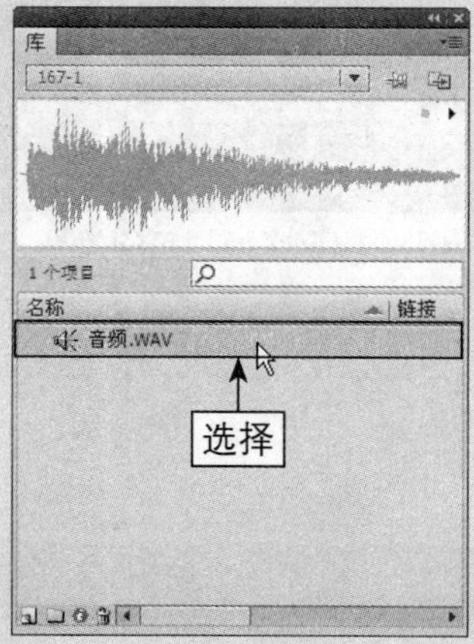

图167-1　选择音频文件

02 单击鼠标右键，在弹出的快捷菜单中选择“属性”命令，弹出“声音属性”对话框，即可查看声音属性，如图167-2所示。

图167-2　查看声音属性

第168集　压缩声音文件

素材：素材\第9章\168–1.fla
效果：无
视频：视频\第9章\第168集.swf
时长：35秒
难度：★★★
关键技术：“压缩”列表框

01 单击“文件”|“打开”命令，打开一个素材文件。在“库”面板中，选择“168-1.WAV”文件，单击鼠标右键，在弹出的快捷菜单中选择“属性”命令，弹出“声音属性”对话框，如图168-1所示。

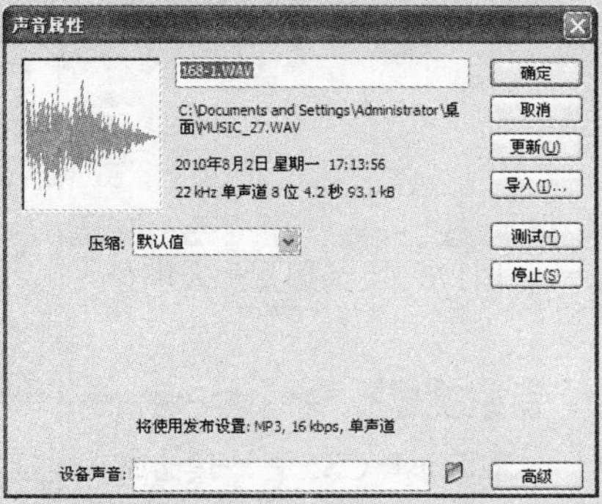

图168-1　“声音属性”对话框

02 单击“压缩”右侧的下三角按钮，在弹出的下拉列表中选择MP3选项，如图168-2所示。单击“确定”按钮，即可压缩声音文件。

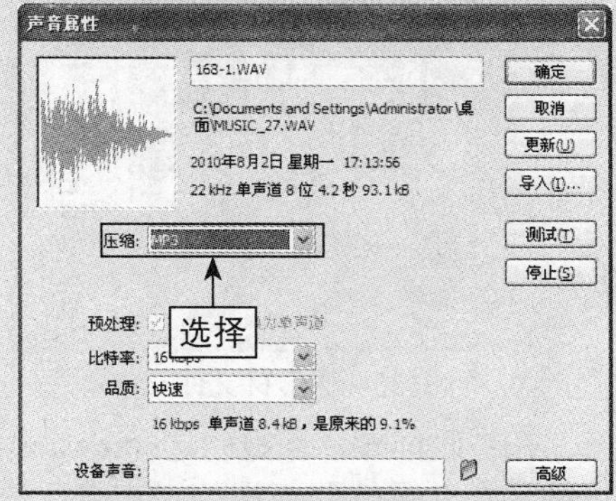

图168-2　选择MP3选项

第169集　为按钮加入声音

素材：素材\第9章\169-1.fla　　效果：效果\第9章\第169集.fla

视频：视频\第9章\第169集.swf　　时长：60秒

难度：★★★★　　关键技术：“名称”选项

01 单击“文件”|“打开”命令，打开一个素材文件。选取工具箱中的选择工具，选择舞台区的按钮元件实例，如图169-1所示。

图169-1　选择按钮元件实例

02 双击鼠标，进入按钮元件编辑模式，在“时间轴”面板中选择music图层的“指针经过”帧，在“属性”面板的“声音”选项区中单击“名称”选项右侧的下三角按钮，在弹出的下拉列表中选择169-1.WAV选项，设置“同步”为“事件”，此时“时间轴”面板如图169-2所示。操作完成后，即可为按钮加入声音。

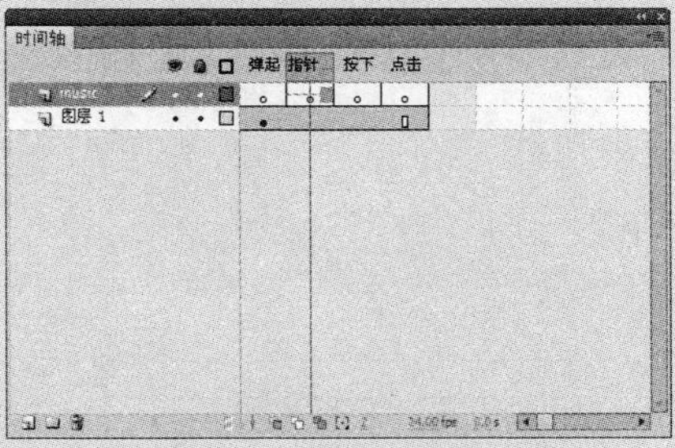

图169-2　为按钮加入声音

第170集　为影片加入声音

素材：素材\第9章\170-1.fla　　效果：效果\第9章\第170集.fla

视频：视频\第9章\第170集.swf　　时长：33秒

难度：★★★　　关键技术：“名称”选项

01 单击“文件”|“打开”命令，打开一个素材文件，如图170-1所示。

图170-1　素材文件

02 在“时间轴”面板中选择music图层的第1帧，在“属性”面板的“声音”选项区中单击“名称”选项右侧的下三角按钮，在弹出的下拉列表中选择170-1.WAV选项，即可为影片加入声音，此时的“时间轴”面板如图170-2所示，

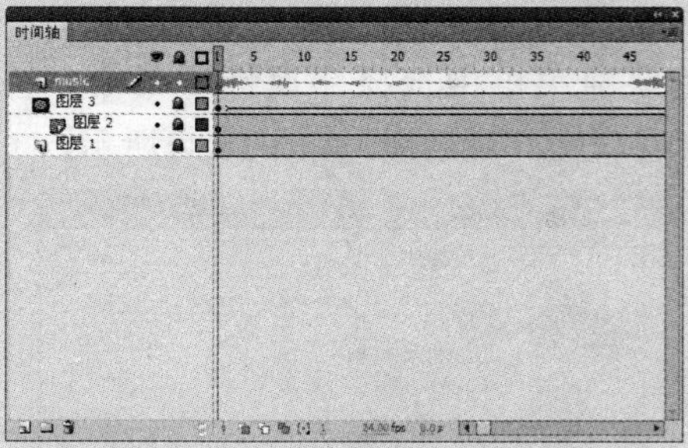

图170-2　为影片加入声音

专家提醒

在Flash CS5中，读者可以根据需要在影片的任意位置添加声音。

9.4　管理声音文件

第171集　选择声音文件

素材：素材\第9章\171—1.fla　　效果：无
视频：视频\第9章\第171集.swf　　时长：22秒
难度：★★　　关键技术：选择工具

01 单击“文件”|“打开”命令，打开一个素材文件。单击“窗口”|“库”命令，展开“库”面板，单击Music.WAV声音文件，如图171-1所示。

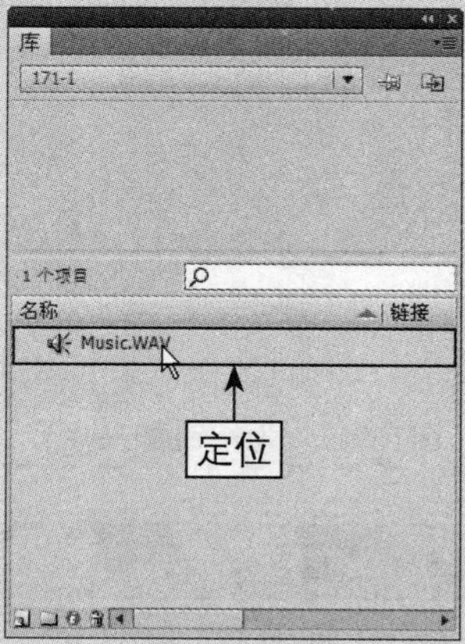

图171-1　单击声音文件

02 选择声音文件后的“库”面板，如图171-2所示。

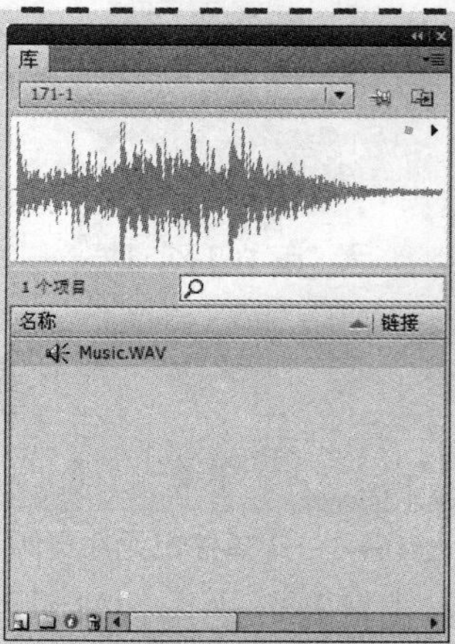

图171-2　选择声音文件的效果

专家提醒

声音被选择后，在其上方将显示所选声音的音波图形。

第172集　复制声音文件

素材：素材\第9章\172-1.fla　　效果：无

视频：视频\第9章\第172集.swf　　时长：40秒

难度：★★★　　关键技术：“复制”选项

01 单击“文件”|“打开”命令，打开一个素材文件。在“库”面板中选择Music.WAV声音文件，如图172-1所示。

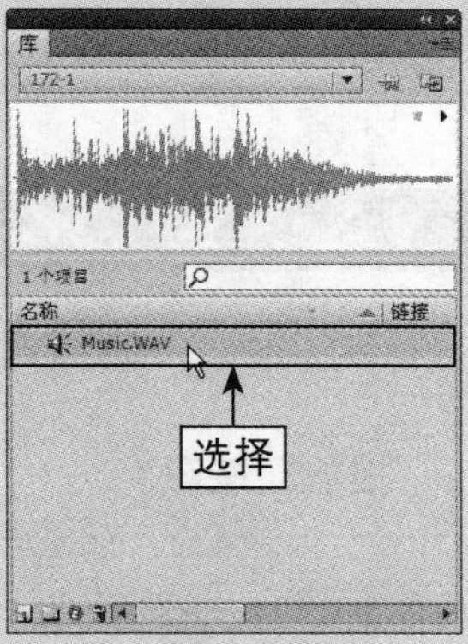

图172-1　选择声音文件

02 单击鼠标右键，在弹出的快捷菜单中选择“复制”命令，新建一个Flash文件，在“库”面板的空白位置单击鼠标右键，在弹出的快捷菜单中选择“粘贴”命令，即可将声音文件复制到新建文件中，如图172-2所示。

专家提醒

读者可以在各个Flash文档之间互相复制元件，从而提高工作效率。

图172-2　复制到新建文件后的效果

第173集　删除声音文件

素材：素材\第9章\173-1.fla　　效果：效果\第9章\第173集.fla

视频：视频\第9章\第173集.swf　　时长：20秒

难度：★　　关键技术：Delete键

01 单击“文件”|“打开”命令，打开一个素材文件。在“库”面板中选择MUSIC_1.WAV声音文件，如图173-1所示。

02 按Delete键即可将选择的声音文件删除，如图173-2所示。

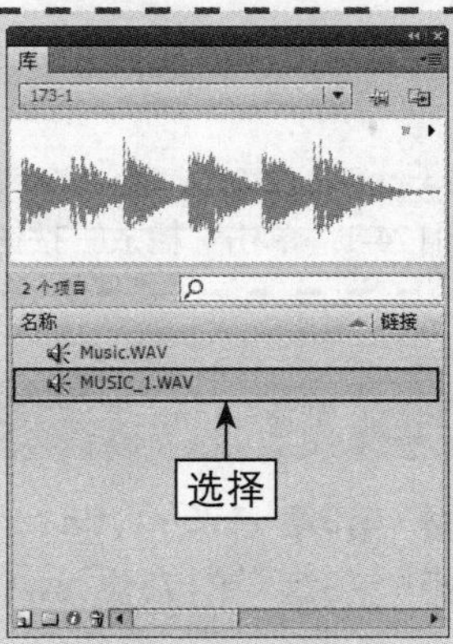

图173-1　选择声音文件

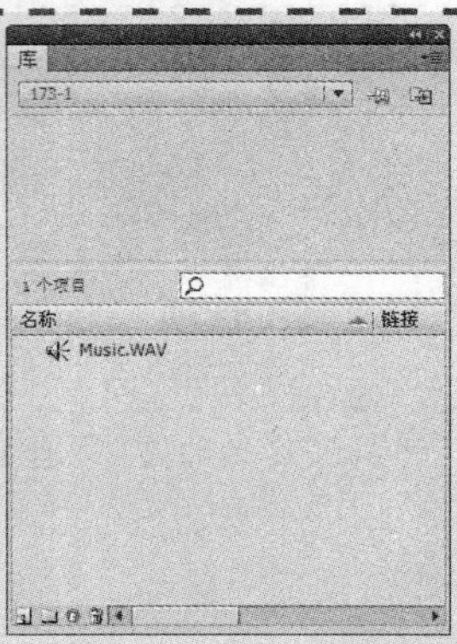

图173-2　删除声音文件

专家提醒

在“库”面板中选择要删除的声音后，在声音上单击鼠标右键，在弹出的快捷菜单中选择“删除”命令，也可以删除所选的声音。

第174集　播放声音文件

素材：素材\第9章\174—1.fla　　效果：无

视频：视频\第9章\第174集.swf　　时长：24秒

难度：★★　　关键技术：“播放”按钮

01 单击“文件”|“打开”命令，打开一个素材文件。在“库”面板中选择“声音”声音文件，单击波形右上角的“播放”按钮▶，如图174-1所示。

图174-1　单击“播放”按钮

02 单击“播放”按钮后，即可播放声音文件，如图174-2所示。

图174-2　播放声音文件

第175集　停止播放声音

素材：素材\第9章\175—1.fla　　效果：无

视频：视频\第9章\第175集.swf　　时长：30秒

难度：★★　　关键技术：“停止”按钮

01 单击“文件”|“打开”命令，打开一个素材文件。在“库”面板中选择“声音”声音文件，单击波形右上角的“播放”按钮▶，声音开始播放，单击“停止”按钮■，如图175-1所示。

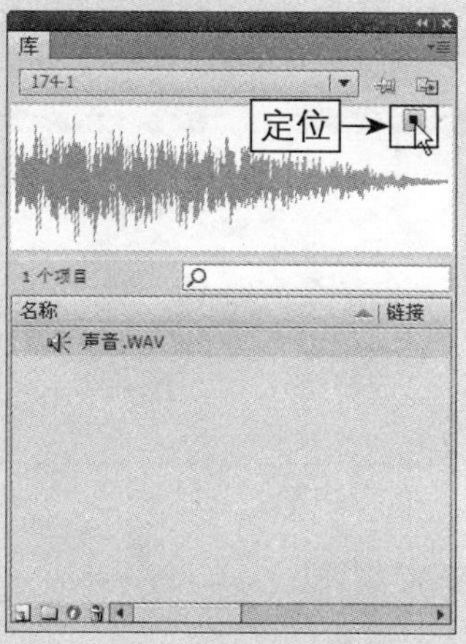

图175-1　单击“停止”按钮

02 播放的声音将停止播放，如图175-2所示。

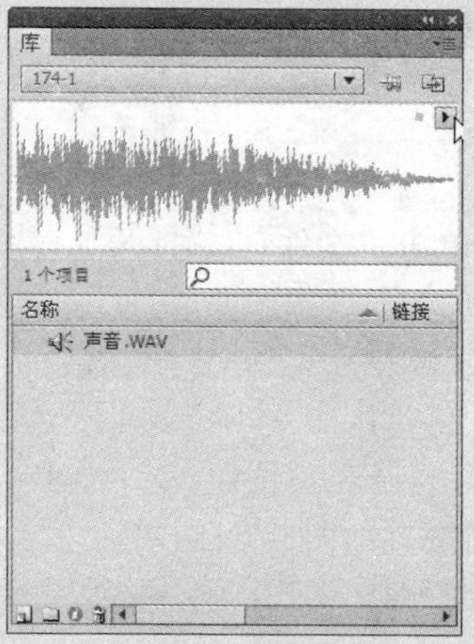

图175-2　停止播放声音

第176集　查看声音帧数

素材： 素材\第9章\176–1.fla

视频： 视频\第9章\第176集.swf

难度： ★★★

效果： 无

时长： 37秒

关键技术： “编辑声音封套”按钮

01 单击“文件”|“打开”命令，打开一个素材文件。在“时间轴”面板中选择“图层1”图层的第1帧，在“属性”面板的“声音”选项区中单击“效果”选项右侧的“编辑声音封套”按钮，如图176-1所示。

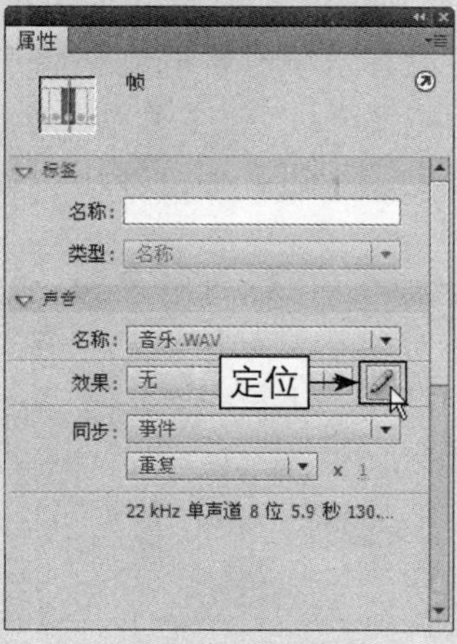

图176-1　单击按钮

02 弹出“编辑封套”对话框，在该对话框中即可查看声音的帧数，如图176-2所示。

专家提醒

在“编辑封套”对话框中，可以通过单击右下方的“缩小”和“放大”按钮来设置查看的帧数。

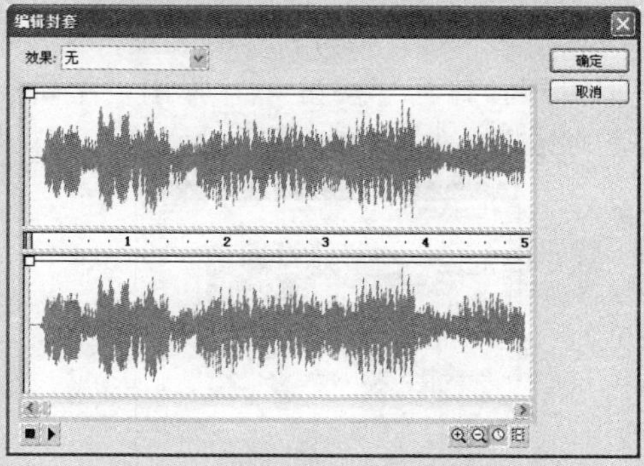

图176-2　查看声音帧数

第177集　放大声音文件的音量

素材：素材\第9章\177-1.fla　　效果：效果\第9章\第177集.fla
视频：视频\第9章\第177集.swf　　时长：54秒
难度：★★★★　　关键技术："编辑封套"对话框

01 单击"文件"|"打开"命令，打开一个素材文件。在"时间轴"面板中选择"图层1"图层的第1帧，在"属性"面板的"声音"选项区中单击"效果"选项右侧的"编辑声音封套"按钮，弹出"编辑封套"对话框，如图177-1所示。

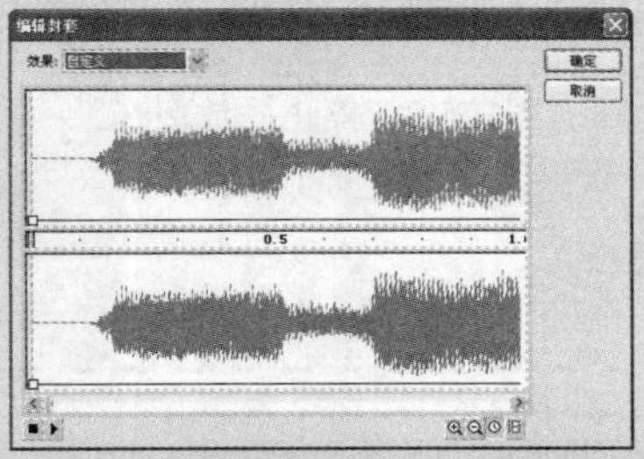

图177-1　"编辑封套"对话框

02 向上拖曳左侧上方的方形控制柄至最上方后释放鼠标。同理，将下方的方形控制柄拖曳至最上方，如图177-2所示。单击"确定"按钮，即可放大声音文件的音量。

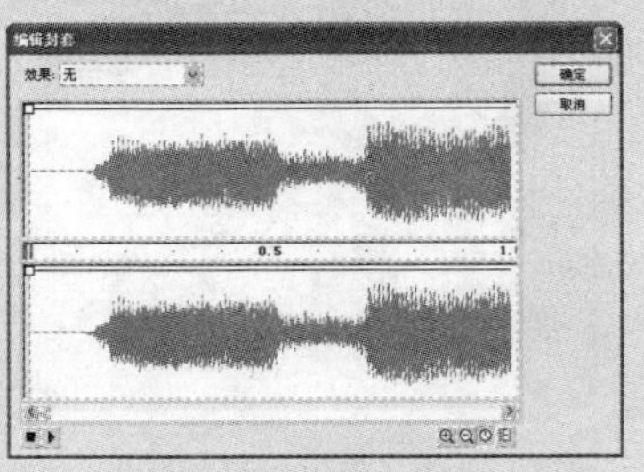

图177-2　放大声音

专家提醒

上方波形编辑窗格显示的是左声道声音波形，下方波形编辑窗格显示的是右声道声音波形。单击声音波形编辑窗格，可以增加一个方向控制柄，拖动各方形控制柄可以调整部分声音段的音量大小，直线越靠上，声音的音量越大。

第178集　减小声音文件的音量

素材：素材\第9章\178-1.fla　　效果：效果\第9章\第178集.fla
视频：视频\第9章\第178集.swf　　时长：47秒
难度：★★★★　　关键技术："编辑封套"对话框

01 单击"文件"|"打开"命令，打开一个素材文件。在"时间轴"面板中选择"图层1"图层的第1帧，在"属性"面板的"声音"选项区中单击"效果"选项右侧的"编辑声音封套"按钮，弹出"编辑封套"对话框，如图178-1所示。

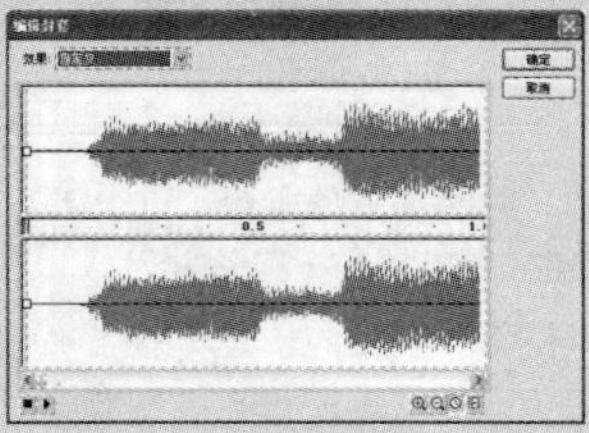

图178-1　"编辑封套"对话框

02 向下拖曳左侧中间的方形控制柄至最下方后释放鼠标。同理，将下方的方形控制柄拖曳至最下方，如图178-2所示。单击"确定"按钮，即可减小声音文件的音量。

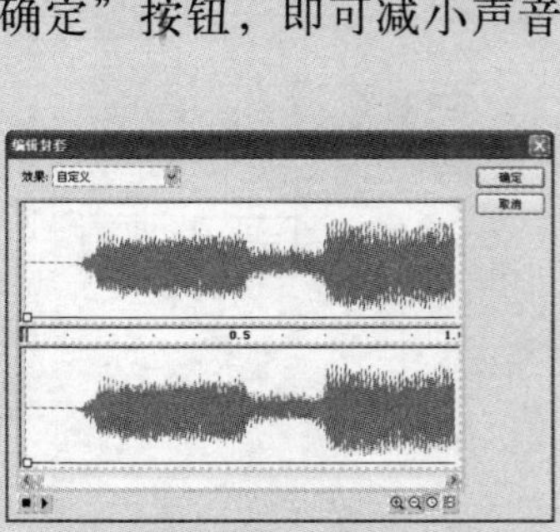

图178-2　减小声音

第10章 创建和编辑图层

为了在创建和编辑Flash动画时方便对舞台中的各对象进行管理，通常会将不同类型的对象放置在不同的图层上。在Flash CS5中，可以对图层进行创建、选择、编辑、显示、隐藏、锁定等操作，还可以设置图层的属性、管理图层文件夹，并通过制作图层制作引导层动画等。本章将详细介绍创建和编辑图层的方法。

10.1 图层基本操作

第179集 创建图层

素材：无

视频：视频\第10章\第179集.swf

难度：★

效果：效果\第10章\第179集.fla

时长：17秒

关键技术："新建图层"按钮

01 启动Flash CS5软件，新建一个Flash文件。单击"时间轴"面板左下角的"新建图层"按钮，如图179-1所示。

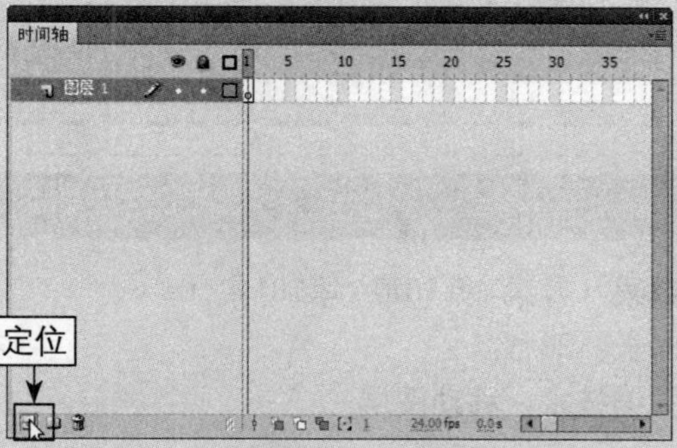

图179-1 单击"新建图层"按钮

02 可以创建出一个新图层，如图179-2所示。

图179-2 新建图层

专家提醒

每当新建一个Flash文件时，系统就会自动新建一个"图层1"图层，读者可根据需要创建新图层，新建的图层会自动排列在所选图层的上方。

专家提醒

在Flash CS5中，除了运用上述方法可以创建图层外，还有以下两种常用方法。

- 命令：单击"插入"|"时间轴"|"图层"命令。
- 选项：在"时间轴"面板中将鼠标移至某个图层上，单击鼠标右键，在弹出的快捷菜单中选择"插入图层"命令。

第180集　选择图层

素材：素材\第10章\180－1.fla　　效果：效果\第10章\第180集.fla
视频：视频\第10章\第180集.swf　　时长：15秒
难度：★★　　关键技术：选择图层

01 单击“文件”|“打开”命令，打开一个素材文件。将鼠标移至“时间轴”面板的“蝴蝶”图层上，如图180-1所示。

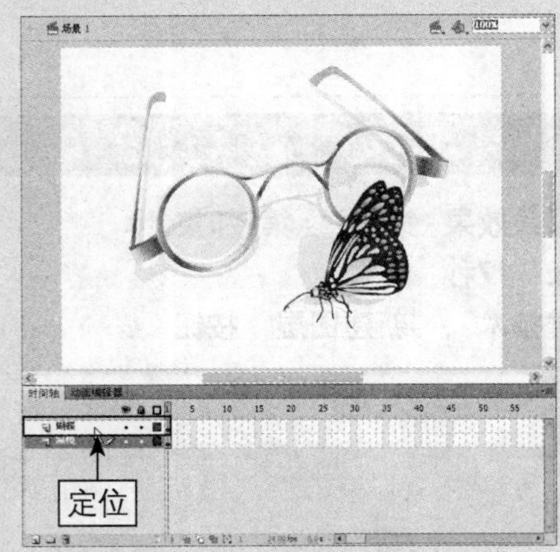

图180-1　定位鼠标

02 单击鼠标，即可选择图层，如图180-2所示。

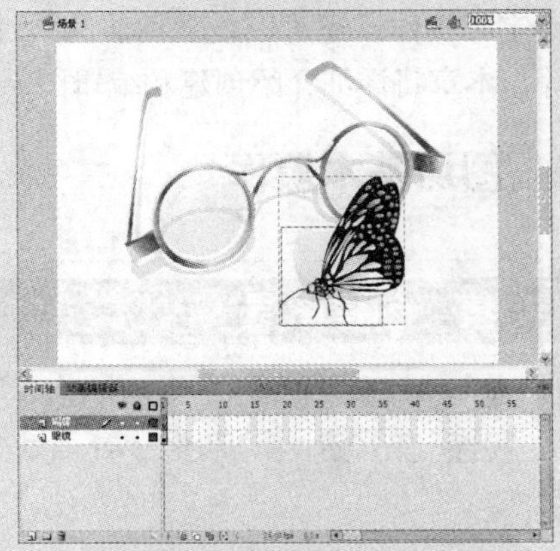

图180-2　选择图层

专家提醒

在Flash CS5中，选择图层后，所选图层在舞台区的图形对象和时间轴上该图层的所有帧都将被选择。

第181集　移动图层

素材：素材\第10章\181－1.fla　　效果：效果\第10章\第181集.fla
视频：视频\第10章\第181集.swf　　时长：26秒
难度：★★　　关键技术：移动图层

01 单击“文件”|“打开”命令，打开一个素材文件。拖曳“时间轴”面板的“鹦鹉”图层，如图181-1所示。

02 将“鹦鹉”图层移至“花草”图层的上方后释放鼠标，即可移动图层，如图181-2所示。

图181-1　选择图层

图181-2　移动图层

专家提醒

在Flash CS5中，移动图层后，该图层在舞台区所对应的图形对象都将被移动。

第182集　复制图层

素材：素材\第10章\182-1.fla　　效果：效果\第10章\第182集.fla
视频：视频\第10章\第182集.swf　　时长：46秒
难度：★★★★　　关键技术："复制帧"命令

01 单击"文件"|"打开"命令，打开一个素材文件，如图182-1所示。

图182-1　素材文件

02 将鼠标移至"图层23"图层的第1帧上，单击鼠标右键，在弹出的快捷菜单中选择"复制帧"命令，如图182-2所示。

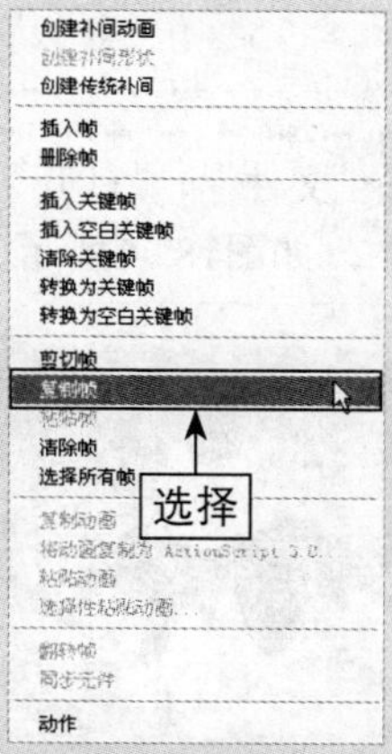

图182-2　选择"复制帧"命令

03 在"时间轴"面板中新建一个图层，将鼠标移至该图层的第1帧上，单击鼠标右键，在弹出的快捷菜单中选择"粘贴帧"命令，即可复制图层，如图182-3所示。

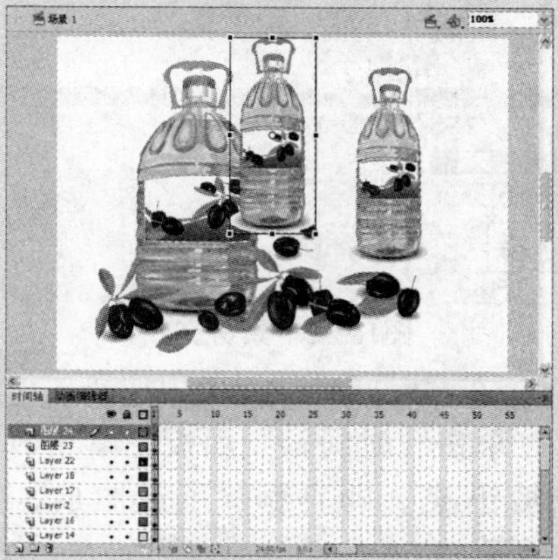

图182-3　复制图层

04 适当调整复制图层后的图形对象效果如图182-4所示。

图182-4 调整图形对象

第183集 删除图层

素材：素材\第10章\183—1.fla

效果：效果\第10章\第183集.fla

视频：视频\第10章\第183集.swf

时长：26秒

难度：★★

关键技术：“删除”按钮

01 单击“文件”|“打开”命令，打开一个素材文件，如图183-1所示。

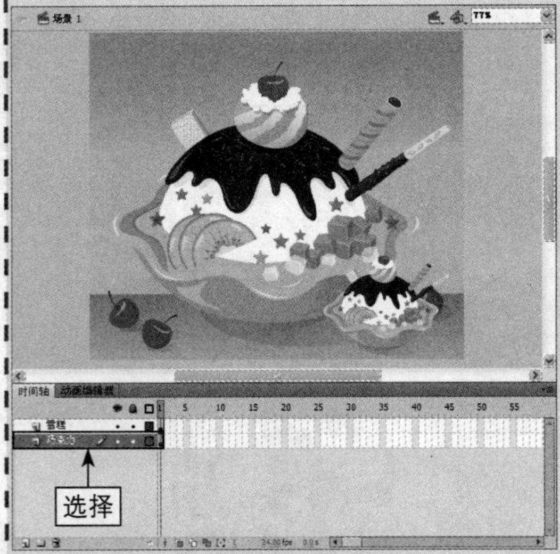

图183-1 素材文件

02 在“时间轴”面板中选择“雪糕”图层，单击“时间轴”面板左下角的“删除”按钮，即可删除所选图层，如图183-2所示。

图183-2 删除图层

专家提醒

在Flash CS5中，将鼠标移至“时间轴”面板中要删除的图层上，单击鼠标右键，在弹出的快捷菜单中选择“删除图层”命令，也可删除所选图层。

第184集　显示图层

素材：素材\第10章\184-1.fla　　效果：效果\第10章\第184集.fla
视频：第10章\第184集.swf　　时长：25秒
难度：★★　　关键技术：红色叉图标

01 单击“文件”|“打开”命令，打开一个素材文件。在“时间轴”面板中将鼠标移至“图层2”图层右侧的显示或隐藏所有图层图标所对应的红色叉图标✕上，如图184-1所示。

图184-1　定位鼠标

02 单击鼠标，即可显示“图层2”图层，如图184-2所示。

图184-2　显示图层

第185集　隐藏图层

素材：素材\第10章\185-1.fla　　效果：效果\第10章\第185集.fla
视频：视频\第10章\第185集.swf　　时长：23秒
难度：★★　　关键技术：圆点图标

01 单击“文件”|“打开”命令，打开一个素材文件。在“时间轴”面板中将鼠标移至“图层2”图层右侧的显示或隐藏所有图层图标所对应的圆点图标•上，如图185-1所示。

02 单击鼠标，即可隐藏“图层2”图层，如图185-2所示。

图185-1　定位鼠标

图185-2　隐藏图层

第186集　锁定图层

素材：素材\第10章\186-1.fla　　效果：效果\第10章\第186集.fla
视频：视频\第10章\第186集.swf　　时长：23秒
难度：★★　　关键技术：圆点图标

01 单击“文件”|“打开”命令，打开一个素材文件。在“时间轴”面板中将鼠标移至Layer4图层右侧的锁定或解除锁定所有图层图标所对应的圆点图标 • 上，如图186-1所示。

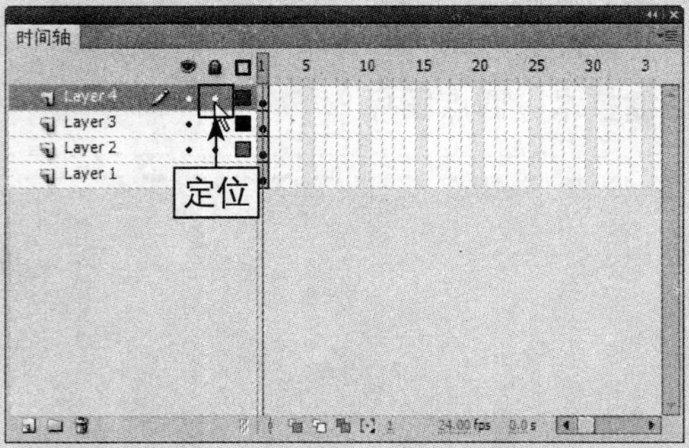

图186-1　定位鼠标

02 单击鼠标，即可锁定图层，如图186-2所示。

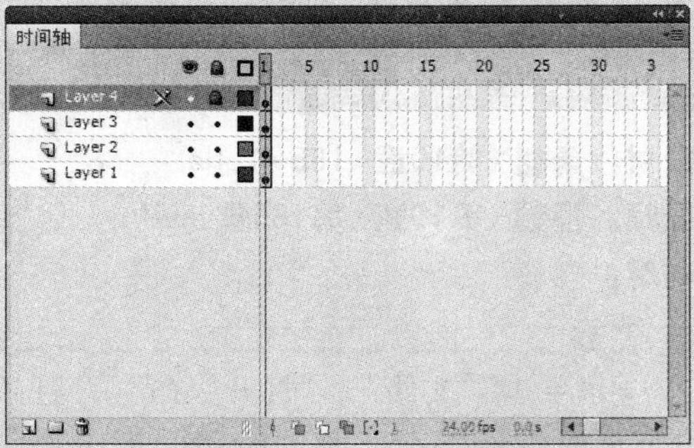

图186-2　锁定图层

第187集　解锁图层

素材：素材\第10章\187-1.fla　　效果：效果\第10章\第187集.fla
视频：视频\第10章\第187集.swf　　时长：23秒
难度：★★　　关键技术：锁形图标

01 单击“文件”|“打开”命令，打开一个素材文件。在“时间轴”面板中将鼠标移至Layer4图层右侧的锁定或解除锁定所有图层图标所对应的锁形图标上，如图187-1所示。

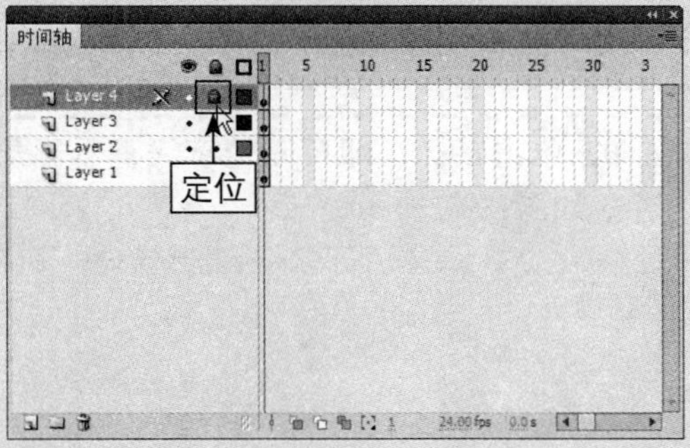

图187-1　定位鼠标

02 单击鼠标，即可解锁图层，如图187-2所示。

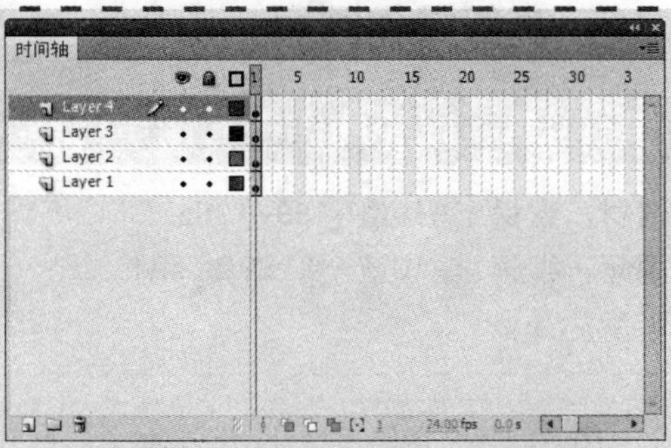

图187-2　解锁图层

专家提醒

在编辑某个图层时，为了避免编辑其他图层上的内容，可以将暂时不用编辑的图层锁定。图层被锁定后，将不可对图层中的对象进行操作。

第188集　重命名图层

素材：素材\第10章\188—1.fla	效果：效果\第8章\第188集.fla
视频：视频\第10章\第188集.swf	时长：28秒
难度：★★	关键技术：双击鼠标

01 单击“文件”|“打开”命令，打开一个素材文件。在“时间轴”面板中将鼠标移至“图层1”图层的名称上方，双击鼠标，名称呈可编辑状态，如图188-1所示。

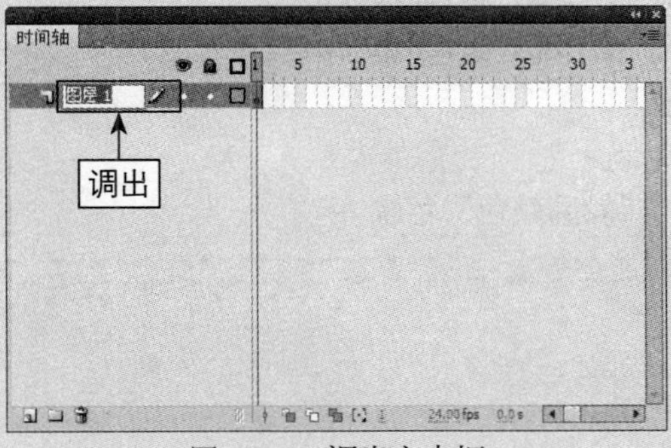

图188-1　调出文本框

02 在文本框中输入“唐老鸭”文本，按Enter键进行确认，即可重命名图层，如图188-2所示。

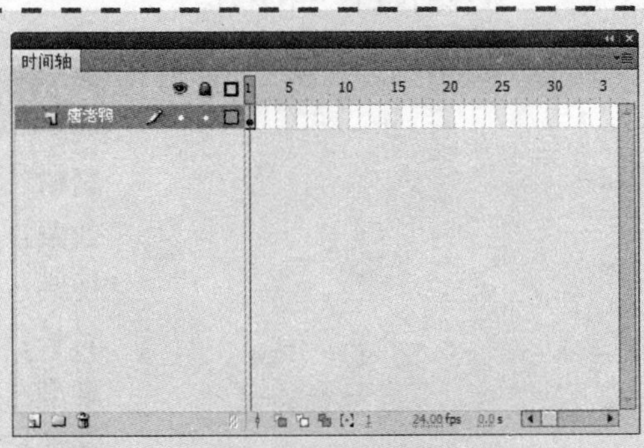

图188-2　重命名图层

专家提醒

将鼠标移至相应图层前方的图标上，双击鼠标，可弹出“图层属性”对话框，在“名称”文本框中输入名称后，单击“确定”按钮，也可以重命名图层。

10.2 高级操作图层

第189集 以轮廓线查看图层内容

素材：素材\第10章\189—1.fla
效果：效果\第10章\第189集.fla
视频：视频\第10章\第189集.swf
时长：24秒
难度：★★
关键技术：显示图层轮廓图标

01 单击“文件”|“打开”命令，打开一个素材文件。在“时间轴”面板中将鼠标移至“图层1”图层右侧的显示图层轮廓图标□上，如图189-1所示。

图189-1 定位鼠标

02 单击鼠标，即可以轮廓线查看图层内容，如图189-2所示。

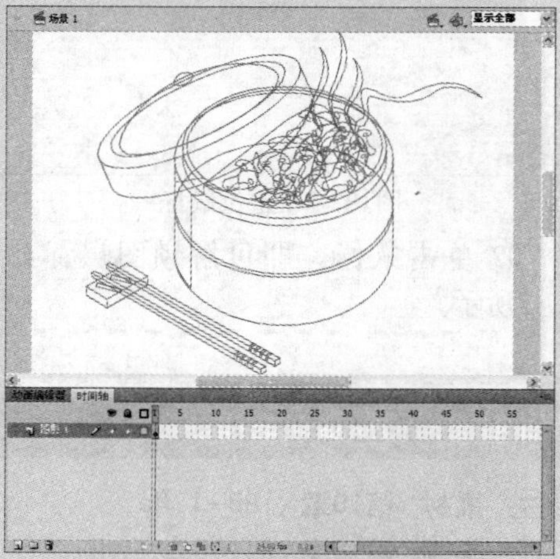
图189-2 以轮廓线查看图层内容

第190集 更改图层的轮廓线颜色

素材：素材\第10章\190—1.fla
效果：效果\第10章\第190集.fla
视频：视频\第10章\第190集.swf
时长：44秒
难度：★★★★
关键技术：“轮廓颜色”色块

01 单击“文件”|“打开”命令，打开一个素材文件，如图190-1所示。

02 将鼠标移至“时间轴”面板的“女孩”图层上，单击鼠标右键，在弹出的快捷菜单中选择“属性”命令，弹出“图层属性”对话框，如图190-2所示。

图190-1 素材文件

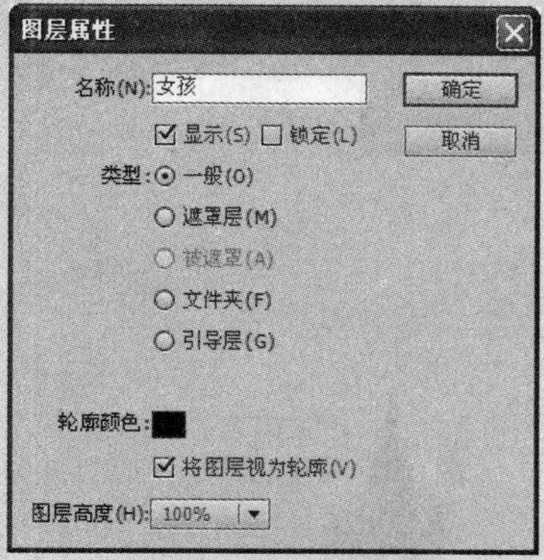

图190-2　“图层属性”对话框

03 单击“轮廓颜色”色块，在弹出的颜色面板中选择红色，如图190-3所示。

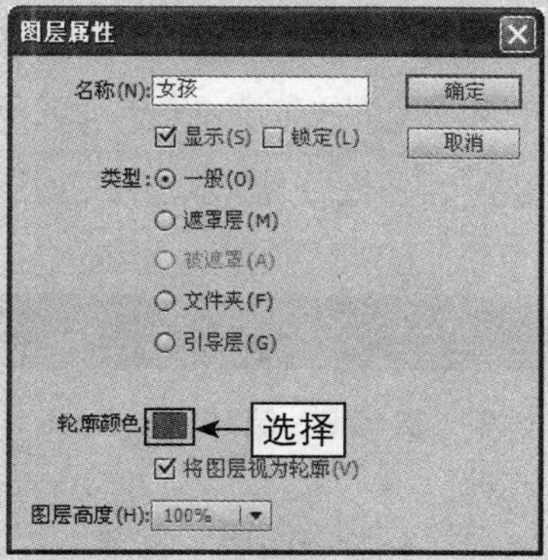

图190-3　设置轮廓颜色

04 单击“确定”按钮，即可更改图层轮廓颜色，如图190-4所示。

图190-4　更改轮廓线颜色

专家提醒

当以轮廓线显示多个图层中的内容时，即可对图层轮廓线的颜色进行设置，以更好地区分各图层中的内容。

第191集　更改时间轴图层高度

素材：素材\第10章\191-1.fla　　效果：效果\第8章\第191集.fla

视频：视频\第10章\第191集.swf　　时长：31秒

难度：★★★　　关键技术：“图层高度”列表框

01 单击“文件”|“打开”命令，打开一个素材文件，如图191-1所示。

图191-1　素材文件

02 将鼠标移至“图层1”图层前的图标上，如图191-2所示。

图191-2　定位鼠标

03 双击鼠标，在弹出“图层属性”对话框中设置“图层高度”为300%，如图191-3所示。

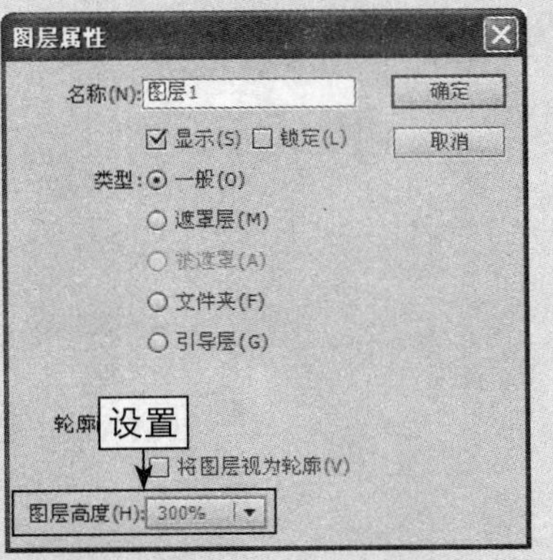

图191-3 “图层属性”对话框

04 单击“确定”按钮，即可更改图层高度，如图191-4所示。

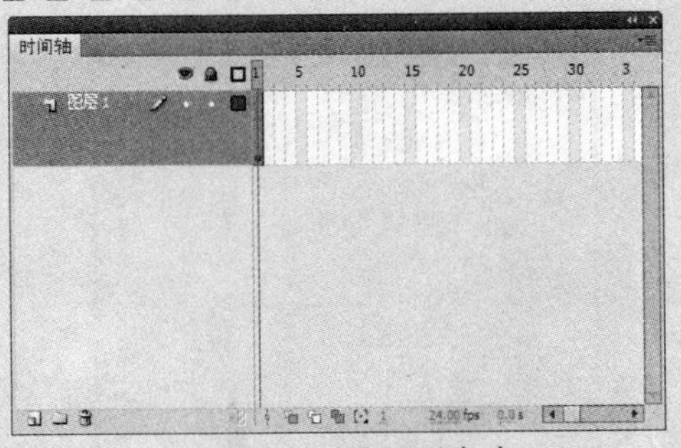

图191-4 更改图层高度

专家提醒

在Flash CS5中，读者可以更改时间轴中的图层高度，使图层以100%、200%或300%的高度显示，以便在时间轴中显示更多的信息，如声音波形等。

第192集 将对象分散到图层

素材：素材\第10章\192—1.fla
视频：视频\第10章\第192集.swf
难度：★★
效果：效果\第10章\第192集.fla
时长：27秒
关键技术：“分散到图层”选项

01 单击“文件”|“打开”命令，打开一个素材文件。选取工具箱中的选择工具，选择舞台中的图形对象，如图192-1所示。

图192-1 选择图形对象

02 单击鼠标右键，在弹出的快捷菜单中选择“分散到图层”命令，即可将所选对象分散到图层，图192-2所示。

图192-2 分散到图层

专家提醒

除了运用上述方法将所选对象分散到图层外，还有以下两种方法。

- 命令：单击“修改”|“时间轴”|“分散到图层”命令。
- 快捷键：按Shift＋Ctrl＋D组合键。

第193集　创建图层文件夹

素材：无	效果：效果\第10章\第193集.fla
视频：视频\第10章\第193集.swf	时长：17秒
难度：★	关键技术：“新建文件夹”按钮

01 启动Flash CS5软件，新建一个Flash文件。将鼠标移至“时间轴”面板左下角的“新建文件夹”按钮上，如图193-1所示。

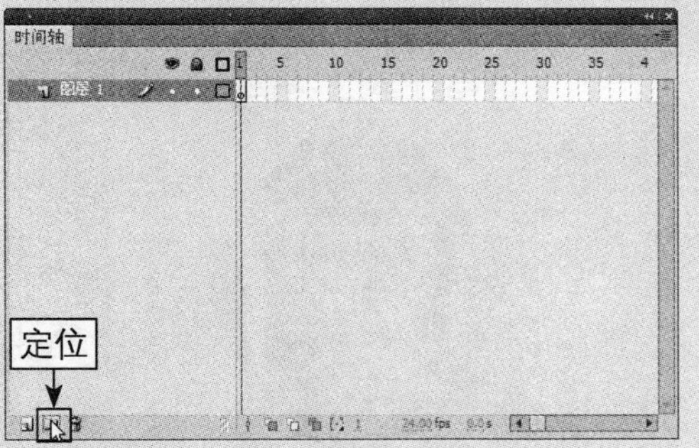

图193-1　定位鼠标

02 单击鼠标，即可创建一个图层文件夹，如图193-2所示。

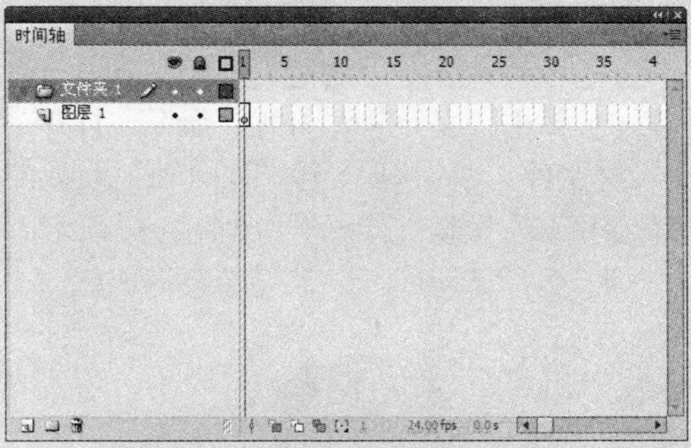

图193-2　创建图层文件夹

专家提醒

在Flash CS5中，创建好图层文件夹后，即可将图层拖曳至图层文件夹中，具体方法是将图层拖曳至图层文件夹上以后，释放鼠标，即可将图层放入图层文件夹。

第194集　重命名图层文件夹

素材：素材\第10章\194—1.fla	效果：效果\第10章\第194集.fla
视频：视频\第10章\第194集.swf	时长：29秒
难度：★★	关键技术：双击鼠标

01 单击“文件”|“打开”命令，打开一个素材文件。在“时间轴”面板中将鼠标移至“文件夹1”图层的名称上方，双击鼠标，名称呈可编辑状态，如图194-1所示。

02 在文本框中输入“花”文本，即可重命名图层文件夹，如图194-2所示。

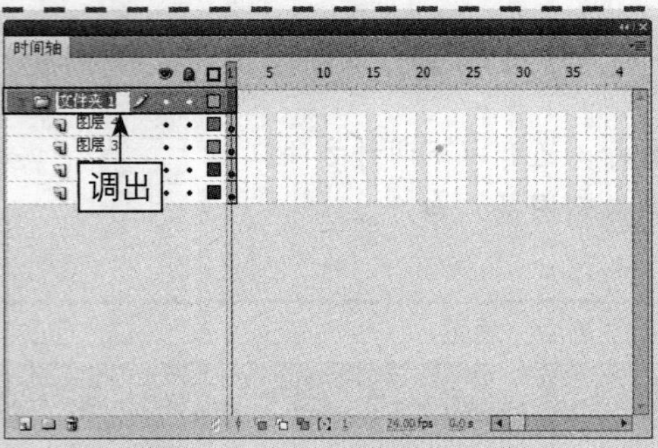

图194-1　调出文本框

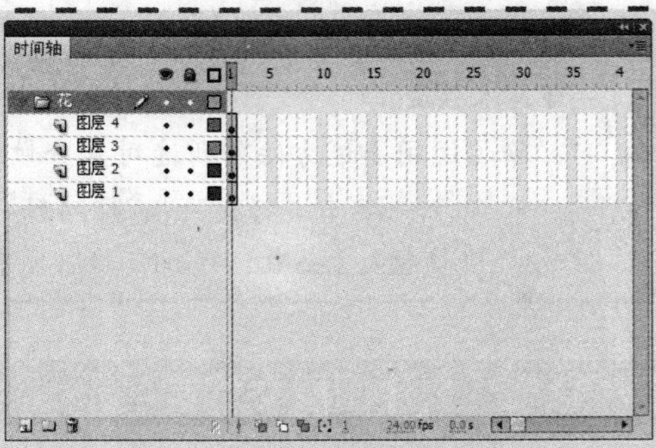

图194-2　重命名图层文件夹

第195集　移动图层文件夹

素材：素材\第10章\195—1.fla

视频：视频\第10章\第195集.swf

难度：★★

效果：效果\第10章\第195集.fla

时长：27秒

关键技术：移动图层文件夹

01 单击“文件”|“打开”命令，打开一个素材文件。将鼠标移至“时间轴”面板的“背景图案”图层文件夹上，如图195-1所示。

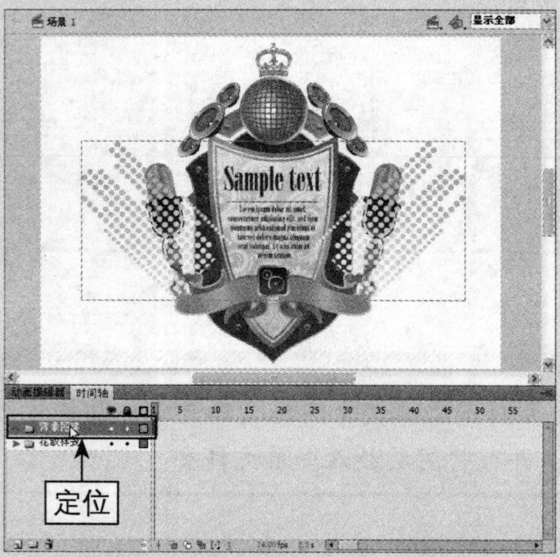

图195-1　定位鼠标

02 拖曳图层文件夹至“花纹样式”图层文件夹下方后释放鼠标，即可移动图层文件夹，如图195-2所示。

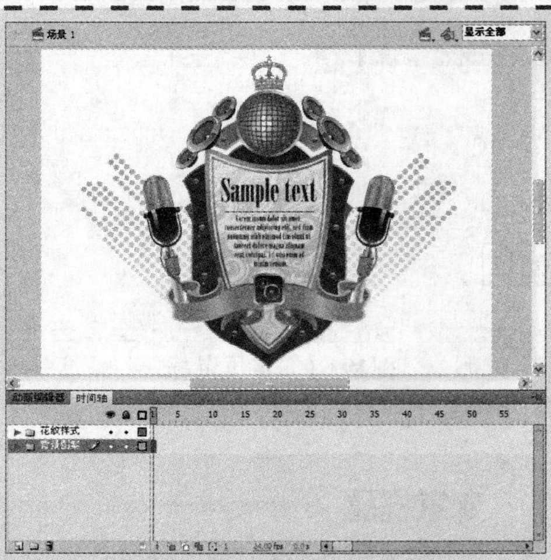

图195-2　移动图层文件夹

专家提醒

在Flash CS5中，移动图层文件夹后，该图层文件夹中对应的图形也被移动。

第196集　删除图层文件夹

素材：素材\第10章\196—1.fla

视频：视频\第10章\第196集.swf

难度：★★

效果：效果\第10章\第196集.fla

时长：27秒

关键技术：“删除”按钮

01 单击“文件”|“打开”命令，打开一个素材文件。将鼠标移至“时间轴”面板的“背景图案”图层文件夹上，单击“时间轴”面板左下角的“删除”按钮，弹出信息提示框，如图196-1所示。

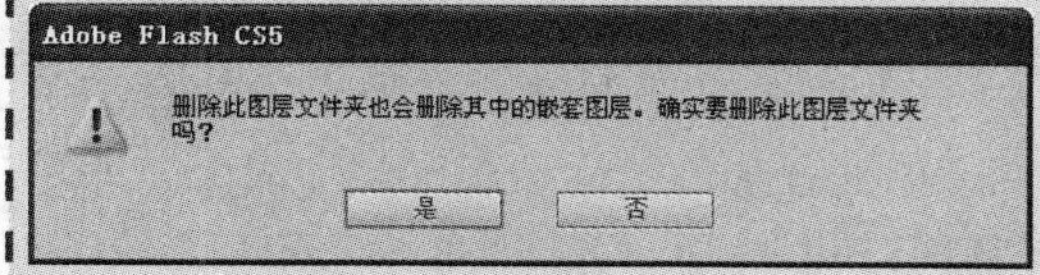

图196-1　信息提示框

02 单击“确定”按钮，即可删除图层文件夹，如图196-2所示。

图196-2　删除图层文件夹

10.3　创建引导图层

第197集　创建普通引导层

素材：无　　效果：效果\第10章\第197集.fla

视频：视频\第10章\第197集.swf　　时长：20秒

难度：★　　关键技术：“引导层”选项

01 启动Flash CS5程序，新建一个Flash文件。将鼠标移至“图层1”图层上，如图197-1所示。

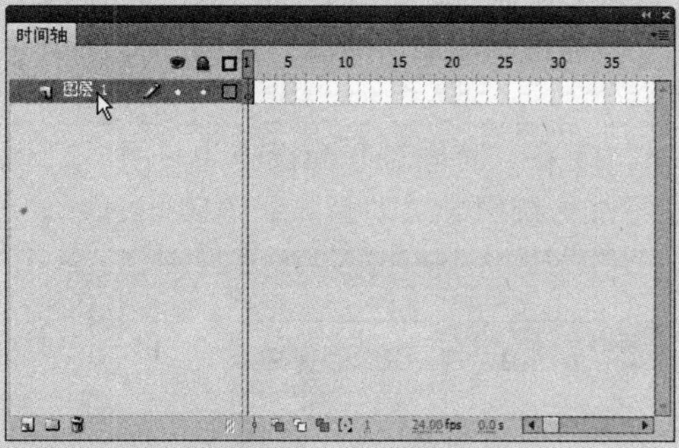

图197-1　定位鼠标

02 单击鼠标右键，在弹出的快捷菜单中选择“引导层”命令，即可创建普通引导层，如图197-2所示。

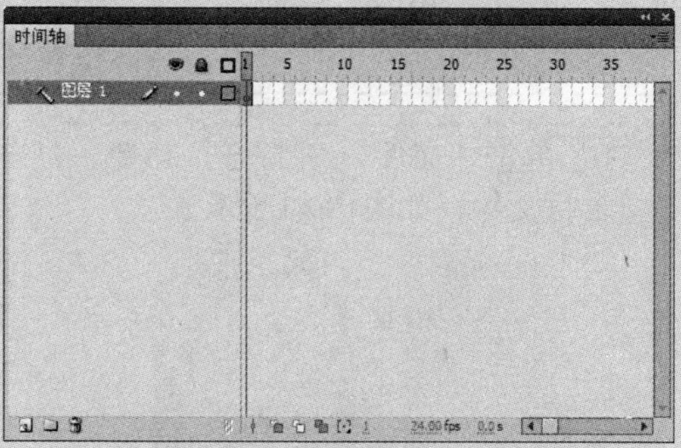

图197-2　创建普通引导层

专家提醒

在实际应用中，最好将普通引导层放置在所有层的最下面，这样可以避免在不经意的操作中，将一个普通层拖放到普通引导层的下面，使该普通引导层转换为运动引导层。

第198集　创建运动引导层

素材：无　　效果：效果\第10章\第198集.fla
视频：视频\第10章\第198集.swf　　时长：21秒
难度：★★　　关键技术："添加传统运动引导层"选项

01 启动Flash CS5软件，新建一个Flash文件。将鼠标移至"图层1"图层上，如图198-1所示。

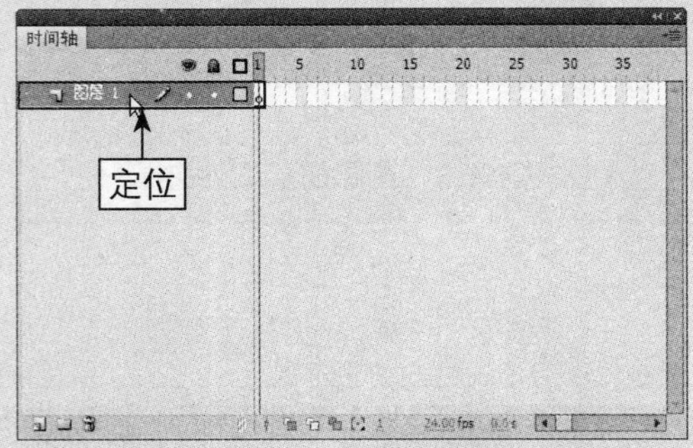

图198-1　定位鼠标

02 单击鼠标右键，在弹出的快捷菜单中选择"添加传统运动引导层"命令，即可创建运动引导层，如图198-2所示。

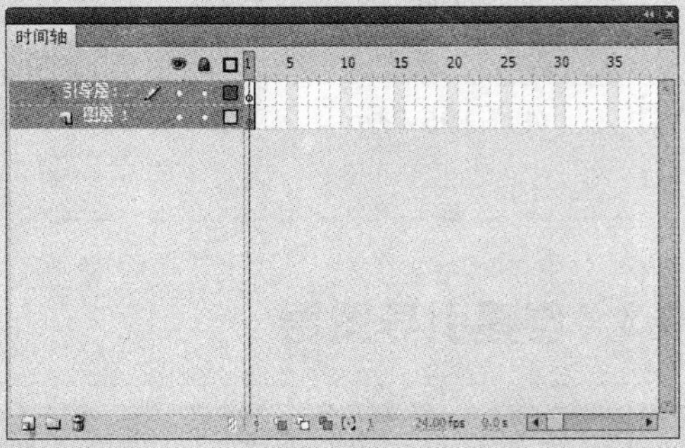

图198-2　创建运动引导层

第199集　制作运动引导动画

素材：素材\第10章\199—1.fla
效果：效果\第10章\第199集.fla
视频：视频\第10章\第199集.swf
时长：100秒
难度：★★★★★
关键技术："添加传统运动引导层"选项

01 单击"文件"|"打开"命令，打开一个素材文件，如图199-1所示。

图199-1　素材文件

02 在"时间轴"面板中为"图层2"图层添加传统引导层动画，如图199-2所示。

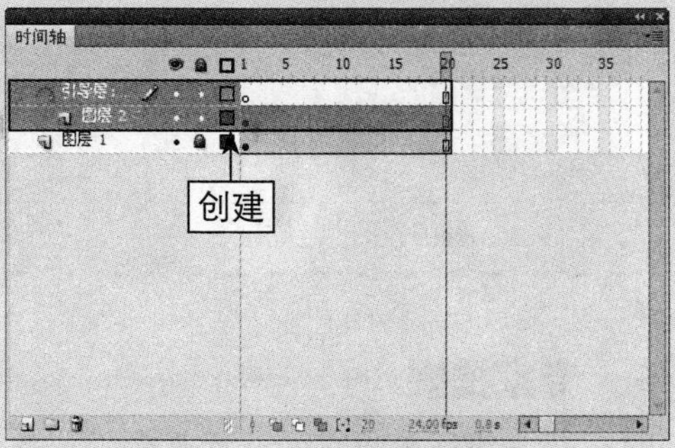

图199-2　创建运动引导层

03 选择"引导层：图层2"图层的第1帧，选取工具箱中的钢笔工具，在舞台区绘制一条曲线作为路径，如图199-3所示。

图199-3 绘制路径

04 在“时间轴”面板中选择“图层2”图层的第1帧，选取工具箱中的选择工具，将舞台区相对应的实例对象移至路径开始的位置。在“图层2”图层的第20帧插入关键帧，选取工具箱中的选择工具，将舞台区相对应的实例移至路径结束的位置，如图199-4所示。

专家提醒

在Flash CS5中，绘制运动路径，可使被引导层的对象沿引导层的路径运动

图199-4 调整实例位置

05 在“时间轴”面板中选择“图层2”图层的第1帧至第20帧中的任意一帧，单击鼠标右键，在弹出的快捷菜单中选择“创建传统补间”命令，创建补间动画。单击“控制”|“测试影片”|“测试”命令，测试动画，效果如图199-5所示。

图199-5 测试动画效果

第200集 链接多个图层

素材：素材\第10章\200—1.fla	效果：效果\第10章\第200集.fla
视频：视频\第10章\第200集.swf	时长：23秒
难度：★★	关键技术：移动图层

01 单击“文件”|“打开”命令，打开一个素材文件。将鼠标移至“时间轴”面板的“图层2”图层上，如图200-1所示。

02 将图层拖曳至“引导层：图层1”图层下方后释放鼠标，即可链接多个图层，如图200-2所示。

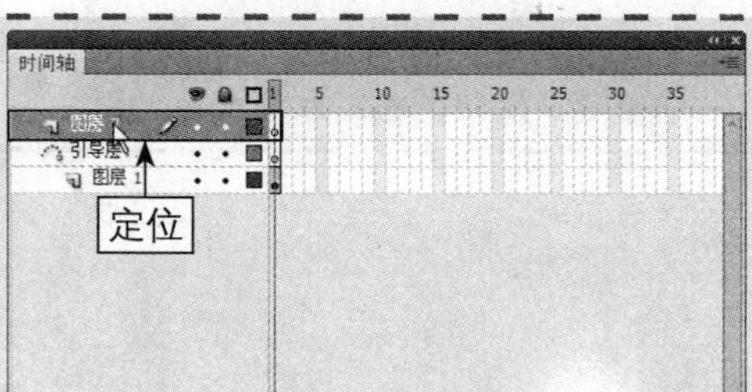

图200-1 定位鼠标

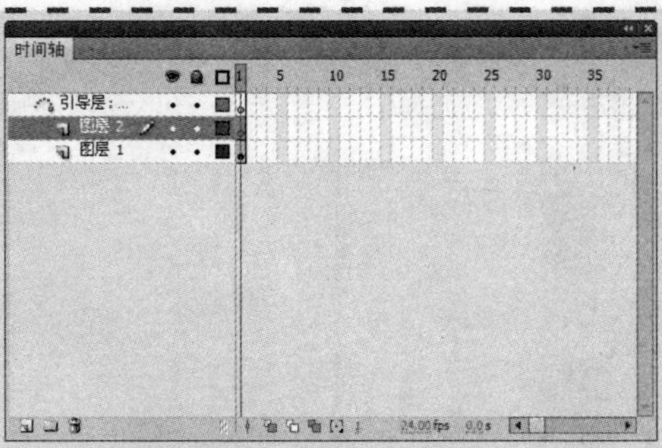

图200-2 链接多个图层

第201集 取消引导层效果

素材：素材\第10章\201-1.fla

效果：效果\第10章\第201集.fla

视频：视频\第10章\第201集.swf

时长：27秒

难度：★★

关键技术：拖曳鼠标

01 单击“文件”|“打开”命令，打开一个素材文件，将鼠标移至“时间轴”面板的“图层1”图层上，如图201-1所示。

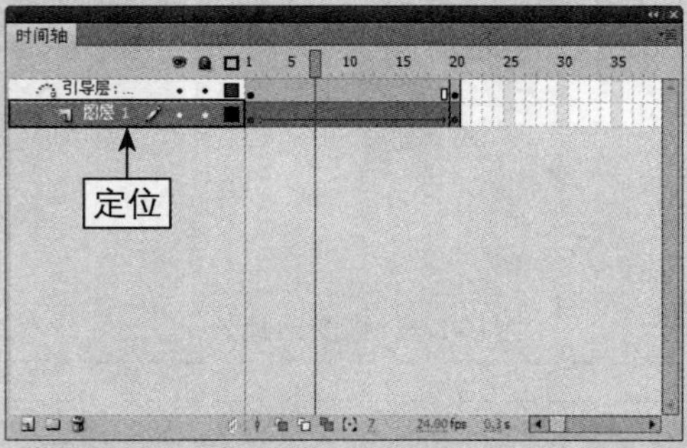

图201-1 定位鼠标

02 将图层拖曳至“引导层：图层1”图层上方后释放鼠标，即可取消引导层效果，如图201-2所示。

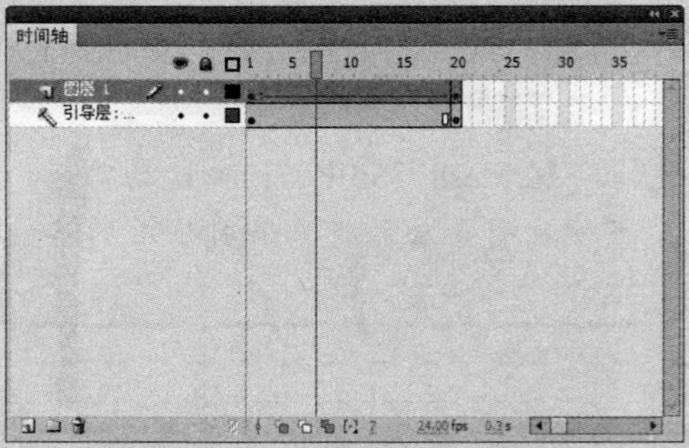

图201-2 取消引导层效果

专家提醒

将鼠标移至被引导层上，单击鼠标右键，在弹出的快捷菜单中选择“属性”命令，弹出“图层属性”对话框，在“类型”选项区中选中“一般”单选按钮，再单击“确定”按钮，也可取消与运动引导层的链接。

第11章 应用遮罩图层和场景

如果将Flash动画比做话剧，那么一个场景就是话剧的一幕，每一幕话剧都有丰富的内容和精彩的表演，从第一幕到最后一幕连续播放就形成了一场完整的话剧，只不过在Flash中形成的是动画，而场景工作区就是舞台。本章主要介绍Flash中遮罩层的应用和场景的操作。

11.1 创建遮罩层

第202集 创建遮罩层

素材：无	效果：效果\第11章\第202集.fla
视频：视频\第11章\第202集.swf	时长：17秒
难度：★	关键技术："遮罩层"选项

01 新建一个Flash文件，将鼠标移至"图层1"上，如图202-1所示。

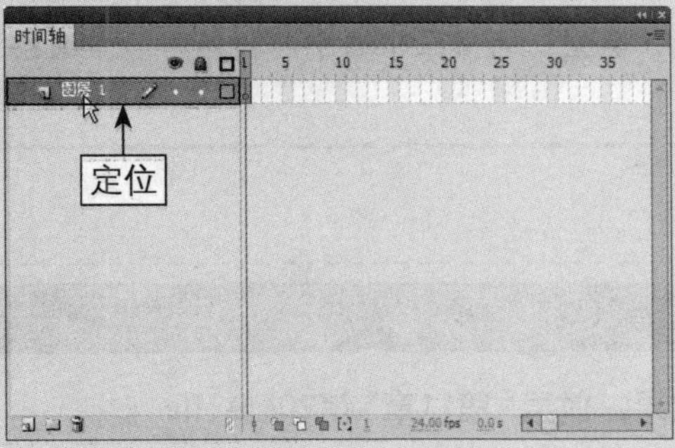

图202-1 定位鼠标

02 单击鼠标右键，在弹出的快捷菜单中选择"遮罩层"命令，即可创建遮罩层，如图202-2所示。

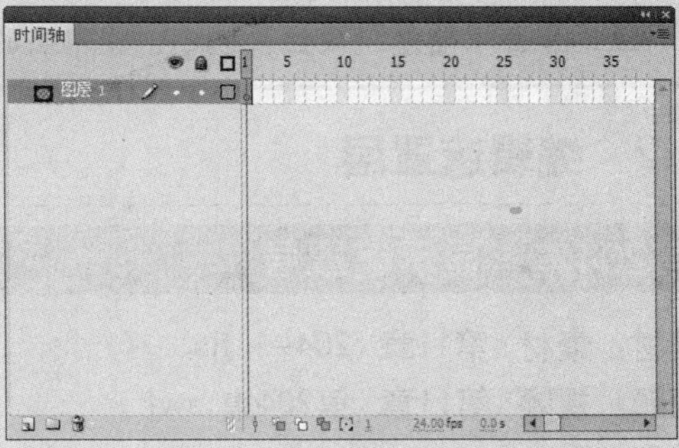

图202-2 创建遮罩层

专家提醒

遮罩层在创建时与普通图层一样，需要单击时间轴下方的"插入图层"按钮进行创建，然后再将普通图层转换为遮罩层即可。

第203集 图层的关联

素材：素材\第11章\203-1.fla	效果：效果\第11章\第203集.fla
视频：视频\第11章\第203集.swf	时长：24秒
难度：★★	关键技术：拖曳鼠标

01 单击“文件”|“打开”命令，打开一个素材文件。将鼠标移至“时间轴”面板的“图层1”图层上，如图203-1所示。

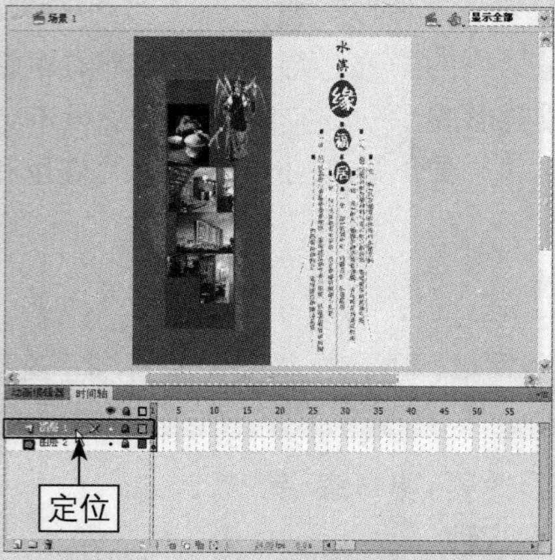

图203-1　定位鼠标

02 将图层拖曳至“图层2”图层下方后释放鼠标，即可关联图层，如图203-2所示。

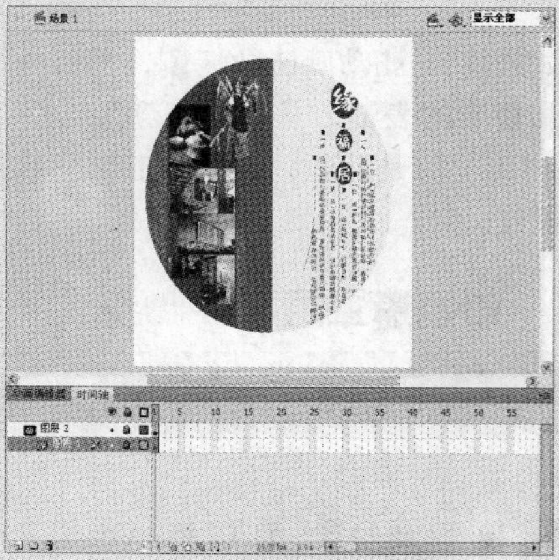

图203-2　关联图层

专家提醒

在Flash CS5中，选择需要关联的图层，单击鼠标右键，在弹出的快捷菜单中选择“属性”命令，弹出“图层属性”对话框，在“类型”选项区中选中“被遮罩”单选按钮，单击“确定”按钮，也可创建图层的关联。

11.2　编辑遮罩层

第204集　显示遮罩层

素材：素材\第11章\204-1.fla
视频：视频\第11章\第204集.swf
难度：★★
效果：效果\第11章\第204集.fla
时长：21秒
关键技术：红色叉图标

01 单击“文件”|“打开”命令，打开一个素材文件。在“时间轴”面板中，将鼠标移至遮罩层右侧的红色叉图标✕上，如图204-1所示。

02 单击鼠标，即可显示遮罩层，如图204-2所示。

图204-1　定位鼠标

图204-2　显示遮罩层

专家提醒

在Flash CS5中，遮罩层的作用就是在播放时可以使浏览者透过该图层内的图形看到其下面图层的内容，但是不可以透过该图层内无图形的地方看到其下面图层的内容。在遮罩层中绘制的单色图形、渐变图形、线条和文本框等，都会成为挖空区域，舞台区将显示遮罩层的轮廓，在轮廓中显示下方图层的内容。

第205集　隐藏遮罩层

素材：素材\第11章\205-1.fla　　效果：效果\第11章\第205集.fla

视频：视频\第11章\第205集.swf　　时长：22秒

难度：★★　　关键技术：圆点图标

01 单击“文件”|“打开”命令，打开一个素材文件。在“时间轴”面板中，将鼠标移至遮罩层右侧的圆点图标 • 上，如图205-1所示。

图205-1　定位鼠标

02 单击鼠标，即可隐藏遮罩层，如图205-2所示。

图205-2　隐藏遮罩层

专家提醒

在Flash CS5中，隐藏遮罩层可以方便地编辑被遮罩层。

第206集　锁定遮罩层

素材：素材\第11章\206-1.fla　　效果：效果\第11章\第206集.fla
视频：视频\第11章\第206集.swf　　时长：23秒
难度：★★　　关键技术：圆点图标

01 单击“文件”|“打开”命令，打开一个素材文件。在“时间轴”面板中，将鼠标移至遮罩层右侧的圆点图标 • 上，如图206-1所示。

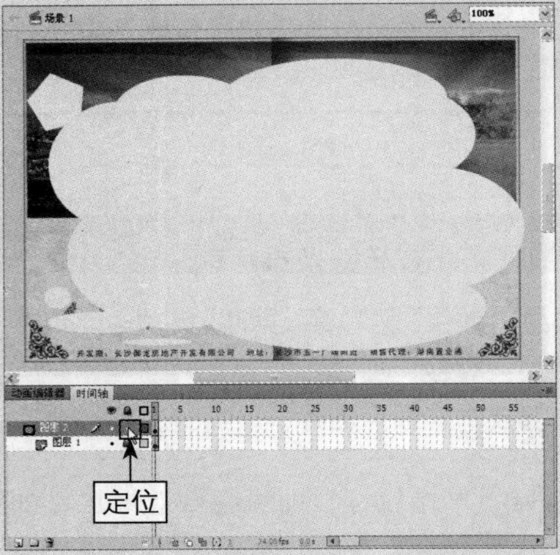

图206-1　定位鼠标

02 单击鼠标，即可锁定遮罩层，如图206-2所示。

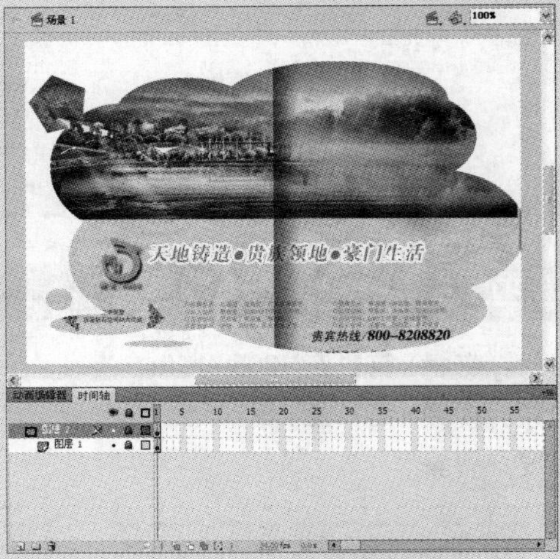

图206-2　锁定遮罩层

第207集　解锁遮罩层

素材：素材\第11章\207-1.fla　　效果：效果\第11章\第207集.fla
视频：视频\第11章\第207集.swf　　时长：19秒
难度：★　　关键技术：锁形图标

01 单击“文件”|“打开”命令，打开一个素材文件。在“时间轴”面板中，将鼠标移至遮罩层右侧的锁形图标🔒上，如图207-1所示。

02 单击鼠标，即可解锁遮罩层，如图207-2所示。

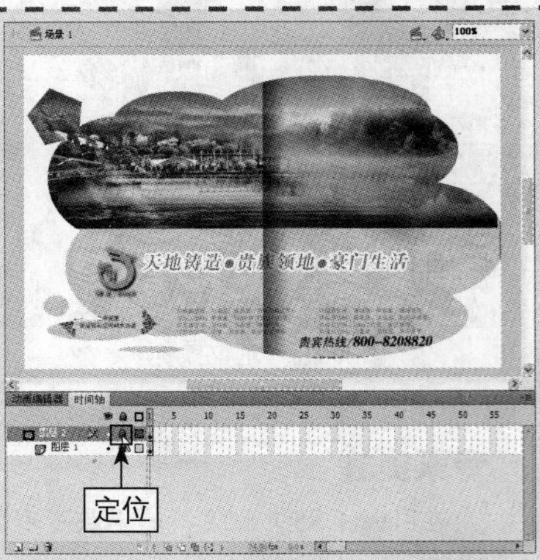

图207-1　定位鼠标

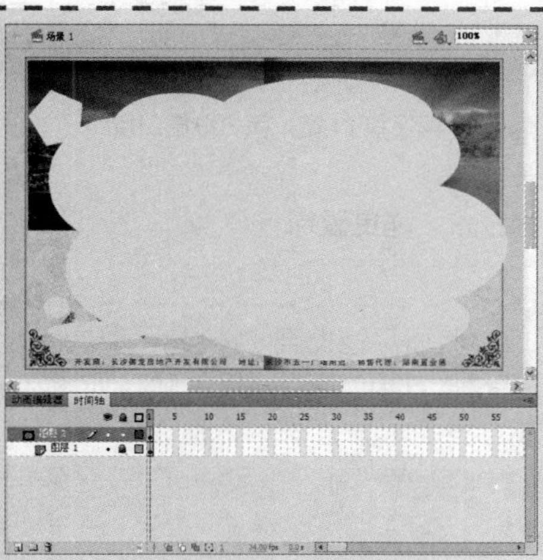

图207-2　解锁遮罩层

专家提醒

在Flash CS5中，图层从普通图层转换到遮罩层后，就会被锁定，有时为了编辑遮罩层中的内容，需要暂时解锁遮罩层，解锁遮罩层后，遮罩效果会消失。编辑完遮罩层中的内容后，一定要再次锁定遮罩层和被遮罩层，这样才会显示遮罩效果。

第208集　取消遮罩层

素材：素材\第11章\208–1.fla　　效果：效果\第11章\第208集.fla

视频：视频\第11章\第208集.swf　　时长：26秒

难度：★★　　关键技术："遮罩层"选项

01 单击"文件"|"打开"命令，打开一个素材文件。在"时间轴"面板中将鼠标移至"图层2"图层上，如图208-1所示。

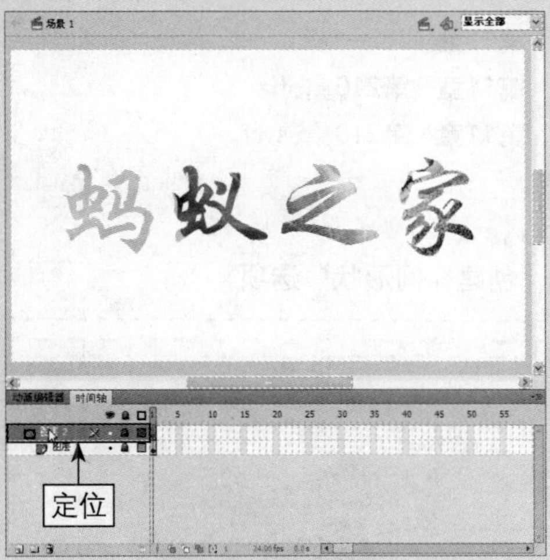

图208-1　定位鼠标

02 单击鼠标右键，在弹出的快捷菜单中选择"遮罩层"命令，即可取消遮罩层，如图208-2所示。

图208-2　取消遮罩层

专家提醒

在Flash CS5中，选择需要取消遮罩的图层，单击鼠标右键，在弹出的快捷菜单中选择"属性"命令，弹出"图层属性"对话框，在"类型"选项区中选中"一般"单选按钮，单击"确定"按钮，也可以取消遮罩层和被遮罩层动画。

第209集　取消遮罩关联

素材：素材\第11章\209-1.fla　　效果：效果\第11章\第209集.fla
视频：视频\第11章\第209集.swf　　时长：26秒
难度：★★　　关键技术：拖曳鼠标

01 单击“文件”|“打开”命令，打开一个素材文件。在“时间轴”面板中将鼠标移至“图层1”图层上，如图209-1所示。

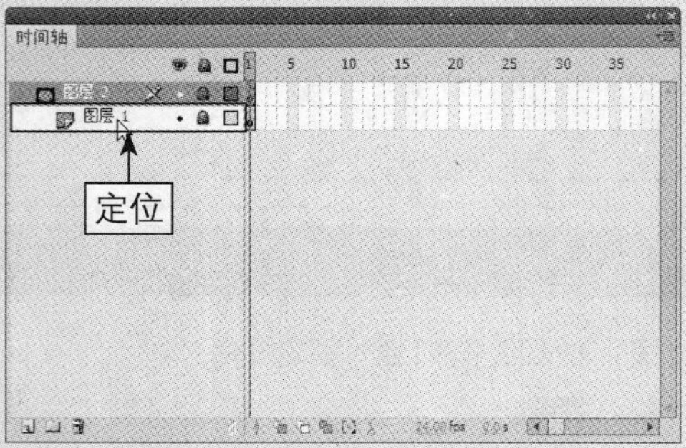

图209-1　定位鼠标

02 将图层拖曳至“图层2”图层上方后释放鼠标，即可取消遮罩关联，如图209-2所示。

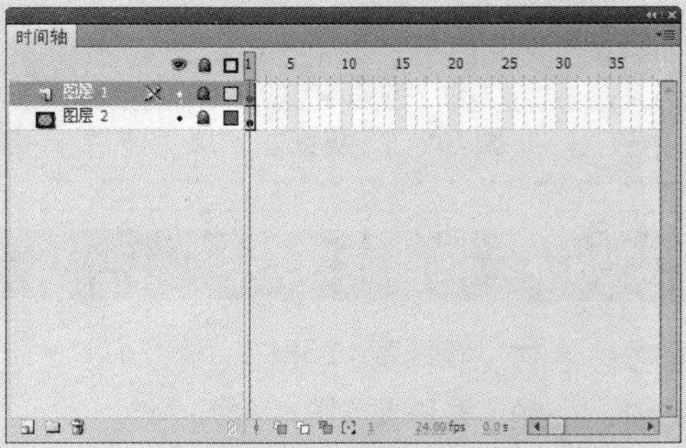

图209-2　取消遮罩关联

11.3　制作遮罩动画

第210集　上层运动遮罩动画

素材：素材\第11章\210-1.fla
效果：效果\第11章\第210集.fla
视频：视频\第11章\第210集.swf
时长：72秒
难度：★★★★★
关键技术：“创建补间形状”选项

01 单击“文件”|“打开”命令，打开一个素材文件，如图210-1所示。

02 在“时间轴”面板中选择“图层2”图层的第30帧，选取工具箱中的矩形工具，在舞台区绘制一个矩形，如图210-2所示。

图210-1　素材文件

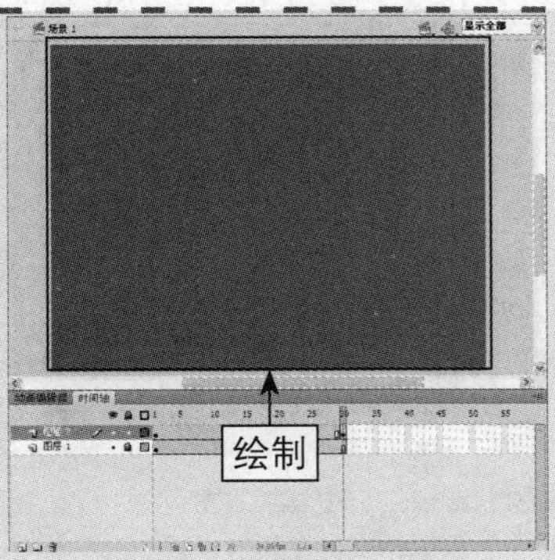

图210-2　绘制矩形

03 在"时间轴"面板中选择"图层2"图层的第1帧至第30帧中的任意一帧，单击鼠标右键，在弹出的快捷菜单中选择"创建补间形状"命令，即可创建补间动画，如图210-3所示。

图210-3　创建补间动画

04 选择"图层2"图层，单击鼠标右键，在弹出的快捷菜单中选择"遮罩层"命令，创建遮罩动画，如图210-4所示。

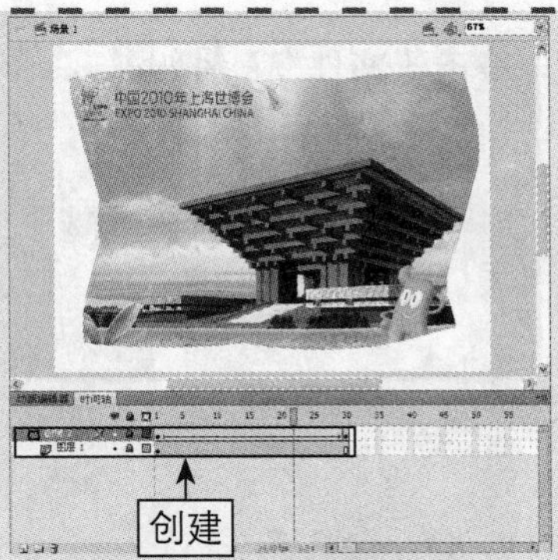

图210-4　创建遮罩动画

05 单击"控制"|"测试影片"|"测试"命令，测试动画效果，如图210-5所示。

图210-5　测试动画效果

专家提醒

在Flash CS5中，按Ctrl+Enter键，可以快速地测试动画。

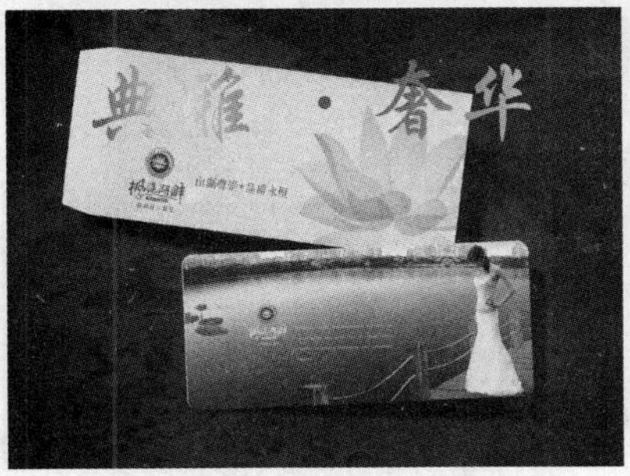

第211集　下层运动遮罩动画

素材：素材\第11章\211-1.fla

效果：效果\第11章\第211集.fla

视频：视频\第11章\第211集.swf

时长：68秒

难度：★★★★★

关键技术："遮罩层"选项

01 单击“文件”|“打开”命令，打开一个素材文件，如图211-1所示。

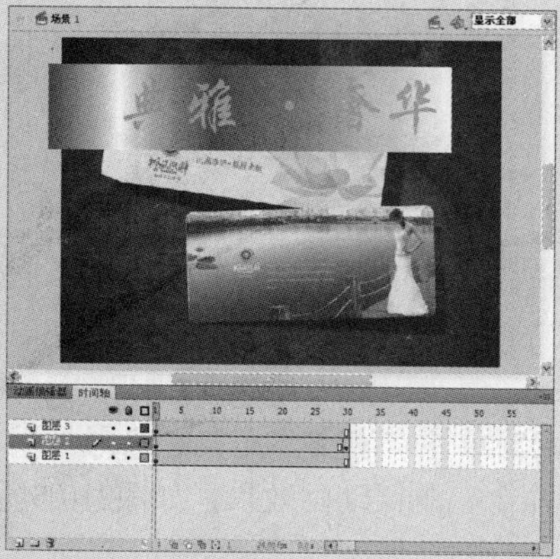

图211-1　素材文件

02 在“时间轴”面板中选择“图层2”图层的第30帧，将舞台区的图形对象向右拖曳一段距离，如图211-2所示。

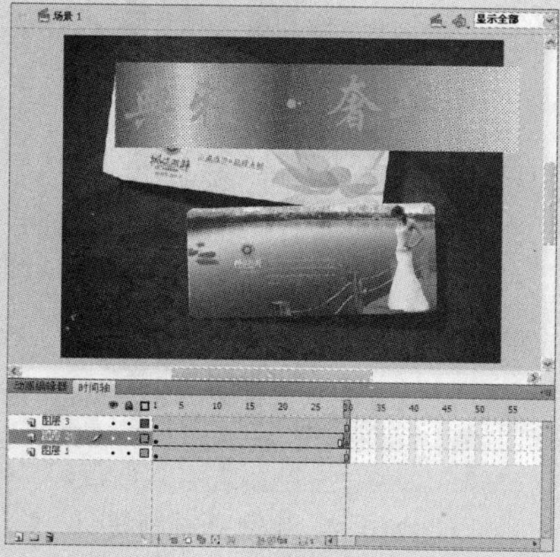

图211-2　移动图形对象

专家提醒

在Flash CS5中，被遮罩层运动可以改变遮罩层的原始效果，通常运用被遮罩层动画制作文字效果。

03 在“时间轴”面板中选择“图层2”的第1帧至第30帧中的任意一帧，单击鼠标右键，在弹出的快捷菜单中选择“创建补间形状”命令，创建补间动画，如图211-3所示。

04 选择“图层2”图层，单击鼠标右键，在弹出的快捷菜单中选择“遮罩层”命令，创建遮罩动画，如图211-4所示。

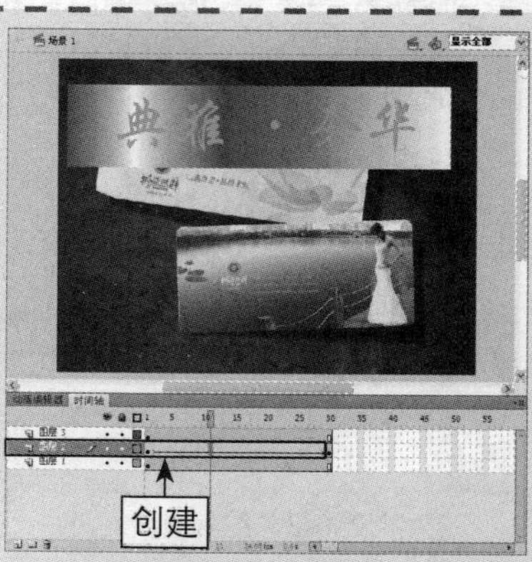

图211-3　创建补间动画

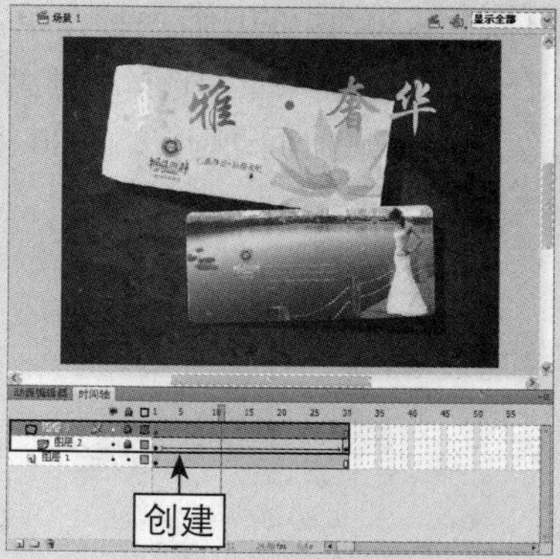

图211-4　创建遮罩动画

05 单击“控制”|“测试影片”|“测试”命令，测试动画效果，如图211-5所示。

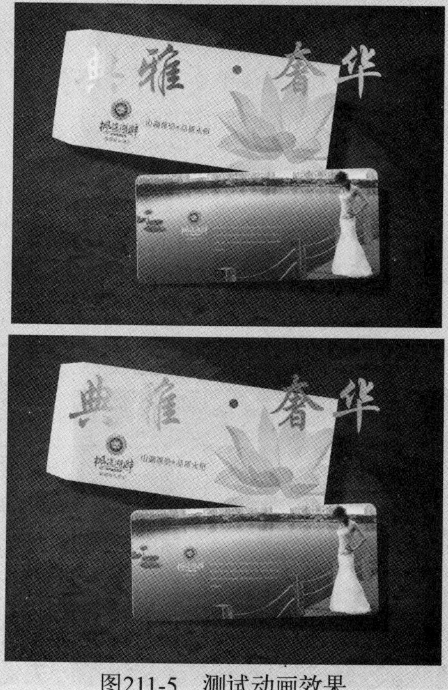

图211-5　测试动画效果

第212集　上、下层同时运动遮罩动画

素材：素材\第11章\212-1.fla
效果：效果\第11章\第212集.fla
视频：视频\第11章\第212集.swf
时长：101秒
难度：★★★★★
关键技术：“遮罩层”选项

01 单击“文件”|“打开”命令，打开一个素材文件，如图212-1所示。

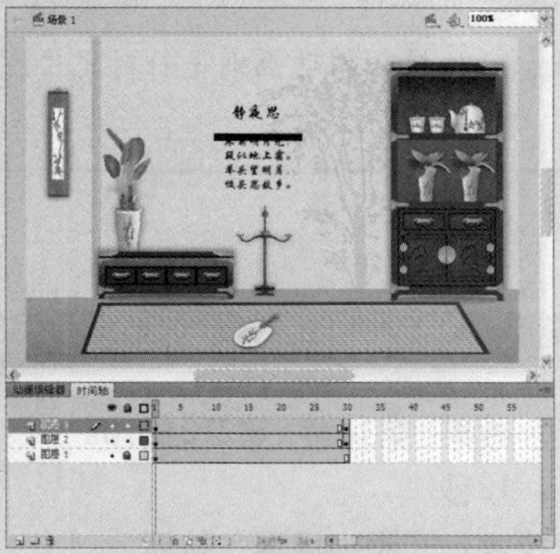

图212-1　素材文件

02 在“时间轴”面板中选择“图层2”图层的第30帧，将舞台区的图形对象向上拖曳一段距离，选择“图层2”图层的第1帧至第30帧中的任意一帧，单击鼠标右键，在弹出的快捷菜单中选择“创建传统补间”命令，创建补间动画，如图212-2所示。

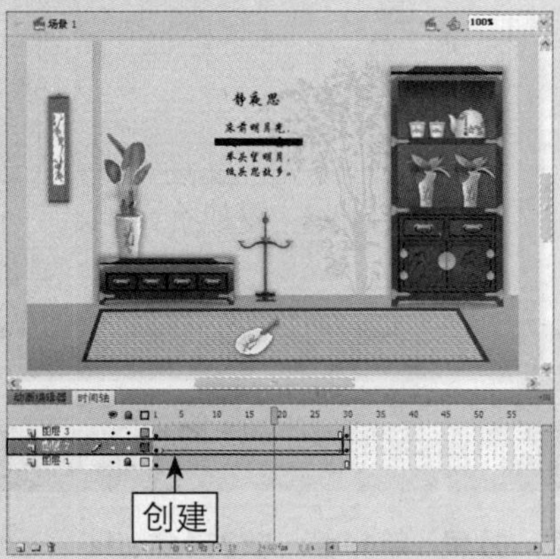

图212-2　创建补间动画

03 在“时间轴”面板中选择“图层3”图层的第30帧，运用任意变形工具选择舞台区的图形对象，将图形放大，选择“图层3”图层的第1帧至第30帧中的任意一帧，单击鼠标右键，在弹出的快捷菜单中选择“创建传统补间”命令，创建补间动画，如图212-3所示。

04 选择“图层3”图层，单击鼠标右键，在弹出的快捷菜单中选择“遮罩层”命令，创建遮罩动画，如图212-4所示。

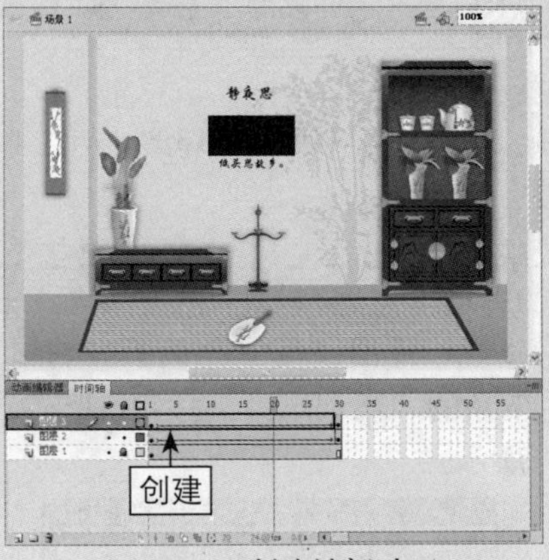

图212-3　创建补间动画

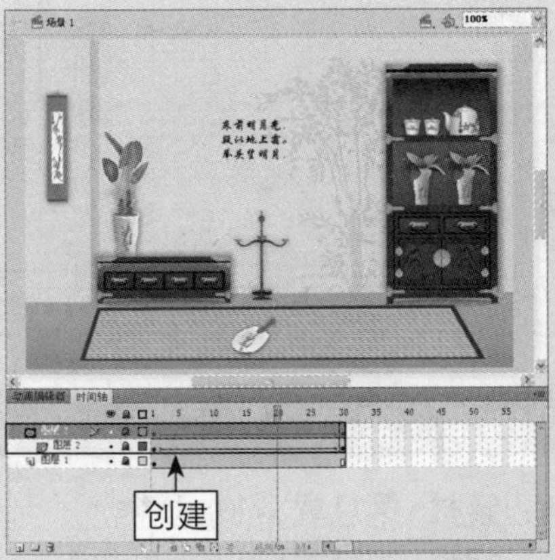

图212-4　创建遮罩动画

05 单击“控制”|“测试影片”|“测

试”命令，测试动画效果，如图212-5所示。

图212-5　测试动画效果

专家提醒

在Flash CS5中，补间动画是针对绘制的形状，而传统补间动画则是针对元件。

11.4　管理场景

第213集　添加场景

素材：无
视频：视频\第11章\第213集.swf
难度：★
效果：效果\第11章\第213集.fla
时长：19秒
关键技术：“添加场景”按钮

01 单击“窗口”|“其他面板”|“场景”命令，弹出“场景”面板，将鼠标移至左下角的“添加场景”按钮上，如图213-1所示。

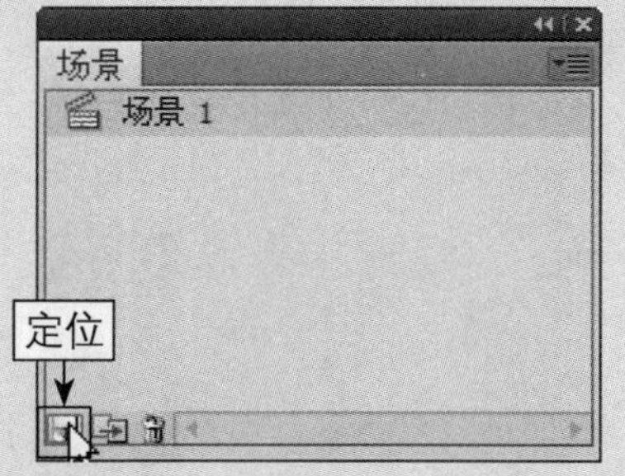

图213-1　定位鼠标

02 单击鼠标，即可添加场景，如图213-2所示。

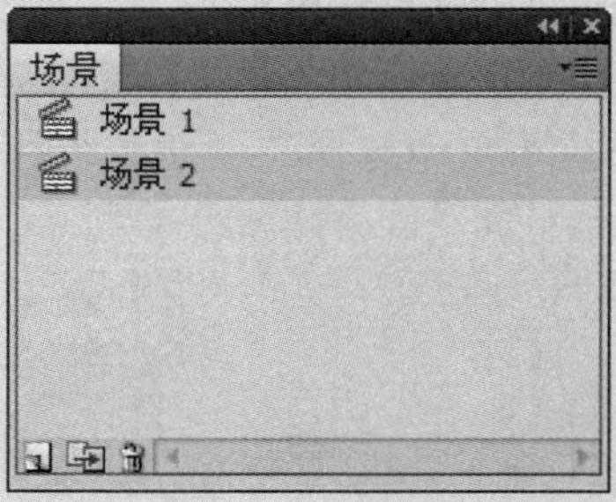

图213-2　添加场景

第214集　复制场景

素材：素材\第11章\214-1.fla
视频：视频\第11章\第214集.swf
难度：★★
效果：效果\第11章\第214集.fla
时长：30秒
关键技术：“重制场景”按钮

01 单击“文件”|“打开”命令，打开一个素材文件。按Shift+F2组合键，弹出“场景”面板，在“场景”列表框中选择“古典”选项，将鼠标移至“场景”面板左下角的“重制场景”按钮上，如图214-1所示。

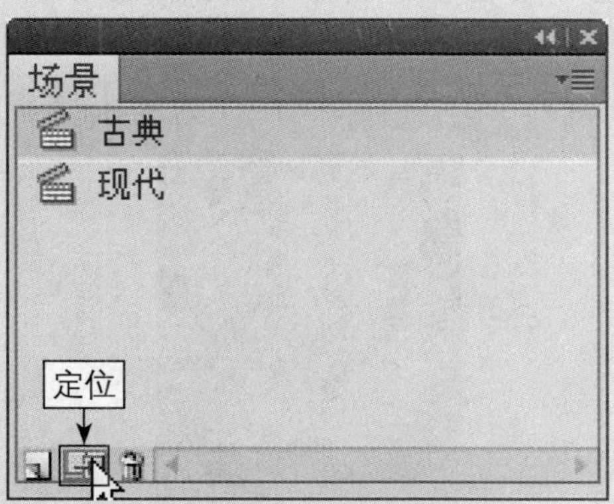

图214-1　定位鼠标

02 单击鼠标，即可复制场景，如图214-2所示。

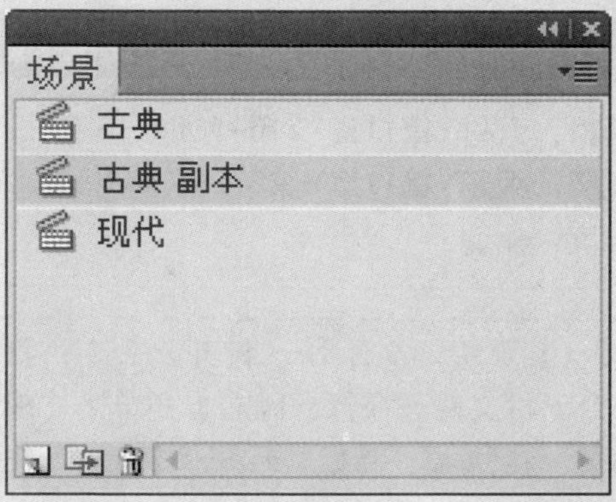

图214-2　复制场景

专家提醒

在Flash CS5中，当所制作的动画中有很多相同的场景内容时，复制场景对于整个动画的制作来说可以节省很多时间。

第215集　删除场景

素材：素材\第11章\215–1.fla　　效果：效果\第11章\第215集.fla

视频：视频\第11章\第215集.swf　　时长：34秒

难度：★★★　　关键技术：“删除”按钮

01 单击“文件”|“打开”命令，打开一个素材文件。按Shift+F2组合键，弹出“场景”面板，在“场景”列表框中选择“古典 副本”选项，将鼠标移至“场景”面板左下角的“删除”按钮上，如图215-1所示。

02 单击鼠标，弹出信息提示框，图215-2所示。

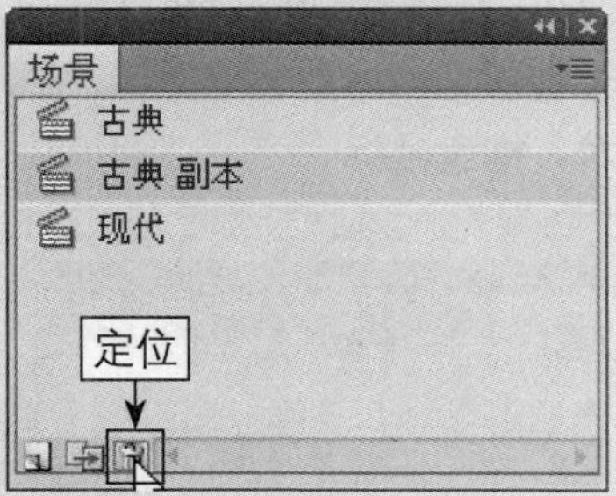

图215-1　定位鼠标

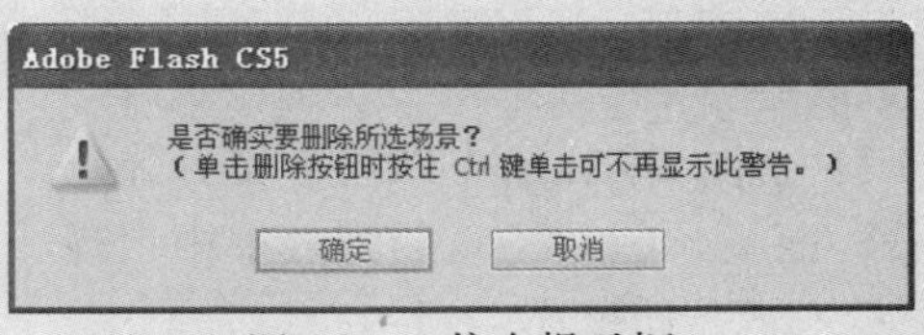

图215-2　信息提示框

03 单击“确定”按钮，即可删除场景。

第216集　切换场景

素材：素材\第11章\216-1.fla
效果：效果\第11章\第216集.fla
视频：视频\第11章\第216集.swf
时长：23秒
难度：★★
关键技术："编辑场景"按钮

01 单击"文件"|"打开"命令，打开一个素材文件。在舞台区右上角单击"编辑场景"按钮，将鼠标移至"场景2"选项上，如图216-1所示。

图216-1　定位鼠标

02 单击鼠标，即可切换至场景2，如图216-2所示。

图216-2　切换场景

专家提醒

除了运用上述方法可以切换场景外，还有以下两种方法。

- 命令：单击"视图"|"转到"命令，在弹出的子菜单中选择场景名称。
- 面板：单击"窗口"|"其他面板"|"场景"命令，在弹出的"场景"面板列表框中单击所需的场景即可。

第217集　排列场景

素材：素材\第11章\217-1.fla
效果：效果\第11章\第217集.fla
视频：视频\第11章\第217集.swf
时长：30秒
难度：★★
关键技术：拖曳鼠标

01 单击"文件"|"打开"命令，打开一个素材文件。按Shift+F2组合键，弹出"场景"面板，在"场景"列表框中选择"礼物"选项，如图217-1所示。

02 将选项拖曳至"气球"选项上方后释放鼠标，即可排列场景，如图217-2所示。

图217-1　定位鼠标

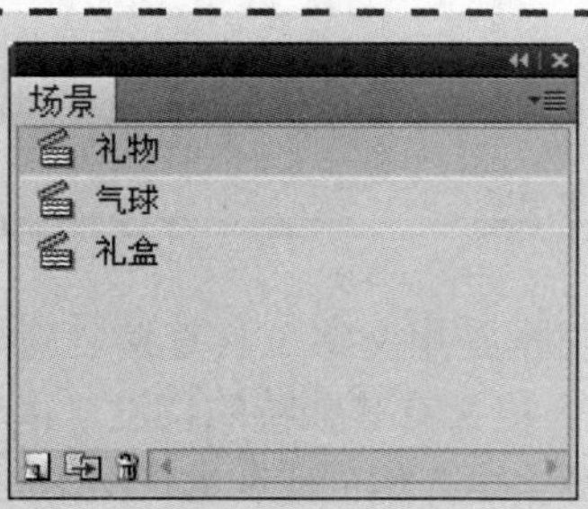

图217-2　排列场景

专家提醒

在Flash CS5中，可以根据需要随意排列场景的位置。

第218集　重命名场景

素材： 素材\第11章\218-1.fla
效果： 效果\第11章\第218集.fla
视频： 视频\第11章\第218集.swf
时长： 26秒
难度： ★★
关键技术： 双击鼠标

01 单击“文件”|“打开”命令，打开一个素材文件。按Shift＋F2组合键，弹出“场景”面板，在“场景”列表框中选择“礼盒”选项，双击鼠标，调出文本框，如图218-1所示。

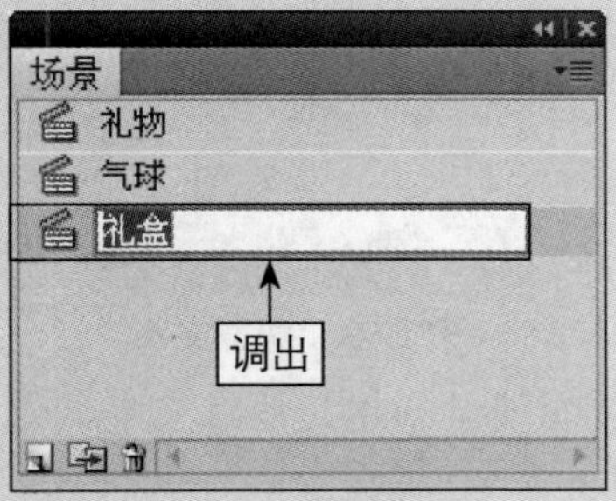

图218-1　调出文本框

02 在文本框中输入文本，即可重命名场景，如图218-2所示。

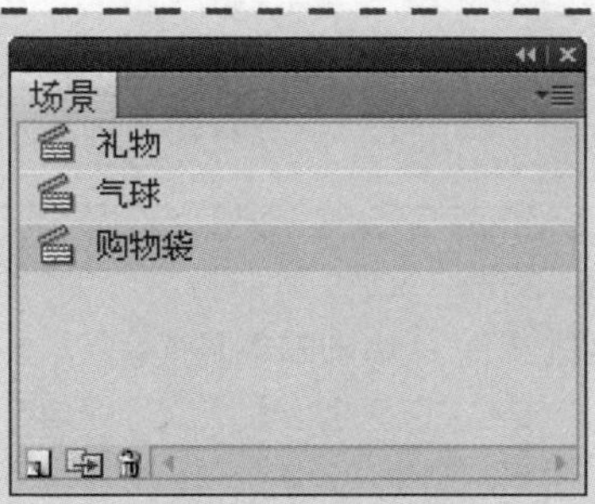

图218-2　重命名场景

专家提醒

在Flash CS5中，为场景命名时，用户应尽量选择有意义的名字，场景的名称可以提示性的或代表场景的内容，这样便于在工作过程中快捷地选择要编辑的场景。

第12章　创建和编辑文本

Flash CS5在文本特效动画制作方面非常优秀，其文本是用文字工具直接创建出来的对象，它是一种特殊的对象，具有图形和实例的某些属性，但又有其独特的特性，读者可以根据需要通过多种方式在Flash中添加文本和编辑文本。本章主要介绍创建和编辑文本的方法。

12.1　创建文本对象

第219集　创建点文本

素材：素材\第12章\219-1.fla

效果：效果\第12章\第219集.fla

视频：视频\第12章\第219集.swf

时长：63秒

难度：★★★★★

关键技术：文本工具

01 单击“文件”|“打开”命令，打开一个素材文件，如图219-1所示。

图219-1　定位鼠标

02 选取工具箱中的文本工具T，在“属性”面板中设置“系列”为“方正流行体简体”、“大小”为80、“颜色”为橙色（#EA790B），在舞台区适当位置，创建一个文本框并输入相应文本，即可完成点文本的创建，如图219-2所示。

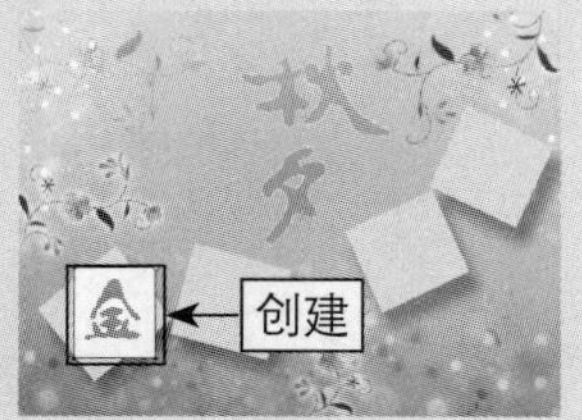

图219-2　创建点文本

03 选取工具箱中的任意变形工具，选择创建的文本对象，适当调整其位置和旋转角度，如图219-3所示。

图219-3　调整文本

04 同理，创建其他点文本，效果如图219-4所示。

图219-4　创建其他点文本

专家提醒

在Flash CS5中，运用文本工具在舞台区单击所创建的文本输入框并在其内输入文字时，输入框的宽度不固定，可以随着用户的输入自动扩展，如果要换行输入，按Enter键即可。

第220集　创建段落文本

素材：素材\第12章\220-1.fla

效果：效果\第12章\第220集.fla

视频：视频\第12章\第220集.swf

时长：46秒

难度：★★★★

关键技术：拖曳鼠标

01 单击“文件”|“打开”命令，打开一个素材文件。选取工具箱中的文本工具，在“属性”面板中设置“系列”为“方正中倩简体”、“大小”为50，在舞台区创建一个输入文本框，如图220-1所示。

图220-1　创建文本框

02 在文本框中输入一段文本，在文本框以外的区域单击鼠标，即可完成段落文本的创建，如图220-2所示。

图220-2　创建段落文本

第221集　创建静态文本

素材：素材\第12章\221-1.fla

效果：效果\第12章\第221集.fla

视频：视频\第12章\第221集.swf

时长：44秒

难度：★★★★

关键技术：“静态文本”选项

01 单击“文件”|“打开”命令，打开一个素材文件。选取工具箱中的文本工具，在“属性”面板中设置“文本类型”为“静态文本”、“改变文本方向”为“垂直”、“系列”为“方正卡通简体”、“大小”为100，在舞台区创建一个文本框，如图221-1所示。

02 在文本框中输入文本，效果如图221-2所示。

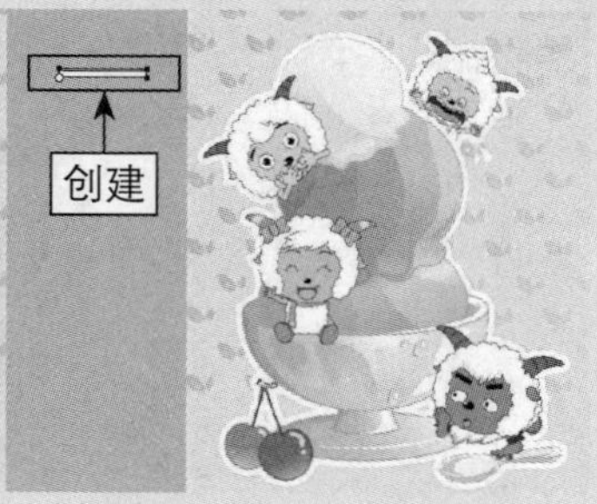

图221-1　创建文本框

图221-2　创建静态文本

专家提醒

在Flash CS5的默认情况下，使用文本工具创建的文本为静态文本，所创建的静态文本在发布的Flash作品中是无法修改的。

第222集　创建动态文本

素材：素材\第12章\222-1.fla
效果：效果\第12章\第222集.fla
视频：视频\第12章\第222集.swf
时长：118秒
难度：★★★★★
关键技术：“动态文本”选项

01 单击“文件”|“打开”命令，打开一个素材文件，如图222-1所示。

图222-1　素材文件

02 在“时间轴”面板中选择“图层2”图层的第1帧，选取工具箱中的文本工具，在舞台区适当位置创建一个文本框，如图222-2所示。在“属性”面板中设置“文本类型”为“动态文本”、“实例名称”为word、“系列”为“方正黄草简体”、“大小”为60、“消除锯齿”为“使用设备字体”。

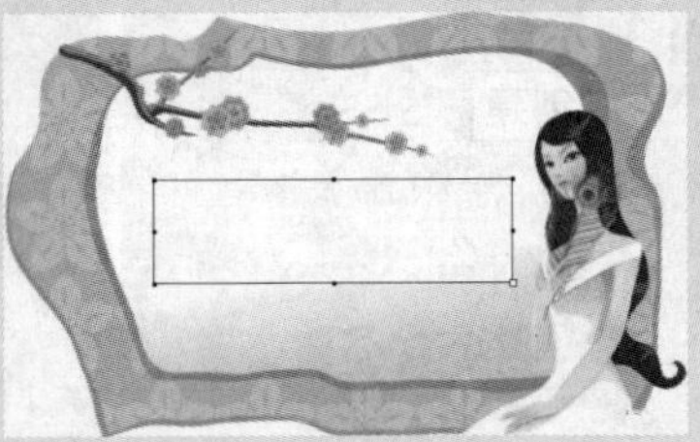

图222-2　创建文本框

03 在“时间轴”面板中选择“图层3”图层的第1帧，按F9键弹出“动作-帧”面板，在该面板中输入代码，如图222-3所示。

04 在“时间轴”面板中选择“图层3”图层的第30帧，按F9键弹出“动作-帧”面板，在该面板中输入代码，如图222-4所示。

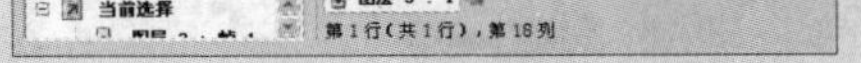

图222-3　为第1帧添加代码

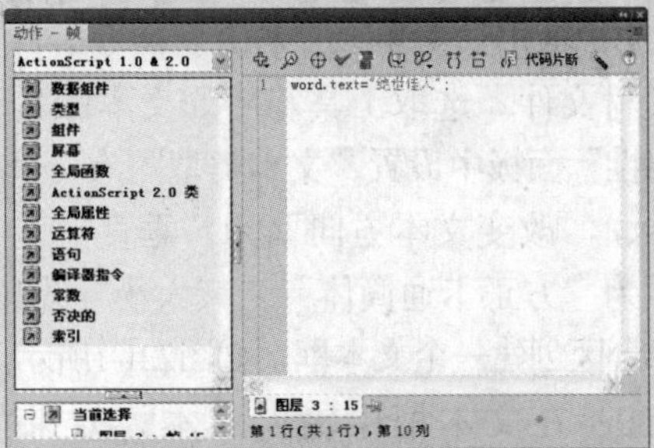

图222-4　为第30帧添加代码

05 单击“控制”|“测试影片”|“测试”命令，测试动画效果，如图222-5所示。

图222-5 测试创建动态文本效果

专家提醒

制作本实例时，所打开的Flash文档必须是ActionScript 2.0的文档，因为ActionScript 3.0的Flash文档不可以对动态文本的变量进行设置。

第223集 创建输入文本

素材：素材\第12章\223—1.fla
效果：效果\第12章\第223集.fla
视频：视频\第12章\第223集.swf
时长：45秒
难度：★★★★
关键技术：“输入文本”选项

01 单击“文件”|“打开”命令，打开一个素材文件。选取工具箱中的文本工具，在舞台区创建一个文本框，如图223-1所示。在“属性”面板中设置“文本类型”为“输入文本”、“系列”为“方正流行体简体”、“大小”为40。

图223-1 创建文本框

02 按Ctrl+Enter组合键测试动画，在文本框位置输入文本，效果如图223-2所示。

图223-2 测试输入文本框效果

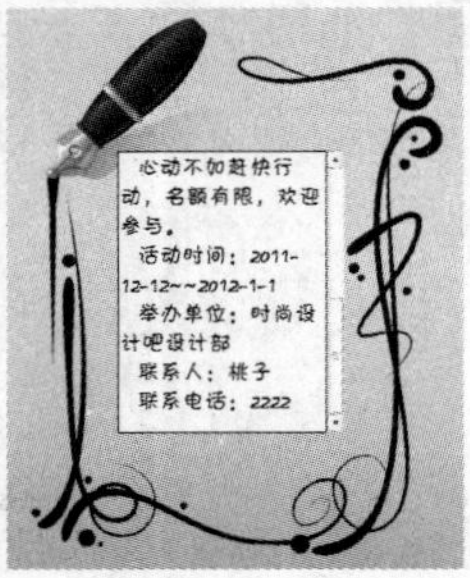

第224集　创建滚动文本

素材：素材\第12章\224—1.fla
效果：效果\第12章\第224集.fla
视频：视频\第12章\第224集.swf
时长：103秒
难度：★★★★★
关键技术："可滚动"选项

01 单击"文件"|"打开"命令，打开一个素材文件。选取工具箱中的选择工具，选择舞台区的文本对象，如图224-1所示。

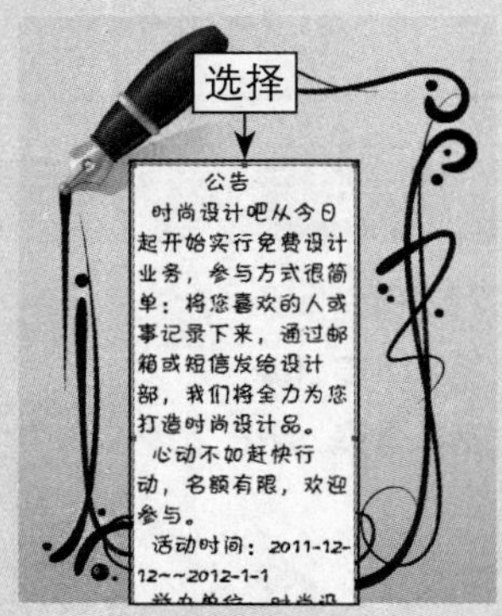

图224-1　选择动态文本

02 在文本对象上单击鼠标右键，在弹出的快捷菜单中选择"可滚动"命令。双击鼠标，调出文本控制框，向上拖曳控制框右下方的控制点至适当位置后释放鼠标，缩小文本框。单击"窗口"|"组件"命令，在弹出的"组件"面板中选择UIScrollBar选项，并将其拖曳至舞台区的适当位置，即可创建滚动条，运用任意变形工具调整滚动条的长度，如图224-2所示。

图224-2　创建滚动条

专家提醒

文本滚动条（UIScrollBar）组件，可以方便读者浏览较长的文本。它两端各有一个箭头按钮，按钮之间有一个滚动轨道和滚动框，它可以附加至文本字段的任何一边，既可以垂直使用也可以水平使用。

03 按Ctrl＋Enter组合键测试滚动文本效果，如图224-3所示。

图224-3　测试滚动文本效果

专家提醒

在Flash CS5中，所选的文本必须是动态文本，才能被创建成滚动文本。

12.2　设置文本属性

第225集　设置文本字体

素材：素材\第12章\225-1.fla
效果：效果\第12章\第225集.fla
视频：视频\第12章\第225集.swf
时长：40秒
难度：★★★
关键技术："系列"选项

01 单击"文件"|"打开"命令，打开一个素材文件。选取工具箱中的选择工具，选择舞台区的文本对象，如图225-1所示。

图225-1　选择文本对象

02 在"属性"面板的"字符"选项区中单击"系列"选项右侧的下三角按钮，在弹出的下拉列表中选择"文鼎中特广告体"选项，操作完成后，即可设置文本字体，效果如图225-2所示。

图225-2　设置文本字体

专家提醒

在Flash CS5中，单击"文本"|"字体"命令，即可在弹出的子菜单中选择一种需要的字体来设置文本字体。如果安装的字体比较多，则会在菜单的上端、下端出现三角箭头，单击箭头，可以查看更多的字体选项。

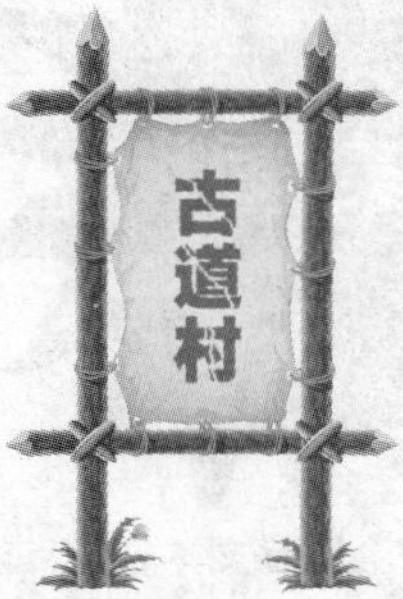

第226集　设置文本字号

素材：素材\第12章\226-1.fla
效果：效果\第12章\第226集.fla
视频：视频\第12章\第226集.swf
时长：33秒
难度：★★★
关键技术："大小"选项

01 单击“文件”|“打开”命令，打开一个素材文件。选取工具箱中的选择工具，选择舞台区的文本对象，如图226-1所示。

02 在“属性”面板的“字符”选项区中设置“大小”为50，按Enter键进行确认，即可设置文本字号，如图226-2所示。

图226-1　选择文本

图226-2　设置文本字号

专家提醒

在Flash CS5中，还可以单击“文本”|“大小”命令，在弹出的子菜单中选择相应的字号。

第227集　设置文本样式

素材： 素材\第12章\227-1.fla

效果： 效果\第12章\第227集.fla

视频： 视频\第12章\第227集.swf

时长： 27秒

难度： ★★

关键技术： “仿粗体”命令

01 单击“文件”|“打开”命令，打开一个素材文件。选取工具箱中的选择工具，选择舞台区的文本对象，如图227-1所示。

图227-1　选择文本对象

02 单击“文本”|“样式”|“仿粗体”命令，即可完成文本样式的设置，效果如图227-2所示。

图227-2　设置文本样式

第228集　设置文本颜色

素材：素材\第12章\228—1.fla
效果：效果\第12章\第228集.fla
视频：视频\第12章\第228集.swf
时长：38秒
难度：★★★
关键技术：“颜色”选项

01 单击“文件”|“打开”命令，打开一个素材文件。选取工具箱中的选择工具，选择舞台区的文本对象，如图228-1所示。

图228-1　选择文本对象

02 在“属性”面板的“字符”选项区中单击“颜色”选项右侧的色块，在弹出的颜色面板中选择绿色，即可完成文本颜色的设置，如图228-2所示。

图228-2　设置文本颜色

第229集　设置文本上标

素材：素材\第12章\229—1.fla
效果：效果\第12章\第229集.fla
视频：视频\第12章\第229集.swf
时长：50秒
难度：★★★★
关键技术：“切换上标”按钮

01 单击“文件”|“打开”命令，打开一个素材文件。选取工具箱中的选择工具，选择舞台区的文本对象，如图229-1所示。

图229-1　选择文本对象

02 按Ctrl＋B组合键将文本打散为多个文本，选择需要设置为上标的文本对象，如图229-2所示。

图229-2　打散文本

03 在“属性”面板的“字符”选项区中单击右侧的“切换上标”按钮T^1，即可设置所选文本为上标，如图229-3所示。

04 同理，设置其他上标文本，效果如

图229-4所示。

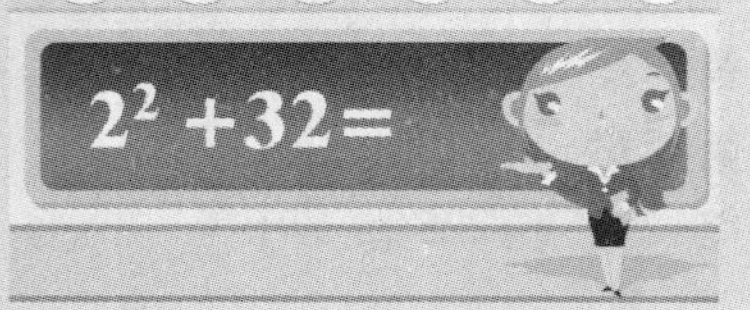

图229-3　设置文本上标

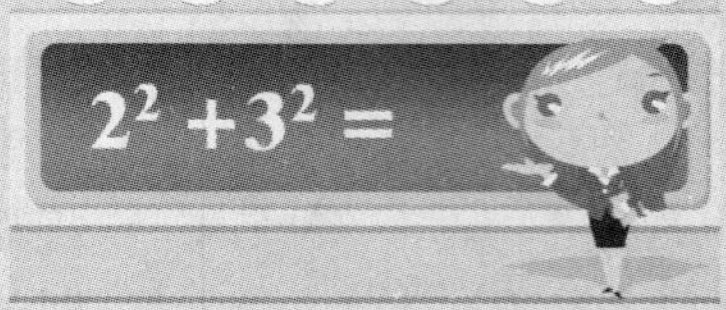

图229-4　设置其他文本上标

第230集　设置文本下标

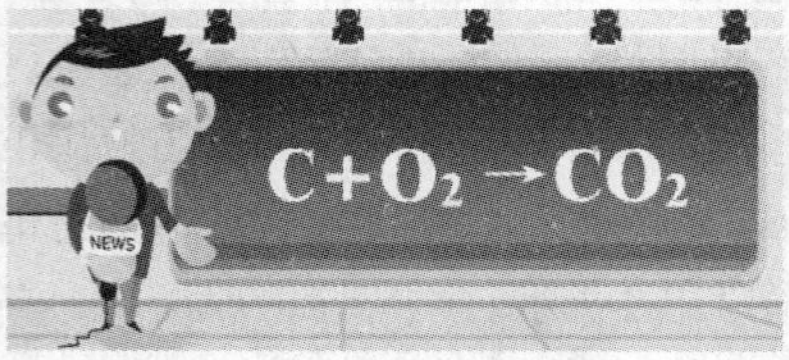

素材：素材\第12章\230—1.fla

效果：效果\第12章\第230集.fla

视频：视频\第12章\第230集.swf

时长：42秒

难度：★★★★

关键技术："切换下标"按钮

01 单击"文件"|"打开"命令，打开一个素材文件。选取工具箱中的选择工具，选择舞台区的文本对象，如图230-1所示。

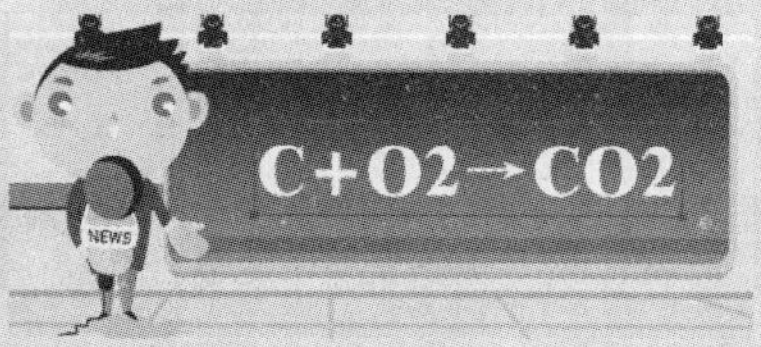

图230-1　选择文本对象

02 按Ctrl＋B组合键将文本打散为多个文本，选择需要设置为下标的文本，如图230-2所示。

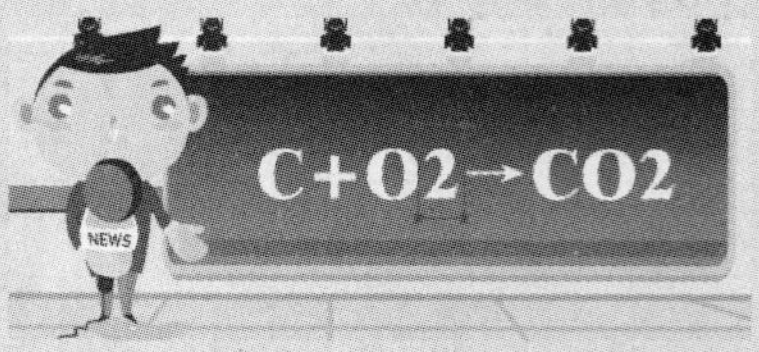

图230-2　打散文本对象

专家提醒

在Flash CS5中，运用选择工具选择文本后，按Ctrl＋B组合键可将所选文本打散成多个文本对象，若再次按Ctrl＋B组合键则可将文本彻底打散成矢量图形式。

03 在"属性"面板的"字符"选项区中单击右侧的"切换下标"按钮T_1，即可设置所选文本为下标，如图230-3所示。

图230-3　设置下标文本

04 同理，设置其他下标文本，效果如图230-4所示。

图230-4　设置其他下标文本

第231集　设置文本缩进

素材：素材\第12章\231-1.fla
效果：效果\第12章\第231集.fla
视频：视频\第12章\第231集.swf
时长：33秒
难度：★★★
关键技术："缩进"文本框

01 单击"文件"|"打开"命令，打开一个素材文件。选取工具箱中的选择工具，选择舞台区的文本对象，如图231-1所示。

图231-1　选择文本对象

02 在"属性"面板的"段落"选项区中设置"缩进"为8像素，按Enter键进行确认，即可将所选文本进行缩进，如图231-2所示。

图231-2　设置文本缩进

第232集　设置文本边距

素材：素材\第12章\232-1.fla
效果：效果\第12章\第232集.fla
视频：视频\第12章\第232集.swf
时长：34秒
难度：★★★
关键技术："边距"选项

01 单击"文件"|"打开"命令，打开一个素材文件。选取工具箱中的选择工具，选择舞台区的文本对象，如图232-1所示。

图232-1　选择文本对象

02 在"属性"面板的"段落"选项区中设置"左边距"为10、"右边距"为10，按Enter键进行确认，即可完成对所选文本的边距设置，效果如图232-2所示。

图232-2　设置文本边距

12.3 编辑文本对象

第233集 选择文本

素材：素材\第12章\233-1.fla
效果：效果\第12章\第233集.fla
视频：视频\第12章\第233集.swf
时长：40秒
难度：★★★
关键技术：文本工具

01 单击“文件”|“打开”命令，打开一个素材文件。选取工具箱中的选择工具，选择舞台区的文本对象，如图233-1所示。

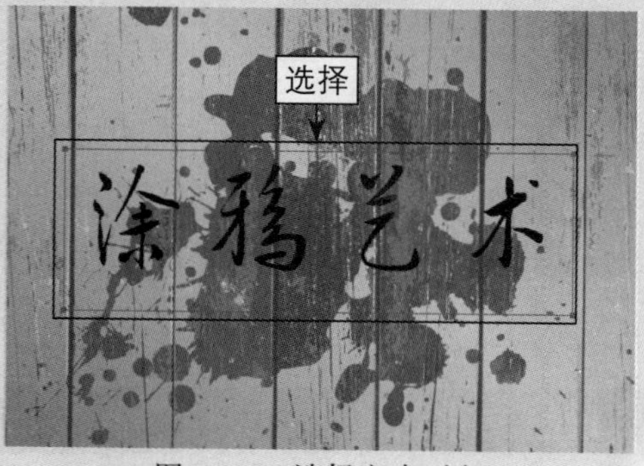

图233-1 选择文本对象

02 选择工具箱中的文本工具T，将鼠标移至舞台区文本的右端，并进行拖曳，至文本左端时释放鼠标，即可选择文本，如图233-2所示。

图233-2 选择文本

专家提醒

在Flash CS5中，除了运用上述方法选择文本外，还可以选择工具箱中的选择工具，将鼠标移至文本上方，双击鼠标，即可选择文本，且系统会自动从当前工具切换至文本工具。

第234集 移动文本

素材：素材\第12章\234-1.fla
效果：效果\第12章\第234集.fla
视频：视频\第12章\第234集.swf
时长：26秒
难度：★★
关键技术：拖曳鼠标

01 单击“文件”|“打开”命令，打开一个素材文件。选取工具箱中的选择工具，选择舞台区的文本对象，如图234-1所示。

02 将文本对象向下拖曳至舞台区合适位置后释放鼠标，即可移动文本，如图234-2所示。

图234-1　选择文本对象

图234-2　移动文本

第235集　查找和替换文本

素材：素材\第12章\235—1.fla
效果：效果\第12章\第235集.fla
视频：视频\第12章\第235集.swf
时长：46秒
难度：★★★★
关键技术：“查找和替换”对话框

01 单击“文件”|“打开”命令，打开一个素材文件，如图235-1所示。

图235-1　素材文件

02 单击“编辑”|“查找和替换”命令，弹出“查找和替换”对话框，在上方的“文本”文本框中输入要查找的文本，在“替换为”文本框中输入要替换的文本，如图235-2所示。

03 单击“替换”按钮，即可在“查找和替换”面板中显示信息，如图235-3所示。

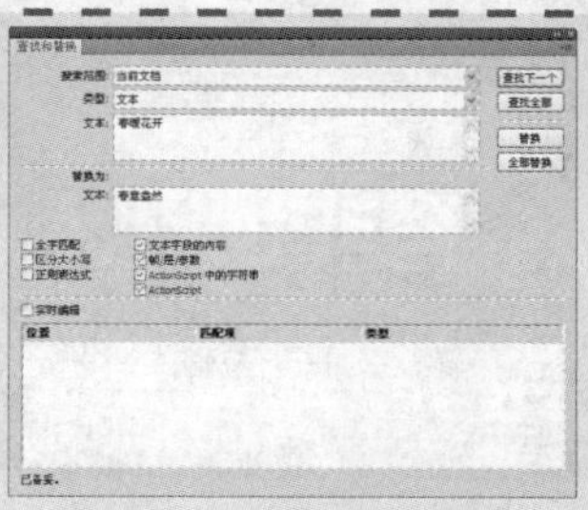

图235-2　“查找和替换”对话框

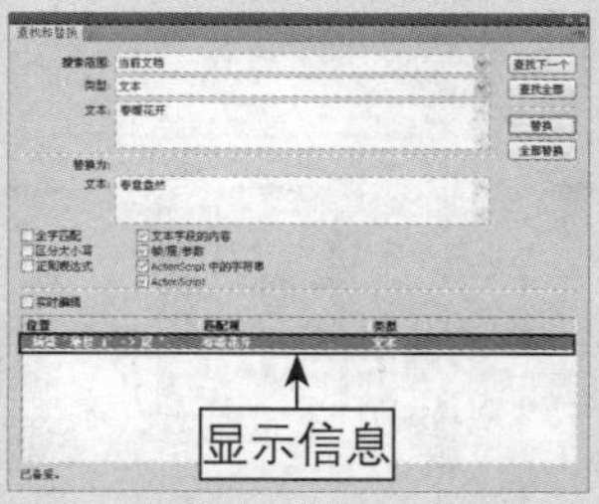

图235-3　显示信息

04 操作完成后，即可查找和替换文本，效果如图235-4所示。

图235-4　查找和替换文本

第236集　填充和打散文本

素材：素材\第12章\236-1.fla

效果：效果\第12章\第236集.fla

视频：视频\第12章\第236集.swf

时长：48秒

难度：★★★★

关键技术："分离"命令

01 单击"文件"|"打开"命令，打开一个素材文件。选取工具箱中的选择工具，选择舞台区的文本对象，如图236-1所示。

02 单击"修改"|"分离"命令，所选文本被分离成多个文本，如图236-2所示。

图236-1　选择文本对象

图236-2　分离文本

03 再次单击"修改"|"分离"命令，所选文本将全部打散，如图236-3所示。

04 按Shift＋F9组合键，在弹出"颜色"面板中选择填充颜色，效果如图236-4所示。

图236-3　再次分离文本

图236-4　填充颜色

第237集　添加滤镜效果

素材：素材\第12章\237-1.fla
效果：效果\第12章\第237集.fla
视频：视频\第12章\第237集.swf
时长：39秒
难度：★★★
关键技术："投影"选项区

01 单击"文件"|"打开"命令，打开一个素材文件。选取工具箱中的选择工具，选择舞台区的文本对象，如图237-1所示。

图237-1　选择文本对象

02 在"属性"面板的"滤镜"选项区中单击"添加滤镜"按钮，在弹出的"滤镜"下拉列表框中选择"投影"选项，并进行相应的设置，即可为文本添加滤镜效果，如图237-2所示。

图237-2　添加滤镜效果

12.4　变形与对齐文本

第238集　缩放文本

素材：素材\第12章\238-1.fla
效果：效果\第12章\第238集.fla
视频：视频\第12章\第238集.swf
时长：39秒
难度：★★★
关键技术：任意变形工具

01 单击"文件"|"打开"命令，打开一个素材文件。选取工具箱中的任意变形选择工具，选择舞台区的文本对象，将鼠标移至右上方的控制点上，如图238-1所示。

02 按住Alt键的同时，向上拖曳至适当位置后释放鼠标，即可缩放文本，如图238-2所示。

图238-1　选择文本对象

图238-2　缩放文本

第239集　旋转文本

素材：素材\第12章\239－1.fla
效果：效果\第12章\第239集.fla
视频：视频\第12章\第239集.swf
时长：35秒
难度：★★★
关键技术：任意变形工具

01 单击“文件”|“打开”命令，打开一个素材文件。选取工具箱中的任意变形选择工具，选择舞台区的文本对象，将鼠标移至右上方的控制点上，如图239-1所示。

图239-1　定位鼠标

02 向下拖曳至适当位置后释放鼠标，即可旋转文本，如图239-2所示。

图239-2　旋转文本

第240集　倾斜文本

素材：素材\第12章\240－1.fla
效果：效果\第12章\第240集.fla
视频：视频\第12章\第240集.swf
时长：36秒
难度：★★★
关键技术：任意变形工具

01 单击“文件”|“打开”命令，打开一个素材文件。选取工具箱中的任意变形选择工具，选择舞台区的文本对象，将鼠标移至右边中间的控制点上，如图240-1所示。

图240-1　定位鼠标

02 向下拖曳至适当位置后释放鼠标，即可倾斜文本，如图240-2所示。

图240-2　倾斜文本

第241集　左对齐文本

素材：素材\第12章\241-1.fla

效果：效果\第12章\第241集.fla

视频：视频\第12章\第241集.swf

时长：28秒

难度：★★

关键技术：“左对齐”命令

01 单击“文件”|“打开”命令，打开一个素材文件。选取工具箱中的选择工具，选择舞台区的文本对象，如图241-1所示。

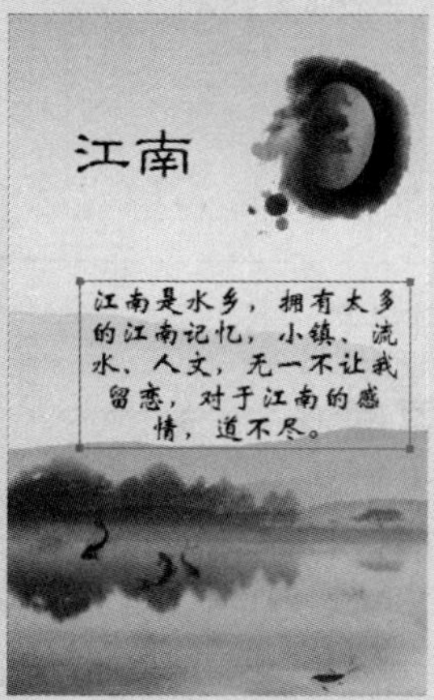

图241-1　选择文本对象

02 单击“文本”|“对齐”|“左对齐”命令，即可左对齐所选文本，如图241-2所示。

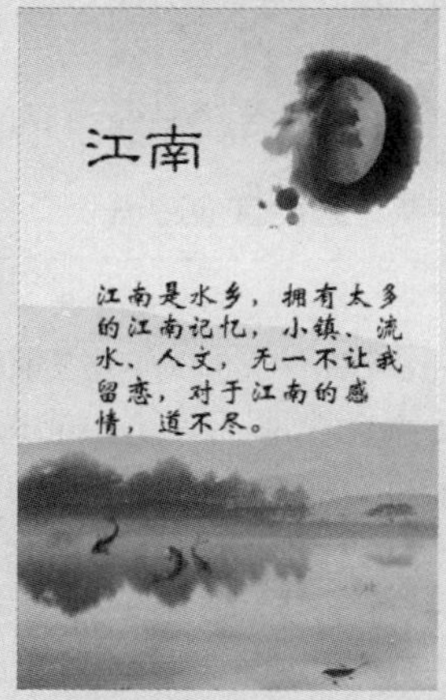

图241-2　左对齐文本

第242集　居中对齐文本

素材：素材\第12章\242-1.fla

效果：效果\第12章\第242集.fla

视频：视频\第12章\第242集.swf

时长：26秒

难度：★★

关键技术："居中对齐"命令

01 单击"文件"|"打开"命令，打开一个素材文件。选取工具箱中的选择工具，选择舞台区的文本对象，如图242-1所示。

图242-1　选择文本对象

02 单击"文本"|"对齐"|"居中对齐"命令，即可居中对齐所选文本，如图242-2所示。

图242-2　居中对齐文本

第243集　右对齐文本

素材：素材\第12章\243-1.fla

效果：效果\第12章\第243集.fla

视频：视频\第12章\第243集.swf

时长：28秒

难度：★★

关键技术："右对齐"命令

01 单击"文件"|"打开"命令，打开一个素材文件。选取工具箱中的选择工具，选择舞台区的文本对象，如图243-1所示。

02 单击"文本"|"对齐"|"右对齐"命令，即可右对齐所选文本，如图243-2所示。

专家提醒

除了运用上述方法右对齐文本外，还有以下两种方法。

- 按钮：在"属性"面板的"段落"选项区中单击"右对齐"按钮。
- 快捷键：按Shift+Ctrl+R组合键。

图243-1　选择文本对象

图243-2　右对齐文本

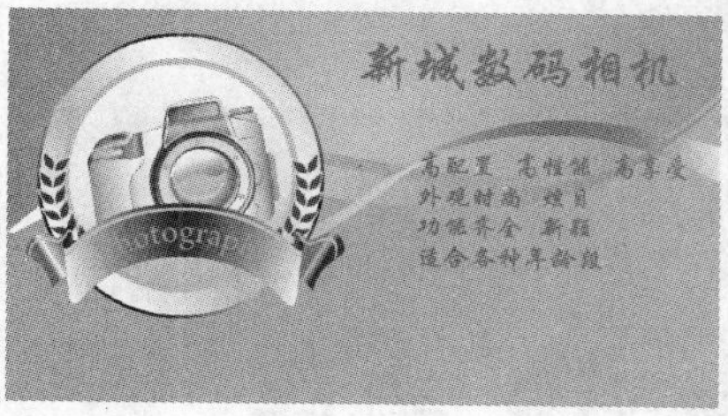

第244集　两端对齐文本

素材：素材\第12章\244-1.fla
效果：效果\第12章\第244集.fla
视频：视频\第12章\第244集.swf
时长：24秒
难度：★★
关键技术：“两端对齐”命令

01 单击“文件”|“打开”命令，打开一个素材文件。选取工具箱中的选择工具，选择舞台区的文本对象，如图244-1所示。

图244-1　选择文本对象

02 单击“文本”|“对齐”|“两端对齐”命令，即可两端对齐所选文本，如图244-2所示。

图244-2　两端对齐文本

12.5　制作文字特效

第245集　制作描边字

素材：素材\第12章\245-1.fla
效果：效果\第12章\第245集.fla
视频：视频\第12章\第245集.swf
时长：66秒
难度：★★★★★
关键技术：墨水瓶工具

01 单击“文件”|“打开”命令，打开一个素材文件。选取工具箱中的选择工具，选择舞台区的文本对象，如图245-1所示。

图245-1 选择文本对象

02 两次单击“修改”|“分离”命令，将所选文本打散，如图245-2所示。

图245-2 打散文本

03 单击舞台区任意位置，使文本属于未选择状态，选取工具箱中的墨水瓶工具，在“属性”面板中设置“笔触颜色”为白色、“笔触高度”为3，单击相应文字，即可描边文字，如图245-3所示。

图245-3 描边相应文字

04 同理，描边其他文字，效果如图245-4所示。

图245-4 制作的描边字

第246集 制作空心字

素材：素材\第12章\246-1.fla

效果：效果\第12章\第246集.fla

视频：视频\第12章\第246集.swf

时长：58秒

难度：★★★★

关键技术：Delete键

01 单击“文件”|“打开”命令，打开一个素材文件。选取工具箱中的选择工具，选择舞台区的文本对象，如图246-1所示。

02 两次单击“修改”|“分离”命令，将所选文本打散，如图246-2所示。

图246-1 选择文本对象

图246-2　打散文本

03 单击舞台区任意位置，使文本属于未选择状态，选取工具箱中的墨水瓶工具，制作描边文字，如图246-3所示。

04 按Delete键，删除描边文字内的白色填充内容，即可制作空心字，效果如图246-4所示。

图246-3　制作的描边字

图246-4　制作的空心字

第247集　制作浮雕字

素材：素材\第12章\247–1.fla
效果：效果\第12章\第247集.fla
视频：视频\第12章\第247集.swf
时长：63秒
难度：★★★★★
关键技术："复制"选项

01 单击"文件"|"打开"命令，打开一个素材文件，如图247-1所示。

图247-1　素材文件

02 选取工具箱中的选择工具，选择舞台区的文本对象，如图247-2所示。

图247-2　选择文本对象

03 单击鼠标右键，在弹出的快捷菜单中选择"复制"命令。再次单击鼠标右键，在弹出的快捷菜单中选择"粘贴"命令，在舞台区复制所选文本，如图247-3所示。

04 在"颜色"面板中设置Alpha为30%，将复制的文本移至下方文本的合适位置，即可完成浮雕字的制作，效果如图247-4所示。

图247-3　复制文本

图247-4　制作的浮雕字

第248集　制作霓虹灯字

素材：素材\第12章\248-1.fla
效果：效果\第12章\第248集.fla
视频：视频\第12章\第248集.swf
时长：44秒
难度：★★★★
关键技术："滤镜"选项

01 单击"文件"|"打开"命令，打开一个素材文件。选取工具箱中的选择工具，选择舞台区的文本对象，如图248-1所示。

02 在"属性"面板的"滤镜"选项区中单击"添加滤镜"按钮，在弹出的"滤镜"下拉列表框中选择"模糊"选项，并进行相应设置。然后再添加"发光"效果，在"发光"选项区中进行相应的参数设置，如图248-2所示。

图248-1　选择文本对象

图248-2　制作的霓虹灯字

专家提醒

在"属性"面板的"滤镜"选项区下端，单击"预设"按钮，可以将设置好的滤镜效果保存，以供其他文本对象使用。滤镜效果保存后，选择需要使用滤镜的文本，单击"预设"按钮，在弹出的下拉列表中选择保存后的滤镜选项，即可直接将滤镜应用到所选文本上。

第13章 管理时间轴和帧

时间轴用于组织和控制一定时间内的图层和帧中的文档内容，与胶片一样，Flash文档也将时长分为帧，图层就像堆叠在一起的多张幻灯片一样，每个图层都包含了一个显示在舞台区的不同图像。本章主要介绍管理时间轴和帧的方法。

13.1 创建帧

第249集 创建普通帧

素材：素材\第13章\249—1.fla
视频：视频\第13章\第249集.swf
难度：★★
效果：效果\第13章\第249集.fla
时长：23秒
关键技术：F5键

01 单击“文件”|“打开”命令，打开一个素材文件，选取工具箱中的选择工具，在“时间轴”面板中选择“图层1”图层的第30帧，如图249-1所示。

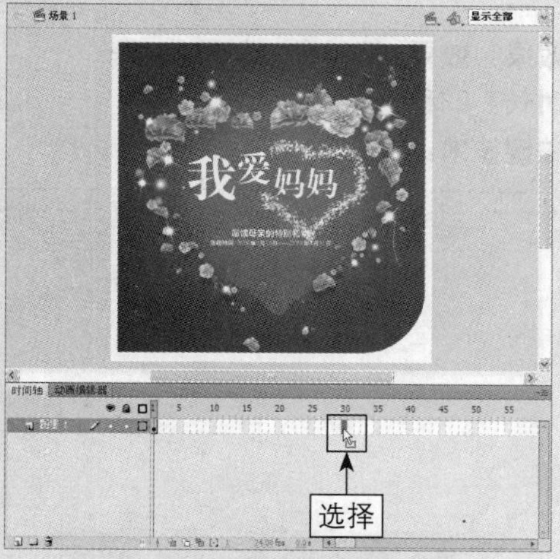

图249-1 选择第30帧

02 按F5键，即可在第30帧插入普通帧，如图249-2所示。

图249-2 插入普通帧

专家提醒

在Flash CS5中，选择帧后，单击鼠标右键，在弹出的快捷菜单中选择“插入帧”命令，也可以插入普通帧。

第250集 创建关键帧

素材：素材\第13章\250—1.fla
视频：视频\第13章\第250集.swf
难度：★★
效果：效果\第13章\第250集.fla
时长：21秒
关键技术：F6键

01 单击“文件”|“打开”命令，打开一个素材文件，选取工具箱中的选择工具，在“时间轴”面板中选择“图层1”图层的第30帧，如图250-1所示。

图250-1　选择第30帧

02 按F6键，即可在第30帧插入关键帧，如图250-2所示。

图250-2　插入关键帧

专家提醒

在Flash CS5中，选择帧后，单击鼠标右键，在弹出的快捷菜单中选择“插入关键帧”命令，也可以插入关键帧。

第251集　创建空白关键帧

素材：素材\第13章\251–1.fla　　效果：效果\第13章\第251集.fla

视频：视频\第13章\第251集.swf　　时长：22秒

难度：★★　　关键技术：F7键

01 单击“文件”|“打开”命令，打开一个素材文件，选取工具箱中的选择工具，在“时间轴”面板中选择“图层1”图层的第30帧，如图251-1所示。

图251-1　选择第30帧

02 按F7键，即可在第30帧插入空白关键帧，如图251-2所示。

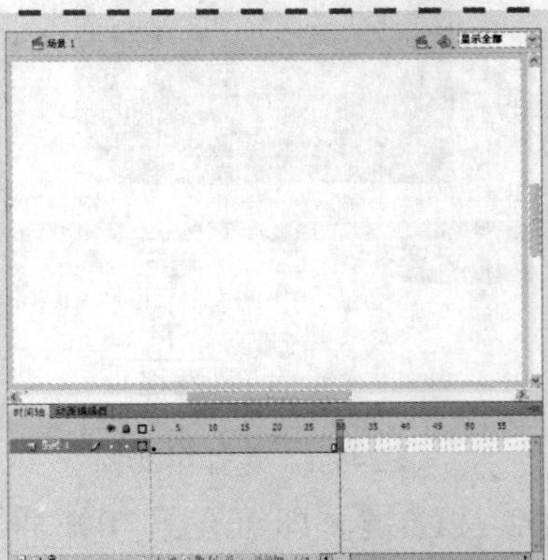

图251-2　插入空白关键帧

专家提醒

在Flash CS5中，选择帧后，单击鼠标右键，在弹出的快捷菜单中选择“插入空白关键帧”命令，也可以插入空白关键帧。

13.2 编辑帧

第252集 选择帧

素材：素材\第13章\252–1.fla
视频：视频\第13章\第252集.swf
难度：★
效果：效果\第13章\第252集.fla
时长：17秒
关键技术：选择工具

01 单击“文件”|“打开”命令，打开一个素材文件，如图252-1所示。

图252-1 素材文件

02 在“时间轴”面板中单击“图层2”图层的第20帧，即可选择帧，如图252-2所示。

专家提醒

在Flash CS5中，除了运用上述方法可以选择帧外，还可以单击“编辑”|“选择所有帧”命令，来选择文档中的所有帧。

图252-2 选择帧

第253集 移动帧

素材：素材\第13章\253–1.fla
视频：视频\第13章\第253集.swf
难度：★★
效果：效果\第13章\第253集.fla
时长：27秒
关键技术：拖曳鼠标

01 单击“文件”|“打开”命令，打开一个素材文件，选取工具箱中的选择工具，在“时间轴”面板中选择“图层2”图层的第1帧，如图253-1所示。

02 向右拖曳至第25帧处释放鼠标，即可移动帧，如图253-2所示。

图253-1 选择帧

图253-2　移动帧

第254集　翻转帧

素材：素材\第13章\254-1.fla
视频：视频\第13章\第254集.swf
难度：★★★
效果：效果\第13章\第254集.fla
时长：35秒
关键技术："翻转帧"选项

01 单击"文件"|"打开"命令，打开一个素材文件，选取工具箱中的选择工具，在"时间轴"面板中选择"图层1"图层，即可选择"图层1"图层的所有帧，如图254-1所示。

图254-1　选择所有帧

02 将鼠标移至选择的帧上，单击鼠标右键，在弹出的快捷菜单中选择"翻转帧"命令，即可翻转帧，如图254-2所示。

图254-2　翻转帧

专家提醒

在Flash CS5中，单击"修改"|"时间轴"|"翻转帧"命令，也可以翻转所选帧。

第255集　复制帧

素材：素材\第13章\255-1.fla
视频：视频\第13章\第255集.swf
难度：★★★
效果：效果\第13章\第255集.fla
时长：38秒
关键技术："复制帧"选项

01 单击“文件”|“打开”命令，打开一个素材文件，选取工具箱中的选择工具，在“时间轴”面板中选择“图层1”图层的第1帧，如图255-1所示。

图255-1　选择第1帧

02 单击鼠标右键，在弹出的快捷菜单中选择“复制帧”命令，将鼠标移至第30帧上，单击鼠标右键，在弹出的快捷菜单中选择“粘贴帧”命令，即可完成复制帧的操作，如图255-2所示。

图255-2　复制帧

专家提醒

在Flash CS5中，除了运用上述方法可以复制帧外，还有以下3种方法。

- 命令：选择要复制的帧，单击“编辑”|“时间轴”|“复制帧”命令，再到目标位置粘贴帧。
- 快捷键：选择要复制的帧，按Ctrl＋Alt＋C组合键，再到目标位置粘贴帧。
- 拖曳鼠标：选择要复制的帧，按住Alt键的同时，拖曳至目标位置后释放鼠标即可。

第256集　删除帧

素材：素材\第13章\256-1.fla　　效果：效果\第13章\第256集.fla

视频：视频\第13章\第256集.swf　　时长：32秒

难度：★★★　　关键技术：“删除帧”选项

01 单击“文件”|“打开”命令，打开一个素材文件，选取工具箱中的选择工具，在“时间轴”面板中选择“图层1”图层的第21帧至第50帧，如图256-1所示。

02 单击鼠标右键，在弹出的快捷菜单中选择“删除帧”命令，即可将选择的帧删除，如图256-2所示。

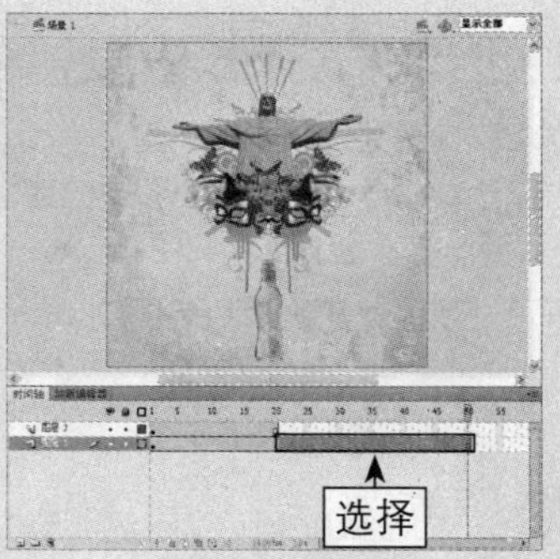

图256-1　选择帧

图256-2　删除帧

专家提醒

在Flash CS5中，除了运用上述方法可以删除帧外，还有以下两种方法。

- 命令：选择要删除的帧，单击“编辑”|“时间轴”|“删除帧”命令。
- 快捷键：选择要删除的帧，按Shift+F5组合键。

第257集　清除帧

素材：素材\第13章\257-1.fla　　效果：效果\第13章\第257集.fla
视频：视频\第13章\第257集.swf　　时长：33秒
难度：★★★　　关键技术：“清除帧”选项

01 单击“文件”|“打开”命令，打开一个素材文件。选取工具箱中的选择工具，在“时间轴”面板中选择“图层3”图层的第1至第14帧，如图257-1所示。

02 单击鼠标右键，在弹出的快捷菜单中选择“清除帧”命令，即可将选择的帧清除，如图257-2所示。

专家提醒

在Flash CS5中，清除时间轴上的帧后，只是所选帧的内容被清除，并不影响被清除帧的周围帧，后面的帧也不会向前移动。

图257-1　选择帧

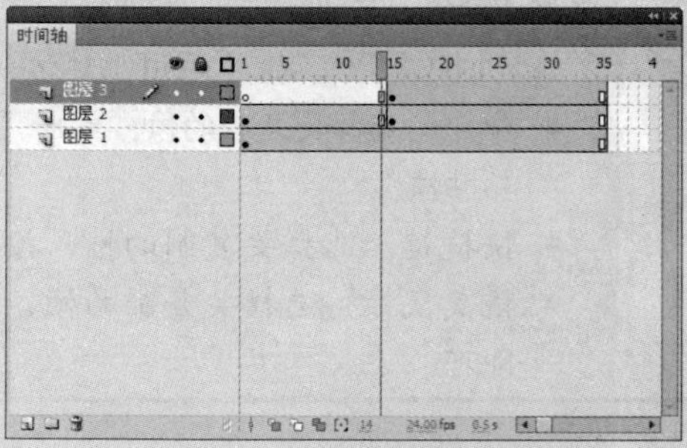

图257-2　清除帧

专家提醒

在Flash CS5中，除了运用上述方法可以清除帧外，还有以下3种方法。

- 命令：选择要清除的帧，单击“编辑”|“时间轴”|“清除帧”命令。
- 快捷键1：选择要清除的帧，按Delete键。
- 快捷键2：选择要清除的帧，按Alt+Backspace组合键。

第258集　转换帧

素材：素材\第13章\258–1.fla　　效果：效果\第13章\第258集.fla

视频：视频\第13章\第258集.swf　　时长：34秒

难度：★★★　　关键技术："转换为关键帧"选项

01 单击"文件"|"打开"命令，打开一个素材文件，选取工具箱中的选择工具，在"时间轴"面板中选择"图层1"图层的第20帧，如图258-1所示。

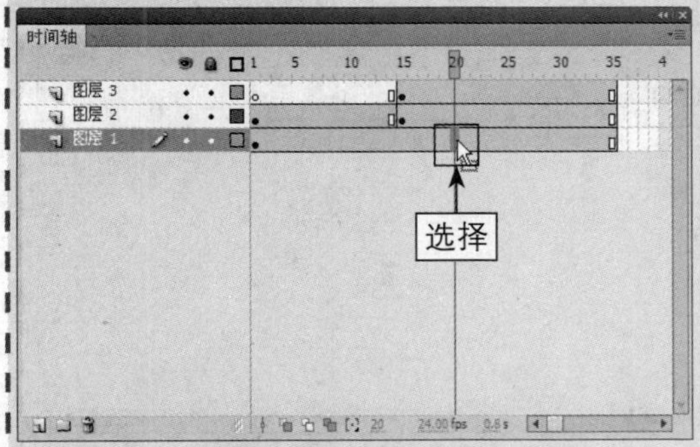

图258-1　选择帧

02 单击鼠标右键，在弹出的快捷菜单中选择"转换为关键帧"命令，即可将选择的帧转换为关键帧，如图258-2所示。

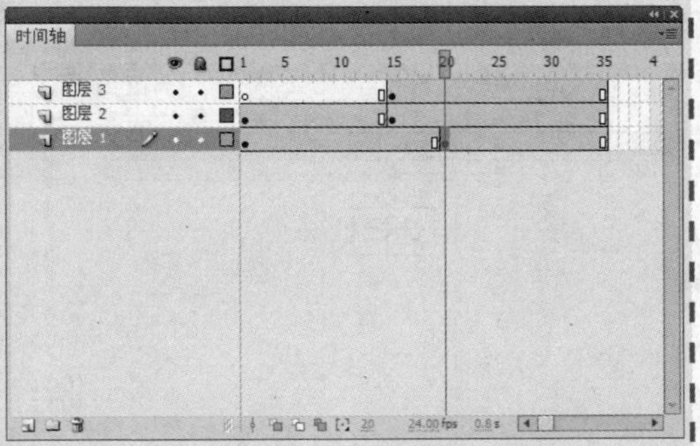

图258-2　转换帧

第259集　清除关键帧

素材：素材\第13章\259–1.fla　　效果：效果\第13章\第259集.fla

视频：视频\第13章\第259集.swf　　时长：31秒

难度：★★★　　关键技术："清除关键帧"选项

01 单击"文件"|"打开"命令，打开一个素材文件，选取工具箱中的选择工具，在"时间轴"面板中选择"图层1"图层的第28帧，如图259-1所示。

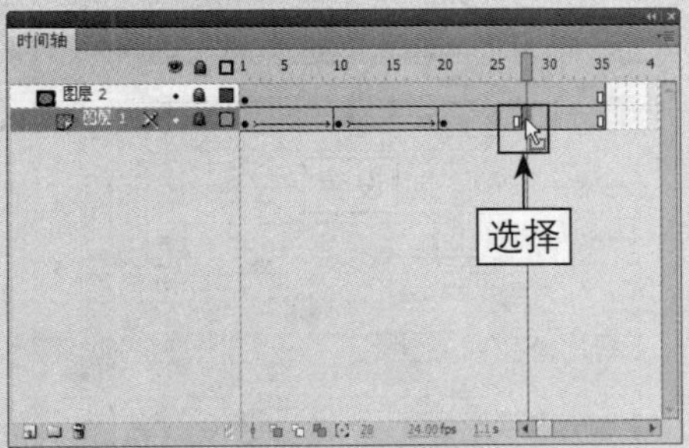

图259-1　选择关键帧

02 单击鼠标右键，在弹出的快捷菜单中选择"清除关键帧"命令，即可将选择的关键帧清除，如图259-2所示。

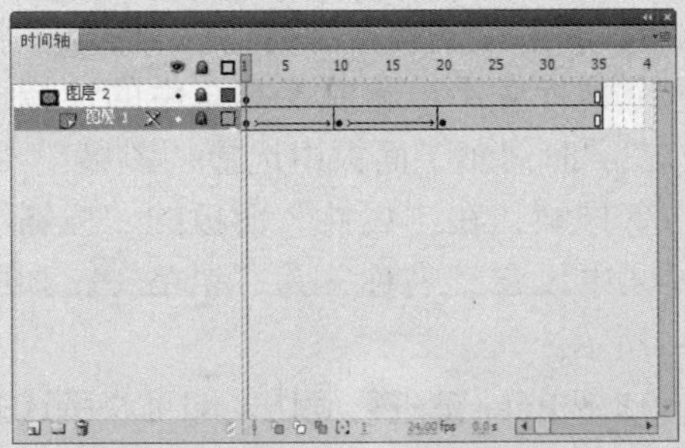

图259-2　清除关键帧

专家提醒

在Flash CS5中，清除关键帧就是将关键帧转换成普通帧。

第260集　扩展关键帧

素材：素材\第13章\260-1.fla　　效果：效果\第13章\第260集.fla
视频：视频\第13章\第260集.swf　　时长：42秒
难度：★★★★　　关键技术：拖曳鼠标

01 单击“文件”|“打开”命令，打开一个素材文件，选取工具箱中的选择工具，在“时间轴”面板中选择“图层2”图层，即可选择该图层的所有帧，如图260-1所示。

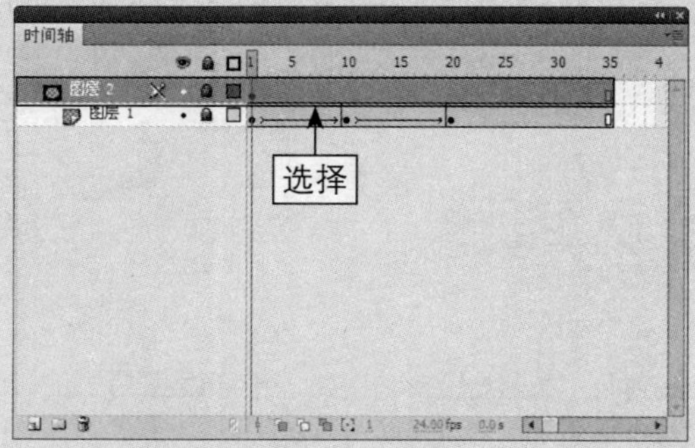

图260-1　选择所有帧

02 将鼠标移至“图层2”图层的第1帧至第35帧中的任意一帧上，鼠标指针呈带矩形的箭头形状，向右拖曳至适当位置后释放鼠标，即可扩展关键帧，如图260-2所示。

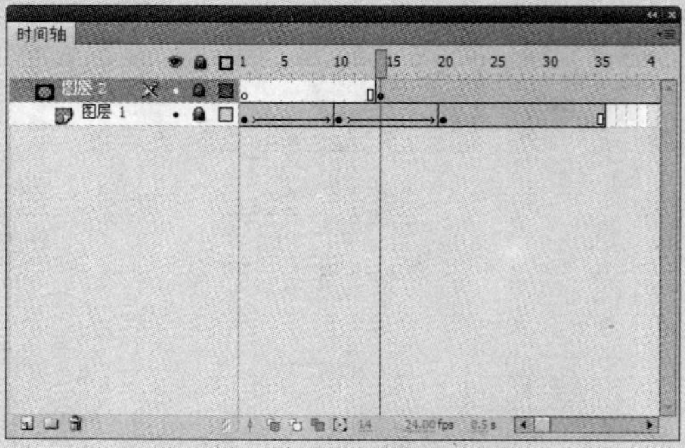

图260-2　扩展关键帧

13.3　设置帧属性

第261集　标签帧

素材：素材\第13章\261-1.fla　　效果：效果\第13章\第261集.fla
视频：视频\第13章\第261集.swf　　时长：31秒
难度：★★★　　关键技术：“名称”文本框

01 单击“文件”|“打开”命令，打开一个素材文件，选取工具箱中的选择工具，在“时间轴”面板中选择“图层1”图层的第15帧，在“属性”面板的“标签”选项区中设置“名称”为“铅笔”，如图261-1所示。

02 按Enter键进行确认，即可将所选的帧设置为标签帧，如图261-2所示。

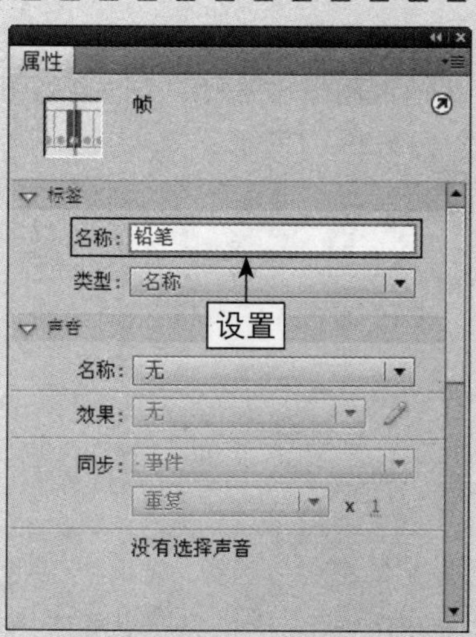

图261-1　设置“名称”选项

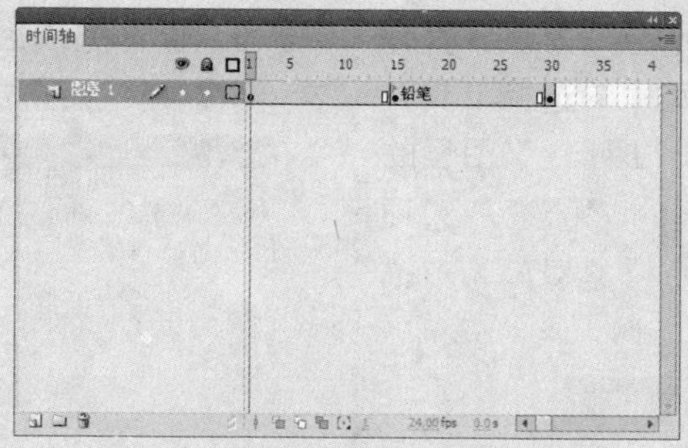

图261-2　设置的标签帧

第262集　注释帧

素材： 素材\第13章\262-1.fla
视频： 视频\第13章\第262集.swf
难度： ★★★
效果： 效果\第13章\第262集.fla
时长： 34秒
关键技术： “名称”文本框

01 单击“文件”|“打开”命令，打开一个素材文件，选取工具箱中的选择工具，在“时间轴”面板中选择“图层1”图层的第10帧，在“属性”面板的“标签”选项区中设置“名称”为“//小魔女”，如图262-1所示。

图262-1　设置属性

02 按Enter键进行确认，即可将所选的帧设置为注释帧，如图262-2所示。

图262-2　设置的注释帧

专家提醒

注释就像脚本中使用的注释一样，其作用在于通过对影片的内容作出解释，使影片编辑人员更好地把握影片的编辑流程。

第263集　锚记帧

素材： 素材\第13章\263-1.fla
视频： 视频\第13章\第263集.swf
难度： ★★★
效果： 效果\第13章\第263集.fla
时长： 39秒
关键技术： “锚记”选项

01 单击“文件”|“打开”命令，打开一个素材文件，选取工具箱中的选择工具，在“时间轴”面板中选择“图层1”图层的第20帧，在“属性”面板的“标签”选项区中设置“名称”为text、“类型”为“锚记”，如图263-1所示。

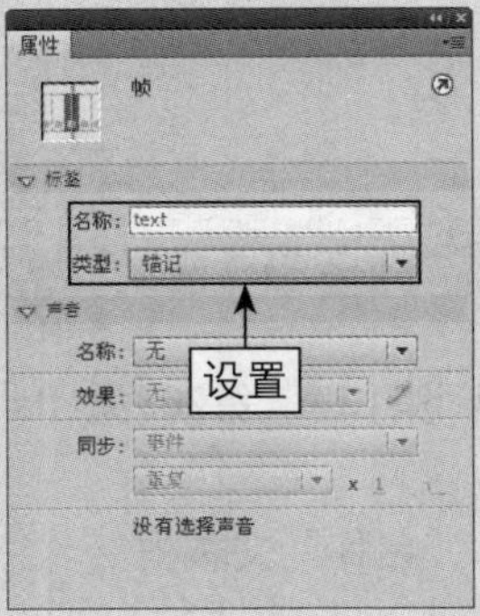

图263-1　设置属性

02 操作完成后，即可将所选择的帧设置为锚记帧，如图263-2所示。

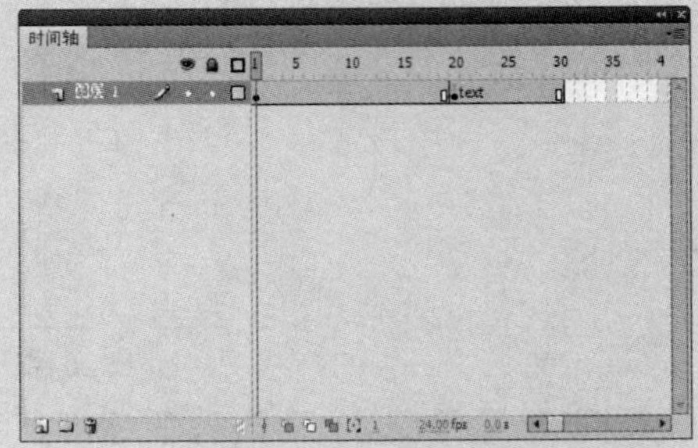

图263-2　设置的锚记帧

第264集　设置帧频

素材：素材\第13章\264-1.fla　　效果：效果\第13章\第264集.fla

视频：视频\第13章\第264集.swf　　时长：34秒

难度：★★★　　关键技术：“文档属性”对话框

01 单击“文件”|“打开”命令，打开一个素材文件。单击“属性”面板中“属性”选项区中的“编辑”按钮，如图264-1所示。

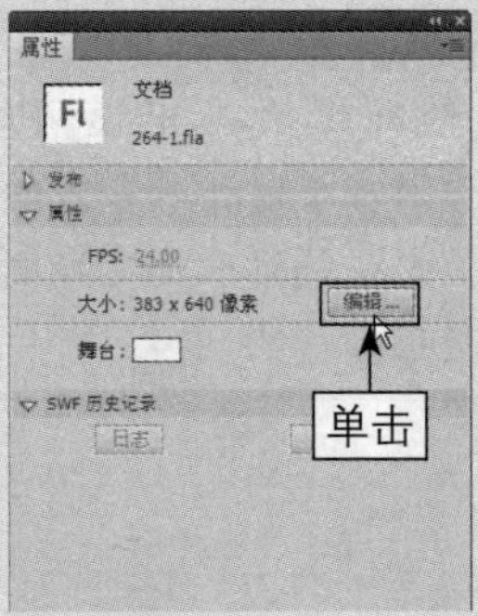

图264-1　单击“编辑”按钮

02 弹出“文档设置”对话框，设置“帧频”为12，如图264-2所示，单击“确定”按钮，完成设置。

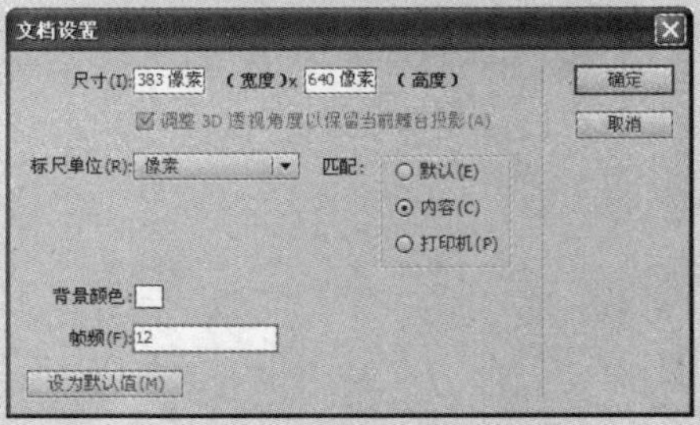

图264-2　设置帧频

第265集　指定可打印帧

素材：素材\第13章\265-1.fla　　效果：效果\第13章\第265集.fla

视频：视频\第13章\第265集.swf　　时长：36秒

难度：★★★　　关键技术：“名称”文本框

01 单击“文件”|“打开”命令，打开一个素材文件。选取工具箱中的选择工具，在“时间轴”面板中选择“图层1”图层的第15帧，在“属性”面板的“标签”选项区中设置“名称”为“#小可爱”，如图265-1所示。

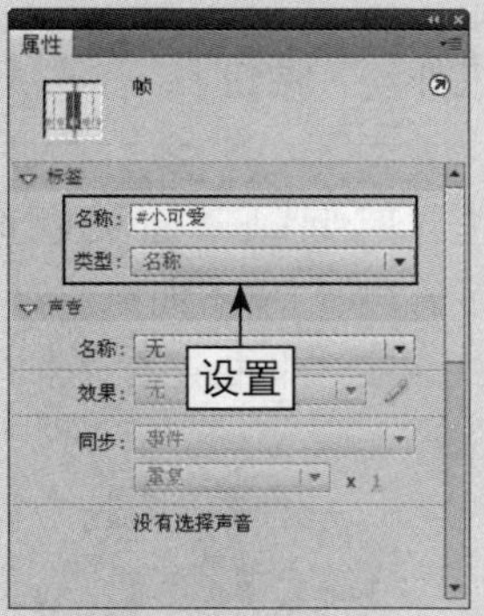

图265-1 设置属性

02 按Enter键进行确认，即可指定可打印帧，如图265-2所示。

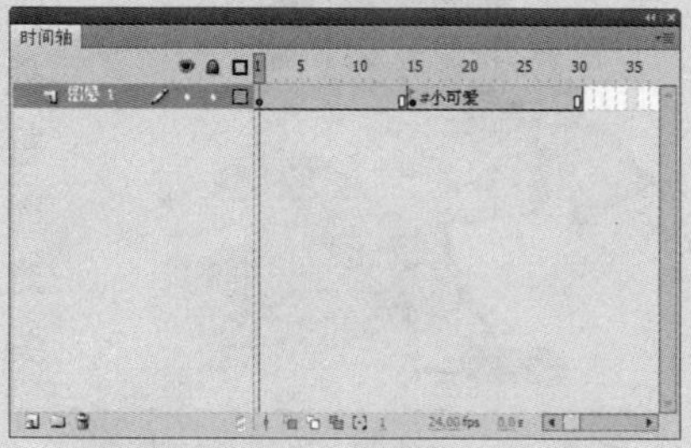

图265-2 指定可打印帧

专家提醒

若要打印某个帧，先选择该帧，然后单击“窗口”|“动作”命令，再在弹出的“动作”面板中使用Action Script中的Print函数来完成。

13.4 时间轴基本操作

第266集 设置帧居中

素材：素材\第13章\266-1.fla
视频：视频\第13章\第266集.swf
难度：★★★
效果：效果\第13章\第266集.fla
时长：34秒
关键技术：“帧居中”按钮

01 单击“文件”|“打开”命令，打开一个素材文件。选取工具箱中的选择工具，在“时间轴”面板中选择“图层1”图层的第30帧，单击“时间轴”面板底部的“帧居中”按钮，如图266-1所示。

02 选择的帧即可设置为居中，如图266-2所示。

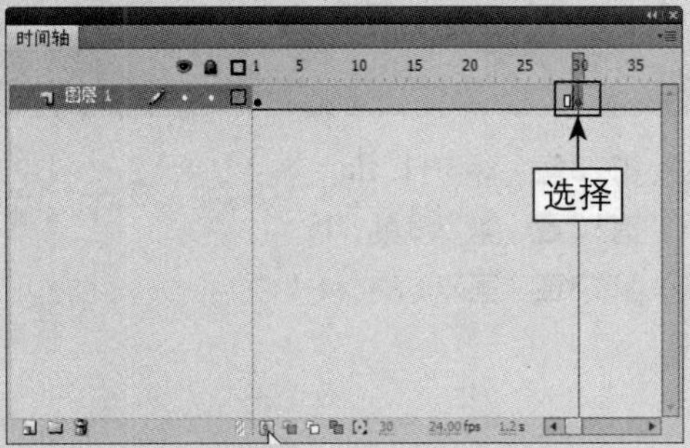

图266-1 选择帧

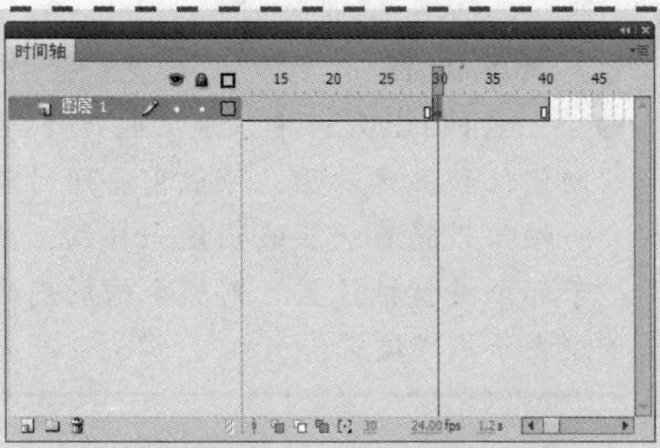

图266-2 设置帧居中

专家提醒

在Flash CS5中，单击“时间轴”面板底部的“帧居中”按钮后，可以移动时间轴的水平及垂直滑块，使当前选择的帧移至时间轴控制区的中央，以方便观察和编辑。

第267集　查看多帧

素材：素材\第13章\267–1.fla

效果：效果\第13章\第267集.fla

视频：视频\第13章\第267集.swf

时长：23秒

难度：★★

关键技术："绘图纸外观"按钮

01 单击"文件"|"打开"命令，打开一个素材文件，如图267-1所示。

图267-1　素材文件

02 在"时间轴"面板中选择"图层1"图层的第2帧，单击面板底部的"绘图纸外观"按钮，即可查看多帧，效果如图267-2所示。

图267-2　查看多帧的效果

专家提醒

在Flash CS5中，通常情况下，同一时间内只能显示动画序列的一帧。为了帮助定位和编辑动画，可能需要同时查看多帧。单击"绘图纸外观"按钮，可以使每一帧像只隔着一层透明纸一样相互层叠显示。如果此时间轴控制区中的播放指针位于那个关键帧位置，则那个帧的内容就以正常颜色显示，而其他帧将以暗灰色显示（表示不可编辑）。

第268集　编辑多帧

素材：素材\第13章\268–1.fla

效果：效果\第13章\第268集.fla

视频：视频\第13章\第268集.swf

时长：26秒

难度：★★

关键技术："编辑多个帧"按钮

01 单击“文件”|“打开”命令，打开一个素材文件，如图268-1所示。

图268-1　素材文件

02 在“时间轴”面板中选择“图层2”图层的第3帧，单击面板底部的“编辑多个帧”按钮，即可同时编辑多帧，如图268-2所示。

图268-2　同时编辑多帧的状态

专家提醒

在Flash CS5中，启用“编辑多个帧”功能后，位于绘图纸外观开始标记与结束标记之间的关键帧都将以实色显示（表示可编辑）。

第14章 编辑元件和实例

在Flash CS5中，元件是动画中可重复使用的元素，是构成动画的基础，若要将元件应用到舞台区，就需要创建其实例，实例是元件在场景上的具体体现。本章主要介绍创建、管理、编辑元件及实例的方法。

14.1 创建元件

第269集 创建图形元件

素材：无

效果：效果\第14章\第269集.fla

视频：视频\第14章\第269集.swf

时长：43秒

难度：★★★★

关键技术："图形"选项

01 单击"插入"|"新建元件"命令，弹出"创建新元件"对话框，在"名称"文本框中输入"文字"文本，单击"类型"右侧的下三角按钮，在弹出的下拉列表中选择"图形"选项，如图269-1所示。

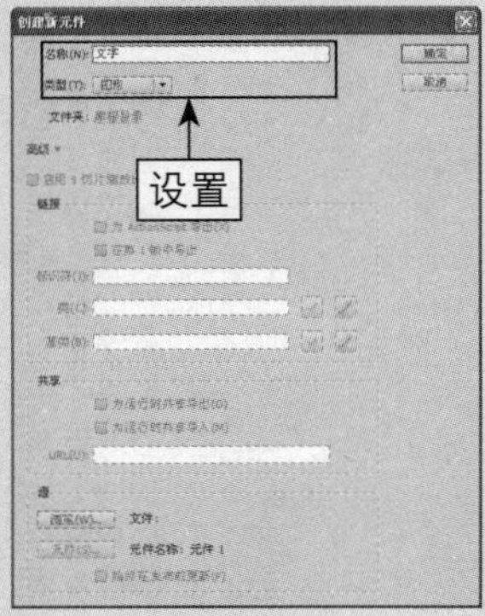

图269-1 "创建新元件"对话框

02 单击"确定"按钮，进入图形元件编辑模式，选取工具箱中的文本工具，在舞台区创建一个静态文本，即可完成图形元件的创建，如图269-2所示。

图269-2 创建图形元件

专家提醒

除了运用上述方法可以直接创建图形元件外，还有以下3种方法。

- 快捷键：按Ctrl＋F8组合键。
- 按钮：单击"库"面板左下角的"新建元件"按钮。
- 选项：将鼠标移至"库"面板元件放置区的空白位置，单击鼠标右键，在弹出的快捷菜单中选择"新建元件"命令。

第270集 转换为图形元件

素材：素材\第14章\270-1.fla

效果：效果\第14章\第270集.fla

视频：视频\第14章\第270集.swf

时长：50秒

难度：★★★★

关键技术："转换为元件"选项

01 单击“文件”|“打开”命令，打开一个素材文件。选取工具箱中的选择工具，然后选择舞台区的位图图像，如图270-1所示。

图270-1　选择位图图像

02 单击鼠标右键，在弹出的快捷菜单中选择“转换为元件”命令，弹出“转换为元件”对话框，设置“名称”为“背景”、“类型”为“图形”，单击“确定”按钮，即可将位图图像转换为图形元件，如图270-2所示。

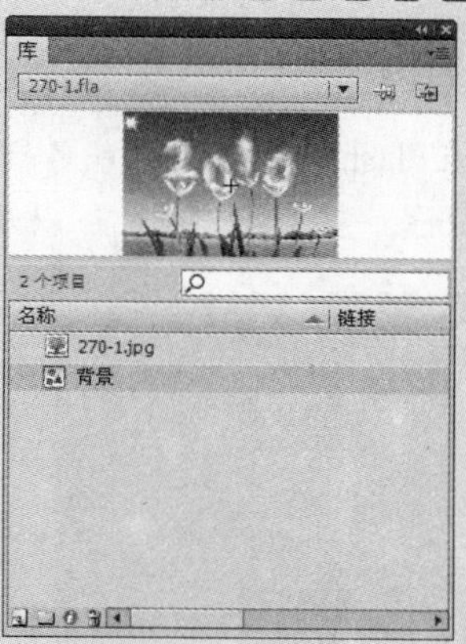

图270-2　转换为图形元件

专家提醒

在Flash CS5中，除了运用上述方法可以将已有图片转换为图形元件外，还有以下两种方法。

- 命令：在舞台区选择图片，单击“修改”|“转换为元件”命令。
- 快捷键：在舞台区选择图片，然后按F8键。

第271集　创建影片剪辑元件

素材：无
视频：视频\第14章\第271集.swf
难度：★★★
效果：效果\第14章\第271集.fla
时长：38秒
关键技术：“影片剪辑”选项

01 单击“插入”|“新建元件”命令，弹出“创建新元件”对话框，设置“名称”为“礼盒”、“类型”为“影片剪辑”，如图271-1所示。

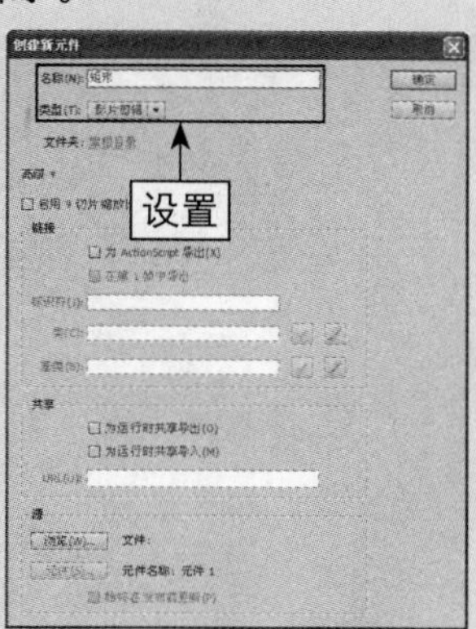

图271-1　“创建新元件”对话框

02 单击“确定”按钮，进入影片剪辑元件编辑模式，选取工具箱中的钢笔工具，在舞台区绘制一个礼盒，并填充其颜色，即可完成影片剪辑元件的创建，如图271-2所示。

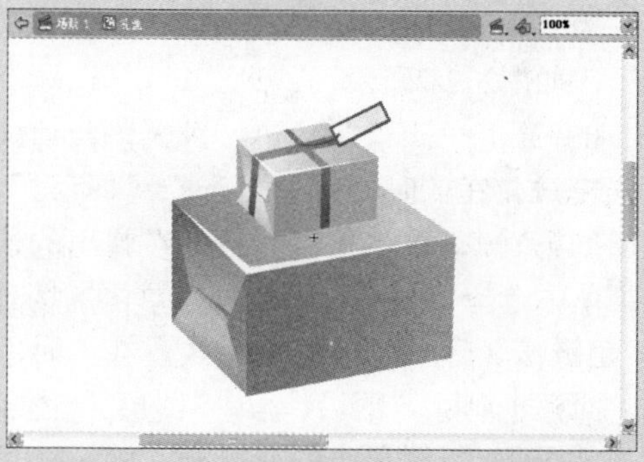

图271-2　创建影片剪辑元件

专家提醒

在Flash CS5中，影片剪辑元件是在主影片中嵌入的影片，可以为影片剪辑添加动画、动作、声音、其他元件以及其他影片剪辑。

第272集　转换为影片剪辑元件

素材：素材\第14章\272-1.fla

效果：效果\第14章\第272集.fla

视频：视频\第14章\第272集.swf

时长：132秒

难度：★★★★★

关键技术：“复制帧”选项

01 单击“文件”|“打开”命令，打开一个素材文件，在“时间轴”面板中选择所有帧，如图272-1所示。

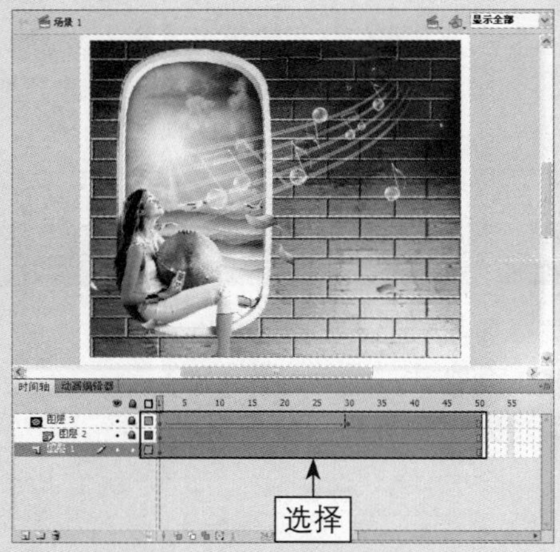

图272-1　选择所有帧

02 单击鼠标右键，在弹出的快捷菜单中选择“复制帧”命令，按Ctrl+F8组合键，弹出“创建新元件”对话框，设置“名称”为“音乐国度”、“类型”为“影片剪辑”，如图272-2所示。

03 单击“确定”按钮，进入影片剪辑编辑模式，在“时间轴”中选择“图层1”图层的第1帧，单击鼠标右键，在弹出的快捷菜单中选择“粘贴帧”命令，单击“场景1”超链接，返回场景编辑模式。在“时间轴”面板中删除“图层1”、“图层2”图层以及“图层3”图层上的所有帧，将“图层3”图层转换为普通图层，选择“图层3”图层的第1帧，按F6键插入关键帧。在“库”面板中将“音乐国度”影片剪辑元件拖曳至舞台区适当位置。

04 按Ctrl+Enter组合键测试动画，如图272-3所示。

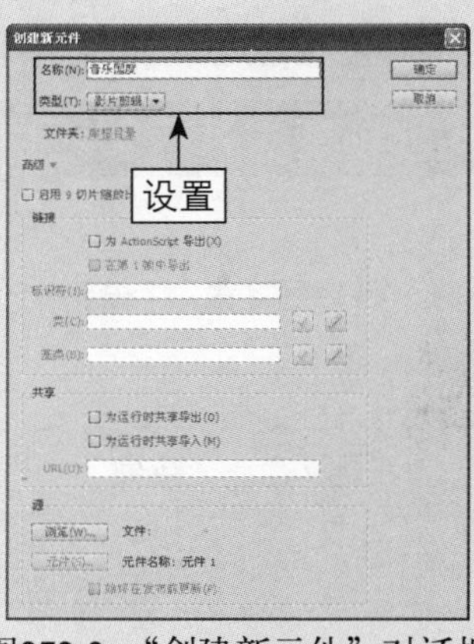

图272-2　“创建新元件”对话框

图272-3　测试动画效果

专家提醒

在Flash CS5中，如果读者已经在舞台区创建了一个动画序列，并想在影片的其他地方重复使用它，可以将其转换为影片剪辑元件。

第273集　创建按钮元件

素材：无

视频：视频\第14章\第273集.swf

难度：★★★★★

效果：效果\第14章\第273集.fla

时长：80秒

关键技术："按钮"选项

01 单击"插入"|"新建元件"命令，弹出"创建新元件"对话框，设置"名称"为start、"类型"为"按钮"，如图273-1所示。

02 单击"确定"按钮，进入按钮元件编辑模式，选取工具箱中的文本工具，在舞台区创建一个静态文本，如图273-2所示。

03 在"时间轴"面板中选择"指针经过"帧，按F6键插入关键帧，选择文本对象，在"属性"面板中设置"颜色"为黄色（#CCC61E），如图273-3所示。

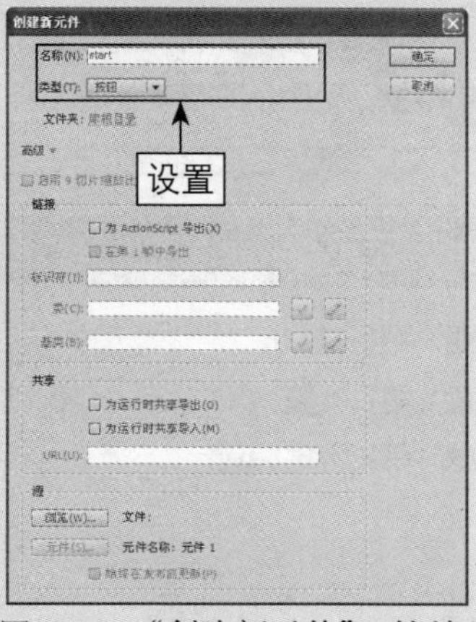

图273-1　"创建新元件"对话框

图273-2　创建文本

图273-3　设置颜色

04 在"时间轴"面板中选择"按下"帧，按F6键插入关键帧，选择文本对象，在"属性"面板中设置"颜色"为浅紫色（#CC4FF0），如图273-4所示。

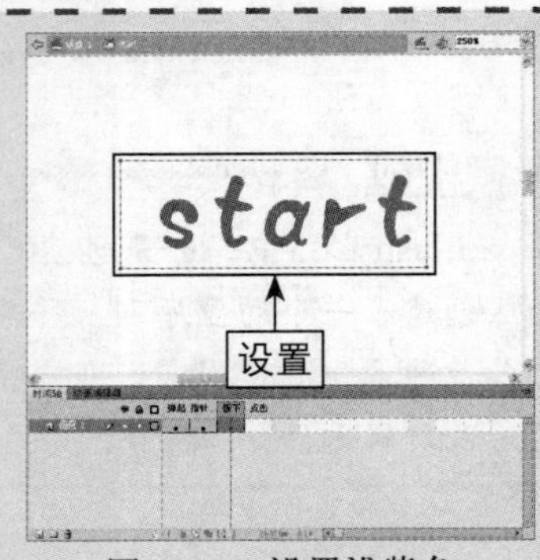

图273-4　设置浅紫色

05 在“时间轴”面板中选择“点击”帧，按F5键插入帧，即可完成按钮元件的创建。

专家提醒

在Flash CS5中，按钮元件中不同的帧对应不同的效果，读者可以根据需要来设计按钮元件的样式。

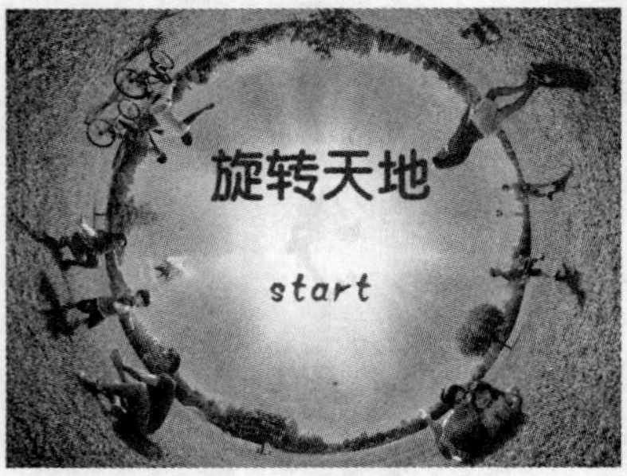

第274集　使用按钮元件

素材：素材\第14章\274-1.fla
效果：效果\第14章\第274集.fla
视频：视频\第14章\第274集.swf
时长：34秒
难度：★★★
关键技术：拖曳鼠标

01 单击“文件”|“打开”命令，打开一个素材文件，如图274-1所示。

图274-1　素材文件

02 单击“窗口”|“库”命令，展开“库”面板，拖曳start按钮元件至舞台区适当位置后释放鼠标，即可使用按钮元件，如图274-2所示。

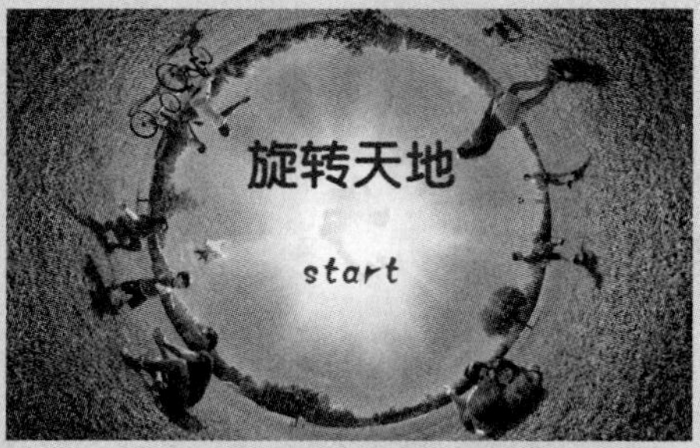

图274-2　使用按钮元件

专家提醒

在Flash CS5中，将元件直接从“库”面板中拖曳至舞台区即可使用元件。

第275集　移动按钮元件

素材：素材\第14章\275-1.fla
效果：效果\第14章\第275集.fla
视频：视频\第14章\第275集.swf
时长：35秒
难度：★★★
关键技术：选择工具

01 单击“文件”|“打开”命令，打开一个素材文件。选取工具箱中的选择工具，然后选择舞台区的按钮元件实例，如图275-1所示。

图275-1 选择按钮元件

02 拖曳至舞台区适当位置后释放鼠标，即可移动按钮元件，如图275-2所示。

图275-2 移动按钮元件

专家提醒

在Flash CS5中，要在按钮的激活状态下移动按钮，只能通过改变属性面板中X和Y的数值或按键盘上的方向键来调整其位置。

14.2 管理元件

第276集 删除元件

素材：素材\第14章\276—1.fla
视频：视频\第14章\第276集.swf
难度：★★
效果：效果\第14章\第276集.fla
时长：28秒
关键技术：Delete键

01 单击“文件”|“打开”命令，打开一个素材文件，单击“窗口”|“库”命令，展开“库”面板，选择“元件2”图形元件，如图276-1所示。

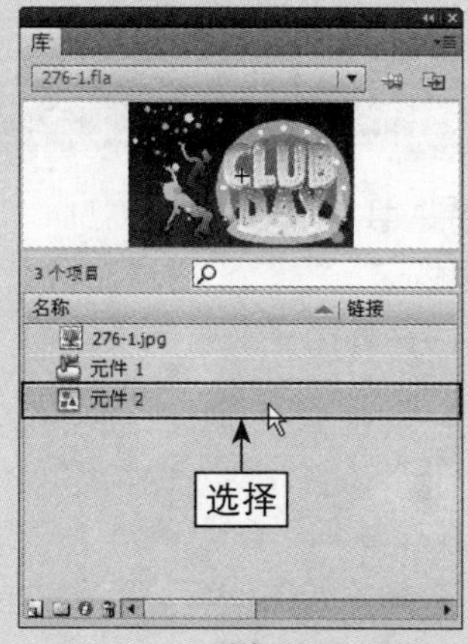

图276-1 选择图形元件

02 按Delete键即可将选择的元件删除，如图276-2所示。

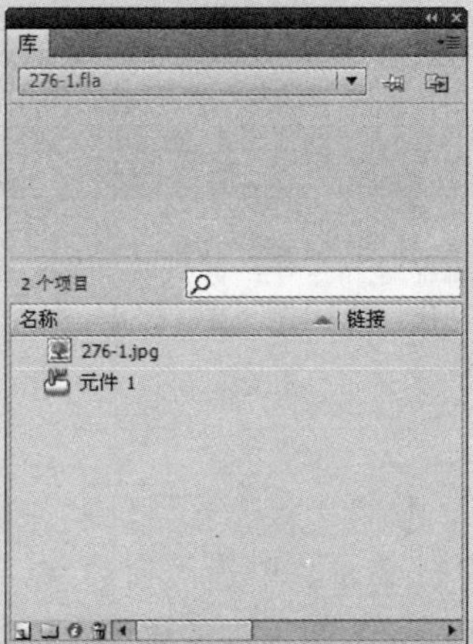

图276-2 删除元件

专家提醒

在Flash CS5中，除了运用上述方法可以删除元件外，还有以下两种方法：

- 选项：选择要删除的元件，单击鼠标右键，在弹出的快捷菜单中选择“删除”命令。
- 按钮：选择要删除的元件，然后单击“库”面板底部的删除按钮。

第277集　设置元件属性

素材：素材\第14章\277—1.fla

视频：视频\第14章\第277集.swf

难度：★★★

效果：效果\第14章\第277集.fla

时长：40秒

关键技术：“清除帧”选项

01 单击“文件”|“打开”命令，打开一个素材文件。单击“窗口”|“库”命令，展开“库”面板，选择“香烟”图形元件，如图277-1所示。

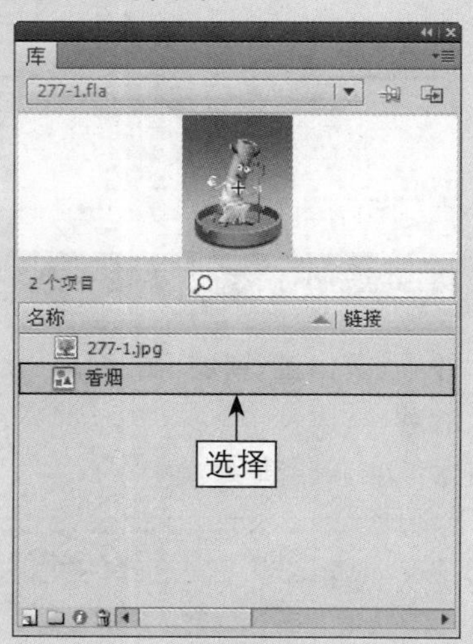

图277-1　选择图形元件

02 单击鼠标右键，在弹出的快捷菜单中选择“属性”命令，弹出“元件属性”对话框，设置“类型”为“影片剪辑”，如图277-2所示。单击“确定”按钮，即可完成对元件属性的设置。

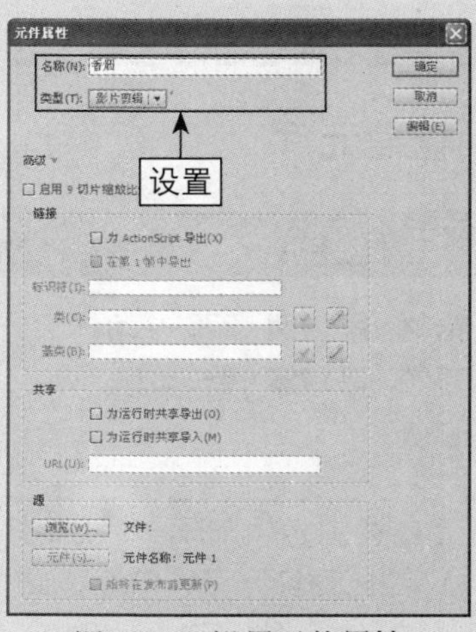

图277-2　设置元件属性

第278集　直接复制元件

素材：素材\第14章\278—1.fla

视频：视频\第14章\第278集.swf

难度：★★★

效果：效果\第14章\第278集.fla

时长：35秒

关键技术：“直接复制”选项

01 单击“文件”|“打开”命令，打开一个素材文件。单击“窗口”|“库”命令，展开“库”面板，选择“羽翼天使”图形元件，如图278-1所示。

02 单击鼠标右键，在弹出的快捷菜单中选择“直接复制”命令，弹出“直接复制元件”对话框，如图278-2所示。单击“确定”按钮，即可直接复制元件。

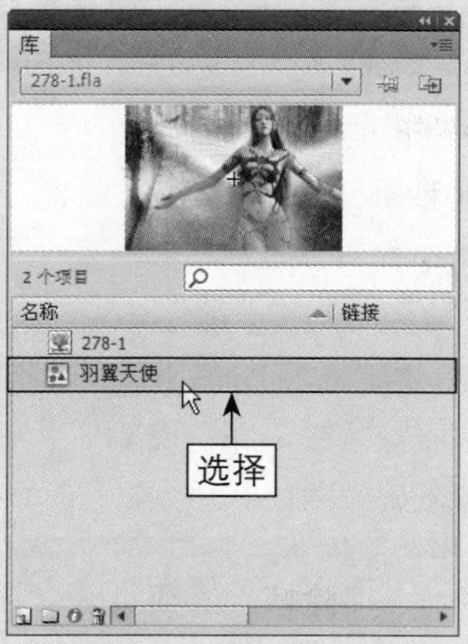

图278-1　选择图形元件

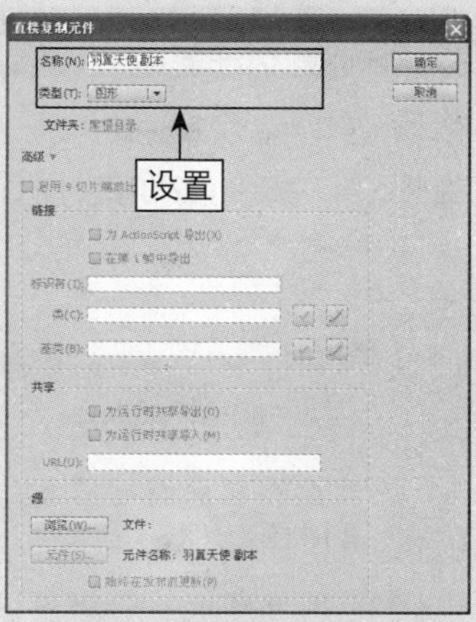

图278-2　“直接复制元件”对话框

专家提醒

在Flash CS5中，选择舞台区需要复制的元件，单击“修改”|“元件”|“直接复制”命令，也可直接复制所选的元件。

第279集　移出文件夹中的元件

素材：素材\第14章\279—1.fla　　效果：效果\第14章\第279集.fla

视频：视频\第14章\第279集.swf　　时长：32秒

难度：★★★　　关键技术：拖曳鼠标

01 单击“文件”|“打开”命令，打开一个素材文件。单击“窗口”|“库”命令，展开“库”面板，在“鸟”图层文件夹中选择“鸟1”图形元件，如图279-1所示。

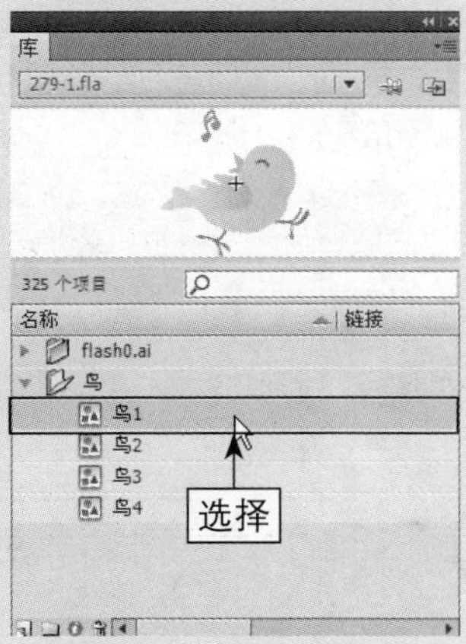

图279-1　选择图形元件

02 向下拖曳至文件夹下方后释放鼠标，即可移出文件夹中的元件，如图279-2所示。

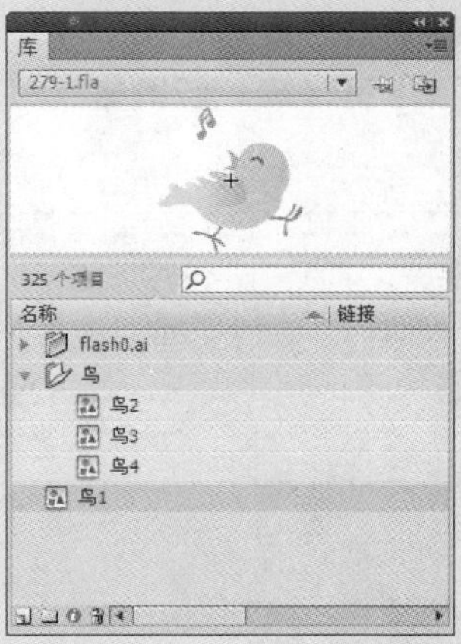

图279-2　将元件移出文件夹

专家提醒

在Flash CS5中，读者可以将元件从一个文件夹移动至另一个文件夹中。

第280集　在“库”面板中查看元件

素材：素材\第14章\280-1.fla　　效果：无
视频：视频\第14章\第280集.swf　　时长：30秒
难度：★★　　关键技术：元件预览框

01 单击“文件”|“打开”命令，打开一个素材文件。单击“窗口”|“库”命令，展开“库”面板，选择“草地”影片剪辑元件，如图280-1所示。

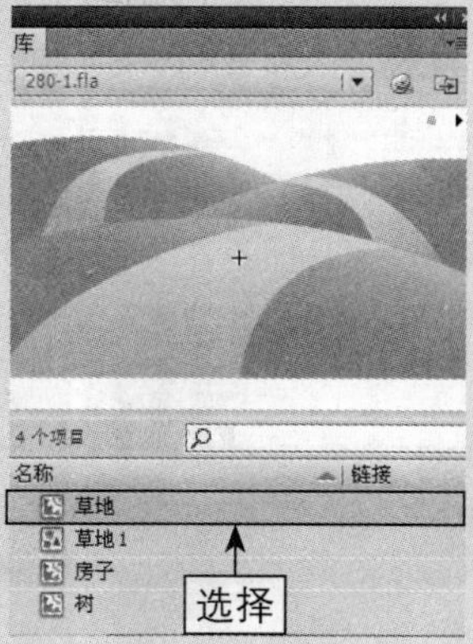

图280-1　选择影片剪辑元件

02 单击“库”面板中元件预览框右上角的“播放”按钮，即可查看影片剪辑元件的播放状态，如图280-2所示。

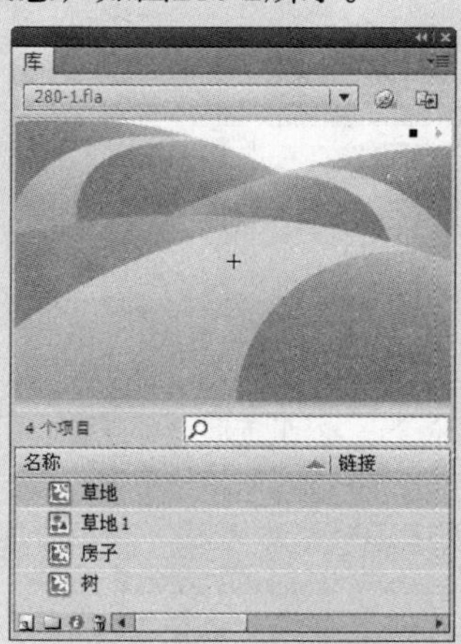

图280-2　查看元件

14.3　编辑元件

第281集　在当前位置编辑元件

素材：素材\第14章\281-1.fla　　效果：无
视频：视频\第14章\第281集.swf　　时长：27秒
难度：★★　　关键技术：双击鼠标

01 单击“文件”|“打开”命令，打开一个素材文件。选取工具箱中的选择工具，然后选择舞台区的影片剪辑元件实例，如图281-1所示。

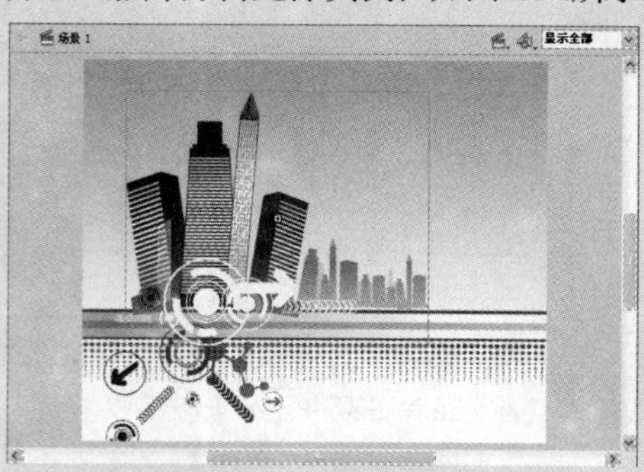

图281-1　选择影片剪辑元件实例

02 双击鼠标，即可进入当前位置编辑元件模式，如图281-2所示。

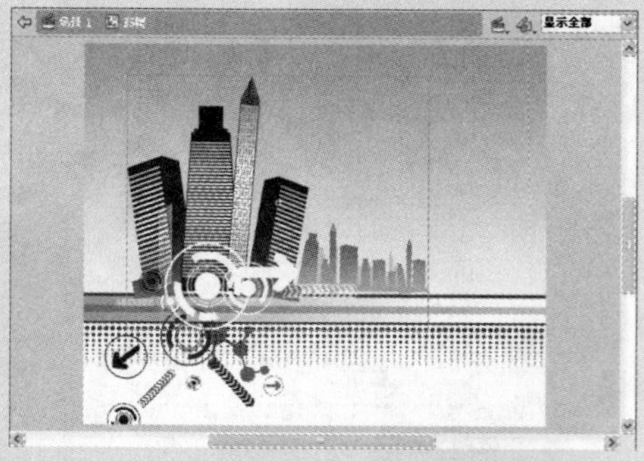

图281-2　在当前位置编辑模式

专家提醒

除了运用上述方法可以在当前位置编辑元件外，还有以下两种方法。

- 命令：单击“编辑”|“在当前位置编辑”命令。
- 选项：在库元件上单击鼠标右键，在弹出的快捷菜单中选择“在当前位置编辑”命令。

第282集 在新窗口中编辑元件

素材：素材\第14章\282-1.fla　　效果：无
视频：视频\第14章\第282集.swf　　时长：33秒
难度：★★★　　关键技术：“在新窗口中编辑元件”选项

01 单击“文件”|“打开”命令，打开一个素材文件。选取工具箱中的选择工具，然后选择舞台区的影片剪辑元件实例，如图282-1所示。

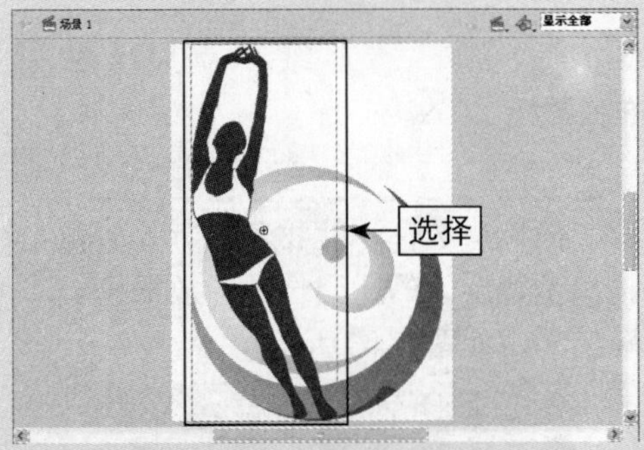

图282-1 选择影片剪辑元件实例

02 单击鼠标右键，在弹出的快捷菜单中选择“在新窗口中编辑”命令，即可进入新窗口编辑元件模式，如图282-2所示。

图282-2 在新窗口中编辑模式

专家提醒

在Flash CS5中，设置在新窗口中编辑元件后，所选元件将被放置在一个单独的窗口中进行编辑，可以同时看到该元件和时间轴，正在编辑的元件名称会显示在舞台区左上角的信息栏内。

第283集 在元件编辑模式下编辑元件

素材：素材\第14章\283-1.fla　　效果：无
视频：视频\第14章\第283集.swf　　时长：30秒
难度：★★　　关键技术：“编辑”选项

01 单击“文件”|“打开”命令，打开一个素材文件。选取工具箱中的选择工具，然后选择舞台区的影片剪辑元件实例，如图283-1所示。

02 单击鼠标右键，在弹出的快捷菜单中选择“编辑”命令，即可进入元件编辑模式，如图283-2所示。

图283-1　选择影片剪辑元件实例

图283-2　元件编辑模式

14.4　创建与编辑实例

第284集　创建实例

素材：素材\第14章\284—1.fla
效果：效果\第14章\第284集.fla
视频：视频\第14章\第284集.swf
时长：39秒
难度：★★★
关键技术：拖曳鼠标

01 单击“文件”|“打开”命令，打开一个素材文件，如图284-1所示。

图284-1　素材文件

02 单击“窗口”|“库”命令，展开“库”面板，选择“礼物车”影片剪辑元件并拖曳至舞台区的适当位置释放鼠标，即可创建实例，如图284-2所示。

图284-2　创建实例

第285集　分离实例

素材：素材\第14章\285—1.fla
效果：效果\第14章\第285集.fla
视频：视频\第14章\第285集.swf
时长：33秒
难度：★★★
关键技术：“分离”命令

01 单击“文件”|“打开”命令，打开一个素材文件。选取工具箱中的选择工具，然后选择舞台区的实例对象，如图285-1所示。

图285-1　选择实例对象

02 多次单击“修改”|“分离”命令，即可将实例分离，如图285-2所示。

图285-2　分离实例

第286集　复制实例

素材：素材\第14章\286—1.fla
效果：效果\第14章\第286集.fla
视频：视频\第14章\第286集.swf
时长：45秒
难度：★★★★
关键技术：拖曳鼠标

01 单击“文件”|“打开”命令，打开一个素材文件。选取工具箱中的选择工具，然后选择舞台区的实例对象，如图286-1所示。

图286-1　选择实例对象

02 按住Alt键的同时，拖曳至适当位置后释放鼠标，即可复制实例，单击“修改”|“变形”|“水平翻转”命令，水平翻转实例，效果如图286-2所示。

图286-2　最终效果

第287集　改变实例的类型

素材：素材\第14章\287—1.fla
效果：效果\第14章\第287集.fla
视频：视频\第14章\第287集.swf
时长：31秒
难度：★★★
关键技术：“实例行为”列表框

01 单击“文件”|“打开”命令，打开一个素材文件。选取工具箱中的选择工具，然后选择舞台区的实例对象，如图287-1所示。

图287-1 选择实例对象

02 单击“属性”面板最上端的“实例行为”下三角按钮，在弹出的下拉列表中选择“图形”选项，如图287-2所示，即可改变实例的类型。

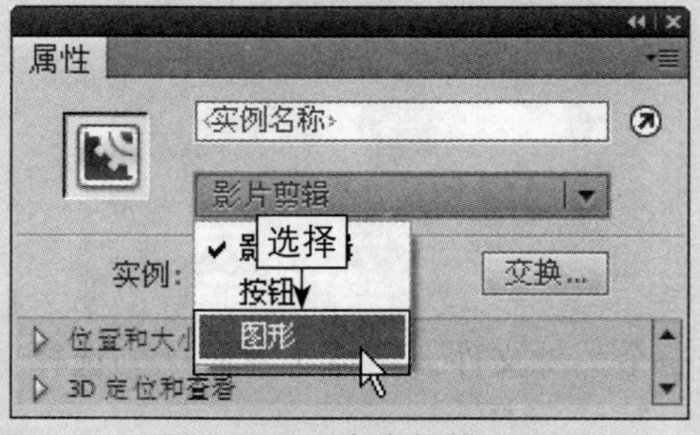

图287-2 改变实例的类型

第288集 改变实例的颜色

素材：素材\第14章\288—1.fla

效果：效果\第14章\第288集.fla

视频：视频\第14章\第288集.swf

时长：36秒

难度：★★★

关键技术：“色调”选项

01 单击“文件”|“打开”命令，打开一个素材文件，如图288-1所示。

图288-1 素材文件

02 选取工具箱中的选择工具，选择舞台区的实例对象，如图288-2所示。

图288-2 选择实例对象

03 在“属性”面板中设置“样式”为“色调”，其他各参数如图288-3所示。

图288-3 设置属性

04 操作完成后，即可改变实例的颜色，如图288-4所示。

图288-4 改变实例的颜色

第289集　改变实例的透明度

素材：素材\第14章\289—1.fla
效果：效果\第14章\第289集.fla
视频：视频\第14章\第289集.swf
时长：35秒
难度：★★★
关键技术：Alpha选项

01 单击“文件”|“打开”命令，打开一个素材文件。选取工具箱中的选择工具，然后选择舞台区的实例对象，如图289-1所示。

图289-1　选择实例对象

02 在“属性”面板中设置“样式”为Alpha、“Alpha数量”为50，按Enter键进行确认，即可改变实例的透明度，如图289-2所示。

图289-2　改变实例的透明度

专家提醒

在Flash CS5中，设置Alpha的值即是设置透明度，当设置其值为0%时，所选元件实例为透明；当设置其值为100%时，所选元件实例为不透明。

第290集　为实例交换元件

素材：素材\第14章\290—1.fla
效果：效果\第14章\第290集.fla
视频：视频\第14章\第290集.swf
时长：40秒
难度：★★★
关键技术：“交换元件”对话框

01 单击"文件"|"打开"命令，打开一个素材文件。选取工具箱中的选择工具，然后选择舞台区的实例对象，如图290-1所示。

图290-1　选择实例对象

02 在"属性"面板中单击"交换"按钮，如图290-2所示。

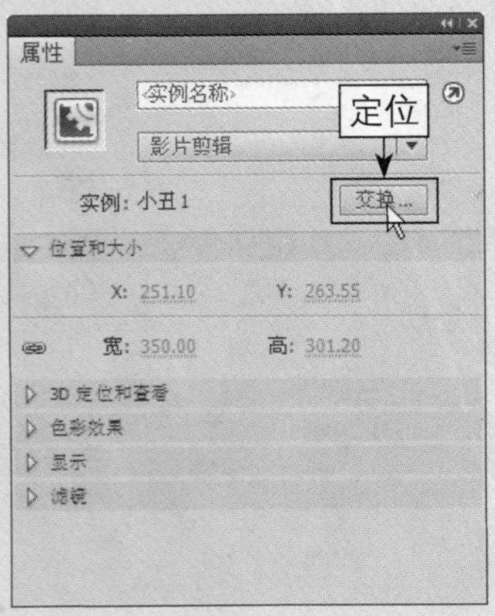

图290-2　单击"交换"按钮

03 弹出"交换元件"对话框，在其中选择"小丑2"影片剪辑元件，如图290-3所示。

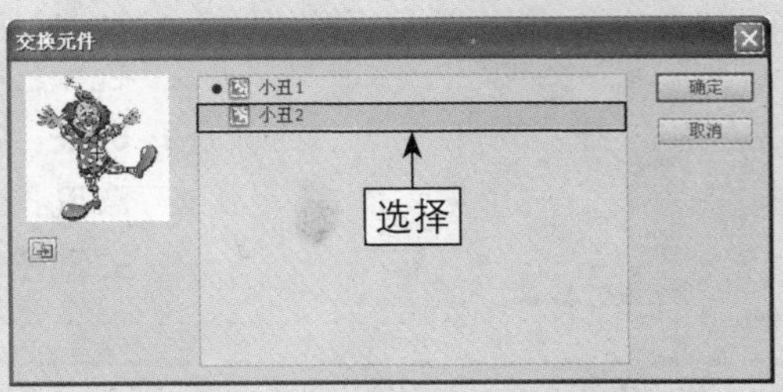

图290-3　"交换元件"对话框

04 单击"确定"按钮，即可为元件交换实例，如图290-4所示。

图290-4　为元件交换实例

第15章 使用库文件

在Flash CS5中，“库”面板是存储和管理在Flash中创建的各种元件和导入文件的场所，使用“库”面板可以对各种可重复使用的资源进行合理的管理和分类，从而方便在编辑影片时使用这些资源。本章主要介绍使用库项目、编辑库文件、创建公用库、共享库资源的操作方法。

15.1 使用库项目

第291集 创建库元件

素材：无
视频：视频\第15章\第291集.swf
难度：★★

效果：效果\第15章\第291集.fla
时长：30秒
关键技术：“新建元件”命令

01 单击“插入”|“新建元件”命令，弹出“创建新元件”对话框，在“名称”文本框中输入“库元件”文本，单击“类型”右侧的下三角按钮，在弹出的下拉列表中选择“影片剪辑”选项，如图291-1所示。

02 单击“确定”按钮，即可创建库元件，如图291-2所示。

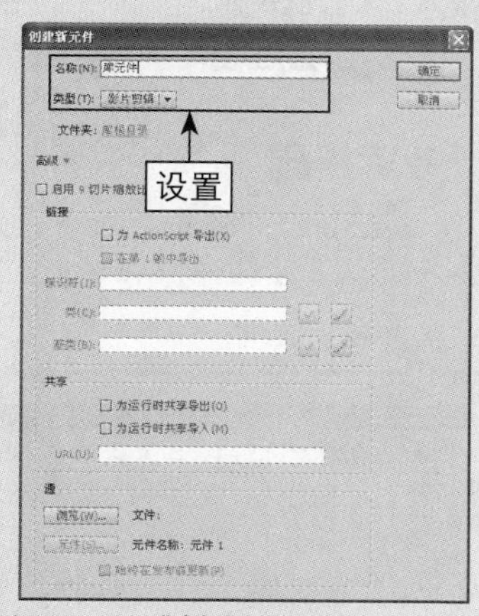

图291-1 “创建新元件”对话框

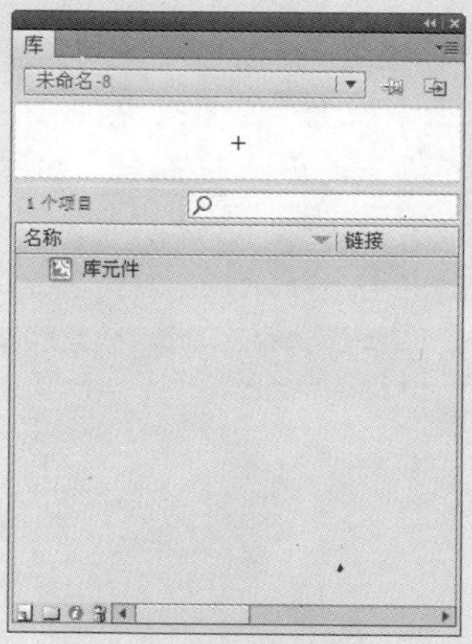

图291-2 创建的库元件

第292集 查看库元件

素材：素材\第15章\292—1.fla
视频：视频\第15章\第292集.swf
难度：★★

效果：无
时长：25秒
关键技术：元件预览框

01 单击“文件”|“打开”命令，打开一个素材文件。单击“窗口”|“库”命令，展开“库”面板，将鼠标移至“眼睛”影片剪辑元件上方，如图292-1所示。

02 单击鼠标，即可查看库元件，如图292-2所示。

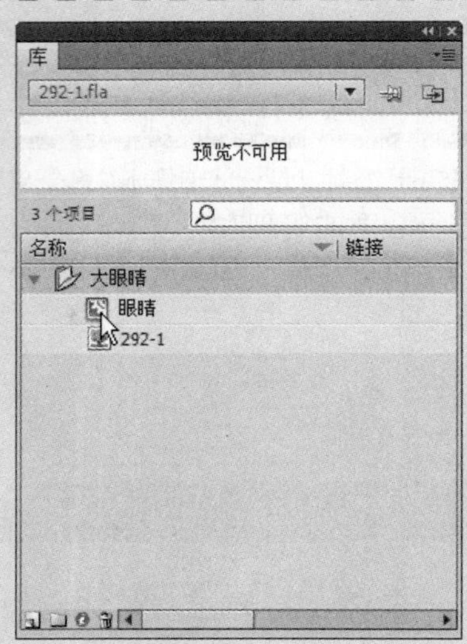

图292-1　定位鼠标

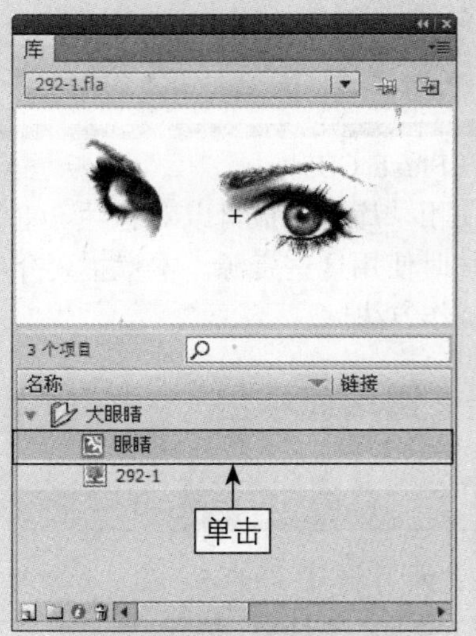

图292-2　查看库元件

第293集　删除库元件

素材：素材\第15章\293—1.fla
效果：效果\第15章\第293集.fla
视频：视频\第15章\第293集.swf
时长：24秒
难度：★★
关键技术：Delete键

01 单击“文件”|“打开”命令，打开一个素材文件。单击“窗口”|“库”命令，展开“库”面板，选择“水果”影片剪辑元件，如图293-1所示。

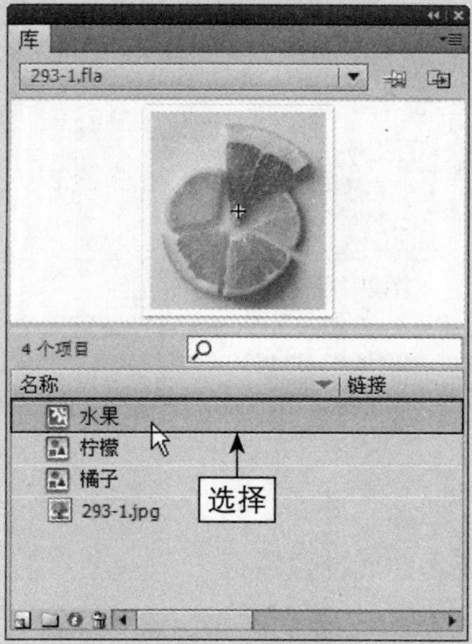

图293-1　选择元件

02 按Delete键，即可删除库元件，如图293-2所示。

专家提醒

在Flash CS5中，对于“库”面板中多余的元件，可以将其删除，删除后不能复原。

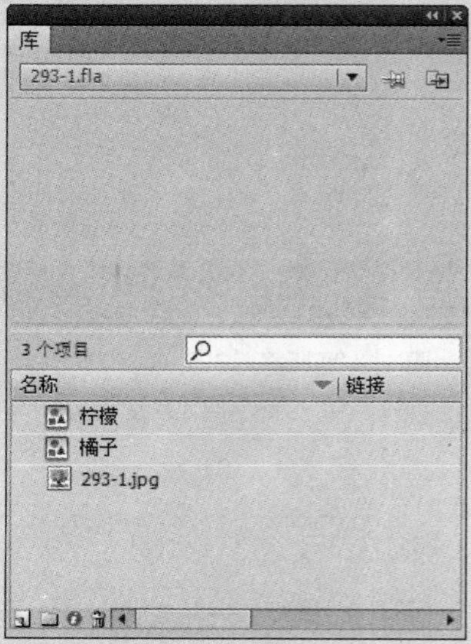

图293-2　删除库元件

专家提醒

在Flash CS5中，还可以用以下3种方法删除库元件。

- 按钮：选择需要删除的元件，单击“库”面板底部的“删除”按钮。
- 选项1：选择需要删除的元件，单击鼠标右键，在弹出的快捷菜单中选择“删除”命令。
- 选项2：单击“库”面板右上角的下三角按钮，在弹出的面板菜单中选择“删除”命令。

第294集 转换元件类型

素材：素材\第15章\294-1.fla
视频：视频\第15章\第294集.swf
难度：★★★
效果：效果\第15章\第294集.fla
时长：38秒
关键技术：“类型”下拉列表框

01 单击“文件”|“打开”命令，打开一个素材文件。单击“窗口”|“库”命令，展开“库”面板，选择“彩妆”图形元件，如图294-1所示。

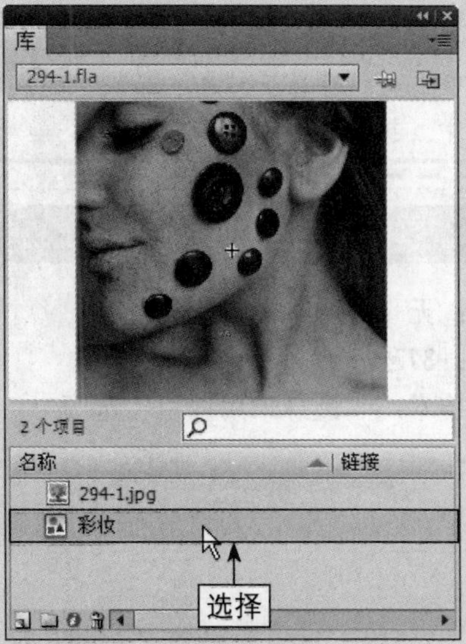

图294-1 选择图形元件

02 单击鼠标右键，在弹出的快捷菜单中选择“属性”命令，弹出“元件属性”对话框，设置“类型”为“影片剪辑”，单击“确定”按钮，即可将图形元件转换为影片剪辑元件，如图294-2所示。

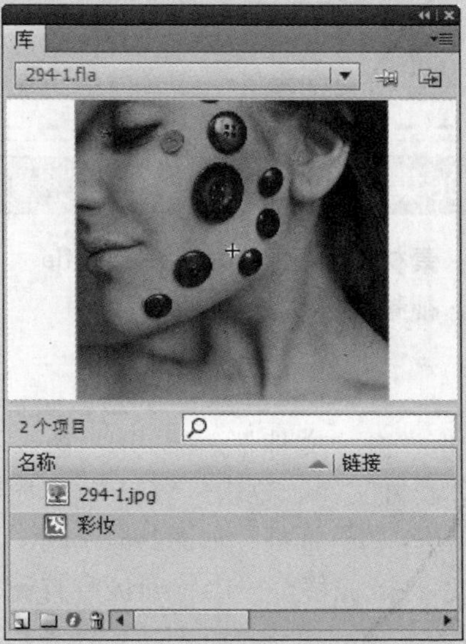

图294-2 转换元件类型

专家提醒

在Flash影片动画的制作中，可以随时将库中的元件类型转换为需要的类型。例如，将图形元件转换成影片剪辑，使之具有影片剪辑元件的属性。

第295集　搜索库元件

素材：素材\第15章\第295集.fla　　效果：无
视频：视频\第15章\第295集.swf　　时长：31秒
难度：★★★　　关键技术：搜索文本框

01 单击“文件”|“打开”命令，打开一个素材文件。单击“窗口”|“库”命令，展开“库”面板，单击“库”面板的搜索文本框，激活搜索文本框，如图295-1所示。

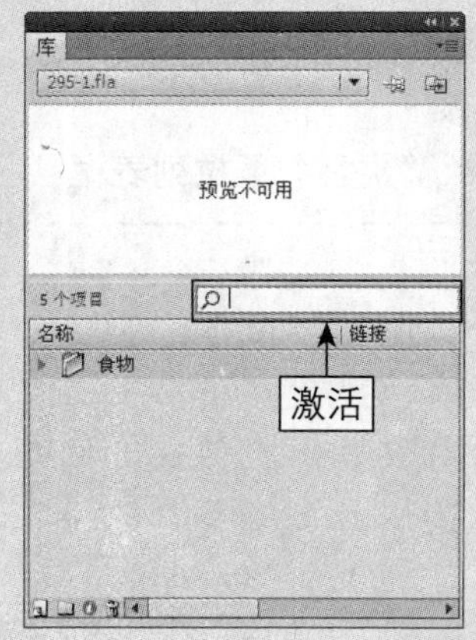

图295-1　激活搜索文本框

02 在搜索文本框中输入“爱心早点”文本，即可搜索到“爱心早点”元件，如图295-2所示。

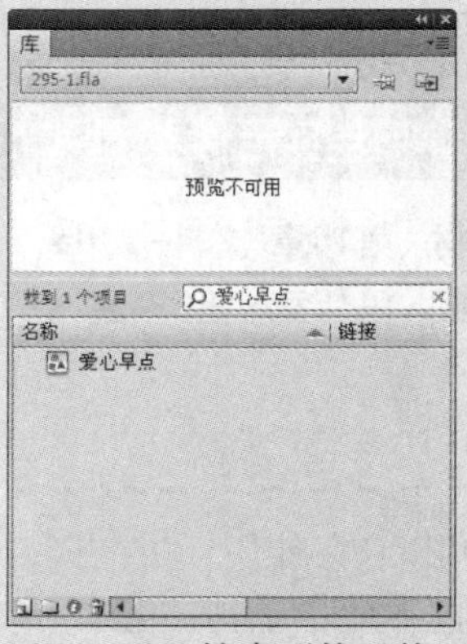

图295-2　搜索到的元件

专家提醒

在Flash CS5中，可以在搜索文本框中查找存在于“库”面板中的任何元件，包括位图、音频、视频等。

第296集　选择未用库元件

素材：素材\第15章\第296-1集.fla　　效果：无
视频：视频\第15章\第296集.swf　　时长：37秒
难度：★★★　　关键技术：“选择未用项目”选项

01 单击“文件”|“打开”命令，打开一个素材文件。单击“窗口”|“库”命令，展开“库”面板，如图296-1所示。

02 将鼠标移至“库”面板所有元件下方的空白位置，单击鼠标右键，在弹出的快捷菜单中选择“选择未用项目”命令，即可在“库”面板中选择未用的库元件，如图296-2所示。

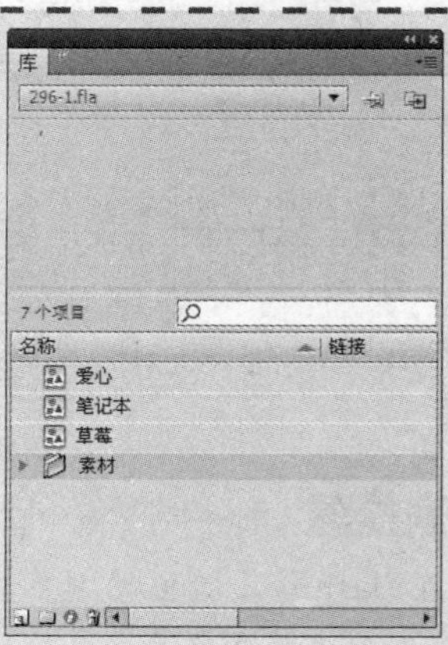

图296-1　“库”面板

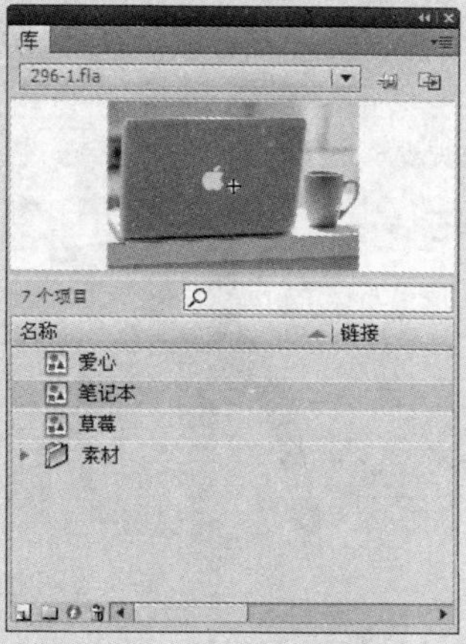

图296-2 选择未用库元件

专家提醒

在制作复杂的Flash影片时，可能会在“库”面板中用到很多的元件，选择未用库元件可以很清晰地知道哪些库元件还没有在场景中用到。

第297集 调用其他库元件

素材：素材\第15章\297—1.fla、297—2.fla

效果：效果\第15章\第297集.fla

视频：视频\第15章\第297集.swf

时长：42秒

难度：★★★★

关键技术：“库”面板

01 单击“文件”|“打开”命令，打开一个素材文件，如图297-1所示。

图297-1 素材文件

02 单击“库”面板最上端的下三角按钮，在弹出的下拉列表中选择297-2选项，如图297-2所示。

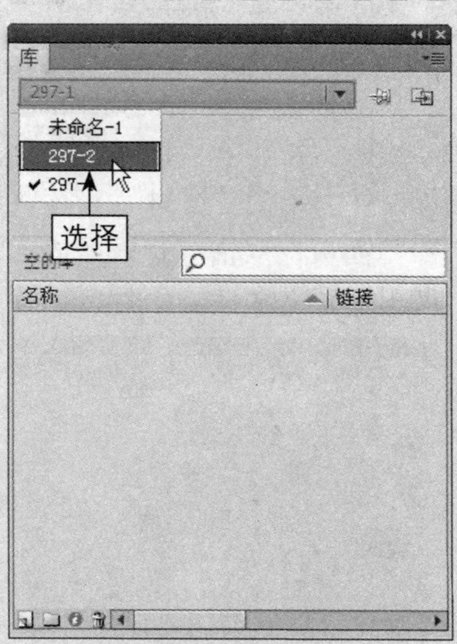

图297-2 库下拉列表

03 执行操作后，即可在297-1.fla文件中调用297-2.fla文件的库，如图297-3所示。

04 将“美女”图形元件拖曳至舞台区适当位置，如图297-4所示，应用库项目。

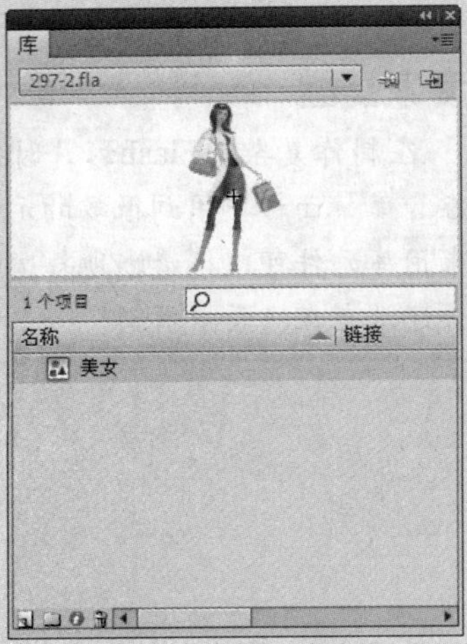

图297-3　调用其他库

图297-4　调用其他库元件

专家提醒

在Flash CS5中，只有在打开两个或两个以上的Flash文件之后，才能在库列表框中执行调用其他库的操作。

第298集　重命名库元件

素材：素材\第15章\298—1.fla

效果：效果\第15章\第298集.fla

视频：视频\第15章\第298集.swf

时长：33秒

难度：★★★

关键技术：双击鼠标

01 单击“文件”|“打开”命令，打开一个素材文件。单击“窗口”|“库”命令，展开“库”面板，双击“音乐播放器”图形元件，调出输入文本框，如图298-1所示。

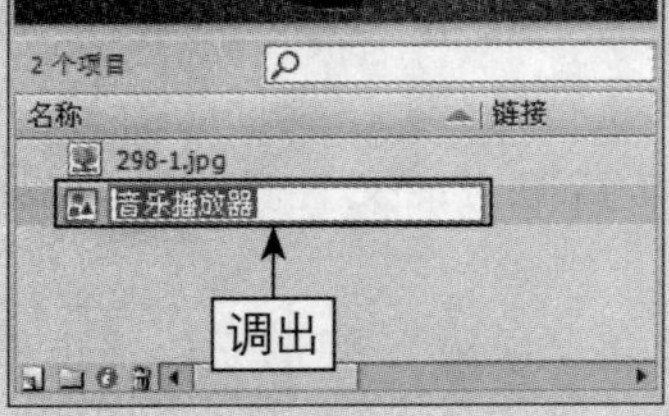

图298-1　调出输入文本框

02 在文本框中输入MP3文本，即可重命名库元件，如图298-2所示。

专家提醒

在Flash CS5中，重命名库元件还有以下两种方法。

- 选项1：将鼠标移至库元件上，单击鼠标右键，在弹出的快捷菜单中选择“重命名”命令，在输入文本框中输入名称即可。
- 选项2：将鼠标移至库元件上，单击鼠标右键，在弹出的快捷菜单中选择“属性”命令，弹出“元件属性”对话框，在“名称”文本框中输入名称后，单击“确定”按钮即可。

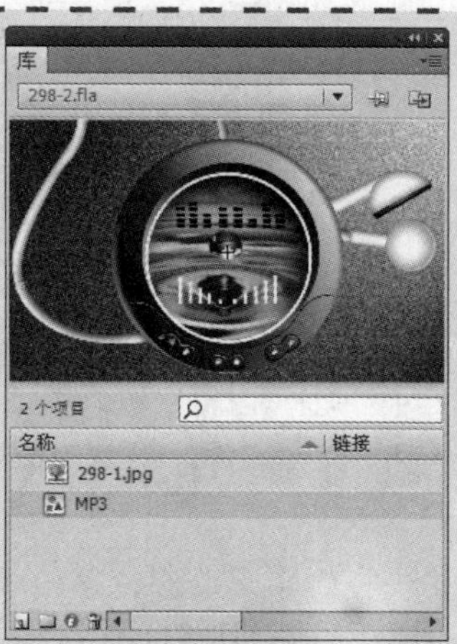

图298-2　重命名库元件

15.2　编辑库文件

第299集　编辑元件

素材：素材\第15章\299−1.fla
效果：效果\第15章\第299集.fla
视频：视频\第15章\第299集.swf
时长：29秒
难度：★★
关键技术：元件编辑模式

01 单击“文件”|“打开”命令，打开一个素材文件。选择舞台区的元件实例，如图299-1所示。

图299-1　选择元件实例

02 双击鼠标，进入元件编辑模式，在“属性”面板中设置“颜色”为棕红色（#990000），如图299-2所示。

专家提醒

在Flash CS5中，还可以运用以下两种方法进入元件编辑模式。

- 命令：将鼠标移至“库”面板中需要编辑的元件上，单击鼠标右键，在弹出的快捷菜单中选择“编辑”命令即可。
- 按钮：选择需要编辑的元件，单击鼠标右键，在弹出的快捷菜单中选择“属性”命令，弹出“元件属性”对话框，单击“编辑”按钮即可。

图299-2　编辑后的元件效果

第300集　编辑声音

素材：素材\第15章\300-1.fla　　效果：效果\第15章\第300集.fla
视频：视频\第15章\第300集.swf　　时长：38秒
难度：★★★　　关键技术：“声音属性”对话框

01 单击“文件”|“打开”命令，打开一个素材文件。单击“窗口”|“库”命令，展开“库”面板，选择a place near by.mp3音频文件，如图300-1所示。

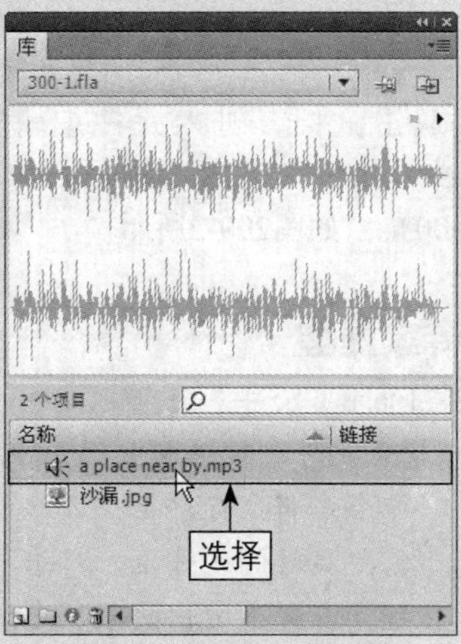

图300-1　选择音频

02 单击鼠标右键，在弹出的快捷菜单中选择“属性”命令，弹出“声音属性”对话框，设置“压缩”为“原始”，如图300-2所示。单击“确定”按钮，即可完成对声音的编辑。

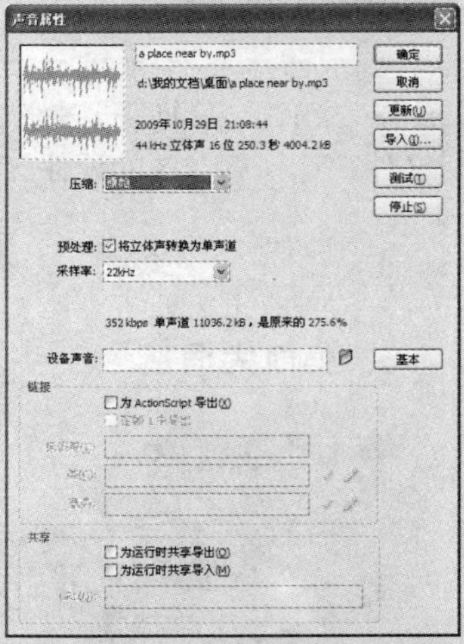

图300-2　“声音属性”对话框

第301集　编辑位图

素材：素材\第15章\301-1.fla　　效果：效果\第15章\第301集.fla
视频：视频\第15章\第301集.swf　　时长：41秒
难度：★★★★　　关键技术：“位图属性”对话框

01 单击“文件”|“打开”命令，打开一个素材文件。单击“窗口”|“库”命令，展开“库”面板，选择301-1.jpg位图图像，如图301-1所示。

图301-1　选择位图图像

02 单击鼠标右键，在弹出的快捷菜单中选择“属性”命令，弹出“位图属性”对话框，设置“压缩”为“无损”，如图301-2所示。单击“确定”按钮，即可完成对位图的编辑。

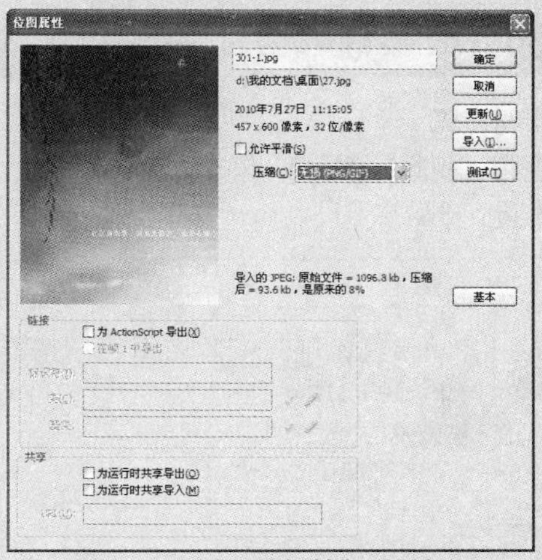

图301-2　“位图属性”对话框

15.3　创建公用库

第302集　创建声音库

素材：无　　　　效果：无

视频：视频\第15章\第302集.swf　　　　时长：13秒

难度：☆　　　　关键技术：“声音”命令

01 单击“窗口”|“公用库”|“声音”命令，如图302-1所示。

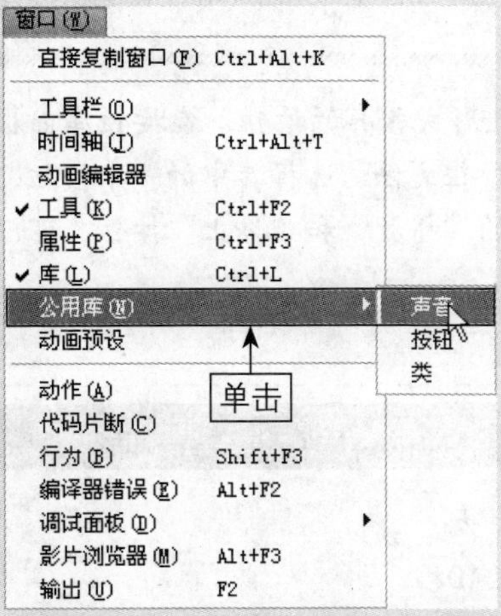

图302-1　单击“声音”命令

02 操作完成后，即可创建一个声音库，如图302-2所示。

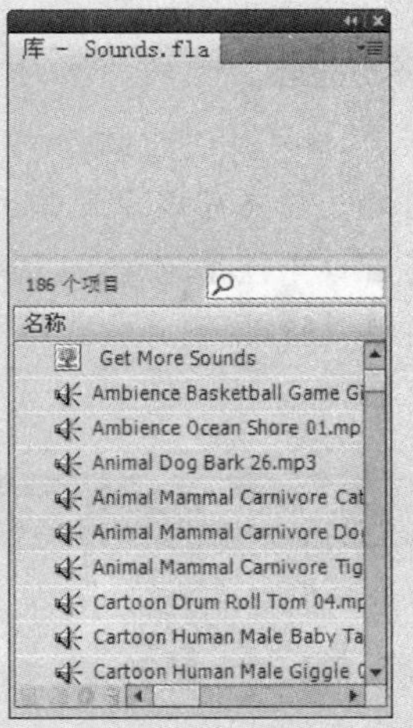

图302-2　创建声音库

专家提醒

在Flash CS5中，在公用库中各元件的调用方法与“库”面板中元件和素材的调用方法是一样的，但在公用库中不能执行新建元件和文件夹以及删除文件和文件夹的操作。

第303集　创建按钮库

素材：无
视频：视频\第15章\第303集.swf
难度：★

效果：无
时长：11秒
关键技术：“按钮”命令

01 单击“窗口”|“公用库”|“按钮”命令，如图303-1所示。

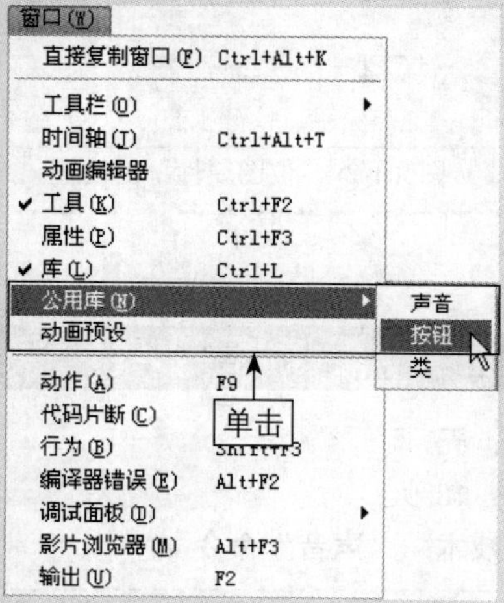

图303-1　单击“按钮”命令

02 操作完成后，即可创建一个按钮库，如图303-2所示。

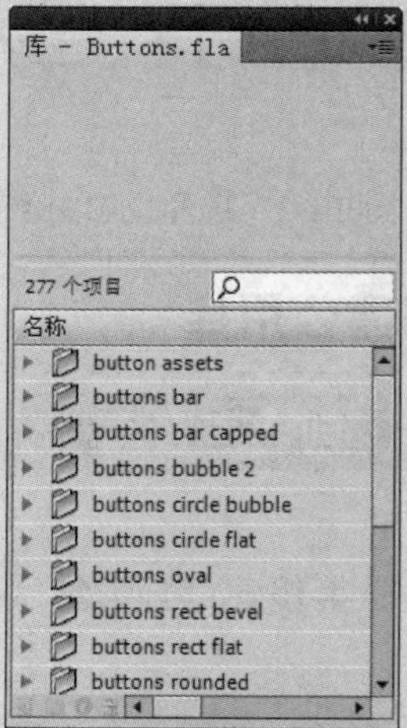

图303-2　创建按钮库

专家提醒

在Flash CS5中，按钮库中提供了内容丰富且形式各异的按钮，在按钮库面板中双击相应的文件夹可以看到该文件夹中包含的多个按钮文件，选择其中的一个按钮，可以在预览窗口中预览该文件，单击预览窗口右上角的“播放”和“停止”按钮，可以查看按钮的播放情况。

第304集　创建类库

素材：无
视频：视频\第15章\第304集.swf
难度：★

效果：无
时长：10秒
关键技术：“类”命令

01 单击“窗口”|“公用库”|“类”命令，如图304-1所示。

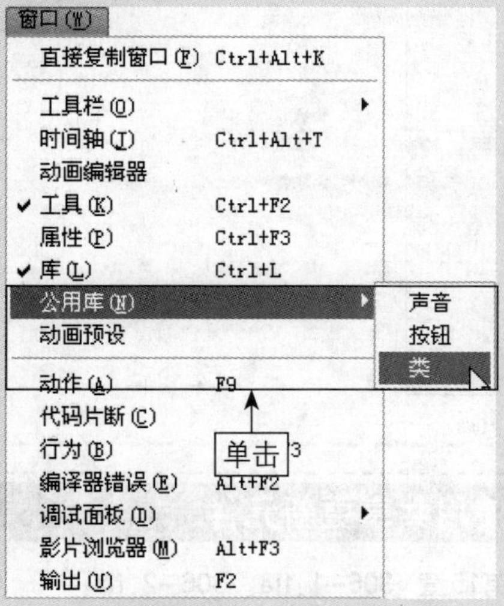

图304-1　单击“类”命令

02 操作完成后，即可创建一个类库，如图304-2所示。

图304-2　创建类库

专家提醒

在Flash CS5中，类库面板中共有3个元件，分别是数据绑定组件、应用组件和网络服务组件。

15.4 共享库资源

第305集　复制库资源

素材：素材\第15章\305—1.fla　　效果：效果\第15章\第305集.fla

视频：视频\第15章\第305集.swf　　时长：49秒

难度：★★★★　　关键技术：“复制”选项

01 单击“文件”|“打开”命令，打开一个素材文件，如图305-1所示。

02 按Ctrl＋A组合键，选择舞台区的全部对象，单击“编辑”|“复制”命令，再单击“文件”|“新建”命令，新建一个空白的Flash文件，在舞台区的空白位置，单击鼠标右键，在弹出的快捷菜单中选择“粘贴到当前位置”命令，即可将打开文件的库资源复制到新建文件的“库”面板中，如图305-2所示。

图305-1　素材文件

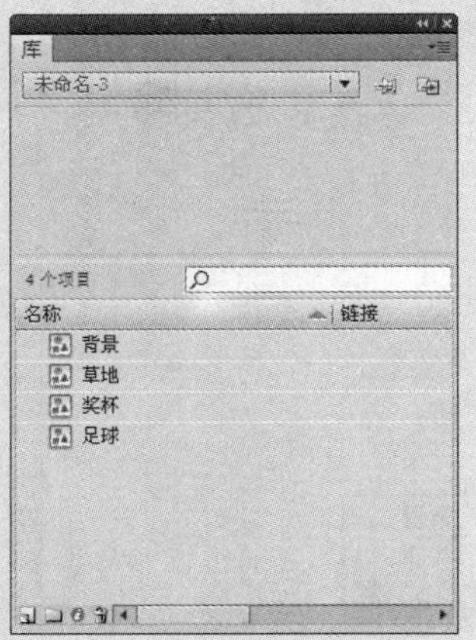

图305-2　复制库资源

第306集　使用共享更新元件

素材：素材\第15章\306-1.fla、306-2.fla

效果：效果\第15章\第306集.fla

视频：视频\第15章\第306集.swf

时长：61秒

难度：★★★★★

关键技术：使用共享更新元件

01 单击“文件”|“打开”命令，打开两个素材文件，如图306-1所示。

图306-1　素材文件

02 在306-1.fla文件的“库”面板中双击“熊猫”元件，进入元件编辑模式。选择“熊猫”文本对象，在“属性”面板中单击“颜色”右侧的色块，在弹出的识色器中选择红色，单击“文件”|“保存”命令，将文档保存。单击舞台区左上角的306-2超链接，切换至306-2.fla文件中，按Ctrl+Enter组合键测试动画，效果如图306-2所示。

图306-2　使用共享更新元件

第307集　使用共享替换元件

素材：素材\第15章\307-1.fla、307-2.fla

效果：效果\第15章\第307集.fla

视频：视频\第15章\第307集.swf

时长：77秒

难度：★★★★★

关键技术："选择元件"对话框

01 单击"文件"|"打开"命令，打开一个素材文件，如图307-1所示。

图307-1　素材文件

02 单击"窗口"|"库"命令，展开"库"面板，选择"篮球"影片剪辑元件，单击鼠标右键，在弹出的快捷菜单中选择"属性"命令，弹出"元件属性"对话框，单击"源"选项区的"浏览"按钮，如图307-2所示。

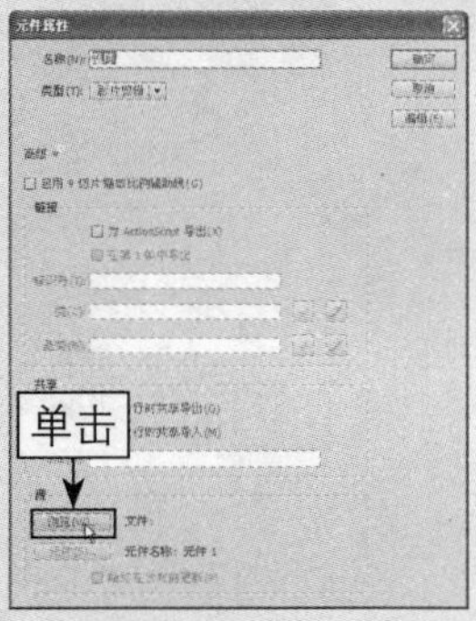

图307-2　单击"浏览"按钮

03 弹出"查找FLA文件"对话框，选择307-2.fla元件，单击"打开"按钮，在弹出的"选择元件"对话框中选择"击剑"图形元件，如图307-3所示。

图307-3 "选择元件"对话框

04 单击"确定"按钮，返回至"元件属性"对话框，单击"确定"按钮，即可完成使用共享替换元件的操作，如图307-4所示。

图307-4　使用共享替换元件

第308集　解决库资源之间的冲突

素材：素材\第15章\308-1.fla、308-2.fla

效果：效果\第15章\第308集.fla

视频：视频\第15章\第308集.swf

时长：59秒

难度：★★★★

关键技术："解决库冲突"对话框

01 单击“文件”|“打开”命令，打开两个素材文件，如图308-1所示。

图308-1　素材文件

02 在308-2.fla素材文件中，选择舞台区的元件实例，单击鼠标右键，在弹出的快捷菜单中选择“复制”命令。在舞台区左上角单击308-1.fla标签，切换至308-1.fla文件中，单击鼠标右键，在弹出的快捷菜单中选择“粘贴”命令，弹出“解决库冲突”对话框，如图308-2所示。

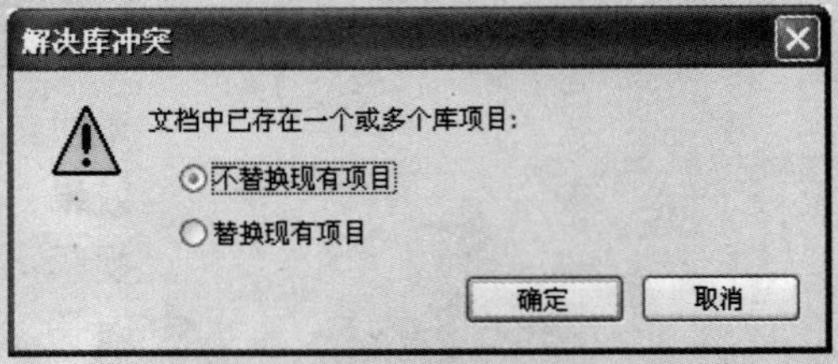

图308-2　“解决库冲突”对话框

03 选中“替换现有项目”单选按钮，单击“确定”按钮，即可解决库资源之间的冲突，效果如图308-3所示。

图308-3　解决冲突后的效果

第16章 制作Flash简单动画

Flash CS5提供了强大的动画制作功能，动画是对象的尺寸、位置、颜色以及形状随时间发生变化的过程，读者需要对动画的原理有一定的了解。本章主要介绍简单动画的制作方法。读者可以通过对本章的学习，举一反三，制作出各种精美的动画作品。

16.1 制作逐帧动画

第309集 导入逐帧动画

素材：素材\第16章\309-1.gif

视频：视频\第16章\第309集.swf

难度：★★

效果：效果\第16章\第309集.fla

时长：21秒

关键技术：“新建元件”命令

01 单击“文件”|“导入”|“导入到舞台”命令，弹出“导入”对话框，选择需要导入的素材文件，如图309-1所示。

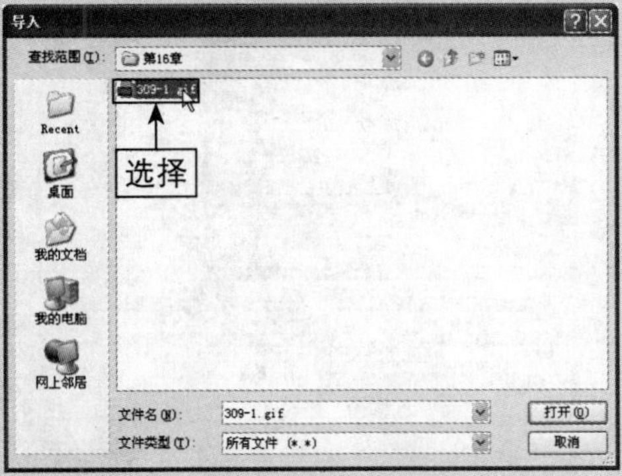

图309-1 “导入”对话框

02 单击“打开”按钮，即可导入逐帧动画，如图309-2所示。

图309-2 导入的逐帧动画

专家提醒

在Flash CS5中，若有按数字排列的文件，则会提示是否导入信息，单击“是”按钮，导入所有图像；单击“否”按钮，则只会导入所选的一张图像。

第310集 创建逐帧动画

素材：素材\第16章\310-1.fla

效果：效果\第16章\第310集.fla

视频：视频\第16章\第310集.swf

时长：87秒

难度：★★★★★

关键技术： F6键

01 单击“文件”|“打开”命令，打开一个素材文件。在“时间轴”面板中选择“文字”图层，如图310-1所示。

图310-1 素材文件

02 选取工具箱中的文本工具，在“属性”面板中设置“颜色”为白色，在舞台区创建一个文本框并输入相应文本，如图310-2所示。

图310-2 输入“水”文本

专家提醒

在Flash CS5中，选取工具箱中的文本工具，系统一般默认的“文本类型”为“静态文本”。

03 选择“文字”图层的第10帧，按F6键插入关键帧，选取工具箱中的文本工具，在“属性”面板中设置“大小”为60，在舞台区的适当位置创建一个文本框并输入相应文本，如图310-3所示。

图310-3 输入“生”文本

04 选择“文字”图层的第20帧，按F6键插入关键帧，选取工具箱中的文本工具，在舞台区的适当位置创建一个文本框并输入相应文本，如图310-4所示。

图310-4 输入“命”文本

05 同理，分别在“文字”图层的第30帧、第40帧插入关键帧并创建相应的文本对象，按Ctrl＋Enter组合键测试动画，效果如图310-5所示。

图310-5 测试逐帧动画的效果

专家提醒

在Flash CS5中，逐帧动画很适合用于制作细腻的动画，如人物走路、转身以及人物的各种动作。

16.2　制作渐变动画

第311集　创建形状渐变动画

素材：素材\第16章\311−1.fla

效果：效果\第16章\第311集.fla

视频：视频\第16章\第311集.swf

时长：30秒

难度：★★

关键技术：“创建补间形状”选项

01 单击“文件”|“打开”命令，打开一个素材文件，如图311-1所示。

图311-1　素材文件

02 在“时间轴”面板中“图层2”图层第1帧至第25帧之间的任意一帧上，单击鼠标右键，在弹出的快捷菜单中选择“创建补间形状”命令，创建补间动画，如图311-2所示。

图311-2　创建补间形状动画

专家提醒

在Flash CS5中，形状补间动画是基于所选择的两个关键帧中的矢量图形存在形状、色彩、大小等的差异而创建的动画关系，在两个关键帧之间插入逐渐变形的图形显示。和动画补间不同，形状补间动画中两个关键帧中的内容必须是处于分离状态的图形，独立的图形元件不能创建形状补间动画。

03 按Ctrl＋Enter组合键测试动画，效果如图311-3所示。

图311-3　测试创建形状渐变动画效果

第312集　创建颜色渐变动画

素材：素材\第16章\312-1.fla
效果：效果\第16章\第312集.fla
视频：视频\第16章\第312集.swf
时长：50秒
难度：★★★★
关键技术："创建补间形状"选项

01 单击"文件"|"打开"命令，打开一个素材文件，如图312-1所示。

图312-1　素材文件

02 在"时间轴"面板中选择"图层2"图层的第40帧，选择舞台区的图形对象，在"属性"面板中设置"颜色"为红色。选择"图层2"图层的第1帧至第40帧中的任意一帧，单击鼠标右键，在弹出的快捷菜单中选择"创建补间形状"命令，如图312-2所示。

图312-2　创建补间形状动画

专家提醒

在Flash CS5中，传统补间动画与形状补间动画的区别如下。

- 传统补间动画：通过在某一关键帧中定义元件实例的位置、大小、颜色和透明度等属性，然后在时间轴的下一关键帧改变这些属性，再由Flash完成这些属性的补间过程，从而产生动画效果。
- 补间形状动画：通过在某一关键帧中绘制一组对象，然后在另一个关键帧中修改该组对象或重新绘制其他对象，最后由Flash计算两个关键帧之间的差异，并插入相应的变形帧，从而创建出动画效果。

03 按Ctrl＋Enter组合键测试动画，效果如图312-3所示。

图312-3　测试颜色渐变动画效果

16.3　制作补间动画

第313集　创建位移动画

素材：素材\第16章\313-1.fla
效果：效果\第16章\第313集.fla
视频：视频\第16章\第313集.swf
时长：46秒
难度：★★★★
关键技术：“创建传统补间”选项

01 单击“文件”|“打开”命令，打开一个素材文件，如图313-1所示。

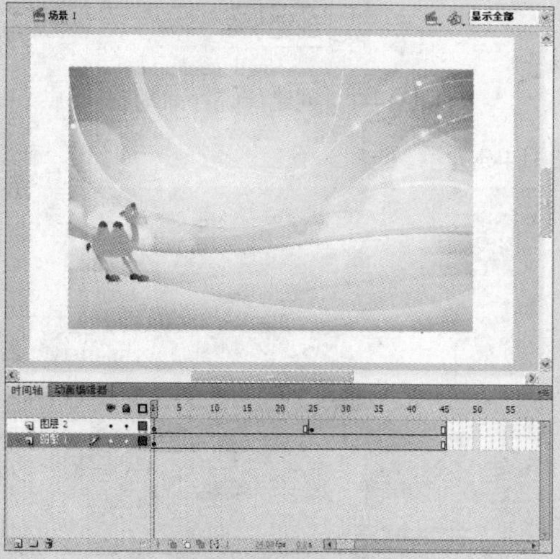

图313-1　素材文件

02 在“时间轴”面板中选择“图层2”图层的第25帧，选择舞台区的图形对象并拖曳至舞台区适当位置。选择“图层2”图层的第1帧至第25帧中的任意一帧，单击鼠标右键，在弹出的快捷菜单中选择“创建传统补间”命令，如图313-2所示。

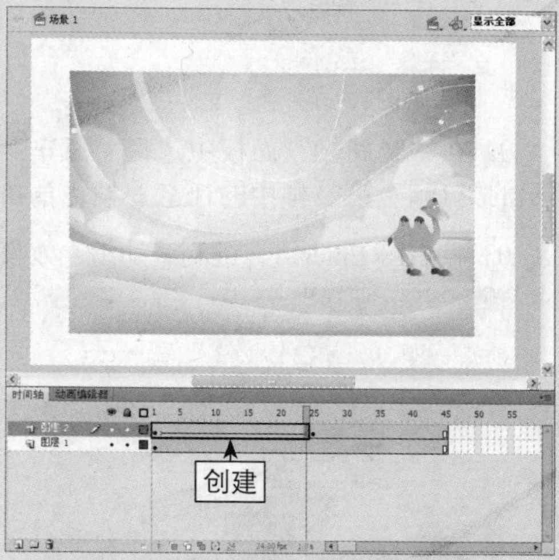

图313-2　创建传统补间动画

03 按Ctrl＋Enter组合键测试动画，效果如图313-3所示。

图313-3　测试创建位移动画效果

第314集　创建旋转动画

素材：素材\第16章\314-1.fla
效果：效果\第16章\第314集.fla
视频：视频\第16章\第314集.swf
时长：42秒
难度：★★★★
关键技术：“创建传统补间”选项

01 单击“文件”|“打开”命令，打开一个素材文件，如图314-1所示。

图314-1 素材文件

02 在“时间轴”面板中选择“风车”图层的第1帧至第25帧中的任意一帧，单击鼠标右键，在弹出的快捷菜单中选择“创建传统补间”命令，如图314-2所示。在“属性”面板的“补间”选项区中设置“旋转”为“顺时针”。

图314-2 创建传统补间动画

03 按Crl+Enter组合键测试动画，效果如图314-3所示。

图314-3 测试创建旋转动画的效果

专家提醒

在Flash CS5中，在“补间”选项区中设置“缓动”选项的值可以为补间动画添加缓动效果。

16.4 制作引导动画

第315集 创建传统引导动画

素材：素材\第16章\315-1.fla
效果：效果\第16章\第315集.fla
视频：视频\第16章\第315集.swf
时长：116秒
难度：★★★★★
关键技术：“添加传统运动引导层”选项

01 单击“文件”|“打开”命令，打开一个素材文件，如图315-1所示。

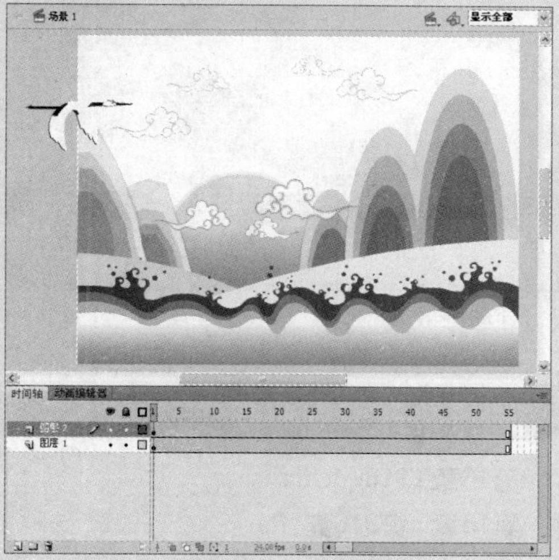

图315-1　素材文件

02 在“时间轴”面板中选择“图层2”图层，单击鼠标右键，在弹出的快捷菜单中选择“添加传统运动引导层”命令，选取工具箱中的钢笔工具，在舞台区绘制一条曲线作为路径，如图315-2所示。

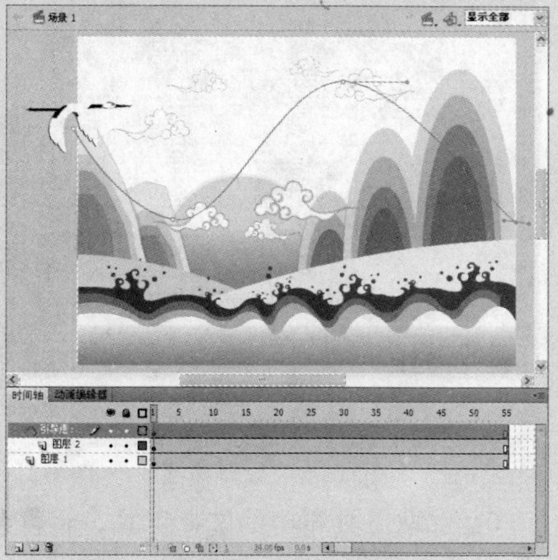

图315-2　绘制曲线

03 选取工具箱中的选择工具，选择舞台区的元件实例，拖曳至曲线开始位置释放鼠标，作为路径开始的地方，如图315-3所示。

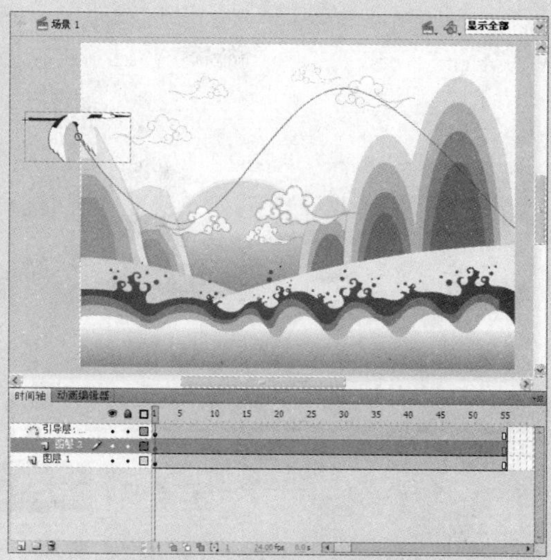

图315-3　移动实例位置

04 在“时间轴”面板中选择“图层2”图层的第55帧，按F6键插入关键帧，将舞台区相对应的实例移至路径的末端位置，作为运动结束的位置。选择“图层2”图层的第1帧至第55帧中的任意一帧，单击鼠标右键，在弹出的快捷菜单中选择“创建传统补间”命令，创建补间动画，如图315-4所示。

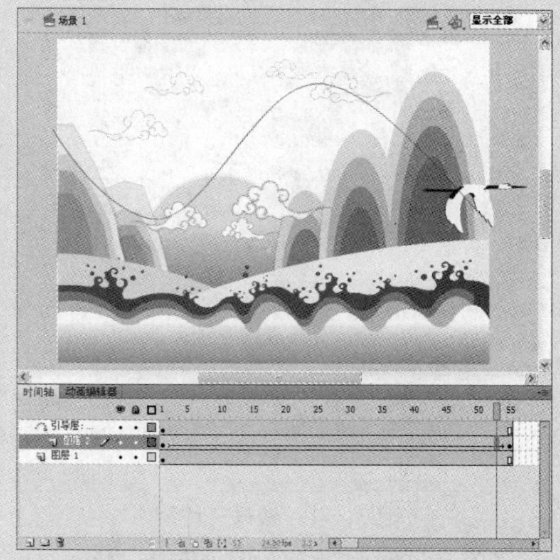

图315-4　创建传统补间动画

05 按Ctrl＋Enter组合键测试动画，效果如图315-5所示。

图315-5　测试传统引导动画效果

第316集　创建新型引导动画

素材：素材\第16章\316–1.fla

效果：效果\第16章\第316集.fla

视频：视频\第16章\第316集.swf

时长：110秒

难度：★★★★★

关键技术：“添加传统运动引导层”选项

01 单击“文件”|“打开”命令，打开一个素材文件，如图316-1所示。

图316-1　素材文件

02 在“时间轴”面板中选择“图层2”图层，单击鼠标右键，在弹出的快捷菜单中选择“添加传统运动引导层”命令，选取工具箱中的钢笔工具，在舞台区绘制一条曲线作为路径，如图316-2所示。

图316-2　绘制曲线

03 选取工具箱中的选择工具，将舞台区的实例移至路径开始的位置，选择“图层2”图层的第50帧，按F6键插入关键帧，将舞台区相对应的实例移至路径结束位置，选择“图层2”图层的第1帧至第50帧中的任意一帧，创建补间动画，如图316-3所示。

04 在“属性”面板的“补间”选项区中勾选“调整到路径”复选框，如图316-4所示。

图316-3　创建补间动画

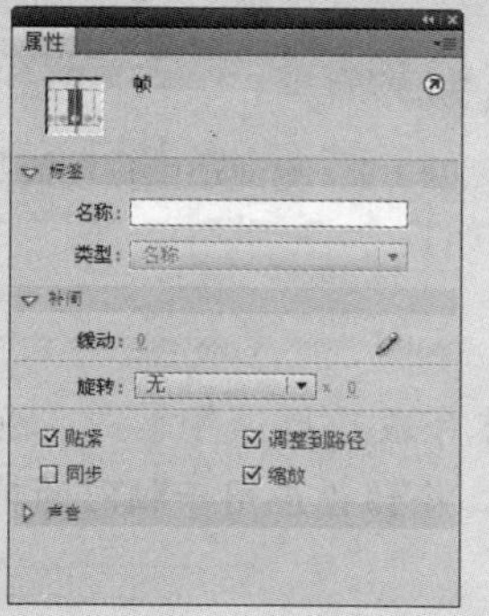

图316-4　设置属性

05 按Ctrl＋Enter组合键测试动画，效果如图316-5所示。

图316-5　测试创建新型引导动画效果

第317集　运用预设动画

素材：素材\第16章\317–1.fla

效果：效果\第16章\第317集.fla

视频：视频\第16章\第317集.swf

时长：55秒

难度：★★★★

关键技术：“动画预设”面板

01 单击“文件”|“打开”命令，打开一个素材文件。选取工具箱中的选择工具，然后选择舞台区的实例对象，如图317-1所示。

02 单击“窗口”|“动画预设”命令，在弹出的“动画预设”面板中展开“默认预设”文件夹，在列表框中选择“2D放大”选项，如图317-2所示。

图317-1　选择实例

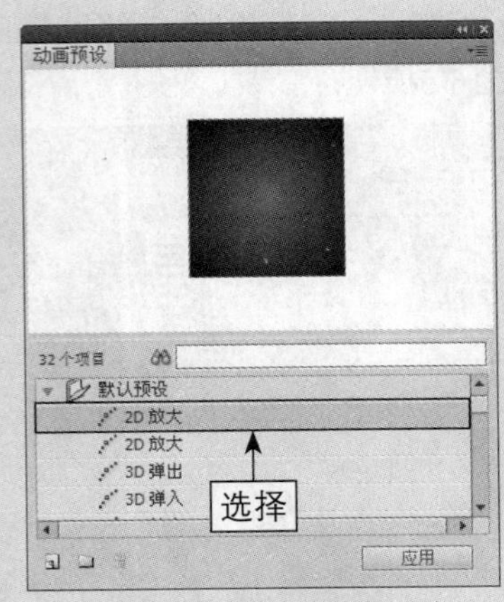

图317-2 “动画预设”面板

03 单击“应用”按钮。弹出信息提示框，单击“确定”按钮。按Ctrl＋Enter组合键测试动画，效果如图317-3所示。

图317-3 测试动画预设效果

专家提醒

在舞台上选择了可补间的对象（元件实例或文本字段）后，可单击“应用”按钮来应用预设，每个对象只能应用一个预设。如果将第二个预设应用于相同的对象，则第二个预设将替换第一个预设。

16.5 制作遮罩动画

第318集 创建遮罩层动画

素材：素材\第16章\318–1.fla
效果：效果\第16章\第318集.fla
视频：视频\第16章\第318集.swf
时长：46秒
难度：★★★★
关键技术：“遮罩层”选项

01 单击“文件”|“打开”命令，打开一个素材文件，如图318-1所示。

02 在“时间轴”面板中选择“图层2”图层的第25帧，运用任意变形工具将遮罩层的图形对象放大。选择“图层2”图层，单击鼠标右键，在弹出的快捷菜单中选择“遮罩层”命令，在该图层的第1帧至第25帧中的任意一帧上创建补间动画，如图318-2所示。

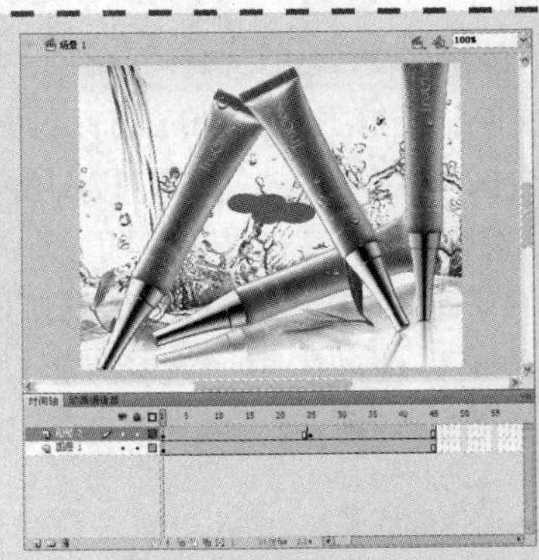

图318-1 素材文件

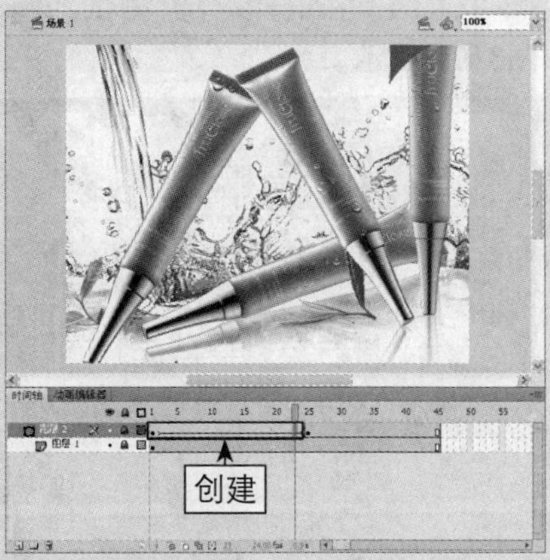

图318-2　创建遮罩层

专家提醒

在Flash中，遮罩层是由普通层转换而来的。

03 按Ctrl＋Enter组合键测试动画，效果如图318-3所示。

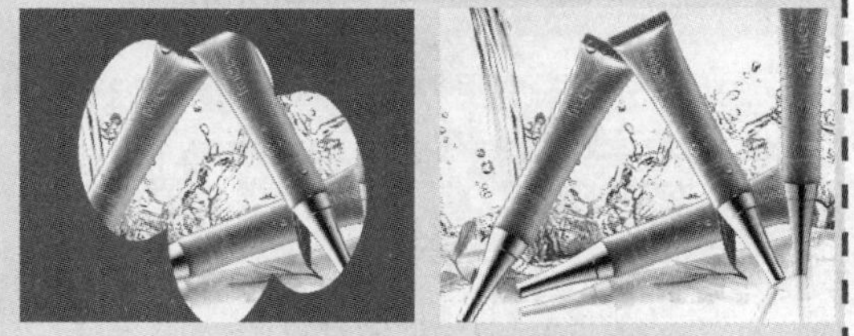

图318-3　测试遮罩层动画效果

专家提醒

在运用Flash CS5制作遮罩动画时，初学者很难弄懂，到底要将哪个层设置为遮罩层，哪个层设置为被遮罩层，才会得到想要的效果。其实遮罩效果就是以遮罩层的轮廓显示被遮罩层的内容。

第319集　创造被遮罩层动画

素材：素材\第16章\319—1.fla

效果：效果\第16章\第319集.fla

视频：视频\第16章\第319集.swf

时长：62秒

难度：★★★★★

关键技术：“遮罩层”选项

01 单击“文件”|“打开”命令，打开一个素材文件，如图319-1所示。

02 在“时间轴”面板中选择“图层1”图层的第50帧，按F6键插入关键帧，运用选择工具将被遮罩层的图形对象向右拖曳一段距离，在“图层1”图层的第1帧至第50帧中的任意一帧上创建补间动画。选择“图层2”图层，单击鼠标右键，在弹出的快捷菜单中选择“遮罩层”命令，如图319-2所示。

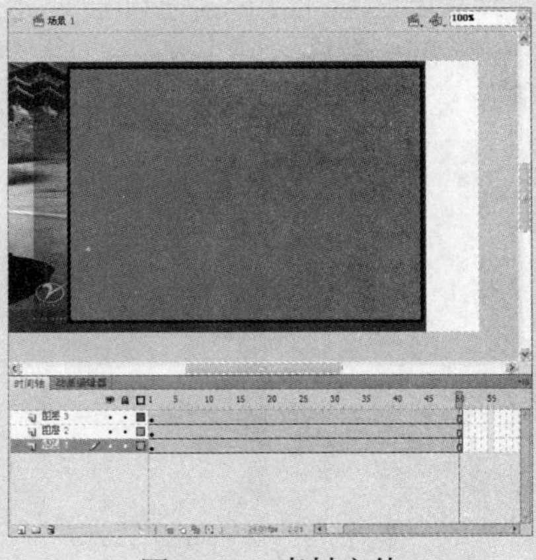

图319-1　素材文件

图319-2　创建遮罩层

专家提醒

在Flash CS5中，创建被遮罩层动画就是在被遮罩层制作动画效果，读者可以根据需要，制作多种动画效果。

03 按Ctrl+Enter组合键测试动画，效果如图319-3所示。

图319-3　测试被遮罩层动画效果

16.6　制作骨骼动画

第320集　添加骨骼

素材：素材\第16章\320-1.fla
效果：效果\第16章\第320集.fla
视频：视频\第16章\第320集.swf
时长：43秒
难度：★★★★
关键技术：骨骼工具

01 单击“文件”|“打开”命令，打开一个素材文件，如图320-1所示。

图320-1　素材文件

02 选择工具箱中的骨骼工具，将鼠标移至女孩腿部的合适位置，拖曳至适当位置后释放鼠标，为腿部添加两个骨骼，如图320-2所示

图320-2　添加骨骼

第321集 创建骨骼动画

素材：素材\第16章\321-1.fla
效果：效果\第16章\第321集.fla
视频：视频\第16章\第321集.swf
时长：57秒
难度：★★★★
关键技术：选择工具

01 单击“文件”|“打开”命令，打开一个素材文件。选取工具箱中的骨骼工具，然后为女孩腿部添加两个骨骼，如图321-1所示。

图321-1 添加骨骼

02 在“时间轴”面板中选择添加骨骼生成的图层的第30帧，按F6键插入关键帧。选取工具箱中的选择工具，选择上方的骨骼对象，拖曳至适当位置后释放鼠标，如图321-2所示。

图321-2 拖曳鼠标

03 按Ctrl＋Enter组合键测试动画，效果如图321-3所示。

图321-3 测试创建骨骼动画效果

第17章 制作交互式高级动画

交互式动画是指通过使用ActionScript设计的动画，或在设计动画过程中使用了ActionScript。本章主要介绍制作各种交互式动画的方法和技巧。通过本章的学习，读者能够学习到使用ActionScript制作出更加精美动画的方法。

17.1 编辑“行为”面板

第322集 打开“行为”面板

素材：无

视频：视频\第17章\第322集.swf

难度：★

效果：无

时长：9秒

关键技术：“行为”命令

01 单击“窗口”|“行为”命令，如图322-1所示。

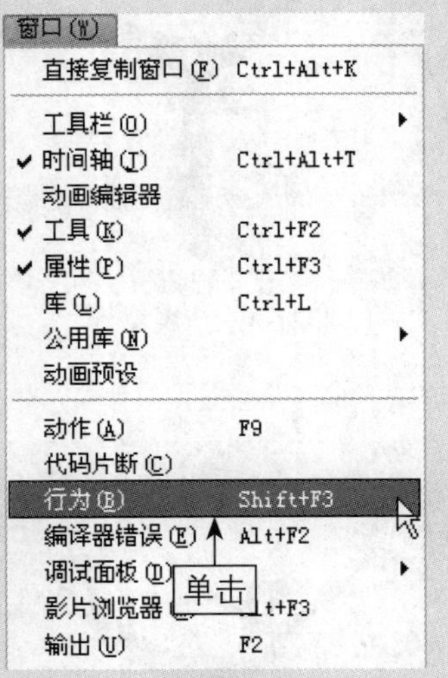

图322-1 单击“行为”命令

02 操作完成后，即可弹出“行为”面板，如图322-2所示。

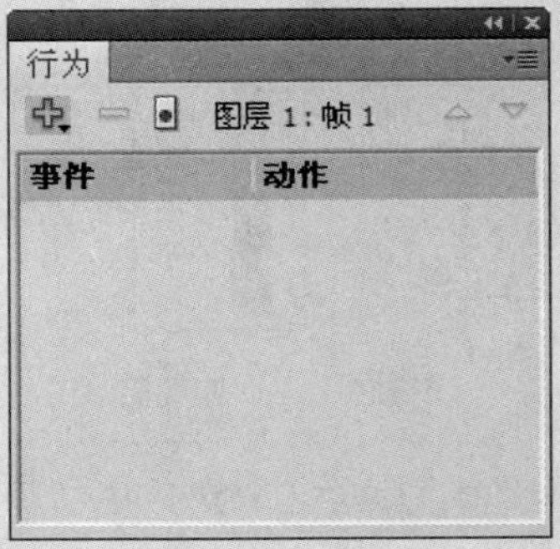

图322-2 “行为”面板

专家提醒

在Flash CS5中，按Shift＋F3组合键，也可弹出“行为”面板。

第323集 隐藏“行为”面板

素材：素材\第17章\323-1.fla

视频：视频\第17章\第323集.swf

难度：★★

效果：无

时长：24秒

关键技术：“行为”命令

01 单击“文件”|“打开”命令，打开一个素材文件。选取工具箱中的选择工具，然后选择舞台区的影片剪辑元件实例，此时“行为”面板如图323-1所示。

02 单击“窗口”|“行为”命令，如图323-2所示，即可隐藏“行为”面板。

图323-1　“行为”面板

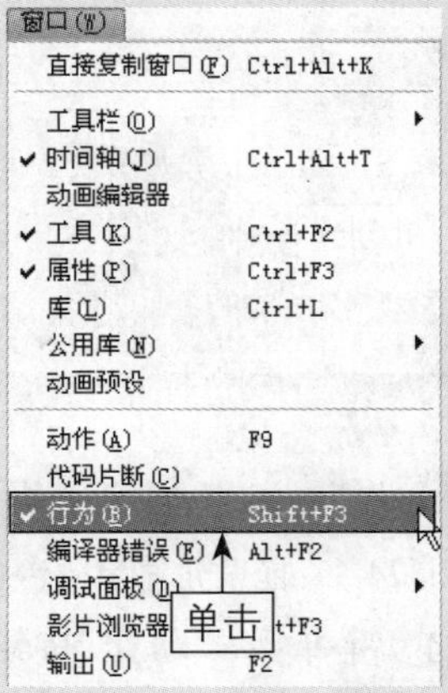

图323-2　单击“行为”命令

17.2　制作按钮特效

第324集　制作隐形按钮

素材：素材\第17章\324-1.fla

效果：效果\第17章\第324集.fla

视频：视频\第17章\第324集.swf

时长：95秒

难度：★★★★★

关键技术：“点击”帧

01 单击“文件”|“打开”命令，打开一个素材文件，如图324-1所示。

图324-1　素材文件

02 单击“插入”|“新建元件”命令，创建一个名为“隐形按钮”的按钮元件，单击“确定”按钮，进入按钮元件编辑模式，选择“点击”帧，按F6键插入关键帧，运用矩形工具在编辑区绘制一个矩形，如图324-2所示。

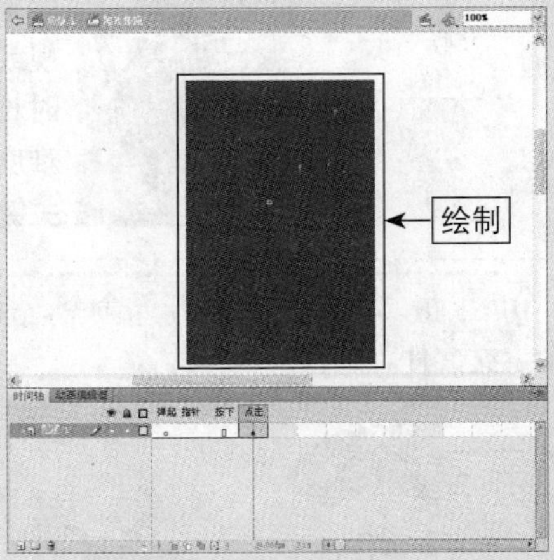

图324-2　绘制矩形

03 单击“场景1”超链接，返回场景编辑模式，在“时间轴”面板中选择“按钮”图层的第1帧，将“库”面板中的“隐形按钮”元件拖曳至舞台区的适当位置，并调整其大小，如图324-3所示。

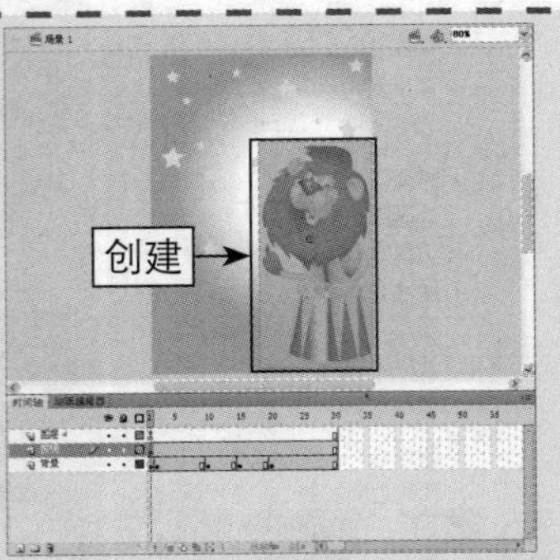

图324-3　拖曳元件至舞台中

04 按F9键弹出“动作-按钮”面板，在该面板的脚本编辑窗口添加代码，如图324-4所示。

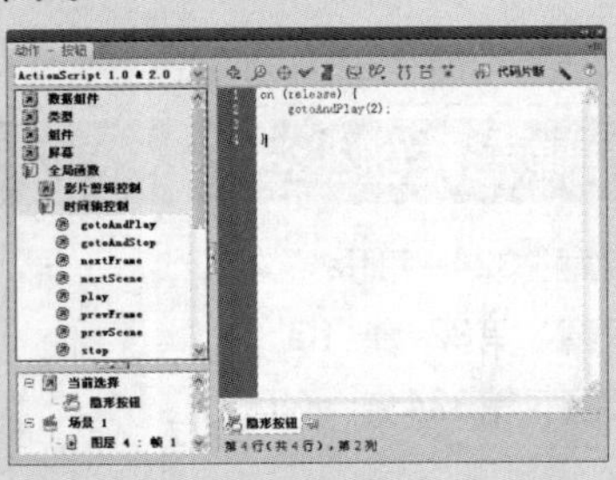

图324-4　添加代码

专家提醒

在Flash CS5中，为按钮添加代码，当触发隐形按钮时，即可出现动画。

05 按Ctrl+Enter组合键测试动画，效果如图324-5所示。

图324-5　测试制作隐形按钮效果

第325集　制作立体按钮

素材：素材\第17章\325—1.fla

效果：效果\第17章\第325集.fla

视频：视频\第17章\第325集.swf

时长：51秒

难度：★★★★

关键技术：“投影”选项

01 单击“文件”|“打开”命令，打开一个素材文件，如图325-1所示。

图325-1　素材文件

02 在“时间轴”面板中选择“图层2”图层的第1帧。单击“窗口”|“库”命令，展开“库”面板，选择“品茶”按钮元件并拖曳至舞台适当位置后释放鼠标创建元件实例，如图325-2所示。

图325-2　创建按钮元件

03 在“属性”面板的“滤镜”选项区中单击底部的“添加滤镜”按钮，为实例添加“投影”效果，各选项参数如图325-3所示。

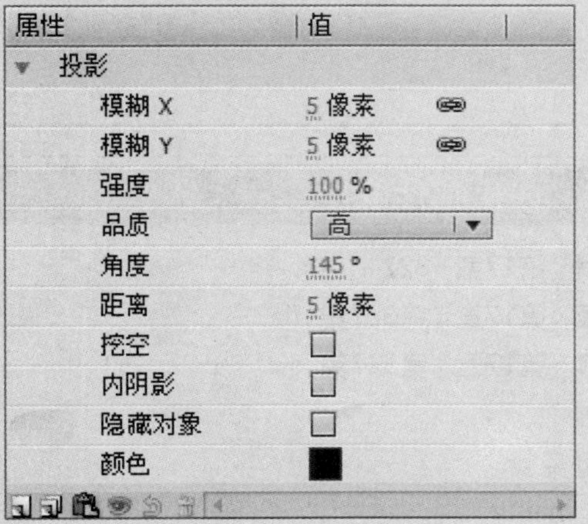

图325-3　设置滤镜属性

04 操作完成后，即可完成立体按钮的制作，如图325-4所示。

图325-4　制作的立体按钮

专家提醒

立体按钮就是制作的按钮具有立体感且有很好的视觉效果，读者也可以根据需要制作其他效果的按钮。

17.3　创建链接效果

第326集　创建文本链接

素材：素材\第17章\326-1.fla

效果：效果\第17章\第326集.fla

视频：视频\第17章\第326集.swf

时长：47秒

难度：★★★★

关键技术：“选项”选项区

01 单击“文件”|“打开”命令，打开一个素材文件。选取工具箱中的选择工具，然后选择舞台区的文本对象，如图326-1所示。

图326-1　选择文本对象

02 在“属性”面板的“选项”选项区中设置“链接”为www.hxjlb.com、“目标”为_blank，如图326-2所示，即可创建文本链接。

图326-2　设置链接属性

专家提醒

在Flash CS5中，当没有为文本对象添加链接时，“目标”下拉列表框显示的是灰色状态。

03 按Ctrl＋Enter组合键即可测试文本链接的动画效果。

第327集　创建邮件链接

素材：素材\第17章\327–1.fla
效果：效果\第17章\第327集.fla
视频：视频\第17章\第327集.swf
时长：51秒
难度：★★★★
关键技术：mailto：

01 单击“文件”|“打开”命令，打开一个素材文件。选取工具箱中的选择工具，然后选择舞台区的文本对象，如图327-1所示。

图327-1　选择文本对象

02 在“属性”面板的“选项”选项区中，设置“链接”为mailto:chyen@163.com、“目标”为_blank，如图327-2所示，即可创建邮件链接。

图327-2　设置链接属性

03 按Ctrl＋Enter组合键即可测试邮件链接的效果，单击文本，如图327-3所示。

04 启动Outlook Express软件，如图327-4所示。

图327-3　单击文本

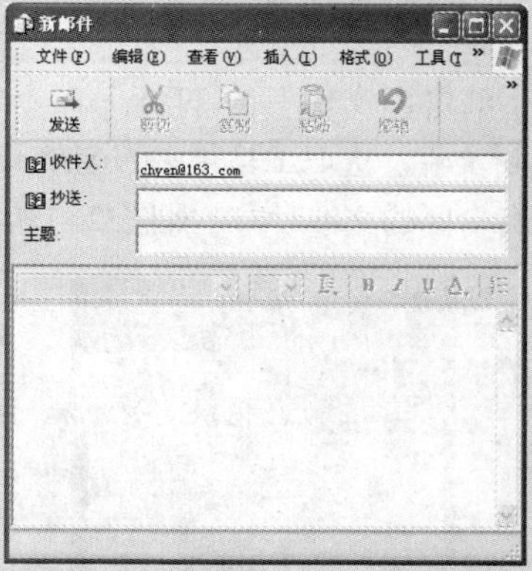

图327-4　启动Outlook Express软件

专家提醒

在Flash CS5中，制作邮件链接时，单击链接文本，系统会自动弹出Outlook Express创建新邮件对话框。

17.4 制作键盘控制动画

第328集 用空格键控制动画

素材：素材\第17章\328-1.fla

效果：效果\第17章\第328集.fla

视频：视频\第17章\第328集.swf

时长：62秒

难度：★★★★★

关键技术："动作"面板

01 单击"文件"|"打开"命令，打开一个素材文件。选择DJ图层的第1帧，单击"窗口"|"库"命令，展开"库"面板，选择DJ影片剪辑元件，并拖曳至舞台区适当位置后释放鼠标，创建元件实例，如图328-1所示。

图328-1 创建元件实例

02 按F9键弹出"动作-影片剪辑"面板，在该面板的脚本编辑窗口中添加代码（具体代码参见328-2.txt），"动作-影片剪辑"面板如图328-2所示。

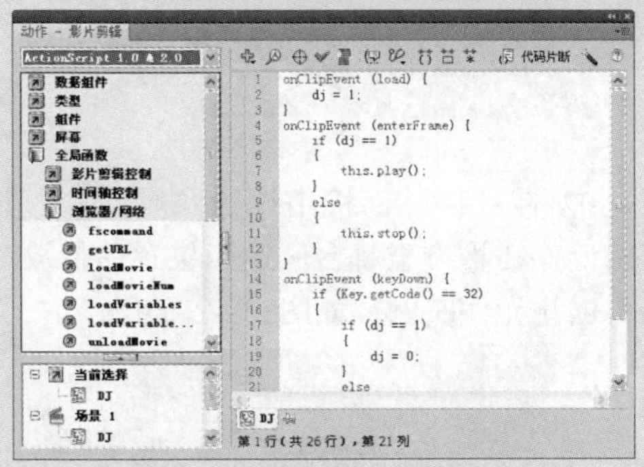

图328-2 "动作-影片剪辑"面板

专家提醒

在Flash CS5中，利用脚本语言可以制作各种动画效果，能够很完整地和硬件、软件交互。

03 按Ctrl＋Enter组合键测试动画效果，按空格键动画停止，再按空格键动画播放，如图328-3所示。

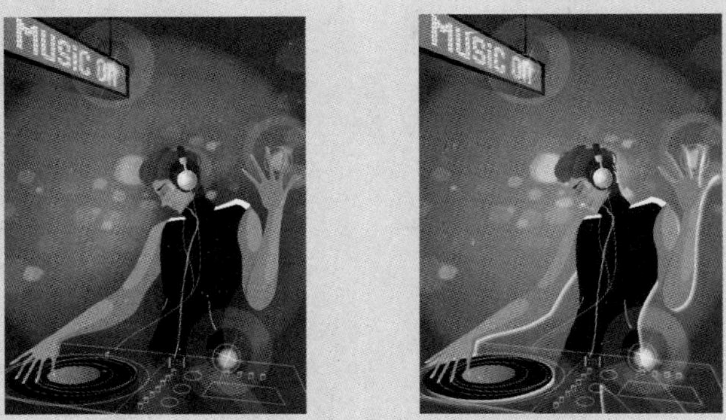

图328-3 测试用空格键测试动画

第329集　用方向键控制动画

素材：素材\第17章\329-1.fla

效果：效果\第17章\第329集.fla

视频：视频\第17章\第329集.swf

时长：68秒

难度：★★★★★

关键技术：“动作”面板

01 单击“文件”|“打开”命令，打开一个素材文件，如图329-1所示。

图329-1　素材文件

02 在“库”面板中选择“蝴蝶”影片剪辑元件，拖曳至舞台区适当位置后释放鼠标，创建元件实例，如图329-2所示。

图329-2　创建元件实例

03 在“属性”面板中设置“实例名称”为hudie，如图329-3所示。

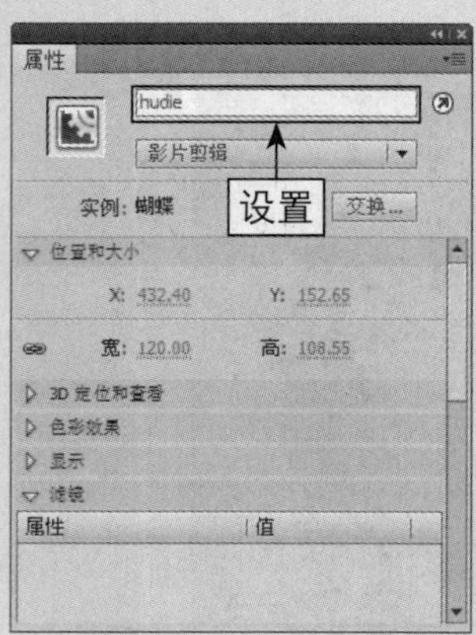

图329-3　设置属性

04 在“时间轴”面板中择Action图层的第1帧，按F9键弹出“动作-帧”面板，在该面板的脚本编辑窗口添加代码（具体代码参见329-4.txt），如图329-4所示。

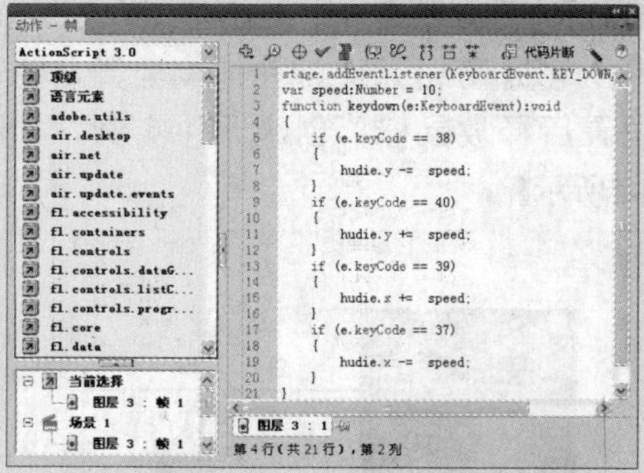

图329-4　添加代码

05 按Ctrl＋Enter组合键测试动画效果，按键盘上的方向键即可移动舞台区的实例对象，如图329-5所示。

图329-5　测试用方向键控制动画效果

专家提醒

在Flash CS5中，用方向键控制动画一般应用于游戏制作。例如，用方向键控制飞行物或角色的运动画面。

17.5　制作浏览器控制

第330集　制作退出动画

素材：素材\第17章\330–1.fla
效果：效果\第17章\第330集.fla
视频：视频\第17章\第330集.swf
时长：58秒
难度：★★★★
关键技术：fscommand命令

01 单击“文件”|“打开”命令，打开一个素材文件，单击“窗口”|“库”命令，展开“库”面板，选择“退出”按钮元件，拖曳至舞台区适当位置释放鼠标，创建按钮元件，如图330-1所示。

图330-1　创建按钮元件实例

02 按F9键弹出“动作-按钮”面板，在该面板的脚本编辑窗口添加以下代码：

```
on (release) {
fscommand("quit");}
```

此时，“动作-按钮”面板如图330-2所示。

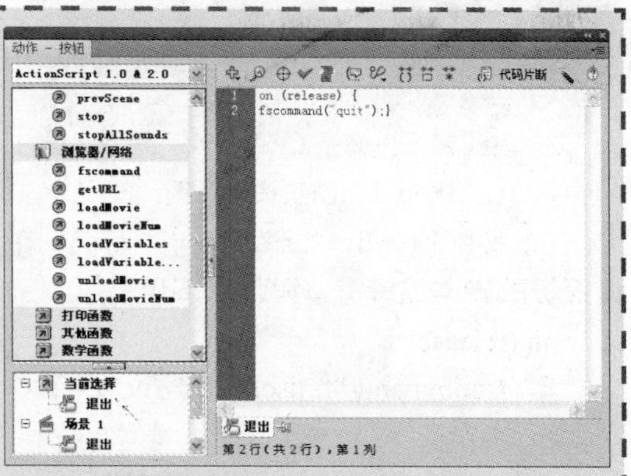

图330-2　“动作-按钮”面板

03 单击“文件”|“发布”命令，切换至文件保存目录下，双击发布的SWF动画文件，单击“退出”按钮，即可退出动画。

专家提醒

直接在影片中测试退出动画是没有效果的，只能切换到保存目录，测试SWF文件。

第331集　制作全屏播放动画

素材：素材\第17章\331–1.fla
效果：效果\第17章\第331集.fla
视频：视频\第17章\第331集.swf
时长：52秒
难度：★★★★
关键技术：fscommand命令

01 单击“文件”|“打开”命令，打开一个素材文件。单击“窗口”|“库”命令，展开“库”面板，选择“全屏”按钮元件，拖曳至舞台区适当位置后释放鼠标，创建元件实例，如图331-1所示。

图331-1　创建按钮实例

02 按F9键弹出“动作-按钮”面板，在该面板的脚本编辑窗口添加以下代码：

```
on (release) {
    fscommand("fullscreen","true");
}
```

此时，“动作-按钮”面板如图331-2所示。

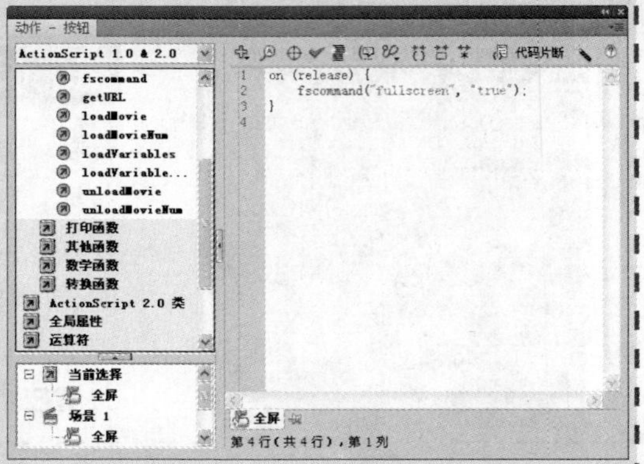

图331-2　添加代码

03 单击“文件”|“发布”命令，切换至文件保存目录下，双击发布的SWF动画文件，单击“全屏”按钮，即可以全屏模式查看动画。

专家提醒

在Flash CS5中，以全屏显示播放器后，用户可按Esc键退出全屏显示。

第18章　应用Flash动画组件

在Flash CS5中，利用组件可以制作出极富感染力的动画，组件是一些复杂的并带有可定义参数的影片剪辑符号，在影片创作的过程中，可以直接定义组件的参数。本章主要介绍Flash CS5在组件方面的应用。通过本章的学习，读者可以学习到制作其他交互性更强的动画的方法。

18.1　添加常用组件

第332集　添加按钮组件

素材：素材\第18章\332-1.fla

效果：效果\第18章\第332集.fla

视频：视频\第18章\第332集.swf

时长：42秒

难度：★★★★

关键技术：Button选项

01 单击“文件”|“打开”命令，打开一个素材文件，如图332-1所示。

图332-1　素材文件

02 单击“窗口”|“组件”命令，弹出“组件”面板，在User Interface文件夹中选择Button选项，如图332-2所示。

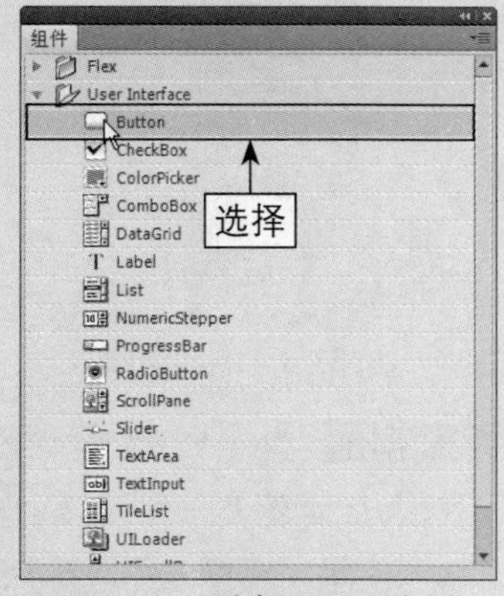

图332-2　选择Button选项

03 拖曳选项至舞台区的适当位置后释放鼠标，创建按钮组件，在“属性”面板的“组件参数”选项区中设置label为“点击查看”，如图332-3所示。

图332-3　设置属性

04 操作完成后，即可添加按钮组件，如图332-4所示。

图332-4　添加按钮组件

专家提醒

在Flash CS5中，按钮组件可以执行鼠标和键盘的交互事件，可将按钮的行为从按下改为切换，在单击切换按钮后，它将保持按下状态，直到再次单击时才返回到弹起状态。

第333集　添加列表框组件

素材：素材\第18章\333-1.fla

效果：效果\第18章\第333集.fla

视频：视频\第18章\第333集.swf

时长：77秒

难度：★★★★★

关键技术："值"对话框

01 单击"文件"|"打开"命令，打开一个素材文件。单击"窗口"|"组件"命令，弹出"组件"面板，在User Interface文件夹中选择List选项，拖曳至舞台区的适当位置后释放鼠标，创建列表框组件，如图333-1所示。

图333-1　创建列表框实例

02 在"属性"面板的"组件参数"选项区中将鼠标移至dataProvider属性右边的铅笔图标上，如图333-2所示。

图333-2　定位鼠标

03 单击鼠标，即可弹出"值"对话框，在其中设置相应选项，如图333-3所示。

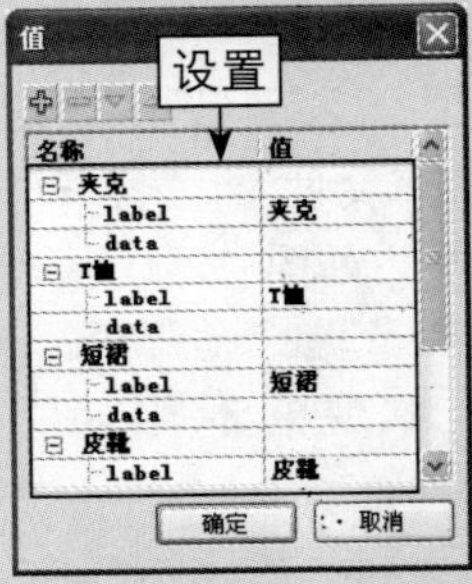

图333-3　"值"对话框

04 单击"确定"按钮，即可添加列表框组件，按Ctrl＋Enter组合键测试动画，效果如图333-4所示。

图333-4　测试动画

专家提醒

列表框组件是一个可滚动的单选或多选列表框，可以显示图像和文本。

第334集　添加复选框组件

素材：素材\第18章\334-1.fla
效果：效果\第18章\第334集.fla
视频：视频\第18章\第334集.swf
时长：57秒
难度：★★★★
关键技术：CheckBox选项

01 单击“文件”|“打开”命令，打开一个素材文件，如图334-1所示。

图334-1　素材文件

02 单击“窗口”|“组件”命令，弹出“组件”面板，在User Interface文件夹中选择CheckBox选项，将其拖曳至舞台区的适当位置后释放鼠标，创建复选框组件。在“属性”面板的“组件参数”选项区中设置label为“钢琴”，按Enter键进行确认，此时，舞台区如图334-2所示。

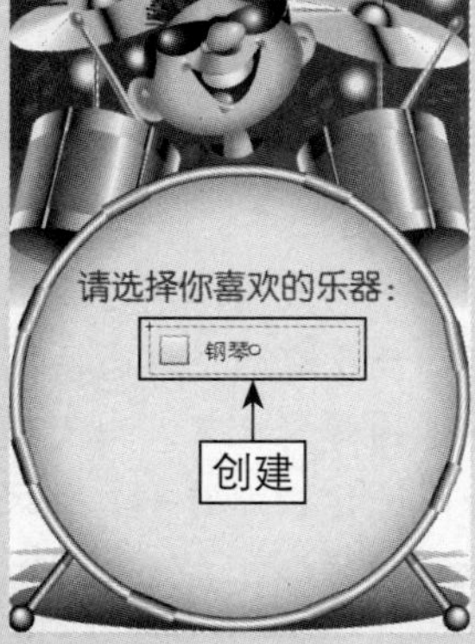

图334-2　添加复选框组件

专家提醒

在Flash CS5中，复选框是一个可以勾选或取消勾选的方框，当它被勾选后，框内会出现一个复选标记，利用复选框组件可以同时选取多个项目。

03 同理，创建其他复选框实例，如图334-3所示。

图334-3　添加多个复选框组件

04 按Ctrl+Enter组合键测试动画，勾选复选框的状态如图334-4所示。

图334-4　测试动画效果

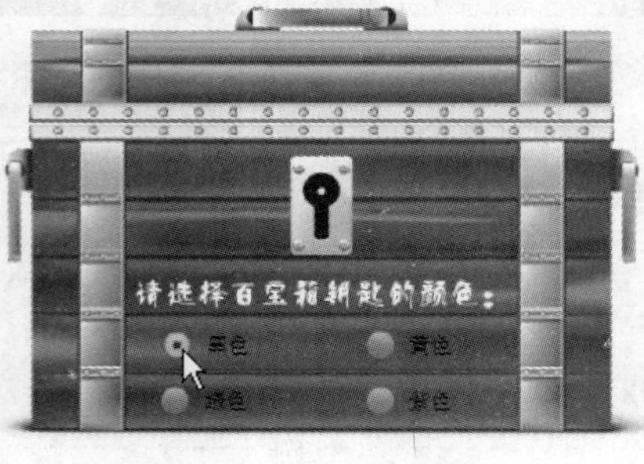

第335集　添加单选按钮组件

素材：素材\第18章\335-1.fla

效果：效果\第18章\第335集.fla

视频：视频\第18章\第335集.swf

时长：65秒

难度：★★★★★

关键技术：RadioButton选项

01 单击“文件”|“打开”命令，打开一个素材文件，如图335-1所示。

图335-1　素材文件

02 单击“窗口”|“组件”命令，弹出“组件”面板，在User Interface文件夹中选择RadioButton选项，将其拖曳至舞台区的适当位置后释放鼠标，创建单选按钮组件。在“属性”面板的“组件参数”选项区中设置label为“黑色”，按Enter键进行确认，此时，舞台区如图335-2所示。

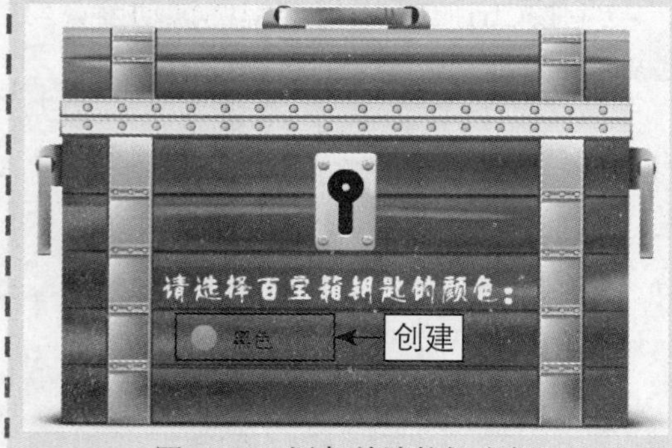

图335-2　添加单选按钮实例

03 同理，创建其他单选按钮实例，如图335-3所示。

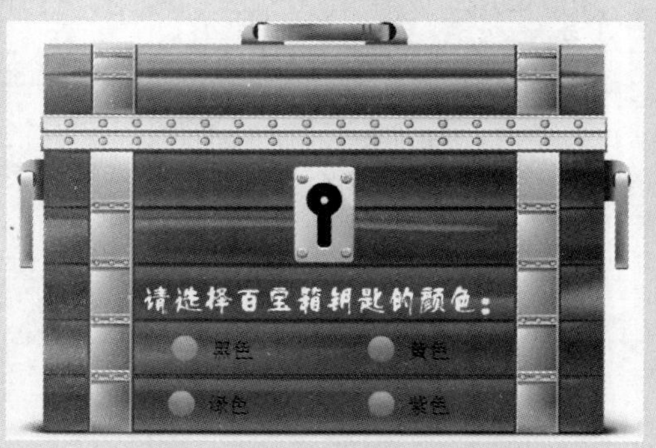

图335-3　添加其他单选按钮组件

04 按Ctrl＋Enter组合键测试动画，选中单选按钮的状态如图335-4所示。

图335-4　测试动画效果

专家提醒

在Flash CS5中，单选按钮组件主要用于选择唯一的选项，单选按钮组件不能单独使用，至少有两个单选按钮组件才能成为实例。通常情况下，测试动画时，选择了一组单选按钮中的一个按钮后，系统将自动取消对该组内其他选项的选择。

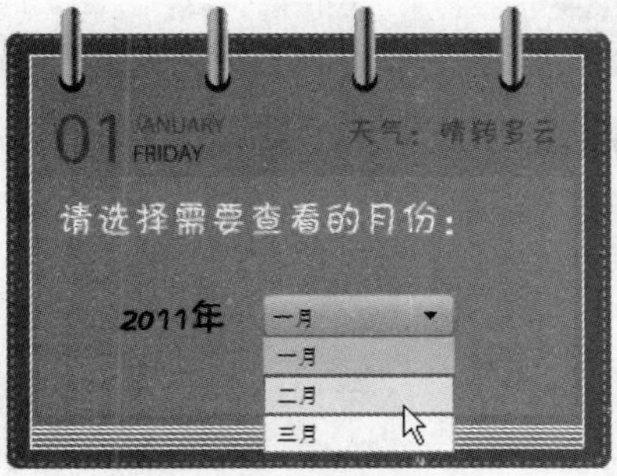

第336集　添加下拉列表框组件

素材：素材\第18章\336-1.fla

效果：效果\第18章\第336集.fla

视频：视频\第18章\第336集.swf

时长：70秒

难度：★★★★★

关键技术：“值”对话框

01 单击“文件”|“打开”命令，打开一个素材文件，如图336-1所示。

图336-1　素材文件

02 单击“窗口”|“组件”命令，弹出“组件”面板，在User Interface文件夹中选择ComboBox选项，将其拖曳至舞台区的适当位置后释放鼠标，创建下拉列表框组件。在“属性”面板的“组件参数”选项区中单击dataProvider属性右边的铅笔图标，如图336-2所示。

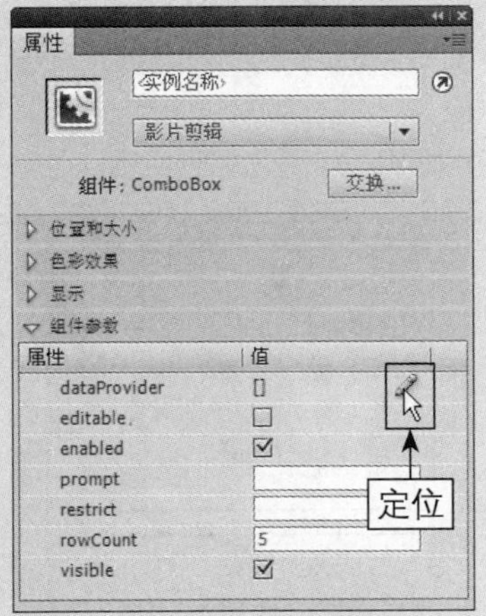

图336-2　定位鼠标

03 弹出“值”对话框，在其中设置相应选项，如图336-3所示。

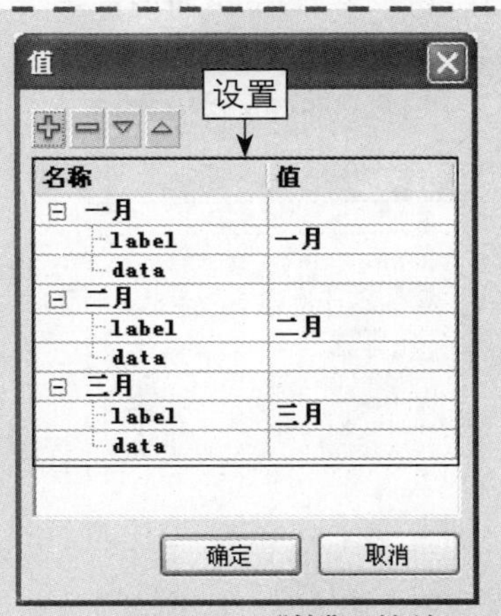

图336-3　“值”对话框

04 操作完成后，即可添加下拉列表框组件，按Ctrl＋Enter组合键测试动画，效果如图336-4所示。

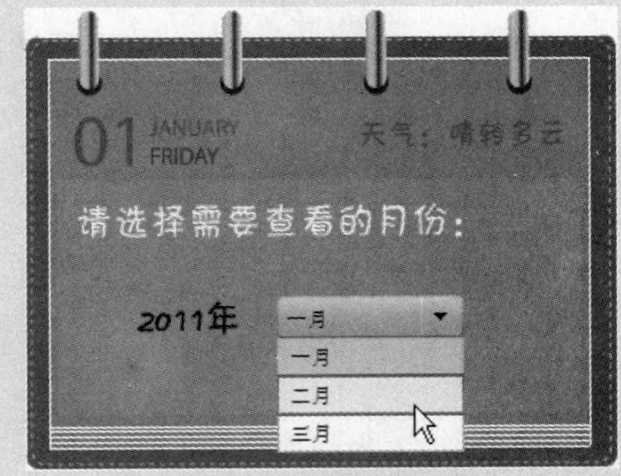

图336-4　测试动画效果

专家提醒

使用下拉列表框组件既可以创建静态组合框，也可以创建可编辑组合框。静态组合框是一个可滚动的下拉列表，读者可以从中选择项目；可编辑组合框是由可滚动的下拉列表框和输入文本字段组成。

第337集　添加视频播放器组件

素材：无　　效果：效果\第18章\第337集.fla

视频：视频\第18章\第337集.swf　　时长：34秒

难度：★★★　　关键技术：Video文件夹

01 单击“窗口”|“组件”命令，弹出“组件”面板，单击Video文件夹右侧的下三角按钮，在展开的列表框中，选择FLVPlayback选项，如图337-1所示。

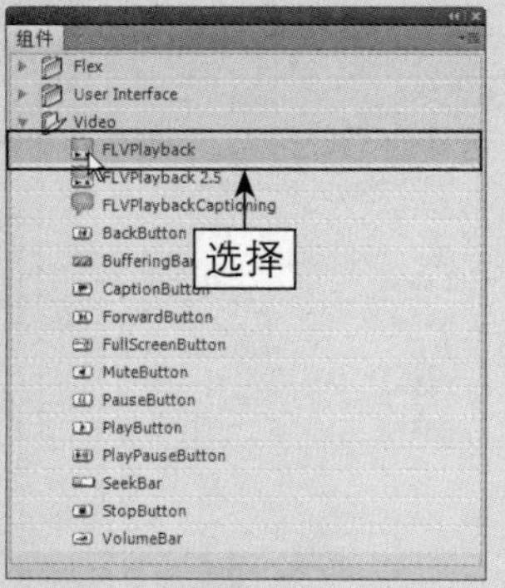

图337-1　选择FLVPlayback选项

02 拖曳选项，至舞台区的适当位置后释放鼠标，即可添加视频播放器组件，如图337-2所示。

图337-2　添加的视频播放器组件

18.2　添加其他组件

第338集　添加窗口组件

素材：素材\第18章\338-1.fla

效果：效果\第18章\第338集.fla

视频：视频\第18章\第338集.swf

时长：61秒

难度：★★★★★

关键技术：Window选项

01 单击“文件”|“打开”命令。打开一个素材文件。单击“窗口”|“组件”命令，弹出“组件”面板，在User Interface文件夹中选择Window选项，将其拖曳至舞台区的适当位置后释放鼠标，创建窗口组件。在“属性”面板的“组件参数”选项区中设置title为“花季”，勾选closeButton复选框，如图338-1所示。

02 操作完成后，即可完成窗口组件的添加，如图338-2所示。

图338-1　设置属性

图338-2　添加窗口组件

专家提醒

窗口组件在一个具有标题栏、边框和关闭按钮（可选）的窗口内显示影片剪辑的内容。窗口组件可以是模式的，也可以是非模式的。模式窗口会防止鼠标和键盘输入转至该窗口之外的其他组件，窗口组件还支持拖动操作，读者可以拖曳标题栏并将窗口及其内容拖动到另一个位置，拖曳边框不会更改窗口的大小。

第339集　添加滚动窗格组件

素材：素材\第18章\第339集.jpg
效果：效果\第18章\第339集.fla
视频：视频\第18章\第339集.swf
时长：56秒
难度：★★★★
关键技术：source参数

01 单击“窗口”|“组件”命令，弹出“组件”面板，在User Interface文件夹中选择ScrollPane选项，将其拖曳至舞台区的适当位置后释放鼠标，即可创建滚动窗格组件，在“属性”面板的“组件参数”选项区中设置source为“第339集.jpg”，如图339-1所示。

图339-1　设置属性

02 单击“文件”|“保存”命令，将文件保存至“第339集.jpg”图片所在位置。测试影片，效果如图339-2所示。

图339-2　测试滚动窗格效果

18.3 编辑组件

第340集 设置组件参数

素材：素材\第18章\340-1.fla、340-1.jpg

效果：效果\第18章\第340集.fla

视频：视频\第18章\第340集.swf

时长：47秒

难度：★★★★

关键技术：contentPath参数

01 单击“文件”|“打开”命令，打开一个素材文件。运用选择工具选择舞台区的窗口组件，在“属性”面板的“组件参数”选项区中勾选closeButton复选框，设置contentPath为340-1.jpg、title为“科技之光”，如图340-1所示。

图340-1 设置属性

02 按Ctrl+Enter组合键测试动画，效果如图340-2所示。

图340-2 测试动画效果

第341集 删除组件

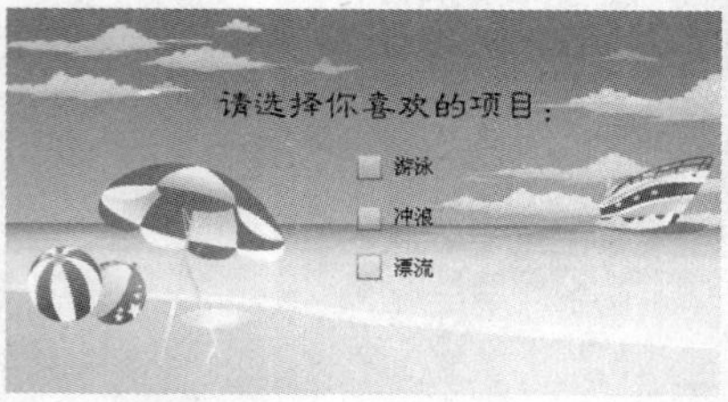

素材：素材\第18章\341-1.fla

效果：效果\第18章\第341集.fla

视频：视频\第18章\第341集.swf

时长：22秒

难度：★★

关键技术：Delete键

01 单击“文件”|“打开”命令，打开一个素材文件，运用选择工具选择舞台区的单选按钮组件，如图341-1所示。

02 按Delete键即可将组件删除，如图341-2所示。

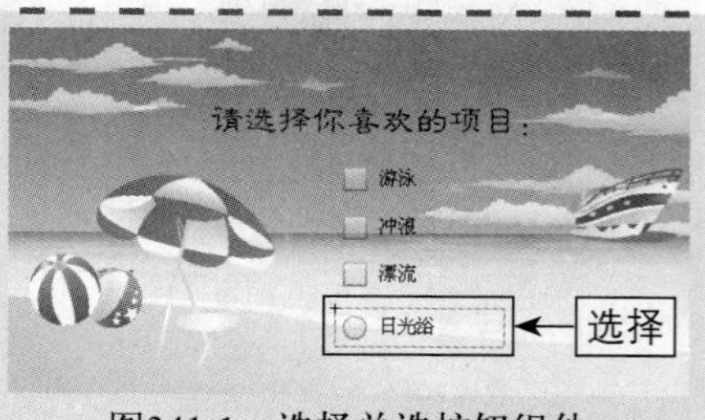

图341-1 选择单选按钮组件

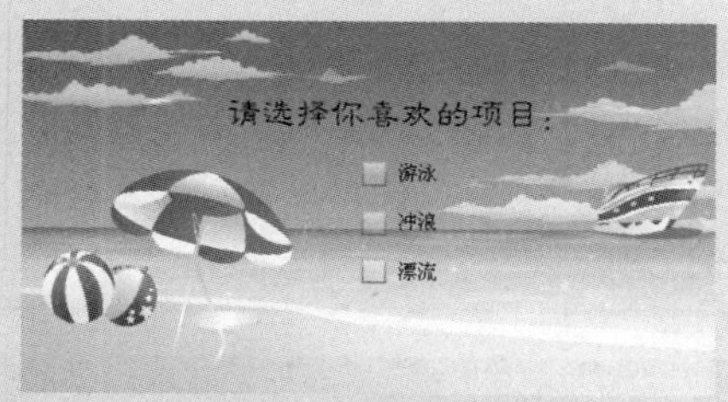

图341-2　删除组件

专家提醒

在Flash CS5中，选择库面板中的组件，按Delete键即可彻底删除组件。

18.4　处理组件事件

第342集　公共事件

素材：素材\第18章\342-1.fla
视频：视频\第18章\第342集.swf
难度：★★★★
效果：效果\第18章\第342集.fla
时长：42秒
关键技术：click事件

01 单击"文件"|"打开"命令，打开一个素材文件。运用选择工具在舞台区选择"测试"按钮，按F9键弹出"动作-按钮"面板，在该面板的脚本编辑窗口中添加以下代码：

```
on (click) {
trace("您单击了按钮");
}
```

02 操作完成后，即可完成公共事件脚本的编辑，按Ctrl＋Enter组合键测试动画，单击"测试"按钮，即可在"输出"面板中输出提示内容，如图342-1所示。

图342-1　"输出"面板

第343集　使用组件事件对象

素材：素材\第18章\343-1.fla
视频：视频\第18章\第343集.swf
难度：★★★★
效果：效果\第18章\第343集.fla
时长：45秒
关键技术：脚本

01 单击"文件"|"打开"命令，打开一个素材文件。在"时间轴"面板中选择Action图层的第1帧，按F9键弹出"动作-帧"面板，在该面板的脚本编辑窗口中添加以下代码：

```
listener = new Object();
listener.click = function(evtObj) {
    trace("舞台区的 "+evtObj.target.label+" 按钮被单击");
};
MyButton.addEventListener("click",listener);
```

02 操作完成后，即可完成使用组件事件处理对象，按Ctrl＋Enter组合键测试动画。单击"测试"按钮，即可在"输出"面板中输出提示内容，如图343-1所示。

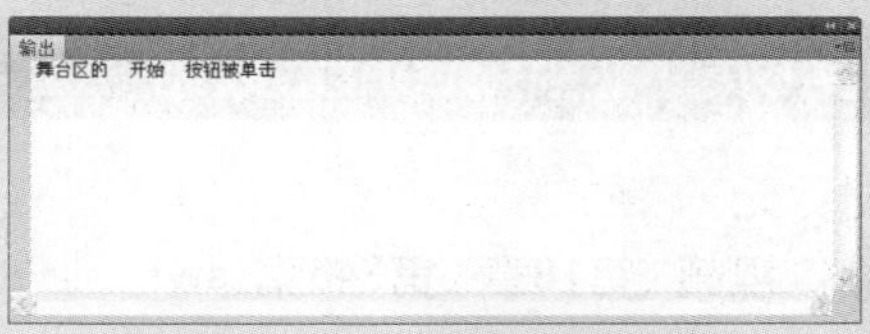

图343-1　"输出"面板

专家提醒

事件对象作为参数传递给侦听器。事件对象是一种动作脚本对象，这种对象具有的属性中包含有关所发生事件的信息。可以在侦听器回调函数内使用事件对象来访问所广播事件的名称，或者访问广播该事件组件的实例名称。

第344集　发送事件

素材：无
视频：视频\第18章\第344集.swf
难度：★★
效果：效果\第18章\第344集.fla
时长：25秒
关键技术：dispatchEvent(Obj)

01 新建一个Flash文件，在“时间轴”面板中选择“图层1”图层的第1帧，按F9键弹出“动作-帧”面板，在该面板的脚本编辑窗口中添加以下代码：

```
var obj = new Object();
Obj.type = "myEvent";
Obj.target = this;
dispatchEvent(Obj);
```

02 输入完成后，即可完成发送事件的脚本编写。

专家提醒

最常见的事件（如click和change）除了type外，没有其他必需的属性，可以在发送事件之前明确地构建事件对象。

第345集　标识事件处理函数

素材：无
视频：视频\第18章\第345集.swf
难度：★★
效果：效果\第18章\第345集.fla
时长：27秒
关键技术：脚本

01 新建一个Flash文件，在“时间轴”面板中选择“图层1”图层的第1帧，按F9键弹出“动作-帧”面板，在该面板的脚本编辑窗口中添加以下代码：

```
eventObj.handleEvent = function(o) {
    if (o.type == "click") {
    //your code here
    } else if (o.type == "enter") {
    //your code here
    }
};
target.addEventListener("click",eventObj);
target2.addEventListener("enter",eventObj);
```

02 输入完成后，即可完成标识事件处理函数的脚本编写。

第346集　使用Event元数据

素材：无
视频：视频\第18章\第346集.swf
难度：★★
效果：效果\第18章\第346集.fla
时长：27秒
关键技术：脚本

01 新建一个Flash文件，在“时间轴”面板中选择“图层1”图层的第1帧，按F9键弹出“动作-帧”面板，在该面板的脚本编辑窗口中添加以下代码：

```
[Event("click")]//event declaration
//...
function addEventListener(eventName:String, eventHandler:Object) {
    //eventName is String
}
```

02 输入完成后，即可完成使用元数据处理函数的脚本编写。

专家提醒

在动作脚本类文件中为每个事件侦听器添加Event元数据，Event关键字的值成为addEventListener( )方法调用中的第一个变量。

第19章　应用ActionScript脚本

ActionScript是一种面向对象的语言，是在Flash影片中实现交互的重要组成部分，也是Flash优越于其他动画制作软件的主要因素。Flash中使用的ActionScript的编辑功能更加强大，也使ActionScript编辑的脚本更加稳定、健全。本章主要介绍ActionScript的应用。

19.1　注释ActionScript脚本

第347集　注释单行脚本

素材：素材\第19章\347-1.fla　　效果：效果\第19章\第347集.fla

视频：视频\第19章\第347集.swf　　时长：41秒

难度：★★★★　　关键技术：“应用//注释”选项

01 单击“文件”|“打开”命令，打开一个素材文件，在“时间轴”面板中选择“图层1”图层的第1帧，按F9键弹出“动作-帧”面板，在该面板的脚本编辑窗口中选择第2行代码，如图347-1所示。

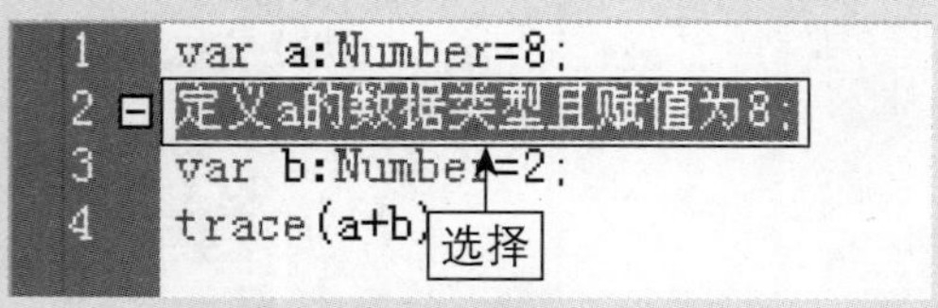

```
var a:Number=8;
定义a的数据类型且赋值为8;
var b:Number=2;
trace(a+b);
```


图347-1　选择第2行代码

02 单击鼠标右键，在弹出的快捷菜单中选择“应用//注释”命令，即可注释单行脚本，如图347-2所示。

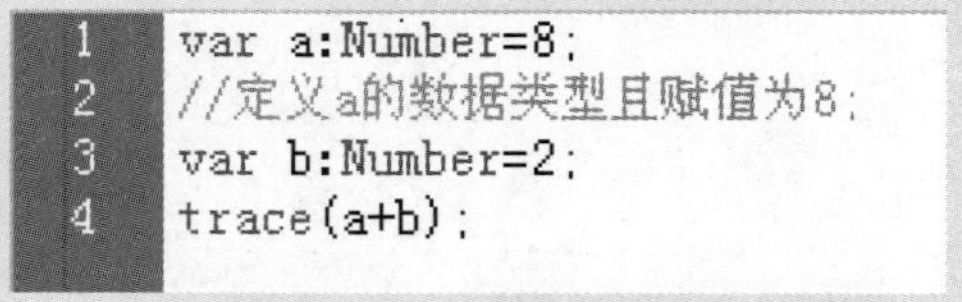

```
var a:Number=8;
//定义a的数据类型且赋值为8;
var b:Number=2;
trace(a+b);
```

图347-2　注释单行脚本

专家提醒

在Flash CS5中，脚本被设置为注释后，其颜色变为灰色，且脚本前添加了“//”符号，程序在遇到“//”符号时，将跳过该段脚本往后运行，所以注释的脚本不会被程序运行，只是用来标识和说明脚本的含义，使其他合作的工作人员能够分清各代码的含义。

第348集　注释多行脚本

素材：素材\第19章\348-1.fla　　效果：效果\第19章\第348集.fla

视频：视频\第19章\第348集.swf　　时长：39秒

难度：★★★　　关键技术：“应用/* */注释”选项

01 单击“文件”|“打开”命令，打开一个素材文件，在“时间轴”面板中选择“图层1”图层的第1帧，按F9键弹出“动作-帧”面板，在该面板的脚本编辑窗口中选择第4行至第6行的代码，如图348-1所示。

02 单击鼠标右键，在弹出的快捷菜单中选择“应用/* */注释”命令，即可注释多行脚本，如图348-2所示。

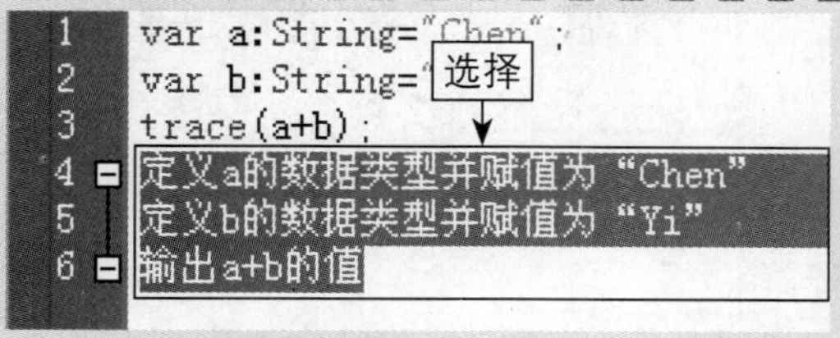

图348-1 选择代码

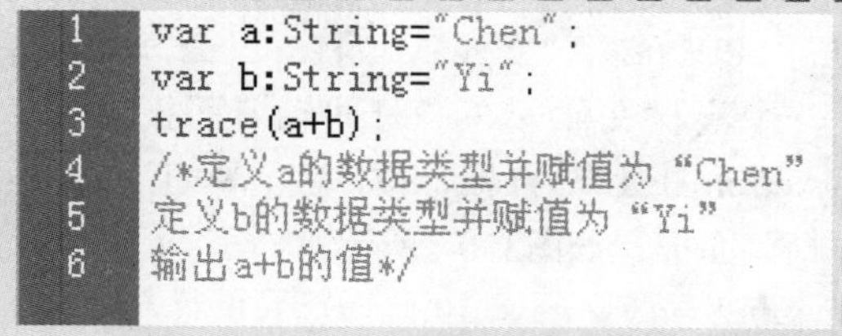

图348-2 注释多行脚本

专家提醒

用户直接在要注释的段落脚本前添加“/*”符号，在脚本后添加“*/”符号，也可以注释多行脚本。

第349集 删除注释脚本

素材：素材\第19章\349—1.fla

效果：效果\第19章\第349集.fla

视频：视频\第19章\第349集.swf

时长：34秒

难度：★★★

关键技术：“删除注释”选项

01 单击“文件”|“打开”命令，打开一个素材文件，在“时间轴”面板中选择“图层1”图层的第1帧，按F9键弹出“动作-帧”面板，在该面板的脚本编辑窗口中选择第5行代码，如图349-1所示。

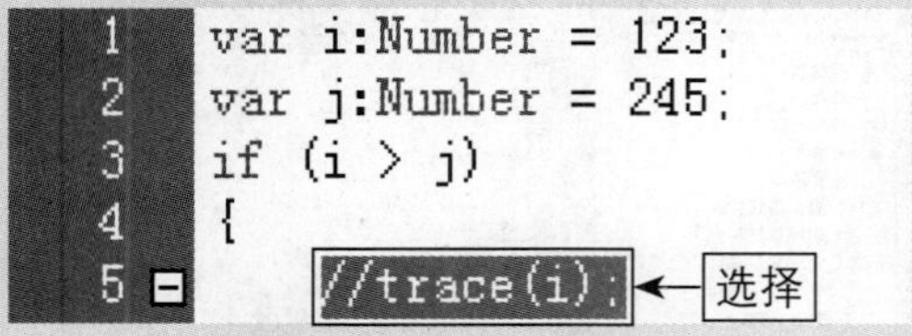

图349-1 选择注释

02 单击鼠标右键，在弹出的快捷菜单中选择“删除注释”命令，即可删除注释脚本，如图349-2所示。

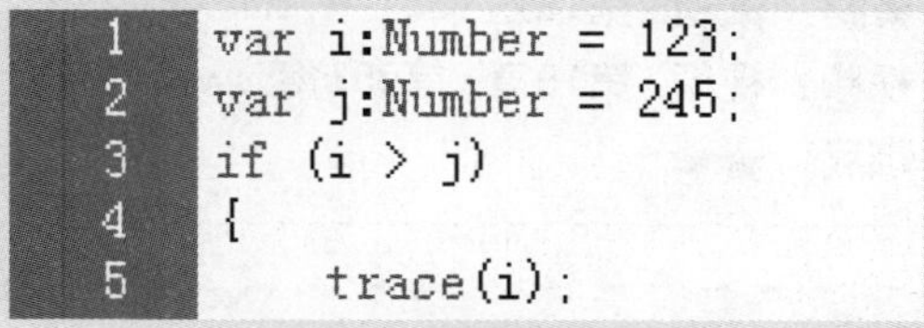

图349-2 删除注释

专家提醒

删除注释脚本其实就是将脚本前的“//”符号去掉，用户可以直接在代码中删除“//”符号，所选脚本被删除注释后，程序将运行该句脚本。

19.2 设置ActionScript脚本

第350集 检查脚本语法

素材：素材\第19章\350—1.fla

效果：效果\第19章\第350集.fla

视频：视频\第19章\第350集.swf

时长：55秒

难度：★★★★

关键技术：“语法检查”按钮

01 单击“文件”|“打开”命令，打开一个素材文件，在“时间轴”面板中选择Action图层的第1帧，按F9键，弹出“动作-帧”面板，如图350-1所示。

```
for (var i = 0; i<100; i++) {
    _root.attachMovie("snow", i, i);
    _root[i]._x = 600*Math.random();
    _root[i]._y = 388*Math.random();
    _root[i]._rotation = 60*Math.random();
    _root[i]._xscale = _root[i]._yscale=_root[i]
    _root[i].onEnterFrame = function() {
        this._y += this._xscale/10;
        this._y %= 400;
    };
}
```

图350-1 “动作-帧”面板

02 在“动作-帧”面板上端单击“语法检查”按钮，弹出“编译器错误”面板。在该面板中将显示语法错误脚本的位置，如图350-2所示。

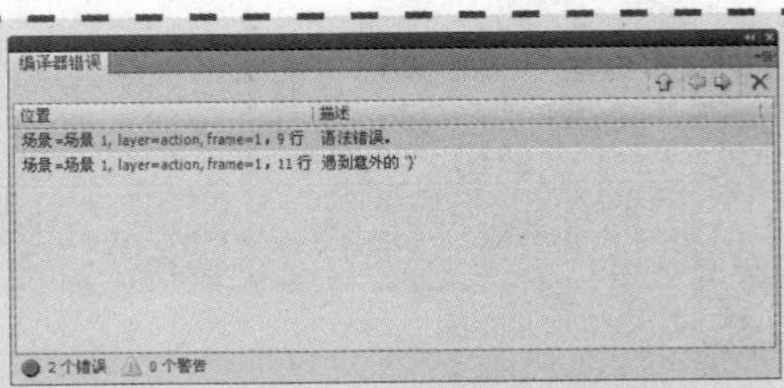

图350-2 “编译器错误”面板

03 在“动作-帧”面板中修改错误的代码，再次单击“语法检查”按钮，若“编译器错误”面板中没有警告信息，则代码正确。

专家提醒

读者可以根据“编译器错误”面板中提示的错误信息的位置来修改动作脚本。在脚本中的所有符号都要在半角状态下输入，否则检查脚本语法时也会显示错误。

第351集 整理脚本

素材：素材\第19章\351-1.fla
视频：视频\第19章\第351集.swf
难度：★★
效果：效果\第19章\第351集.fla
时长：27秒
关键技术：“自动套用格式”按钮

01 单击“文件”|“打开”命令，打开一个素材文件，在“时间轴”面板中选择“文字”图层的第1帧，按F9键弹出“动作-帧”面板，如图351-1所示。

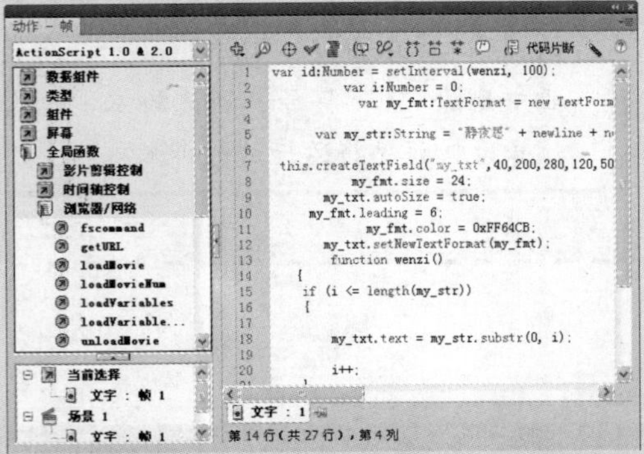

图351-1 “动作-帧”面板中的脚本

02 在面板上端单击“自动套用格式”按钮，即可整理脚本，如图351-2所示。

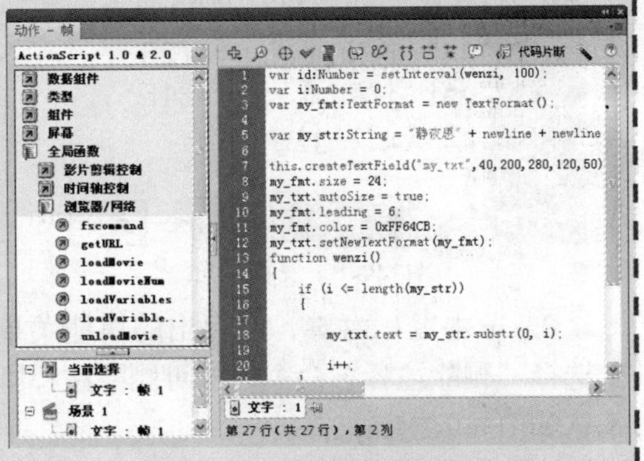

图351-2 整理脚本

专家提醒

通过启用“自动套用格式”功能，可以将所有脚本以一个系统的格式排布，经整理后的脚本井然有序，用户可以很方便地查看各脚本的功能。

第352集　触发代码提示

素材：素材\第19章\352-1.fla　　效果：无
视频：视频\第19章\第352集.swf　　时长：23秒
难度：★★　　关键技术：点符号

01 单击“文件”|“打开”命令，打开一个素材文件，在舞台区选择Enter按钮，按F9键，弹出“动作-按钮”面板，如图352-1所示。

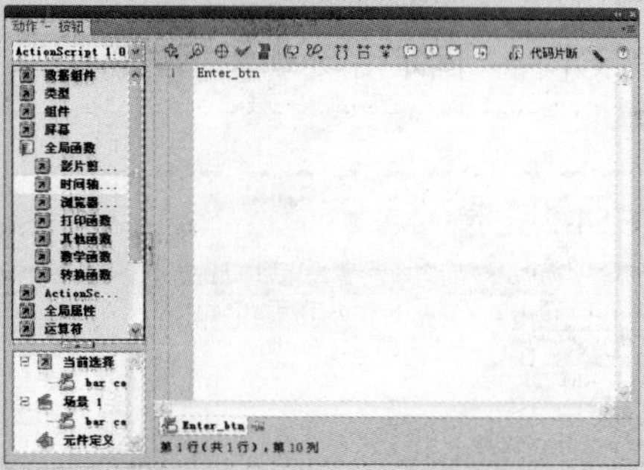

图352-1　“动作-按钮”面板

02 输入句点符号“.”，即可触发代码提示，如图352-2所示。

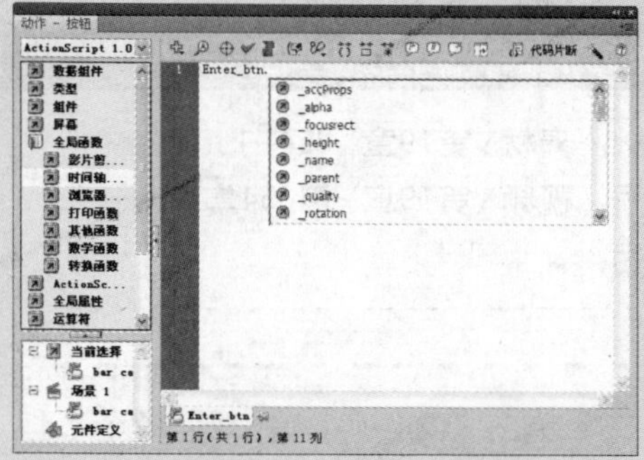

图352-2　触发代码提示

专家提醒

对于在舞台上出现的对象，需要给其实例名称添加一个后缀，再输入句点符号才能触发代码提示。

第353集　脚本自动换行

素材：素材\第19章\353-1.fla　　效果：无
视频：视频\第19章\第353集.swf　　时长：37秒
难度：★★★　　关键技术：“自动换行”选项

01 单击“文件”|“打开”命令，打开一个素材文件，在“时间轴”面板中选择Action图层的第1帧，按F9键弹出“动作-帧”面板，如图353-1所示。

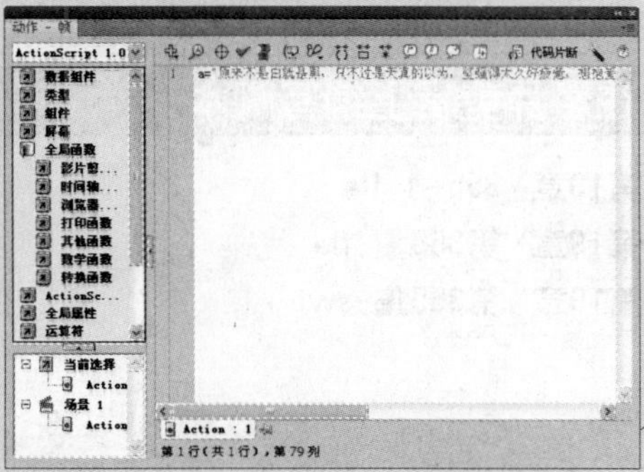

图353-1　“动作-帧”面板

02 单击面板右上角的下三角按钮，在弹出的面板菜单中选择“自动换行”命令，即可使较长的脚本自动换行，如图353-2所示。

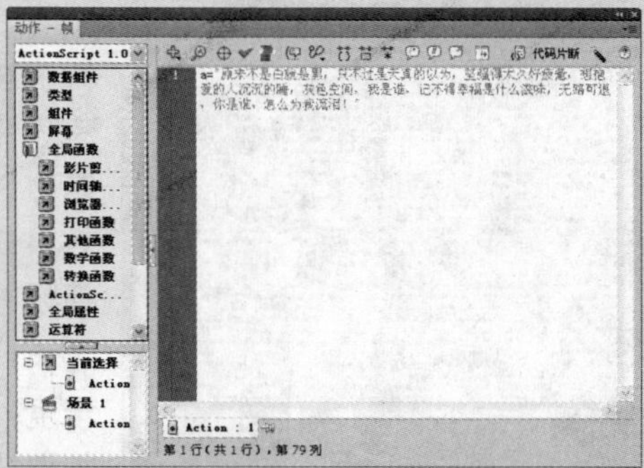

图353-2　脚本自动换行

专家提醒

如果已启用“脚本自动换行”功能，用户输入脚本的长度快超过一行时，将会自动换行。有些脚本可能会很长，如果全部将它输入在一行内，既影响美观又不适于查看，所以建议在输入脚本前，先启用“脚本自动换行”功能。

第354集　固定脚本窗口

素材：素材\第19章\354-1.fla　　效果：无
视频：视频\第19章\第354集.swf　　时长：28秒
难度：★★　　关键技术：“固定活动脚本”按钮

01 单击“文件”|“打开”命令，打开一个素材文件，在“时间轴”面板中选择“图层1”图层的第1帧，按F9键弹出“动作-帧”面板，如图354-1所示。

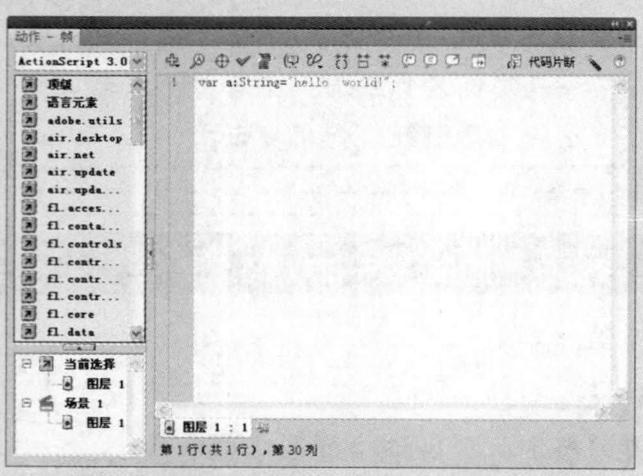

图354-1　“动作-帧”面板

02 单击“动作”面板下端的“固定活动脚本”按钮，即可固定当前脚本窗口，如图354-2所示。

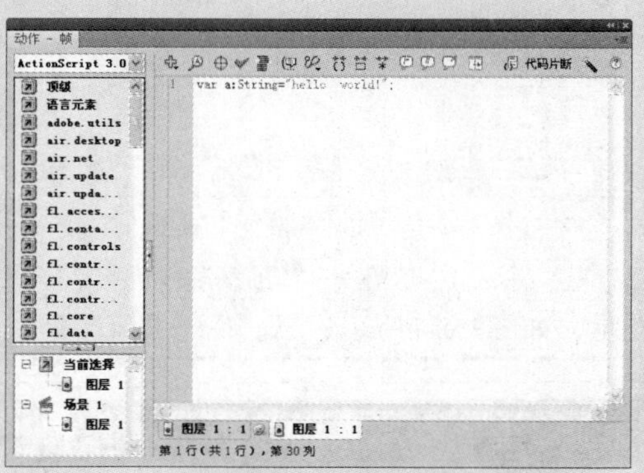

图354-2　固定脚本窗口

专家提醒

在Flash CS5中，固定脚本窗口后，可以很方便地在各帧的脚本之间进行切换，无需再从时间轴上选择帧。

19.3　在不同位置编辑脚本

第355集　在影片剪辑上编写脚本

素材：素材\第19章\355-1.fla
效果：效果\第19章\第355集.fla
视频：视频\第19章\第355集.swf
时长：35秒
难度：★★★
关键技术：onClipEvent(){}

01 单击“文件”|“打开”命令，打开一个素材文件，选择舞台区的影片剪辑实例，如图355-1所示。

图355-1 选择实例

02 按F9键弹出“动作-影片剪辑”面板，在该面板的脚本编辑窗口中添加代码，如图355-2所示。

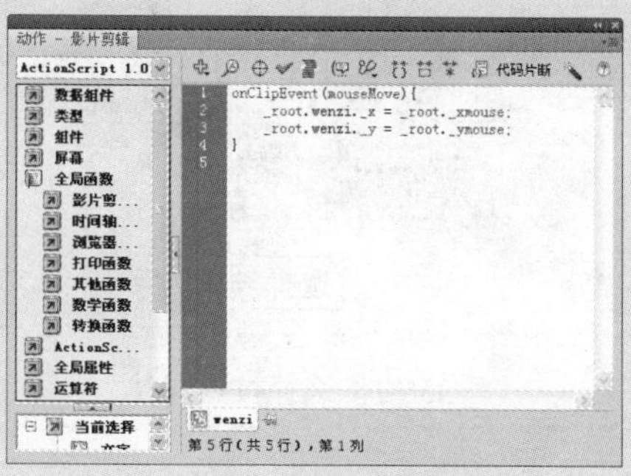

图355-2 添加代码

03 按Ctrl＋Enter组合键测试动画，移动鼠标，元件实例将跟随鼠标一起运动，如图355-3所示。

图355-3 测试在影片剪辑上编写脚本的效果

专家提醒

在Flash CS5中，需要注意的是，在ActionScript 3.0文件中不可以在影片剪辑和按钮对象上编写脚本。

第356集 在按钮上编写脚本

素材：素材\第19章\356—1.fla

效果：效果\第19章\第356集.fla

视频：视频\第19章\第356集.swf

时长：24秒

难度：★★

关键技术：on (release){}

01 单击“文件”|“打开”命令，打开一个素材文件，运用选择工具选择舞台区的按钮元件，如图356-1所示。

02 按F9键弹出“动作-按钮”面板，在该面板的脚本编辑窗口中添加代码，如图356-2所示。

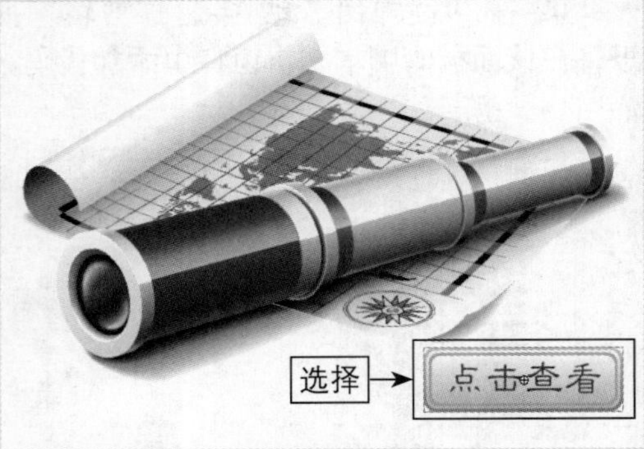

图356-1　选择按钮元件

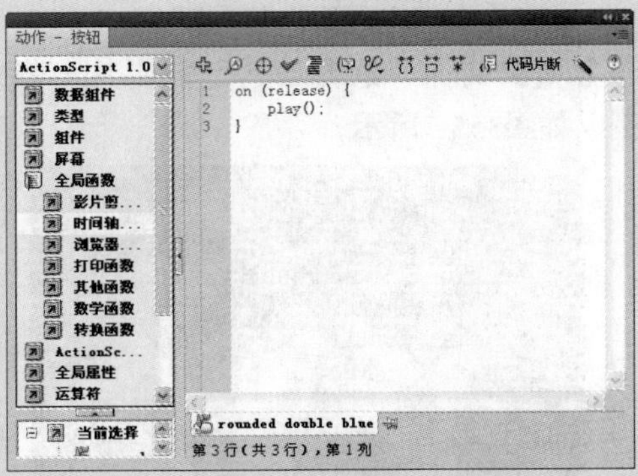

图356-2　添加代码

专家提醒

以上所输代码的含义是当在所选按钮上按下并释放鼠标左键时触发play事件。

第357集　公共事件

素材：素材\第19章\357—1.fla　　效果：效果\第19章\第357集.fla
视频：视频\第19章\第357集.swf　　时长：24秒
难度：★★　　关键技术：stop（）

01 单击“文件”|“打开”命令，打开一个素材文件，如图357-1所示。

图357-1　素材文件

02 在“时间轴”面板中选择Action图层的第1帧，按F9键弹出“动作-帧”面板，在该面板的脚本编辑窗口中添加代码，如图357-2所示。

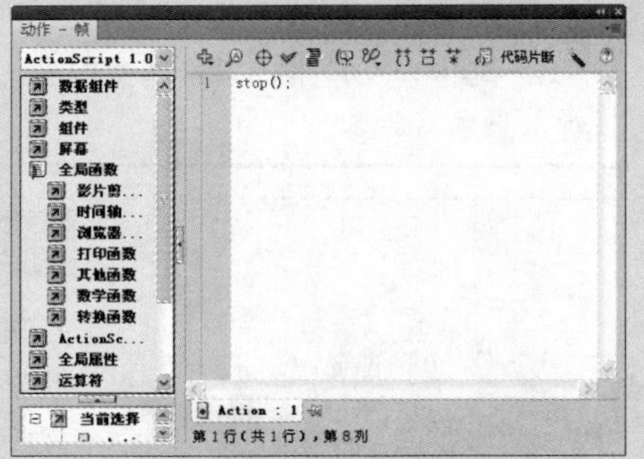

图357-2　添加代码

第358集　在AS文件中编写脚本

素材：无　　效果：效果\第19章\第358集.as、第358集.fla
视频：视频\第19章\第358集.swf　　时长：49秒
难度：★★★★　　关键技术：ActionScript文件

01 单击“文件”|“新建”命令，新建一个ActionScript文件，在脚本编辑窗口中添加以下代码：

```
var myDate:Date=new Date();
var myDay:Number=myDate.getDay()
var xingqi=new Array("星期日","星期一","星期二","星期三","星期四","星期五","星期六");
trace ("今天是"+ xingqi[myDay]);
```

02 将文档另存为“第358集.as”，单击“文件”|“新建”命令，新建一个Flash文档，在脚本编辑窗口中添加以下代码：

```
include "第358集.as";
```

03 操作完成后，即可完成在AS文件中编写脚本。

专家提醒

运用外部AS文件编写脚本，有利于管理，修改代码也很方便。

19.4　编写基本ActionScript脚本

第359集　输出命令

素材：无
视频：视频\第19章\第359集.swf
难度：★★★★
效果：效果\第19章\第359集.fla
时长：42秒
关键技术：trace

01 新建一个Flash文件，在“时间轴”面板中选择“图层1”图层的第1帧，按F9键弹出“动作-帧”面板，在该面板的脚本编辑窗口中添加以下代码：

```
trace("Flash CS5");
```

02 操作完成后，即可完成输出命令的脚本编辑，按Ctrl＋Enter组合键测试影片，在“输出”面板中将显示输出内容，如图359-1所示。

图359-1　“输出”面板

专家提醒

只有在源文件中测试影片时，才会在“输出”面板中显示要输出的内容。

第360集　定义变量

素材：无
视频：视频\第19章\第360集.swf
难度：★★
效果：效果\第19章\第360集.fla
时长：23秒
关键技术：var

01 新建一个Flash文件，在“时间轴”面板中选择“图层1”图层的第1帧，按F9键弹出“动作-帧”面板，在该面板的脚本编辑窗口中添加以下代码：

```
var a:String;
```

02 输入完成后，即可定义变量。

专家提醒

变量a除了系统的一些专有名称（如date、this、stop等）外可以随意命名，其后输入半角状态的分号，然后输入变量的类型即可。

第361集 赋值变量

素材：无
视频：视频\第19章\第361集.swf
难度：★★
效果：效果\第19章\第361集.fla
时长：28秒
关键技术：赋值变量

01 新建一个Flash文件，在“时间轴”面板中选择“图层1”图层的第1帧，按F9键弹出“动作-帧”面板，在该面板的脚本编辑窗口中添加以下代码：

```
var myDate:Date=new Date();
trace(myDate);
```

02 输入完成后，即可完成赋值变量的脚本编辑。

专家提醒

以上所输代码的含义是定义一个类型为日期的变量myDate，并将当前系统时间赋值给变量myDate，最后输出变量的内容。

第362集 传递变量

素材：无
视频：视频\第19章\第362集.swf
难度：★★
效果：效果\第19章\第362集.fla
时长：26秒
关键技术：代码

01 新建一个Flash文件，在“时间轴”面板中选择“图层1”图层的第1帧，按F9键弹出“动作-帧”面板，在该面板的脚本编辑窗口中添加以下代码：

```
var a:Number=2;
var b:Number=5;
var c:Number;
c=a+b;
trace(c);
```

02 输入完成后，即可完成传递变量的脚本编辑。

第363集 获取对象属性

素材：素材\第19章\363-1.fla
视频：视频\第19章\第363集.swf
难度：★★★★
效果：效果\第19章\第363集.fla
时长：50秒
关键技术：trace

01 单击“文件”|“打开”命令，打开一个素材文件，运用选择工具选择舞台区的元件实例。在“属性”面板中设置“实例名称”为girl，在“时间轴”面板中选择Action图层的第1帧，按F9键弹出“动作-帧”面板，在该面板的脚本编辑窗口中添加代码，如图363-1所示。

02 按Ctrl＋Enter组合键测试动画，即可在“输出”面板中获取对象属性，如图363-2所示。

图363-1 添加代码

图363-2 获取对象属性

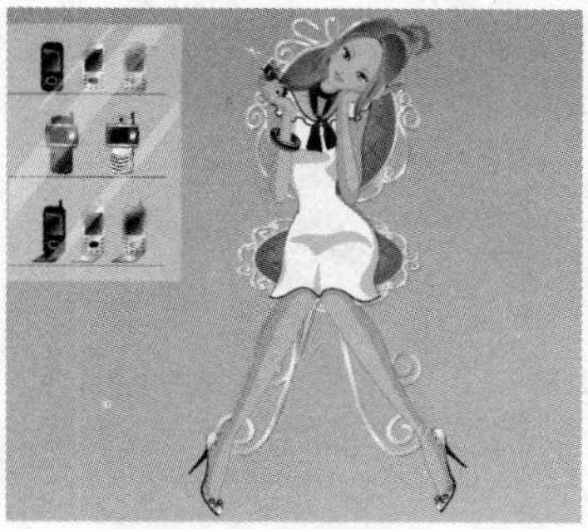

第364集 设置对象坐标

素材：素材\第19章\364—1.fla

效果：效果\第19章\第364集.fla

视频：视频\第19章\第364集.swf

时长：37秒

难度：★★★

关键技术：X、Y属性值

01 单击“文件”|“打开”命令，打开一个素材文件。在“时间轴”面板中选择Action图层的第1帧，按F9键弹出“动作-帧”面板，在该面板的脚本编辑窗口中添加代码，如图364-1所示。

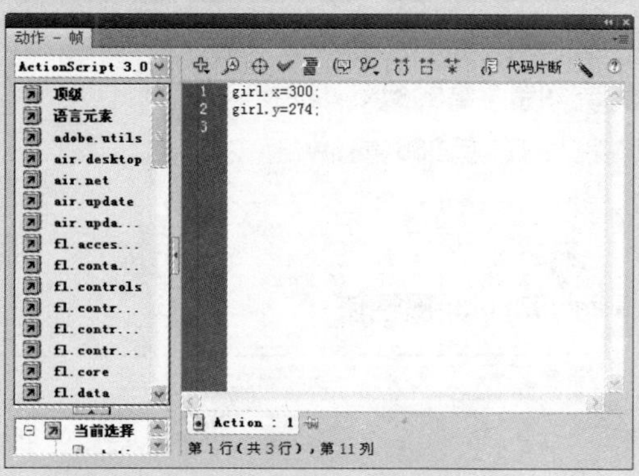

图364-1 添加代码

02 按Ctrl＋Enter组合键测试动画，即可完成对象的属性设置，如图364-2所示。

图364-2 设置对象坐标

专家提醒

在以上所输代码中，girl为舞台区“女孩”元件实例的实例名称。

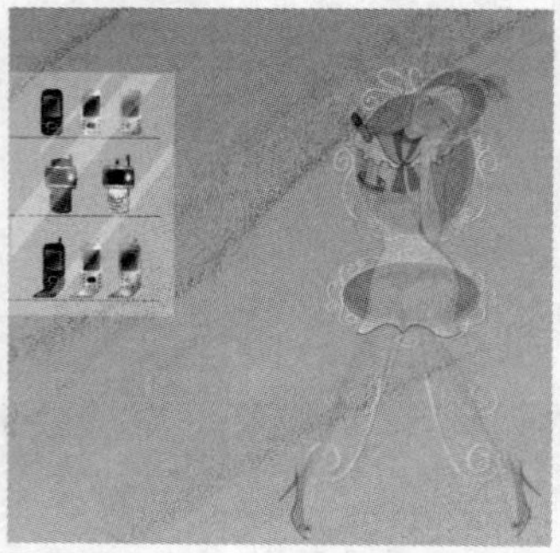

第365集　设置对象透明度

素材：素材\第19章\365-1.fla
效果：效果\第19章\第365集.fla
视频：视频\第19章\第365集.swf
时长：36秒
难度：★★★
关键技术：Alpha属性值

01 单击“文件”|“打开”命令，打开一个素材文件。在“时间轴”面板中选择Action图层的第1帧，按F9键弹出“动作-帧”面板，在该面板的脚本编辑窗口中添加代码，如图365-1所示。

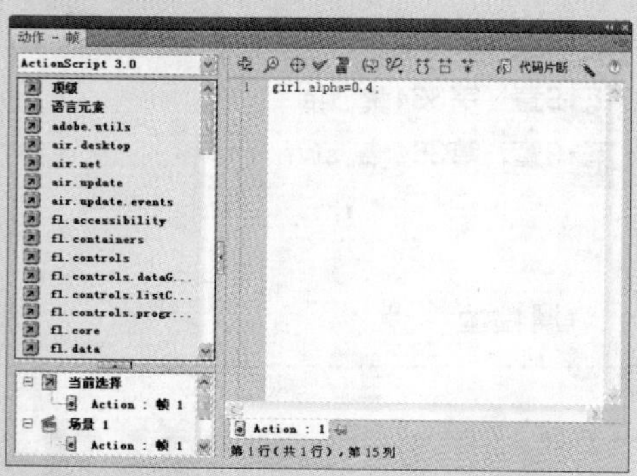

图365-1　添加代码

02 按Ctrl＋Enter组合键测试动画，即可完成对象透明度的设置，如图365-2所示。

专家提醒

设置对象的透明度，就是设置Alpha值。

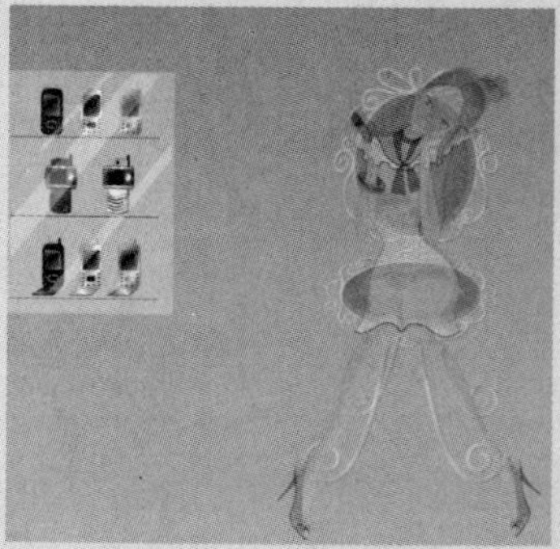

图365-2　设置对象透明度

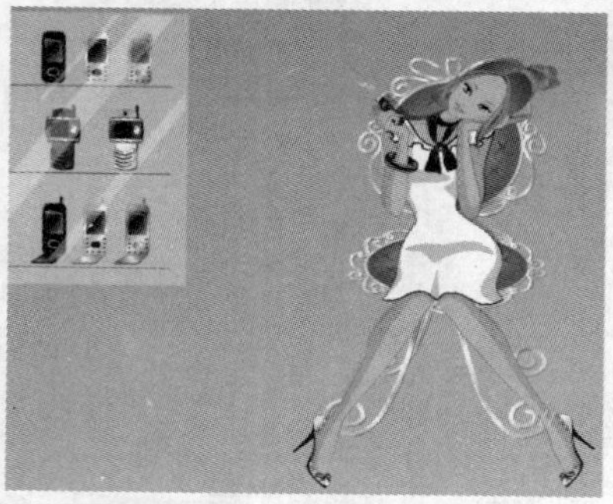

第366集　设置对象宽高属性

素材：素材\第19章\366-1.fla
效果：效果\第19章\第366集.fla
视频：视频\第19章\第366集.swf
时长：41秒
难度：★★★★
关键技术：height和width属性值

01 单击“文件”|“打开”命令，打开一个素材文件。在“时间轴”面板中选择Action图层的第1帧，按F9键弹出“动作-帧”面板，在该面板的脚本编辑窗口中添加代码，如图366-1所示。

02 按Ctrl＋Enter组合键测试动画，即可完成设置对象宽高属性，如图366-2所示。

图366-1　添加代码

图366-2　设置对象宽高属性

19.5　控制影片播放

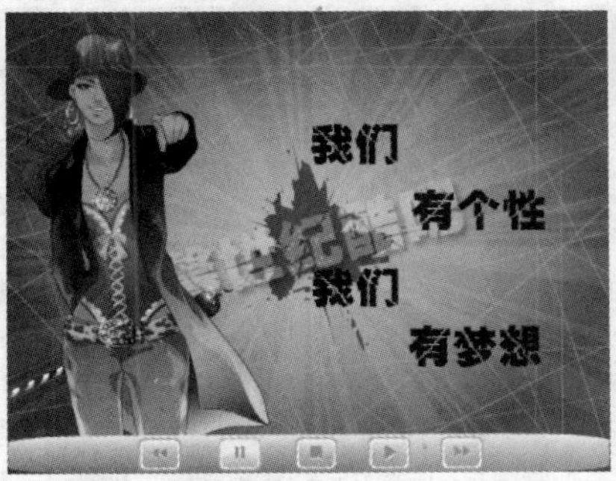

第367集　停止影片

素材：素材\第19章\367-1.fla

效果：效果\第19章\第367集.fla

视频：视频\第19章\第367集.swf

时长：39秒

难度：★★★

关键技术：addEventListener()和stop()

01 单击“文件”|“打开”命令，打开一个素材文件。在“时间轴”面板中选择Action图层的第1帧，按F9键弹出“动作-帧”面板，在该面板的脚本编辑窗口中添加代码，如图367-1所示。

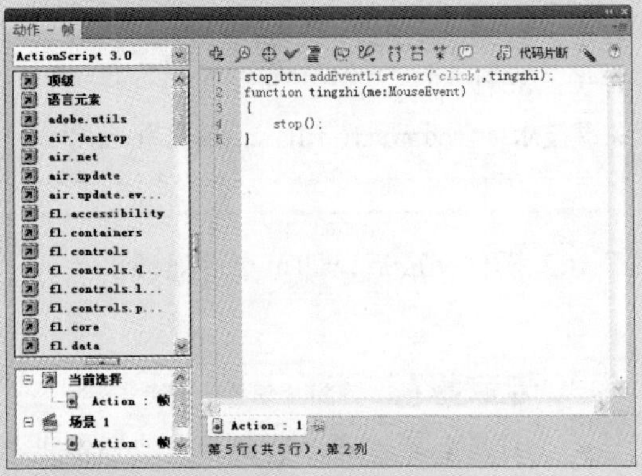

图367-1　添加代码

02 按Ctrl+Enter组合键测试动画，单击界面中的停止按钮，即可停止影片，如图367-2所示。

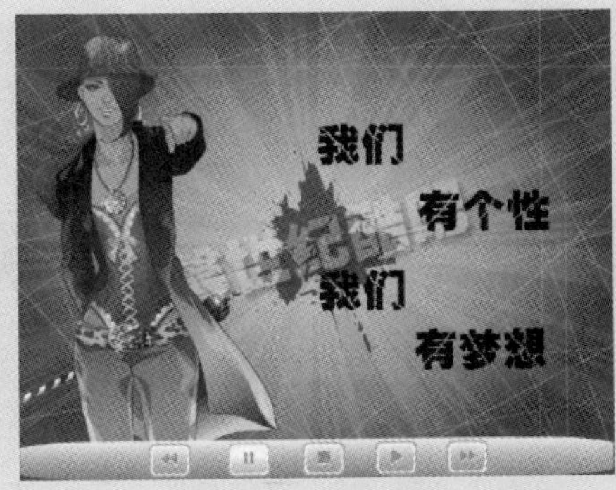

图367-2　停止影片

专家提醒

在ActionScript 3.0中，不能再对按钮和影片剪辑对象直接添加脚本，只能在帧上或在外部AS文件中添加脚本控制各对象。以上所输代码的含义是，为实例名称为stop_btn的按钮调用addEventListener()方法，如果鼠标单击该按钮，则调用tingzhi函数，再声明一个名为tingzhi的函数，参数为鼠标事件，鼠标事件发生，则停止影片播放。

第368集　播放影片

素材：素材\第19章\368-1.fla

效果：效果\第19章\第368集.fla

视频：视频\第19章\第368集.swf

时长：38秒

难度：★★★

关键技术：addEventListener()和play()

01 单击“文件”|“打开”命令，打开一个素材文件。在“时间轴”面板中选择Action图层的第1帧，按F9键弹出“动作-帧”面板，在该面板的脚本编辑窗口中原有的代码后面添加代码，如图368-1所示。

图368-1　添加代码

02 按Ctrl＋Enter组合键测试动画，单击界面上的播放按钮，即可播放影片，如图368-2所示。

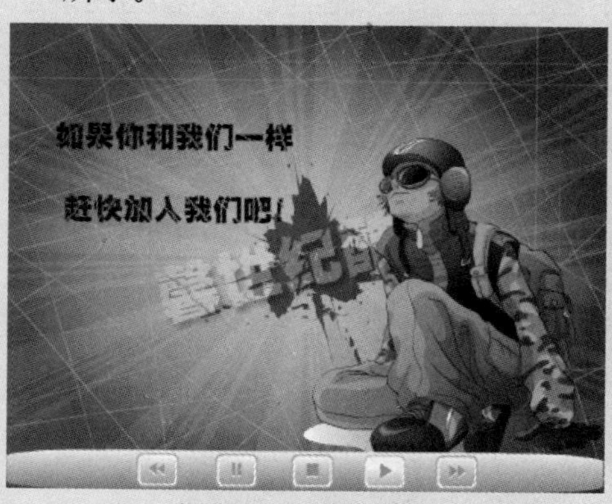

图368-2　播放影片

第369集　全屏播放影片

素材：素材\第19章\369-1.fla

效果：效果\第19章\第369集.fla

视频：视频\第19章\第369集.swf

时长：35秒

难度：★★★

关键技术：fscommand("fullscreen","true")

01 单击“文件”|“打开”命令，打开一个素材文件。在“时间轴”面板中选择Action图层的第1帧，按F9键弹出“动作-帧”面板，在该面板的脚本编辑窗口中原有的代码后面添加如下代码：

```
quanping.addEventListener("click",qp);
function qp(me:MouseEvent){
    fscommand("fullscreen","true");
}
```

02 操作完成后，即可全屏播放影片。

专家提醒

测试全屏播放动画时，先发布影片到本地文件夹中，再从文件夹中双击打开所发布的SWF影片文件，因为在源文件中按Ctrl＋Enter组合键测试影片，不能测试全屏效果。

第370集 跳转至场景或帧

素材：素材\第19章\370-1.fla
视频：视频\第19章\第370集.swf
难度：★★★★
效果：效果\第19章\第370集.fla
时长：41秒
关键技术：gotoAndPlay()

01 单击“文件”|“打开”命令，打开一个素材文件。在“时间轴”面板中选择Action图层的第1帧，按F9键弹出“动作-帧”面板，在该面板的脚本编辑窗口中原有的代码后面添加如下代码：

```
tiaozhuan.addEventListener("click",zhen);
function zhen(me:MouseEvent){
    gotoAndPlay(15,"场景 1");
}
```

02 操作完成后，测试动画效果，单击界面中的跳转按钮，即可将动画跳转至第15帧。

专家提醒

跳转至某帧后停止播放的代码为gotoAndStop()，跳到上一场景为prevScene()，跳到下一场景为nextScene()。

第371集 快进播放

素材：素材\第19章\371-1.fla
视频：视频\第19章\第371集.swf
难度：★★★
效果：效果\第19章\第371集.fla
时长：40秒
关键技术：currentFrame和totalFrames

01 单击“文件”|“打开”命令，打开一个素材文件。在“时间轴”面板中选择Action图层的第1帧，按F9键弹出“动作-帧”面板，在该面板的脚本编辑窗口中原有的代码后面添加如下代码：

```
kuaijin.addEventListener("click",kj);
function kj(me:MouseEvent){
    var T:Number=this.currentFrame+30;
    T=(T<this.totalFrames)?T:this.totalFrames;
    gotoAndPlay(T);
}
```

02 操作完成后，测试动画效果。单击界面中的快进按钮，即可快进播放影片。

专家提醒

通过currentFrame属性可取得在影片片段时间轴上播放磁头所在的帧编号，totalFrames属性会返回影片片段实体对象中的帧总数。

第372集 快退播放

素材：素材\第19章\372-1.fla
视频：视频\第19章\第372集.swf
难度：★★★★
效果：效果\第19章\第372集.fla
时长：44秒
关键技术：currentFrame

01 单击“文件”|“打开”命令，打开一个素材文件。在“时间轴”面板中选择Action图层的第1帧，按F9键弹出“动作-帧”面板，在该面板的脚本编辑窗口中原有的代码后面添加如下代码：

```
kuaitui.addEventListener("click",kt);
function kt(me:MouseEvent){
    var T:Number=this.currentFrame-30;
    T=(T<1)?1:T;
    gotoAndPlay(T);
}
```

02 操作完成后，测试动画效果。单击界面中的快退按钮，即可快退播放影片。

第373集 逐帧播放影片

素材：素材\第19章\373-1.fla
视频：视频\第19章\第373集.swf
难度：★★★★
效果：效果\第19章\第373集.fla
时长：50秒
关键技术：nextFrame

01 单击“文件”|“打开”命令，打开一个素材文件。在“时间轴”面板中选择Action图层的第1帧，按F9键弹出“动作-帧”面板，在该面板的脚本编辑窗口中原有的代码后面添加如下代码：

```
zhuzhen.addEventListener("click",zz);
function zz(me:MouseEvent){
    nextFrame();
}
```

02 操作完成后，测试动画效果。单击界面中的逐帧按钮，即可逐帧播放影片。

专家提醒

跳转到前一帧的代码为prevFrame()。

第20章　测试与发布影片文件

作为制作网络多媒体的Flash，它的最终产物是Flash动画，是要放到网络环境中让读者浏览的，因此，在Flash CS5中也提供了大量的下载模式来应付复杂多变的网络环境。在运用Flash CS5制作动画完毕之后，需要测试和发布才能对动画进行测试和导出。对动画进行测试可以查看动画是否达到预期效果，优化动画可以使动画文件的体积缩小，以确保动画的正常播放。本章主要介绍测试与发布影片文件的操作方法。

20.1　两种测试影片的环境

第374集　在编辑模式中测试影片

素材：素材\第20章\374-1.fla
效果：无
视频：视频\第20章\第374集.swf
时长：12秒
难度：★
关键技术：Enter键

01 单击"文件"|"打开"命令，打开一个素材文件，如图374-1所示。

图374-1　素材文件

02 按Enter键即可在编辑模式中测试影片，如图374-2所示。

图374-2　在编辑模式中测试影片

专家提醒

在Flash CS5的编辑环境中，不可测试的内容主要有以下4种。

- 影片剪辑：影片剪辑中的声音、动画和动作将不可见或不起作用，只有影片剪辑的第1帧才会出现在编辑环境中。
- 动作：goto、stop和play是唯一可以在编辑环境中操作的动作。也就是说，用户无法测试交互作用、鼠标事件或依赖其他动作的功能。
- 动画速度：Flash编辑环境中重放速度比最终经优化和导出的动画慢。
- 下载性能：无法在编辑环境中测试动画在Web上的流动或下载性能。

第375集 在测试环境中测试影片

素材：素材\第20章\375-1.fla
视频：视频\第20章\第375集.swf
难度：★★
效果：无
时长：22秒
关键技术："测试"命令

01 单击"文件"|"打开"命令，打开一个素材文件。

02 单击"控制"|"测试影片"|"测试"命令，即可在测试环境中测试影片，如图375-1所示。

图375-1 在测试环境中测试影片

专家提醒

按Ctrl+Enter组合键，也可在测试环境中测试影片。

20.2 优化影片

第376集 优化影片文件

素材：素材\第20章\376-1.fla
视频：视频\第20章\第376集.swf
难度：★★★★
效果：效果\第20章\第376集.fla
时长：42秒
关键技术："清除关键帧"选项

01 单击"文件"|"打开"命令，打开一个素材文件。在"时间轴"面板中选择"图层1"图层的第1帧至第9帧，如图376-1所示。

02 单击鼠标右键，在弹出的快捷菜单中选择"清除关键帧"命令，在第1帧至第10帧中的任意一帧上创建传统补间动画，如图376-2所示，即可完成对影片文件的优化。

图376-1 选择关键帧

图376-2 优化影片

专家提醒

在Flash CS5中，由于补间动画中的过渡帧是系统计算得到的，逐帧动画的过渡帧是通过用户添加对象而得到的，补间动画的数据量相对逐帧动画而言要小得多，因此在制作动画时最好减少逐帧动画的使用，尽量使用补间动画。

第377集 优化图像元素

素材：素材\第20章\377—1.fla

效果：效果\第20章\第377集.fla

视频：视频\第20章\第377集.swf

时长：40秒

难度：★★★

关键技术：“位图属性”对话框

01 单击“文件”|“打开”命令，打开一个素材文件，如图377-1所示。

02 在“属性”面板中，选择“花.jpg”位图图像，单击鼠标右键，在弹出的快捷菜单中选择“属性”命令，弹出“位图属性”对话框，在“品质”选项区中选中“自定义”单选按钮，如图377-2所示。

图377-1 素材文件

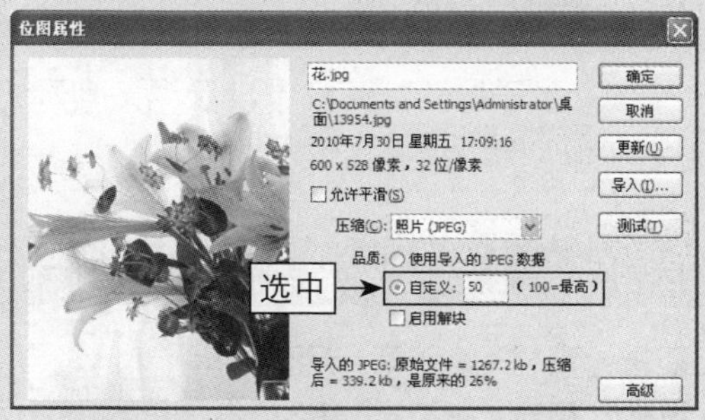

图377-2 “位图属性”对话框

专家提醒

在制作动画的过程中，还应该注意对各元素进行优化。对图像元素进行优化，主要是压缩位图，因为位图会大幅度增加动画的容量，同时，用户还可以对文本元素进行优化。

03 单击“确定”按钮，即可完成对图像元素的优化。

第378集　优化文本元素

素材：素材\第20章\378–1.fla
视频：视频\第20章\第378集.swf
难度：★★
效果：效果\第20章\第378集.fla
时长：23秒
关键技术：“系列”选项

01 单击“文件”|“打开”命令，打开一个素材文件，运用选择工具选择舞台区的文本对象，如图378-1所示。

图378-1　选择文本

02 在“属性”面板中设置“系列”为“黑体”，效果如图378-2所示。

专家提醒

在制作动画的过程中，不要使用太多种类的字体和样式，不要对文字进行分离。在嵌入字体时，选择嵌入所需的字符，而不要选择嵌入整个字体。

图378-2 优化后的文本效果

第379集　优化声音元素

素材：素材\第20章\379–1.fla
视频：视频\第20章\第379集.swf
难度：★★★
效果：效果\第20章\第379集.fla
时长：36秒
关键技术：“声音属性”对话框

01 单击“文件”|“打开”命令，打开一个素材文件，在“库”面板中选择MUSIC.WAV音频文件，如图379-1所示。

02 单击鼠标右键，在弹出的快捷菜单中选择“属性”命令，弹出“声音属性”对话框，设置“压缩”为MP3，如图379-2所示。

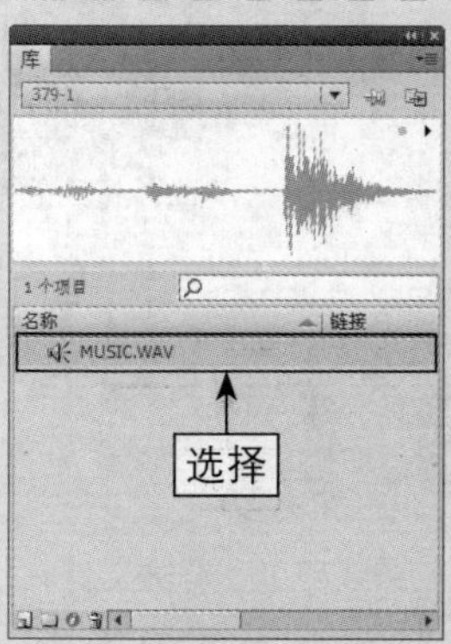

图379-1　选择音频文件

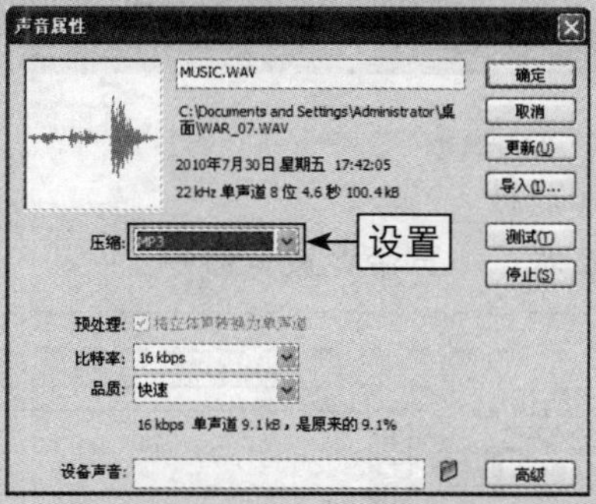

图379-2 “声音属性”对话框

03 单击“确定”按钮，即可完成对声音元素的优化。

专家提醒

优化声音元素时，比特率在16kbit/s~128kbit/s之间为佳。

第380集 优化动作脚本

素材：素材\第20章\380—1.fla

视频：视频\第20章\第380集.swf

难度：★★★★

效果：效果\第20章\第380集.fla

时长：48秒

关键技术：“省略trace动作”复选框

01 单击“文件”|“打开”命令，打开一个素材文件。在“时间轴”面板中选择“图层1”图层的第1帧，按F9键弹出“动作-帧”面板，如图380-1所示。

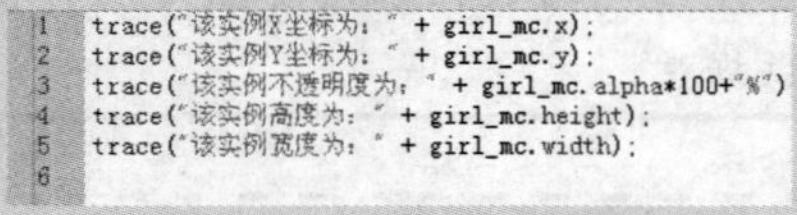

图380-1 “动作-帧”面板

02 单击“文件”|“发布设置”命令，弹出“发布设置”对话框，在Flash选项卡的“高级”选项区中勾选“省略trace动作”复选框，如图380-2所示。单击“确定”按钮，即可完成动作脚本的优化。

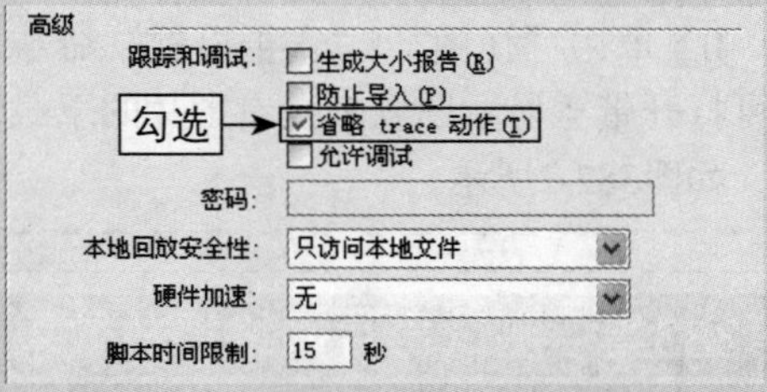

图380-2 勾选“省略trace动作”复选框

20.3 测试影片

第381集 测试场景

素材：素材\第20章\381—1.fla

视频：视频\第20章\第381集.swf

难度：★

效果：效果\第20章\第381集.fla

时长：15秒

关键技术：“测试场景”命令

01 单击“文件”|“打开”命令，打开一个素材文件，如图381-1所示。

图381-1 素材文件

02 单击“控制”|“测试场景”命令，即可测试场景，如图381-2所示。

图381-2 测试场景

第382集　查看影片下载性能

素材：素材\第20章\382-1.fla　　效果：无
视频：视频\第20章\第382集.swf　　时长：27秒
难度：★★　　关键技术：“宽带设置”命令

01 单击“文件”|“打开”命令，打开一个素材文件。按Ctrl+Enter组合键打开测试影片窗口，如图382-1所示。

图382-1　测试影片窗口

02 单击“视图”|“宽带设置”命令，即可打开带宽显示图表来查看影片的下载性能，如图382-2所示。

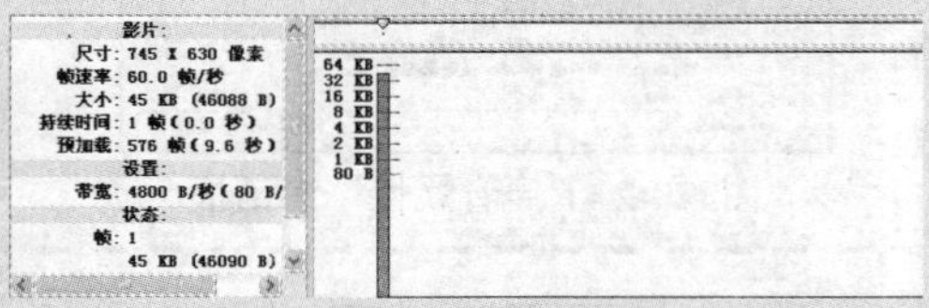

图382-2　查看下载性能

专家提醒

在宽带显示图中，“影片”栏显示动画的舞台大小、播放速度、文件大小和所有帧数；“设置”栏显示当前设置的网络传输条件；“状态栏”显示当前被选择动画某一帧的位置、数据量及整个动画已经下载的数据量；右侧的数据表用于显示动作帧的数据量。

第383集　测试影片网络播放效果

素材：素材\第20章\383-1.fla　　效果：无
视频：视频\第20章\第383集.swf　　时长：29秒
难度：★★　　关键技术：“模拟下载”命令

01 单击“文件”|“打开”命令，打开一个素材文件。按Ctrl+Enter组合键打开测试影片窗口，如图383-1所示。

02 单击“视图”|“模拟下载”命令，即可测试影片网络播放效果，如图383-2所示。

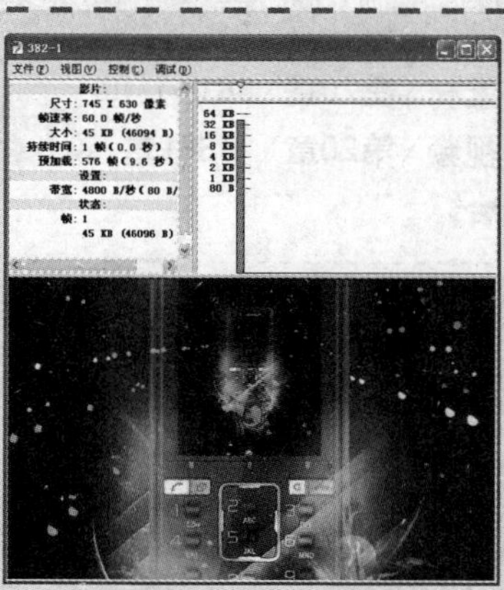

图383-1　测试影片窗口

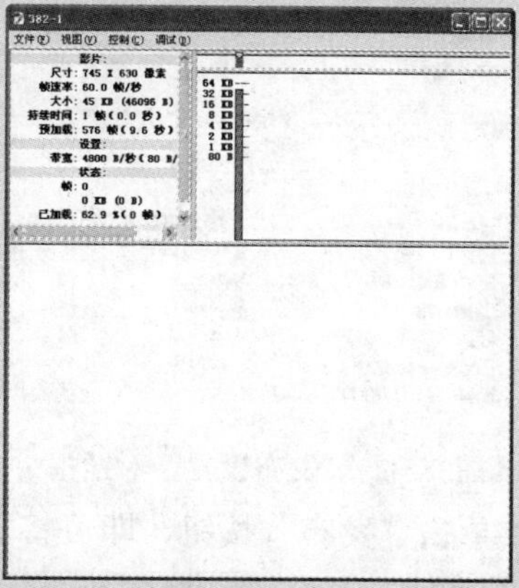

图383-2 测试影片网络播放效果

专家提醒

在测试影片窗口打开后，按Ctrl+Enter组合键也可测试影片网络播放效果。

第384集 列出影片中的对象

素材：素材\第20章\384-1.fla

视频：视频\第20章\第384集.swf

难度：★★

效果：无

时长：28秒

关键技术：“列出对象”命令

01 单击“文件”|“打开”命令，打开一个素材文件。按Ctrl+Enter组合键打开测试影片窗口，如图384-1所示。

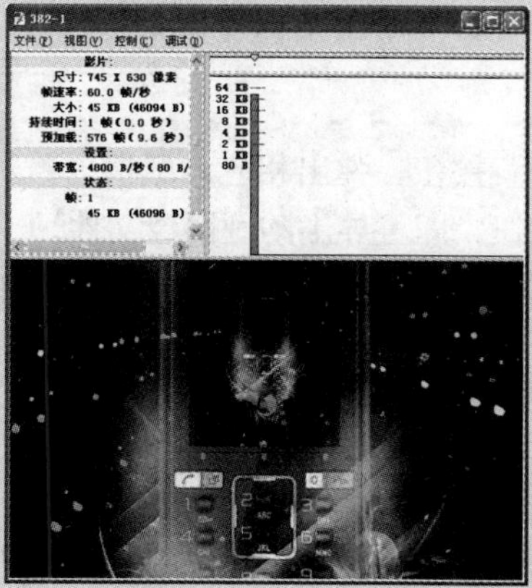

图384-1 测试影片窗口

02 单击“调试”|“列出对象”命令，即可在“输出”面板中列出影片中的对象，如图384-2所示。

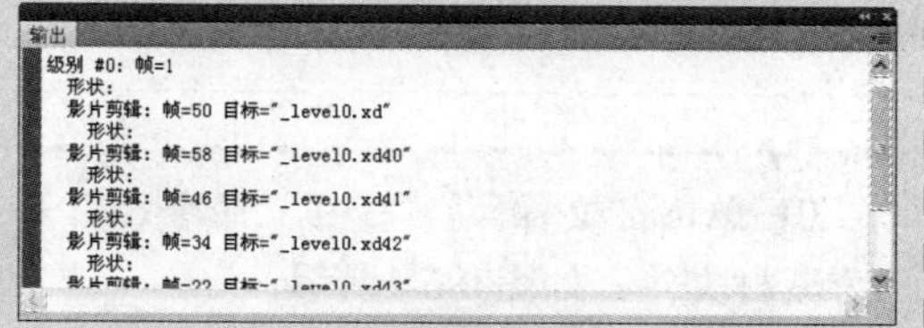

图384-2 列出影片中的对象

20.4 导出Flash影片

第385集 导出动画文件

素材：素材\第20章\385-1.fla

视频：视频\第20章\第385集.swf

难度：★★★★

效果：效果\第20章\第385集.swf

时长：50秒

关键技术：Flash复选框

01 单击“文件”|“打开”命令，打开一个素材文件，如图385-1所示。

图385-1 素材文件

02 单击“文件”|“发布设置”命令，弹出“发布设置”对话框，在“格式”选项卡的“类型”选项区中只勾选Flash复选框，在其右侧单击“选择发布目标”按钮，在弹出的“选择发布目标”对话框中设置要发布的位置和文件名，单击“保存”按钮，返回至“发布设置”对话框，如图385-2所示。

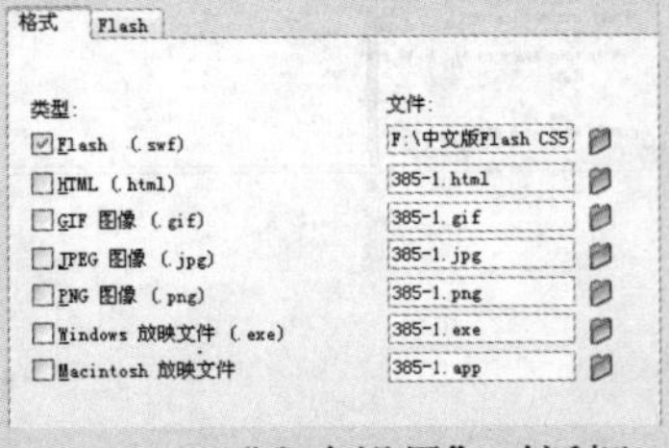

图385-2 “发布设置”对话框

03 单击“发布”按钮，即可将文件发布为SWF文件。

专家提醒

在Flash选项卡中，可以设置播放器版本、脚本版本等Flash文件的相关参数。

第386集 导出动画图像文件

素材：素材\第20章\386-1.fla

视频：视频\第20章\第386集.swf

难度：★★★★

效果：效果\第20章\第386集.jpg

时长：45秒

关键技术：“导出图像”命令

01 单击“文件”|“打开”命令，打开一个素材文件，如图386-1所示。

图386-1 素材文件

02 单击“文件”|“导出”|“导出图像”命令，弹出“导出图像”对话框，设置“保存类型”为“JPEG图像”、“文件名”为“第386集”，如图386-2所示。单击“保存”按钮，弹出相应对话框，单击“确定”按钮，即可导出动画图像文件。

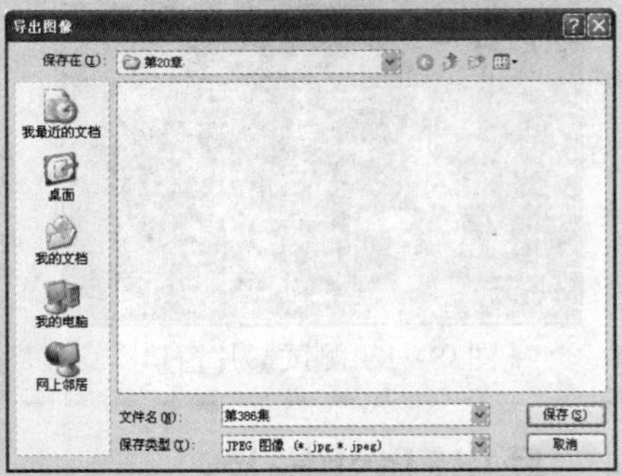

图386-2 “导出图像”对话框

专家提醒

“导出图像”命令导出的是当前时间轴滑块所在帧的图像，是静态的。

第387集　导出动画声音文件

素材：素材\第20章\387-1.fla
视频：视频\第20章\第387集.swf
难度：★★★★
效果：效果\第20章\第387集.wav
时长：58秒
关键技术："WAV音频"选项

01 单击"文件"|"打开"命令，打开一个素材文件。单击"文件"|"导出"|"导出影片"命令，弹出"导出影片"对话框，在"保存在"下拉列表框中选择要保存的位置，设置"保存类型"为"WAV音频"、"文件名"为"第387集"，如图387-1所示。

02 单击"保存"按钮，弹出"导出Windows WAV"对话框，选择一种声音格式，如图387-2所示。单击"确定"按钮，即可导出动画声音文件。

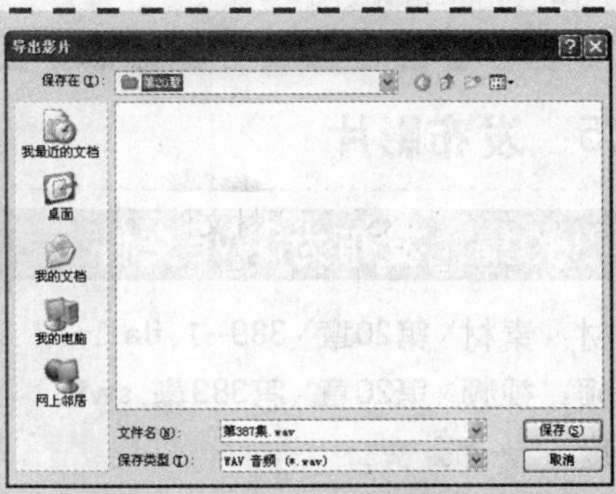

图387-1　"导出影片"对话框

图387-2　"导出Windows WAV"对话框

专家提醒

在Flash CS5中，只能导出主时间轴上的声音文件，且导出的声音文件类型只能是WAV格式，不能导出MP3格式的声音文件。

第388集　导出为AVI文件

素材：素材\第20章\388-1.fla
视频：视频\第20章\第388集.swf
难度：★★★★
效果：效果\第20章\第388集.avi
时长：45秒
关键技术：Windows AVI选项

01 单击"文件"|"打开"命令，打开一个素材文件，如图388-1所示。

图388-1　素材文件

02 单击"文件"|"导出"|"导出影片"命令，弹出"导出影片"对话框，在"保存在"下拉列表框中选择要保存的位置，设置"保存类型"为Windows AVI、"文件名"为"第388集"，单击"保存"按钮，弹出"导出Windows AVI"对话框，如图388-2所示。

03 单击"确定"按钮，即可将文件发布为AVI文件。

专家提醒

AVI是微软定义的标准Windows视频文件格式，这种格式是基于位图格式的，所以体积极为庞大，但分辨率很高，图像清晰。

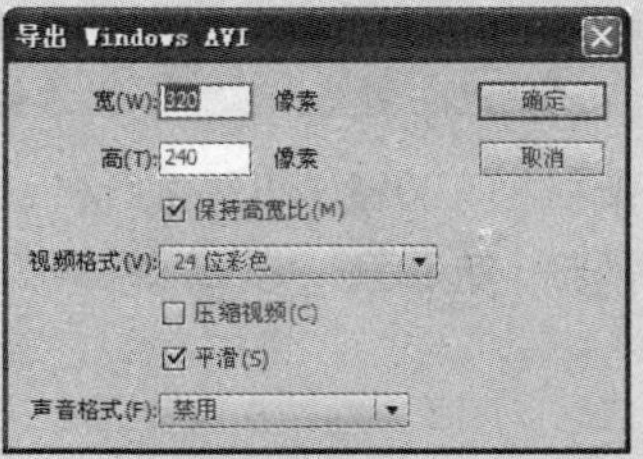

图388-2 “导出Windows AVI”对话框

20.5 发布影片

第389集 发布为SWF文件

素材：素材\第20章\389-1.fla

视频：视频\第20章\第389集.swf

难度：★★★★

效果：效果\第20章\第389集.swf

时长：49秒

关键技术：Flash复选框

01 单击“文件”|“打开”命令，打开一个素材文件，如图389-1所示。

图389-1 素材文件

02 单击“文件”|“发布设置”命令，弹出“发布设置”对话框，在“格式”选项卡的“类型”选项区中只勾选Flash复选框，在其右侧单击“选择发布目标”按钮，在弹出的“选择发布目标”对话框中设置要发布的位置和文件名，单击“保存”按钮，返回至“发布设置”对话框，如图389-2所示。

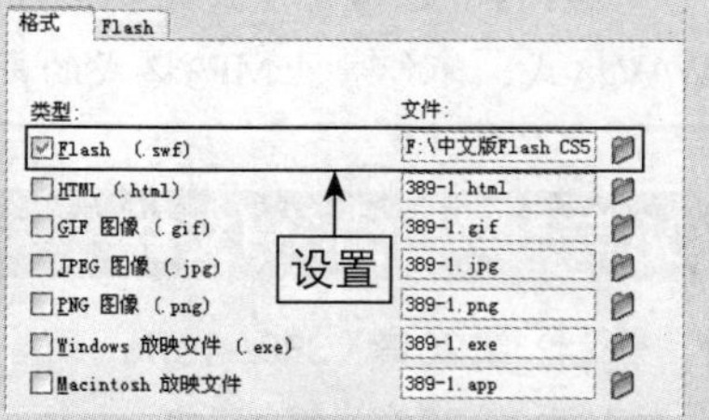

图389-2 “发布设置”对话框

03 单击“发布”按钮，即可将文件发布为SWF文件。

第390集 发布为HTML文件

素材：素材\第20章\390-1.fla

视频：视频\第20章\第390集.swf

难度：★★★★

效果：效果\第20章\第390集.html

时长：46秒

关键技术：HTML复选框

01 单击“文件”|“打开”命令，打开一个素材文件，如图390-1所示。

02 单击“文件”|“发布设置”命令，弹出“发布设置”对话框，勾选HTML复

选框，在其右侧单击“选择发布目标”按钮，在弹出的“选择发布目标”对话框中设置要发布的位置和文件名，如图390-2所示。

图390-1　素材文件

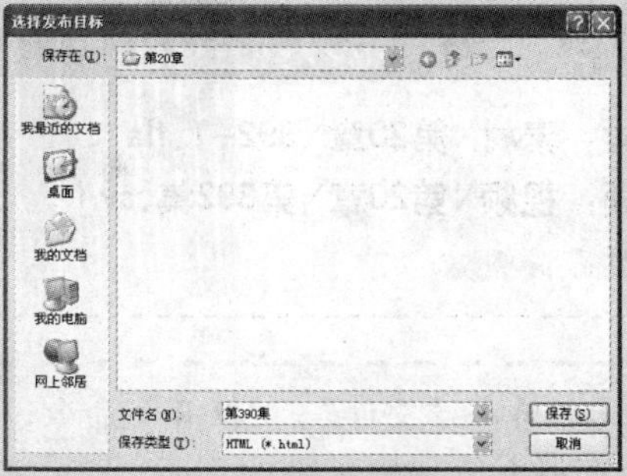

图390-2　“选择发布目标”对话框

专家提醒

双击打开所发布的HTML文件，即可在网页浏览器上浏览Flash。

03 单击“保存”按钮，返回“发布设置”对话框，单击“发布”按钮，即可将文件发布为HTML文件。

第391集　发布为GIF文件

素材：素材\第20章\391-1.fla

视频：视频\第20章\第391集.swf

难度：★★★★

效果：效果\第20章\第391集.gif

时长：46秒

关键技术：“GIF图像”复选框

01 单击“文件”|“打开”命令，打开一个素材文件。单击“文件”|“发布设置”命令，弹出“发布设置”对话框，在“格式”选项卡中只勾选“GIF图像”复选框，在其右侧设置要发布的位置和文件名，如图391-1所示。

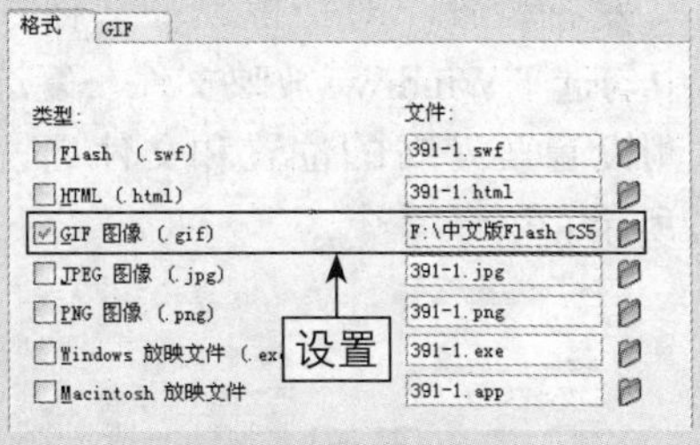

图391-1　素材文件

02 单击GIF标签，进入GIF选项卡，设置“回放”为“动画”，如图391-2所示。

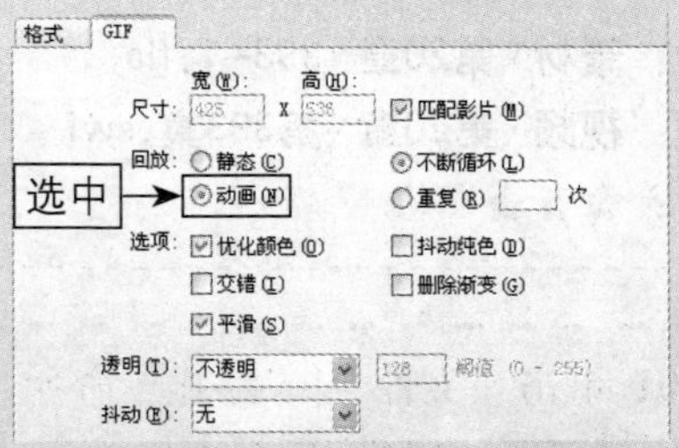

图391-2　选中“动画”单选按钮

03 单击“发布”按钮，即可将文件发布为GIF文件。

专家提醒

GIF文件是一种动态的图像，可以用于制作QQ表情。

第392集　发布为JPEG文件

素材：素材\第20章\392-1.fla
视频：视频\第20章\第392集.swf
难度：★★★
效果：效果\第20章\第392集.jpg
时长：38秒
关键技术："JPEG图像"复选框

01 单击"文件"|"打开"命令，打开一个素材文件，如图392-1所示。

图392-1　素材文件

02 单击"文件"|"发布设置"命令，弹出"发布设置"对话框，在"格式"选项卡中只勾选 "JPEG图像"复选框，在其右侧设置要发布的位置和文件名，如图392-2所示。

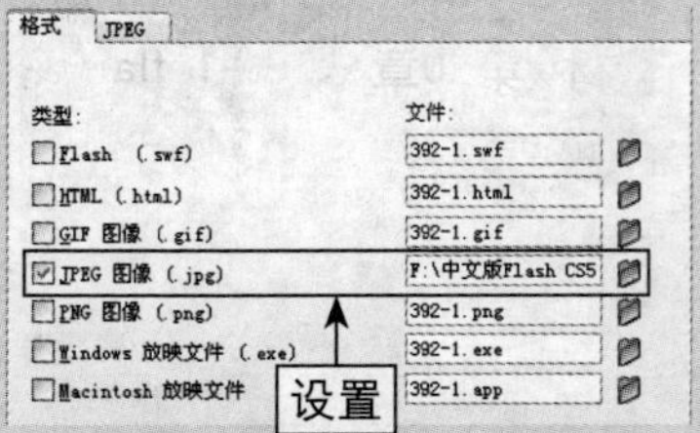

图392-2 "发布设置"对话框

03 单击"发布"按钮，即可将文件发布为JPEG文件。

专家提醒

JPEG格式是一种相当流行的图像文件格式。

第393集　发布为EXE文件

素材：素材\第20章\393-1.fla
视频：视频\第20章\第393集.swf
难度：★★★
效果：效果\第20章\第393集.exe
时长：35秒
关键技术："Windows放映文件"复选框

01 单击"文件"|"打开"命令，打开一个素材文件，如图393-1所示。

图393-1 素材文件

02 单击"文件"|"发布设置"命令，弹出"发布设置"对话框，在"格式"选项卡中勾选"Windows放映文件"复选框，在右侧设置要发布的位置和文件名，如图393-2所示。

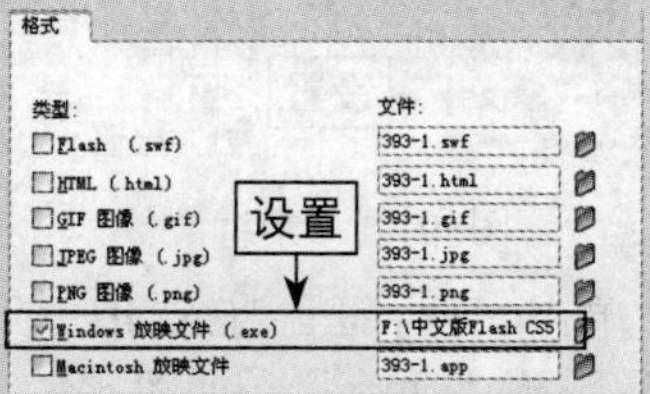

图393-2 "发布设置"对话框

03 单击“发布”按钮，即可将文件发布为EXE文件。

专家提醒

EXE文件是一个自带有Flash播放器的应用程序，可以在没有安装Flash Player软件的电脑上运行。

第394集　发布为BMP文件

素材：素材\第20章\394-1.fla
效果：效果\第20章\第394集.bmp
视频：视频\第20章\第394集.swf
时长：44秒
难度：★★★★
关键技术：“位图”选项

01 单击“文件”|“打开”命令，打开一个素材文件。单击“文件”|“导出”|“导出图像”命令，弹出“导出图像”对话框，设置“保存类型”为“位图”、“文件名”为“第394集”，如图394-1所示。

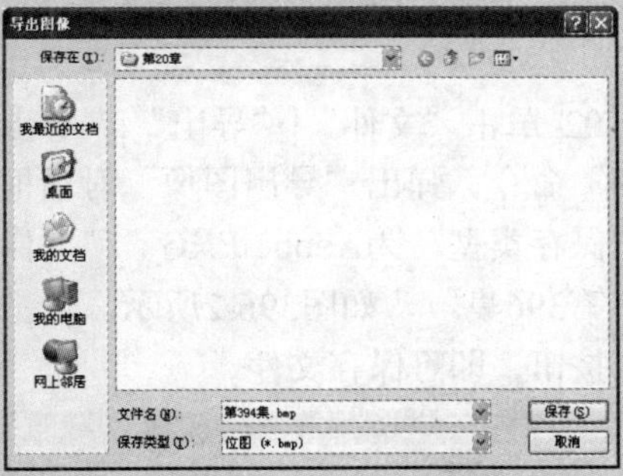

图394-1　“导出图像”对话框

02 单击“保存”按钮，弹出“导出位图”对话框，如图394-2所示。单击“确定”按钮，即可将文件导出为BMP文件。

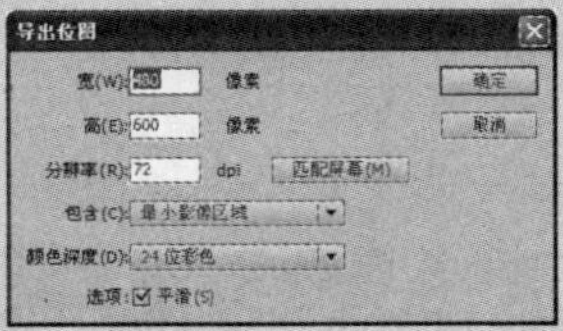

图394-2　“导出位图”对话框

专家提醒

当把Flash图形导出为位图文件时，图像将丢失其矢量信息，只保存像素信息。

第395集　发布为PNG文件

素材：素材\第20章\395-1.fla
效果：效果\第20章\第395集.png
视频：视频\第20章\第395集.swf
时长：38秒
难度：★★★
关键技术：“PNG图像”复选框

01 单击“文件”|“打开”命令，打开一个素材文件，如图395-1所示。

02 单击“文件”|“发布设置”命令，弹出“发布设置”对话框，在“格式”选项卡中勾选“PNG图像”复选框，在右侧设置要发布的位置和文件名，如图395-2所示。

图395-1 素材文件

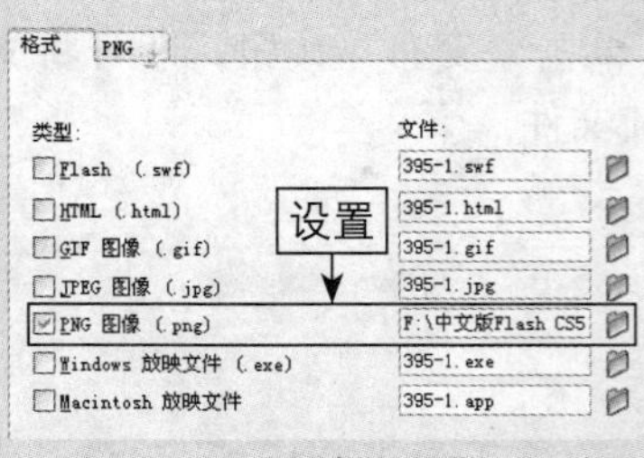

图395-2 “发布设置”对话框

03 单击“发布”按钮，即可将文件发布为PNG文件。

第396集 导出所选内容

素材：素材\第20章\396-1.fla

视频：视频\第20章\第396集.swf

难度：★★★

效果：效果\第20章\第396集.fxg

时长：33秒

关键技术：“导出所选内容”命令

01 单击“文件”|“打开”命令，打开一个素材文件，如图396-1所示。

图396-1 素材文件

02 单击“文件”|“导出”|“导出所选内容”命令，弹出“导出图像”对话框，设置“保存类型”为Adobe FXG、“文件名”为“第396集”，如图396-2所示。单击“保存”按钮，即可保存文件。

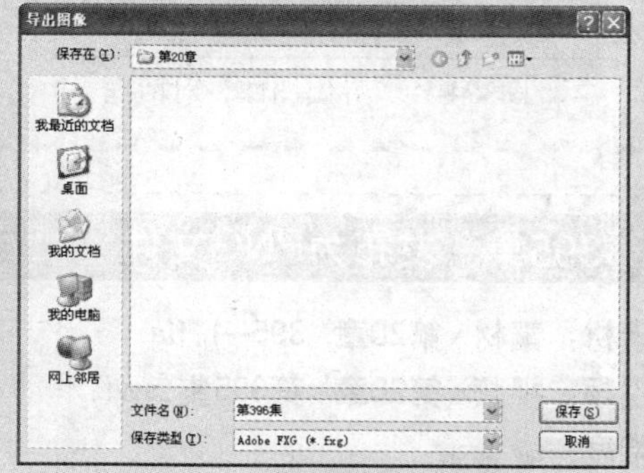

图396-2 “导出图像”对话框

第21章 综合案例实战：制作图形动画

在Flash动画中，绚丽的图形动画可以为Flash增加不少特色，这种动画表现方法充分展示了Flash软件的强大功能，同时也使动画制作达到了一个更高的水平。本章将以3个实例来介绍图形动画特效的制作方法。

21.1 风景图形动画——细雨纷飞

素材：素材\第21章\397-1.fla

视频：视频\第21章\第397集.swf至第400集.swf

难度：★★★★★

效果：效果\第21章\21.1 细雨纷飞.fla

时长：211秒

关键技术：代码

第397集 制作背景

01 单击“文件”|“打开”命令，打开一个素材文件，如图397-1所示。

02 在“库”面板中选择“雨中.jpg”位图图像，如图397-2所示。

图397-1 素材文件

图397-2 选择位图图像

专家提醒

在Flash CS5中，对于库中的元素，都可以在舞台中创建实例对象。

03 将图像拖曳至舞台区适当位置，如图397-3所示。

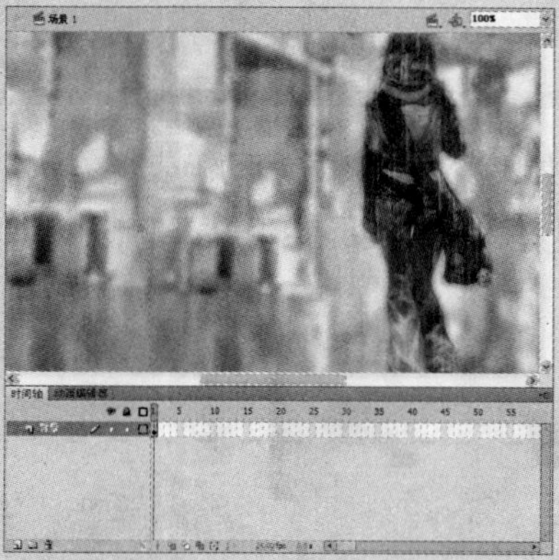

图397-3　创建实例

04 在舞台区的空白位置单击鼠标右键，在弹出的快捷菜单中选择“文档属性”命令，弹出“文档设置”对话框，在“匹配”选项区中选中“内容”单选按钮，如图397-4所示。

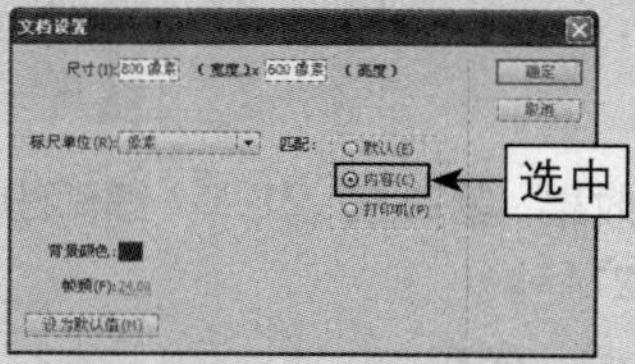

图397-4　“文档设置”对话框

专家提醒

如果在“匹配”选项区中选择“默认”单选按钮，则使用默认的舞台大小，即500像素×400像素。

05 单击“确定”按钮，即可将舞台设置为位图图像大小，设置“舞台显示比例”为“显示全部”，如图397-5所示。

图397-5　设置舞台比例

06 在“库”面板中，选择“文字”图形元件，将其拖曳至舞台区适当位置释放鼠标，如图397-6所示。

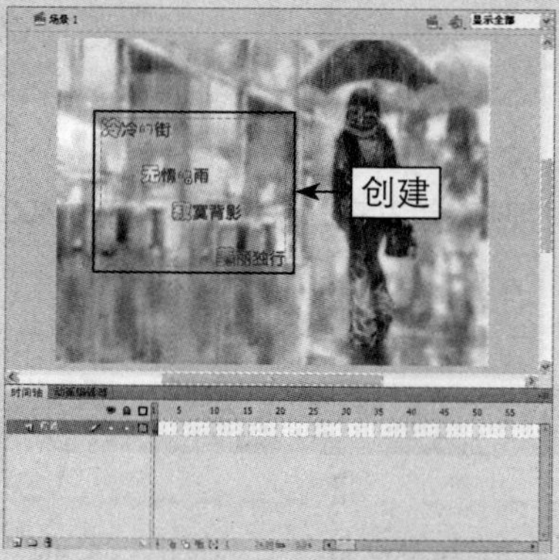

图397-6　创建元件实例

第398集　新建图层

01 在“时间轴”面板中单击底部的“新建图层”按钮，新建两个图层，如图398-1所示。

02 将新建的图层分别命名为Action和“雨”，如图398-2所示。

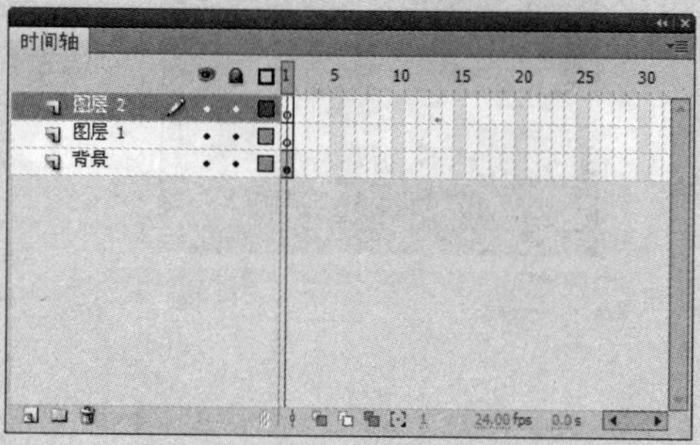

图398-1　新建图层

图398-2　命名图层

第399集　制作图形动画

01 单击“插入”|“新建元件”命令，新建一个“名称”为“下雨”的影片剪辑元件，如图399-1所示。

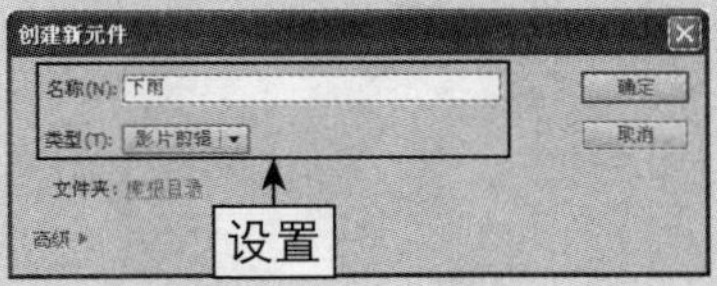

图399-1　“创建新元件”对话框

02 单击“确定”按钮，即可进入影片剪辑编辑模式。选取工具箱中的线条工具，在“属性”面板中设置“笔触颜色”为白色，在舞台区绘制一条斜线作为雨，如图399-2所示。

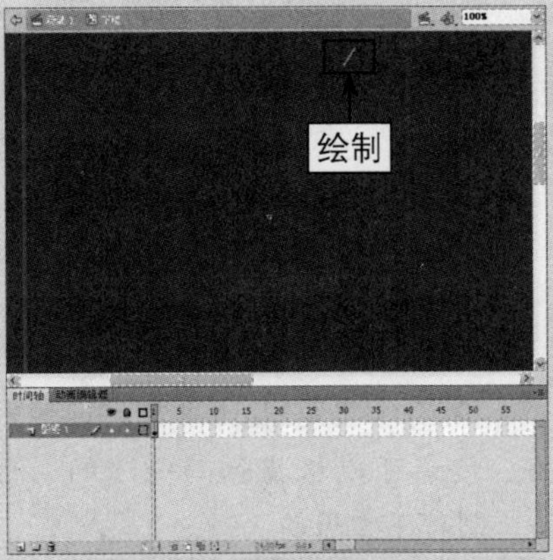

图399-2 绘制斜线

专家提醒

在Flash CS5中，线条工具可以绘制各种属性的线条。

03 在“时间轴”面板中选择“图层1”图层的第40帧，按F6键插入关键帧，运用选择工具将绘制的雨向下拖曳，如图399-3所示。

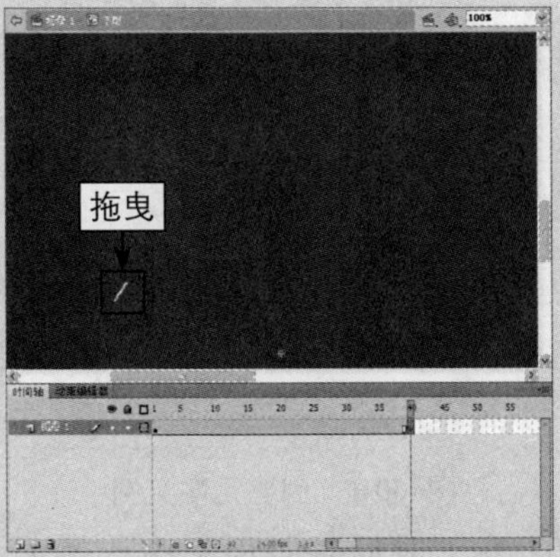

图399-3 拖曳斜线

04 在“图层1”图层的第1帧至第40帧上创建补间形状动画，如图399-4所示。

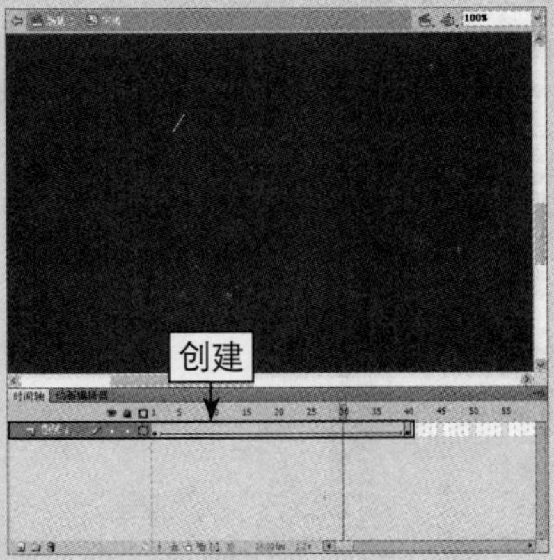

图399-4 创建补间动画

专家提醒

绘制的斜线是图形，所以在选择补间动画的方式时，选择补间形状。

第400集　添加代码

01 单击右上角的“场景1”超链接，返回场景编辑模式，选择“雨”图层的第1帧，在“库”面板中将“下雨”影片剪辑元件拖曳至舞台区适当位置，如图400-1所示。在“属性”面板中设置实例名称为rain。

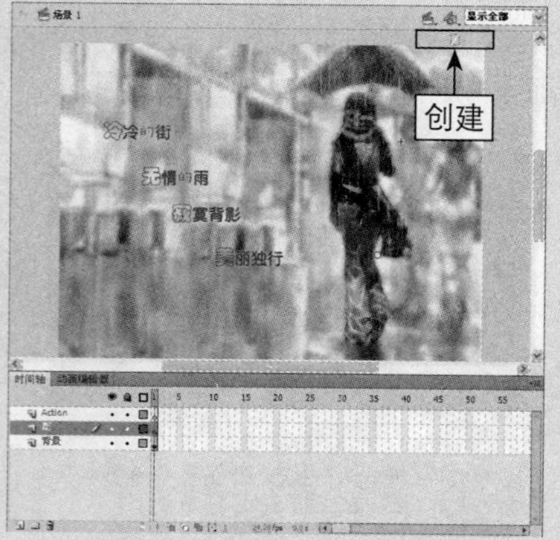

图400-1　创建元件实例

02 在“时间轴”面板中选择Action图层的第1帧，按F9键弹出“动作-帧”面板，在该面板的脚本编辑窗口添加如图400-2所示的代码（具体代码参见光盘\素材\第21章\400-2）。

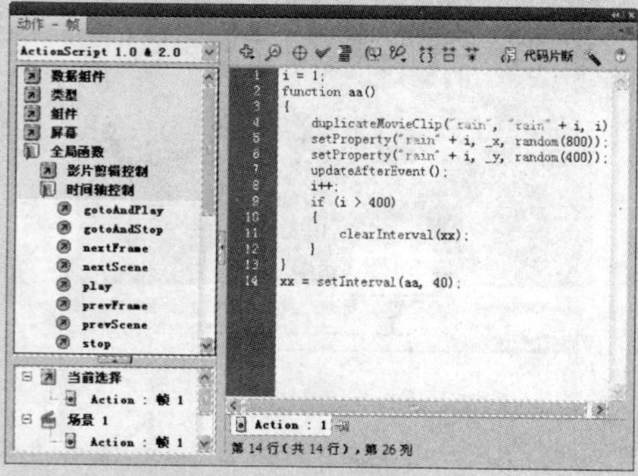

图400-2　添加代码

03 按Ctrl＋Enter组合键测试动画，效果如图400-3所示。

图400-3　测试细雨纷飞的动画效果

专家提醒

细雨纷飞是Flash中常用的图形动画，读者可以根据细雨纷飞的制作方法，制作下雪等动画。

21.2　动物图形动画——小猪游湖

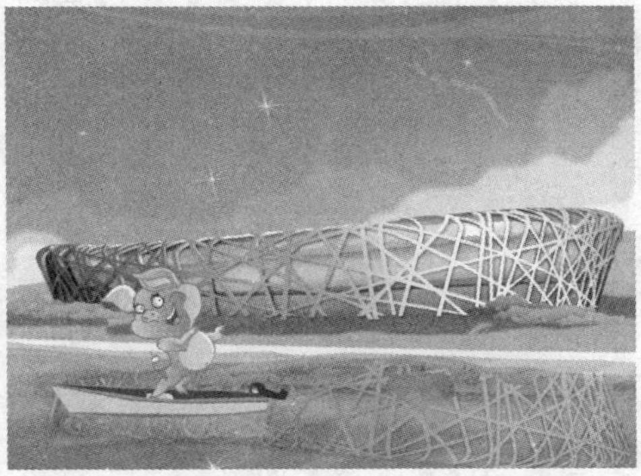

素材：素材\第21章\401-1.fla

视频：视频\第21章\第401集.swf至第404集.swf

难度：★★★★★

效果：效果\第21章\21.2　小猪游湖.fla

时长：169秒

关键技术：传统补间动画

第401集　制作背景

01 单击“文件”|“打开”命令，打开一个素材文件。在“库”面板中选择“背景”图形元件，如图401-1所示。

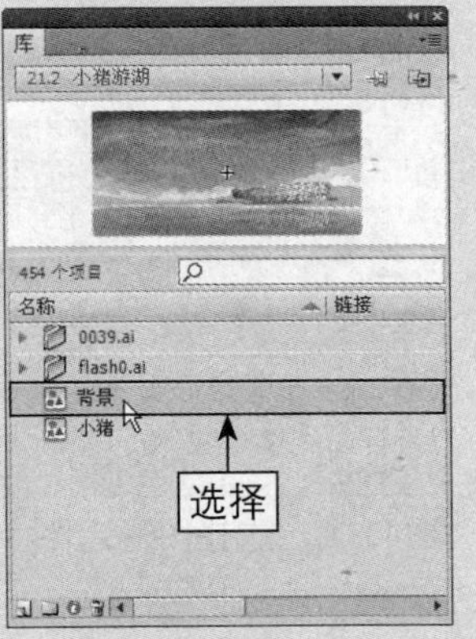

图401-1　选择图形元件

02 拖曳元件至舞台区适当位置后释放鼠标，创建元件实例，调整舞台显示比例为“显示全部”，如图401-2所示。

图401-2　制作的背景

专家提醒

调整舞台的显示比例，可以很方便地查看整个舞台区的元素。

第402集　创建背景动画

01 在“时间轴”面板中选择“背景”图层的第180帧，按F5键插入帧。选择第120帧，按F6键插入关键帧，运用选择工具选择舞台区的“背景”元件实例，并将其拖曳至适当位置后释放鼠标，如图402-1所示。

图402-1　插入关键帧

02 在“背景”图层的第1帧至第120帧中的任意一帧上创建传统补间动画，如图402-2所示。

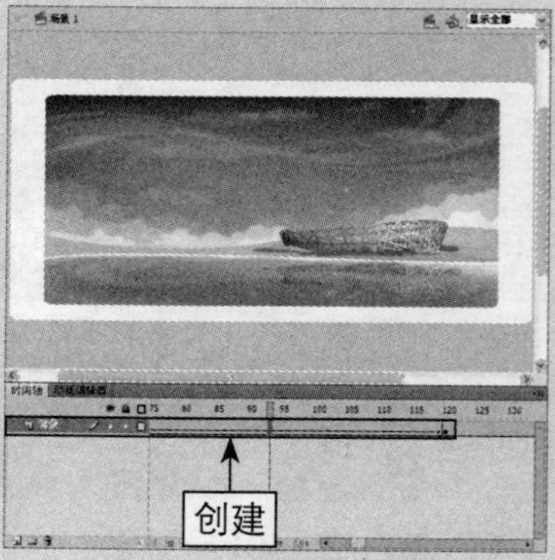

图402-2　创建补间动画

第403集　创建动物实例

01 在“时间轴”面板中新建“图层2”图层，如图403-1所示。

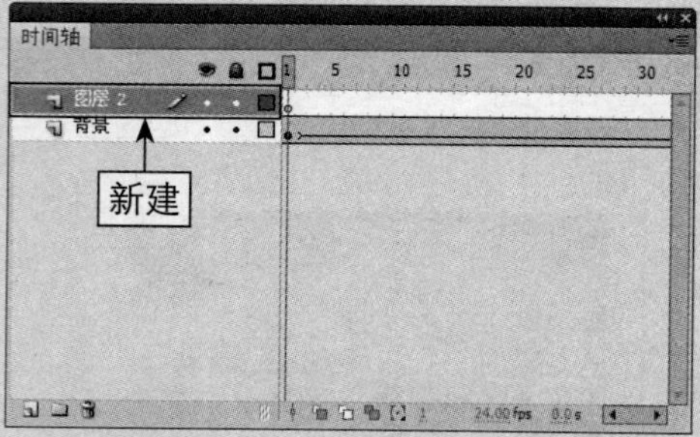

图403-1　新建图层

02 将“图层2”图层命名为“小猪”，如图403-2所示。

图403-2　命名图层

03 在“库”面板中选择“小猪”图形元件，如图403-3所示。

04 拖曳元件至舞台区适当位置后释放鼠标，创建元件实例，如图403-4所示。

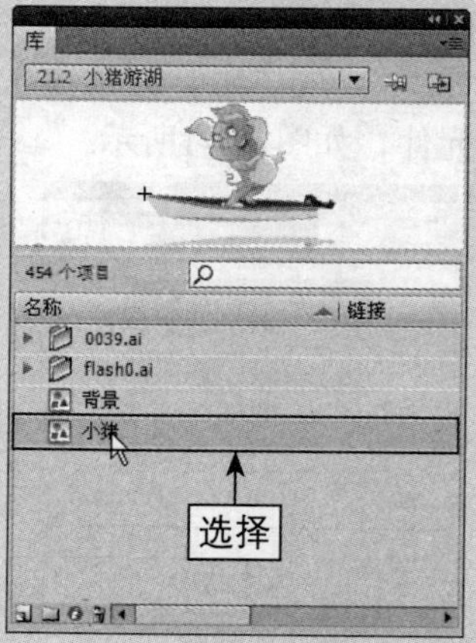

图403-3　选择图形元件

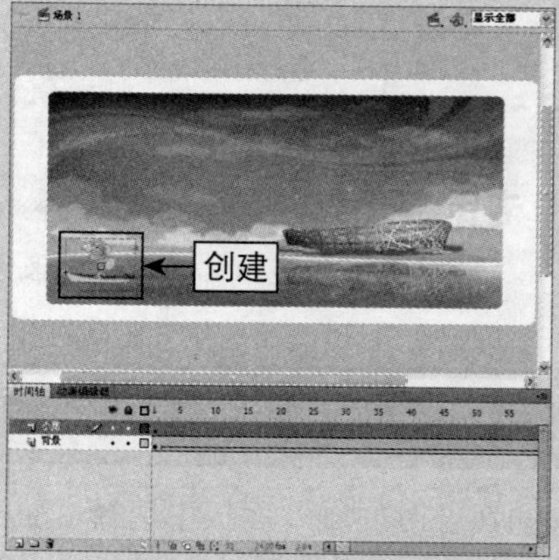

图403-4　创建元件实例

专家提醒

在创建实例时，为了确定释放鼠标左键时，小猪图形元件实例的位置在舞台区，可以先将“背景”图层隐藏，将小猪图形元件拖曳至舞台区适当位置后，再将其显示。

第404集 创建渐变动画

01 在“时间轴”面板中选择“背景”图层的第160帧，按F6键插入关键帧，运用任意变形工具将舞台区的背景放大，如图404-1所示。

图404-1 放大背景

02 在“背景”图层的第120帧至第160帧中的任意一帧上创建传统补间动画，如图404-2所示。

图404-2 创建补间动画

专家提醒

元件和元件之间，可以通过创建传统补间动画来制作多种补间效果，如颜色渐变、放大图形、缩小图形、翻转变形等。

03 按Ctrl＋Enter组合键测试动画，效果如图404-3所示。

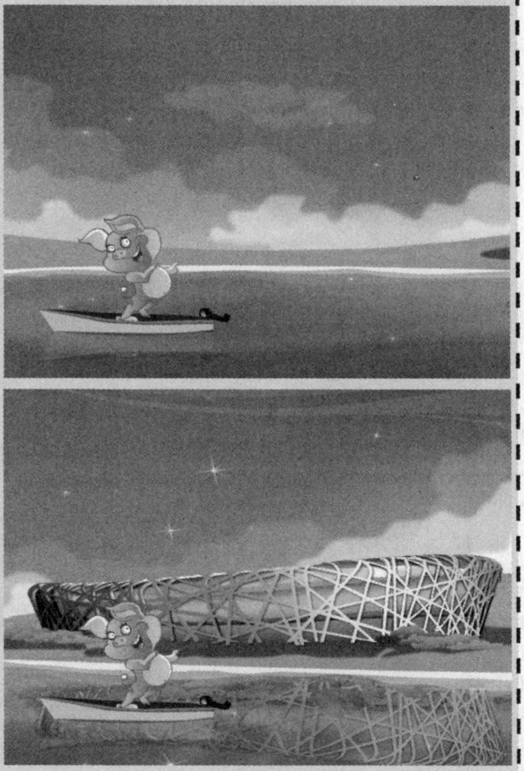

图404-3 测试小猪游湖动画效果

21.3 礼品图形动画——圣诞送礼

素材：素材\第21章\405-1.fla

效果：效果\第21章\21.3 圣诞送礼.fla

视频：视频\第21章\第405集.swf至第408集.swf

时长：338秒

难度：★★★★★

关键技术：创建补间动画

第405集 新建图层

01 单击“文件”|“打开”命令，打开一个素材文件，如图405-1所示。

图405-1 素材文件

02 在“时间轴”面板中选择“图层1”图层的第70帧，按F5键插入帧，如图405-2所示。

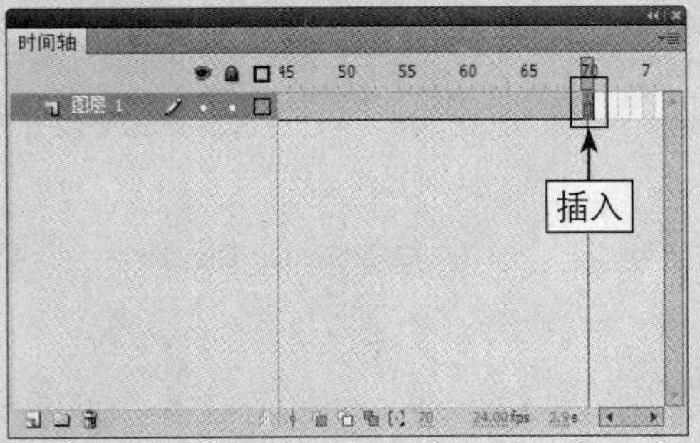

图405-2 插入帧

专家提醒

在Flash CS5中，作为动画的背景，必须时刻存在于动画中，在制作动画时，对于不常变换的背景，通常是通过插入帧（按F5键）来延续背景动画的存在时间。

03 单击“时间轴”面板底部的“新建图层”按钮，新建“图层2”图层，如图405-3所示。

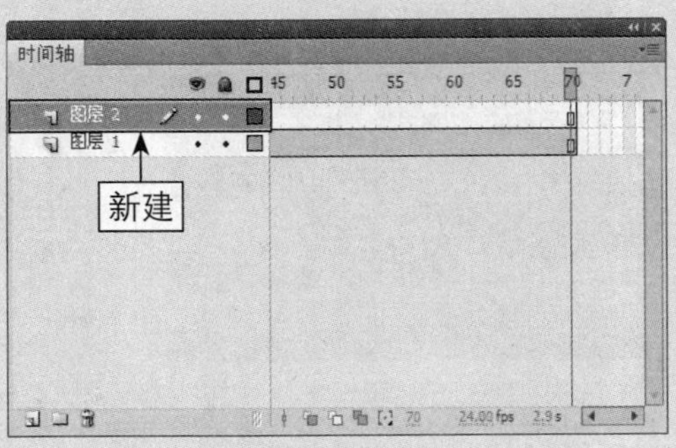

图405-3 新建图层

04 同理，再次新建两个图层，如图405-4所示。

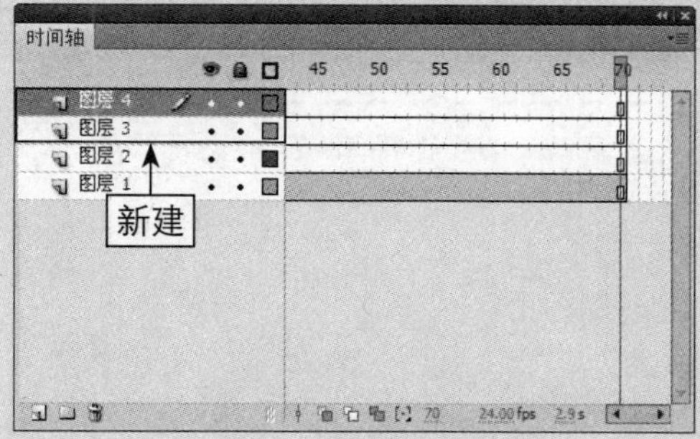

图405-4　新建两个图层

专家提醒

在“时间轴”面板中新建图层时，系统会默认新建图层的名称，一般是从“图层1”图层开始，依次往上递增。

第406集　创建元件

01 单击“插入”|“新建元件”命令，弹出“创建新元件”对话框，设置“名称”为“礼品1”、“类型”为“影片剪辑”，如图406-1所示。

图406-1　“创建新元件”对话框

02 单击“确定”按钮，进入影片剪辑编辑模式，在“库”面板中选择“老人”位图图像，如图406-2所示。

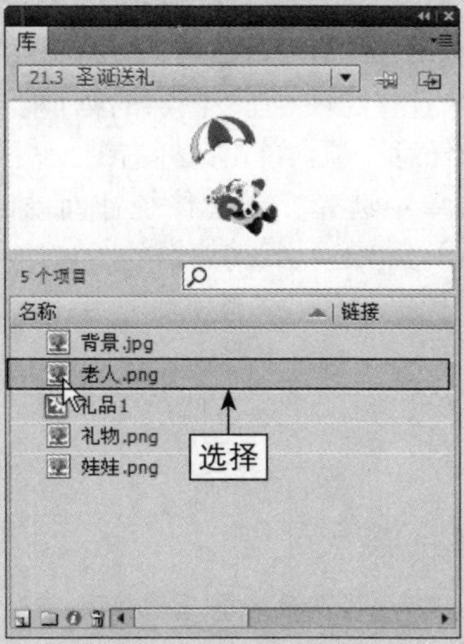

图406-2　选择位图图像

03 拖曳图像至舞台区适当位置后释放鼠标，创建实例，如图406-3所示。

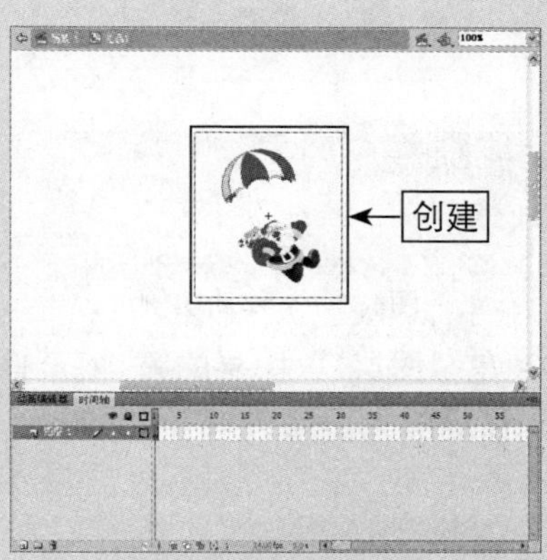

图406-3　创建实例

04 按F8键弹出“转换为元件”对话框，将位图图像转换为图形元件，如图406-4所示。

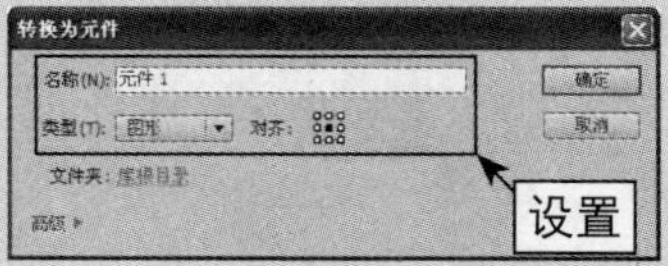

图406-4　“转换为元件”对话框

专家提醒

在Flash CS5中，可以新建一个图形元件，然后将位图图像添加至图形元件中。

05 同理，分别创建“礼品2”、“礼品3”影片剪辑元件，分别将“礼物.png”、“娃娃.png”位图图像拖曳至影片剪辑元件中，并将其转换为图形元件。

第407集　制作礼品动画

01 在“库”面板中选择“礼品1”影片剪辑元件，双击鼠标，进入影片剪辑编辑区。在“时间轴”面板中选择“图层1”图层的第35帧，按F6键插入关键帧，运用选择工具将编辑区的实例对象向下拖曳，如图407-1所示。

图407-1　移动实例

02 在“图层1”图层的第1帧至第35帧中的任意一帧上创建传统补间动画，如图407-2所示。

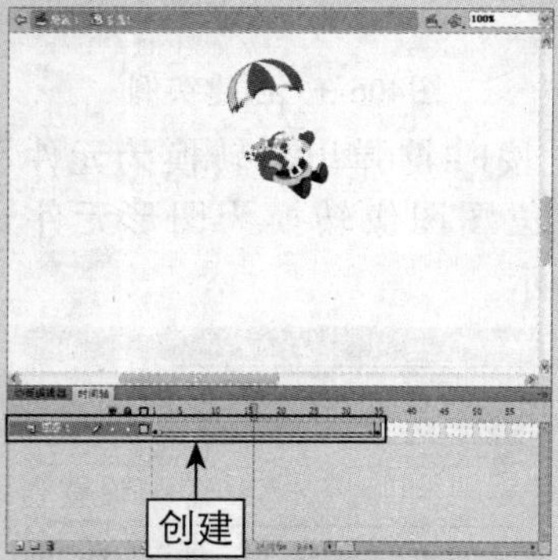

图407-2　创建补间动画

03 在“库”面板中选择“礼品2”影片剪辑元件，双击鼠标，进入影片剪辑编辑区。在“时间轴”面板中选择“图层1”图层的第70帧，按F6键插入关键帧。选择“图层1”图层，单击鼠标右键，在弹出的快捷菜单中选择“添加传统运动引导层”命令，为“图层1”图层添加引导层，如图407-3所示。

04 选取工具箱中的钢笔工具，绘制一条曲线作为路径，如图407-4所示。

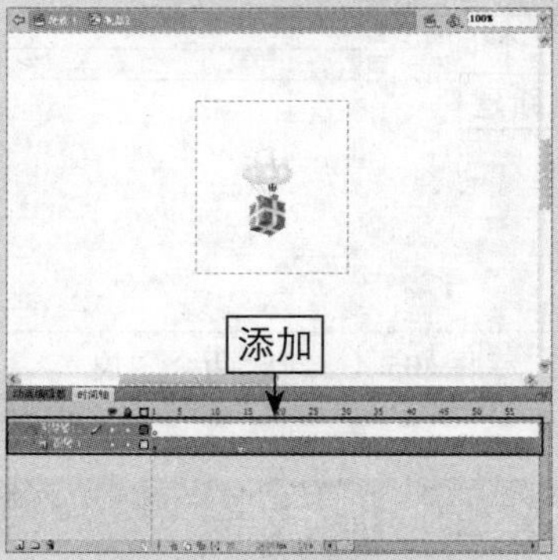

图407-3　添加引导层

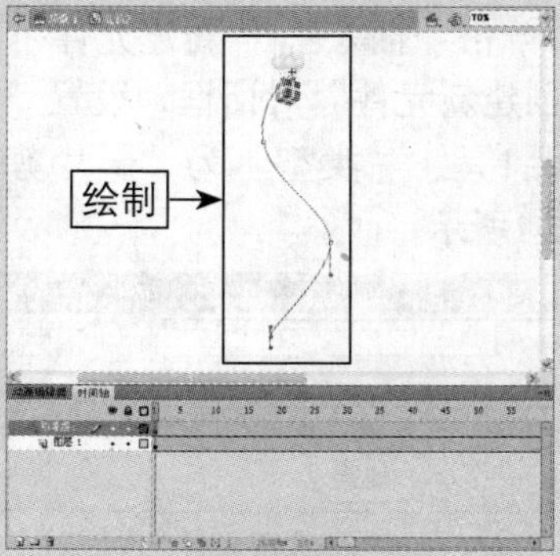

图407-4　绘制路径

05 选择“图层1”图层的第1帧，将舞台区的对象移至曲线开始的位置，选择“图层1”图层的第70帧，将舞台区的对象移至曲线结束的位置，如图407-5所示。

06 选择“图层1”图层的第1帧至第70帧中的任意一帧，单击鼠标右键，在弹出的快捷菜单中选择“创建传统补间动画”命令，为图层创建补间动画，如图407-6所示。

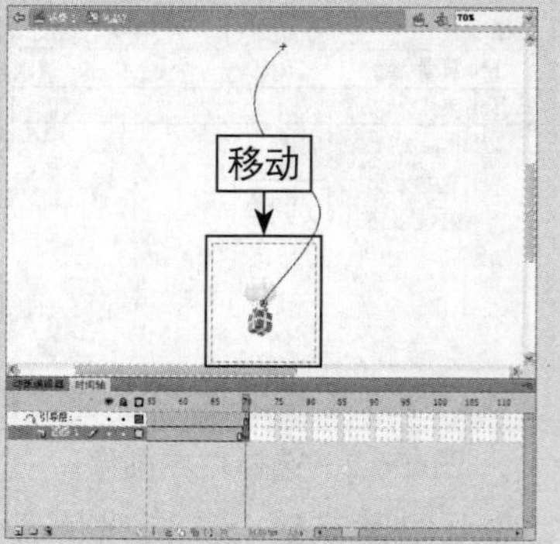

图407-5　移动实例

07 同理，为“礼品3”影片剪辑元件添加动画。

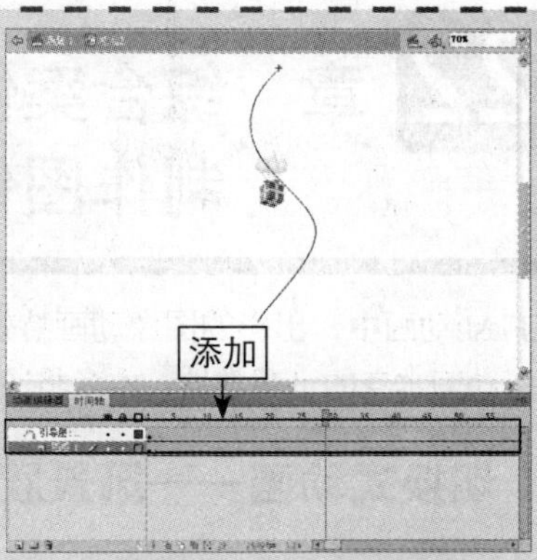

图407-6　创建补间动画

第408集　合成动画

01 单击“场景1”超链接，进入场景编辑模式。选择“图层2”图层的第1帧，在“库”面板中将“礼品1”影片剪辑拖曳至舞台区适当位置，如图408-1所示。

图408-1　创建实例

02 在“时间轴”面板中选择“图层3”图层的第10帧，按F6键插入关键帧，在“库”面板中将“礼品2”影片剪辑元件拖曳至舞台区的适当位置。同理，再为“图层4”图层添加动画，如图408-2所示。

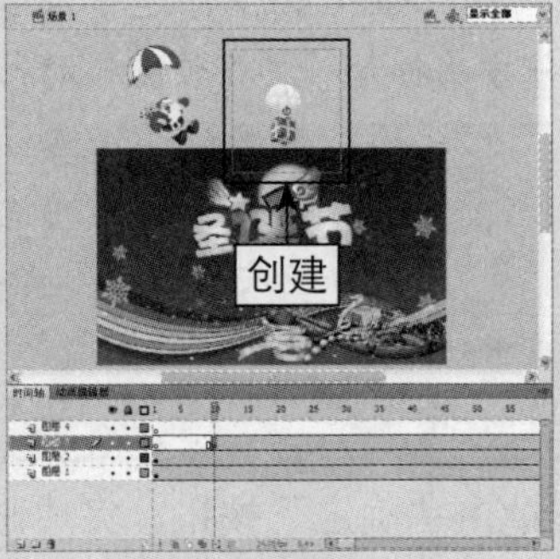

图408-2　添加动画

专家提醒

影片剪辑在主场景中是不能看到效果的，需要测试发布影片，才可以观看动画效果。

03 按Ctrl＋Enter组合键测试动画，效果如图408-3所示。

图408-3　测试圣诞送礼动画效果

第22章　综合案例实战：制作图像动画

在Flash动画中，出彩的图像动画特效也是一种十分有力的表现手法，在实现动画的基础上，也提升了动画本身的可观赏性。本章将通过3个不同的实例来向读者介绍图像动画的制作方法。

22.1　切换式动画——风景欣赏

素材：素材\第22章\409-1.fla

视频：视频\第22章\第409集.swf至第412集.swf

难度：★★★★★

效果：效果\第22章\22.1　风景欣赏.fla

时长：411秒

关键技术：补间动画

第409集　制作画布大小

01 单击“文件”|“打开”命令，打开一个素材文件。在“属性”面板中单击“大小”右侧的“编辑”按钮，如图409-1所示。

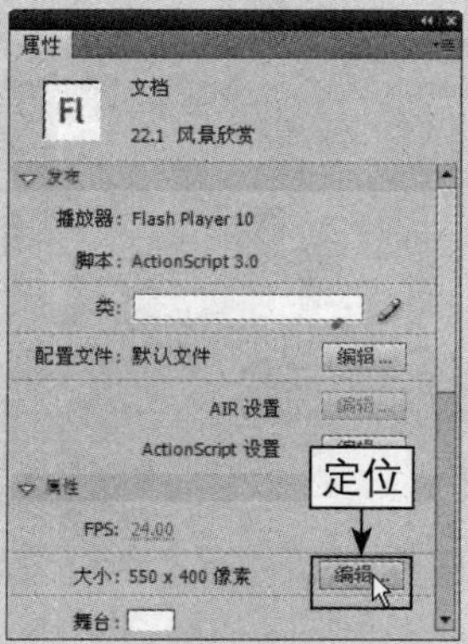

图409-1　单击“编辑”按钮

02 弹出的“文档设置”对话框，并设置各选项参数，如图409-2所示。

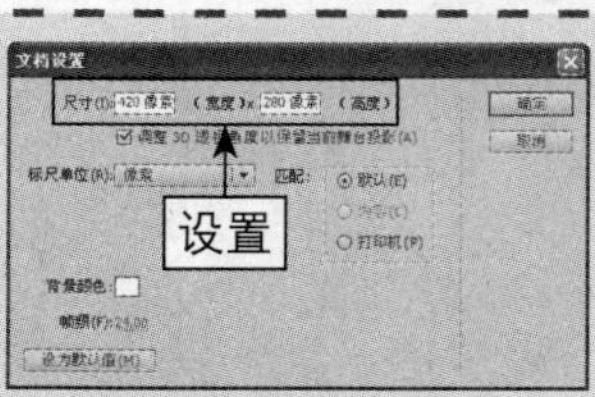

图409-2　设置各参数

专家提醒

在Flash CS5中，还可以通过以下两种方法打开“文档设置”对话框。

- 选项：在舞台区任意位置单击鼠标右键，在弹出的快捷菜单中选择“文档属性”命令。
- 命令：单击“修改”|“文档”命令。

03 单击“确定”按钮，完成画布大小的设置。

第410集　制作影片剪辑元件

01 单击“插入”|“新建元件”命令，创建一个名为“夕阳西下”的影片剪辑元件，单击“确定”按钮，进入影片剪辑编辑模式。在“库”面板中，将“元件2”图形元件拖曳至编辑区适当位置，如图410-1所示。

图410-1　创建元件实例

02 选取工具箱中的文本工具，在“属性”面板中设置“系列”为“文鼎中特广告体”、“大小”为30、“颜色”为黑色，在编辑区适当位置创建文本框，并输入相应文本，将文本打散后组合，如图410-2所示。

图410-2　组合文本

专家提醒

打散文本的方法有两种：一种是连续两次按Ctrl＋B组合键另一种是连续两次单击“修改”|“分离”命令。组合文本的方法是按Ctrl＋G组合键。

03 单击“插入”|“新建元件”命令，创建一个名为“碧水蓝天”的影片剪辑元件，单击“确定”按钮，进入影片剪辑编辑模式。在“库”面板中将“元件1”图形元件拖曳至编辑区适当位置，选取工具箱中的文本工具，在编辑区适当位置创建文本框，并输入相应文本，将文本打散后组合，如图410-3所示。

图410-3　编辑影片剪辑元件

04 同理，新建一个名为“风光无限”的影片剪辑元件，单击“确定”按钮，进入影片剪辑编辑模式。在“库”面板中，将“元件3”图形元件拖曳至编辑区适当位置，选取工具箱中的文本工具，在编辑区适当位置创建文本框，并输入相应文本，将文本打散后组合，如图410-4所示。

图410-4　编辑另一影片剪辑元件

第411集 制作补间动画

01 单击“场景1”超链接，返回场景编辑模式，将“库”面板中的“夕阳西下”影片剪辑元件拖曳至舞台区适当位置，在“属性”面板的“滤镜”选项区中为实例添加“投影”特效，各选项参数设置如图411-1所示。

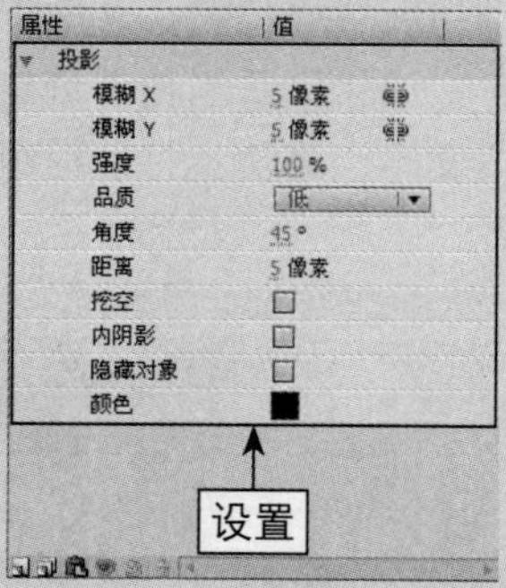

图411-1 设置投影参数

02 执行操作后，舞台区效果如图411-2所示。

图411-2 添加滤镜后的实例

03 在“时间轴”面板中选择“图层1”图层的第90帧、第100帧，按F6键插入关键帧。选择第90帧，选择舞台区的实例，在“属性”面板中设置“样式”为Alpha、“Alpha数量”为0，如图411-3所示。

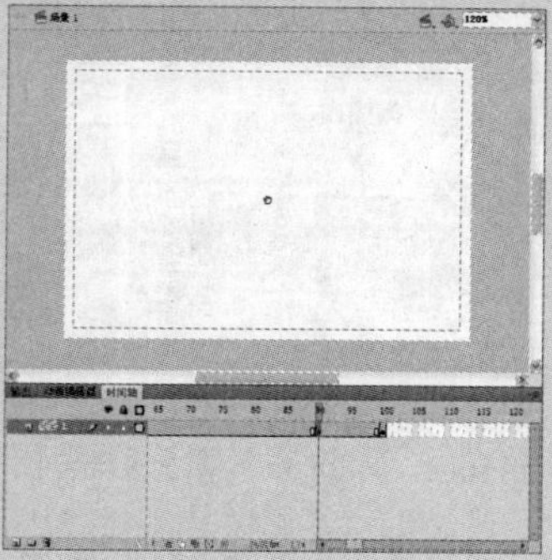

图411-3 设置Alpha为0的效果

04 在“图层1”图层的第90帧至第100帧上创建传统补间动画，如图411-4所示。

图411-4 创建补间动画

05 在“时间轴”面板中新建“图层2”图层，选择“图层2”图层的第15帧，按F6键插入关键帧在“库”面板中将“碧水蓝天”影片剪辑元件拖曳至舞台区适当位置，并在“属性”面板中为其添加“投影”特效，如图411-5所示。

图411-5 创建实例并添加特效

06 选择第30帧，按F6键插入关键帧，选择第15帧，将舞台区对应的实例向左拖曳一段距离，如图411-6所示。

图411-6 拖曳实例

07 在“图层2”图层的第15帧至第30帧之间的任意一帧上创建传统补间动画，如图411-7所示。

图411-7　创建补间动画

08 选择“图层2”图层的第90帧，按F7键插入空白关键帧，如图411-8所示。

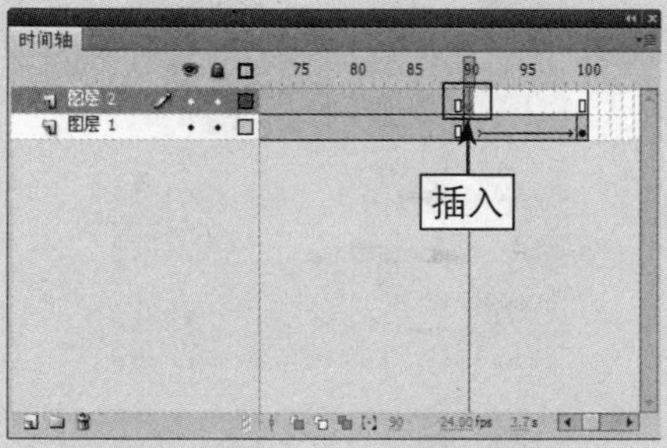

图411-8　插入空白关键帧

第412集　创建遮罩动画

01 在“时间轴”面板中新建“图层3”图层，选择“图层3”图层的第50帧，按F6键插入关键帧，在“库”面板中将“风光无限”影片剪辑元件拖曳至舞台区适当位置，在“属性”面板的“滤镜”选项区中为其添加“模糊”特效，如图412-1所示。

图412-1　添加“模糊”特效

02 新建“图层4”图层，选择“图层4”图层的第50帧，按F6键插入关键帧，选取工具箱中的矩形工具，在舞台区适当位置绘制一个矩形，如图412-2所示。

03 选择“图层4”图层的第70帧，按F6键插入关键帧，运用任意变形工具将舞台区绘制的矩形放大至覆盖实例，如图412-3所示。

图412-2　绘制矩形

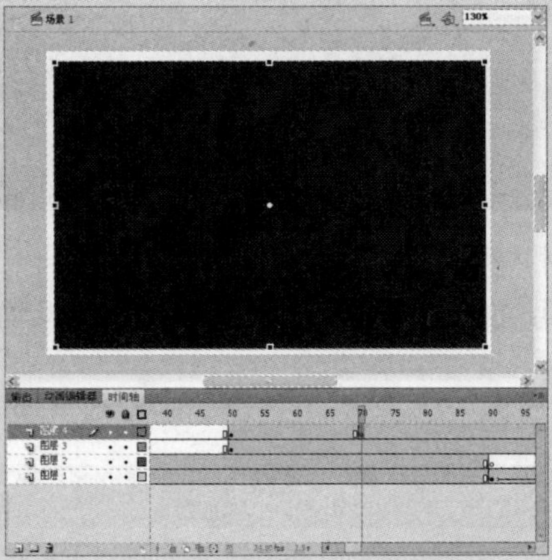

图412-3　放大矩形

04 选择“图层4”图层，单击鼠标右键，在弹出的快捷菜单中选择“遮罩层”命令，并在第50帧至第70帧上创建补间形状动画，如图412-4所示。

图412-4　创建补间动画

05 选择“图层3”、“图层4”图层的第90帧，按F7键插入空白关键帧，设置“帧速率”为12。

06 按Ctrl＋Enter组合键测试动画，效果如图412-5所示。

图412-5　测试风景欣赏的动画效果

22.2　点击式动画——产品展示

素材：素材\第22章\413–1.fla
视频：视频\第22章\第413集.swf至第416集.swf
难度：★★★★★

效果：效果\第22章\22.2　产品展示.fla
时长：370秒
关键技术：添加场景

第413集　制作按钮

01 单击“文件”|“打开”命令，打开一个素材文件。单击“插入”|“新建元件”命令，创建一个名为“按钮”的按钮元件，如图413-1所示。

图413-1 “创建按钮元件”对话框

专家提醒

在“点击”帧插入元件，只有在单击按钮时才会触发按钮事件。

02 单击“确定”按钮，进入按钮元件编辑模式，选择“点击”帧，按F6键插入关键帧，在“库”面板中将“红色”图形元件拖曳至编辑区适当位置，如图413-2所示。

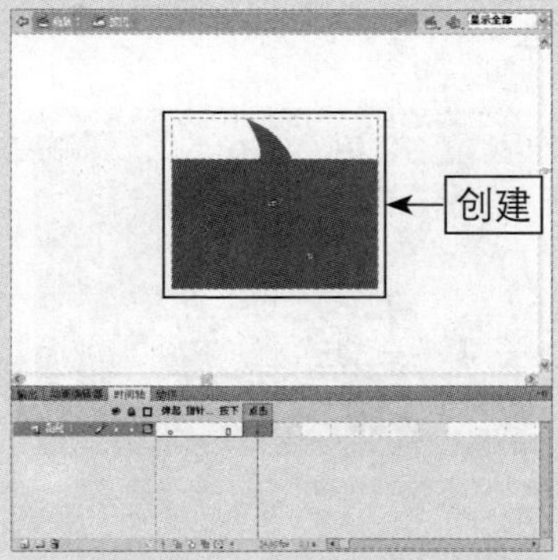

图413-2 创建实例

第414集　创建场景动画

01 单击“场景1”超链接，进入场景编辑模式，在“时间轴”面板中新建5个图层，如图414-1所示。

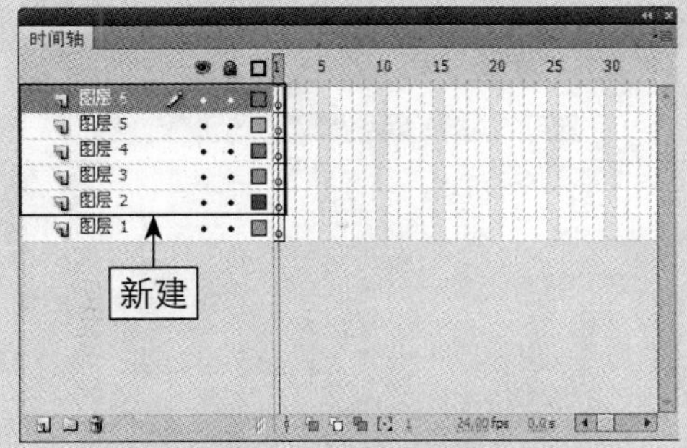

图414-1 新建图层

02 依次将图层命名为“图片”、“窗口”、“文字”、“红色按钮”、“数字”和“按钮”，如图414-2所示。

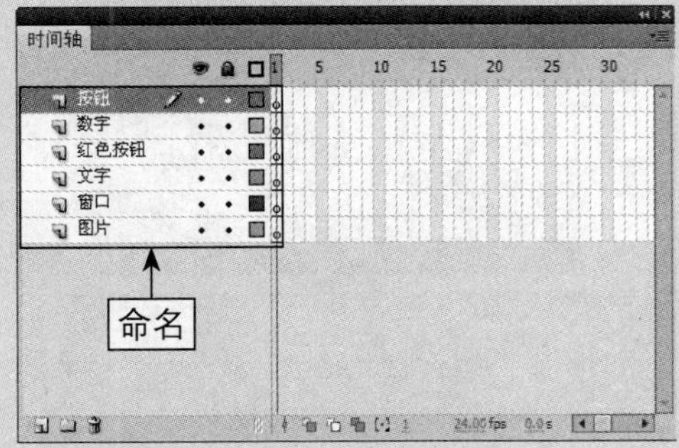

图414-2 为图层命名

专家提醒

选择图层，双击鼠标即可调出输入文本框，在其中输入名称，为图层重命名。

03 选择“图片”图层的第1帧，将“库”面板中的“图片1”图形元件拖曳至舞台区适当位置，选择“窗口”图层，如图414-3所示。

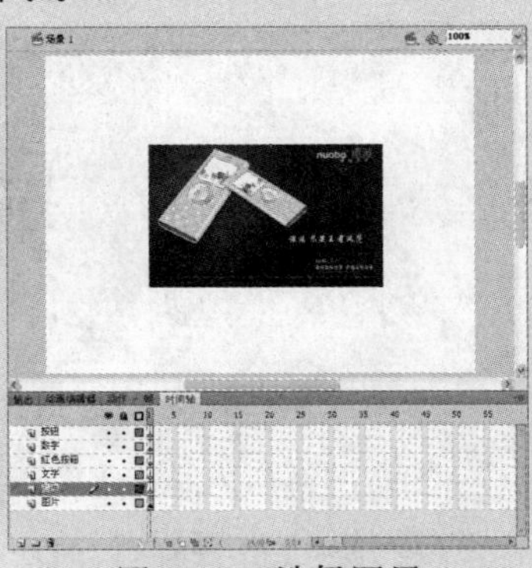

图414-3 选择图层

04 将“库”面板中的“窗口”图形元件拖曳至舞台区，在“属性”面板中设置“宽”为300，并适当调整其位置。在“属性”面板中，单击“大小”右侧的“编辑”

按钮，在弹出的“文档设置”对话框中选中“内容”单选按钮，单击“确定”按钮，此时舞台区如图414-4所示。

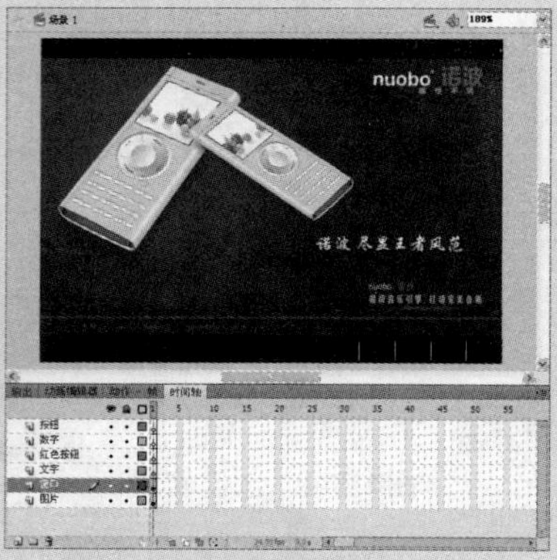

图414-4　创建实例并设置属性

专家提醒

在“文档设置”对话框中选中“内容”单选按钮，确定后，文档大小将以舞台区中的实例大小为参照来默认舞台区大小。

05 选择“文字”图层的第1帧，将“库”面板中的“文字1”图形元件拖曳至舞台区适当位置。选择“红色按钮”图层的第1帧，将“库”面板中的“红色”图形元件拖曳至舞台区适当位置，如图414-5所示。

图414-5　创建实例

06 选择“数字”图层的第1帧，将“库”面板中的“数字”图形元件拖曳至舞台区适当位置，选择“按钮”图层的第1帧，在“库”面板中将“按钮”按钮元件分别拖曳至舞台区适当位置4次，如图414-6所示。

图414-6　创建按钮实例

07 选择所有图层的第50帧，按F5键插入帧，选择“图片”图层的第15帧，按F6键插入关键帧。选择第1帧，选择舞台区相对应的实例，在“属性”面板中设置Alpha为0，此时，舞台区如图414-7所示。

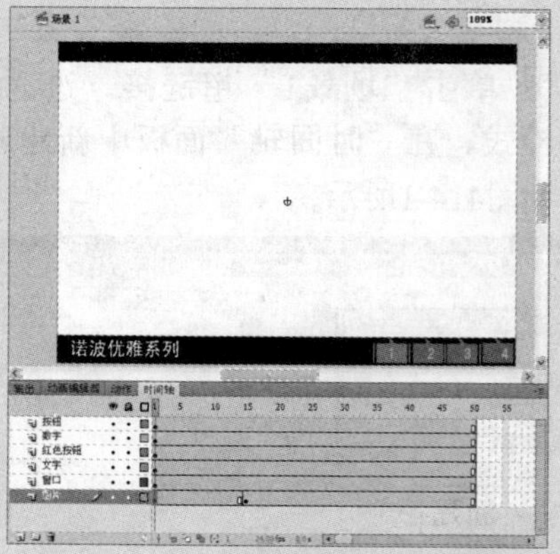

图414-7　设置Alpha值的效果

08 在“图片”图层的第1帧至第15帧中的任意一帧上创建补间动画，如图414-8所示。

图414-8　创建补间动画

第415集　添加代码

01 选择“按钮”图层的第1个实例，按F9键弹出“动作-按钮”面板，在该面板的脚本编辑窗口中添加代码（具体代码参见光盘\素材\第22章\415-1.txt），如图415-1所示。

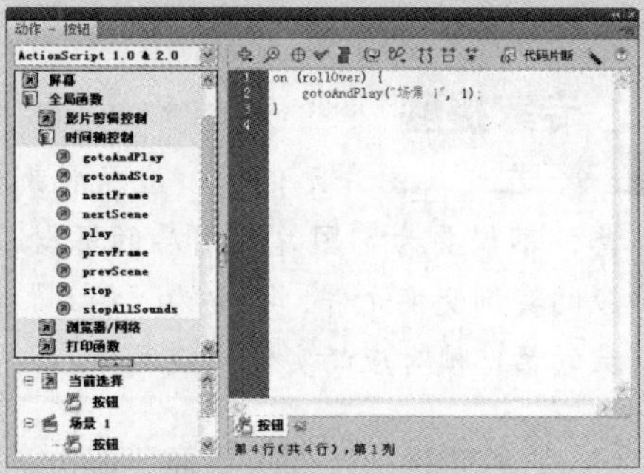

图415-1　为第1个实例添加代码

02 选择“按钮”图层的第2个实例，在“动作-按钮”面板的脚本编辑窗口中添加代码（具体代码参见光盘\素材\第22章\415-2.txt），如图415-2所示。

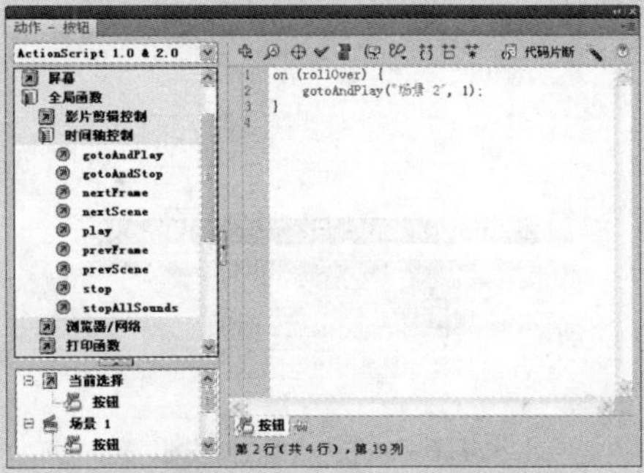

图415-2　为第2个实例添加代码

专家提醒

为不同数字上对应的按钮添加代码时，需要确定跳转的场景，这样才不会发生链接错误。

03 选择“按钮”图层的第3个实例，在“动作-按钮”面板的脚本编辑窗口中添加代码（具体代码参见光盘\素材\第22章\415-3.txt），如图415-3所示。

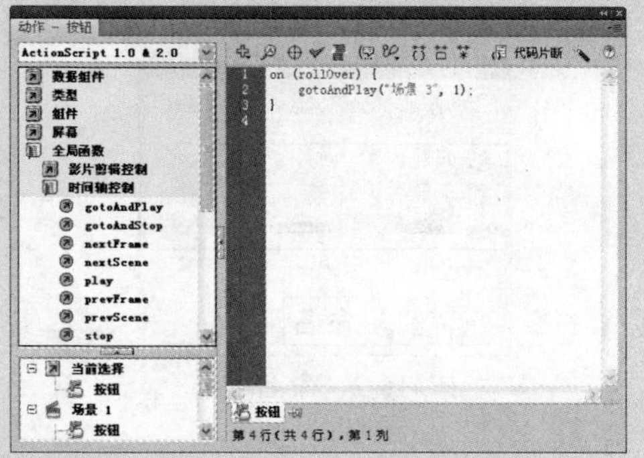

图415-3　为第3个实例添加代码

04 选择“按钮”图层的第4个实例，在“动作-按钮”面板的脚本编辑窗口中添加代码（具体代码参见光盘\素材\第22章\415-4.txt），如图415-4所示。

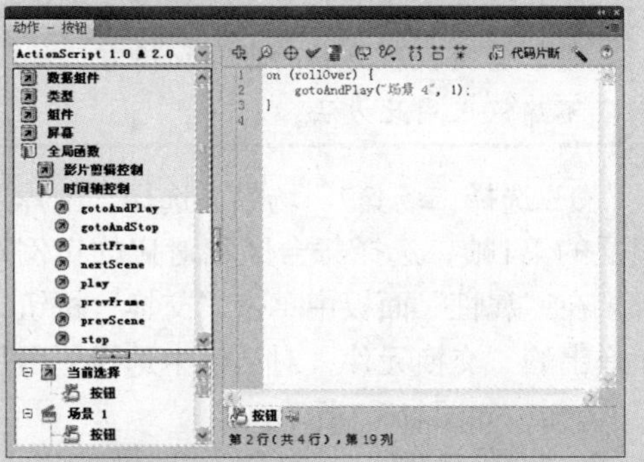

图415-4　为第4个实例添加代码

第416集　编辑其他场景动画

01 单击“窗口”|“其他面板”|“场景”命令，弹出“场景”面板，单击底部的“重制场景”按钮3次，复制场景，如图416-1所示。

02 为新建的场景命名，如图416-2所示。

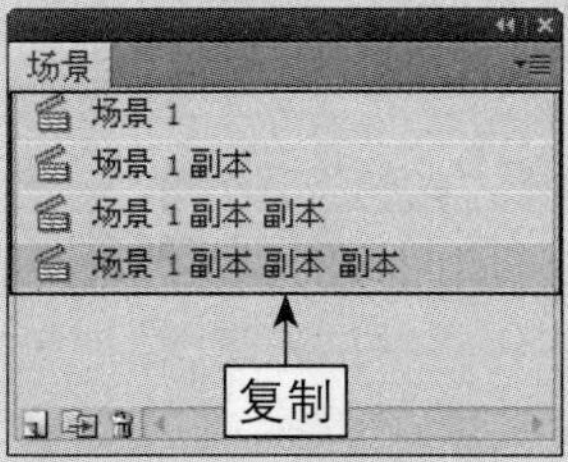

图416-1　复制场景

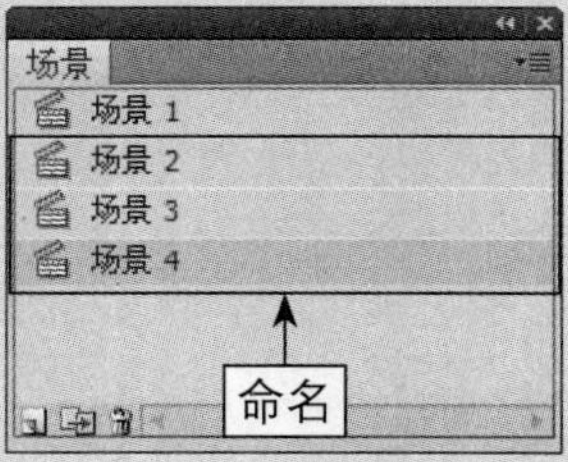

图416-2　命名场景

专家提醒

重制场景的意思是复制场景，重制场景后，只需要选择重制的场景，在其中修改变动的内容即可。如果选择新建场景，那么在对其他场景进行编辑时，需要投入更多的时间和精力，所以不建议采用此方法。

03 选择“场景2”场景，选择“图片”图层的第1帧，选择舞台区相对应的实例对象，在“属性”面板中单击“交换”按钮，在弹出的“交换元件”对话框中选择“图片2”选项，如图416-3所示。

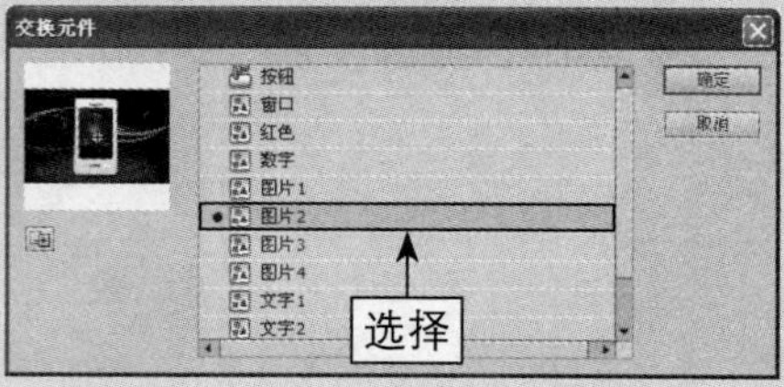

图416-3　选择元件

04 单击“确定”按钮，同理为第15帧对应的实例交换元件，选择“文字”图层相对应的实例，在“属性”面板中单击“交换”按钮，在弹出的“交换元件”对话框中选择“文字2”选项，如图416-4所示。

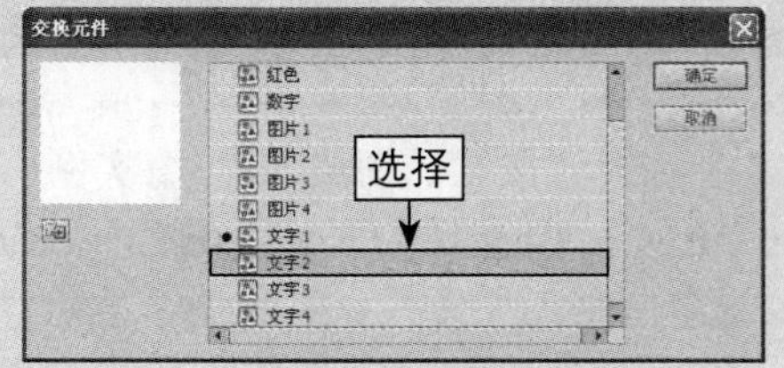

图416-4　交换文字元件

专家提醒

在交换图片元件时，应该特别注意，不仅要为“图片”图层的第1帧对应的实例交换元件，也要为“图片”图层的第15帧对应的实例交换元件。

05 在“时间轴”面板中将“按钮”图层隐藏、“数字”图层锁定，运用选择工具将“红色按钮”图层所对应的实例移至数字2上，如图416-5所示。

图416-5　移动红色按钮

06 同理，分别为“场景3”、“场景4”中的实例替换元件，并将红色按钮移至相应的数字上，如图416-6所示。

图416-6　依次移动红色按钮

07 按Ctrl＋Enter组合键测试动画，效果如图416-7所示。

图416-7　测试产品展示动画效果

22.3　浏览式动画——馨园房产

素材：素材\第22章\417-1.fla

视频：视频\第22章\第417集.swf至第420集.swf

难度：★★★★★

效果：效果\第22章\22.3　馨园房产.fla

时长：203秒

关键技术：创建实例

第417集　制作背景

01 单击“文件”|“打开”命令，打开一个素材文件。在“库”面板中将“背景”图形元件拖曳至舞台区适当位置，如图417-1所示。

图417-1　创建实例

02 单击“修改”|“文档”命令，弹出“文档设置”对话框，在“匹配”选项区中选中“内容”单选按钮，如图417-2所示。

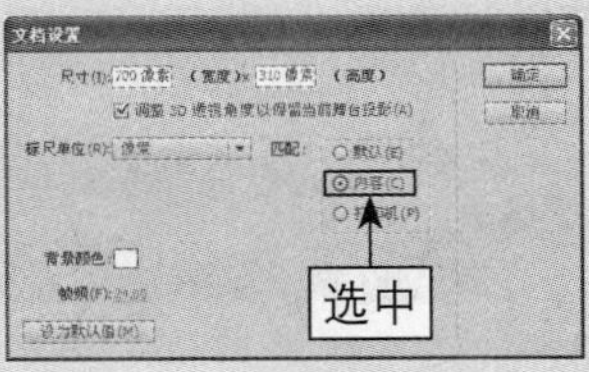

图417-2　选中“内容”单选按钮

03 单击“确定”按钮，即可完成背景的制作，如图417-3所示。

图417-3　制作背景

04 选择“图层1”图层的第150帧，按F5键插入帧，如图417-4所示。

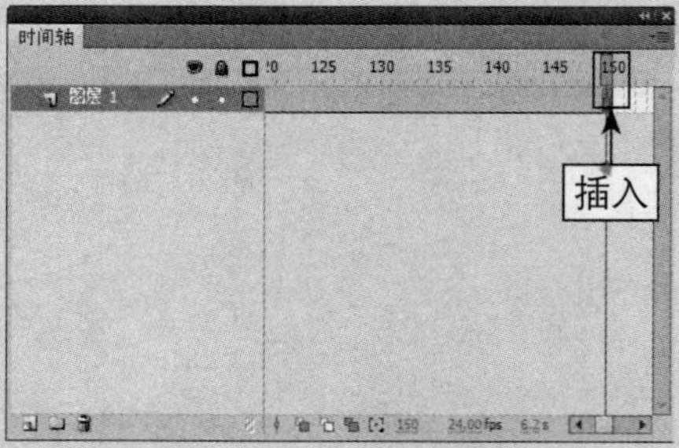

图417-4　插入帧

第418集　创建影片剪辑元件

01 单击“插入”|“新建元件”命令，弹出“创建新元件”对话框，设置“名称”为“图片浏览”、“类型”为“影片剪辑”，如图418-1所示。

图418-1　“创建新元件”对话框

02 单击“确定”按钮，进入影片剪辑编辑模式。在“库”面板中将“图1”图形元件拖曳至编辑区适当位置，如图418-2所示。

图418-2　创建“图1”实例

专家提醒

在创建新元件的时候，如果需要创建的元件中没有动画效果，只是静态的图形，那么可以选择创建图形元件或影片剪辑元件；如果创建的元件中有动画，那么就只能创建影片剪辑元件。

03 在“库”面板中将“图2”图形元件拖曳至编辑区适当位置，如图418-3所示。

图418-3　创建“图2”实例

04 在“库”面板中将“图3”图形元件拖曳至编辑区适当位置，如图418-4所示。

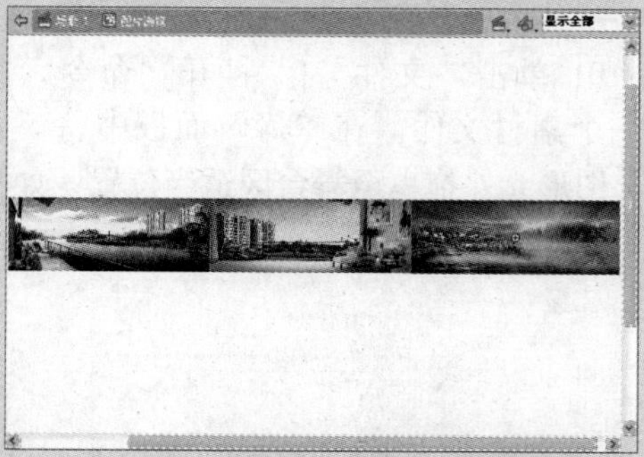

图418-4　创建“图3”实例

专家提醒

将图形元件并排放置，是为了制作Banner条浏览效果，读者可以根据需要制作摩天楼式的浏览动画。

第419集　创建舞台区实例

01 单击“场景1”超链接，返回场景编辑模式。在“时间轴”面板中新建“图层2”图层，在“库”面板中将“矩形”、“标志”图形元件拖曳至舞台区适当位置，如图419-1所示。

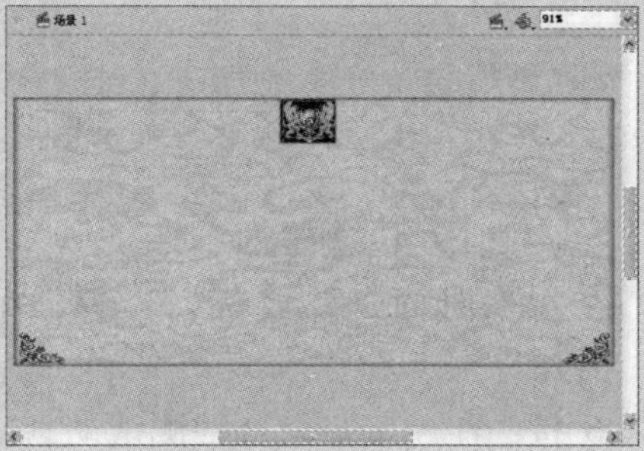

图419-1　创建“矩形”和“标志”实例

02 在“库”面板中将“宣传1”、“宣传2”图形元件拖曳至舞台区适当位置，如图419-2所示。

图419-2　创建“宣传1”和“宣传2”实例

03 在“库”面板中钭“地址”图形元件拖曳至舞台区适当位置，创建元件实例，如图419-3所示。

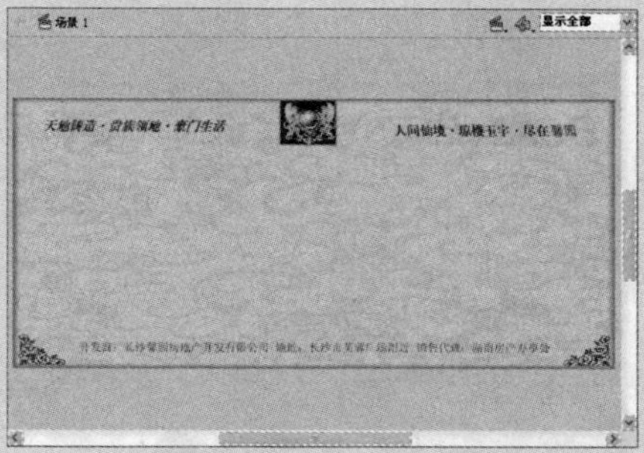

图419-3　创建“地址”实例

04 在“库”面板中将“线”图形元件拖曳至舞台区适当位置，如图419-4所示。

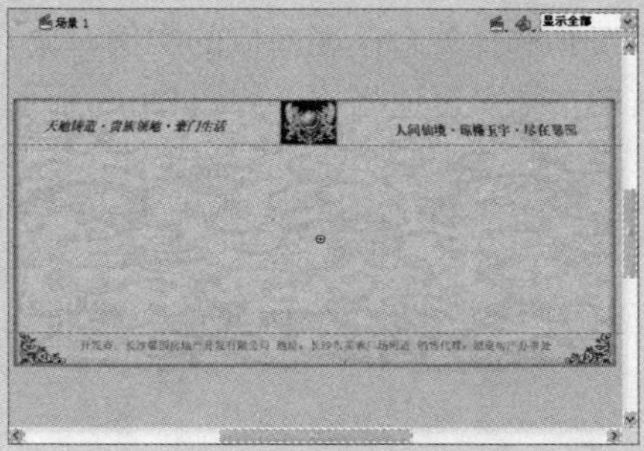

图419-4　创建“线”实例

专家提醒

在创建舞台区实例时，由于实例都是静止没有动画的，所以可以将实例创建在同一个图层中。

第420集　创建补间动画

01 在“时间轴”面板中新建“图层3”图层，如图420-1所示。

02 在“库”面板中，选择“图片浏览”影片剪辑元件，并将其拖曳至舞台区适当位置，创建元件实例，如图420-2所示。

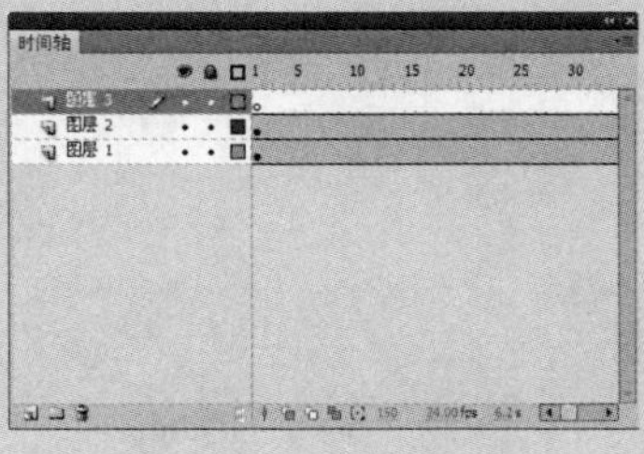

图420-1　新建图层

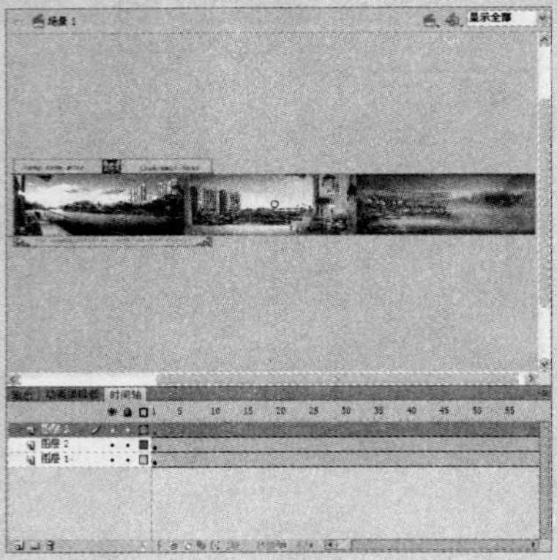

图420-2 创建实例

03 在“时间轴”面板中选择“图层3”图层的第150帧，按F6键插入关键帧，运用选择工具选择舞台区相对应的实例对象，并将其向左拖曳至适当位置如图420-3所示。

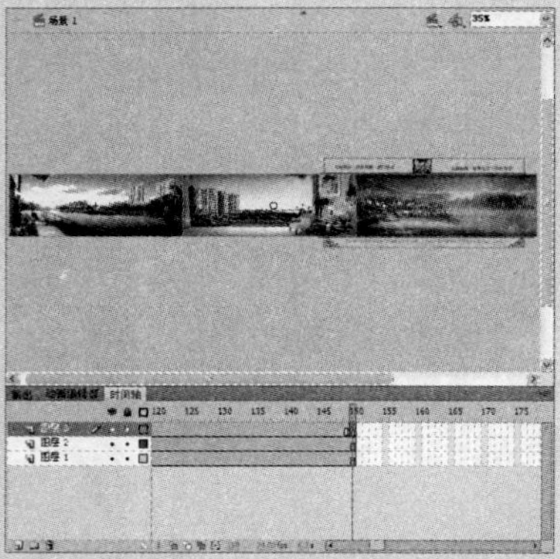

图420-3 拖曳实例

04 在“图层3”图层的第1帧至第150帧中的任意一帧上创建补间动画，如图420-4所示。

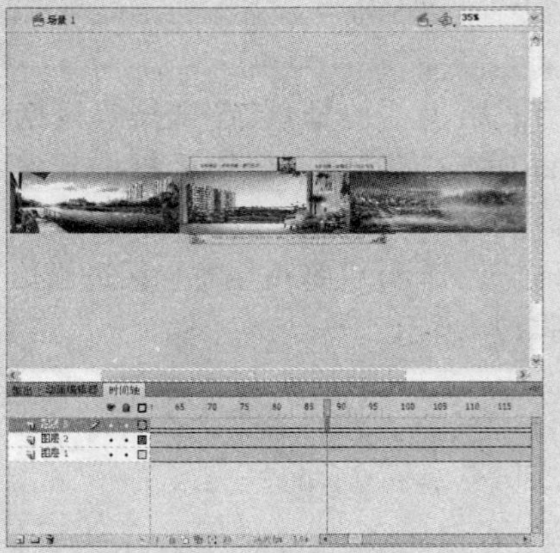

图420-4 创建补间动画

05 在“时间轴”底部，设置“帧速率”为12。

06 按Ctrl＋Enter组合键测试动画，效果如图420-5所示。

图420-5 测试馨园房产动画效果

第23章 综合案例实战：制作文字特效

文字特效是Flash动画制作中必不可少、也是最基本的一种动画制作方式，文字动画包含流畅、简洁的语言和独具风格的动态效果，在动画制作的过程中，适当的运用文字动画特效，能为动画增色不少。本章将通过3个实例来介绍文字特效的制作方法。

23.1 移动式动画——五一活动

素材：素材\第23章\421-1.fla

视频：视频\第21章\第421集.swf至第423集.swf

难度：★★★★★

效果：效果\第23章\23.1 五一活动.fla

时长：247秒

关键技术：遮罩动画

第421集 制作背景

01 单击“文件”|“打开”命令，打开一个素材文件。在“库”面板中将“背景.jpg”位图图像拖曳至舞台区，如图421-1所示。

图421-1 创建实例

02 单击鼠标右键，在弹出的快捷菜单中选择“文档属性”命令，在弹出的“文档设置”对话框中选中“内容”单选按钮，如图421-2所示。

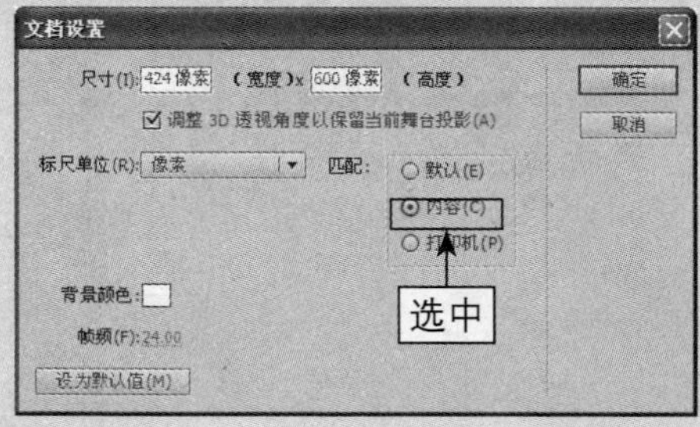

图421-2 选中“内容”单选按钮

03 单击“确定”按钮，完成背景的制作。

第422集　制作文字图形元件

01 单击“插入”|“新建元件”命令，新建一个“名称”为“文字”的图形元件，如图422-1所示。

图422-1　“创建图形元件”对话框

02 单击“确定”按钮，进入图形元件编辑模式。选取工具箱中的文本工具，在“属性”面板中设置“系列”为“文鼎中特广告体”、“大小”为20、“颜色”为墨绿（#386C2A），如图422-2所示。

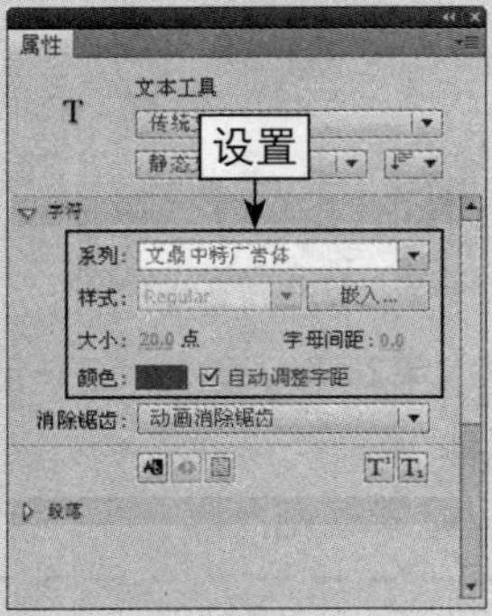

图422-2　设置文字属性

03 在编辑区适当位置创建文本框，并输入相应文本，如图422-3所示。

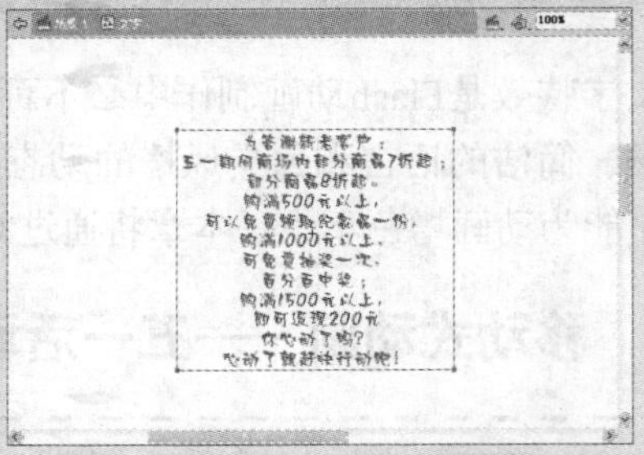

图422-3　创建文本对象

04 选取工具箱中的选择工具，选择编辑区创建的文本对象，在“属性”面板中为其添加“发光”特效，各选项参数设置如图422-4所示。

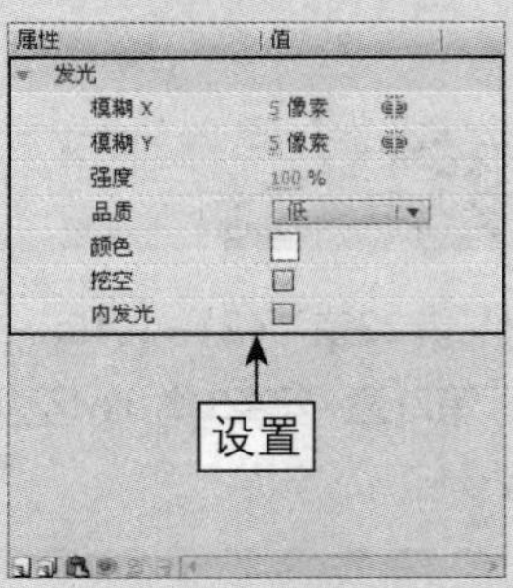

图422-4　添加“发光”特效

第423集　创建遮罩动画

01 单击“场景1”超链接，返回场景编辑模式。在“时间轴”面板中选择“图层1”图层的第100帧，按F5键插入帧，如图423-1所示。

图423-1　插入帧

02 新建“图层2”图层，将“库”面板中的“文字”图形元件拖曳至舞台区适当位置，创建实例，如图423-2所示。

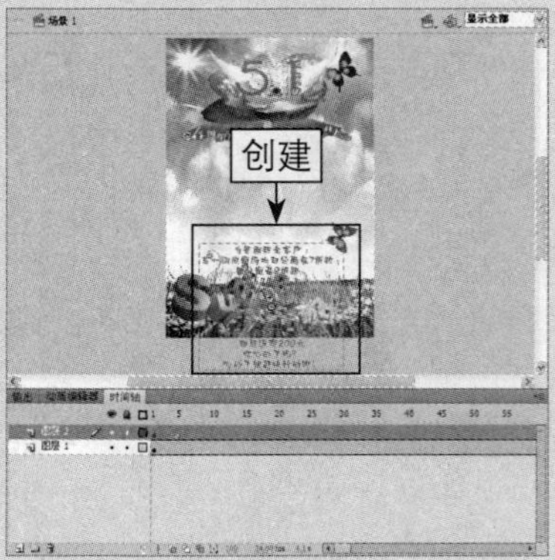

图423-2　创建实例

03 新建“图层3”图层，选取工具箱中的矩形工具，在“属性”面板中设置“颜色”为黑色，在舞台区适当位置绘制一个矩形，如图423-3所示。

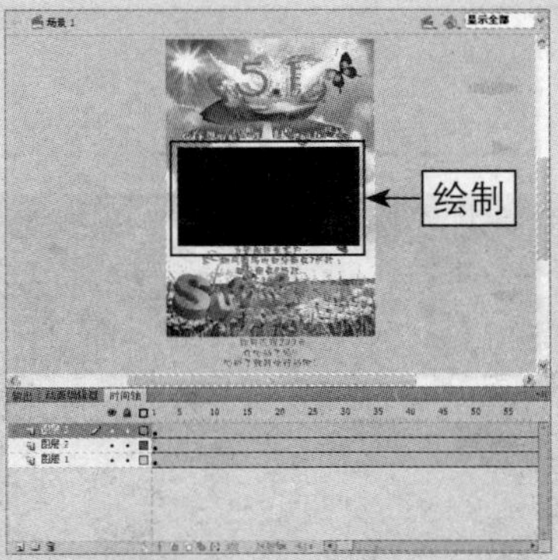

图423-3　绘制矩形

04 选择“图层2”图层的第100帧，按F6键插入关键帧，运用选择工具将相对应的实例向上拖曳一段距离，如图423-4所示。

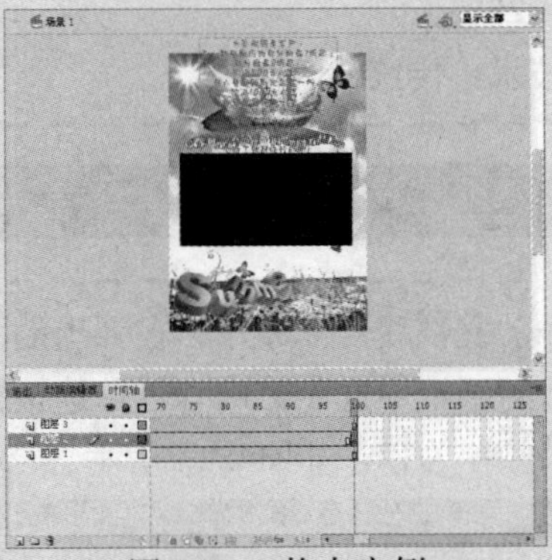

图423-4　拖曳实例

05 在“图层2”图层的第1帧至第100帧中的任意一帧上创建传统补间动画，如图423-5所示。

图423-5　创建补间动画

06 选择“图层3”图层，单击鼠标右键，在弹出的快捷菜单中选择“遮罩层”命令，创建遮罩动画，如图423-6所示。

图423-6　创建遮罩动画

07 在“时间轴”面板底部，设置“帧速率”为12。

08 按Ctrl＋Enter组合键测试动画，效果如图423-7所示。

图423-7　测试五一活动的动画效果

专家提醒

在“文档设置”对话框中也可以设置“帧速率”的值。

23.2 缩放式动画——浪漫手机

素材：素材\第23章\424-1.fla
视频：视频\第23章\第424集.swf至第426集.swf
难度：★★★★★

效果：效果\第23章\23.2 浪漫手机.fla
时长：288秒
关键技术：传统补间动画

第424集 制作动画背景

01 单击“文件”|“打开”命令，打开一个素材文件。在“库”面板中将“背景.jpg”位图图像拖曳至舞台区，如图424-1所示。

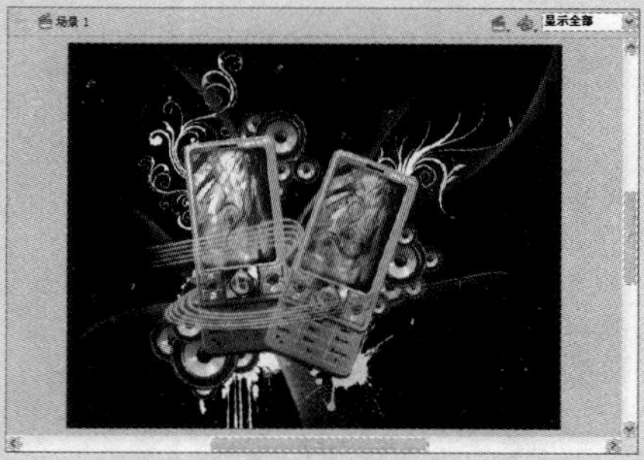

图424-1 创建实例

02 单击鼠标右键，在弹出的快捷菜单中选择“文档属性”命令，在弹出的“文档设置”对话框中选中“内容”单选按钮，设置“帧频”为12，如图424-2所示。

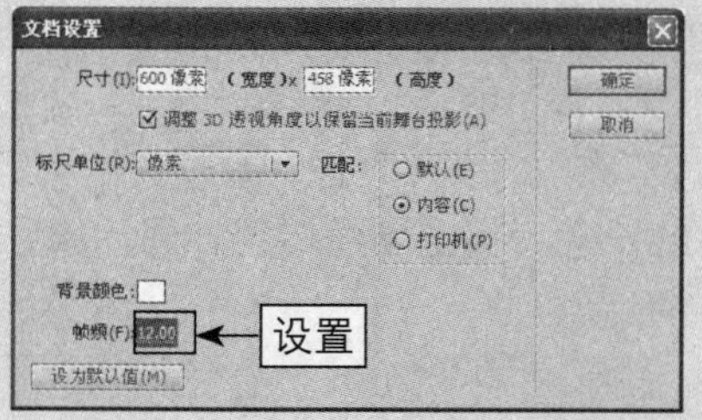

图424-2 “文档设置”对话框

03 单击“确定”按钮，完成动画背景的制作。

第425集 创建影片剪辑元件

01 单击“插入”|“新建元件”命令，新建一个名为“浪漫手机”的影片剪辑元件，单击“确定”按钮，进入影片剪辑编辑模式。选取工具箱中的文本工具，在“属性”面板

中设置“系列”为“方正毡笔黑简体”、“大小”为60、“颜色”为黑色，在编辑区适当位置，创建一个文本框并输入相应文本，如图425-1所示。

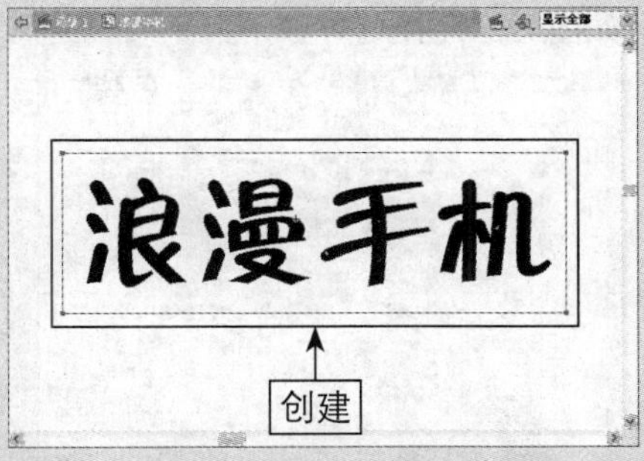

图425-1　创建文本对象

02 两次单击“修改”|“分离”命令，打散文本，如图425-2所示。

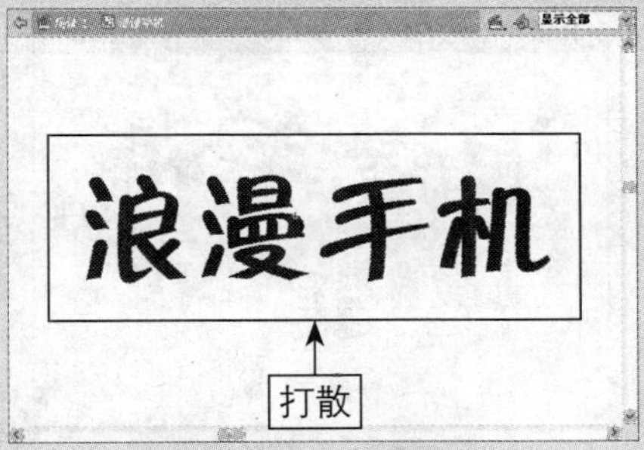

图425-2　打散文本

专家提醒

打散文本后，可以对文本进行编辑操作。

03 在编辑区文本外的任意位置单击鼠标，选取工具箱中的颜料桶工具，在“颜色”面板中设置相应参数，如图425-3所示。

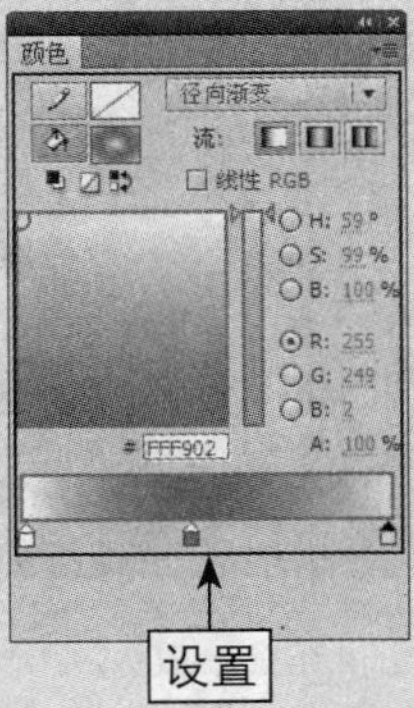

图425-3　“颜色”面板

04 为相应文字添加颜色，如图425-4所示。

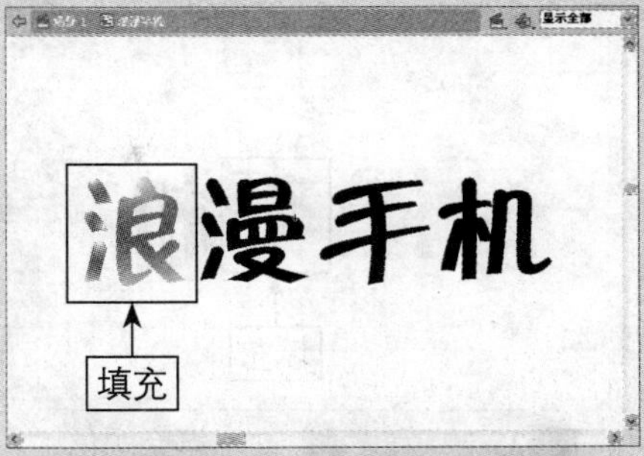

图425-4　为“浪”文本填充颜色

专家提醒

在编辑区文本外的任意位置单击鼠标，确定文本不是选中状态，这样才能对单个的文本进行编辑。

05 在“颜色”面板中设置相应参数，如图425-5所示。

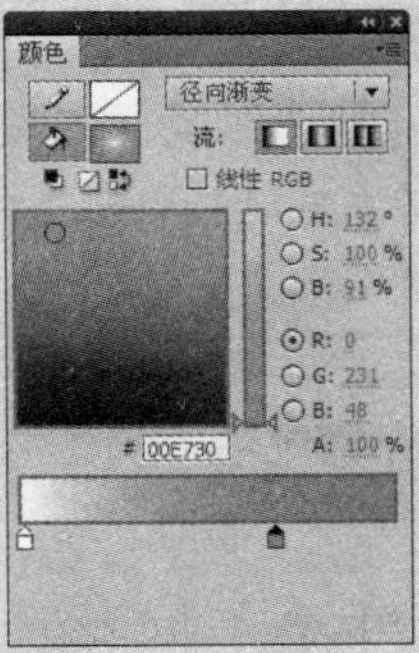

图425-5　设置颜色参数

06 为相应文字填充颜色，如图425-6所示。

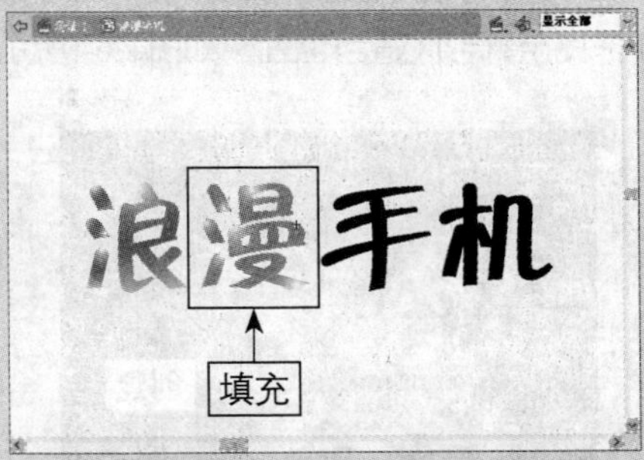

图425-6　为“漫”文本填充颜色

07 同理，在“颜色”面板中设置其参数并为“手”文字填充颜色，如图425-7所示。

08 同理，在“颜色”面板中设置其参数并为“机”文字填充颜色，如图425-8所示。

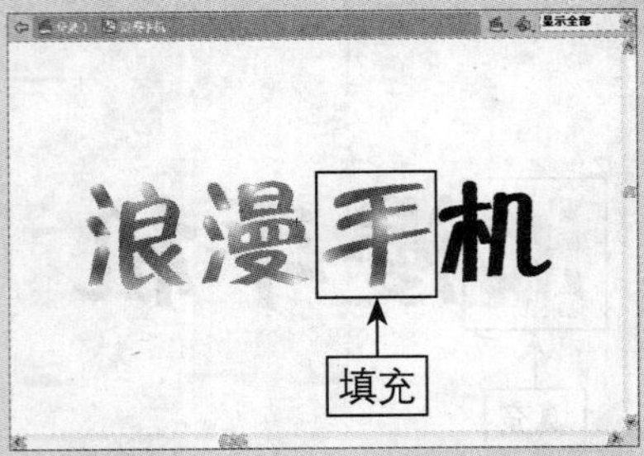

图425-7 为“手”文本填充颜色

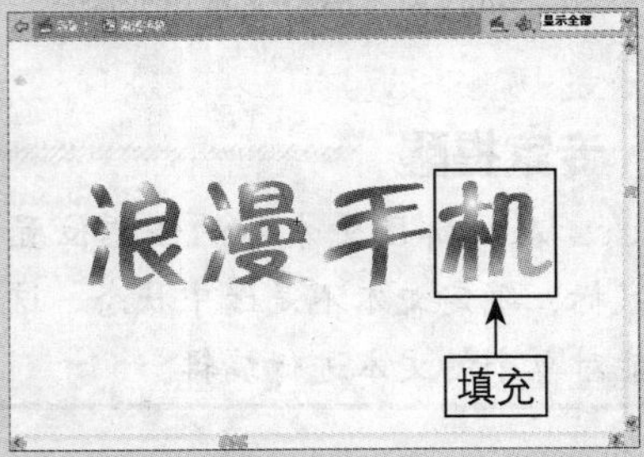

图425-8 为“机”文本填充颜色

专家提醒

在对颜色参数进行设置时，读者可以根据需要设置参数，做出更加出彩的文字效果。

09 选取工具箱中的文本工具，在“属性”面板中设置“系列”为“方正平和简体”、“大小”为60、“颜色”为灰色，在编辑区适当位置创建文本框并输入相应文本，如图425-9所示。

图425-9 创建文本

10 两次单击“修改”|“分离”命令，打散文本，如图425-10所示。

图425-10 打散文本

第426集 制作文字缩放动画

01 单击“场景1”超链接，返回场景编辑窗口。在“时间轴”面板中选择“图层1”图层的第30帧，按F5键插入帧。新建“图层2”图层，在“库”面板中将“浪漫手机”影片剪辑元件拖曳至舞台区适当位置，如图426-1所示。

图426-1 创建实例

02 选择“图层2”图层的第15帧、第30帧，按F6键插入关键帧。选择第15帧，运用任意变形工具将舞台区相对应的实例放大，如图426-2所示。

图426-2 放大实例

03 分别在“图层2”图层的第1帧至

第15帧、第15帧至第30帧中的任意一帧上创建传统补间动画，按Ctrl＋Enter组合键测试动画，效果如图426-3所示。

图426-3　测试浪漫手机动画效果

23.3　倒影式动画——清凉夏日

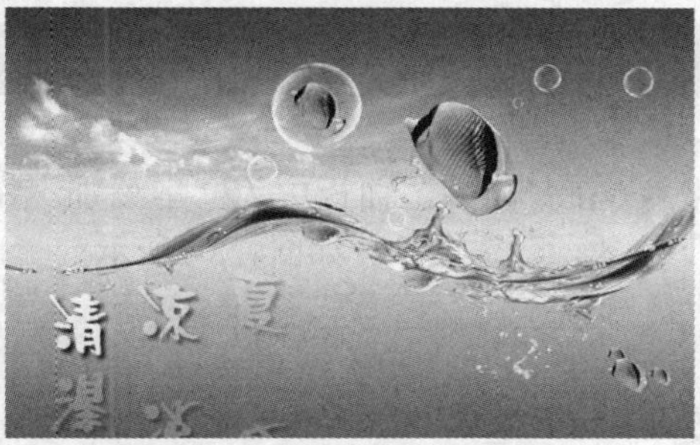

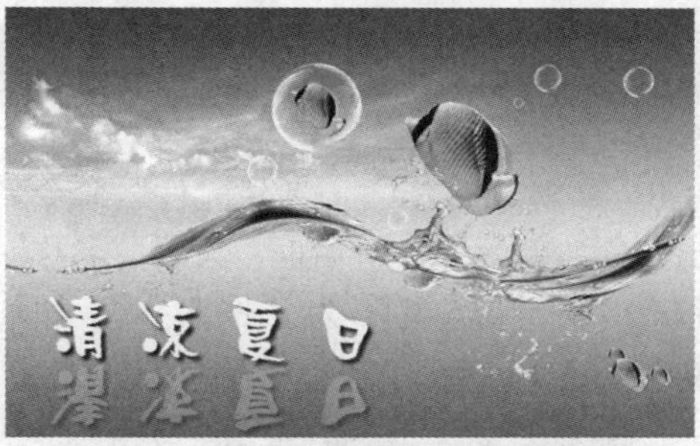

素材：素材\第23章\427-1.fla

视频：视频\第23章\第427集.swf至第430集.swf

难度：★★★★★

效果：效果\第23章\23.3　清凉夏日.fla

时长：279秒

关键技术：创建实例

第427集　添加背景

01 单击“文件”|“打开”命令，打开一个素材文件。在“库”面板中将“背景.jpg”位图图像拖曳至舞台区，如图427-1所示。

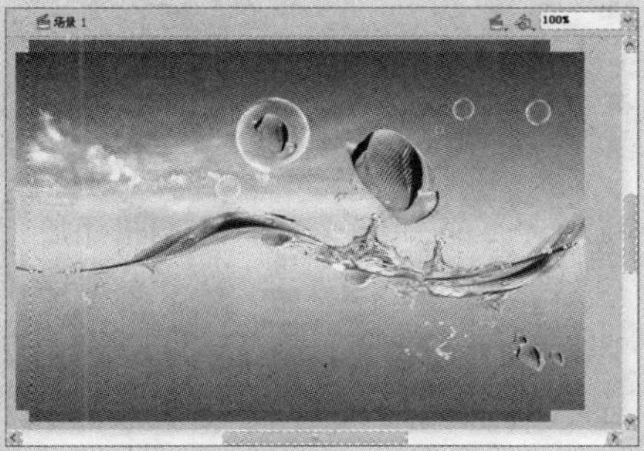
图427-1　创建实例

02 单击“修改”|“文档”命令，弹出“文档设置”对话框，在“匹配”选项区中选中“内容”单选按钮，如图427-2所示。

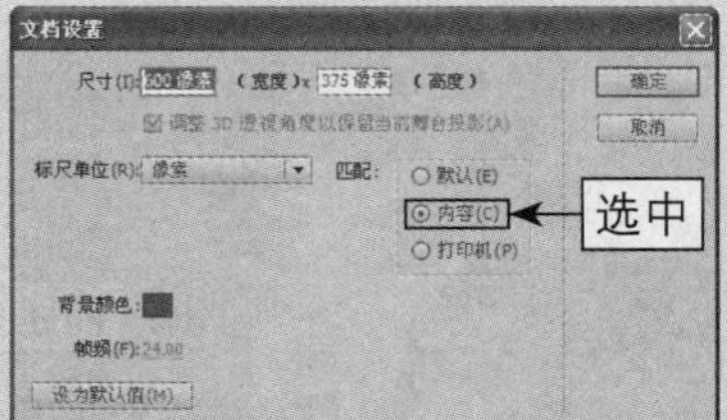

图427-2　选中“内容”单选按钮

03 单击“确定”按钮，即可完成背景的制作，如图427-3所示。

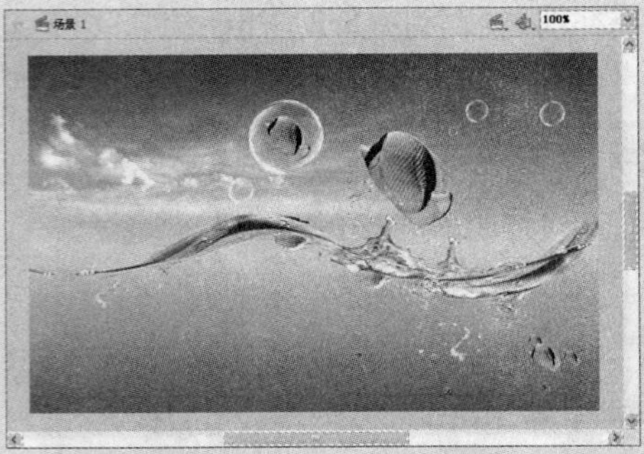

图427-3　添加背景

04 选择“图层1”图层的第50帧，按F5键插入帧，如图427-4所示。

图427-4　插入帧

专家提醒

选择帧，单击鼠标右键，在弹出的快捷菜单中选择“插入帧”命令，也可插入帧。

第428集　创建图形元件

01 单击“插入”|“新建元件”命令，弹出“创建新元件”对话框，设置“名称”为“清”、“类型”为“图形”，如图428-1所示。

图428-1　“创建新元件”对话框

02 单击“确定”按钮，进入图形元件编辑模式。选取工具箱中的文本工具，在“属性”面板中设置“系列”为“文鼎中特广告体”、“大小”为60、“颜色”为白色，在编辑区适当位置创建一个文本框并输入相应文本，如图428-2所示。

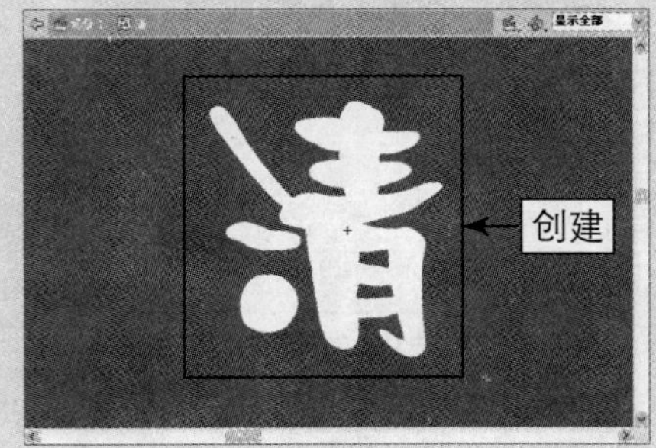

图428-2　创建文本对象

03 在“属性”面板中为文本添加“投影”特效，各选项参数如图428-3所示。

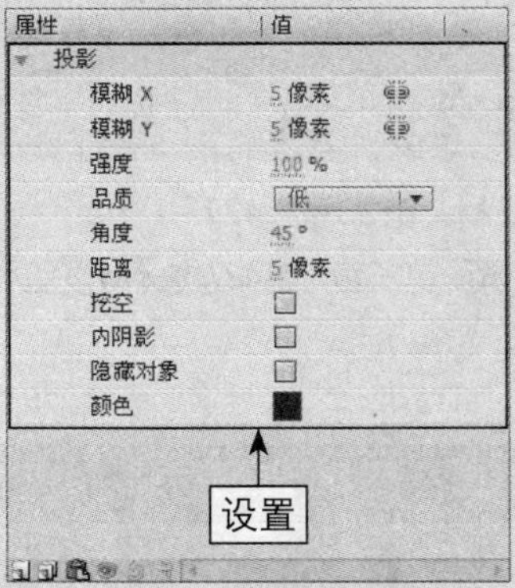

图428-3　设置投影参数

04 设置完成后，编辑区的文本对象如图428-4所示。

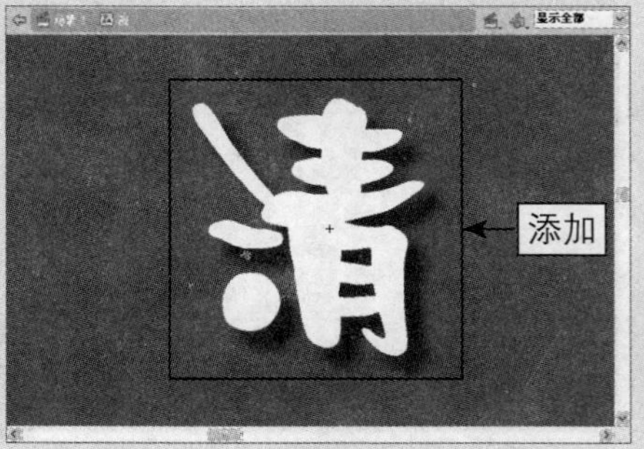

图428-4　添加投影后的文本

专家提醒

在“投影”选项区中，“距离”选项是指投影的长度，数值越大，投影效果越明显；“角度”选项会根据用户输入的角度数值而变化。

05 同理，新建一个名为“凉”的图形元件，如图428-5所示。

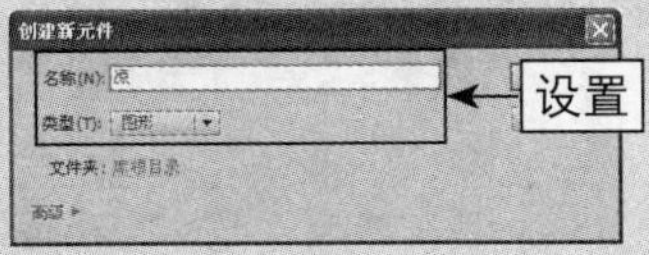

图428-5　“创建新元件”对话框

06 单击“确定”按钮，进入图形元件编辑模式，选取工具箱中的文本工具，在编辑区适当位置创建一个文本框并输入相应文本，并为其添加与“清”文本对象相同的滤镜效果，如图428-6所示。

图428-6　创建“凉”文本对象

07 同理，创建“夏”图形元件，在编辑区创建文本框并输入相应文本，为文本对象添加滤镜效果，如图428-7所示。

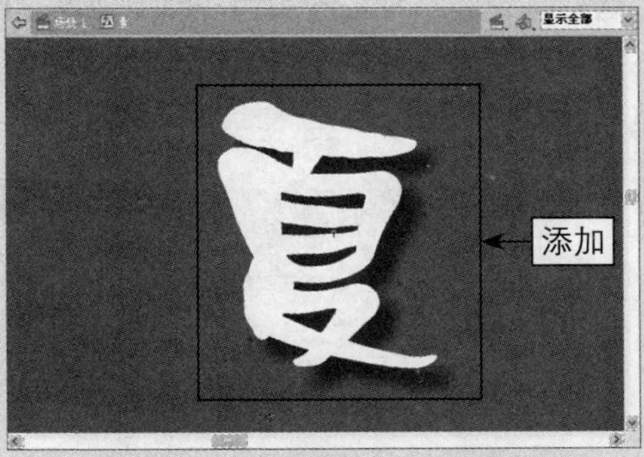

图428-7　创建“夏”文本对象

08 同理，创建“日”图形元件，在编辑区创建文本框并输入相应文本，为文本对象添加滤镜效果，如图428-8所示。

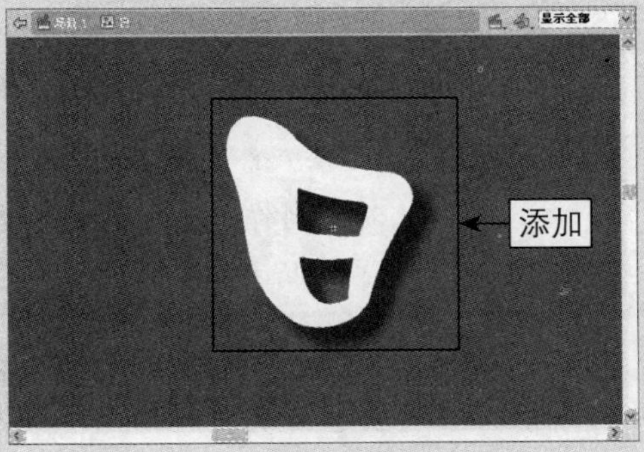

图428-8　创建“日”文本对象

第429集　创建跳动文字动画

01 单击“场景1”超链接，返回场景编辑模式。在“时间轴”面板中新建“图层2”图层，在“库”面板中将“清”图形元件拖曳至舞台区适当位置，如图429-1所示。

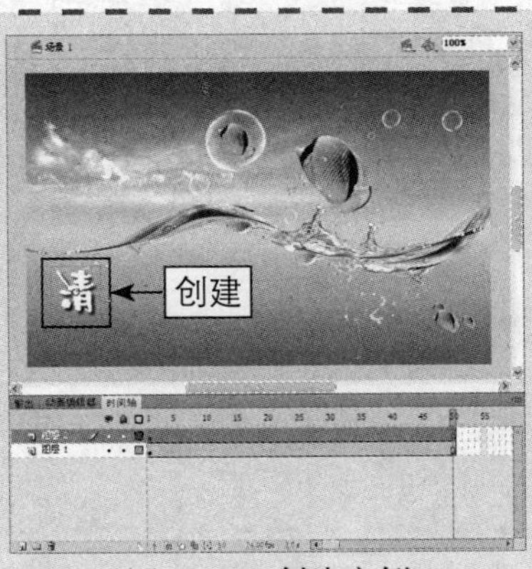

图429-1　创建实例

02 选择“图层2”图层的第15帧，按F6键插入关键帧，选择第1帧，运用选择工具选择舞台区相对应的实例并向上拖曳一段距离，在“属性”面板中设置Alpha值为0，效果如图429-2所示。

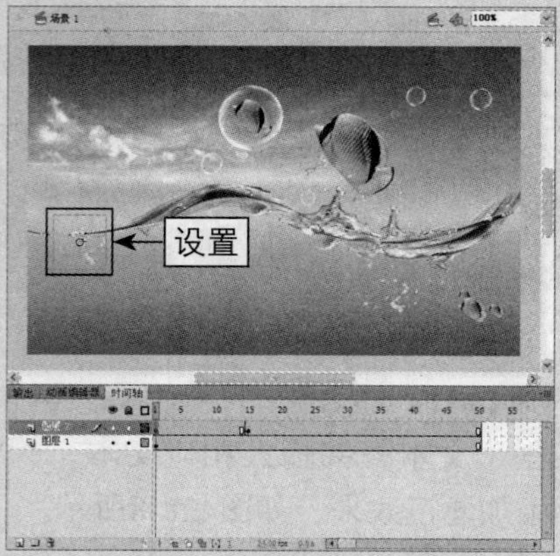

图429-2 设置Alpha值的效果

专家提醒

在Flash动画制作中，渐变的透明度是常用的动画出场表现手法。

03 在“图层2”图层的第1帧至第15帧中的任意一帧上创建传统补间动画，如图429-3所示。

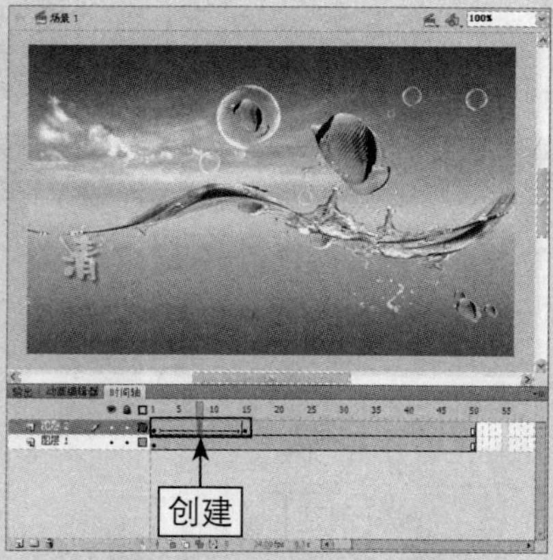

图429-3 创建补间动画

04 同理，制作“凉”图形元件实例的动画效果，如图429-4所示。

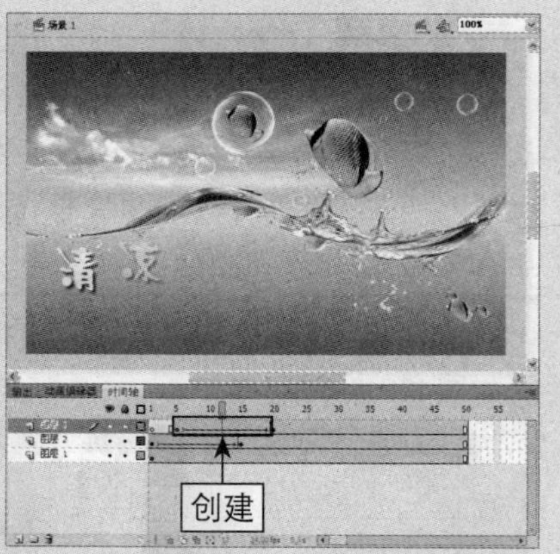

图429-4 制作“凉”元件的动画效果

05 同理，制作“夏”图形元件实例的动画效果，如图429-5所示。

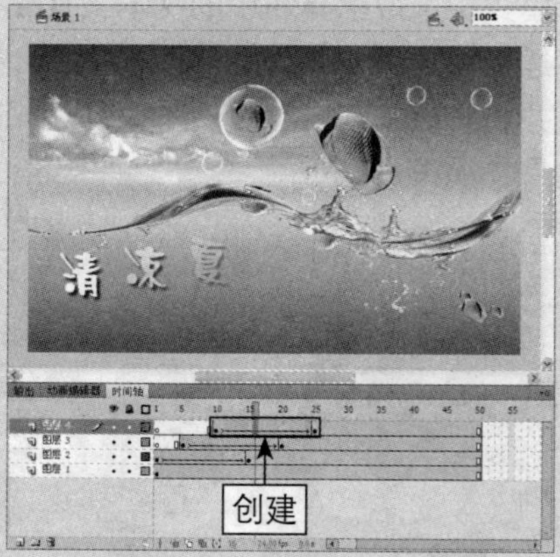

图429-5 制作“夏”元件的文字动画效果

06 同理，制作“日”图形元件实例的动画效果，如图429-6所示。

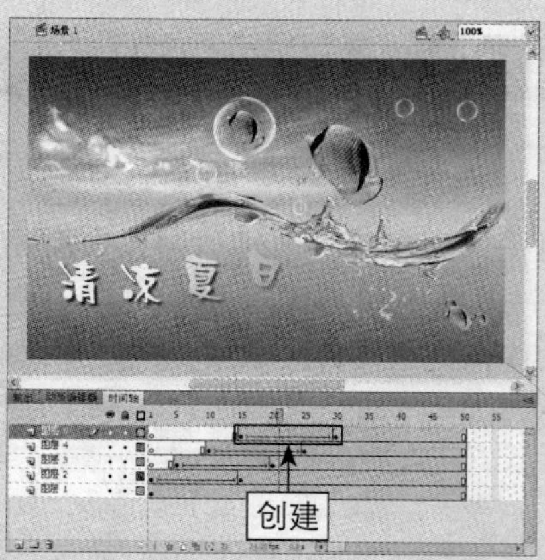

图429-6 制作“日”元件的文字动画效果

第430集　制作倒影文字动画

01 在“时间轴”面板中，确定“图层2”图层为当前图层。新建“图层6”图层，在“库”面板中将“清”图形元件拖曳至舞台区适当位置，单击“修改”|“变形”|“垂直翻转”命令，垂直翻转实例。在“属性”面板中，设置Alpha值为30，效果如图430-1所示。

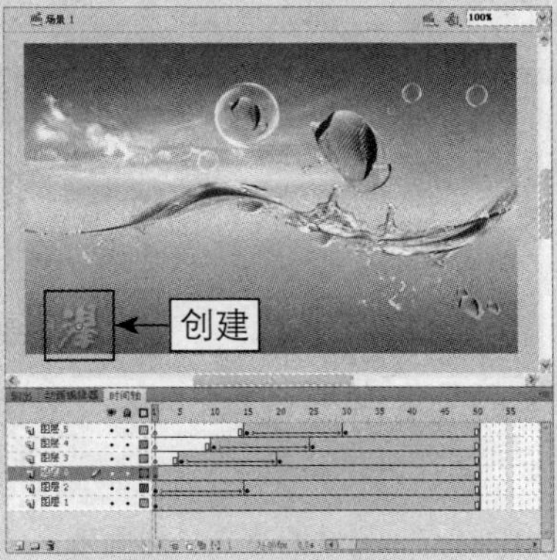

图430-1　创建实例

02 选择“图层6”图层的第15帧，按F6键插入关键帧，选择第1帧，选择舞台区相对应的实例对象并向下拖曳一段距离，在“属性”面板中设置Alpha值为0，如图430-2所示。

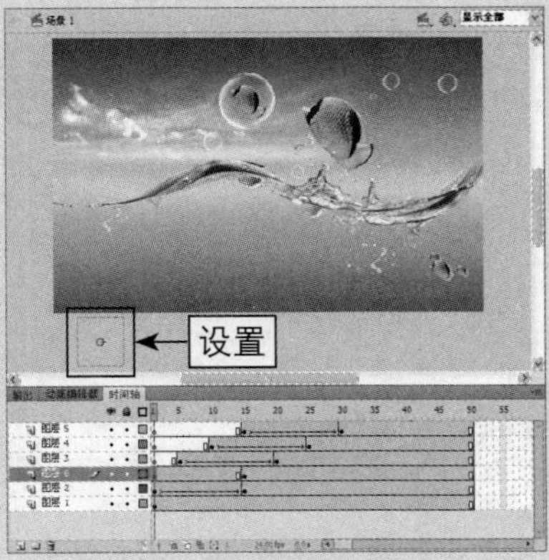

图430-2　设置Alpha值的效果

03 在“图层6”图层的第1帧至第15帧中的任意一帧上创建传统补间动画，如图430-3所示。

04 同理，为“凉”字添加倒影文字动画，如图430-4所示。

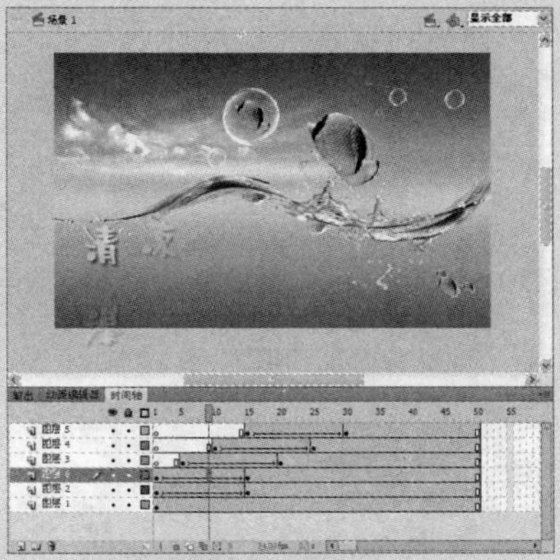

图430-3　创建补间

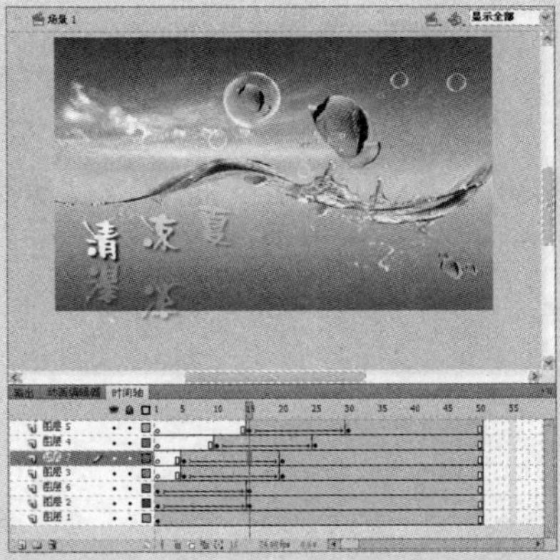

图430-4　为“凉”字添加倒影文字动画

专家提醒

在制作倒影文字动画时，需要特别注意的是，每当新建一个倒影文字图层时，最好确定相对应的跳动文字的图层为当前图层，这样方便管理和编辑倒影文字。

05 同理，为“夏”字添加倒影文字动画，如图430-5所示。

06 同理，为“日”字添加倒影文字动画，如图430-6所示。

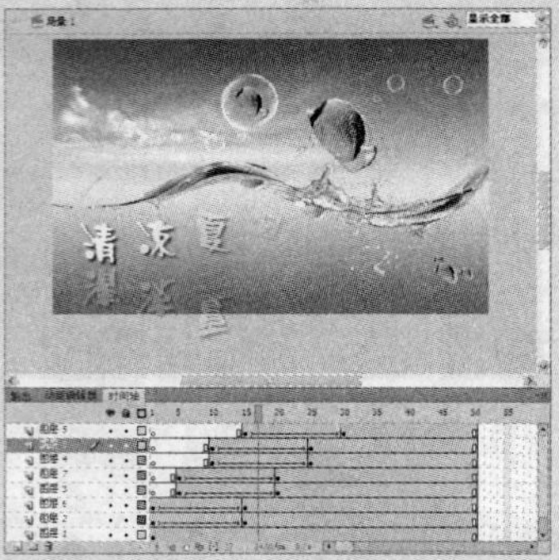

图430-5　为“夏”字添加倒影文字动画

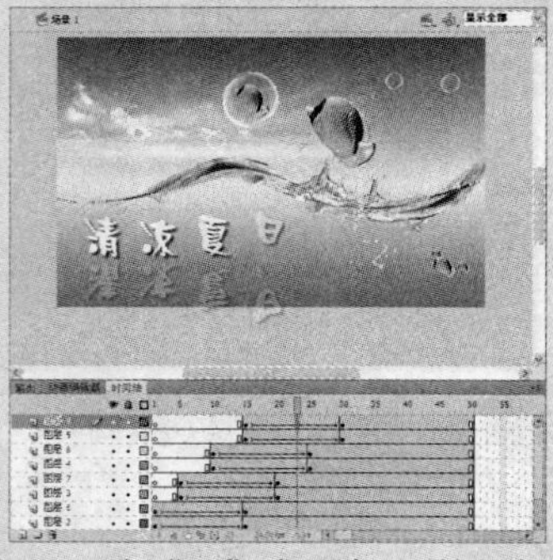

图430-6　为“日”字添加倒影文字动画

07 按Ctrl＋Enter组合键测试动画，效果如图430-7所示。

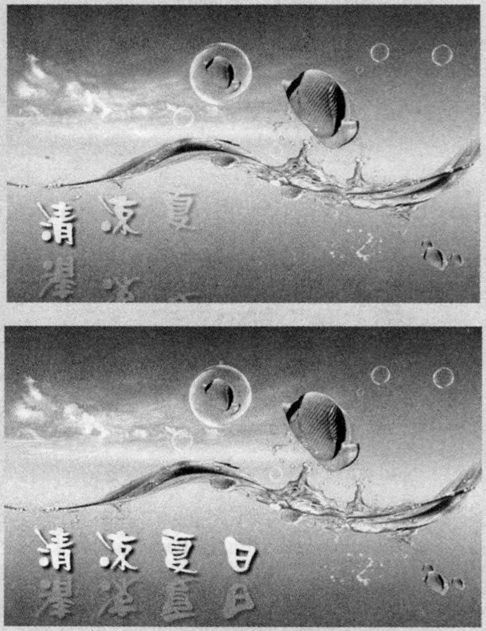

图430-7　测试清凉夏日动画效果

第24章 综合案例实战：制作Banner动画

Flash Banner动画在网页中占据了重要的地位，具有极强的视觉效果，此类动画在网页中概括了整个网站所要的宣传信息，也是整个网站的代表。本章通过3个不同类别的实例来介绍Banner动画的设计流程和制作方法。

24.1 城市类动画——都市花香

素材：素材\第24章\431-1.fla

视频：视频\第24章\第431集.swf至第433集.swf

难度：★★★★★

效果：效果\第24章\24.1 都市花香.fla

时长：259秒

关键技术：渐变动画

第431集 制作背景

01 单击“文件”|“打开”命令，打开一个素材文件。在“库”面板中，将“背景.png”位图图像拖曳至舞台区，在“属性”面板中设置“宽”为600，如图431-1所示。

图431-1 创建实例

02 单击鼠标右键，在弹出快捷菜单中选择“文档属性”命令，在弹出的“文档设置”对话框中选中“内容”单选按钮，如图431-2所示。

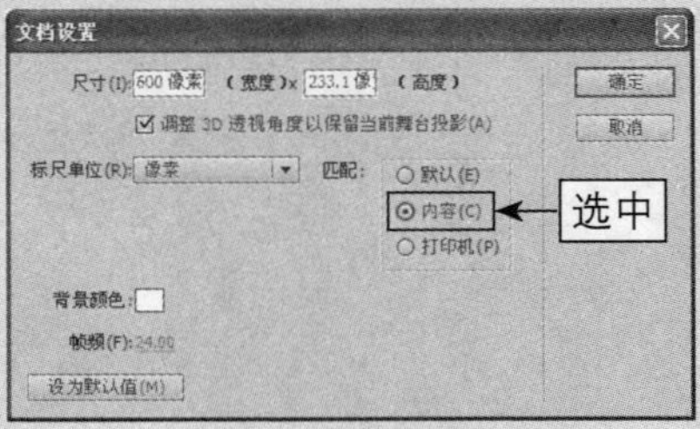

图431-2 选中“内容”单选按钮

03 单击“确定”按钮，完成背景的制作。

第432集 制作文字渐变动画

01 在“时间轴”面板中选择“图层1”图层的第150帧，按F5键插入帧。新建“图层2”图层，在“库”面板中将“元件1”拖曳至舞台区适当位置，如图432-1所示。

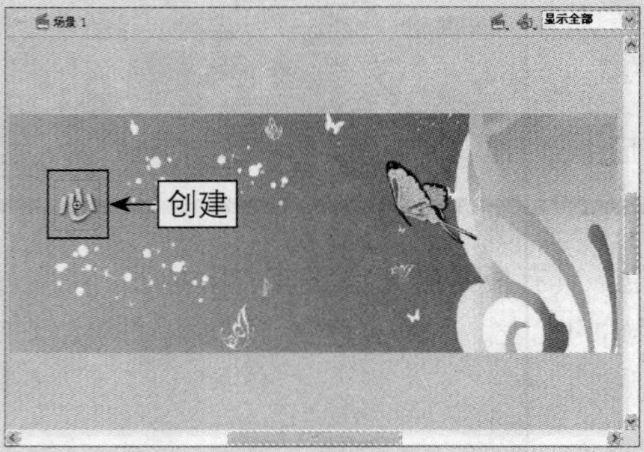

图432-1　创建实例

02 选择“图层2”图层的第20帧，按F6键插入关键帧，选择第1帧，将舞台区相对应的实例向上拖曳一段距离，在“属性”面板中设置Alpha为0，如图432-2所示。

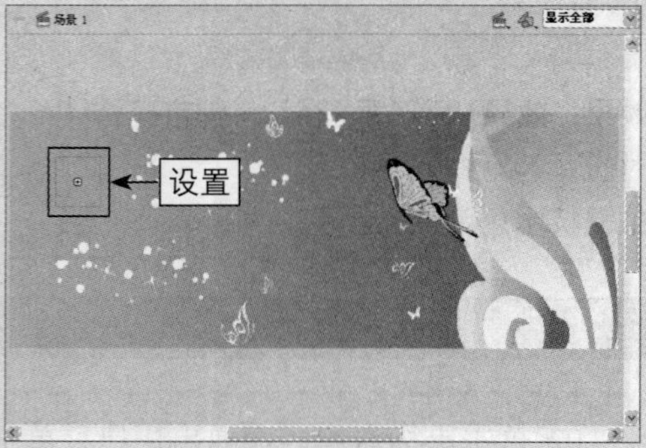

图432-2　设置属性的效果

03 在第1帧至第20帧中的任意一帧上创建传统补间动画，如图432-3所示。

图432-3　创建补间动画的效果

04 在“时间轴”面板中新建7个图层，如图432-4所示。

05 每隔5帧为新建图层插入关键帧，并为其添加相应的文字元件实例，如图432-5所示。

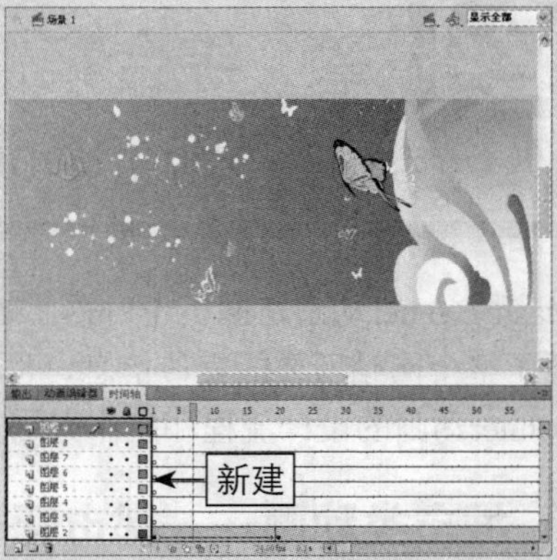

图432-4　新建图层

专家提醒

制作文字特效的时候，过程很繁琐，但是如果要想做出好的动画效果，就必须有耐心。

图432-5　创建实例

06 为新建图层添加关键帧，如图432-6所示。

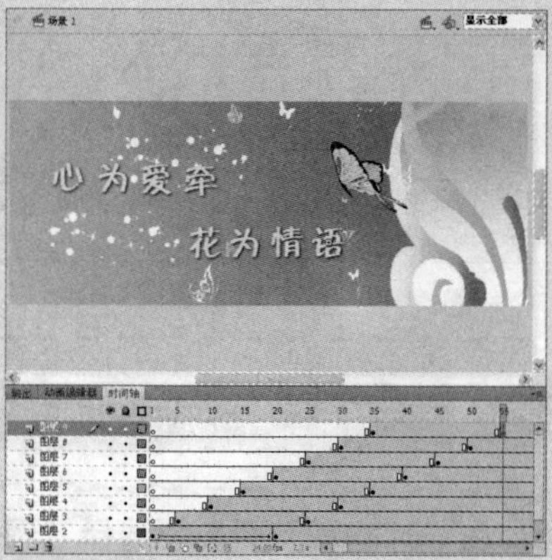

图432-6　插入关键帧

07 分别为每个文字实例添加出场效果，如图432-7所示。

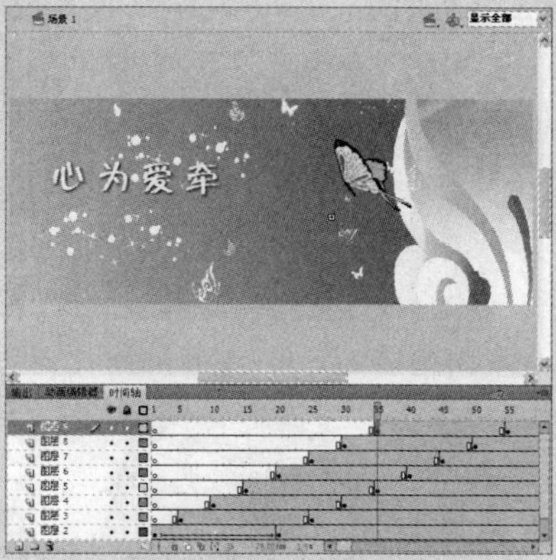

图432-7　为文字添加出场效果

08 为新建图层添加传统补间动画，如图432-8所示。

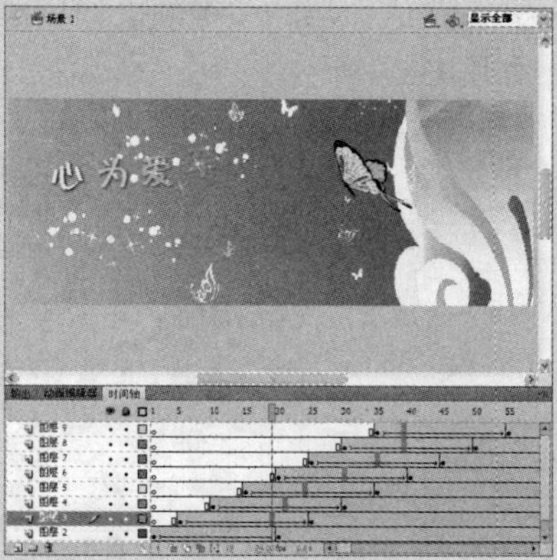

图432-8　创建补间动画

第433集　制作补间文字动画

01 选择“图层2”至“图层9”图层的第90帧，按F7键插入空白关键帧。新建2个图层，选择“图层10”图层的第95帧，按F6键插入关键帧，在“库”面板中将“元件9”拖曳至舞台区适当位置，如图433-1所示。

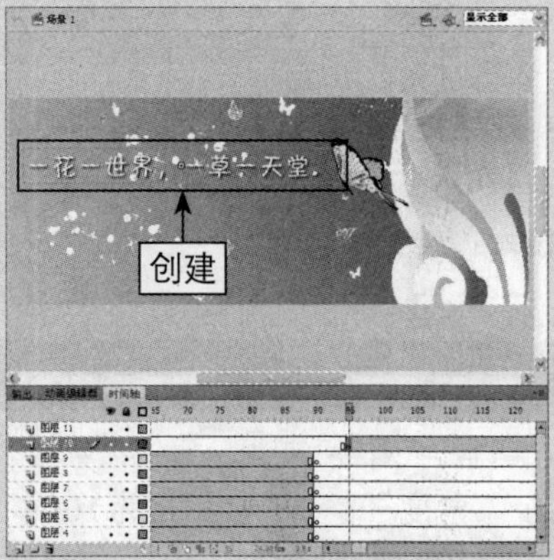

图433-1　创建实例

02 选择第105帧，按F6键插入关键帧。选择第95帧，选择舞台区相对应的实例，在“属性”面板中设置“样式”为“亮度”、“亮度”为100，在该图层的关键帧之间创建补间动画，如图433-2所示。

03 选择“图层11”图层的第105帧，按F6键插入关键帧，在“库”面板中将“元件10”拖曳至舞台区适当位置，如图433-3所示。

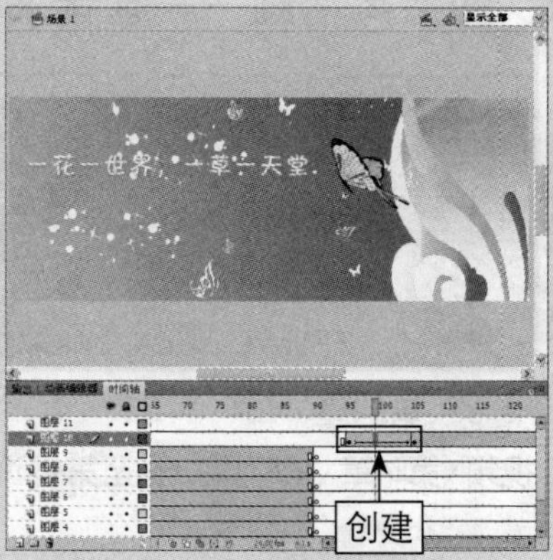

图433-2　创建补间动画

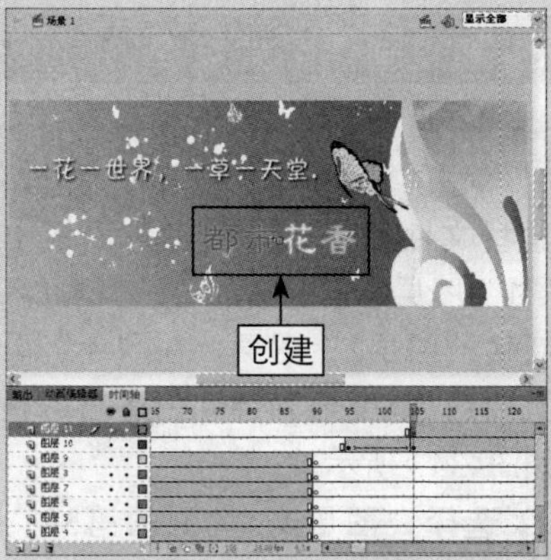

图433-3 创建实例

04 选择第115帧，按F6键插入关键帧。选择第105帧，将舞台区相对应的实例向下拖曳一段距离，在“属性”面板中设置Alpha为0，在该图层的关键帧之间创建补间动画，如图433-4所示。

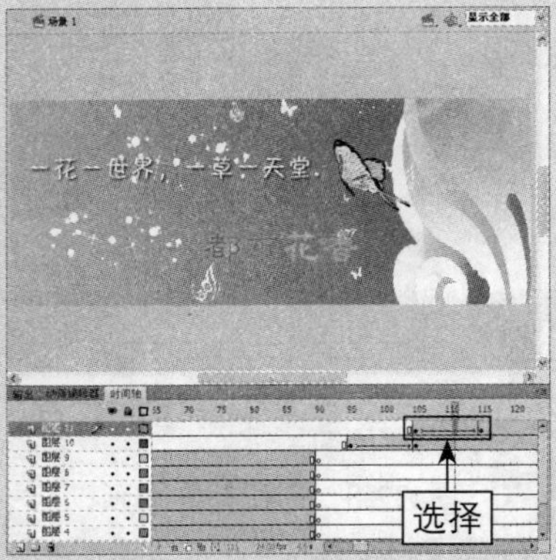

图433-4　创建补间动画

05 按Ctrl＋Enter组合键测试动画，效果如图433-5所示。

图433-5　测试城市类动画效果

24.2　图书类动画——智者书吧

素材：素材\第24章\434-1.fla
视频：视频\第24章\第434集.swf至第436集.swf
难度：★★★★★

效果：效果\第24章\24.2　智者书吧.fla
时长：478秒
关键技术：传统补间动画

第434集　制作渐变动画

01 单击“文件”|“打开”命令，打开一个素材文件。在“时间轴”面板中选择“图层1”图层的第200帧，按F5键插入关键帧，新建“图层2”图层，在“库”面板中将“元件1”拖曳至舞台区，适当调整其大小，如图434-1所示。

02 选择“图层2”图层的第3帧、第6帧、第10帧，按F6键插入关键帧。选择第1帧，运用任意变形工具将舞台区相对应的实例放大，在“属性”面板中设置“样式”为“亮度”、“亮度”为100，如图434-2所示。

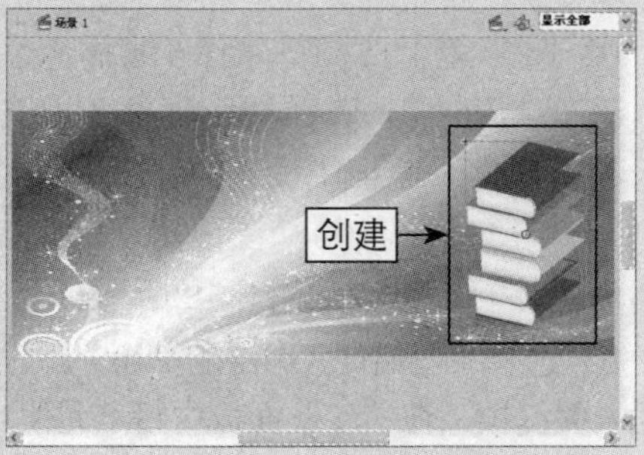

图434-1　创建实例

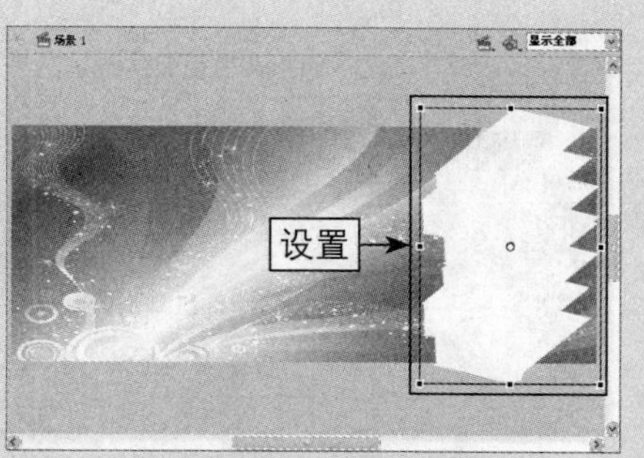

图434-2 设置亮度

03 选择第6帧，运用任意变形工具将舞台区对应的实例缩小，在“属性”面板中设置“样式”为“亮度”、“亮度”为100，如图434-3所示。

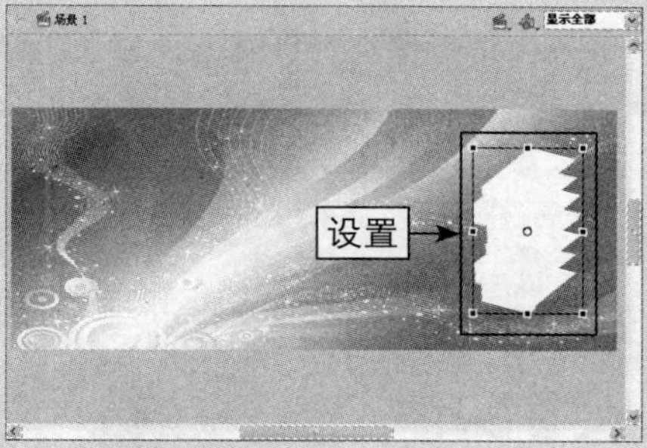

图434-3 再次设置亮度

04 在“图层2”图层的关键帧之间创建传统补间动画，如图434-4所示。

图434-4 创建补间动画

05 在“时间轴”面板中并新建“图层3”图层，在第15帧插入关键帧，将“库”面板中的“元件2”拖曳至舞台区，并适当调整其大小。选择第25帧，按F6键插入关键帧，将舞台相对应的实例向下拖曳一段距离，并在关键帧之间创建传统补间动画，效果如图434-5所示。

06 新建“图层4”图层，在第30帧插入关键帧，将“库”面板中的“元件3”拖曳至舞台区适当位置。选择第40帧，按F6键插入关键帧，将舞台区相对应的实例向下拖曳一段距离，选择第30帧，在“属性”面板中设置Alpha为0，并在关键帧之间创建传统补间动画，效果如图434-6所示。

图434-5 在“图层3”图层创建补间动画

图434-6 在“图层4”图层创建补间动画

07 选择“图层2”图层的第85帧、第95帧，按F6键插入关键帧。选择第95帧，将舞台区相对应的实例向右拖曳一段距离，在“属性”面板中设置Alpha为0，在第85帧至第95帧中的任意一帧上创建补间动画，如图434-7所示。

图434-7 在“图层2”图层创建补间动画

08 选择“图层3”图层的第90帧、第105帧，按F6键插入关键帧，选择第105帧，将舞台区相对应的实例向下拖曳一段距离，在“属性”面板中设置Alpha为0，在第90帧至第105帧中的任意一帧上创建补间动画，选择“图层4”图层的第95帧，按F7键插入空白关键帧，如图434-8所示。

图434-8　插入空白关键帧

第435集　创建图像动画

01 在“时间轴”面板中新建5个图层，选择“图层5”的第95帧，按F6键插入关键帧，在“库”面板中将“图2”拖曳至舞台区并适当调整其大小，如图435-1所示。

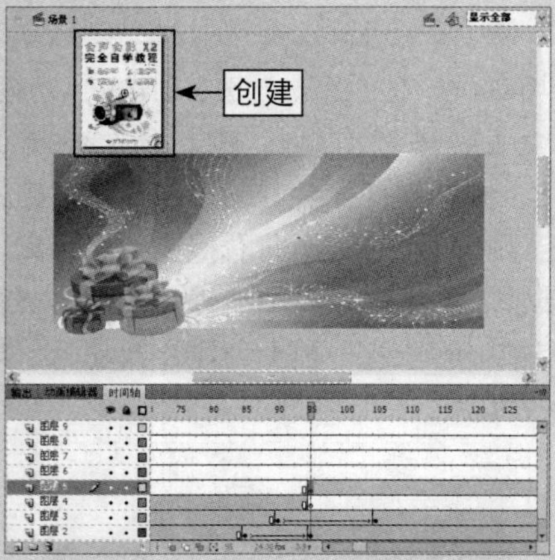

图435-1　创建实例

02 选择第110帧，按F6键插入关键帧，将舞台区相对应的实例向下拖曳一段距离，并在关键帧之间创建补间动画，如图435-2所示。

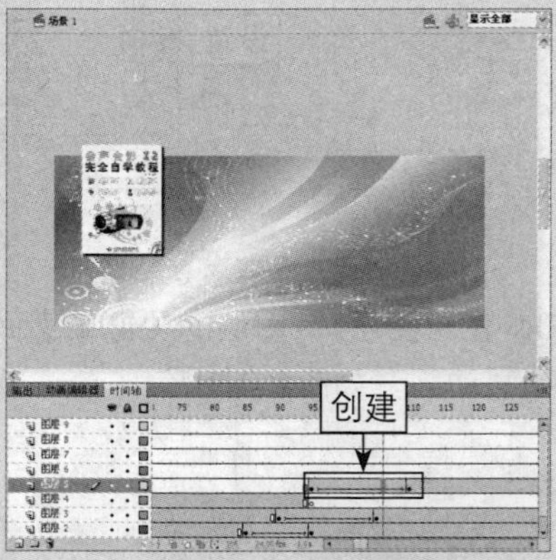

图435-2　创建补间动画

03 同理，在“图层6”为“图3”元件实例添加动画效果，如图435-3所示。

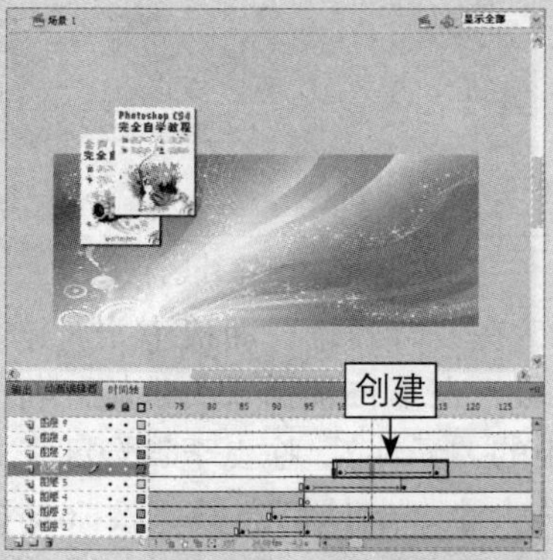

图435-3　为“图3”元件添加动画效果

04 同理，在“图层7”中为“图1”元件实例添加动画效果，如图435-4所示。

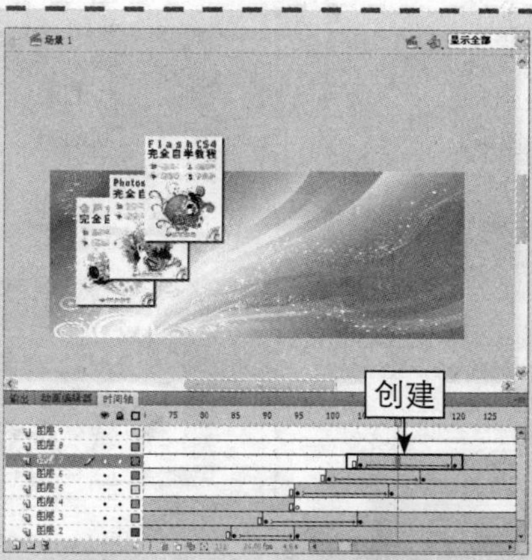

图435-4　为“图1”元件添加动画效果

第436集　制作文字动画

01 选择“图层8”的第125帧，按F6键插入关键帧，在“库”面板中将“元件5”拖曳至舞台区并适当调整其大小，在“属性”面板的“滤镜”选项区中添加“距离”为2的投影效果，如图436-1所示。

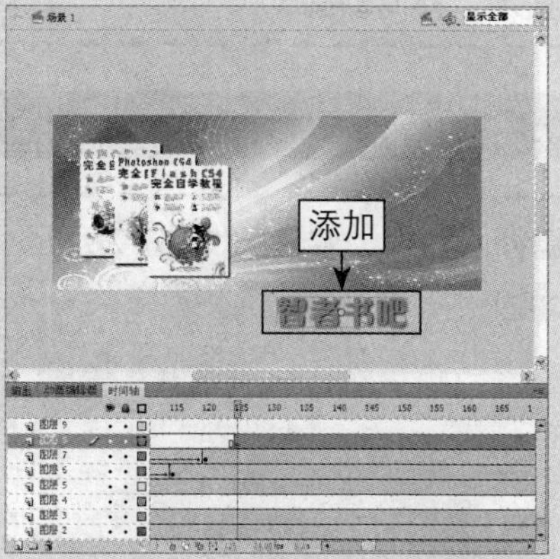

图436-1　添加滤镜后的效果

02 选择“图层8”图层的第140帧，按F6键插入关键帧，将舞台区对象的实例向上拖曳一段距离，在关键帧之间创建补间动画，在“属性”面板中设置“旋转”为“顺时针”，效果如图436-2所示。

03 选择“图层9”的第140帧，按F6键插入关键帧，在“库”面板中将“元件6”拖曳至舞台区。选择第155帧，按F6键插入关键帧。选择第140帧，运用任意变形工具将舞台区相对应的实例缩小，如图436-3所示。

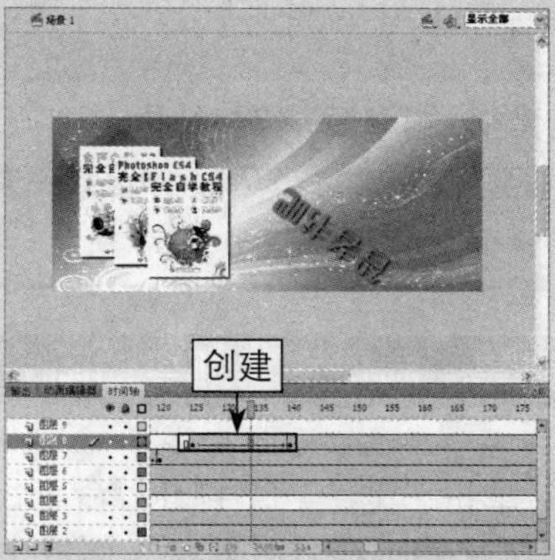

图436-2　设置属性后的效果

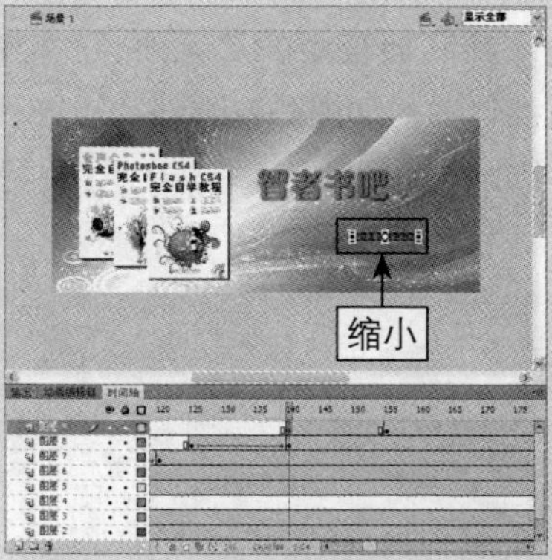

图436-3　缩小实例

04 在关键帧之间创建传统补间动画，如图436-4所示。

05 按Ctrl＋Enter组合键测试动画，效果如图436-5所示。

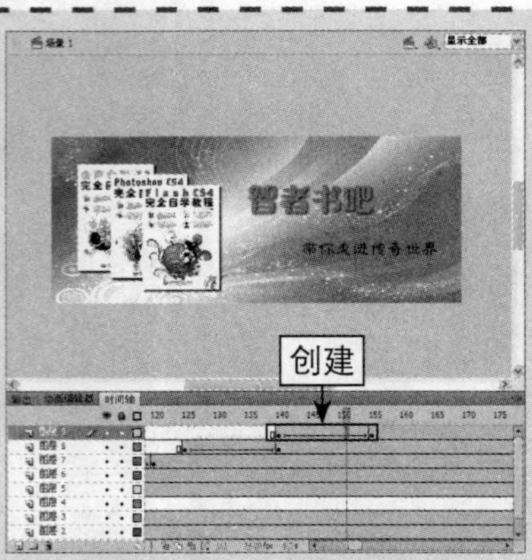

图436-4　创建补间动画

图436-5　测试图书吧动画效果

24.3　乳制品动画——金牛乳制品

素材：素材\第24章\437-1.fla
视频：视频\第24章\第437集.swf至第440集.swf
难度：★★★★★
效果：效果\第24章\24.3　金牛乳制品.fla
时长：494秒
关键技术：补间动画

第437集　制作文字渐变动画

01 单击“文件”|“打开”命令，打开一个素材文件。在“时间轴”面板中选择“图层1”图层的第5帧，按F6键插入关键帧，将“库”面板中的“元件1”拖曳至舞台区适当位置，如图437-1所示。

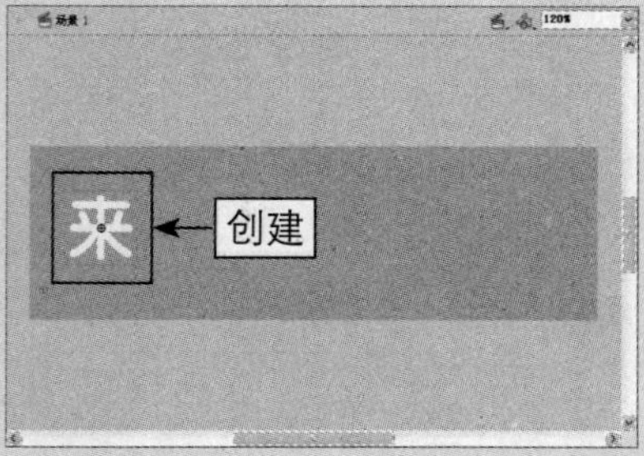

图437-1　创建实例

02 选择第10帧，按F6键插入关键帧，选择第5帧，选择舞台区的实例对象，在“属性”面板的“滤镜”选项区中为其添加“模糊X”为100的模糊效果，在关键帧之间创建补间动画，效果如图437-2所示。

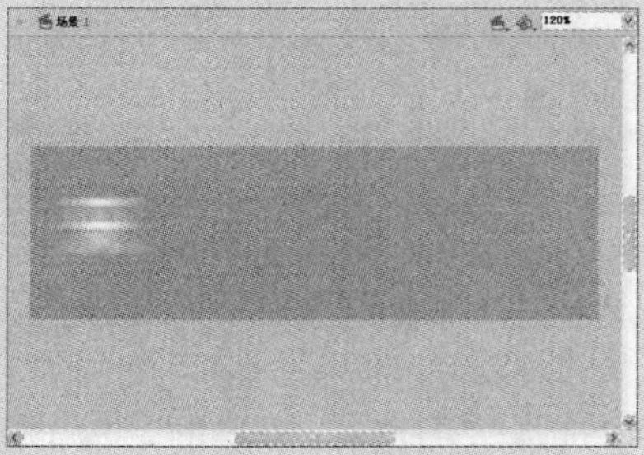

图437-2　创建补间动画效果

03 同理，选择“图层2”图层的第8帧，按F6键插入关键帧，将“库”面板中的“元件2”拖曳至舞台区适当位置。选择第13帧，按F6键插入关键帧。选择第8帧，选择舞台区相对应的实例，在“属性”面板中为其添加“模糊X”为100的模糊效果，在该图层的关键帧之间创建补间动画，如图437-3所示。

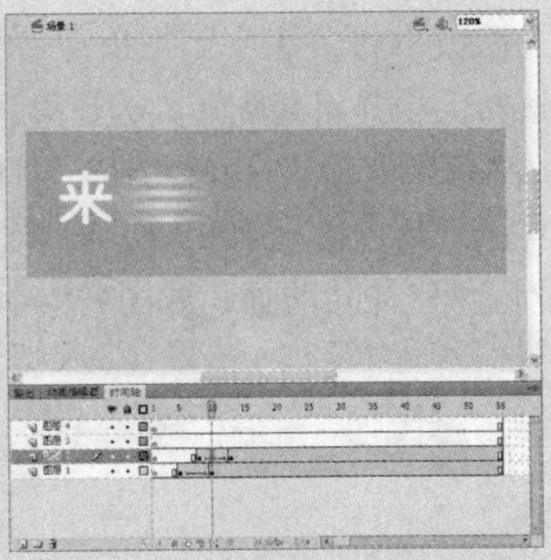

图437-3　在“图层2”图层创建补间动画

04 同理，在“图层3”、“图层4”图层上为“元件3”、“元件4”创建动画效果，如图437-4所示。

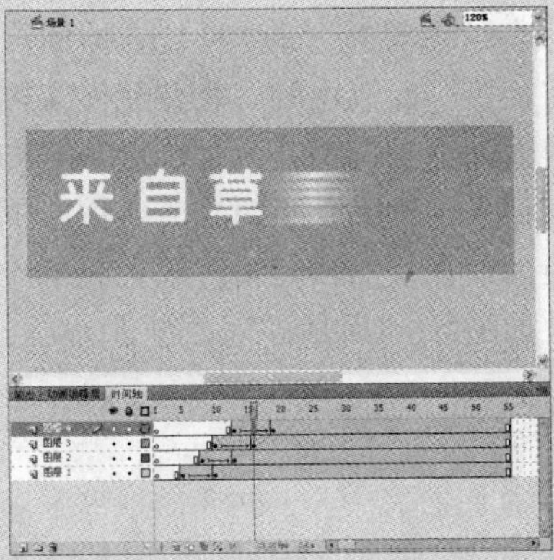

图437-4　在其他图层创建动画效果

第438集　制作图像动画1

01 新建“图层5”图层，将“库”面板中的“奶牛”元件实例拖曳至舞台区并调整其大小，如图438-1所示。

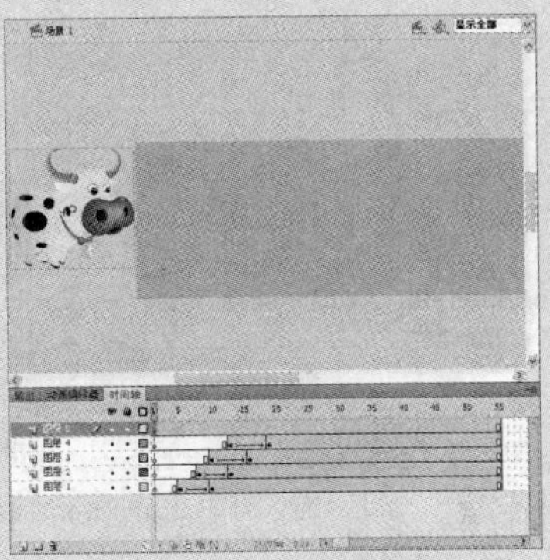

图438-1　创建实例

02 选择第21帧，按F6键插入关键帧，将对应的元件实例向右拖曳一段距离，在该图层的关键帧之间创建补间动画，如图438-2所示。

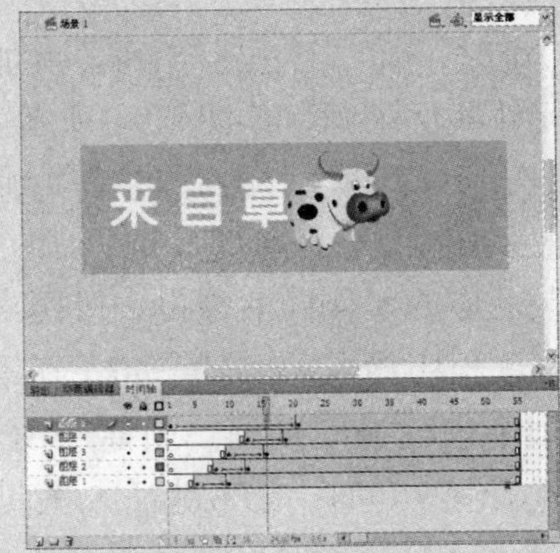

图438-2　创建补间动画

第439集　创建图像动画2

01 在“图层5”图层的第150帧插入帧，新建3个图层，选择“图层6”图层的第55帧，按F6键插入关键帧，将“牛”元件实例拖曳至舞台区适当位置。选择第70帧，按F6键插入关键帧，运用任意变形工具将舞台区相对应的实例缩小，如图439-1所示。

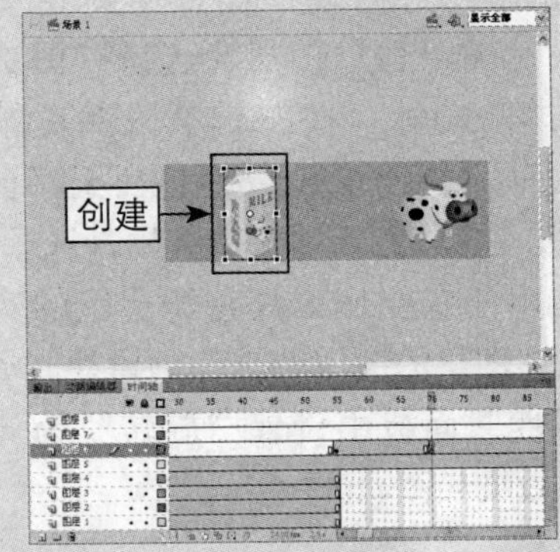

图439-1　创建并缩小实例

02 在“图层6”的关键帧之间创建补间动画，在“图层7”图层的第65帧插入关键帧，将“库”面板中的“牛”元件实例拖曳至舞台区，适当调整其大小。选择第80帧，按F6键插入关键帧，将对应的实例向下移动一段距离，在该图层的关键帧之间创建补间动画，如图439-2所示。

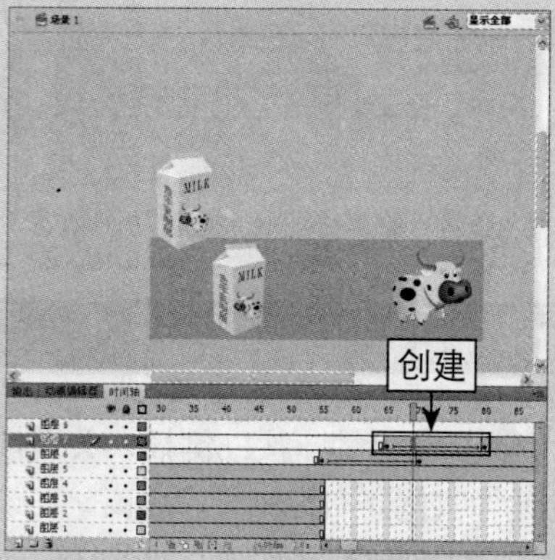

图439-2　在“图层7”图层上创建补间动画

03 同理，为“图层8”图层添加另一“牛”元件实例动画，如图439-3所示。

04 选择“图层5”图层的第90帧、第95帧，按F6键插入关键帧，选择第95帧，将舞台区对应的实例向右拖曳一段距离，在“属性”面板中设置Alpha值为0，在第90帧至第95帧中创建补间动画。新建“图层9”图层，选择第95帧，按F6键插入关键帧，在“库”面板中将“奶牛”拖曳至舞台区，适当调整其大小并将其翻转。选择第105帧，按F6键插入关键帧，选择舞台区相对应的实例，将其移至舞台区适当位置，在该图层的关键帧之间创建补间动画，如图439-4所示。

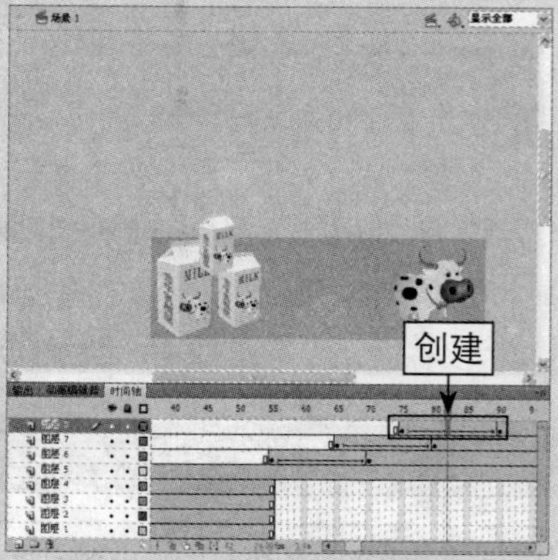

图439-3　在“图层8”图层上创建补间动画

图439-4　在“图层9”图层上创建补间动画

第440集　制作文字动画

01 在“时间轴”面板中新建“图层10”、“图层11”图层，选择“图层10”图层的第110帧，按F6键插入关键帧，将“库”面板中的“元件5”拖曳至舞台区适当位置，在第120帧插入关键帧，选择第110帧，运用任意变形工具将舞台区的实例缩小，在该图层的关键帧之间创建补间动画，在“属性”面板中设置“旋转”为“顺时针”，效果如图440-1所示。

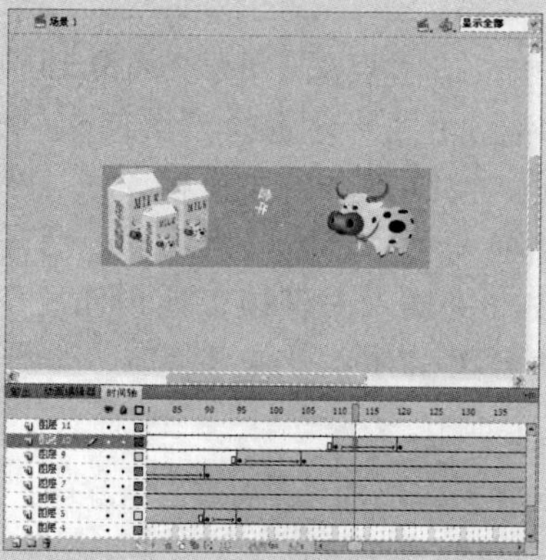
图440-1　在“图层10”图层上创建补间动画

02 选择“图层11”图层的第120帧，按F6键插入关键帧，将“库”面板中的“元件6”拖曳至舞台区适当位置，在第130帧插入关键帧，将舞台区的实例向上拖曳一段距离，在该图层的关键帧之间创建补间动画，如图440-2所示。

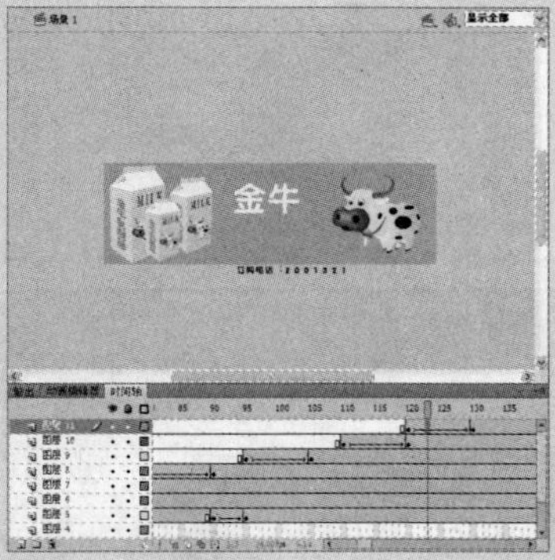

图440-2 在“图层11”图层上创建补间动画

03 按Ctrl＋Enter组合键测试动画，如图440-3所示。

图440-3 测试乳制品动画效果

第25章　综合案例实战：制作Flash组件动画

在运用Flash CS5制作动画的过程中，灵活多样的Flash组件动画是一种基本的表现手法，它不仅能凸显设计个性，还能美化动画界面，本章主要介绍Flash组件动画的制作方法。

25.1　生活类动画——个性日历

素材：素材\第25章\441-1.fla

视频：视频\第25章\第441集.swf至第443集.swf

难度：★★★★★

效果：效果\第25章\25.1　个性日历.fla

时长：155秒

关键技术：添加代码

第441集　创建组件

01 单击“文件”|“打开”命令，打开一个素材文件，如图441-1所示。

图441-1　素材文件

02 单击“窗口”|“组件”命令，弹出“组件”面板，如图441-2所示。

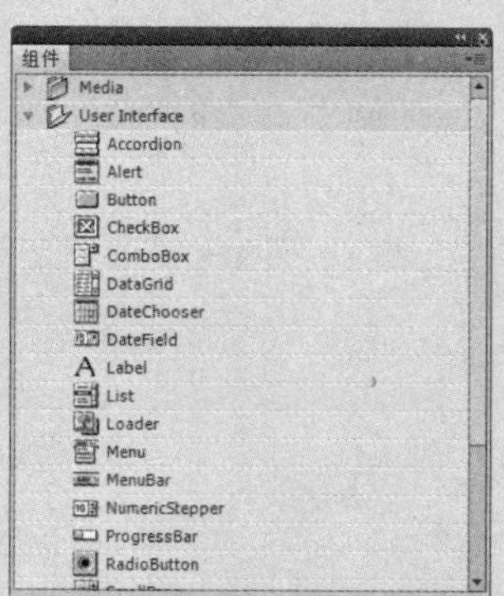

图441-2　“组件”面板

专家提醒

在Flash CS5中，利用组件可以制作很多交互性很强的动画。

03 在“时间轴”面板中选择“日历”图层的第1帧，在“组件”面板的User Interface文件夹中将DateChooser拖曳至舞台区适当位置，如图441-3所示。

图441-3　创建组件

04 在“属性”面板中设置实例名称为rili，如图441-4所示。

图441-4　设置实例名称

专家提醒

在Flash CS5中，只有在ActionScript 2.0的情况下，才会有DateChooser组件，ActionScript 3.0不支持DateChooser组件。DateChooser组件实例的属性允许访问选定的日期以及显示的月份和年份。在组件实例中可以设置日和月的名称，指明禁用的日期和可选的日期，如一个星期中的第一天，以及指明当前日期是否应加显示。

05 在“组件”面板的User Interface文件夹中将Label拖曳至舞台区适当位置，如图441-5所示。

图441-5　创建组件

06 在“属性”面板中设置实例名称为wenben，在“组件参数”选项区中设置text为“动态日期”，如图441-6所示。

图441-6　设置text参数

专家提醒

在“组件参数”选项区中，可以根据需要设置组件的参数。

第442集 绑定组件

01 确定Label组件为选择状态，在“属性”面板中单击“绑定和架构面板”按钮，如图442-1所示。

图442-1 单击“绑定和架构面板”按钮

02 弹出“组件检查器”面板，然后单击“添加绑定”按钮，如图442-2所示。

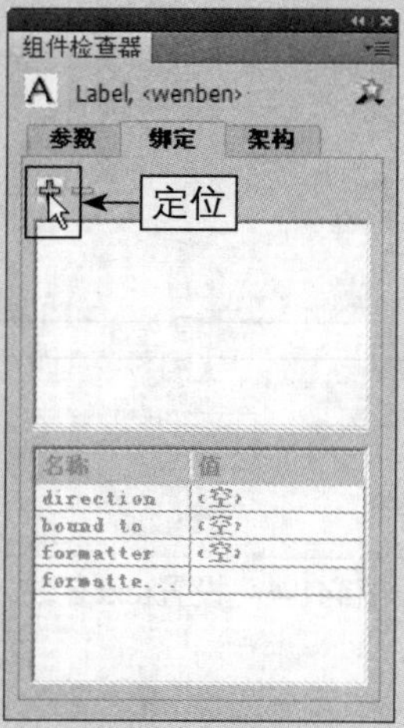

图442-2 单击“添加绑定”按钮

专家提醒

在Flash CS5中，“组件检查器”面板包括3个选项区，分别是“参数”、“绑定”和“架构”，读者可以随意地切换至不同的选项区中查看相应的内容，如果该选项区中没有特定的内容，那么该选项区中的内容为空。一般常用的是“绑定”选项区，读者可以为组件添加绑定数据。

03 弹出“添加绑定”对话框，如图442-3所示。

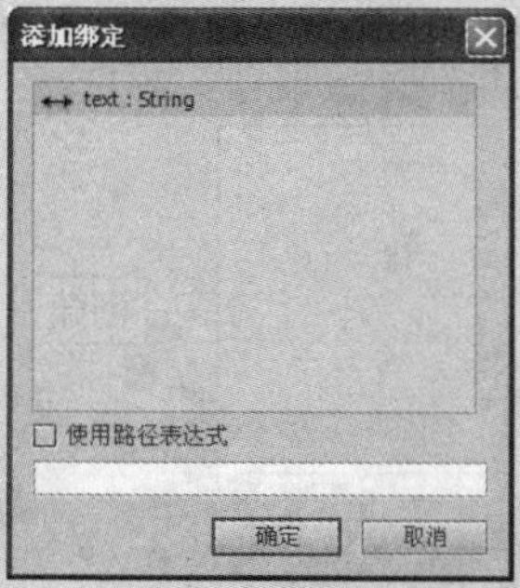

图442-3 “添加绑定”对话框

04 单击“确定”按钮，返回“组件检查器”面板，设置direction为in/out，单击bound to右侧的“查找”按钮，如图442-4所示。

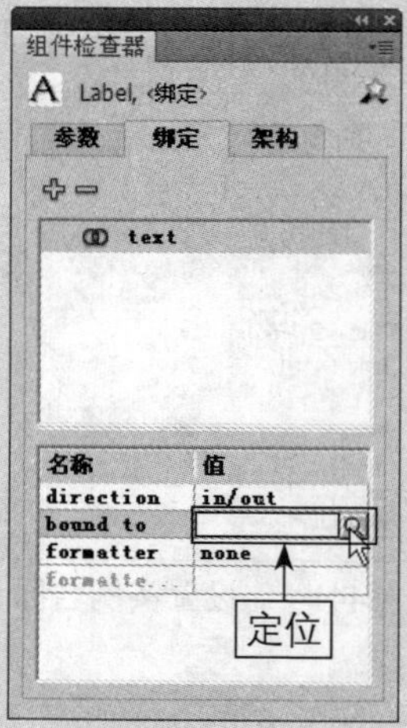

图442-4 单击“查找”按钮

专家提醒

在“组件检查器”面板的“绑定”选项区中，bound to是指绑定到的目标位置，设置完成后，可以将选择的组件绑定到一起，当其中一个发生改变时，另一个也同时发生改变。

05 弹出“绑定到”对话框，在该对话框中设置各选项参数，如图442-5所示。

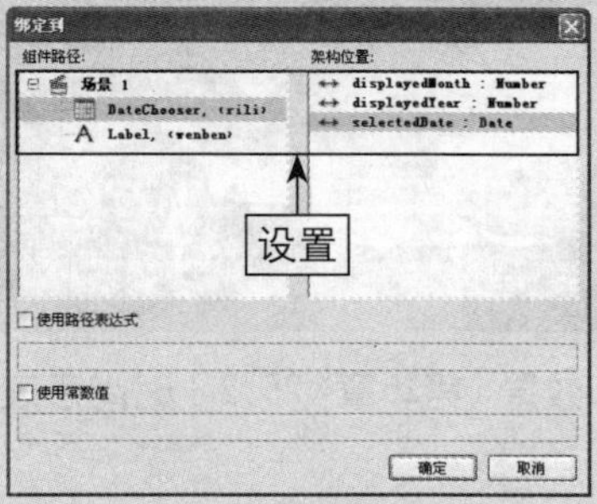

图442-5　“绑定到”对话框

06 单击“确定”按钮，返回“组件检查器”面板，如图442-6所示。

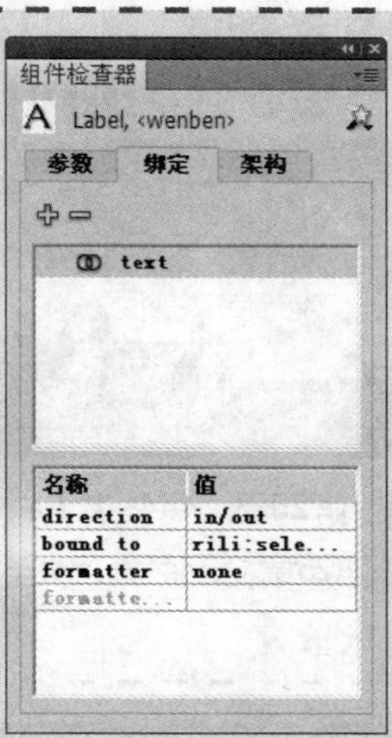

图442-6　“组件检查器”面板

第443集　制作闪烁星星动画

01 在“时间轴”面板中选择“星星”图层的第1帧，在“库”面板中将star影片剪辑元件拖曳至舞台区的适当位置，如图443-1所示。在“属性”面板中，设置实例名称为star。

图443-1　创建实例

02 在“时间轴”面板中选择Action图层的第1帧，按F9键弹出“动作-帧”面板，在该面板的脚本编辑窗口中添加代码（具体代码参见光盘\素材\第25章\443-2.txt），如图443-2所示。

图443-2　添加代码

专家提醒

在制作交换式动画时，为影片剪辑、按钮或帧添加代码是必不可少的。

03 按Ctrl＋Enter组合键测试动画，效果如图443-3所示。

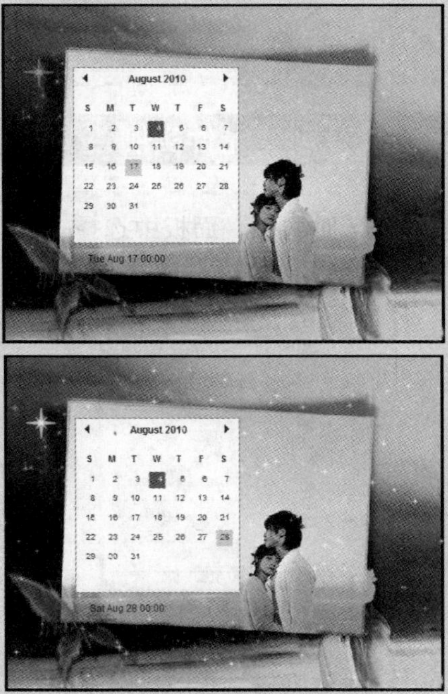

图443-3　测试个性日历动画效果

25.2　产品类动画——时尚手表

素材：素材\第25章\444-1.fla
视频：视频\第25章\第444集.swf至第446集.swf
难度：★★★★★

效果：效果\第25章\25.2　时尚手表.fla
时长：160秒
关键技术：添加代码

第444集　新建图层

01 单击“文件”|“打开”命令，打开一个素材文件。在“时间轴”面板中单击底部的“新建图层”按钮，新建“图层1”、“图层2”、“图层3”图层，如图444-1所示。

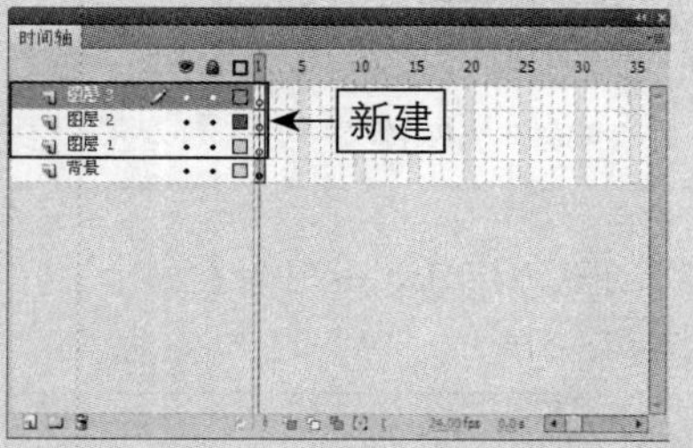

图444-1　新建图层

02 将“图层1”、“图层2”、“图层3”图层重命名为“时针”、“分针”、“秒针”，如图444-2所示。

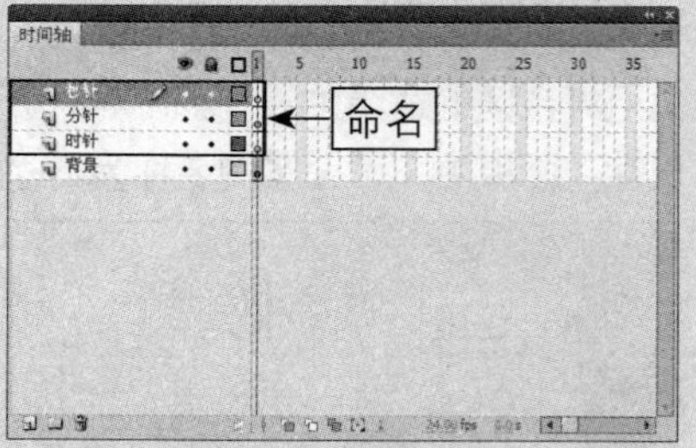

图444-2　为图层命名

第445集　创建元件实例

01 在“时间轴”面板中选择“时针”图层的第1帧，在“库”面板中选择“时针”影片剪辑元件，如图445-1所示。

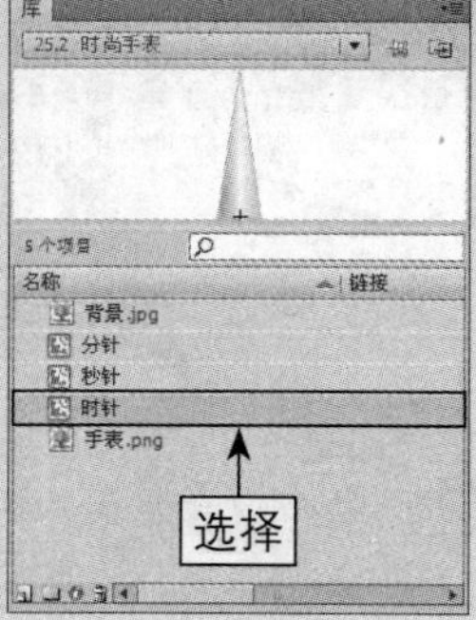

图445-1　选择元件

02 将元件拖曳至舞台区适当位置，即可创建影片剪辑实例，如图445-2所示。

图445-2　创建实例

03 在“时间轴”面板中选择“分针”图层的第1帧，在“库”面板中选择“分针”影片剪辑元件，然后拖曳元件至舞台区适当位置，创建影片剪辑元件实例，如图445-3所示。

图445-3　创建“分针”实例

04 在“时间轴”面板中选择“秒针”图层的第1帧，在“库”面板中选择“秒针”影片剪辑元件，然后拖曳元件至舞台区适当位置，创建影片剪辑元件实例，如图445-4所示。

图445-4　创建“秒针”实例

第446集　添加代码

01 在“时间轴”面板中隐藏“分针”、“秒针”图层，如图446-1所示。

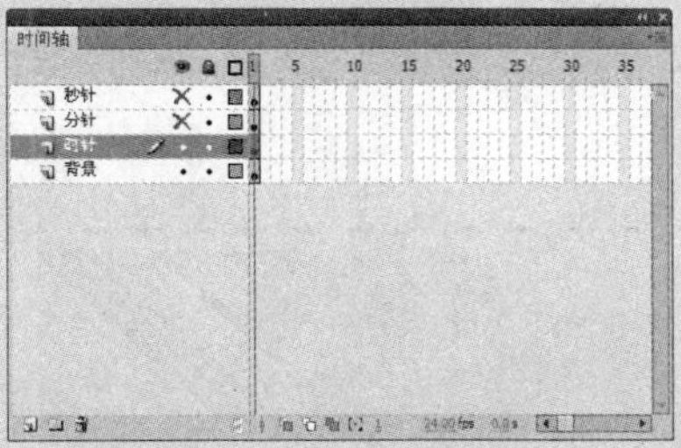

图446-1　隐藏图层

02 选择舞台区的“时针”元件实例，按F9键弹出“动作-影片剪辑”面板，在该面板的脚本编辑窗口中添加代码（具体代码参见光盘\素材\第25章\446-2.txt），如图446-2所示。

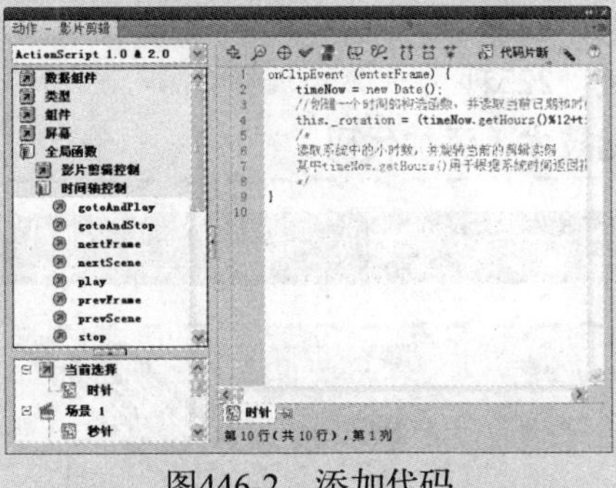
图446-2　添加代码

专家提醒

在“时间轴”面板中为了方便对单一图层上的元件进行编辑，可以将不需要编辑的图层隐藏起来，以提高工作效率。

03 在“时间轴”面板中隐藏“时针”图层，显示“分针”图层，如图446-3所示。

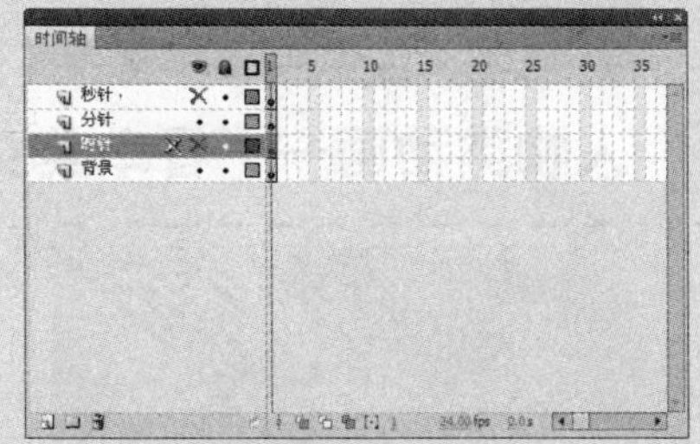

图446-3　隐藏图层

04 选择舞台区的“分针”元件实例，按F9键弹出“动作-影片剪辑”面板，在该面板的脚本编辑窗口中添加代码（具体代码参见光盘\素材\第25章\446-4.txt），如图446-4所示。

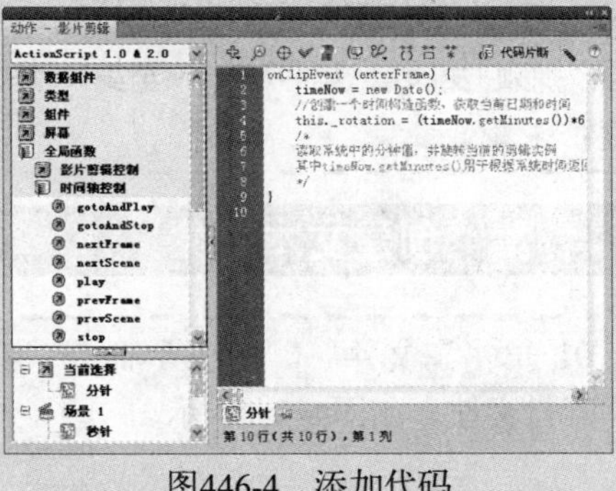
图446-4　添加代码

05 在“时间轴”面板中隐藏“分针”图层，显示“秒针”图层，如图446-5所示。

06 选择舞台区的“秒针”元件实例，按F9键弹出“动作-影片剪辑”面板，在该面板的脚本编辑窗口中添加代码（具体代码参见光盘\素材\第25章\446-6.txt），如图446-6所示。

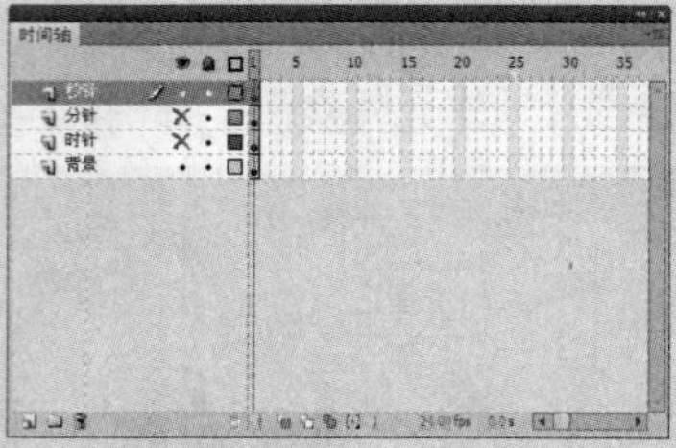

图446-5　隐藏图层

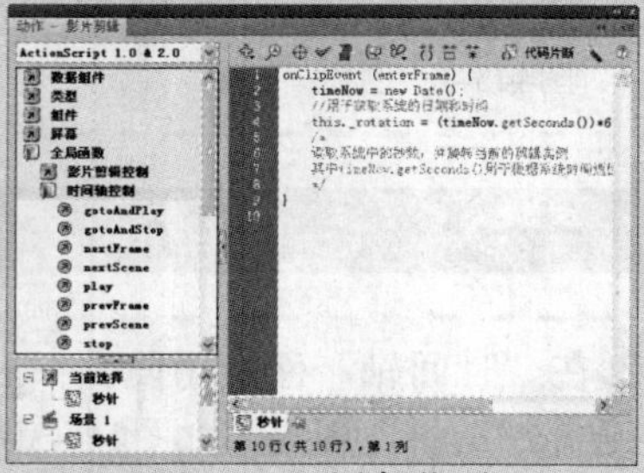

图446-6　添加代码

07 按Ctrl＋Enter组合键测试动画，效果如图446-7所示。

图446-7　测试时尚手表动画效果

25.3　人物类动画——香车美女

素材：素材\第25章\447-1.fla

视频：视频\第25章\第447集.swf至第450集.swf

难度：★★★★★

效果：效果\第25章\25.3　香车美女.fla

时长：225秒

关键技术：添加代码

第447集　创建文本对象

01 单击“文件”|“打开”命令，打开一个素材文件，如图447-1所示。

图447-1　素材文件

02 在“时间轴”面板中选择“文本”图层的第1帧，选取工具箱中的文本工具，在“属性”面板中设置“系列”为“黑体”、“大小”为25、“颜色”为红色，在舞台区适当位置创建文本框，并输入R:，如图447-2所示。

图447-2　创建R:文本

03 在舞台区适当位置创建一个文本框，并输入G:，选择工具箱中的选择工具，选择创建的文本对象，在“属性”面板中设置“颜色”为绿色，此时舞台区如图447-3所示。

04 在舞台区适当位置创建一个文本框，并输入B:，选择工具箱中的选择工具，选择创建的文本对象，在“属性”面板中设置“颜色”为蓝色，此时舞台区如图447-4所示。

图447-3　创建G:文本

图447-4　创建B:文本

专家提醒

在创建一个文本框后，再次创建文本框，创建的文本框属性会和上一个文本框一样。

第448集　创建元件实例

01 在“时间轴”面板中选择“红色”图层的第1帧，在“库”面板中选择“调节器”影片剪辑元件，将其拖曳至舞台区的适当位置，创建元件实例，如图448-1所示。

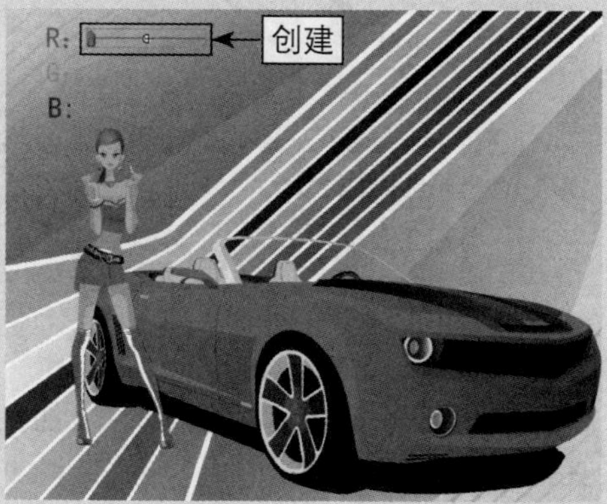

图448-1　创建“红色”实例

02 在“时间轴”面板中选择“绿色”图层的第1帧，在“库”面板中选择“调节器”影片剪辑元件，并将其拖曳至舞台区的适当位置，创建元件实例，如图448-2所示。

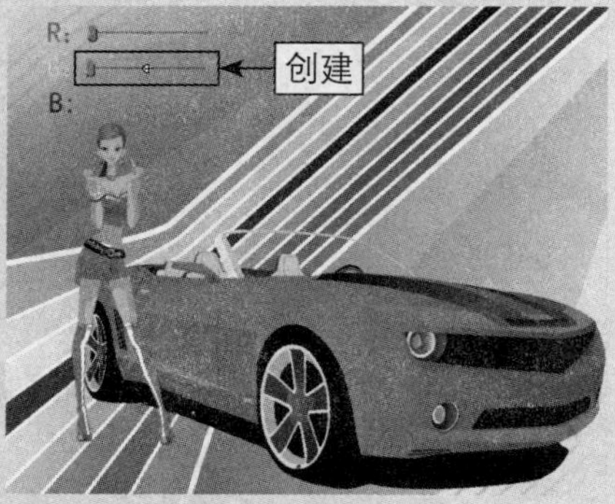

图448-2 创建“绿色”实例

03 同理，在“时间轴”面板中选择“蓝色”图层的第1帧，在“库”面板中选择“调节器”影片剪辑元件，并将其拖曳至舞台区的适当位置，创建元件实例，如图448-3所示。

04 选择舞台区的“衣服”元件实例，在“属性”面板中设置实例名称为swatch，如图448-4所示。

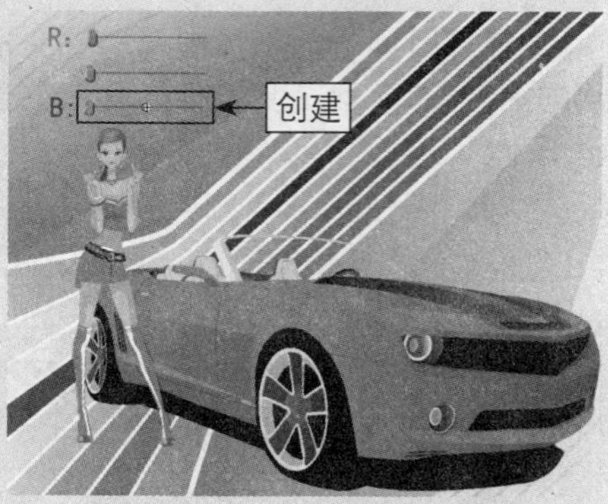

图448-3 创建“蓝色”实例

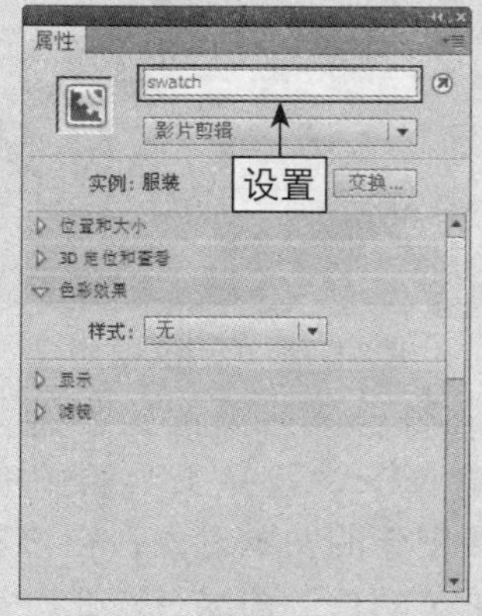

图448-4 设置实例名称

第449集 为影片剪辑实例添加代码

01 运用选择工具选择“红色”图层所对应的影片剪辑实例，如图449-1所示。

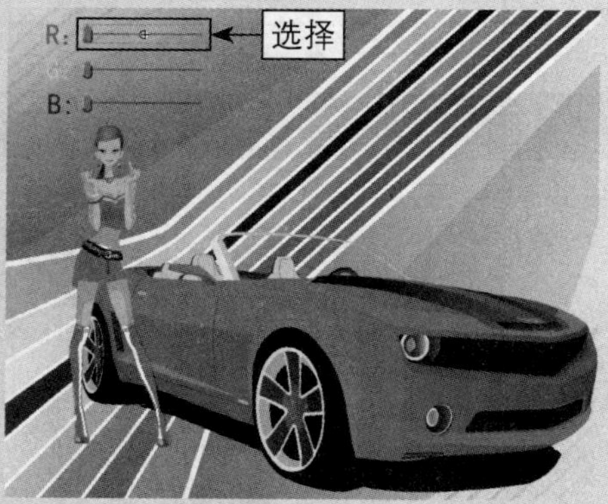

图449-1 选择实例

02 按F9键弹出“动作-影片剪辑”面板，在该面板的脚本编辑窗口中添加代码（具体代码参见光盘\素材\第25章\449-2.txt），如图449-2所示。

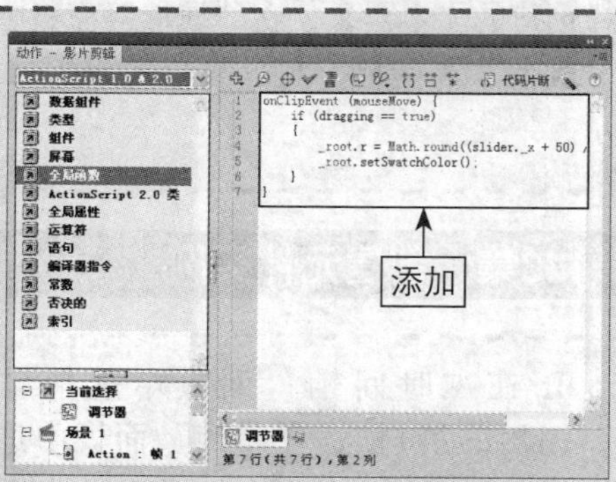

图449-2 为R:实例添加代码

03 运用选择工具选择文本G:对应的影片剪辑实例，按F9键弹出“动作-影片剪辑”面板，在该面板的脚本编辑窗口中添加代码（具体代码参见光盘\素材\第25章\449-3.txt），如图449-3所示。

04 运用选择工具选择文本B:对应的影片剪辑实例，按F9键弹出“动作-影片剪辑”面板，在该面板的脚本编辑窗口中添加代码（具体代码参见光盘\素材\第25章\449-4.txt），如图449-4所示。

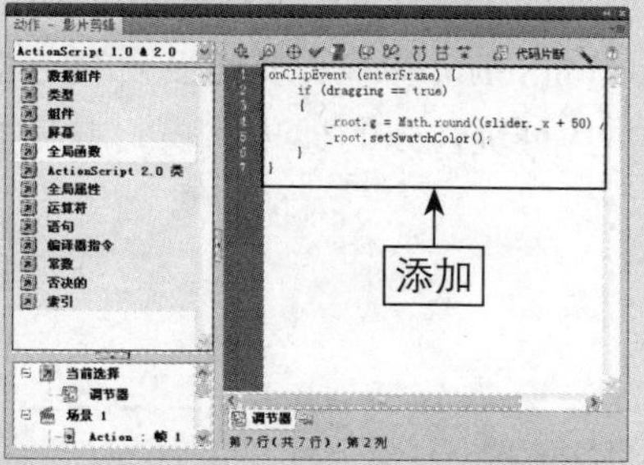

图449-3　为G:实例添加代码

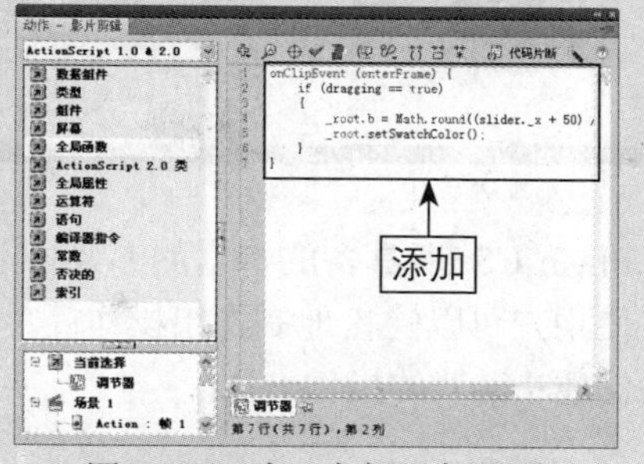

图449-4　为B:实例添加代码

专家提醒

在代码中出现的变量，将在后面的制作中进行定义。

第450集　为帧添加代码

01 在“时间轴”面板中选择Action图层的第1帧，如图450-1所示。

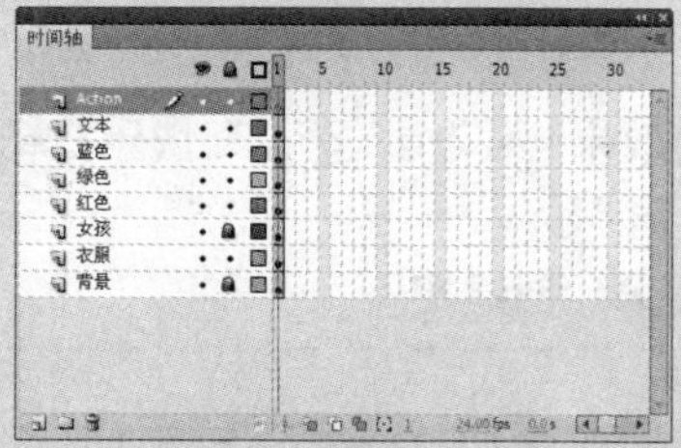

图450-1　选择第1帧

02 按F9键弹出“动作-帧”面板，在该面板的脚本编辑窗口中添加代码（具体代码参见光盘\素材\第25章\450-2.txt），如图450-2所示。

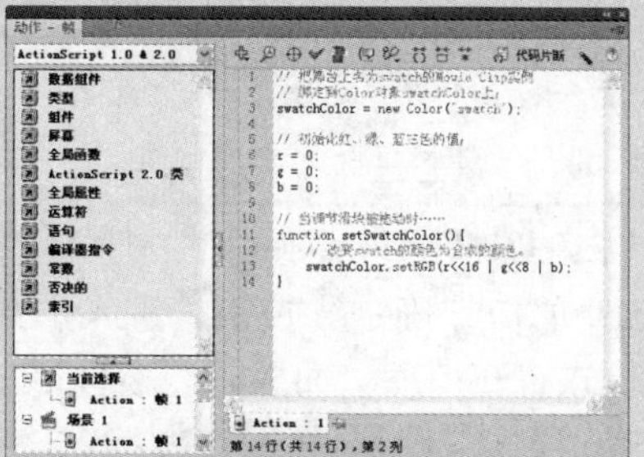

图450-2　添加代码

专家提醒

在动画制作的过程中，读者一定要理清动画制作流程，只有这样才能在制作时做到有条不紊。

03 按Ctrl＋Enter组合键测试动画，效果如图450-3所示。

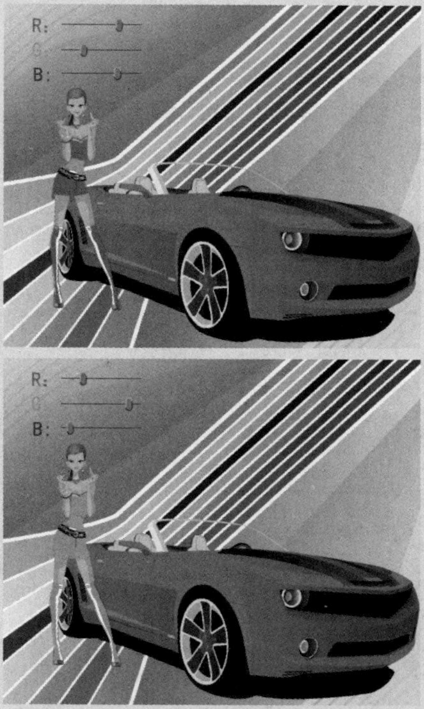

图450-3　测试香车美女动画效果

第26章 综合案例实战：制作趣味游戏

Flash CS5所具备的丰富的多媒体功能和利用ActionScript脚本实现的强大的交互性功能，使用户可以轻松地制作出操作简单、画面精美并且可玩性强的趣味游戏。本章主要介绍制作趣味游戏的操作方法。

26.1 运动类游戏——快乐打靶

素材：素材\第26章\451-1.fla
效果：效果\第26章\26.1 快乐打靶.fla
视频：视频\第26章\第451集.swf至第453集.swf
时长：368秒
难度：★★★★★
关键技术：创建实例

第451集 制作移动靶

01 单击“文件”|“打开”命令，打开一个素材文件，如图451-1所示。

图451-1 素材文件

02 单击“插入”|“新建元件”命令，新建一个“名称”为“靶”的影片剪辑元件，如图451-2所示。

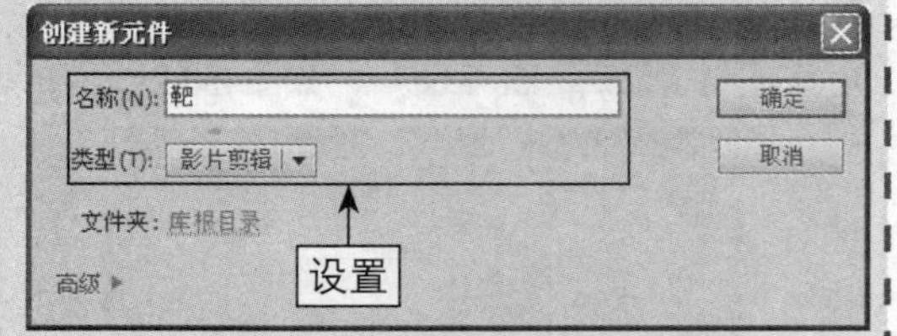

图451-2 “创建新元件”对话框

03 单击“确定”按钮，进入影片剪辑编辑模式，在“库”面板的“素材”文件夹中选择“2分”图形元件，并将其拖曳至编辑区适当位置，创建元件实例，如图451-3所示。

04 在“库”面板的“素材”文件夹中选择“4分”图形元件，并将其拖曳至编辑区适当位置，创建元件实例，如图451-4所示。

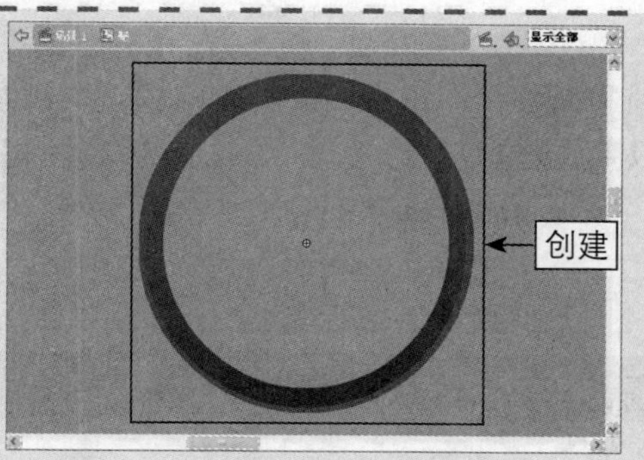

图451-3 创建“2分”实例

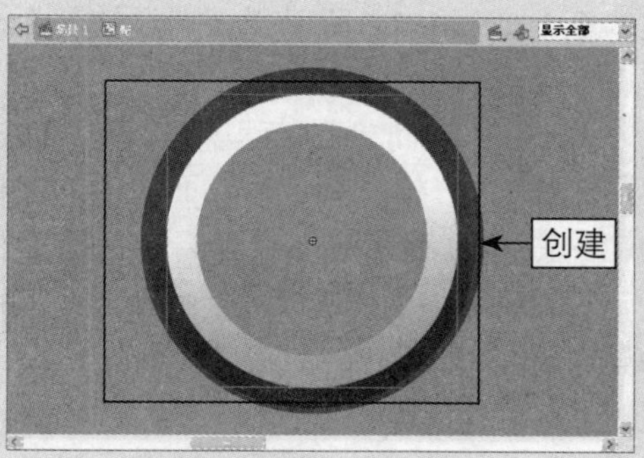

图451-4 创建“4分”实例

专家提醒

移动靶由图形元件组成，图形元件实际上是单独的按钮，并在图形元件上添加了相关的触发代码。

05 在“库”面板的“素材”文件夹中选择“6分”图形元件，并将其拖曳至编辑区适当位置，创建元件实例，如图451-5所示。

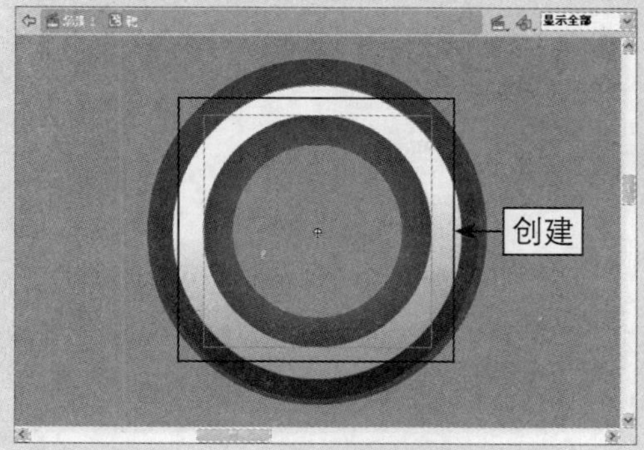

图451-5 创建“6分”实例

06 同理，在“库”面板的“素材”文件夹中，分别将“7分”、“8分”、“9分”、“10分”图形元件拖曳至编辑区适当位置，创建元件实例，如图451-6所示。

图451-6 创建其他实例

07 单击“插入”|“新建元件”命令，创建一个名为“移动靶”的影片剪辑元件，单击“确定”按钮，进入影片剪辑编辑模式。在“库”面板中将“靶”影片剪辑元件拖曳至编辑区适当位置，创建元件实例，如图451-7所示。

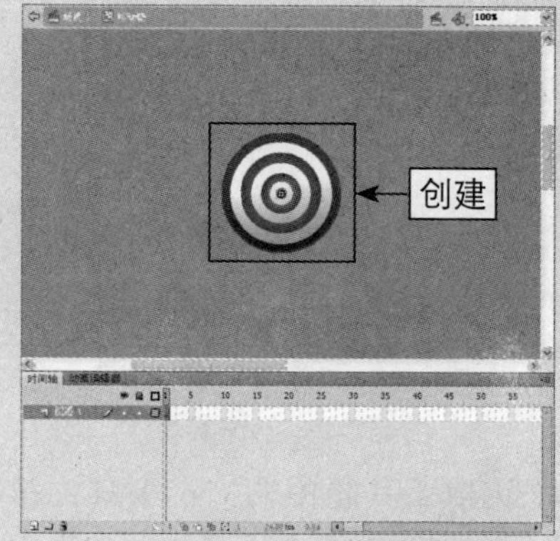

图451-7 创建实例

08 在“时间轴”面板中选择第80帧，按F6键插入关键帧，运用选择工具将创建的实例向右拖曳一段距离，并在该图层的第1帧至第80帧中的任意一帧上创建传统补间动画，如图451-8所示。

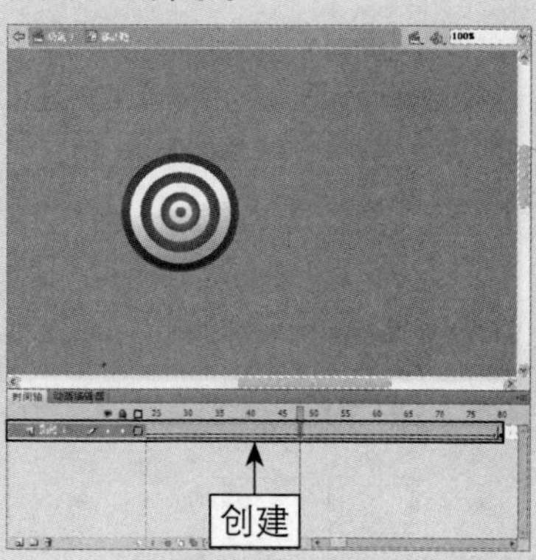

图451-8 创建补间动画

专家提醒

影片剪辑本身是一段动画，可用于创建反复使用的动画片段，将影片剪辑拖曳至舞台中可以独立播放。

09 选择第80帧，按F9键弹出“动作-帧”面板，在该面板的脚本编辑窗口添加以下代码：

```
_root.gotoAndStop(2);
```

第452集　创建舞台区实例

01 单击“场景1”超链接，返回场景编辑窗口。在“时间轴”面板中选择“文本”图层的第1帧，在“库”面板中的“素材”文件夹中将“文字”图形元件拖曳至舞台区适当位置，创建实例，如图452-1所示。

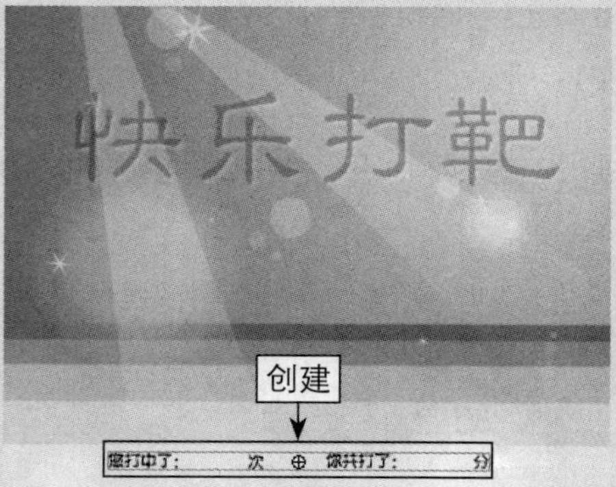

图452-1　创建实例

02 选取工具箱中的文本工具，在舞台区创建一个文本框，在“属性”面板中设置“文本类型”为“动态文本”、实例名称为a1、“系列”为“黑体”、“大小”为25、“颜色”为黑色、“消除锯齿”为“使用设备字体”，单击“在文本周围显示边框”按钮，此时舞台区效果如图452-2所示。

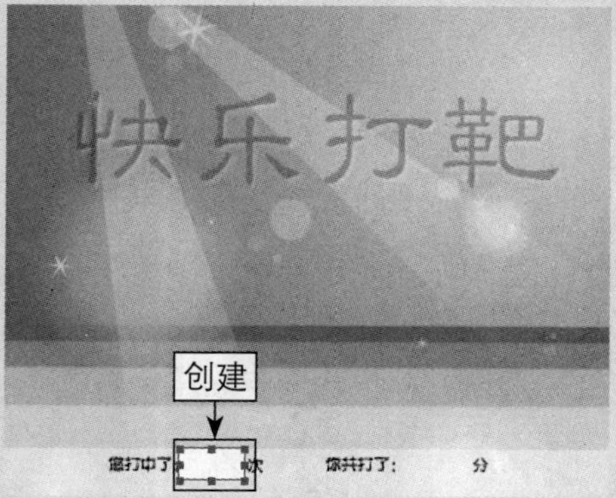

图452-2　创建文本框

03 同理，在舞台区适当位置创建另一文本框，如图452-3所示。在“属性”面板中设置实例名称为b1。

04 在“时间轴”面板中选择“移动靶”图层的第1帧，将“库”面板中的“移动靶”影片剪辑元件拖曳至舞台区适当位置，创建实例，如图452-4所示。选择“移动靶”图层的第2帧，按F7键插入空白关键帧。

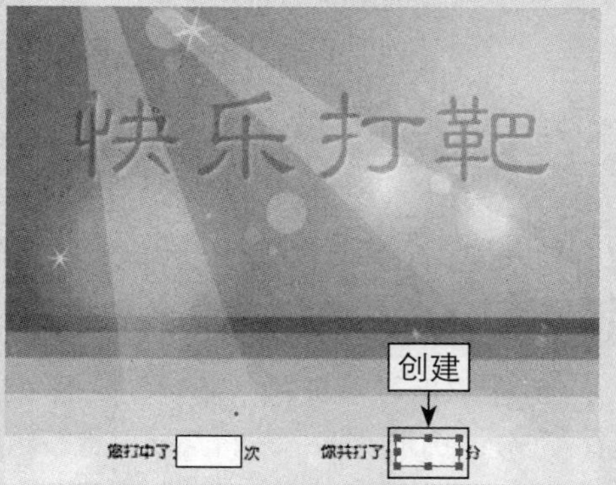

图452-3　创建另一个文本框

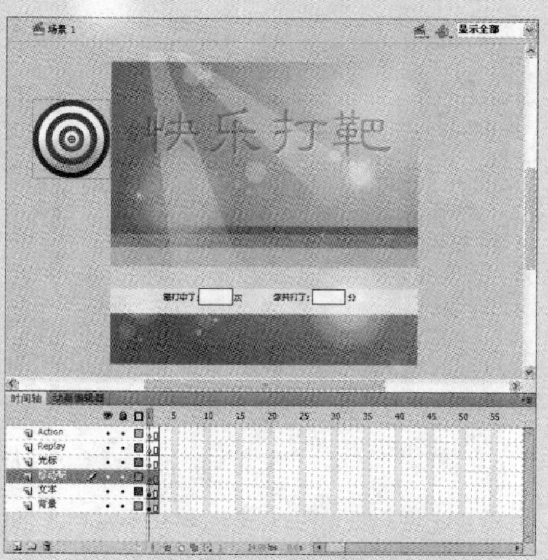

图452-4　创建“移动靶”实例

专家提醒

如果不在“移动靶”图层的第2帧插入空白关键帧，那么舞台区的“移动靶”实例在测试动画时会反复出现。

05 在“时间轴”面板中选择“光标”图层的第1帧，将“库”面板的“素材”文件夹中的“光标”影片剪辑元件拖曳至舞台区适当位置，创建实例，如图452-5所示。在“属性”面板中设置实例名称为mc。

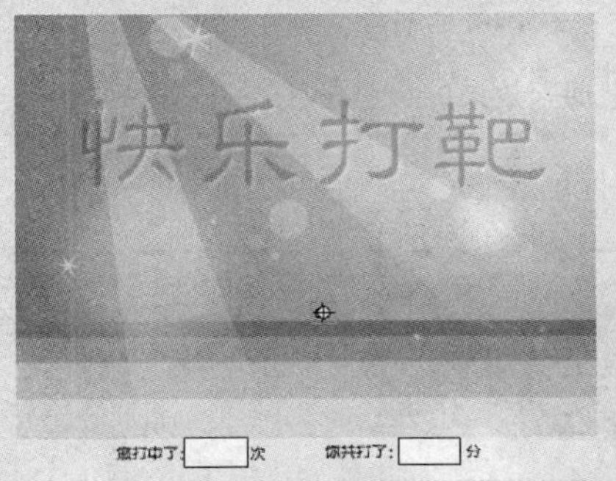

图452-5　创建“光标”实例

06 在“时间轴”面板中选择Replay图层的第2帧，按F6键插入关键帧，将“库”面板的“素材”文件夹中的anniu按钮元件拖曳至舞台区适当位置，创建实例，如图452-6所示。

图452-6　创建anniu实例

第453集　添加代码

01 按F9键在弹出的“动作-按钮”面板中添加代码，在“时间轴”面板中选择Action图层的第1帧，按F9键弹出“动作-帧”面板，在该面板的脚本编辑窗口中添加代码（具体代码参见光盘\素材\第26章\453-1.txt），如图453-1所示。

图453-1　为第1帧添加代码

02 在“时间轴”面板中选择Action图层的第2帧，按F6键插入关键帧，按F9键弹出“动作-帧”面板，在该面板的脚本编辑窗口中添加代码（具体代码参见光盘\素材\第26章\453-2.txt），如图453-2所示。

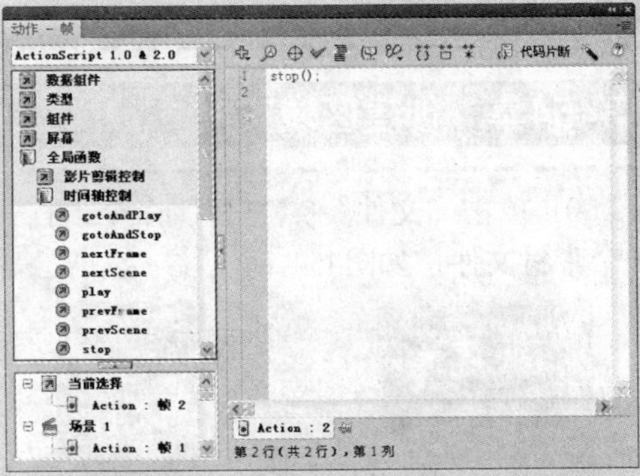

图453-2　为第2帧添加代码

专家提醒

453-1.txt中的代码定义了变量的初值，以及鼠标动画的属性；第2帧将完成打靶操作，读者需要通过单击按钮选择是否继续游戏，所以453-2.txt中的代码意为停止动画播放。

03 按Ctrl+Enter组合键测试动画，效果如图453-3所示。

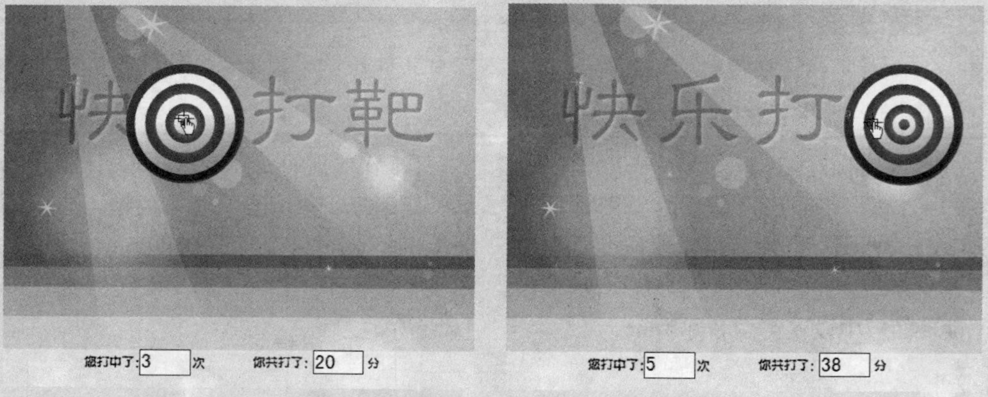

图453-3　测试快乐打靶动画效果

26.2　智力类游戏——巧妙拼图

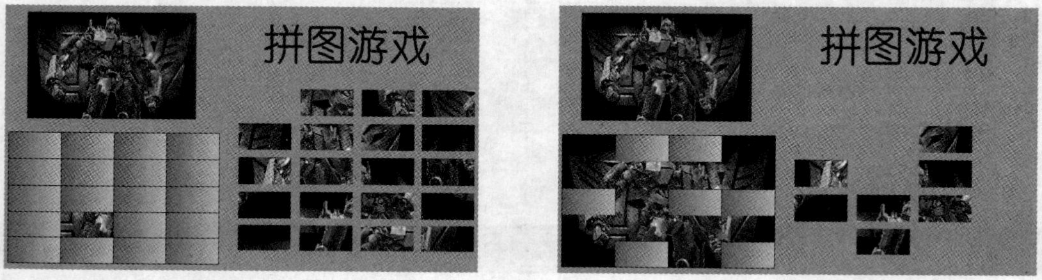

素材：素材\第26章\454-1.fla
视频：视频\第26章\第454集.swf至第456集.swf
难度：★★★★★
效果：效果\第26章\26.2　巧妙拼图.fla
时长：240秒
关键技术：添加代码

第454集　创建区域实例

01 单击“文件”|“打开”命令，打开一个素材文件，如图454-1所示。

图454-1　素材文件

02 在“库”面板中，将button影片剪辑元件拖曳至舞台区适当位置，创建元件实例，如图454-2所示。

图454-2　创建元件实例

专家提醒

区域实例是指将零散的图像拖曳至的指定区域，是存放影片剪辑实例的目标位置。

03 在“属性”面板中设置实例名称为b1，如图454-3所示。

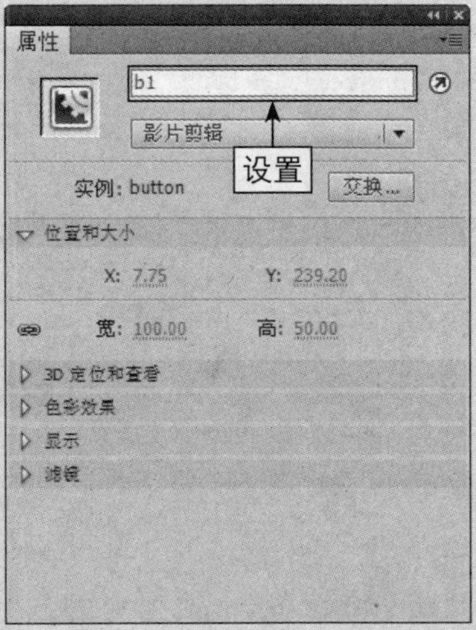

图454-3　设置实例名称

04 在“库”面板中将button影片剪辑元件拖曳至舞台区适当位置，创建元件实例，如图454-4所示。

图454-4　创建实例

专家提醒

创建元件实例还可以选择创建的实例对象，按住Alt键的同时拖曳鼠标，复制实例。

05 在“属性”面板中设置实例名称为b2，如图454-5所示。

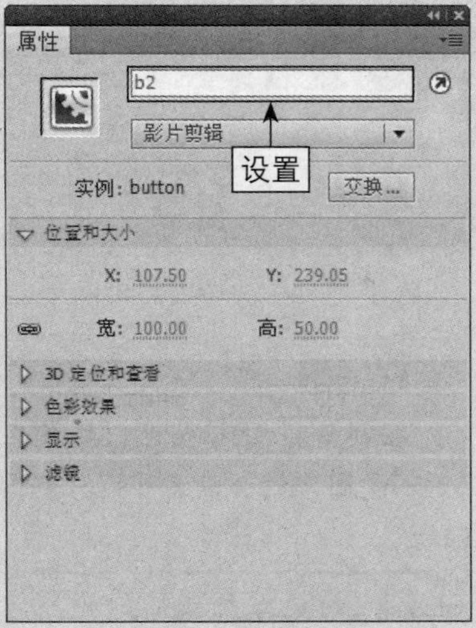

图454-5　设置实例名称

06 同理，创建其他button区域实例，如图454-6所示，并依次设置它们的实例名称。

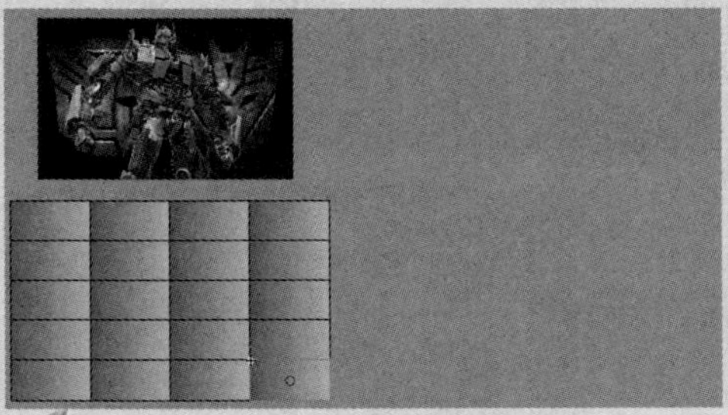

图454-6　创建实例

专家提醒

在舞台区，最终会有20个区域实例，除了步骤中创建的2个实例对象，读者需要依次创建另外18个实例对象，并且要将其正确命名，即b3、b4、b5、…、b20。

第455集　创建拖曳实例

01 在“库”面板中选择t1影片剪辑元件，并拖曳至舞台区适当位置，创建元件实例，如图455-1所示。

02 在“库”面板中选择t2影片剪辑元件，并拖曳至舞台区适当位置，创建元件实例，如图455-2所示。

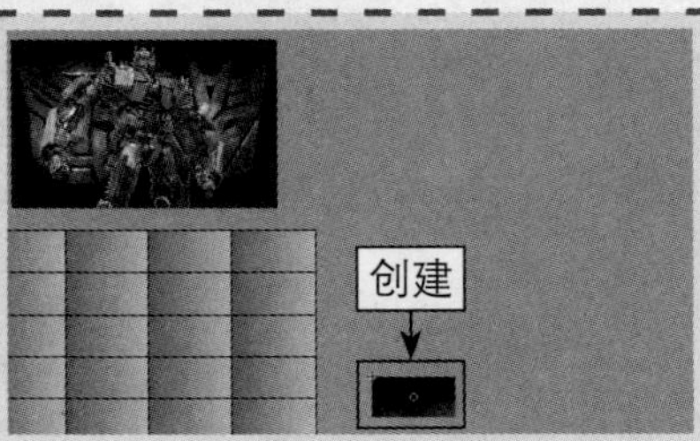

图455-1　创建t1元件

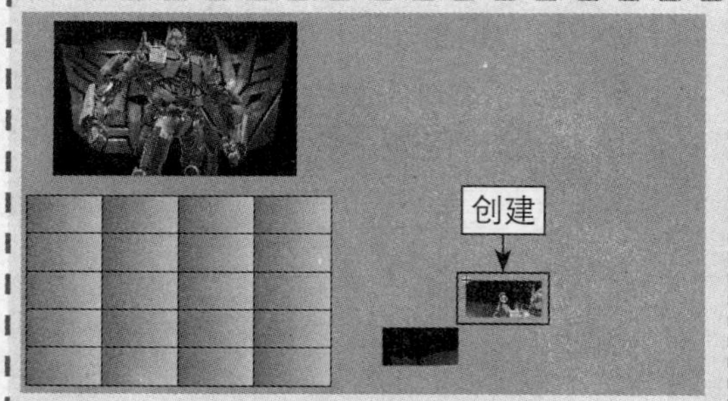

图455-2　创建t2实例

专家提醒

在制作拼图游戏时，拖曳实例的位置不是固定的，读者可以根据需要随意摆放。

03 在“库”面板中选择t3影片剪辑元件，并拖曳至舞台区适当位置，创建元件实例，如图455-3所示。

图455-3　创建t3实例

04 在“库”面板中选择t4影片剪辑元件，并拖曳至舞台区适当位置，创建元件实例，如图455-4所示。

05 在“库”面板中选择t5影片剪辑元件，并拖曳至舞台区适当位置，创建元件实例，如图455-5所示。

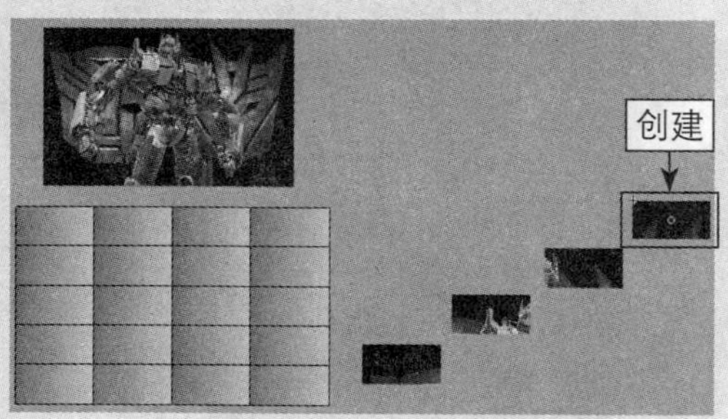

图455-4　创建t4实例

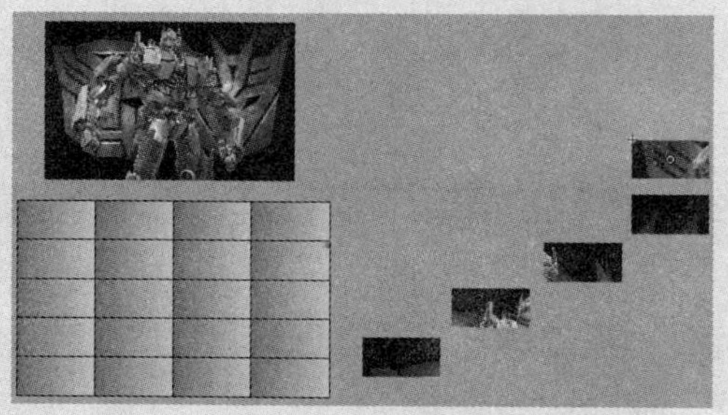

图455-5　创建t5实例

06 同理，创建其他button区域实例，如图455-6所示。

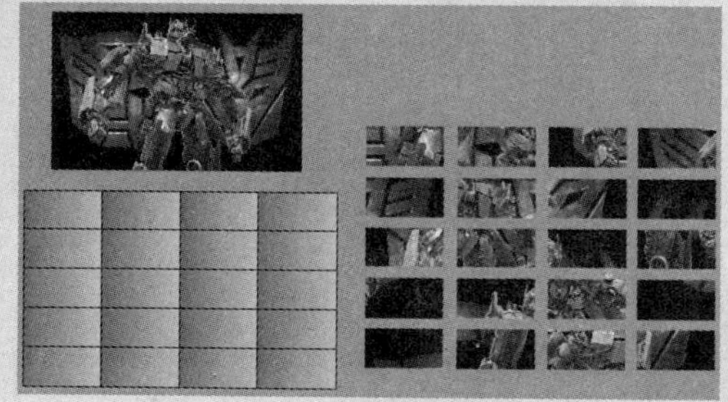

图455-6　创建其他实例

第456集　为实例添加代码

01 选取工具箱中的选择工具，选择舞台区拖曳实例的第1个实例对象，如图456-1所示。

02 在“属性”面板中查看“实例”为t14，如图456-2所示。

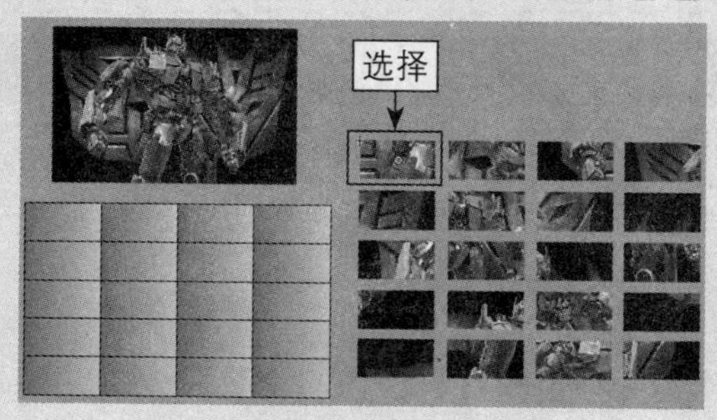

图456-1　选择实例

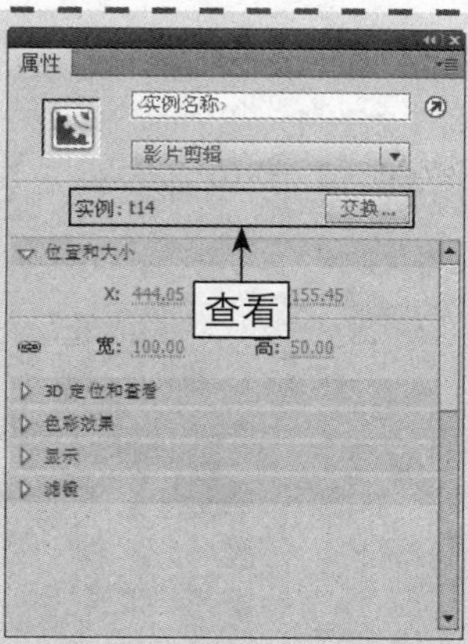

图456-2　查看“实例”参数

专家提醒

在制作拼图动画的过程中，查看“实例”的参数是方便在动作面板中添加代码时确定拖曳实例的目标位置，t14对应的目标位置是b14。

03 按F9键弹出“动作-影片剪辑”面板，在该面板的脚本编辑窗口中添加代码（具体代码参见光盘\素材\第26章\456-3.txt），如图456-3所示。

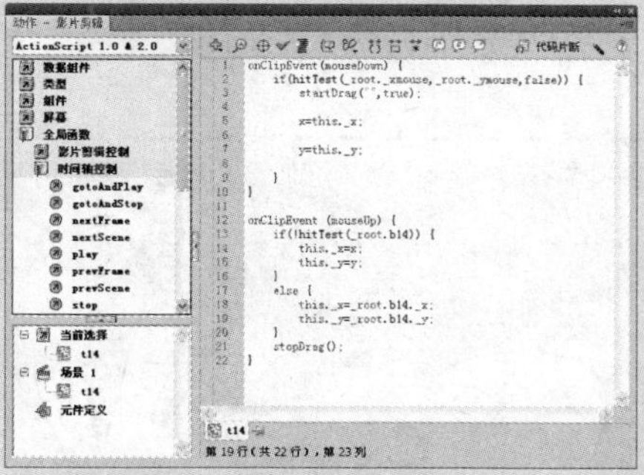

图456-3　添加代码

04 选取工具箱中的选择工具，选择舞台区拖曳实例的第2个实例对象，如图456-4所示。

图456-4　选择实例

05 在“属性”面板中查看“实例”为t10，按F9键弹出“动作-影片剪辑”面板，在该面板的脚本编辑窗口中添加代码（具体代码参见光盘\素材\第26章\456-5.txt），如图456-5所示。

图456-5　添加代码

06 同理，选择舞台区拖曳实例的第3个实例对象，在“属性”面板中查看“实例”后，为其添加脚本（具体代码参见光盘\素材\第26章\456-6.txt），如图456-6所示。

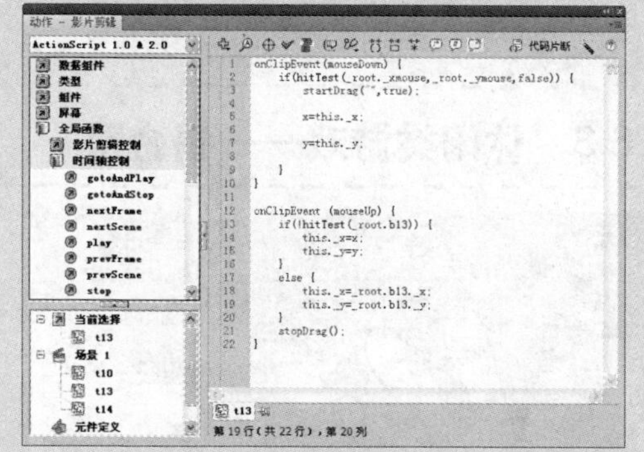

图456-6　为其他对象添加代码

07 同理，为其他实例添加代码。

08 在“库”面板中选择“标题”图形元件，如图456-7所示。

专家提醒

在为其他实例添加代码时，需要改变的只是释放鼠标时拖曳实例的位置，即对应区域实例的名称bn，若拖曳实例是t1，则在添加代码时，指定的变量就为b1。

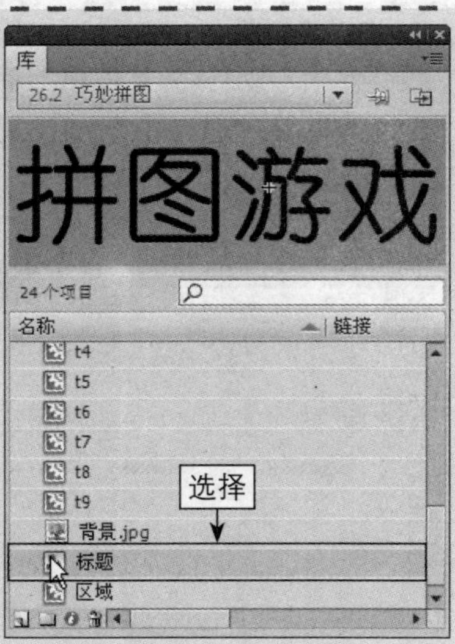

图456-7　选择元件

09 将元件拖曳至舞台区适当位置，创建元件实例，如图456-8所示。

10 按Ctrl＋Enter组合键测试动画，效果如图456-9所示。

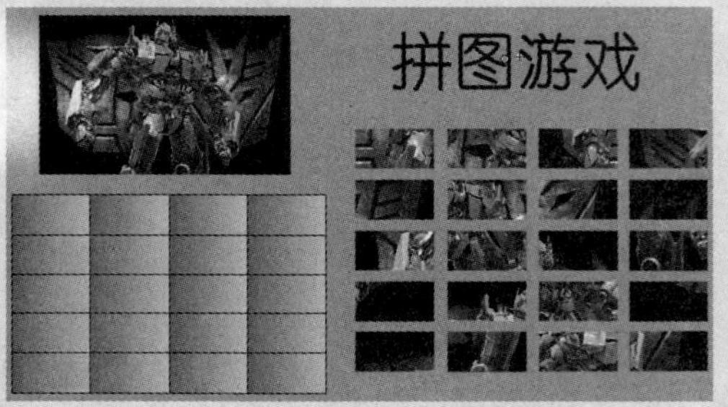

图456-8　创建实例

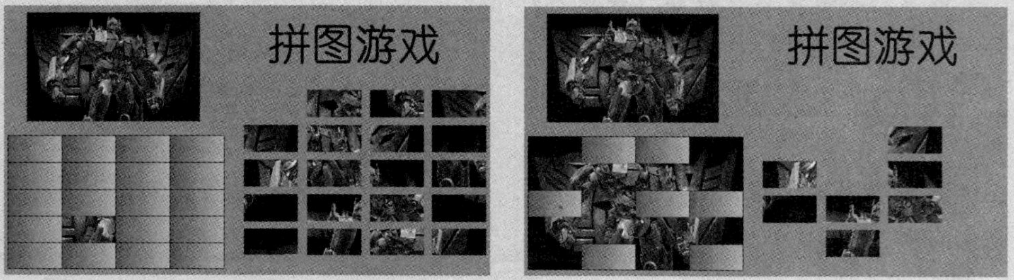

图456-9　测试巧妙拼图动画效果

26.3　休闲类游戏——猜金币

素材：素材\第26章\457-1.fla

视频：视频\第26章\第457集.swf至第460集.swf

难度：★★★★★

效果：效果\第26章\26.3 猜金币.fla

时长：237秒

关键技术："按钮"元件

第457集　创建背景文字实例

01 单击"文件"|"打开"命令，打开一个素材文件，如图457-1所示。

02 在"时间轴"面板中，选择"文字"图层的第1帧，在"库"面板中选择"文字"影片剪辑元件，并拖曳至舞台区适当位置，创建元件实例，如图457-2所示。

图457-1　素材文件

图457-2　创建实例

专家提醒

创建背景文字实例可以放在最后制作。

第458集　制作按钮元件

01 单击“插入”|“新建元件”命令，新建一个名为“随机产生”的按钮元件，如图458-1所示。

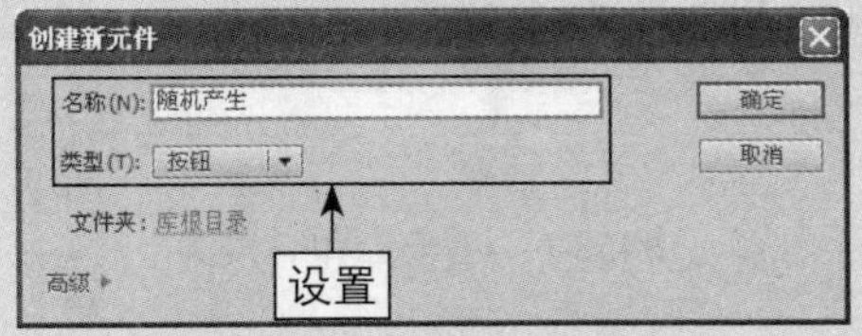

图458-1　“创建新元件”对话框

02 单击“确定”按钮，进入按钮元件编辑模式，在“库”面板中选择a1图形元件，如图458-2所示。

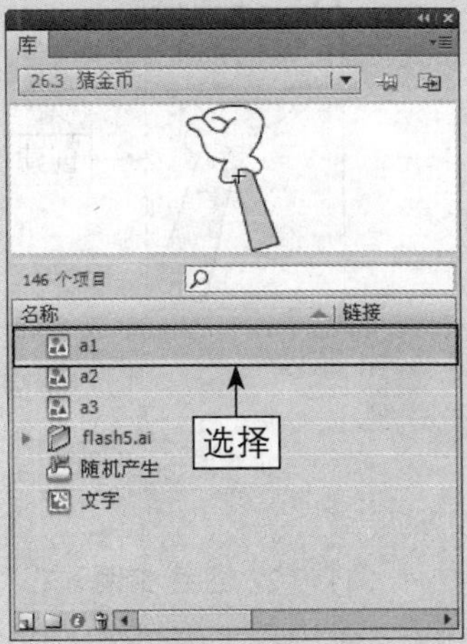

图458-2　选择元件

03 将元件拖曳至编辑区适当位置，创建元件实例，如图458-3所示。

04 在“时间轴”面板中选择“按下”帧，按F7键入空白关键帧，在“库”面板中将a2图形元件拖曳至编辑区适当位置，如图458-4所示。

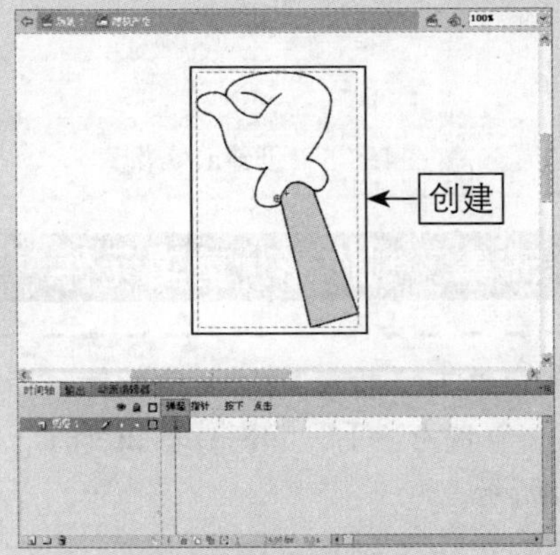

图458-3　创建实例

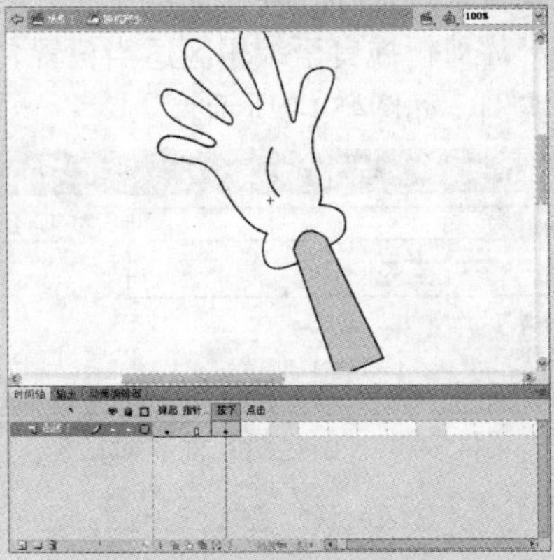

图458-4　创建另一实例

专家提醒

在拖曳实例时，可以通过单击“窗口”|“对齐”命令，在弹出的“对齐”面板中设置实例的对齐方式。

05 单击“插入”|“新建元件”命令，新建一个名为“随机产生金币”的按钮元件，单击“确定”按钮，进入按钮元件编辑模式，将“库”面板中的a1图形元件拖曳至编辑区适当位置，如图458-5所示。

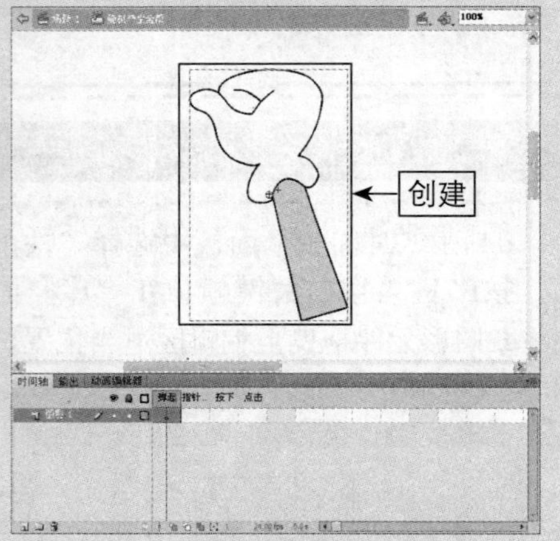

图458-5　创建a1实例

06 在“时间轴”面板中选择“按下”帧，按F7键插入空白关键帧，在“库”面板中将a2、a3图形元件拖曳至编辑区适当位置，如图458-6所示。

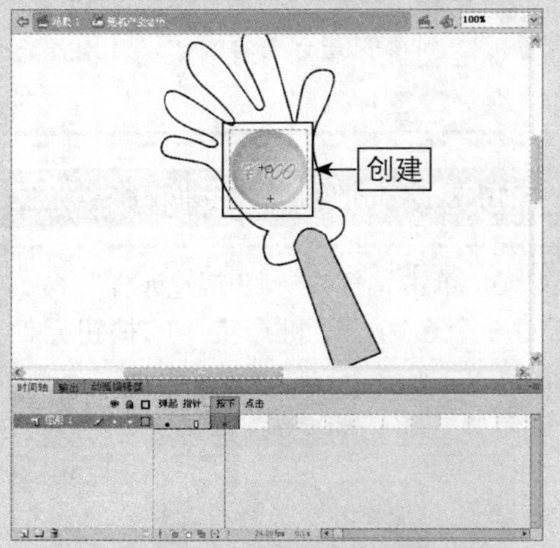

图458-6　创建a2和a3实例

第459集　制作影片剪辑元件

01 单击“插入”|“新建元件”命令，新建一个名为“手”的影片剪辑元件，如图459-1所示。

02 单击“确定”按钮，进入影片剪辑元件编辑模式，在“库”面板中将“随机产生”影片剪辑拖曳至编辑区适当位置，创建元件实例，如图459-2所示。

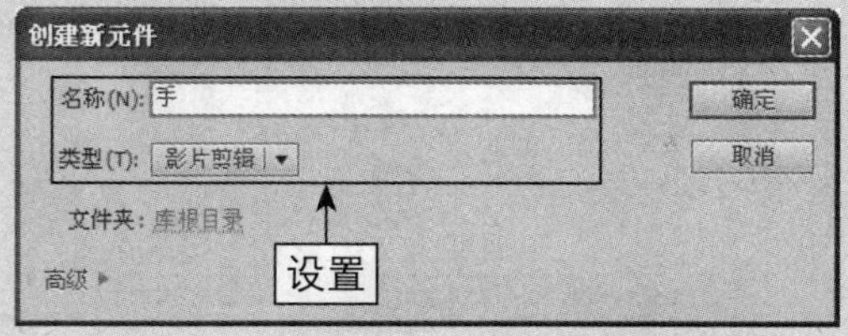

图459-1　“创建新元件”对话框

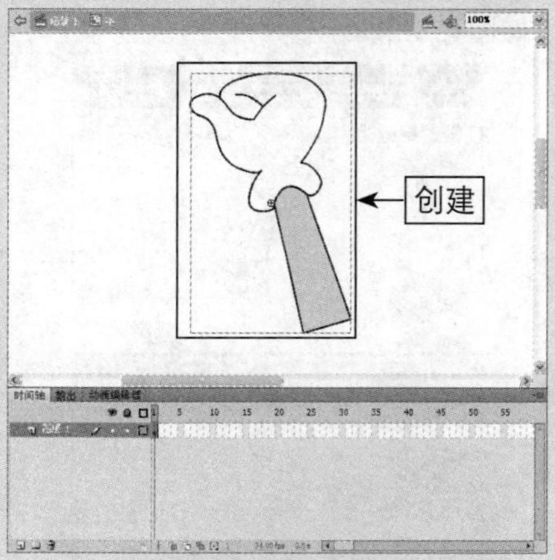

图459-2　创建实例

03 在“时间轴”面板中选择“图层1”图层的第15帧，按F7键插入空白关键帧，将

“库”面板中的“随机产生金币”按钮元件拖曳至编辑区的适当位置，如图459-3所示。

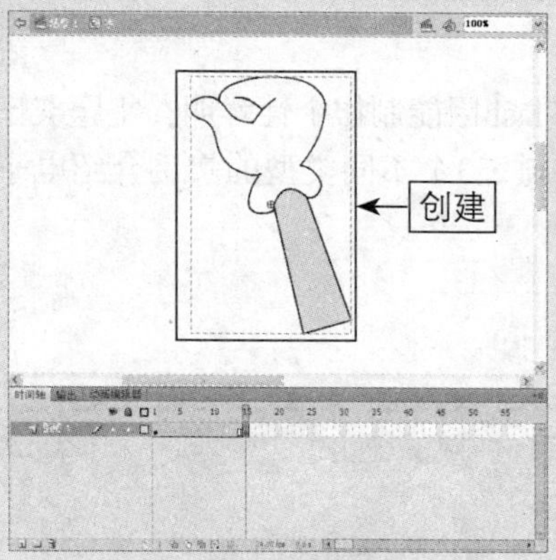

图459-3 创建实例

04 在“时间轴”面板中选择“图层1”图层的第30帧，按F5键插入帧，如图459-4所示。

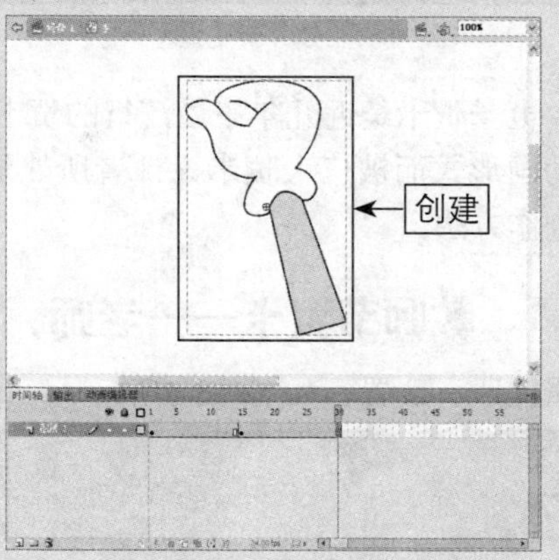

图459-4 创建实例

第460集 创建猜金币实例

01 单击“场景1”超链接，在“时间轴”面板中选择“手”图层的第1帧，在“库”面板中将“手”影片剪辑元件拖曳至舞台区适当位置，如图460-1所示。

图460-1 创建“手”实例

02 按住Alt键的同时拖曳鼠标，复制一个实例，单击“修改”|“变形”|“水平翻转”命令，水平翻转复制的实例，适当调整其位置，如图460-2所示。

图460-2 复制并翻转实例

03 按Ctrl＋Enter组合键测试动画，效果如图460-3所示。

图460-3 测试猜金币动画效果

第27章 综合案例实战：制作电子贺卡

电子贺卡是近几年来最流行的贺卡表现形式，Flash因能制作个性鲜明、主题突出的多种动画形式而被广大贺卡设计者所热爱。本章主要通过3个不同类型的实例介绍电子贺卡的制作方法。

27.1 教师节贺卡——老师，您辛苦了

素材：素材\第27章\461-1.fla

视频：视频\第27章\第461集.swf至第463集.swf

难度：★★★★★

效果：效果\第27章\27.1　您辛苦了.fla

时长：241秒

关键技术：补间动画

第461集　制作遮罩动画

01 单击“文件”|“打开”命令，打开一个素材文件，如图461-1所示。

图461-1　素材文件

02 在“时间轴”面板中选择“图层1”图层的第150帧，按F5键插入帧，如图461-2所示。

03 在“时间轴”面板中新建“图层2”图层，如图461-3所示。

图461-2　插入帧

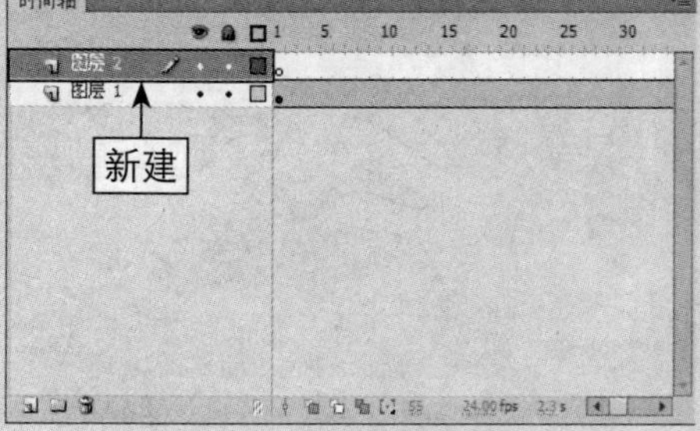

图461-3　新建图层

04 在“库”面板中将“元件4”影片剪辑元件拖曳至舞台区的适当位置，创建元件实例，如图461-4所示。

图461-4 创建实例

05 在“时间轴”面板中新建“图层3”图层，选取工具箱中的椭圆工具，在舞台区的适当位置绘制一个椭圆，如图461-5所示。

图461-5 绘制椭圆

06 选择“图层3”图层的第30帧，按F6键插入关键帧，将绘制的椭圆放大至覆盖创建的实例，如图461-6所示。

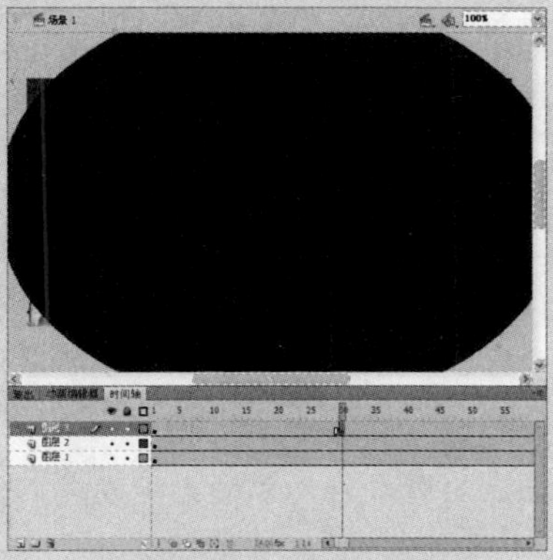

图461-6 放大椭圆

07 在“图层3”图层的第1帧至第30帧中的任意一帧上创建补间形状动画，如图461-7所示。

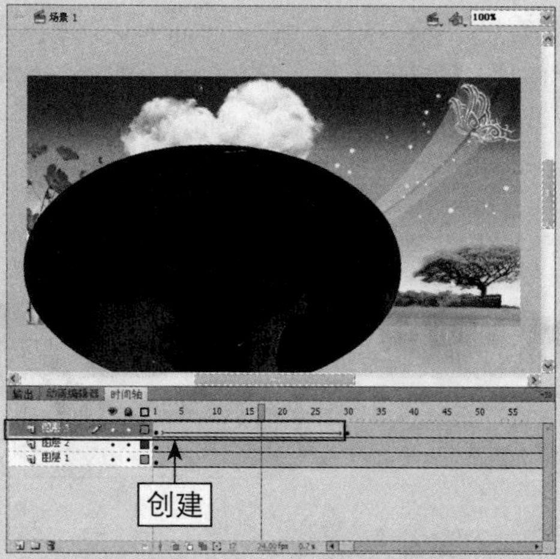

图461-7 创建补间形状动画

08 选择“图层3”图层，单击鼠标右键，在弹出的快捷菜单中选择“遮罩层”命令，创建遮罩动画，如图461-8所示。

图461-8 创建遮罩动画

专家提醒

在制作动画的过程中，可以先创建遮罩动画，再创建补间形状动画，效果是一样的。

第462集　制作图形动画

01 在“时间轴”面板中新建“图层4”图层，选择第35帧，按F6键插入关键帧，将“库”面板中的“元件1”影片剪辑元件拖曳至舞台区的适当位置，如图462-1所示。

图462-1　创建实例

02 选择“图层4”图层的第38帧、第40帧，按F6键插入关键帧选择第35帧。选择舞台区对应的实例，在“属性”面板的“色彩效果”选项区中设置“样式”为Alpha、“Alpha数量”为0，此时舞台区如图462-2所示。

图462-2　设置Alpha值的效果

03 选择第38帧，选择舞台区对应的实例，在“属性”面板的“色彩效果”选项区中设置“样式”为“亮度”、“亮度数量”为100，此时舞台区如图462-3所示。

图462-3　设置亮度的效果

04 分别在“图层4”图层的第35帧至38帧、第38帧至第40帧中的任意一帧上创建传统补间动画，此时舞台区如图462-4所示。

图462-4　创建补间动画

专家提醒

在设置元件实例的样式时，读者可以根据需要，自行设计动画的出场方式。

第463集　创建传统补间动画

01 在“时间轴”面板中新建“图层5”图层，选择“图层5”图层的第50帧，按F6键插入关键帧，在“库”面板中将“元件2”影片剪辑元件拖曳至舞台区适当位置，如图463-1所示。

02 在“时间轴”面板中选择“图层5”图层的第75帧，按F6键插入关键帧，如图463-2所示。

图463-1　创建实例

图463-2　插入关键帧

03 选择第50帧，选择舞台区对应的实例，在“属性”面板的“滤镜”选项区中为实例添加“模糊”效果，各选项参数设置如图463-3所示。

04 在“图层5”图层的第50帧至第75帧中的任意一帧上创建传统补间动画，此时舞台区如图463-4所示。

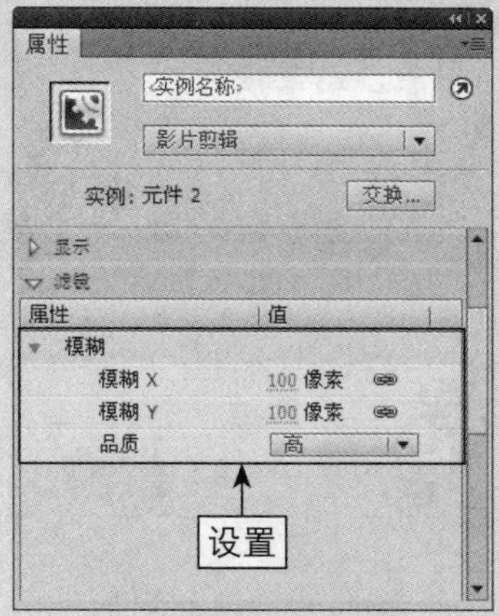

图463-3　设置滤镜参数

图463-4　创建补间动画

专家提醒

滤镜选项区中有很多种特效，需要提醒的是，在设置滤镜参数时，品质越高，代表效果越明显。

05 在“时间轴”面板中新建“图层6”图层，在“图层6”图层的第80帧插入关键帧。在“库”面板中将“元件3”影片剪辑元件拖曳至舞台区适当位置，如图463-5所示。

06 选择“图层6”图层的第100帧，按F6键插入关键帧，如图463-6所示。

图463-5　创建实例

图463-6　插入关键帧

07 选择第80帧对应的实例，运用任意变形工具将其缩小，如图463-7所示。

08 在“图层6”图层的第80帧至第100帧中的任意一帧上创建传统补间动画，在“属性”面板的“补间”选项区中设置“旋转”为“顺时针”，此时舞台区效果如图463-8所示。

图463-7　缩小实例

图463-8　创建补间动画

09 按Ctrl＋Enter组合键测试动画，效果如图463-9所示。

图463-9　测试教师节贺卡动画效果

27.2　圣诞节贺卡——圣诞快乐

素材：素材\第27章\464-1.fla

视频：视频\第27章\第464集.swf至第466集.swf

难度：★★★★★

效果：效果\第27章\27.2　圣诞快乐.fla

时长：308秒

关键技术：引导动画

第464集　创建区域实例

01 单击“文件”|“打开”命令，打开一个素材文件，如图464-1所示。

图464-1　素材文件

02 在“时间轴”面板中选择“图层1”图层的第150帧，按F5键插入帧，新建“图层2”图层，如图464-2所示。

图464-2　新建图层

03 在“库”面板中将“元件1”影片剪辑元件拖曳至舞台区适当位置，选择“图层2”图层的第10帧，按F6键插入关键帧，选择实例对象并向下拖曳，如图464-3所示。

图464-3　移动实例

04 在“图层2”图层的第1帧至第10帧中创建传统补间动画，在“属性”面板中设置“旋转”为“顺时针”，此时舞台区效果如图464-4所示。

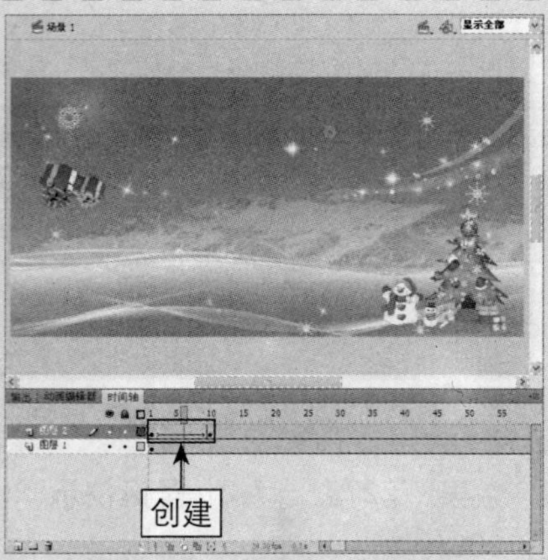

图464-4 创建补间动画

图464-5 创建实例

05 新建“图层3”图层，在“图层3”图层的第7帧插入关键帧，在“库”面板中将“元件1”影片剪辑拖曳至舞台区的适当位置，并调整其大小，如图464-5所示。

06 在“图层3”图层的第20帧插入关键帧，将实例向下拖曳，在“图层3”图层的第7帧至第20帧中的任意一帧上创建传统补间动画，在“属性”面板中设置“旋转”为“逆时针”，此时舞台区效果如图464-6所示。

图464-6 创建补间动画

第465集 制作引导动画

01 在“时间轴”面板中新建“图层4”图层，选择第25帧，按F6键插入关键帧选择“元件2”影片剪辑元件，并拖曳至舞台区适当位置，创建元件实例，如图465-1所示。

图465-1 创建实例

02 选择“图层4”图层，单击鼠标右键，在弹出的快捷菜单中选择“添加传统运动引导层”命令，如图465-2所示。

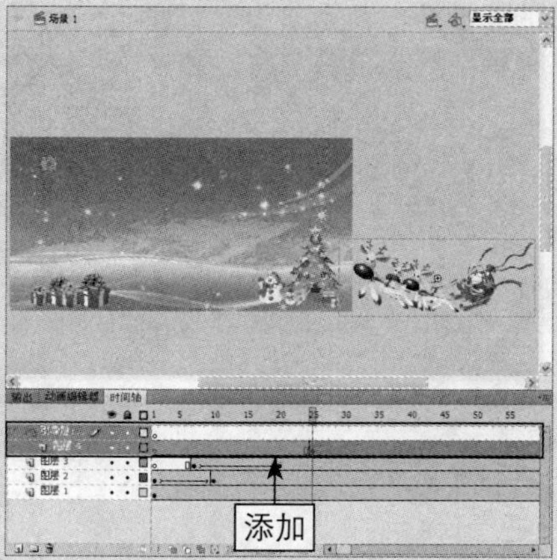

图465-2 添加运动引导层

专家提醒

为图层添加引导层动画，是Flash动画一种特有的表现方式。

03 在“图层4”图层的第25帧插入关键帧，运用钢笔工具在舞台区绘制一条曲线作为路径，如图465-3所示。

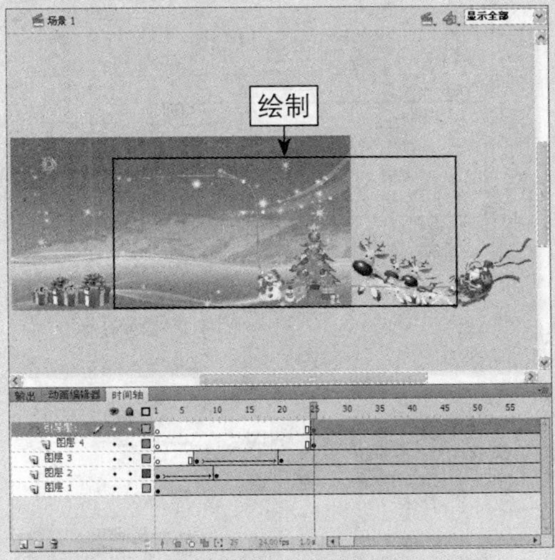

图465-3 绘制路径

04 选择“图层4”图层的第80帧，按F6键插入关键帧。选择第25帧，选择舞台区相对应的实例对象，并将其拖曳至路径开始的位置，如图465-4所示。

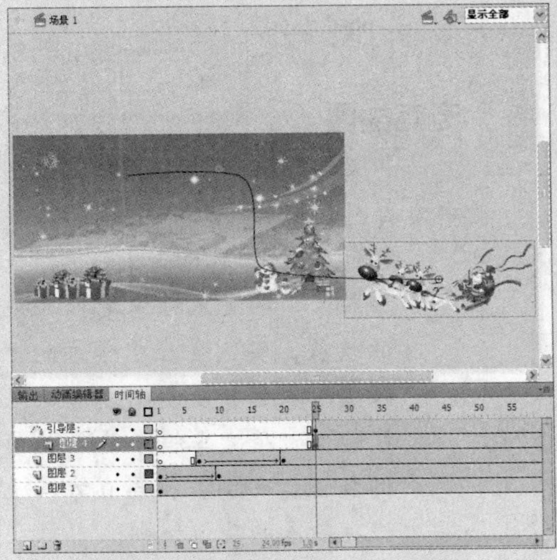

图465-4 移动实例至路径开始位置

05 选择第80帧，将舞台区相对应的实例移至路径结束的位置，如图465-5所示。

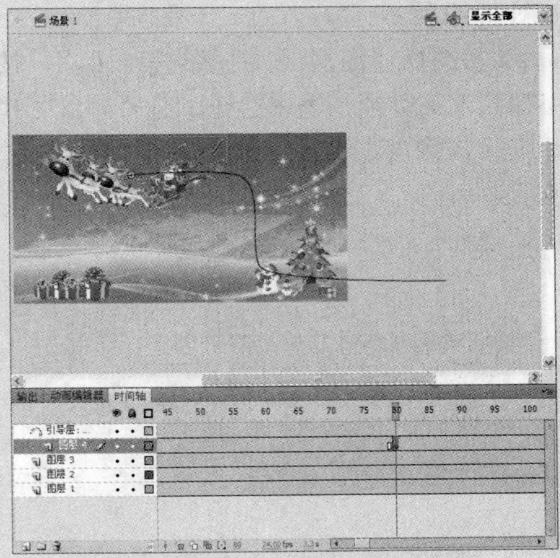

图465-5 移动实例至路径结束位置

06 在“图层4”图层的第25帧至第80帧中的任意一帧上创建传统补间动画，如图465-6所示。

图465-6 创建传统补间动画

专家提醒

引导层不会导出，不会显示在发布的SWF文件中。

第466集　创建文字动画

01 在“时间轴”面板中新建“图层6”图层，选择“图层6”图层的第85帧，按F6键插入关键帧，在“库”面板中将“元件3”影片剪辑元件拖曳至舞台区适当位置，如图466-1所示。

02 选择“图层6”图层的第110帧，按F6键插入关键帧，运用选择工具将舞台区相对应的实例向左拖曳一段距离，如图466-2所示。

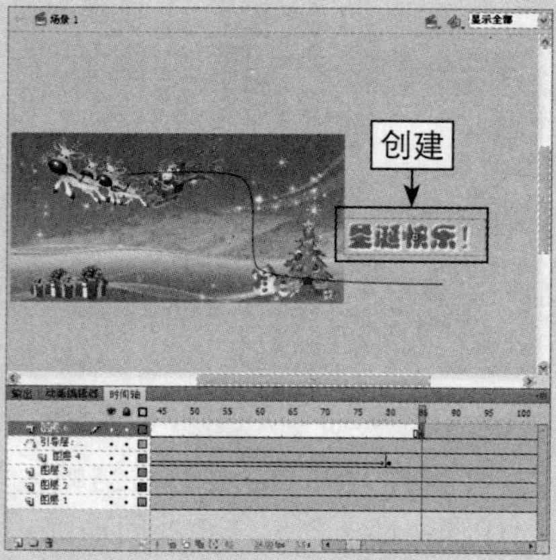

图466-1　创建实例

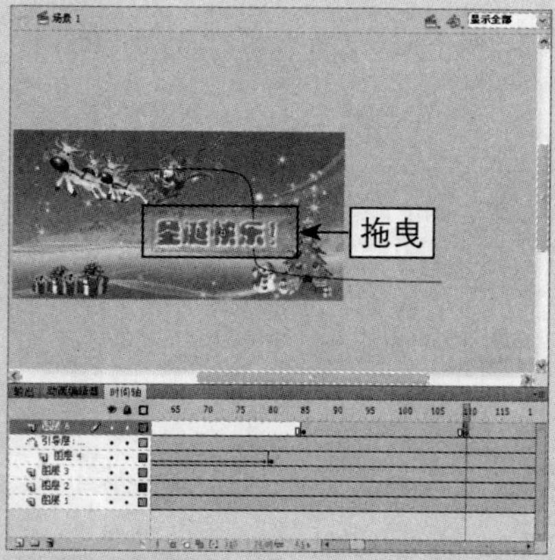

图466-2　拖曳实例

03 选择第85帧，选择舞台区相对应的实例，在“属性”面板的“滤镜”选项区中为实例添加“模糊”特效，各选项参数如图466-3所示。

04 在“图层6”图层的第85帧至第110帧中的任意一帧上创建传统补间动画，如图466-4所示。

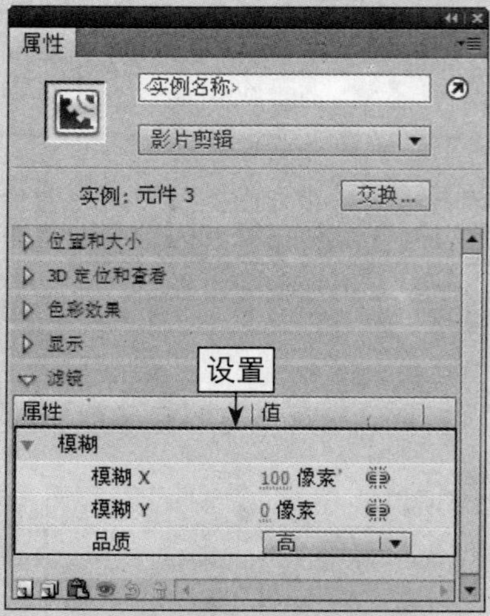

图466-3　设置滤镜参数

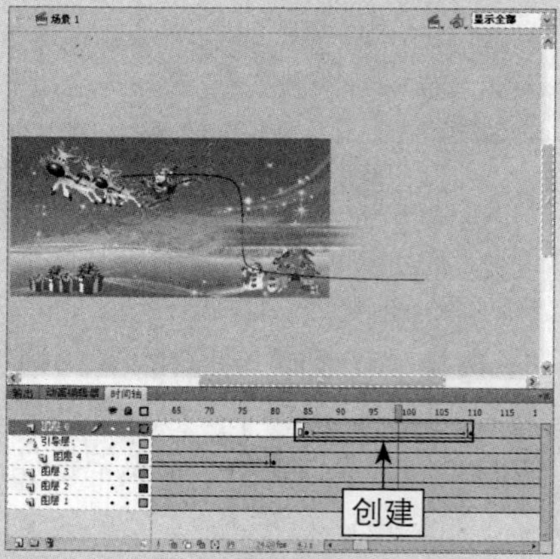

图466-4　创建补间动画

专家提醒

在“属性”面板的“滤镜”选项区中为实例添加“模糊”效果，“模糊”选项区中各选项参数含义如下。

- 模糊X：在文本框中输入相应的数值，实例会在水平方向上根据输入的数值模糊。
- 模糊Y：在文本框中输入相应的数值，实例会在垂直方向上根据输入的数值模糊。
- 品质：品质越高，模糊效果越明显。

05 在“时间轴”面板底部，单击“帧速率”，调出输入文本框，如图466-5所示。

06 在文本框中输入12，即可设置“帧速率”为12，如图466-6所示。

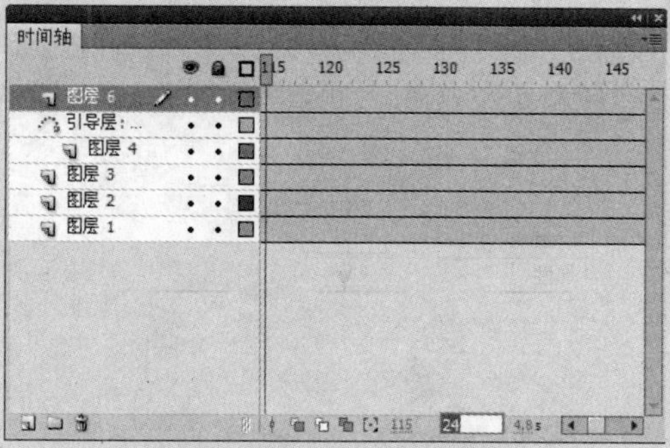

图466-5　调出文本框

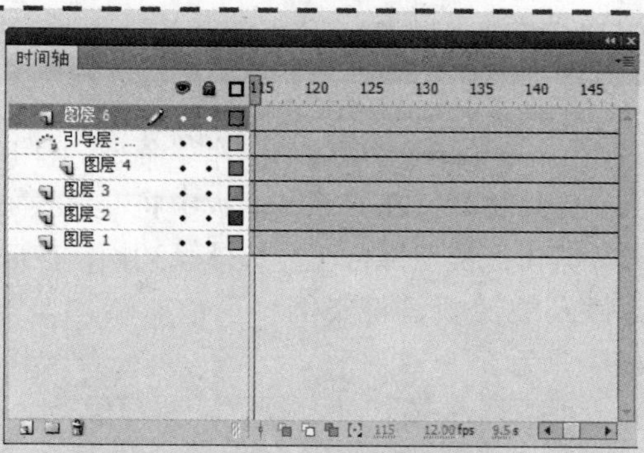

图466-6　设置“帧速率”的值

专家提醒

帧速率是指动画在播放时帧播放的速度。在Flash CS5中，系统默认的帧速率为24fps，一般常用的帧速率是12fps。

07 按Ctrl＋Enter组合键测试动画，效果如图466-7所示。

图466-7　测试圣诞节贺卡动画效果

27.3　情人节贺卡——情人节快乐

素材：素材\第27章\467-1.fla

视频：视频\第27章\第467集.swf至第470集.swf

难度：★★★★★

效果：效果\第27章\27.3　情人节快乐.fla

时长：363秒

关键技术：渐变动画

第467集　创建渐变背景动画

01 单击“文件”|“打开”命令，打开一个素材文件。在“库”面板中将“背景”影片剪辑拖曳至舞台区，选择第30帧，按F6键插入关键帧，将实例移至最右端，如图467-1所示。

图467-1　移动实例

02 在“图层1”图层的第60帧插入关键帧，运用任意变形工具将实例缩小至舞台大小，在“图层1”的关键帧之间创建补间动画，如图467-2所示。选择第250帧，按F5键插入帧。

图467-2　创建补间动画

第468集　制作文字遮罩动画

01 新建“图层2”、“图层3”图层，分别选择第70帧，按F6键插入关键帧，选择“图层2”图层的第70帧，在“库”面板中将“文字1”元件拖曳至舞台区适当位置，选择“图层3”图层的第70帧，运用矩形工具在舞台区的适当位置绘制一个矩形，如图468-1所示。

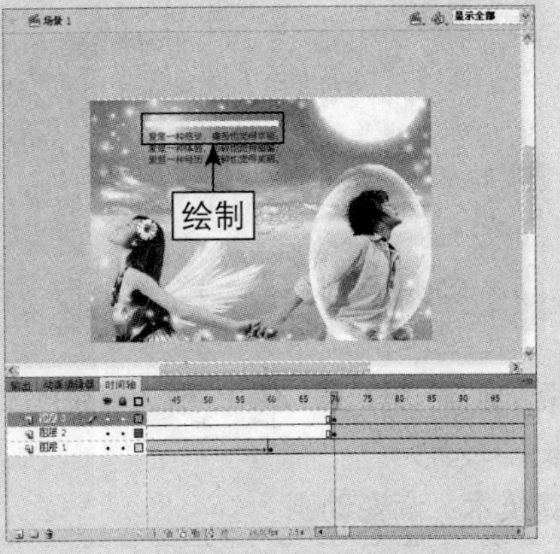

图468-1　绘制矩形

02 选择“图层3”图层的第85帧，按F6键插入关键帧，运用任意变形工具将绘制的矩形放大，选择“图层3”图层，单击鼠标右键，在弹出的快捷菜单中选择“遮罩层”命令，并在关键帧之间创建补间动画，如图468-2所示。

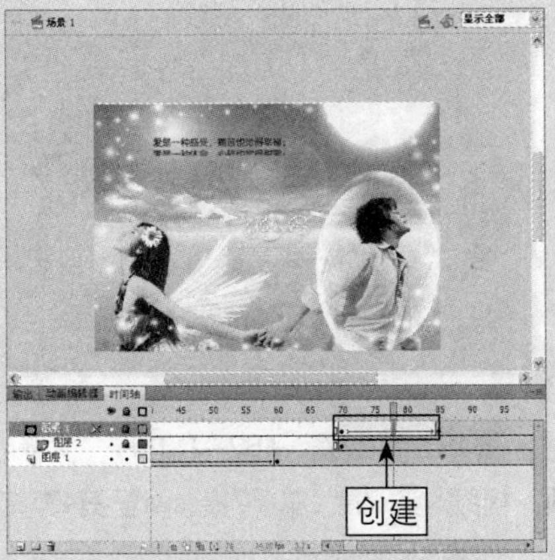

图468-2　创建遮罩动画

第469集　制作背景切换动画

01 新建“图层4”、“图层5”图层，分别选择两个图层的第110帧，按F6键插入关键帧。选择“图层4”图层的第110帧，在“库”面板中将“情人节2.png”位图图像拖曳至舞台区适当位置，选择“图层5”图层的第110帧，运用矩形工具在舞台区的适当位置绘制一个矩形，如图469-1所示。

图469-1　绘制矩形

02 选择“图层5”图层的第130帧，按F6键插入关键帧，运用任意变形工具将绘制的矩形放大，选择“图层5”图层，单击鼠标右键，在弹出的快捷菜单中选择“遮罩层”命令，并在关键帧之间创建补间动画，如图469-2所示。

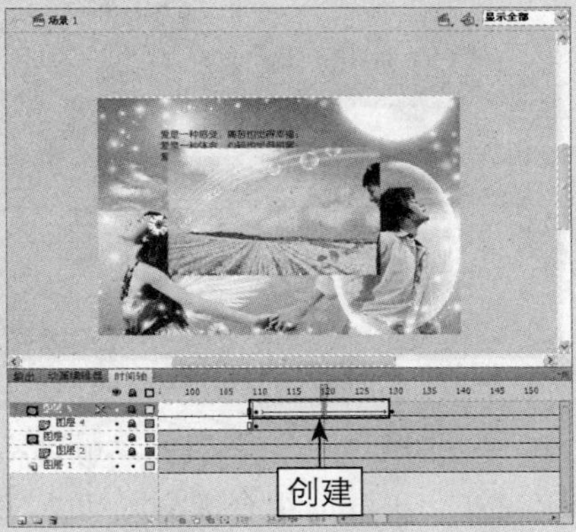

图469-2　创建补间动画

第470集　创建文字补间动画

01 新建“图层6”、“图层7”图层，选择“图层6”图层的第140帧，按F6键插入关键帧，在“库”面板中将“文字2”拖曳至舞台区适当位置。在第160帧插入关键帧，选择第140帧，然后选择实例对象，在“属性”面板中为实例添加模糊效果，如图470-1所示。

图470-1　添加模糊效果

02 在“图层6”图层的关键帧之间创建补间动画，如图470-2所示。

图470-2　创建补间动画

03 选择“图层7”图层的第170帧，按F6键插入关键帧，在“库”面板中将“文字3”拖曳至舞台区适当位置。在第190帧插入关键帧，选择第170帧，将实例对象向下拖曳一段距离，在“属性”面板中设置Alpha值为0，如图470-3所示。

图470-3　设置Alpha值的效果

04 在“图层7”图层的关键帧之间创建补间动画，如图470-4所示。

图470-4　创建补间动画

05 在“时间轴”底部设置“帧速率”为12。

06 按Ctrl＋Enter组合键测试动画，效果如图470-5所示。

图470-5　测试情人节贺卡动画效果

第28章 综合案例实战：制作教学课件

教学课件是Flash应用的主要领域之一，由于使用Flash制作的课件具有生成文件小、交互性强、表现形式丰富、制作容易、维护及更新方便等众多优点，使得Flash成为目前最流行的课件制作软件之一。本章主要通过3个实例介绍制作教学课件的方法。

28.1 语文课件——古诗词鉴赏

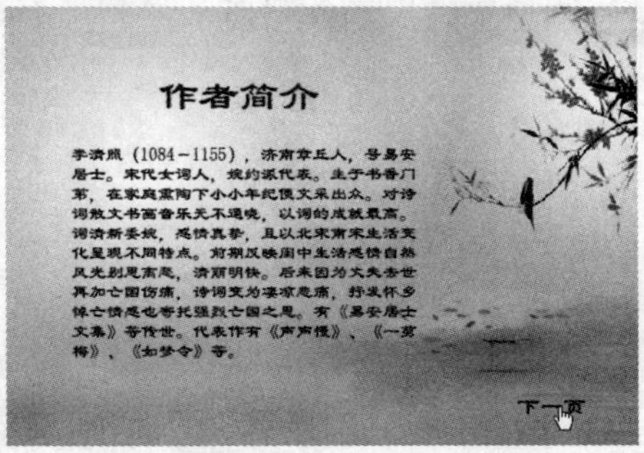

素材：素材\第28章\471-1.fla

视频：视频\第28章\第471集.swf至第473集.swf

难度：★★★★★

效果：效果\第28章\28.1 古诗词鉴赏.fla

时长：218秒

关键技术：创建实例

第471集 制作背景动画

01 单击“文件”|“打开”命令，打开一个素材文件。在“时间轴”面板中选择“背景”图层的第1帧，在“库”面板中将“背景.jpg”位图图像拖曳至舞台区，如图471-1所示。

02 单击“修改”|“文档”命令，在弹出的“文档设置”对话框中选中“内容”单选按钮，如图471-2所示。

图471-1 创建实例

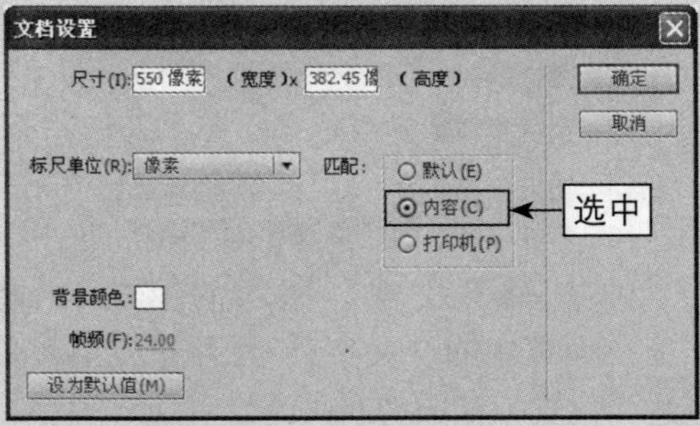

图471-2 “文档设置”对话框

专家提醒

当创建的背景很大时，读者可以根据需要来调整最适合动画的大小尺寸。

03 单击“确定”按钮，即可完成动画背景的制作。

第472集　创建元件实例

01 在“时间轴”面板中选择“背景”图层的第4帧，按F5键插入帧。选择“文字”图层的第1帧，在“库”面板中将“文字1”拖曳至舞台区适当位置，如图472-1所示。

02 选择“文字”图层的第2帧至第4帧，按F7键插入空白关键帧，选择第2帧，将“库”面板中的“文字2”元件拖曳至舞台区适当位置，如图472-2所示。

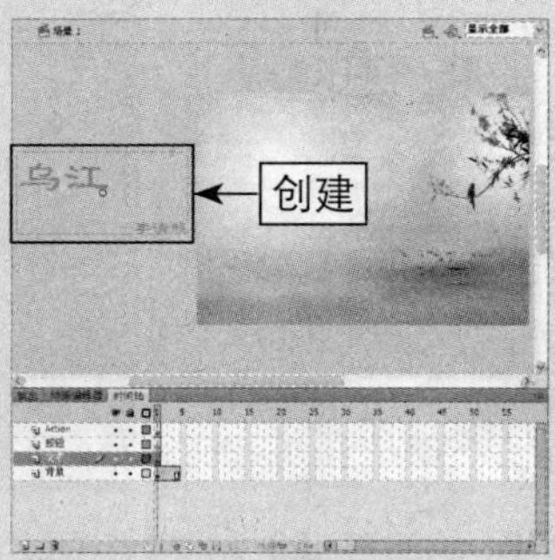

图472-1　创建“文字1”实例

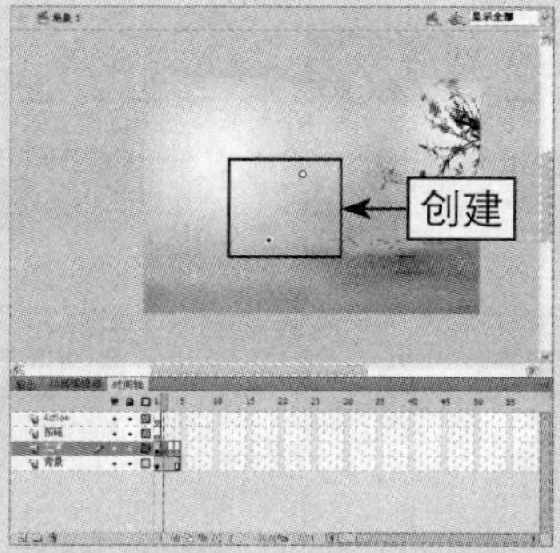

图472-2　创建“文字2”实例

03 选择“文字”图层的第3帧，将“库”面板中的“文字3”元件拖曳至舞台区适当位置，如图472-3所示。

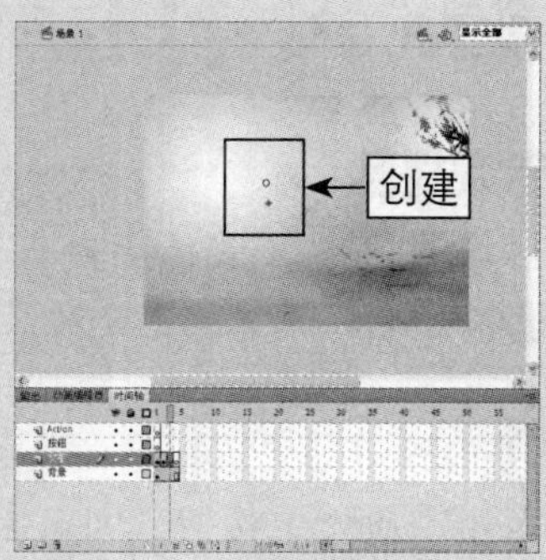

图472-3　创建“文字3”实例

04 选择“文字”图层的第4帧，将“库”面板中的“文字4”元件拖曳至舞台区适当位置，如图472-4所示。

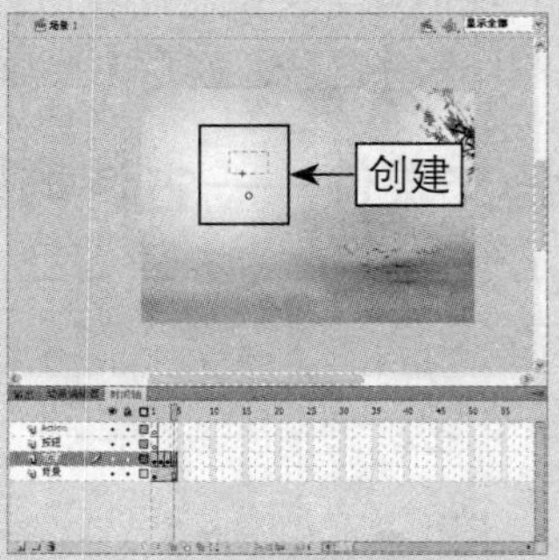

图472-4　创建“文字4”实例

05 在“时间轴”面板中，选择“按钮”图层的第1帧，在“库”面板中将“下一页”按钮元件拖曳至舞台区适当位置，如图472-5所示。

06 选择“按钮”图层的第4帧，按F7键插入空白关键帧，在“库”面板中将“返回”按钮元件拖曳至舞台区适当位置，如图472-6所示。

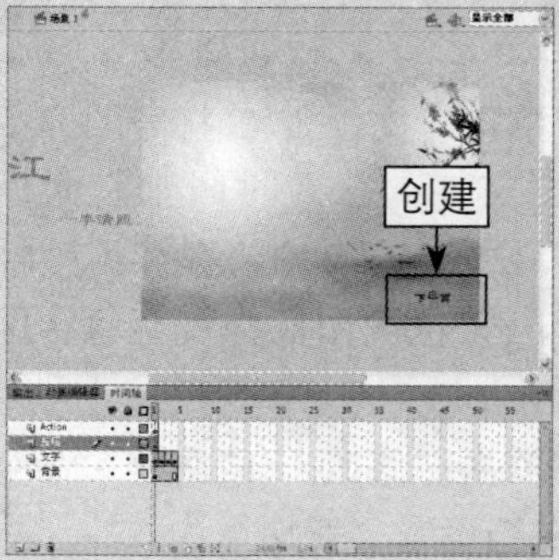

图472-5　创建“下一页”按钮实例

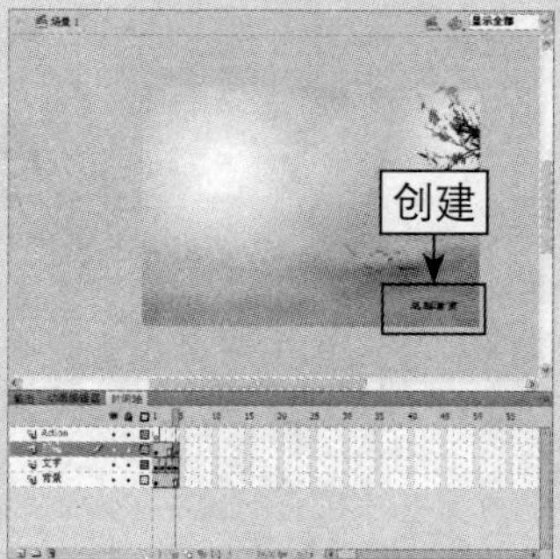

图472-6　创建“返回”按钮实例

第473集　添加代码

01 在“时间轴”面板中选择Action图层的第1帧，按F9键弹出“动作-帧”面板，在该面板的脚本编辑窗口中添加如下代码：

```
stop();
```

02 选择舞台区中的“下一步”按钮实例，按F9键弹出“动作-按钮”面板，在该面板的脚本编辑窗口中添加如下代码：

```
on (release) {
nextFrame();
}
```

此时，“动作-按钮”面板如图473-1所示。

03 选择舞台区中的“返回”按钮实例，按F9键弹出“动作-按钮”面板，在该面板的脚本编辑窗口中添加如下代码：

```
on (release) {
    gotoAndPlay(1);
}
```

此时，“动作-按钮”面板如图473-2所示。

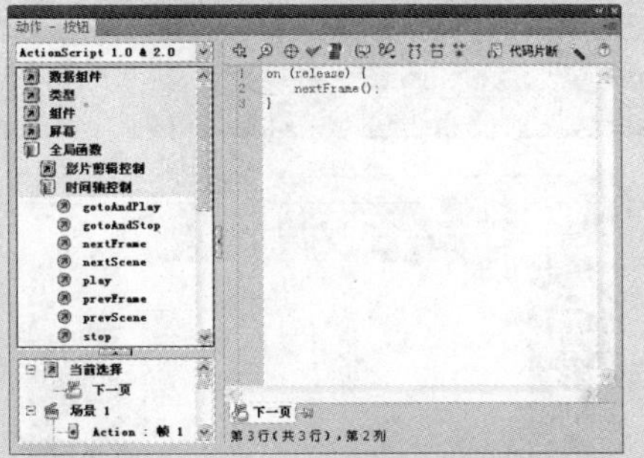

图473-1　为“下一步”按钮实例添加代码

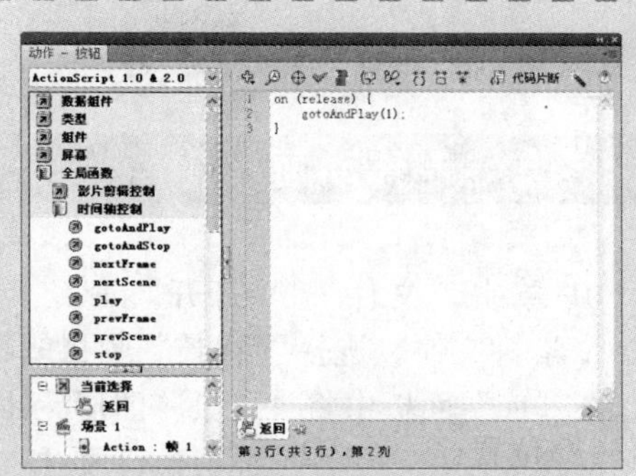

图473-2　为“返回”按钮实例添加代码

04 按Ctrl＋Enter组合键测试动画，效果如图473-3所示。

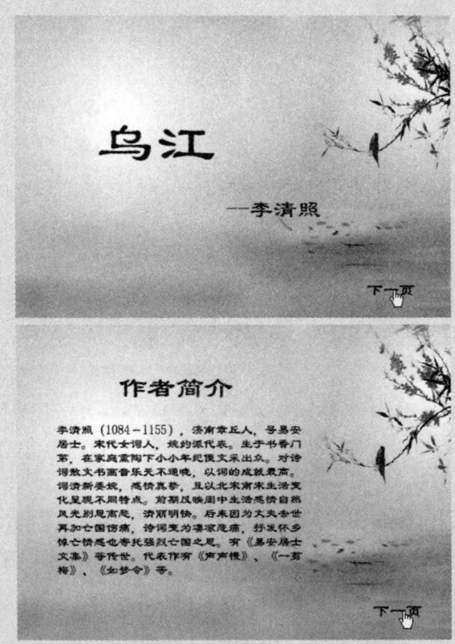

图473-3　测试古诗词鉴赏动画效果

28.2　数字课件——计算公式

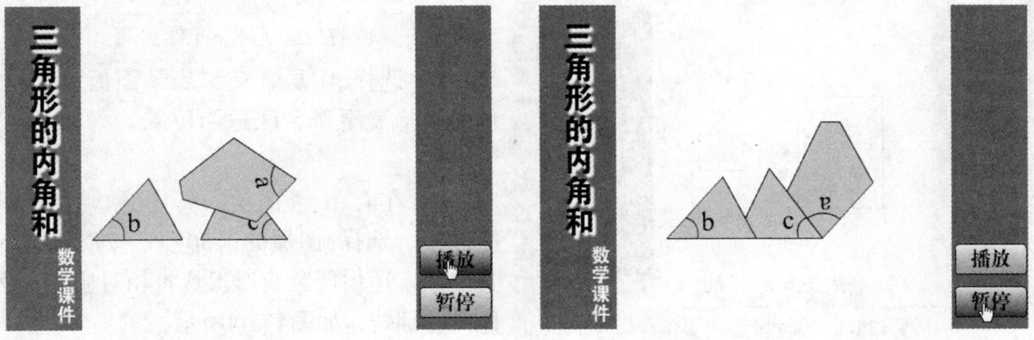

素材：素材\第28章\474-1.fla　　效果：效果\第28章\28.2 计算公式.fla
视频：视频\第28章\第474集.swf至第476集.swf　　时长：287秒
难度：★★★★★　　关键技术：补间动画

第474集　制作动画背景

01 单击“文件”|“打开”命令，打开一个素材文件。选择“背景”图层的第1帧，在“库”面板中将“背景”图形元件拖曳至舞台区，在“属性”面板中设置“宽”为550，如图474-1所示。

图474-1　创建实例

02 单击“修改”|“文档”命令，在弹出的“文档设置”对话框中选中“内容”单选按钮，如图474-2所示。

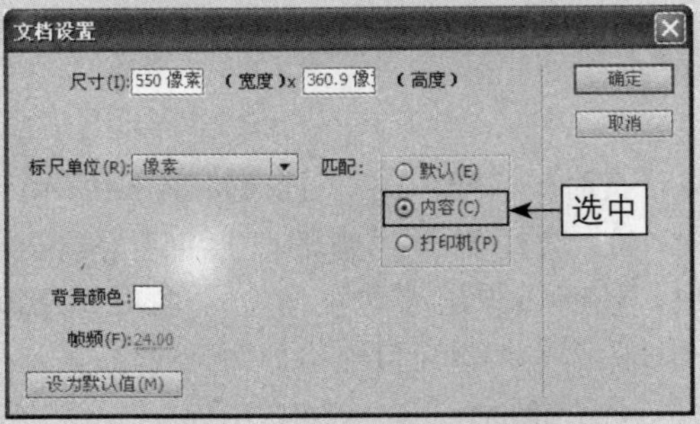

图474-2　“文档设置”对话框

03 单击“确定”按钮，即可完成动画背景的制作。

第475集　制作补间动画

01 在“时间轴”面板中选择“背景”图层的第100帧，按F5键插入帧。选择a图层，在“库”面板中将a图形元件拖曳至舞台区适当位置，如图475-1所示。

02 选择b图层，在“库”面板中将b图形元件拖曳至舞台区适当位置，如图475-2所示。

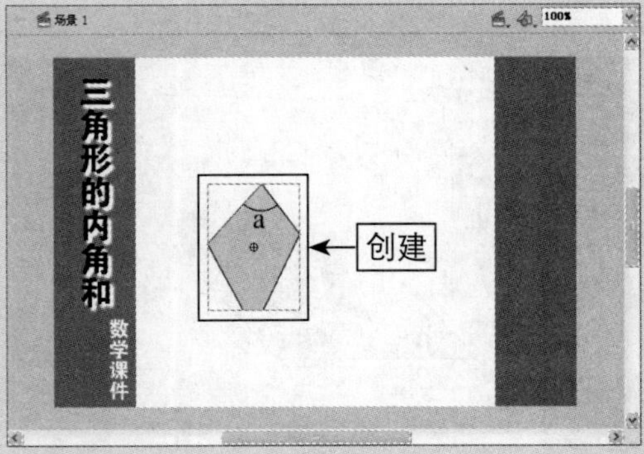

图475-1　创建a元件实例

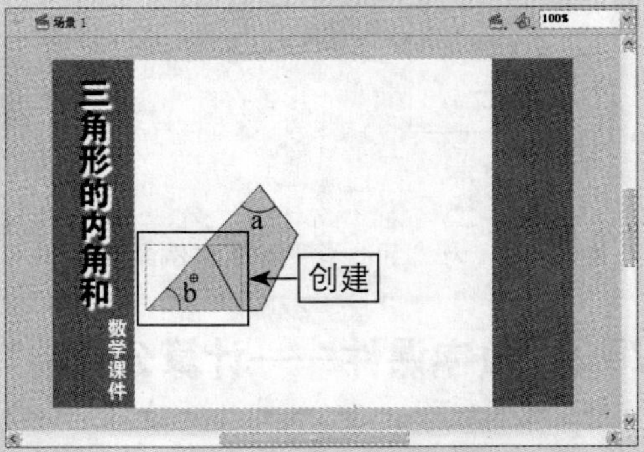

图475-2　创建b元件实例

03 选择c图层，在“库”面板中将c图形元件拖曳至舞台区适当位置，如图475-3所示。

04 在a、b、c图层的第100帧，按F5键插入帧。选择a图层的第50帧，按F6键插入关键帧，运用任意变形工具将相对应的实例拖曳并翻转，如图475-4所示。

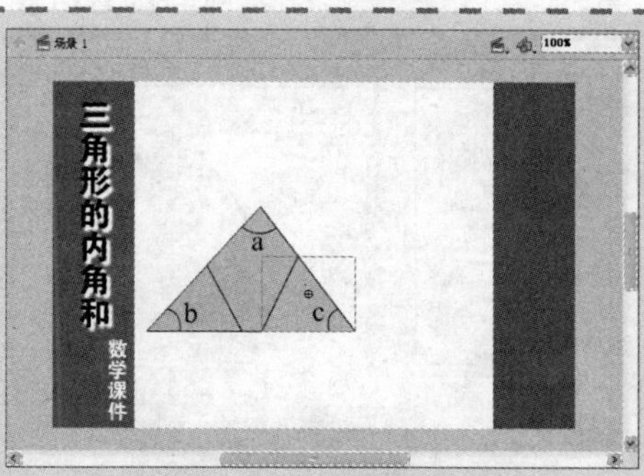

图475-3　创建c元件实例

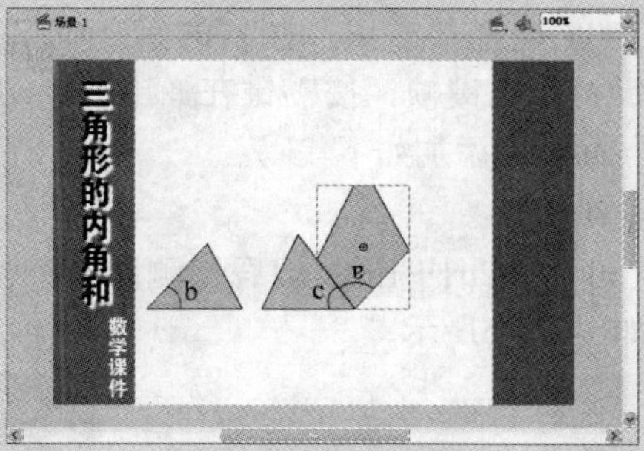

图475-4　拖曳并翻转实例

05 在a图层的第1帧至第50帧中的任意一帧上创建传统补间动画，选择b图层的第50帧、第100帧，按F6键插入关键帧，选择第100帧，将舞台区相对应的实例向右拖曳，如图475-5所示。

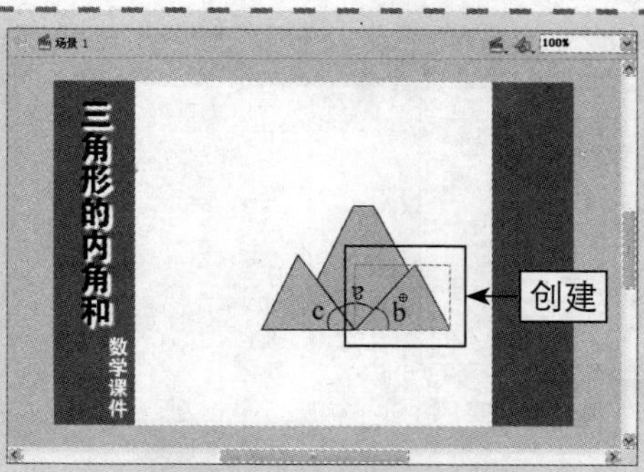

图475-5　拖曳实例

06 在b图层的第50帧至第100帧中创建传统补间动画，选择c图层的第100帧，按F6键插入关键帧，将“库”面板中的“结果”图形元件拖曳至舞台区适当位置，如图475-6所示。

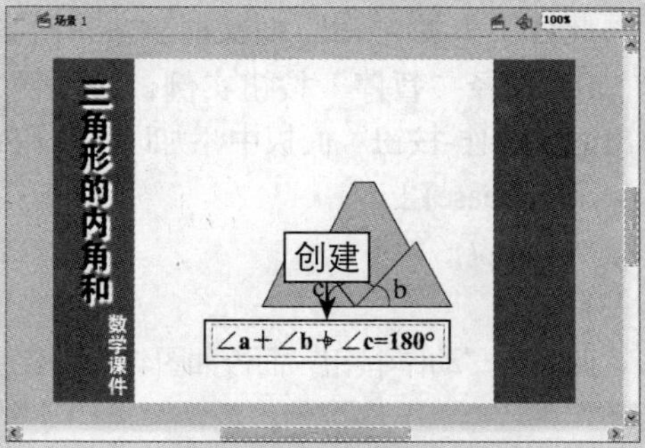

图475-6　创建实例

专家提醒

“结果”元件实例只有在动画播放到最后的时候才出现，所以可以和没有动画的c元件实例放在同一图层。

第476集　创建按钮动画

01 在“时间轴”面板中选择“按钮”图层的第1帧，在“库”面板中将“播放”和“暂停”按钮元件拖曳至舞台区适当位置，并适当调整其大小，如图476-1所示。

02 选择“按钮”图层的第100帧，按F5键插入帧。选择第1帧，按F9键在弹出的“动作-帧”面板的脚本编辑窗口中添加以下代码：

```
stop();
```

此时，“动作-帧”面板如图476-2所示。

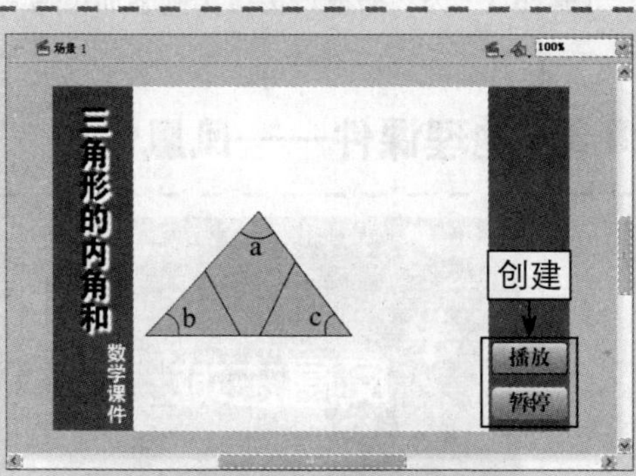

图476-1　创建按钮实例

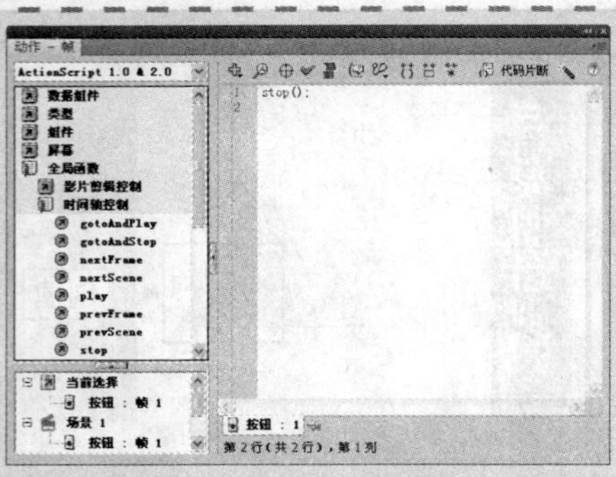

图476-2　添加代码

03 选择“播放”按钮实例，按F9键在弹出的“动作-按钮”面板中添加以下代码：

```
on (release) {
    play();
}
```

此时，“动作-按钮”面板如图476-3所示。

04 选择“暂停”按钮实例，按F9键在弹出的“动作-按钮”面板中添加以下代码：

```
on (release) {
    stop();
}
```

此时，“动作-按钮”面板如图476-4所示。

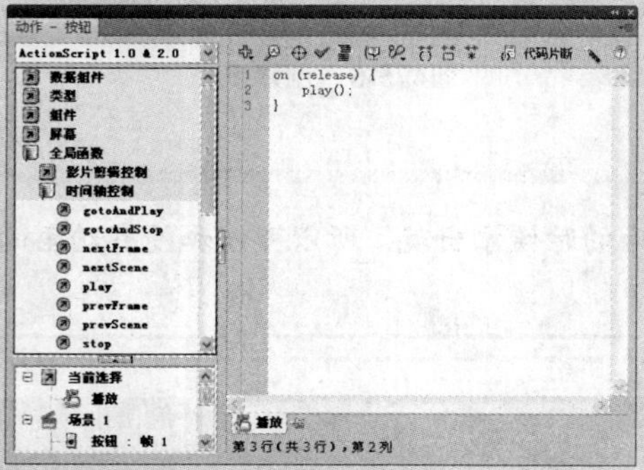

图476-3　为“播放”按钮实例添加代码

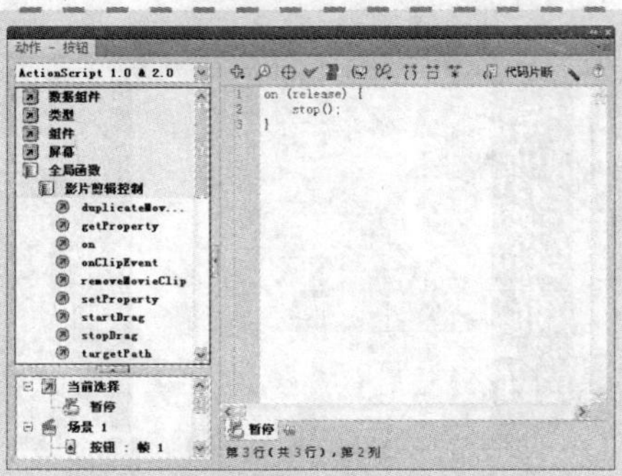

图476-4　为“暂停”按钮实例添加代码

05 选择“按钮”图层的第100帧，按F6键插入关键帧，按F9键在弹出的“动作-帧”面板中添加如下代码：

```
stop();
```

06 按Ctrl＋Enter组合键测试动画，效果如图476-5所示。

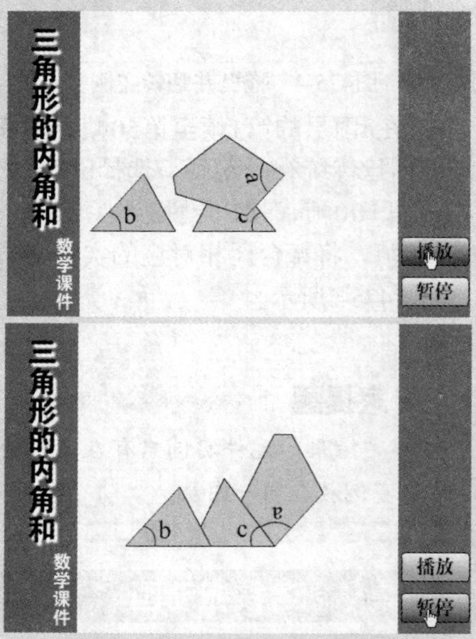

图476-5　测试数学课件的动画效果

28.3　地理课件——凤凰古城

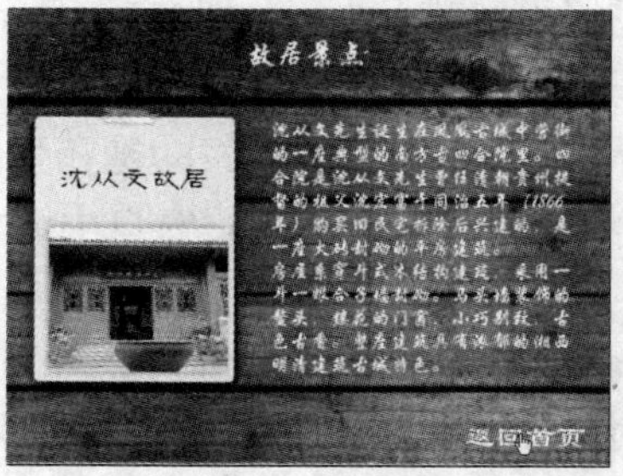

素材：素材\第28章\477-1.fla　　效果：效果\第28章\28.3　凤凰古城.fla
视频：视频\第28章\第477集.swf至第480集.swf　　时长：225秒
难度：★★★★★　　关键技术：创建实例

第477集　创建背景动画

01 单击“文件”|“打开”命令，打开一个素材文件，在“库”面板中将“背景1.jpg”位图图像拖曳至舞台区适当位置，在“属性”面板中设置“宽”为550。单击“修改”|“文档”命令，在弹出的“文档设置”对话框中选中“内容”单选按钮，单击“确定”按钮，即可创建背景动画，如图477-1所示。

02 在“时间轴”面板中选择“图层1”图层的第2帧，按F7键插入空白关键帧，在“库”面板中选择“背景2.jpg”位图图像拖曳至舞台区，并适当调整其大小，如图477-2所示。

专家提醒

当同一图层有两个背景时，先插入空白关键帧，再将背景拖曳至舞台区。

图477-1　创建背景

图477-2　创建另一背景

第478集　新建图层

01 在“时间轴”面板中选择“图层1”图层的第4帧，按F5键插入帧，新建3个图层，如图478-1所示。

图478-1　新建图层

02 分别为新建的图层命名，如图478-2所示。

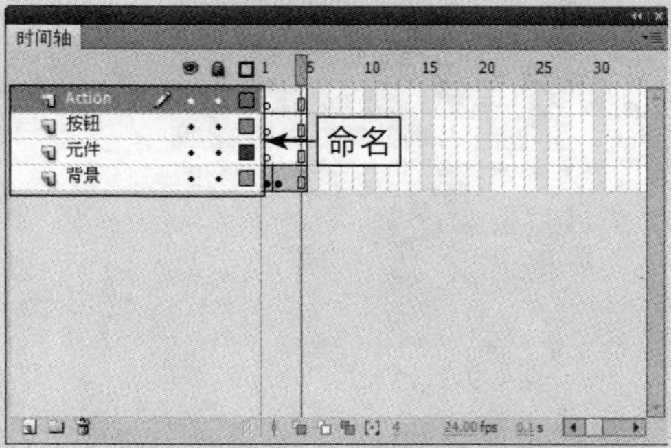

图478-2　为图层重命名

专家提醒

在Flash CS5中，命名图层有以下几种方法：

- 双击鼠标，在调出的文本框中输入图层的名称。
- 选择图层，单击鼠标右键，在弹出的快捷菜单中选择“属性”命令，弹出“图层属性”对话框，在“名称”中输入名称即可。
- 单击“修改”|“时间轴”|“图层属性”命令，在弹出的“图层属性”对话框中的“名称”文本框中输入名称即可。

第479集　创建元件实例

01 在“时间轴”面板中选择“元件”图层的第1帧至第4帧，按F7键插入空白关键帧。选择第1帧，将“库”面板中的“文字1”拖曳至舞台区适当位置，如图479-1所示。

02 选择“元件”图层的第2帧，将“库”面板中的“文字2”元件拖曳至舞台区适当位置，如图479-2所示。

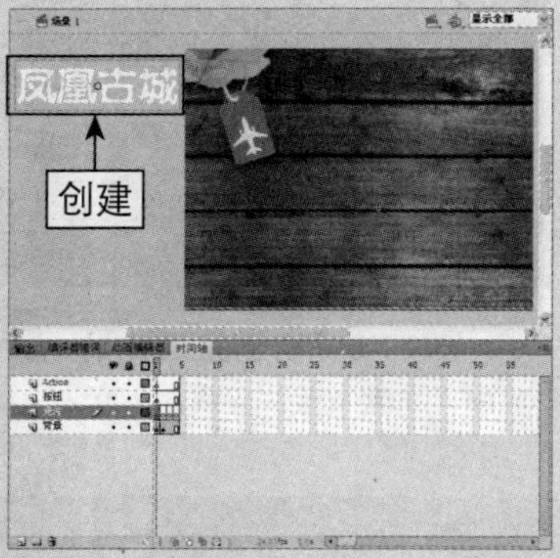

图479-1　创建“文字1”实例

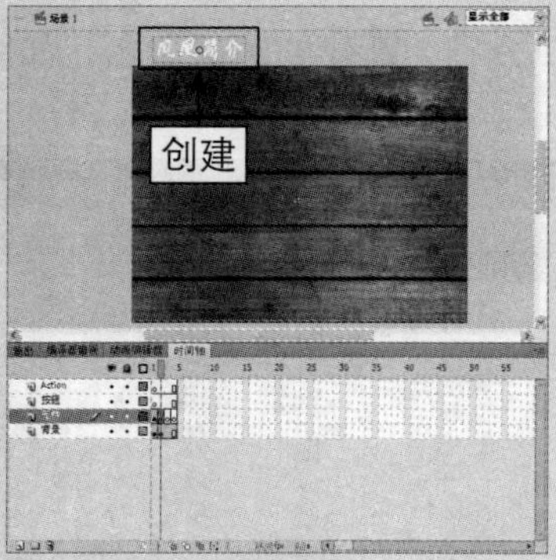

图479-2　创建“文字2”实例

03 选择“元件”图层的第3帧，将“库”面板中的“文字3”元件拖曳至舞台区适当位置，如图479-3所示。

04 选择“元件”图层的第4帧，将“库”面板中的“文字4”元件拖曳至舞台区适当位置，如图479-4所示。

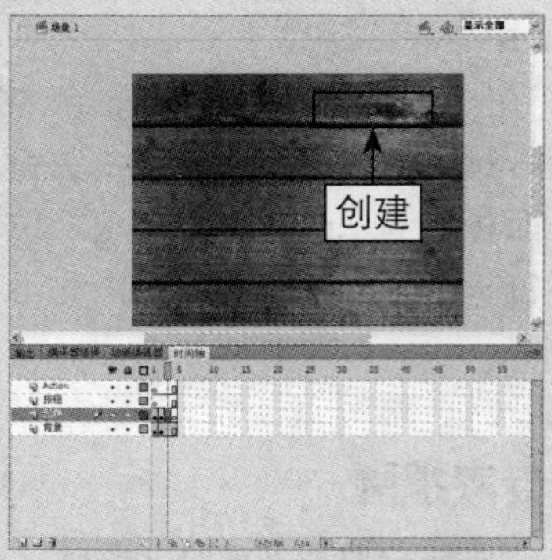

图479-3　创建“文字3”实例

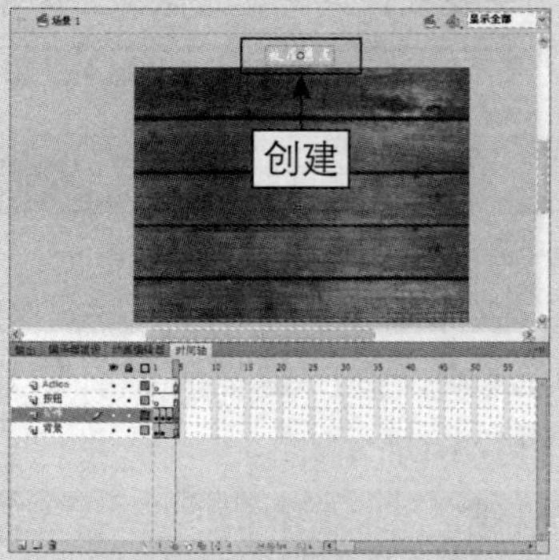

图479-4　创建“文字4”实例

05 选择“按钮”图层的第1帧，在“库”面板中将“下一步”按钮元件拖曳至舞台区适当位置，如图479-5所示。

06 选择“按钮”图层的第4帧，按F7键插入空白关键帧，在“库”面板中将“返回首页”按钮元件拖曳至舞台区适当位置，效果如图479-6所示。

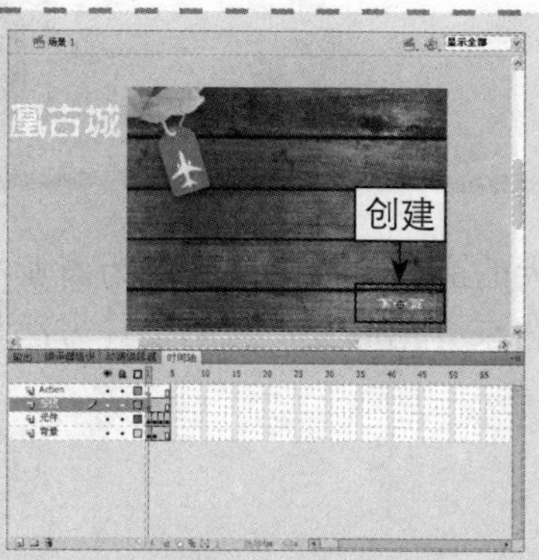

图479-5 创建“下一步”按钮实例

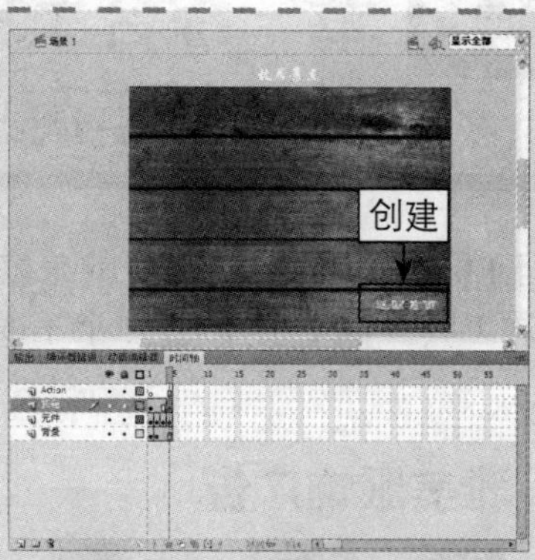

图479-6 创建“返回首页”按钮实例

第480集 添加代码

01 选择舞台区的“下一步”按钮实例，按F9键弹出“动作-按钮”面板，在该面板的脚本编辑窗口中添加以下代码：

```
on (release) {
    nextFrame();
}
```

此时，“动作-按钮”面板如图480-1所示。

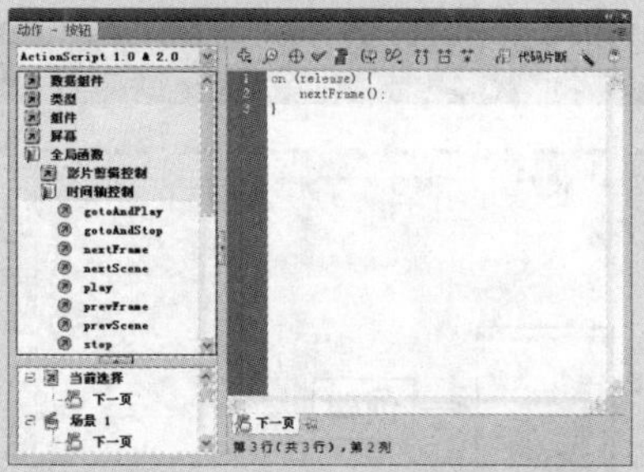

图480-1 为“下一步”按钮实例添加代码

02 选择舞台区的“返回首页”按钮实例，按F9键弹出“动作-按钮”面板，在该面板的脚本编辑窗口中添加以下代码：

```
on (release) {
    gotoAndPlay(1);
}
```

此时，“动作-按钮”面板如图480-2所示。

03 选择Action图层的第1帧，按F9键在弹出的“动作-帧”面板中添加以下语句：

```
stop();
```

04 按Ctrl＋Enter组合键测试动画，效果如图480-3所示。

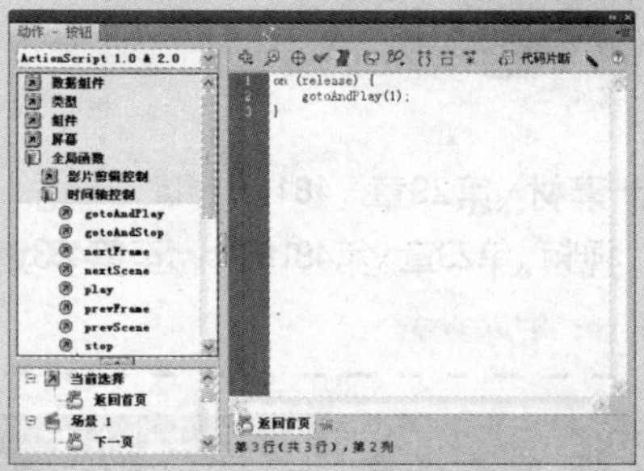

图480-2 为“返回首页”按钮实例添加代码

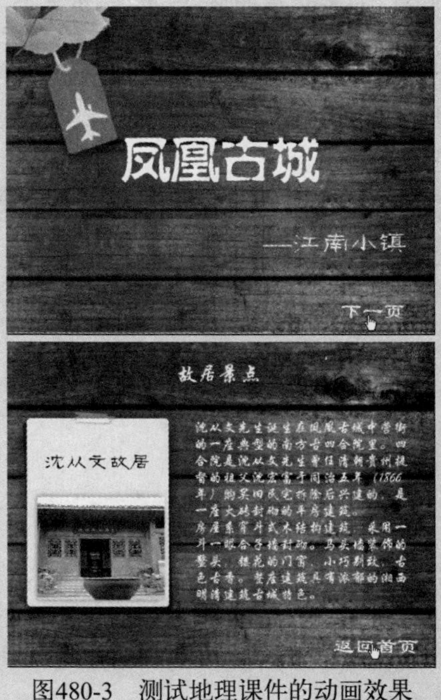

图480-3 测试地理课件的动画效果

第29章 综合案例实战：制作商业广告1

由于Flash对网页具有良好的兼容性，并且有强大的交互功能，因此成为商业广告制作的首选工具。本章主要通过3个不同类型的商业广告来介绍商业广告的设计方法与制作流程。

29.1 雅美服饰广告

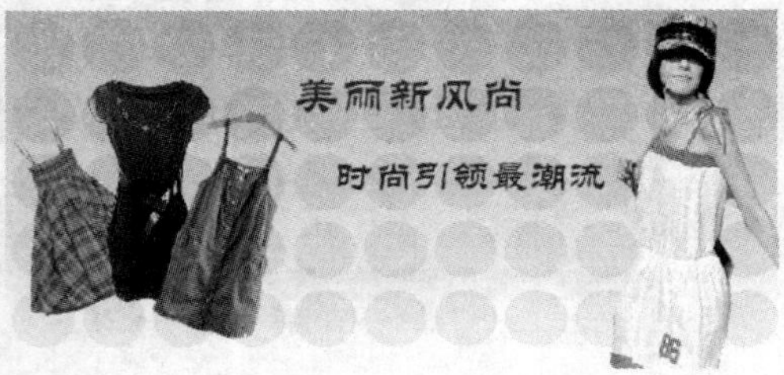

素材：素材\第29章\481－1.fla

效果：效果\第29章\29.1 雅美服饰广告.fla

视频：视频\第29章\第481集.swf至第483集.swf

时长：615秒

难度：★★★★★

关键技术：补间动画

第481集 制作图像1出场动画

01 单击“文件”|“打开”命令，打开一个素材文件。在“时间轴”面板中选择“图层1”图层的第200帧，按F5键插入帧，如图481-1所示。

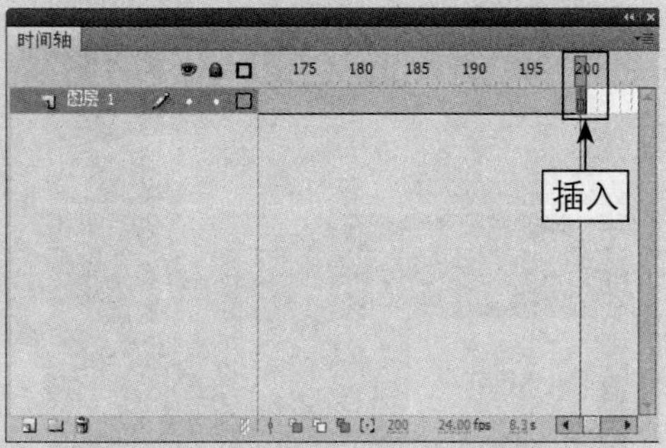

图481-1 插入帧

02 新建“图层2”、“图层3”、“图层4”图层，选择“图层2”图层的第1帧，将“库”面板中的“元件2”影片剪辑拖曳至舞台区适当位置，如图481-2所示。

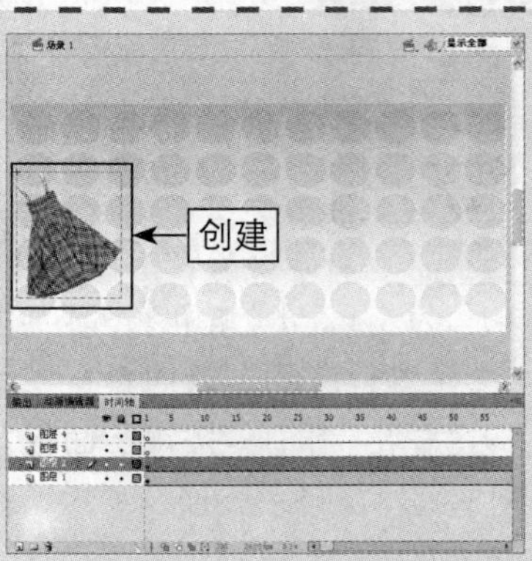

图481-2 创建实例

专家提醒

在制作同一类型的图像动画时，可以先将同类动画的图层新建好，以方便对同类图像进行编辑。

03 在“图层2”图层的第10帧插入关键帧，选择第1帧，选择舞台区相对应的实例对象并向左拖曳一段距离，在“属性”面板中设置Alpha值为0，在关键帧之间创建传统补间动画，如图481-3所示。

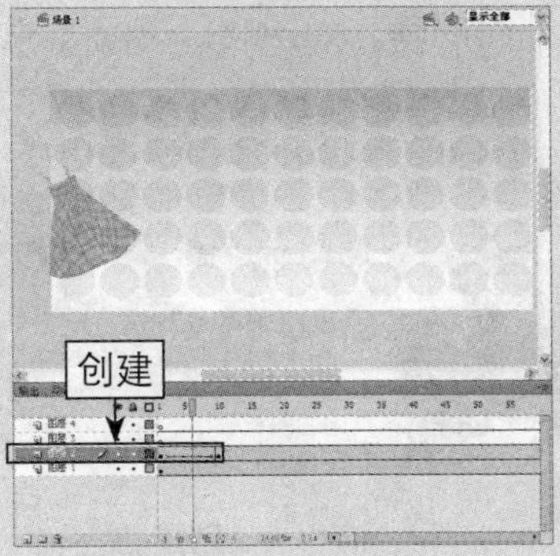

图481-3　在“图层2”图层创建补间动画

04 选择“图层3”图层，在“库”面板中，将“元件3”影片剪辑元件拖曳至舞台区的适当位置，在第10帧插入关键帧。选择第1帧，选择舞台区相对应的实例对象并向上拖曳一段距离，在“属性”面板中设置Alpha值为0，在关键帧之间创建传统补间动画，如图481-4所示。

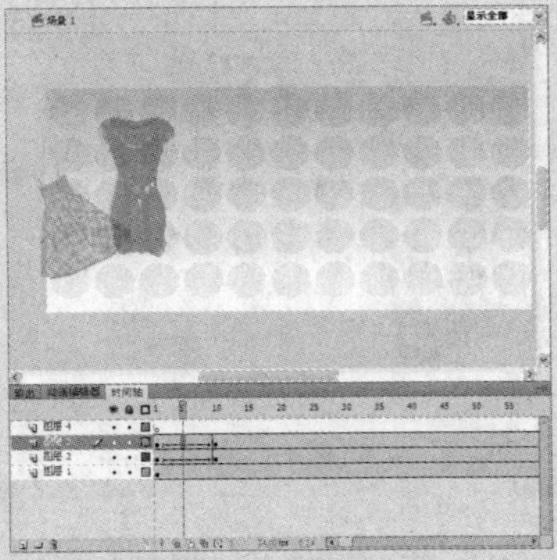

图481-4　在“图层3”图层创建补间动画

05 同理，在“图层4”图层为“元件1”添加动画，如图481-5所示。

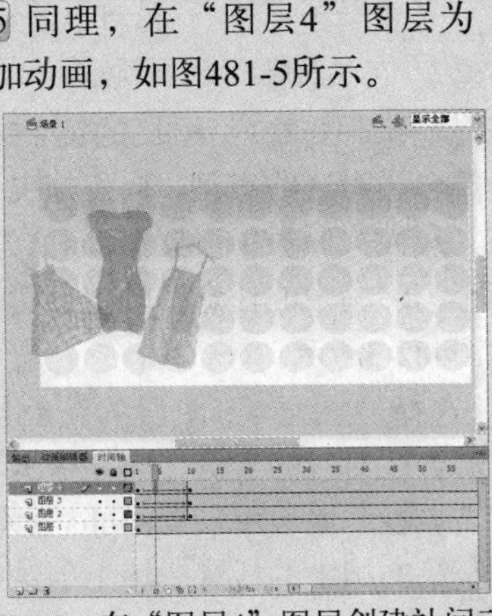

图481-5　在“图层4”图层创建补间动画

专家提醒

在为“元件1”添加动画时，需要注意的是，“元件1”实例是从左至右的渐变动画。

06 新建“图层5”、“图层6”、“图层7”图层，选择“图层5”图层的第20帧，按F6键插入关键帧，将“库”面板中的“元件6”影片剪辑拖曳至舞台区适当位置，在第30帧插入关键帧。选择第20帧，选择对应的实例对象再向左拖曳一段距离，在“属性”面板中为实例添加模糊滤镜，在“图层5”图层的关键帧之间创建传统补间动画，如图481-6所示。

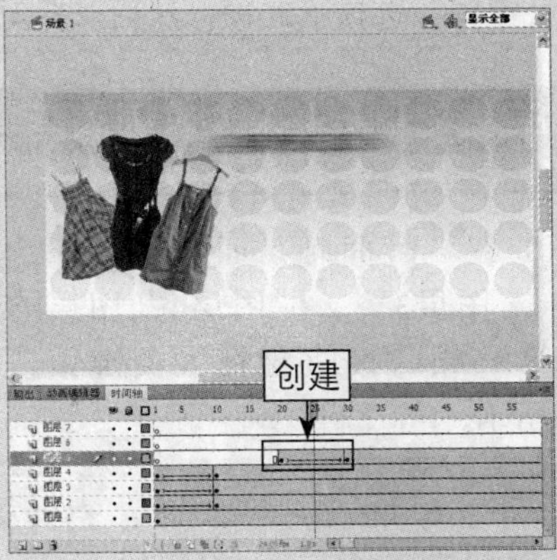

图481-6　在“图层5”图层创建补间动画

专家提醒

为“元件1”创建动画时，在第1帧是向右拖曳实例对象，从右至左的渐变动画。

07 在“图层6”图层的第35帧插入关键帧，将“库”面板中的“元件7”影片剪辑拖曳至舞台区适当位置，在第45帧插入关键帧。选择第35帧，然后选择对应的实例对象，向右拖曳一段距离，在“属性”面板中为实例添加模糊滤镜，在“图层6”图层的关键帧之间创建传统补间动画，如图481-7所示。

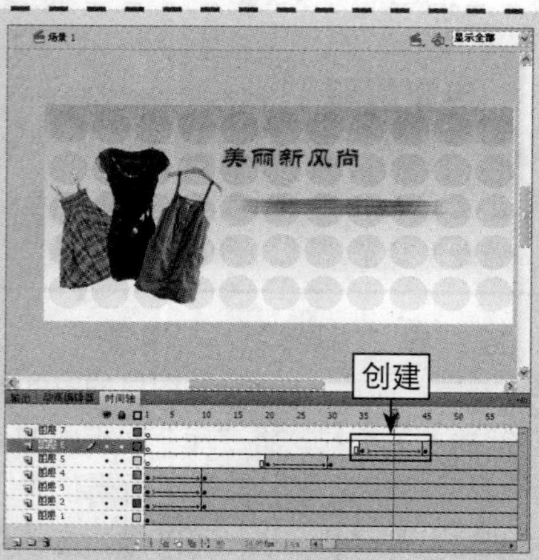

图481-7　在“图层6”图层创建补间动画

08 在“图层7”图层的第50帧插入关键帧，将“库”面板中的“元件4”影片剪辑拖曳至舞台区，适当调整其大小，在第65帧插入关键帧。选择第50帧，然后选择对应的实例对象，在“属性”面板中为实例添加模糊滤镜，在“图层7”图层的关键帧之间创建传统补间动画，如图481-8所示。

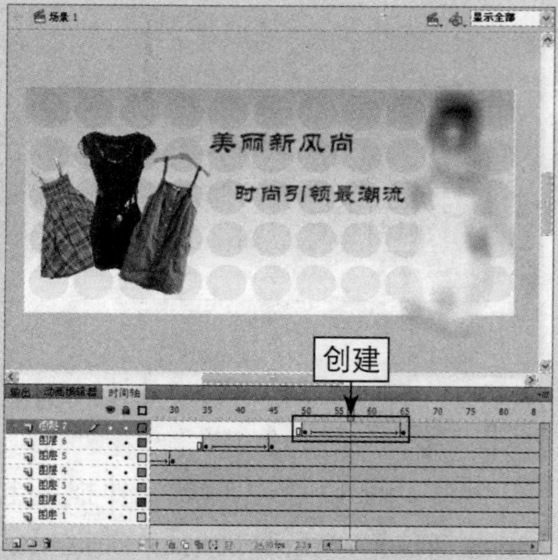

图481-8　在“图层7”图层创建补间动画

第482集　制作图像1退场动画

01 在“时间轴”面板中选择“图层2”、“图层3”、“图层4”图层的第80帧、第85帧，按F6键插入关键帧，如图482-1所示。

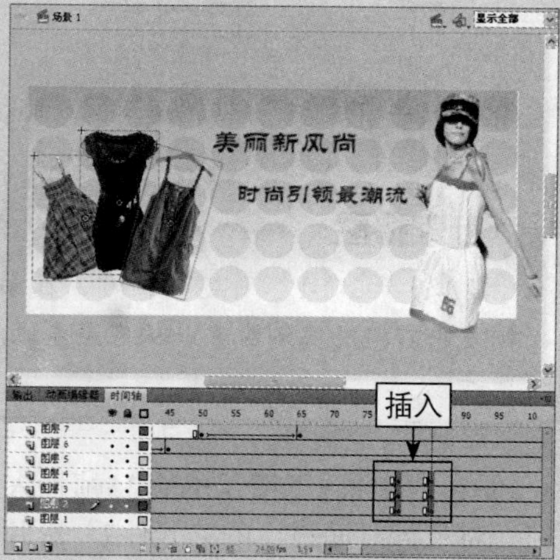

图482-1　插入关键帧

02 选择“图层2”图层的第85帧，选择舞台区对应的实例，向下拖曳一段距离，在“属性”面板中设置Alpha值为0，在第80帧至第85帧中的任意一帧上创建补间动画，如图482-2所示。

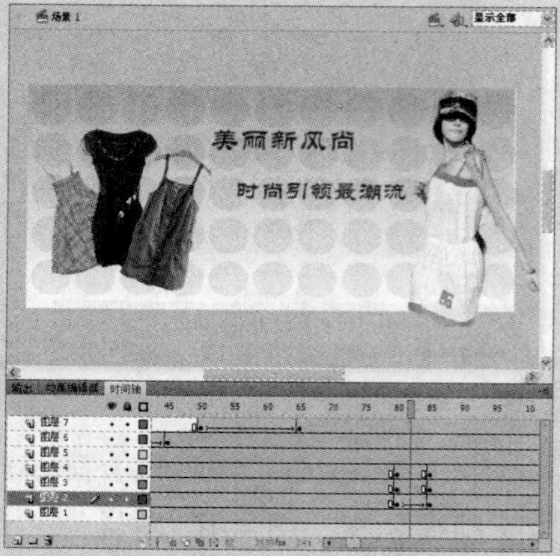

图482-2　在“图层2”图层创建补间动画

03 选择“图层3”图层的第85帧，然后选择舞台区对应的实例，向下拖曳一段距离，在“属性”面板中设置Alpha值为0，在第80帧至第85帧中的任意一帧上创建补间动画，如图482-3所示。

04 选择“图层4”图层的第85帧，然后选择舞台区对应的实例，向左拖曳一段距离，在“属性”面板中设置Alpha值为0，在第80帧至第85帧中的任意一帧上创建补间动画，如图482-4所示。

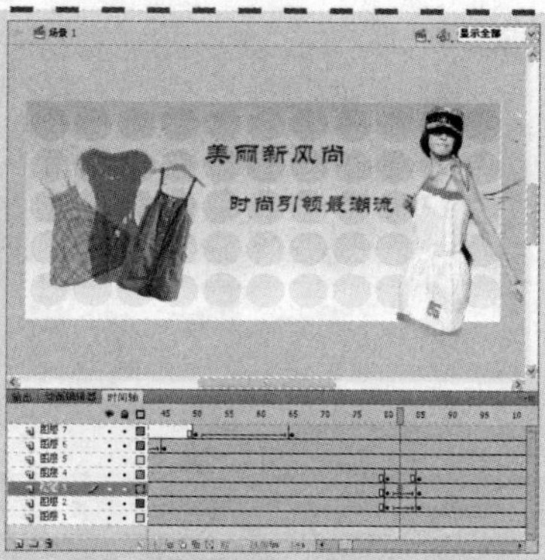

图482-3 在“图层3”图层创建补间动画

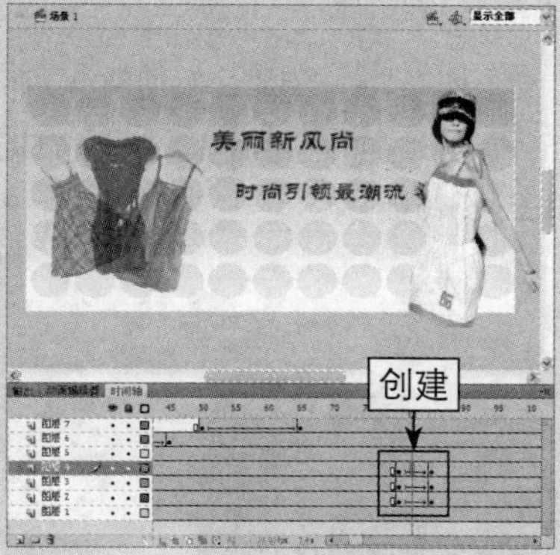

图482-4 在“图层4”图层创建补间动画

05 在“时间轴”面板中选择“图层5”、“图层6”图层的第95帧、第100帧，按F6键插入关键帧，选择“图层5”图层的第100帧，选择舞台区对应的实例，向左上方拖曳一段距离，在“属性”面板中设置Alpha值为0，在第95帧至第100帧中的任意一帧上创建补间动画，如图482-5所示。

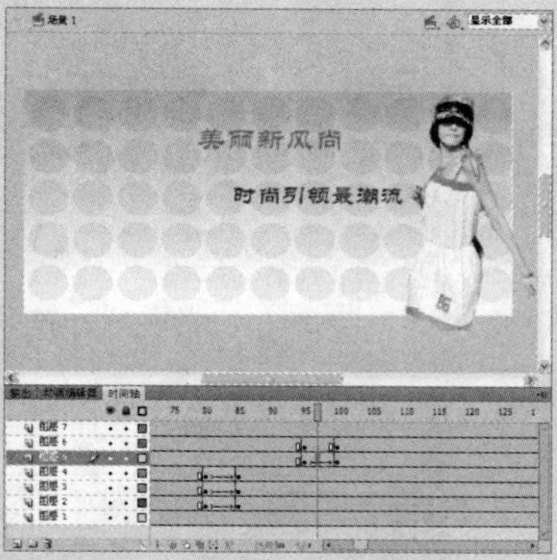

图482-5 在“图层5”图层创建补间动画

06 选择“图层6”图层的第100帧，选择舞台区对应的实例，向右下方拖曳一段距离，在“属性”面板中设置Alpha值为0，在第95帧至第100帧中的任意一帧上创建补间动画，如图482-6所示。

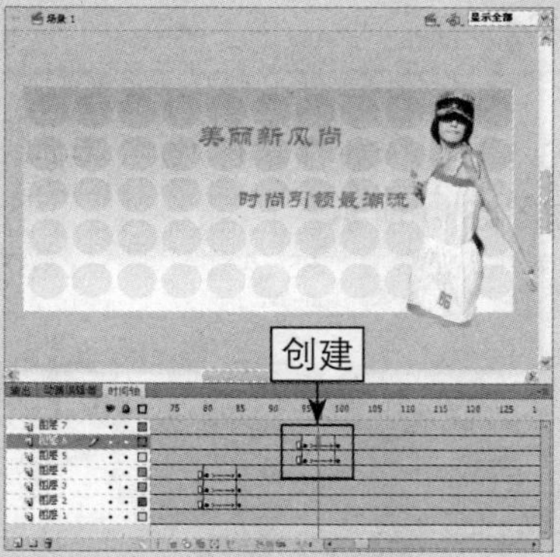

图482-6 在“图层6”图层创建补间动画

第483集 创建图像2动画

01 在“时间轴”面板中新建5个图层，选择“图层8”图层的第105帧，按F6键插入关键帧，在“库”面板中将“元件5”影片剪辑元件拖曳至舞台区适当位置，在第110帧插入关键帧，并适当缩小实例大小。选择第105帧，选择舞台区对应的实例，在“属性”面板中设置“样式”为“亮度”、“亮度”为100，在第105帧至第110帧之间创建补间动画，如图483-1所示。

02 同理，为“元件8”添加动画效果，如图483-2所示。

图483-1 创建补间动画

图483-2　为“元件8”添加动画效果

专家提醒

在制作同类动画时，操作方法是一样的，需要改变的只是实例出场的帧。

03 同理，为“元件10”添加动画效果，如图483-3所示。

图483-3　为“元件10”添加动画效果

04 选择“图层11”图层的第120帧，按F6键插入关键帧，在“库”面板中将“元件11”影片剪辑元件拖曳至舞台区适当位置。选择第135帧，按F6键插入关键帧。选择第120帧，然后选择舞台区对应的实例，向上拖曳一段距离，在“属性”面板中设置Alpha值为0，在第120帧至第135帧之间创建补间动画，如图483-4所示。

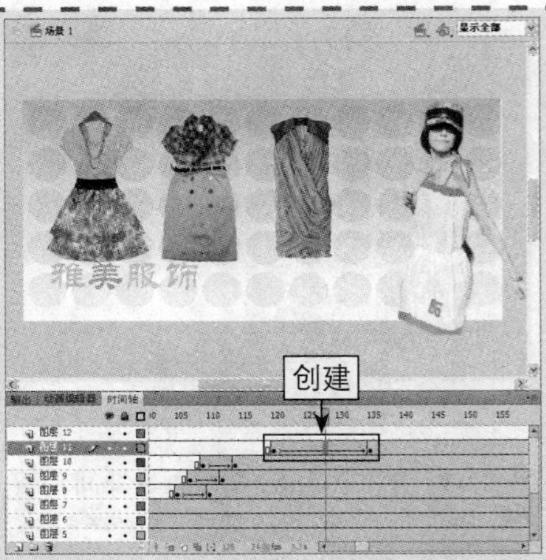

图483-4　创建补间动画

05 同理，为“元件12”添加动画效果，如图483-5所示。

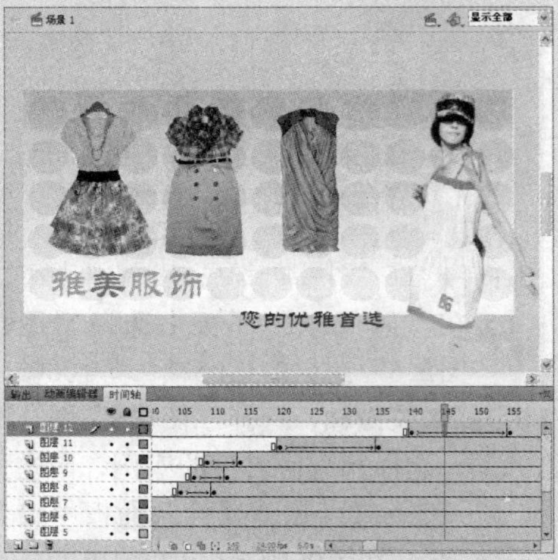

图483-5　为“元件12”添加动画效果

06 单击“修改”|“文档”命令，在弹出的“文档设置”对话框中设置“帧频”为12，如图483-6所示。

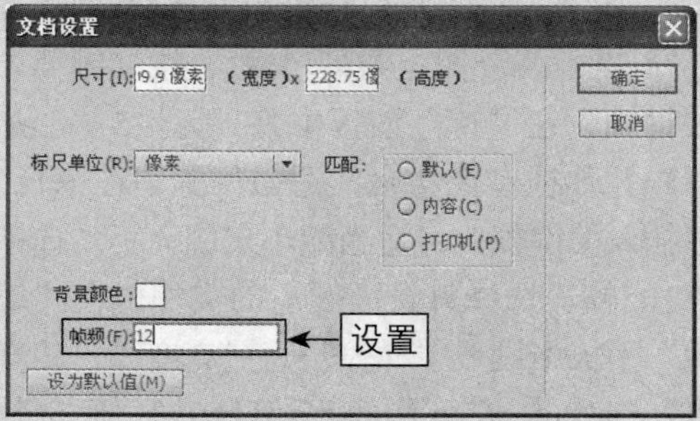

图483-6　设置帧频

07 按Ctrl+Enter组合键测试动画，效果如图483-7所示。

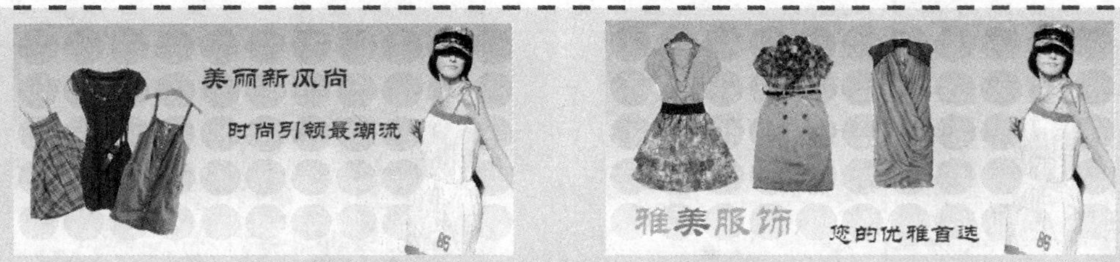

图483-7　测试雅美服饰广告动画效果

29.2　数码相机广告

素材：素材\第29章\484-1.fla　　效果：效果\第29章\29.2　数码相机广告.fla

视频：视频\第29章\第484集.swf至第486集.swf　　时长：599秒

难度：★★★★★　　关键技术：补间动画

第484集　制作动画背景

01 单击“文件”|“打开”命令，打开一个素材文件。在“库”面板中将“背景.jpg”位图图像拖曳至舞台区，在“属性”面板中设置“宽”为600，如图484-1所示。

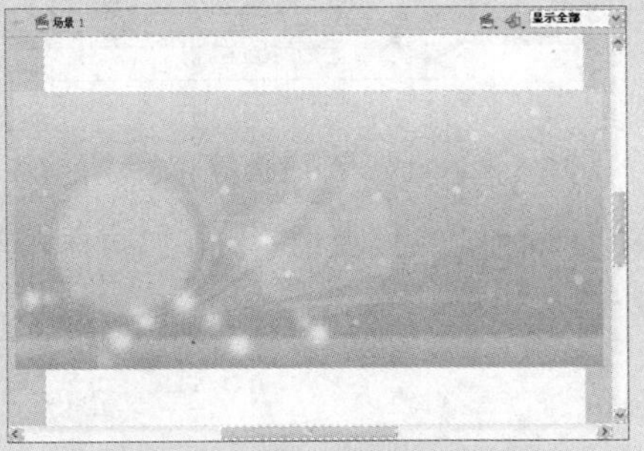
图484-1　创建实例

02 单击“修改”|“文档”命令，在弹出的“文档设置”对话框中选中“内容”单选按钮，如图484-2所示。

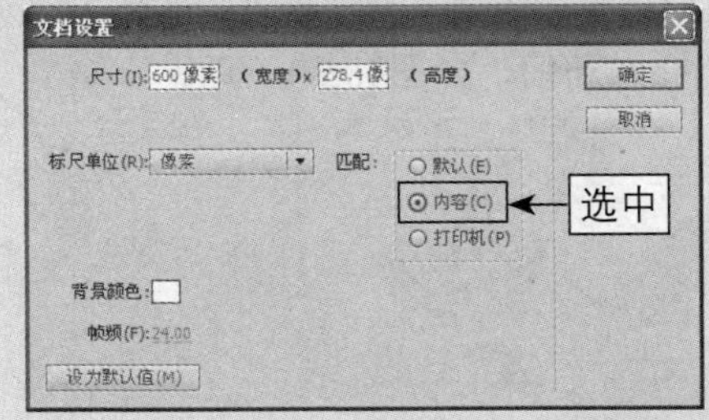

图484-2　“文档设置”对话框

03 单击“确定”按钮，即可完成动画背景的制作。

第485集　制作图像动画1

01 在“时间轴”面板中选择“图层1”图层的第180帧，按F5键插入帧，新建“图层2”、“图层3”、“图层4”、“图层5”图层。选择“图层2”图层，在“库”面板中将“元件2”图形元件拖曳至舞台区适当位置，如图485-1所示。

02 选择“图层2”图层的第15帧，按F6键插入关键帧，选择第1帧，选择舞台区的实例并向上拖曳一段距离，在“属性”面板中设置Alpha值为0，如图485-2所示。

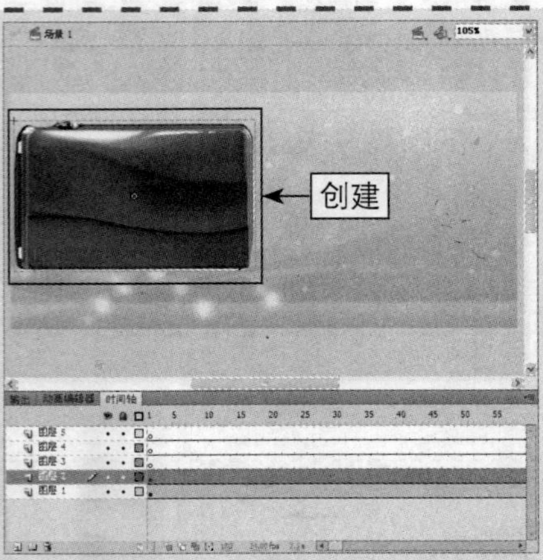

图485-1　创建实例

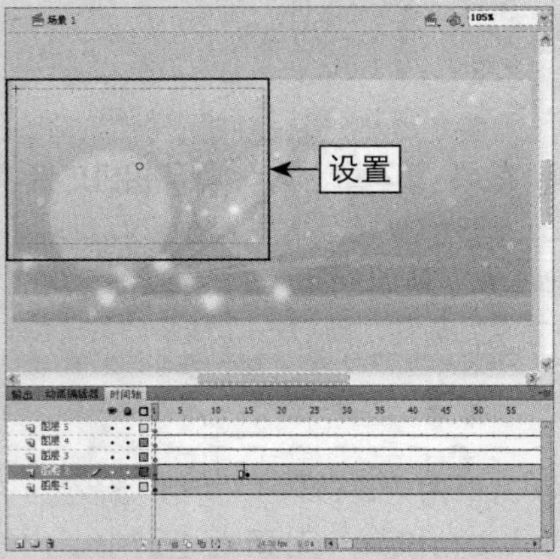

图485-2　设置Alpha值的效果

03 在“图层2”图层的关键帧之间创建传统补间动画，如图485-3所示。

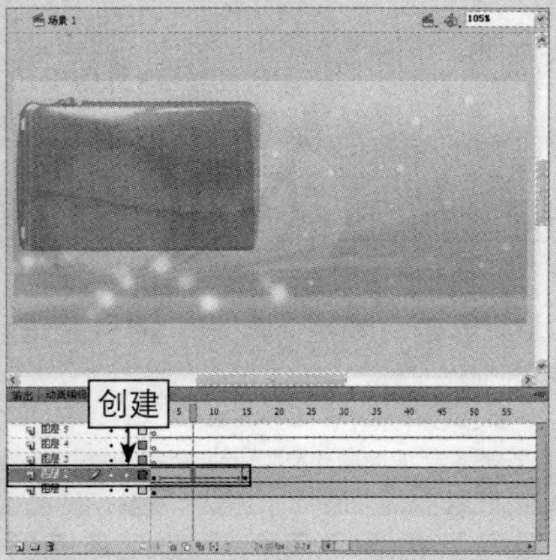

图485-3　创建补间动画

04 选择“图层3”图层的第10帧，按F6键插入关键帧，在“库”面板中将“元件3”拖曳至舞台区适当位置，如图485-4所示。

图485-4　创建实例

05 选择第25帧，按F6键插入关键帧。选择第10帧，然后选择舞台区实例，向上拖曳一段距离，在“属性”面板中设置Alpha值为0，在关键帧之间创建传统补间动画，如图485-5所示。

图485-5　创建传统补间

06 同理，为“元件4”添加动画效果，如图485-6所示。

图485-6　添加动画效果

07 选择“图层5”图层的第40帧，按F6键插入关键帧，将“库”面板中“元件5”图形元件拖曳至舞台区。选择第55帧，按F6键插入关键帧，选择第40帧，选择舞台区相对应的实例，运用任意变形工具将其缩小，如图485-7所示。

图485-7　缩小实例

08 在“图层5”图层的关键帧之间创建补间动画，在“属性”面板中设置“旋转”为“顺时针”，效果如图485-8所示。

图485-8　创建传统补间动画

第486集　创建图像动画2

01 在“时间轴”面板中新建4个图层，选择“图层2”、“图层3”、“图层4”图层的第85帧、第90帧，按F6键插入关键帧，如图486-1所示。

图486-1　插入关键帧

02 分别选择第90帧对应的实例，在“属性”面板中设置Alpha值为0，并分别在关键帧中创建传统补间动画，如图486-2所示。

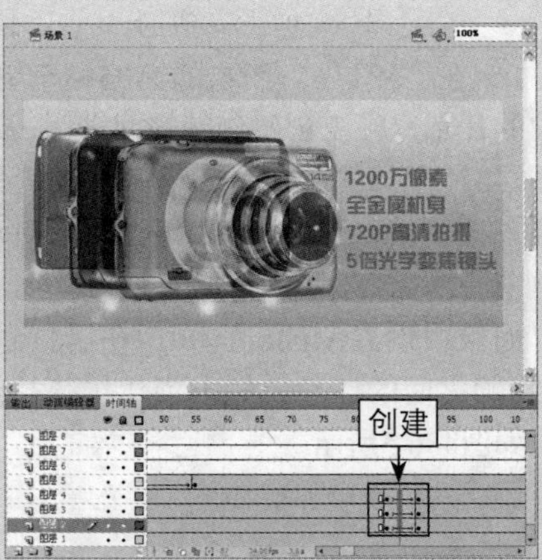

图486-2　创建补间动画

03 选择“图层6”图层的第95帧，按F6键插入关键帧，在“库”面板中将“元件1”图形元件拖曳至舞台，适当调整其大小，如图486-3所示。

04 选择“图层6”图层的第110帧，按F6键插入关键帧，选择第95帧，运用选择工具将对应的实例拖曳出舞台区，如图486-4所示。

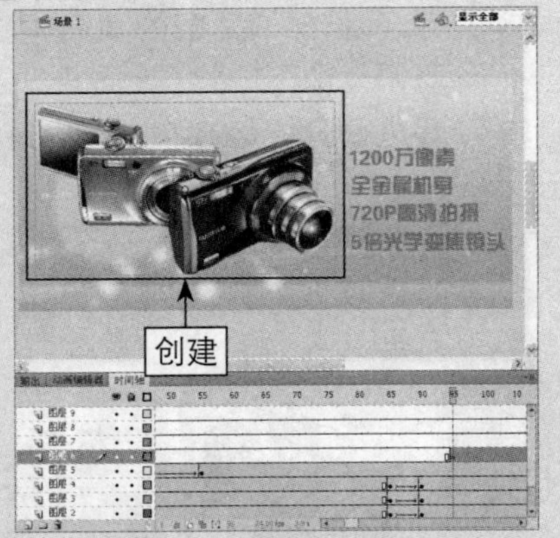

图486-3　创建实例并调整大小

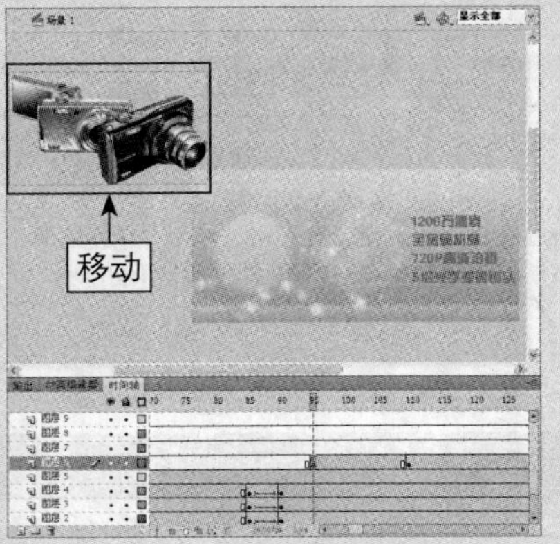

图486-4　移动实例

05 在“图层6”图层的第95帧至第110帧中的任意一帧上创建传统补间动画，选择“图层5”图层的第115帧、第120帧，按F6键插入关键帧。选择第120帧，选择对应的实例对象并向右拖曳一段距离，并在“属性”面板中设置Alpha值为0，在第115帧至第120帧之间的任意一帧上创建传统补间动画，如图486-5所示。

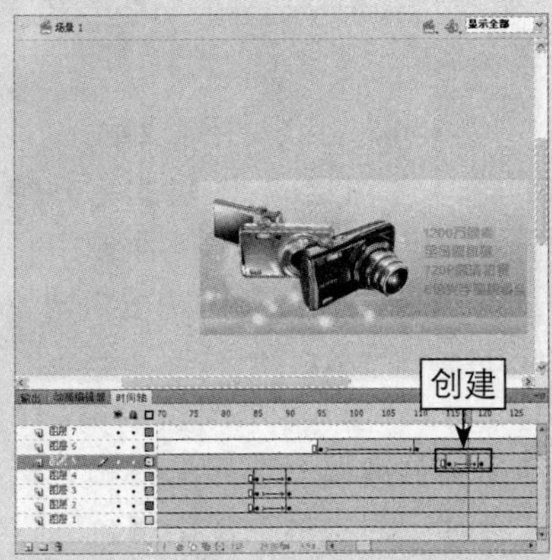

图486-5　在“图层6”图层创建补间动画

06 选择“图层7”图层的第117帧，按F6键插入关键帧，将“库”面板中的“元件6”拖曳至舞台，将其转换为影片剪辑。选择第125帧，按F6键插入关键帧。选择第117帧，选择对应的实例对象，在“属性”面板的滤镜选项区中为其添加模糊特效，在第117帧至第125帧之间的任意一帧上创建传统补间动画，如图486-6所示。

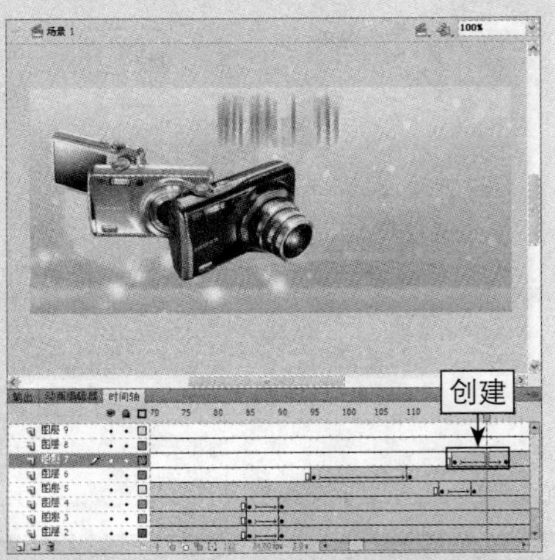

图486-6　在“图层7”图层创建补间动画

07 选择“图层8”图层的第130帧，按F6键插入关键帧，将“库”面板中的“元件7”影片剪辑元件拖曳至舞台。选择第140帧，按F6键插入关键帧。选择第130帧，选择对应的实例对象并向右拖曳一段距离，在“属性”面板的滤镜选项区中为其添加模糊特效，在第130帧至第140帧之间的任意一帧上创建传统补间动画，如图486-7所示。

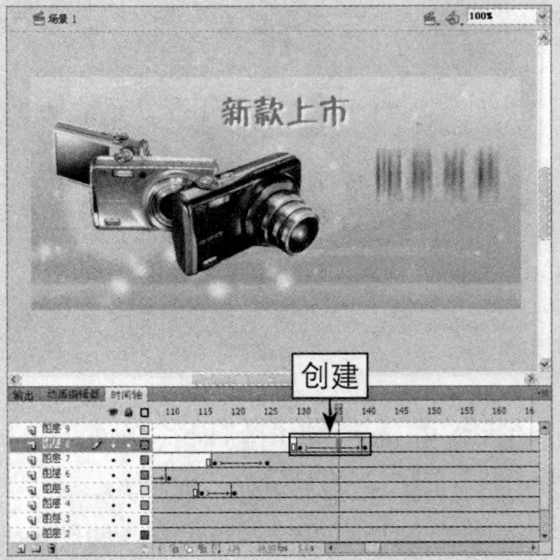

图486-7　在“图层8”图层创建补间动画

08 选择“图层9”图层的第150帧，按F6键插入关键帧，将“库”面板中的“元件8”图形元件拖曳至舞台。选择第160帧，按F6键插入关键帧。选择第150帧，选择对应的实例对象并向右拖曳一段距离，在“属性”面板中设置Alpha值为0，在第150帧至第160帧之间的任意一帧上创建传统补间动画，如图486-8所示。

图486-8　在“图层9”图层创建补间动画

09 按Ctrl＋Enter组合键测试动画，效果如图486-9所示。

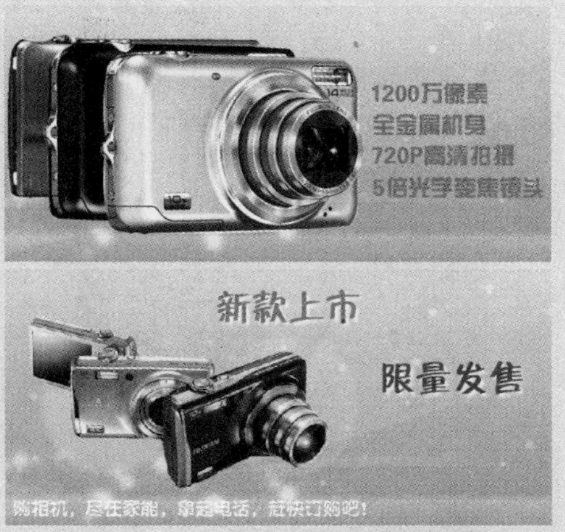

图486-9　测试数码相机广告动画效果

29.3　浓情巧克力广告

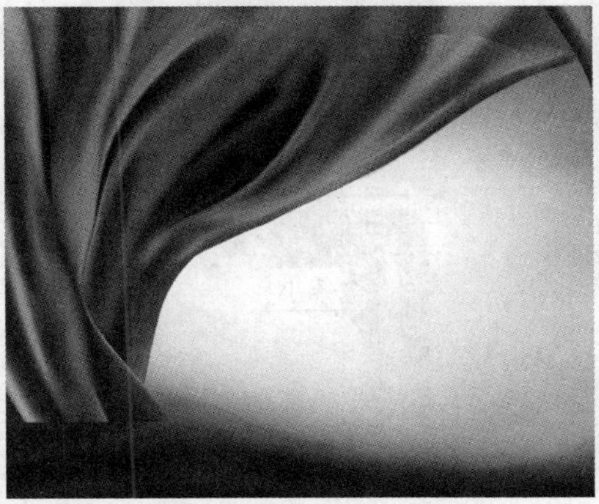

素材：素材\第29章\487-1.fla

视频：视频\第29章\第487集.swf至第490集.swf

难度：★★★★★

效果：效果\第29章\29.3　浓情巧克力广告.fla

时长：321秒

关键技术：补间动画

第487集　创建背景动画

01 单击“文件”|“打开”命令，打开一个素材文件。在“库”面板中，将“背景.jpg”位图图像拖曳至舞台区，如图487-1所示。

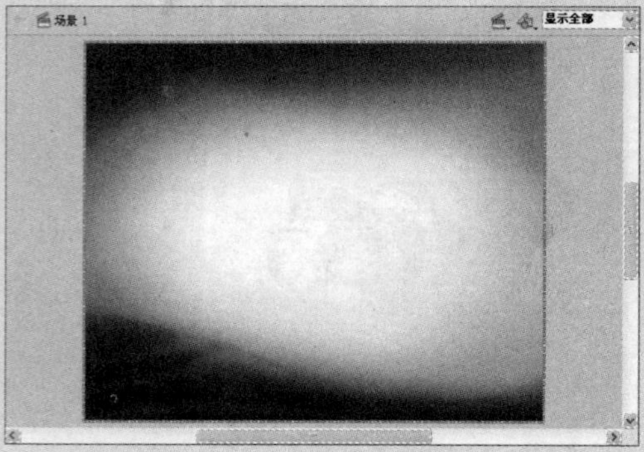

图487-1　创建实例

02 单击“修改”|“文档”命令，在弹出的“文档设置”对话框中选中“内容”单选按钮，如图487-2所示。

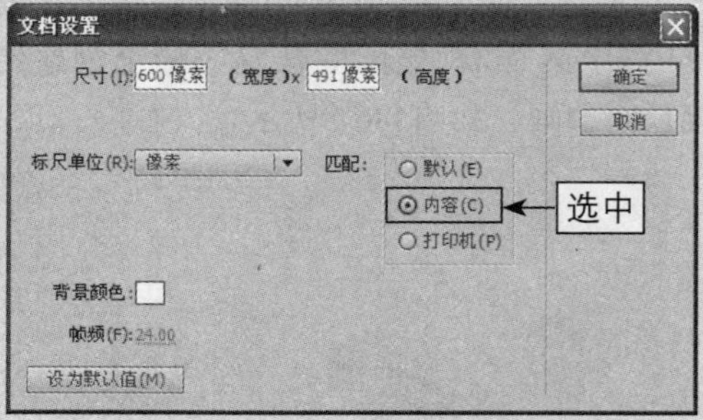

图487-2　“文档设置”对话框

03 单击“确定”按钮，即可完成动画背景的制作。

第488集　制作遮罩动画

01 选择“图层1”图层的第180帧，按F5键插入帧，新建“图层2”图层，在“库”面板中将“元件4”图形元件拖曳至舞台区适当位置，如图488-1所示。

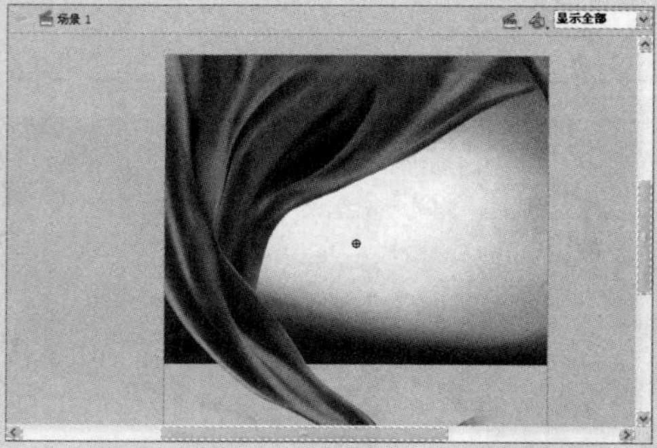

图488-1　创建实例

02 新建“图层3”图层，选取工具箱中的矩形工具，在舞台区适当位置绘制一个矩形，如图488-2所示。

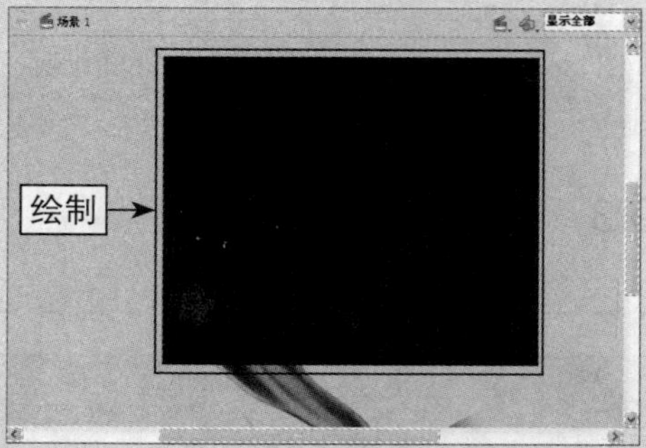

图488-2　绘制矩形

03 选择“图层3”图层的第20帧，按F6键插入关键帧。选择第1帧，运用任意变形工具将舞台区绘制的矩形缩小，如图488-3所示。

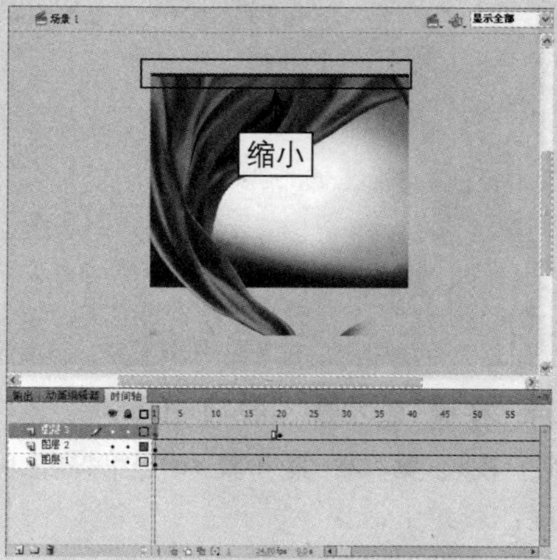

图488-3　缩小矩形

04 选择“图层3”图层，单击鼠标右键，在弹出的快捷菜单中选择“遮罩层”命令，在第1帧至第20帧中的任意一帧上创建补间形状动画，如图488-4所示。

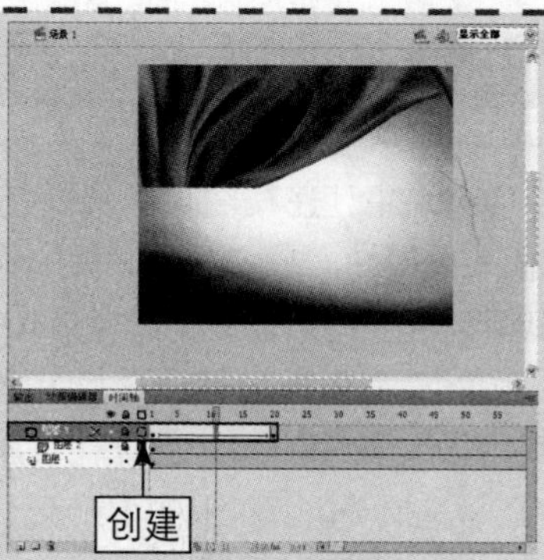

图488-4　创建遮罩动画

第489集　制作图像动画

01 新建“图层4”图层，在“图层4”图层的第30帧插入关键帧，在“库”面板中将“元件2”元件拖曳至舞台区适当位置，如图489-1所示。

图489-1　创建实例

02 在第40帧插入关键帧，选择第30帧，运用任意变形工具将创建的实例放大，在“属性”面板中设置“亮度”为100，在“图层4”图层的关键帧之间创建补间动画，如图489-2所示。

图489-2　创建补间动画

03 新建“图层5”图层，选择第50帧，按F6键插入关键帧，在“库”面板中将“元件1”拖曳至舞台区适当位置，如图489-3所示。

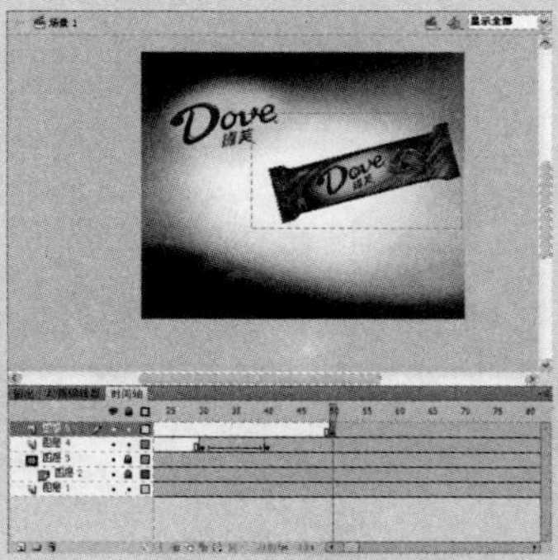
图489-3　创建元件

04 选择“图层5”图层的第65帧，按F6键插入关键帧。选择第50帧，将实例拖曳出舞台，在第50帧至第65帧中创建补间动画，在“属性”面板中设置“旋转”为“顺时针”，效果如图489-4所示。

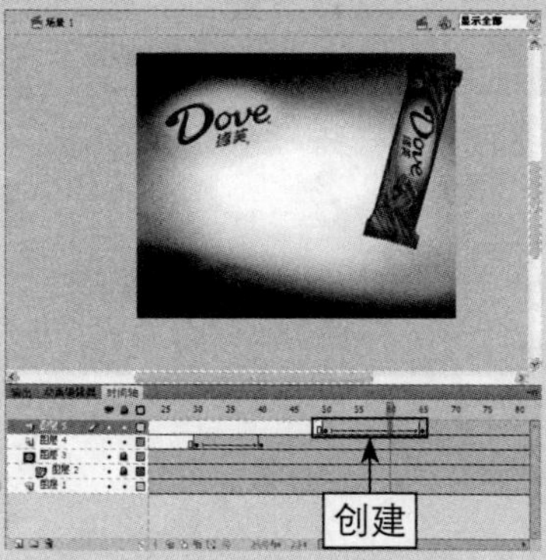

图489-4　创建补间动画

第490集　创建文字图像动画

01 新建“图层6”图层，选择第75帧，按F6键插入关键帧，在“库”面板中将“元件3”拖曳至舞台区适当位置。选择第100帧、第125帧，按F6键插入关键帧。选择第75帧，将对应的实例向下拖曳一段距离，在“属性”面板中设置Alpha值为0，如图490-1所示。

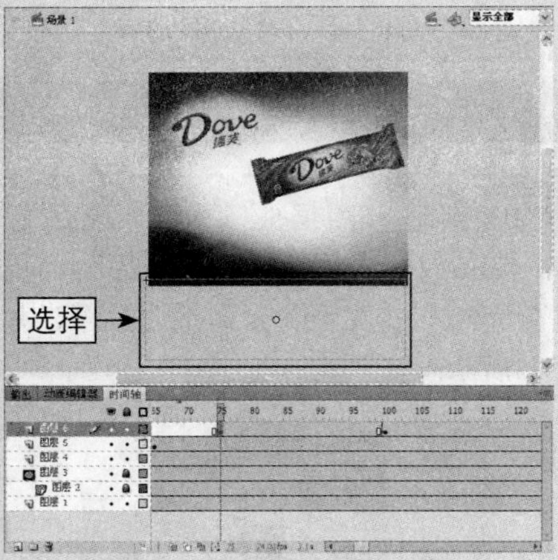

图490-1　设置Alpha值的效果

02 选择第100帧，将实例向下拖曳一段距离，在“属性”面板中设置Alpha值为80，在“图层6”的关键帧之间创建传统补间动画，如图490-2所示。

图490-2　创建补间动画

03 按Ctrl＋Enter组合键测试动画，效果如图490-3所示。

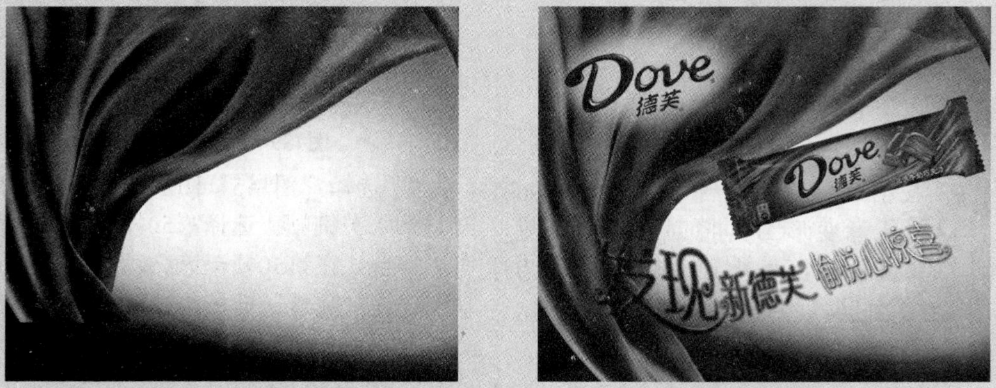

图490-3　测试浓情巧克力广告动画效果

第30章 综合案例实战：制作商业广告2

网络商业广告作为一种全新的广告形式，之所以受到各企业的重视，是因为它与电视、广播、报纸、杂志等媒体广告相比，具有交互性、实时性、快捷性、多样性、可重复性、易检索性等优点，并且不受时间、地域限制，传播范围广。本章主要介绍几种专业的商业广告的制作方法。

30.1 AUDI汽车广告

素材：素材\第30章\491-1.fla

视频：视频\第30章\第491集.swf至第493集.swf

难度：★★★★★

效果：效果\第30章\30.1 AUDI汽车广告.fla

时长：485秒

关键技术：补间动画

第491集 制作背景动画

01 单击“文件”|“打开”命令，打开一个素材文件。在“库”面板中将“背景.jpg”位图图像拖曳至舞台区，如图491-1所示。

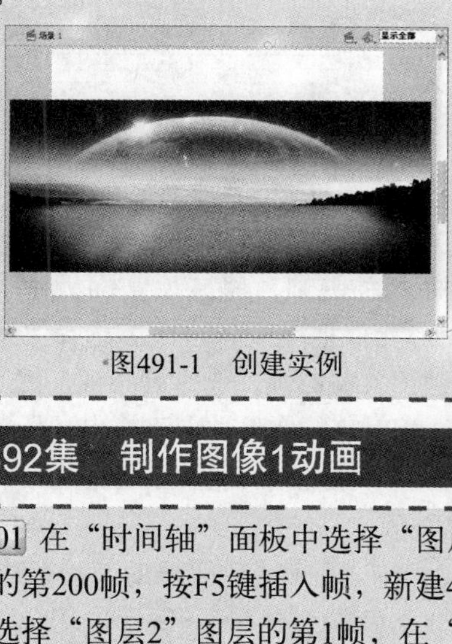

图491-1 创建实例

02 单击“修改”|“文档”命令，在弹出的“文档设置”对话框中选中“内容”单选按钮，如图491-2所示。

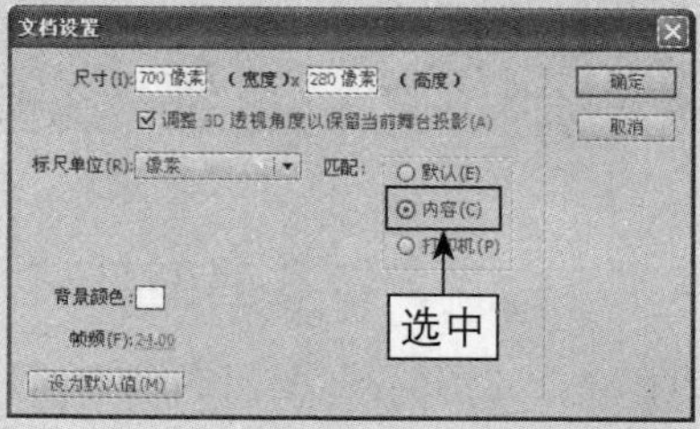

图491-2 “文档设置”对话框

03 单击“确定”按钮，即可完成动画背景的制作。

第492集 制作图像1动画

01 在“时间轴”面板中选择“图层1”图层的第200帧，按F5键插入帧，新建4个图层，选择“图层2”图层的第1帧，在“库”面板中将“元件3”拖曳至舞台区适当位置，如图492-1所示。

02 选择“图层2”图层的第15帧，按F6键插入关键帧，选择第1帧，运用任意变形工具将实例对象缩小并向右上拖曳一段距离，如图492-2所示。

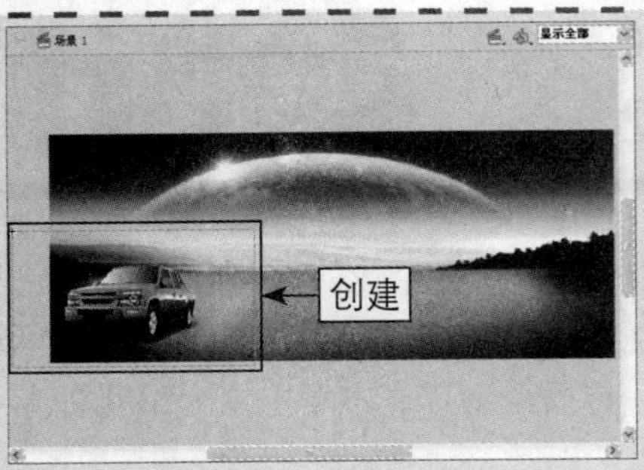

图492-1　创建实例

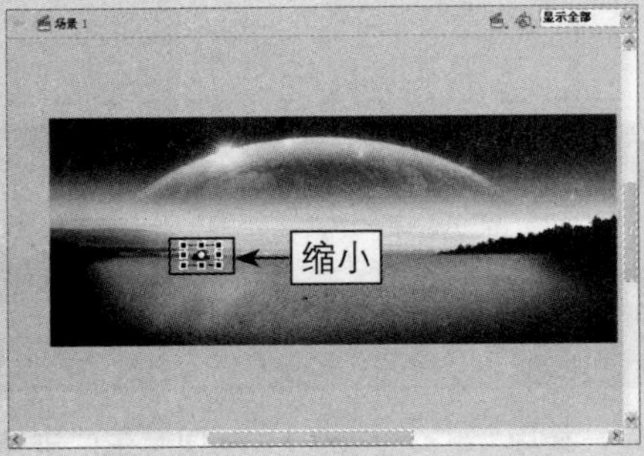

图492-2　缩小并拖曳实例

03 在“图层2”图层的第1帧至第15帧中的任意一帧上创建补间动画，效果如图492-3所示。

图492-3　创建补间动画

04 选择“图层3”图层的第20帧，按F6键插入关键帧，在“库”面板中将“文字1”拖曳至舞台区适当位置，如图492-4所示。

图492-4　创建实例

05 选择“图层3”图层的第35帧，按F6键插入关键帧。选择第20帧，然后选择舞台区对应的实例，在“属性”面板中为实例添加“模糊”滤镜，效果如图492-5所示。

图492-5　添加滤镜效果

06 在“图层3”图层的第20帧至第35帧中的任意一帧上创建补间动画。同理，在“图层4”图层为“文字2”影片剪辑元件添加动画，如图492-6所示。

图492-6　添加动画效果

07 选择“图层5”图层的第40帧，按F6键插入关键帧，将“库”面板中“文字3”图形元件拖曳至舞台区。选择第55帧，按F6键插入关键帧。选择第40帧，然后选择舞台区相对应的实例并向下拖曳一段距离，在“属性”面板中设置Alpha值为0，如图492-7所示。

08 在“图层5”图层的关键帧之间创建补间动画，如图492-8所示。选择“图层3”、“图层4”、“图层5”图层的第100帧，按F7键插入空白关键帧。

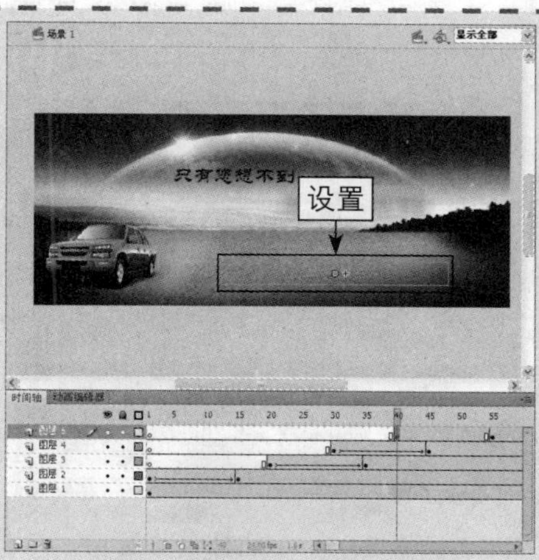

图492-7　设置Alpha值的效果

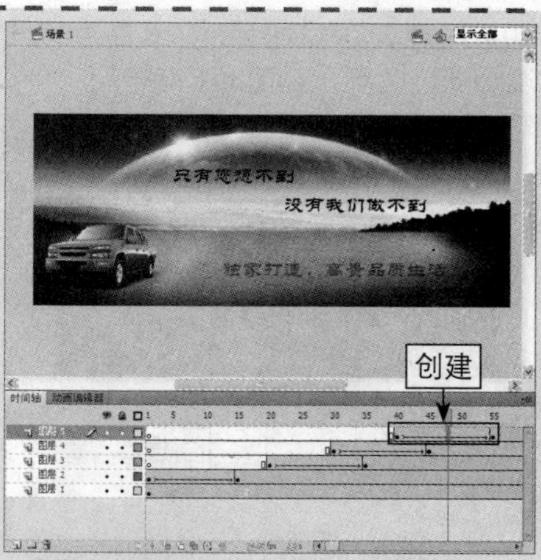

图492-8　创建补间动画

第493集　创建图像2动画

01 在“时间轴”面板中新建5个图层，选择“图层6”图层的第100帧，按F6键插入关键帧，在“库”面板中将“元件4”拖曳至舞台区适当位置。选择第120帧，按F6键插入关键帧。选择第100帧，运用任意变形工具将实例缩小并拖曳一段距离，如图493-1所示。

图493-1　缩小并拖曳实例

02 在第100帧至第120帧之间创建补间动画，如图493-2所示。

03 同理，在“图层7”图层为“元件1”添加动画效果，如图493-3所示。

图493-2　创建补间动画

图493-3　为“元件1”添加动画效果

04 同理，在“图层8”图层为“元件2”添加动画效果，如图493-4所示。

图493-4 为“元件2”添加动画效果

05 选择“图层9”图层的第155帧，按F6键插入关键帧，在“库”面板中将“文字4”拖曳至舞台区适当位置。选择第165帧，按F6键插入关键帧。选择第155帧，选择舞台区相对应的实例向左拖曳一段距离，在“属性”面板中设置Alpha值为0，在关键帧之间创建补间动画，如图493-5所示。

06 同理，在“图层10”图层上为“文字5”影片剪辑实例添加动画效果，如图493-6所示。

图493-5 创建补间动画

图493-6 添加动画效果

07 按Ctrl＋Enter组合键测试动画，效果如图493-7所示。

图493-7 测试AUDI汽车广告动画效果

30.2 手机广告

素材：素材\第30章\494-1.fla　　效果：效果\第30章\30.2　手机广告.fla

视频：视频\第30章\第494集.swf至第496集.swf　　时长：734秒

难度：★★　　关键技术：渐变动画

第494集　制作动画背景

01 单击“文件”|“打开”命令，打开一个素材文件。在“库”面板中将“背景.jpg”位图图像拖曳至舞台区，如图494-1所示。

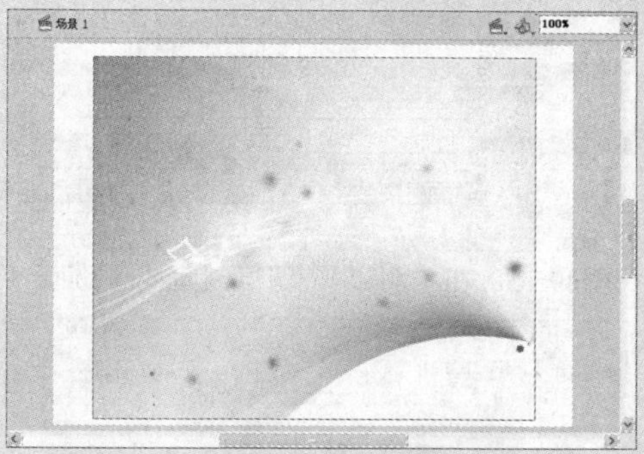

图494-1　创建实例

02 单击“修改”|“文档”命令，在弹出的“文档设置”对话框中选中“内容”单选按钮，如图494-2所示。

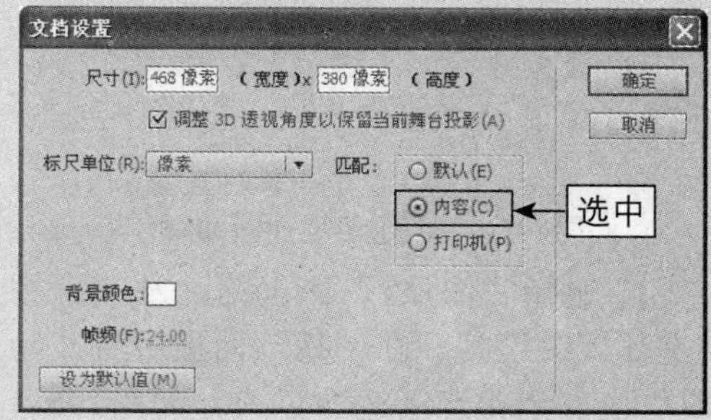

图494-2　“文档设置”对话框

03 单击“确定”按钮，即可完成动画背景的制作。

第495集　制作图像动画1

01 在“时间轴”面板中选择“图层1”图层的第200帧，按F5键插入帧。新建5个图层，选择“图层2”图层，运用矩形工具在舞台区适当位置绘制一个透明度为20的淡紫色矩形，如图495-1所示。

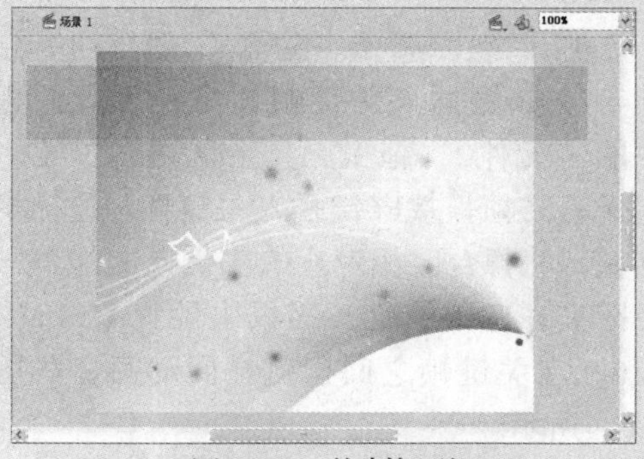

图495-1　绘制矩形

02 选择“图层2”图层的第10帧，按F6键插入关键帧。选择第1帧，选择舞台区的矩形，运用任意变形工具缩小绘制的矩形，在“图层2”图层的关键帧之间创建补间形状动画，如图495-2所示。

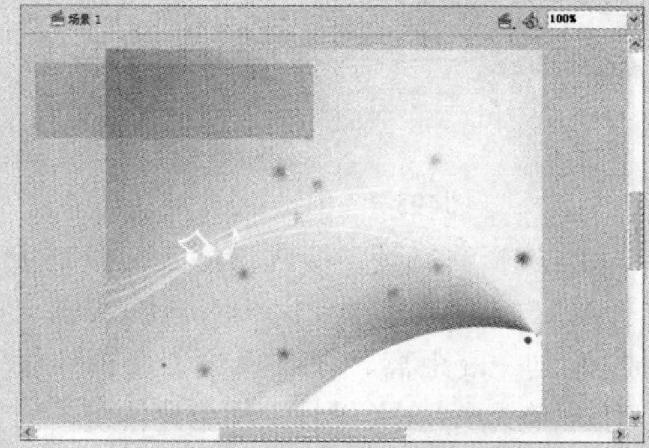

图495-2　创建补间形状动画

03 在“图层3”图层的第10帧插入关键帧，将“库”面板中的“元件1”拖曳至舞台。选择第20帧，按F6键插入关键帧，运用选择工具将舞台区相对应的实例移至舞台区适当位置，并在关键帧之间创建传统补间动画，如图495-3所示。

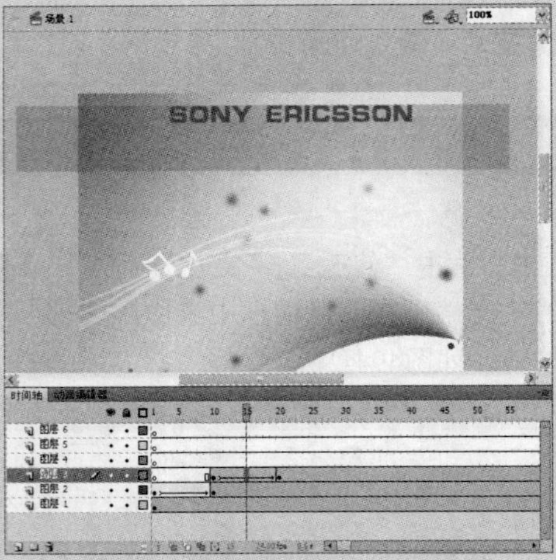

图495-3　创建传统补间动画

04 选择“图层4”图层的第25帧，按F6键插入关键帧，在“库”面板中将“元件4”拖曳至舞台区适当位置，如图495-4所示。

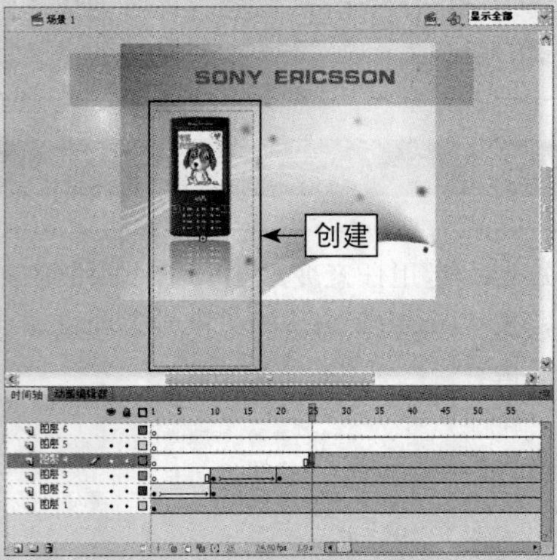

图495-4　创建实例

05 选择第35帧，按F6键插入关键帧。选择第25帧，选择舞台区相对应的实例，向左拖曳一段距离，在“属性”面板中设置Alpha值为0，在关键帧之间创建传统补间动画，如图495-5所示。

06 同理，选择“图层5”图层的第35帧，按F6键插入关键帧，将“库”面板中的“元件3”拖曳至舞台区适当位置。选择第45帧，按F6键插入关键帧，选择第35帧，将舞台区相对应的实例向上拖曳一段距离，在“属性”面板中设置Alpha值为0，在关键帧之间创建补间动画，如图495-6所示。

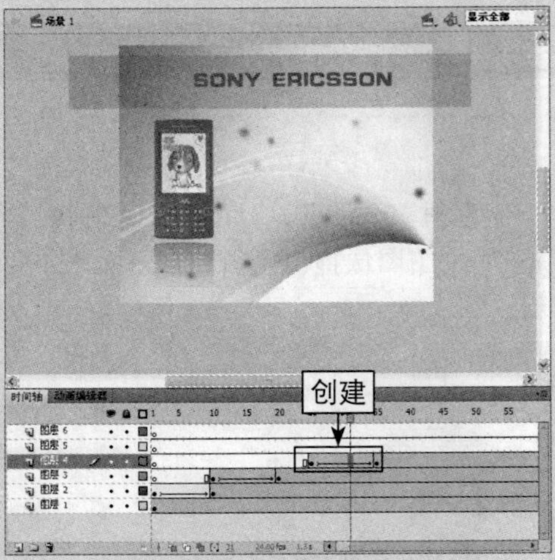

图495-5　在“图层4”图层创建补间动画

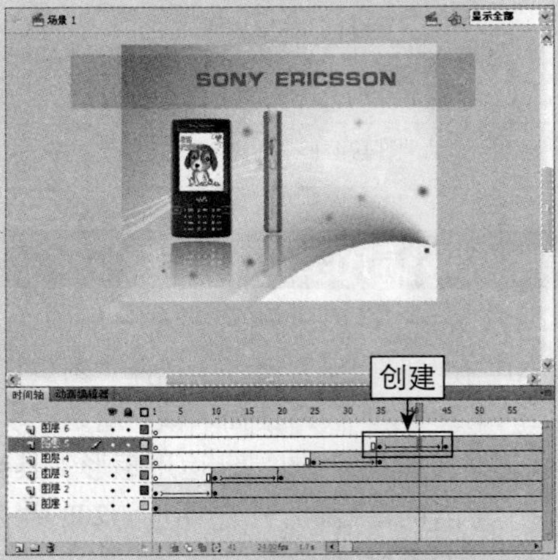

图495-6　在“图层5”图层创建补间动画

07 同理，选择“图层6”图层的第45帧，按F6键插入关键帧，将“库”面板中的“元件2”拖曳至舞台区适当位置。选择第55帧，按F6键插入关键帧，选择第45帧，将舞台区相对应的实例向右拖曳一段距离，在“属性”面板中设置Alpha值为0，在关键帧之间创建补间动画，如图495-7所示。

08 选择“图层2”至“图层6”图层的第100帧，按F7键插入空白关键帧，如图495-8所示。

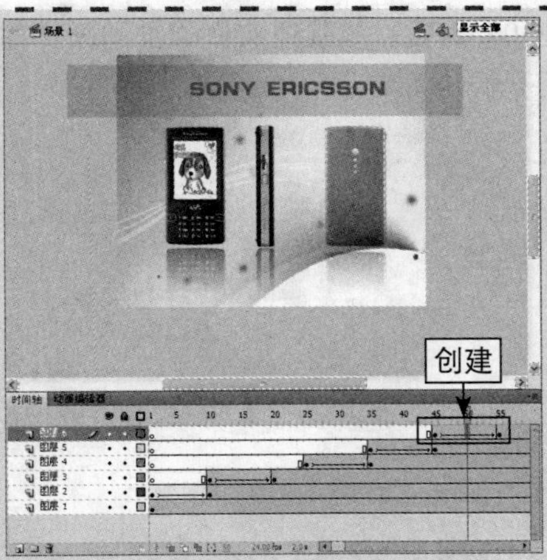

图495-7　在“图层6“图层创建补间动画

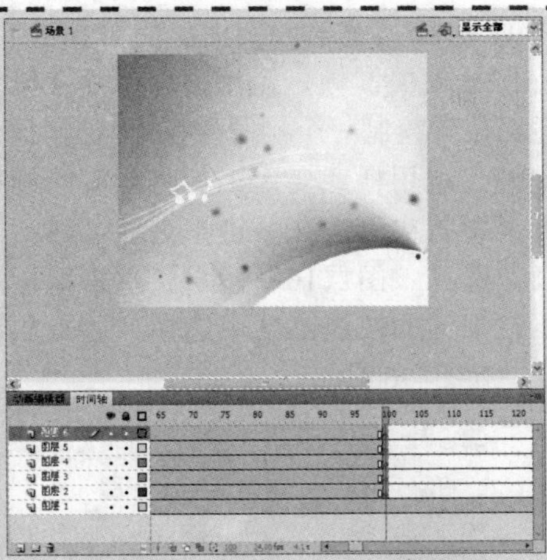
图495-8　插入空白关键帧

第496集　创建图像动画2

01 在“时间轴”面板中新建4个图层，选择“图层7”的第90帧，按F6键插入关键帧，将“库”面板中的“背景2.jpg”拖曳至舞台，并调整其大小，如图496-1所示。

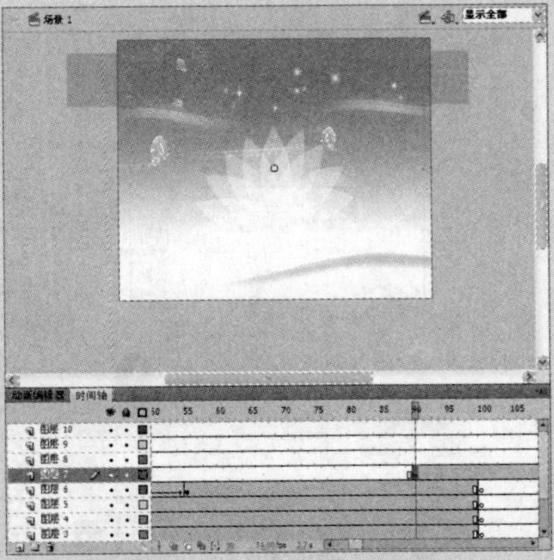
图496-1　创建实例

02 选择“图层8”的第90帧，按F6键插入关键帧，运用矩形工具在背景上方绘制一个矩形。选择第100帧，按F6键插入关键帧，运用任意变形工具将绘制的矩形放大至覆盖整个背景。选择“图层8”图层，单击鼠标右键，在弹出的快捷菜单中选择“遮罩层”命令，并在关键帧之间创建补间形状动画，如图496-2所示。

03 选择“图层9”图层的第105帧，按F6键插入关键帧，在“库”面板中将“背景3.png”图像拖曳至舞台区并适当调整其大小，如图496-3所示。

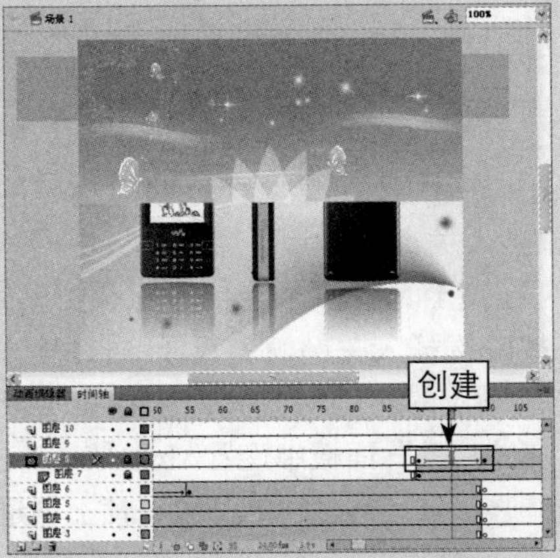

图496-2　创建补间动画

图496-3　创建实例

04 选择“图层10”图层的第105帧，按F6键插入关键帧，运用椭圆工具在舞台区适当位置绘制一个椭圆，在第115帧插入关键帧，运用任意变形工具将绘制的椭圆放大至覆盖实例，在关键帧之间创建补间动画。选择“图层10”图层，单击鼠标右键，在弹出的快捷菜单中选择“遮罩层”命令，如图496-4所示。

图496-4 创建遮罩动画

05 新建7个图层，在“图层11”的第115帧插入关键帧，将“库”面板中的“元件5”拖曳至舞台区适当位置。选择第125帧，按F6键插入关键帧。选择第115帧，然后选择对应的实例对象并向上拖曳一段距离，在“属性”面板中设置Alpha值为0，在第115帧至第125帧之间的任意一帧上创建传统补间动画，如图496-5所示。

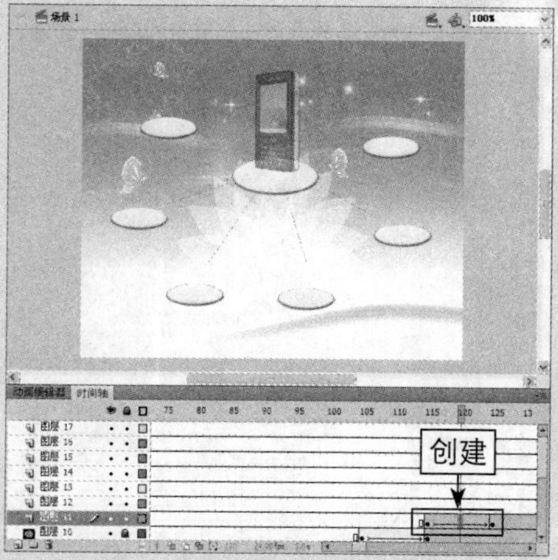

图496-5 创建补间动画

06 同理，为其他实例添加动画，如图496-6所示。

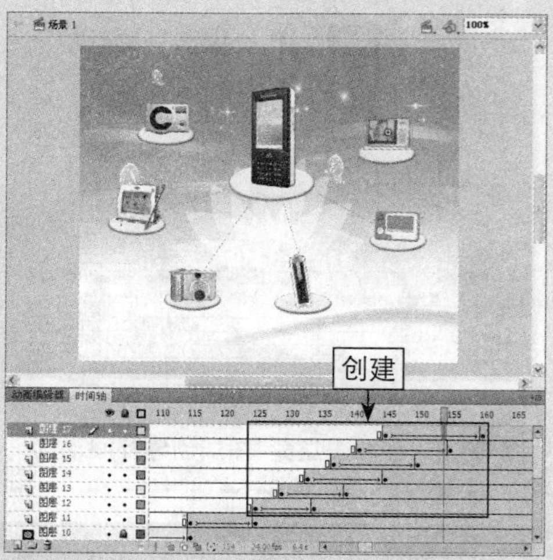

图496-6 为其他实例创建补间动画

07 新建“图层18”图层，在第165帧插入关键帧，在“库”面板中，将“元件12”拖曳至舞台区适当位置，如图496-7所示。

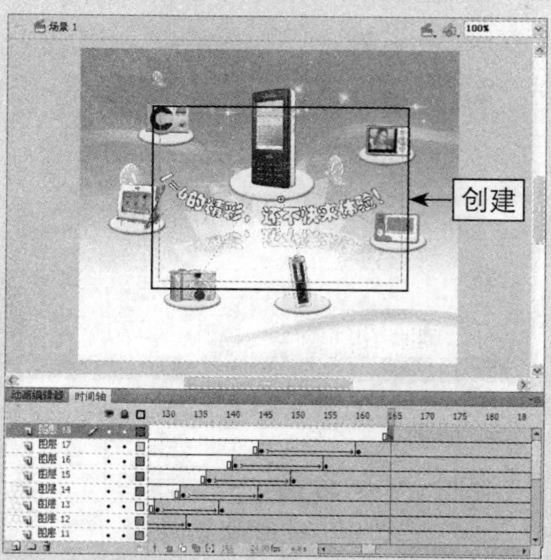

图496-7 创建实例

08 选择“图层18”图层的第175帧，按F6键插入关键帧。选择第165帧，选择对应的实例对象，向下拖曳一段距离，在“属性”面板中设置Alpha值为0，在第165帧至第175帧之间的任意一帧上创建传统补间动画，如图496-8所示。

09 按Ctrl＋Enter组合键测试动画，效果如图496-9所示。

图496-8　创建补间动画

图496-9　测试手机广告动画效果

30.3　宝来丽首饰广告

素材：素材\第30章\497—1.fla

视频：视频\第30章\第497集.swf至第500集.swf

难度：★★★★★

效果：效果\第30章\30.3　宝来丽首饰广告.fla

时长：491秒

关键技术：补间动画

第497集　创建图像动画1

01 单击“文件”|“打开”命令，打开一个素材文件。在“时间轴”面板中新建“图层2”图层，将“库”面板中的“元件13”拖曳至舞台区适当位置，如图497-1所示。

02 选择“图层2”图层的第15帧，按F6键插入关键帧。选择第1帧，将舞台区相对应的实例向左拖曳一段距离，在“属性”面板中设置Alpha值为0，在关键帧之间创建补间动画，如图497-2所示。

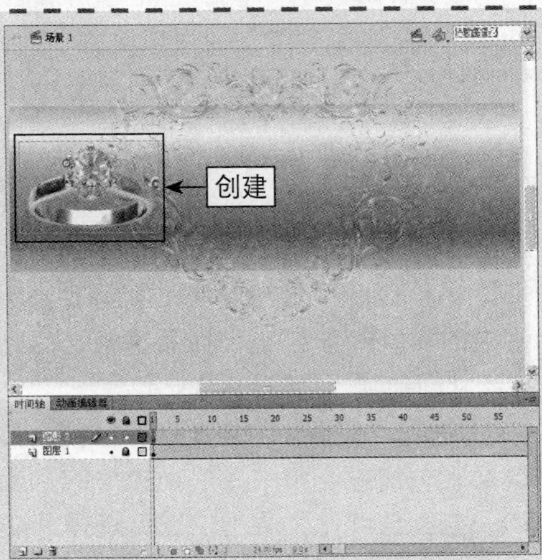

图497-1　创建实例

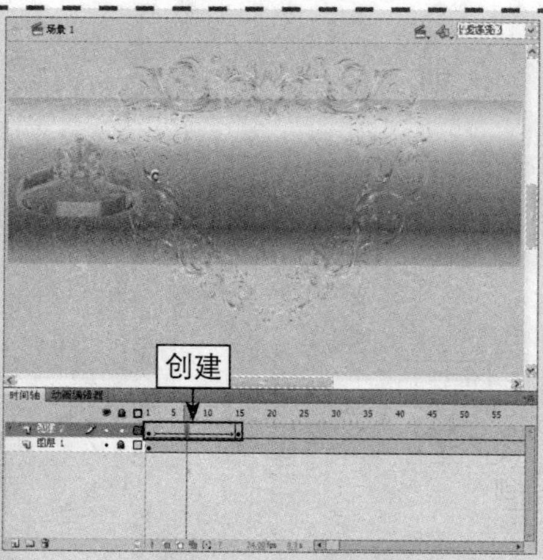

图497-2　创建补间动画

第498集　制作文字动画1

01 新建“图层3”、“图层4”图层，选择“图层3”图层的第15帧，按F6键插入关键帧，在“库”面板中将“元件9”拖曳至舞台区适当位置，如图498-1所示。

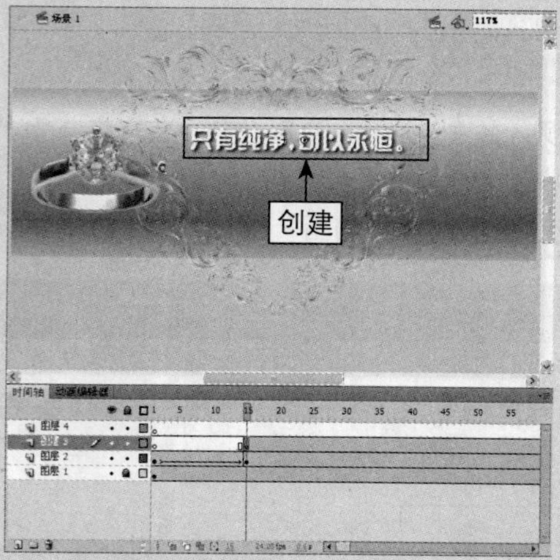

图498-1　创建实例

02 选择第30帧，按F6键插入关键帧。选择第15帧，运用任意变形工具将舞台区相对应的实例对象缩小，在关键帧之间创建传统补间动画，如图498-2所示。

03 选择“图层4”图层的第30帧，按F6键插入关键帧，将“库”面板中的“元件10”拖曳至舞台区适当位置。选择第45帧，按F6键插入关键帧，如图498-3所示。

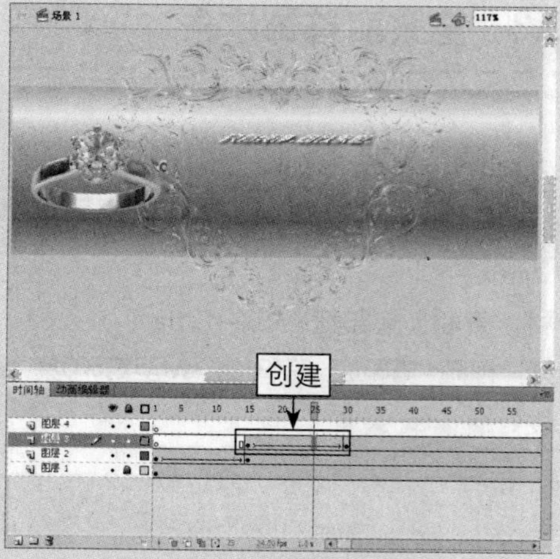

图498-2　创建补间动画

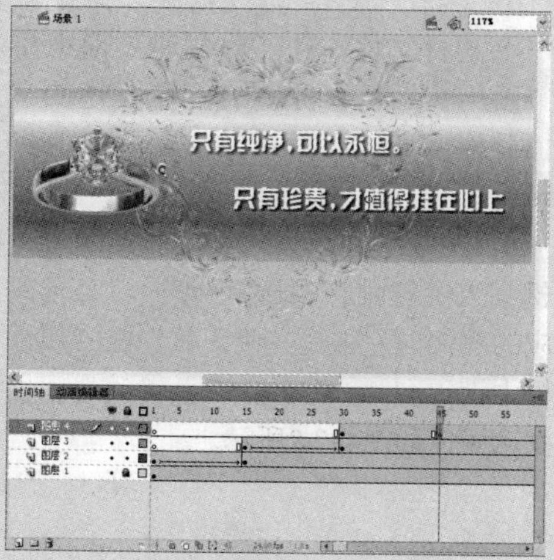

图498-3　插入关键帧

04 选择第30帧，在“属性”面板的滤镜选项区中为实例添加“模糊”特效，在关键帧之间创建补间动画，如图498-4所示。

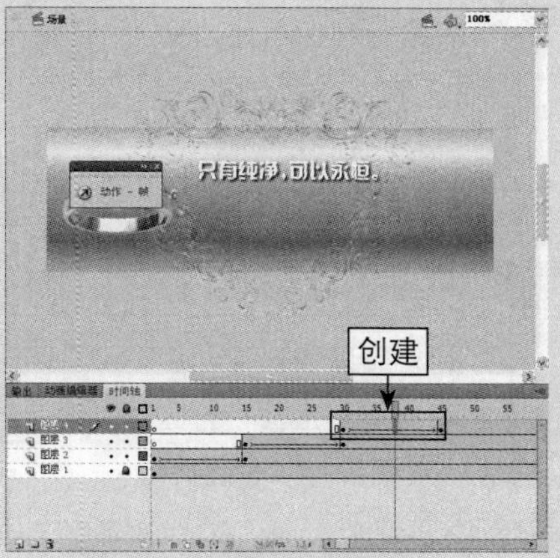

图498-4　创建补间动画

05 选择“图层4”图层的第75帧、第85帧，按F6键插入关键帧。选择第85帧，运用选择工具将实例向右拖曳一段距离，在“属性”面板中设置Alpha值为0，在两个关键帧之间创建补间动画，如图498-5所示。

06 选择“图层3”图层的第75帧、第85帧，按F6键插入关键帧。选择第85帧，运用选择工具将实例向左拖曳一段距离，在“属性”面板中设置Alpha值为0，在两个关键帧之间创建补间动画，如图498-6所示。

图498-5　在“图层4”图层创建补间动画

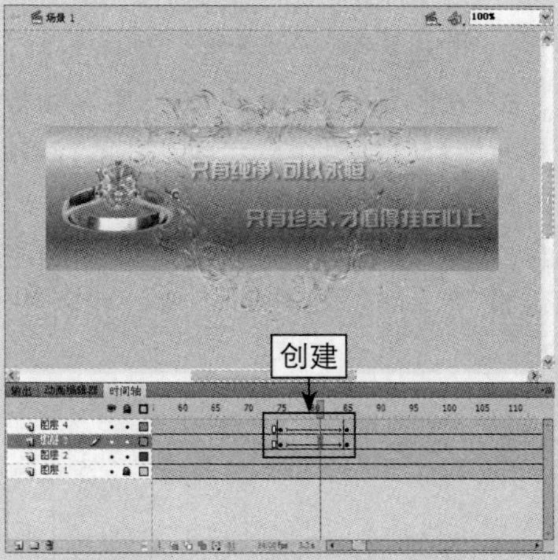

图498-6　在“发愤3”图层创建补间动画

第499集　制作图像动画2

01 选择“图层2”图层的第90帧、第95帧，按F6键插入关键帧。选择第95帧，选择舞台区对应的实例对象，在“属性”面板中设置Alpha为0，在第90帧至第95帧中创建补间动画。新建5个图层，在“图层5”图层的第100帧插入关键帧，在“库”面板中将“元件14”拖曳至舞台区适当位置，如图499-1所示。

02 在第110帧插入关键帧，运用选择工具将元件向下拖曳一段距离，在“图层5”图层的关键帧之间创建补间动画，如图499-2所示。

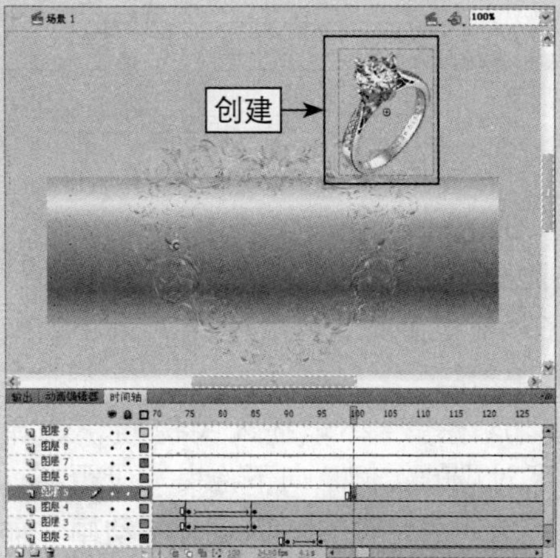

图499-1　创建实例

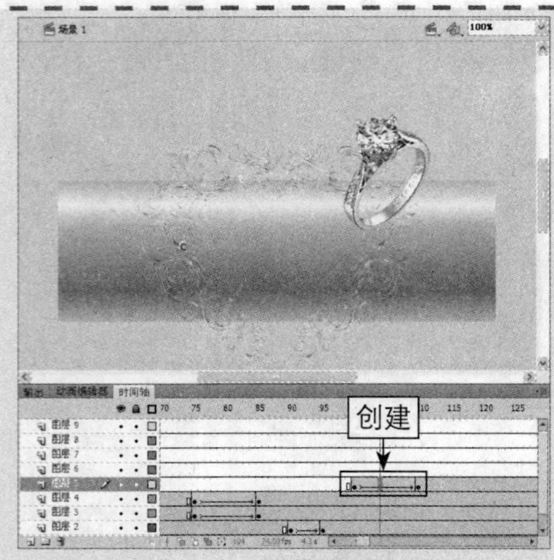

图499-2 创建补间动画

03 同理，在“图层6”图层的第110帧，按F6键插入关键帧，在“库”面板中将“元件15”拖曳至舞台区。在第120帧插入关键帧，选择舞台区对应的实例，向下拖曳一段距离并调整其大小，在该图层的关键帧之间创建补间动画，如图499-3所示。

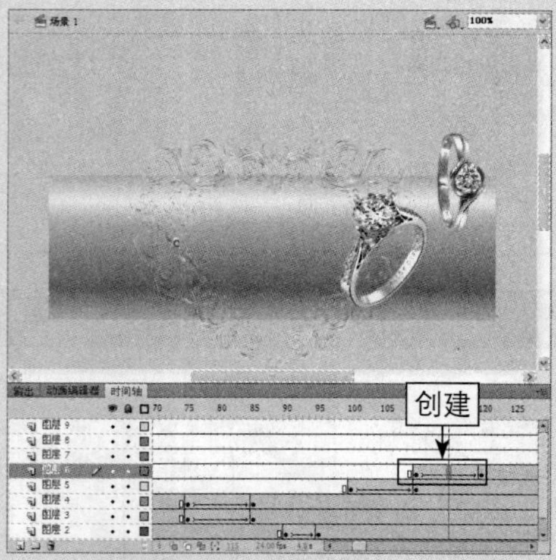

图499-3 创建补间动画

04 选择“图层7”图层的第120帧，按F6键插入关键帧，在“库”面板中将“元件6”拖曳至舞台区并调整其大小，如图499-4所示。

05 在第125帧插入关键帧，选择舞台区对应的实例，向下拖曳一段距离，在该图层的关键帧之间创建补间动画，如图499-5所示。

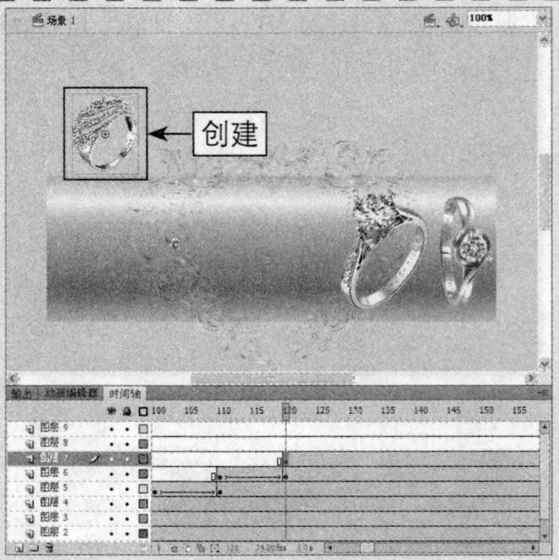

图499-4 创建实例

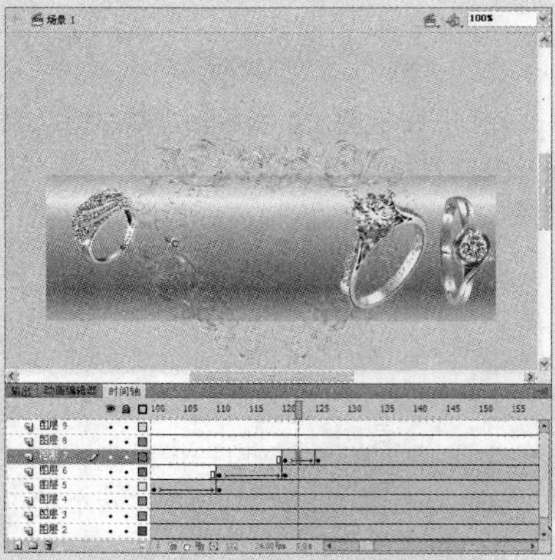

图499-5 创建补间动画

06 同理，分别在“图层8”、“图层9”图层为“元件2”、“元件5”添加动画，如图499-6所示。

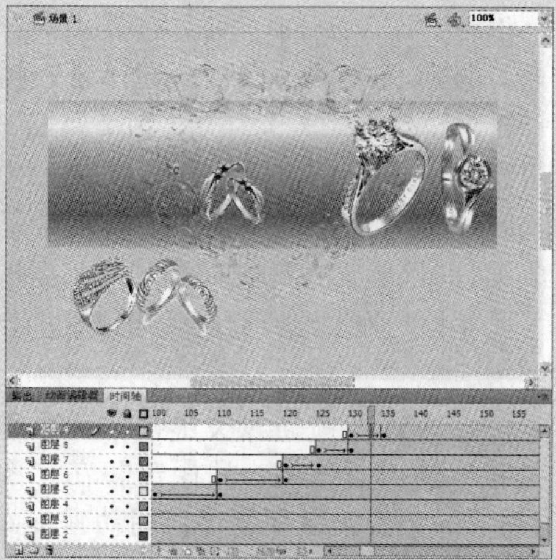

图499-6 添加动画效果